全国高等学校自动化专业系列教材
教育部高等学校自动化专业教学指导分委员会牵头规划

普通高等教育“十一五”国家级规划教材

Fundamentals of Intelligent Control

智能控制基础

浙江大学　韦巍　何衍　编著
Wei Wei　He Yan

湖南大学　王耀南　主审
Wang Yaonan

清华大学出版社
北京

内容简介

智能控制作为一门新兴学科，它的发展得益于许多学科，如人工智能、认知科学、现代控制理论、模糊数学、生物控制论、学习理论以及网络理论等。本书总结近20年来智能控制的研究成果，详细论述智能控制的基本概念、工作原理和设计方法。本书的主要内容包括：智能控制概论、模糊控制论、人工神经网络控制论、专家控制、分层递阶智能控制、学习控制、模糊神经网络控制与自适应神经网络、进化算法、多智能体系统控制。本书在深入系统介绍智能控制设计理论和应用方法的同时，结合课堂教学给出了大量的设计例子和习题。

本书选材新颖，系统性强，通俗易懂，突出理论联系实际。既适合初学者学习智能控制的基本理论和方法，又对智能控制的研究学者有一定的参考价值。本书标注了部分拓展内容的章节，供深入研究者参考。整本教材主要针对控制科学与工程、电气工程等学科硕士研究生和自动化专业高年级本科生使用，也适合其他专业的工程师阅读和参考。

图书在版编目（CIP）数据

智能控制基础/韦巍，何衍编著. —北京：清华大学出版社，2008.11（2023.2重印）
（全国高等学校自动化专业系列教材）
ISBN 978-7-302-16918-5

Ⅰ. 智… Ⅱ. ①韦… ②何… Ⅲ. 智能控制－高等学校－教材 Ⅳ. TP273

中国版本图书馆CIP数据核字（2008）第009200号

责任编辑：王一玲
责任校对：时翠兰
责任印制：杨 艳

出版发行：清华大学出版社
网 址：http://www.tup.com.cn，http://www.wqbook.com
地 址：北京清华大学学研大厦A座 邮 编：100084
社 总 机：010-83470000 邮 购：010-62786544
投稿与读者服务：010-62776969，c-service@tup.tsinghua.edu.cn
质 量 反 馈：010-62772015，zhiliang@tup.tsinghua.edu.cn
印 装 者：涿州市般润文化传播有限公司
经 销：全国新华书店
开 本：175mm×245mm 印 张：23.25 字 数：460千字
版 次：2008年11月第1版 印 次：2023年2月第14次印刷
定 价：59.00元

产品编号：017423-03

出版说明

为适应我国对高等学校自动化专业人才培养的需要，配合各高校教学改革的进程，创建一套符合自动化专业培养目标和教学改革要求的新型自动化专业系列教材，“教育部高等学校自动化专业教学指导分委员会”(简称“教指委”)联合了“中国自动化学会教育工作委员会”、“中国电工技术学会高校工业自动化教育专业委员会”、“中国系统仿真学会教育工作委员会”和“中国机械工业教育协会电气工程及自动化学科委员会”四个委员会，以教学创新为指导思想，以教材带动教学改革为方针，设立专项资助基金，采用全国公开招标方式，组织编写出版了一套自动化专业系列教材——《全国高等学校自动化专业系列教材》。

本系列教材主要面向本科生，同时兼顾研究生；覆盖面包括专业基础课、专业核心课、专业选修课、实践环节课和专业综合训练课；重点突出自动化专业基础理论和前沿技术；以文字教材为主，适当包括多媒体教材；以主教材为主，适当包括习题集、实验指导书、教师参考书、多媒体课件、网络课程脚本等辅助教材；力求做到符合自动化专业培养目标、反映自动化专业教育改革方向、满足自动化专业教学需要；努力创造使之成为具有先进性、创新性、适用性和系统性的特色品牌教材。

本系列教材在“教指委”的领导下，从2004年起，通过招标机制，计划用3～4年时间出版50本左右教材，2006年开始陆续出版问世。为满足多层面、多类型的教学需求，同类教材可能出版多种版本。

本系列教材的主要读者群是自动化专业及相关专业的大学生和研究生，以及相关领域和部门的科学工作者和工程技术人员。我们希望本系列教材既能为在校大学生和研究生的学习提供内容先进、论述系统和适于教学的教材或参考书，也能为广大科学工作者和工程技术人员的知识更新与继续学习提供适合的参考资料。感谢使用本系列教材的广大教师、学生和科技工作者的热情支持，并欢迎提出批评和意见。

《全国高等学校自动化专业系列教材》编审委员会

2005年10月于北京

《全国高等学校自动化专业系列教材》编审委员会

序

FOREWORD

自动化学科有着光荣的历史和重要的地位，20 世纪 50 年代我国政府就十分重视自动化学科的发展和自动化专业人才的培养。五十多年来，自动化科学技术在众多领域发挥了重大作用，如航空、航天等，“两弹一星”的伟大工程就包含了许多自动化科学技术的成果。自动化科学技术也改变了我国工业整体的面貌，不论是石油化工、电力、钢铁，还是轻工、建材、医药等领域都要用到自动化手段，在国防工业中自动化的作用更是巨大的。现在，世界上有很多非常活跃的领域都离不开自动化技术，比如机器人、月球车等。另外，自动化学科对一些交叉学科的发展同样起到了积极的促进作用，例如网络控制、量子控制、流媒体控制、生物信息学、系统生物学等学科就是在系统论、控制论、信息论的影响下得到不断的发展。在整个世界已经进入信息时代的背景下，中国要完成工业化的任务还很重，或者说我们正处在后工业化的阶段。因此，国家提出走新型工业化的道路和“信息化带动工业化，工业化促进信息化”的科学发展观，这对自动化科学技术的发展是一个前所未有的战略机遇。

机遇难得，人才更难得。要发展自动化学科，人才是基础、是关键。高等学校是人才培养的基地，或者说人才培养是高等学校的根本。作为高等学校的领导和教师始终要把人才培养放在第一位，具体对自动化系或自动化学院的领导和教师来说，要时刻想着为国家关键行业和战线培养和输送优秀的自动化技术人才。

影响人才培养的因素很多，涉及教学改革的方方面面，包括如何拓宽专业口径、优化教学计划、增强教学柔性、强化通识教育、提高知识起点、降低专业重心、加强基础知识、强调专业实践等，其中构建融会贯通、紧密配合、有机联系的课程体系，编写有利于促进学生个性发展、培养学生创新能力的教材尤为重要。清华大学吴澄院士领导的《全国高等学校自动化专业系列教材》编审委员会，根据自动化学科对自动化技术人才素质与能力的需求，充分吸取国外自动化教材的优势与特点，在全国范围内，以招标方式，组织编写了这套自动化专业系列教材，这对推动高等学校自动化专业发展与人才培养具有重要的意义。这套系列教材的建设有新思路、新机制，适应了高等学校教学改革与发展的新形势，立足创建精品教材，重视实践性环节在人才培养中的作用，采用了竞争机制，以激励和推动教材建设。在此，我谨向参与本系列教材规划、组织、编写的老师，致以诚挚的感谢，并希望该系列教材在全国高等学校自动化专业人才培养中发挥应有的作用。

吴启迪教授

2005年10月于教育部

序

FOREWORD

《全国高等学校自动化专业系列教材》编审委员会在对国内外部分大学有关自动化专业的教材做深入调研的基础上，广泛听取了各方面的意见，以招标方式，组织编写了一套面向全国本科生(兼顾研究生)、体现自动化专业教材整体规划和课程体系、强调专业基础和理论联系实际的系列教材，自 2006 年起将陆续面世。全套系列教材共 50 多本，涵盖了自动化学科的主要知识领域，大部分教材都配置了包括电子教案、多媒体课件、习题辅导、课程实验指导书等立体化教材配件。此外，为强调落实“加强实践教育，培养创新人才”的教学改革思想，还特别规划了一组专业实验教程，包括《自动控制原理实验教程》、《运动控制实验教程》、《过程控制实验教程》、《检测技术实验教程》和《计算机控制系统实验教程》等。

自动化科学技术是一门应用性很强的学科，面对的是各种各样错综复杂的系统，控制对象可能是确定性的，也可能是随机性的；控制方法可能是常规控制，也可能需要优化控制。这样的学科专业人才应该具有什么样的知识结构，又应该如何通过专业教材来体现，这正是“系列教材编审委员会”规划系列教材时所面临的问题。为此，设立了《自动化专业课程体系结构研究》专项研究课题，成立了由清华大学萧德云教授负责，包括清华大学、上海交通大学、西安交通大学和东北大学等多所院校参与的联合研究小组，对自动化专业课程体系结构进行深入的研究，提出了按“控制理论与工程、控制系统与技术、系统理论与工程、信息处理与分析、计算机与网络、软件基础与工程、专业课程实验”等知识板块构建的课程体系结构。以此为基础，组织规划了一套涵盖几十门自动化专业基础课程和专业课程的系列教材。从基础理论到控制技术，从系统理论到工程实践，从计算机技术到信号处理，从设计分析到课程实验，涉及的知识单元多达数百个、知识点几千个，介入的学校 50 多所，参与的教授 120 多人，是一项庞大的系统工程。从编制招标要求、公布招标公告，到组织投标和评审，最后商定教材大纲，凝聚着全国百余名教授的心血，为的是编写出版一套具有一定规模、富有特色的、既考虑研究型大学又考虑应用型大学的自动化专业创新型系列教材。

然而，如何进一步构建完善的自动化专业教材体系结构？如何建设基础知识与最新知识有机融合的教材？如何充分利用现代技术，适应现代大学生的接受习惯，改变教材单一形态，建设数字化、电子化、网络化等多元形态、开放性的“广义教材”？等等，这些都还有待我们进行更深入的研究。

本套系列教材的出版，对更新自动化专业的知识体系、改善教学条件、创造个性化的教学环境，一定会起到积极的作用。但是由于受各方面条件所限，本套教材从整体结构到每本书的知识组成都可能存在许多不当甚至谬误之处，还望使用本套教材的广大教师、学生及各界人士不吝批评指正。

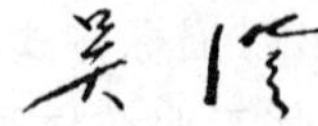 院士

2005年10月于清华大学

前言

PREFACE

控制理论在近一个多世纪的发展过程中，经历了经典控制理论和现代控制理论的两大阶段，形成控制理论的体系。随着人工智能学科的发展，对控制理论研究的深度和广度得到开拓，形成了智能控制理论。自从1971年傅京逊教授提出“智能控制”概念以来，在30多年的发展中逐步从二元论(人工智能和控制论)发展到四元论(人工智能、模糊集理论、运筹学和控制论)，且还在不断完善和充实过程中。智能控制作为一门新兴学科，其发展得益于许多学科，如人工智能、认知科学、现代控制理论、模糊数学、生物控制论、学习理论以及网络理论等。因此，智能控制理论是一门综合性很强的多学科交叉学科，也是控制论发展的第三阶段。智能控制研究领域相当广泛，涉及的应用领域也十分丰富。与智能控制理论发展相对滞后不同，智能控制的应用研究十分活跃，且取得了许多成功的应用。智能控制技术呈现出的强大生命力已引起世界各国专家学者的关注。

本教材是根据2004年教育部高等学校自动化专业教学指导分委员会关于编写《全国高等学校自动化专业系列教材》的招标通知，经《全国高等院校自动化专业系列教材》编审委员会评审通过并在清华大学出版社资助下进行编写的。整个教材按照会议审议制定的《智能控制基础》教材大纲编写完成。考虑智能控制覆盖的领域相当广泛，本教材在选材上既考虑了智能控制技术的入门教学内容，也引入了一些智能控制深层次研究的问题(可选部分)。本教材共分9章，主要包括：第1章绪论，安排2学时；第2章模糊控制论，安排16个基本学时(含模糊集合论基础，模糊逻辑、模糊逻辑推理和合成，模糊控制系统的组成，模糊控制系统的设计，模糊PID控制器以及模糊控制器的应用)和8个选修学时；第3章人工神经元网络控制论，安排16个基本学时(含引言、前向神经网络模型、动态神经网络模型、神经网络控制论、非线性动态系统的神经网络辨识、神经网络控制的学习机制、神经网络控制器的设计)和12个选修学时；第4章专家控制，安排6个学时；第5章分层递阶智能控制，安排4个学时；第6章学习控制，安排6个学时，可选修；第7章模糊神经网络控制与自适应神经网络，安排4个学时，可选修；第8章进化算法，安排6个学时，建议必修遗传学习原理与算法部分；第9章多智能体系统控制，安排4个学时，建议选修。全书带有“*”为本科生教学的选修部分，供课外参考。研究生教学可根据需要选择相关带“*”的内容作为进一步教学的内容。本书第4章、第5章、第9章以及第6章6.2节由何衍副教授编写，其余部分由韦巍教授撰写并统编全书。

本教材是在浙江大学自动化专业本科生、浙江大学控制科学与工程硕士研究生课程教学的基础上修改完成的，结合了近几年来作者与研究生们的一些研究成果，并参阅了大量国内外文献。撰写一本教材是一件繁重的任务，如果没有诸多同事以及几届研究生们的协助也是很难完成的。当然还有很多学者的研究成果也被本书引用(见参考文献)，在此深表谢意，恕不一一列举。特别感谢湖南大学王耀南教授、孙炜副教授对本教材进行全面系统的审阅，并提出了许多宝贵的建议。同时也要感谢清华大学萧德云教授、清华大学出版社王一玲编辑给予的大力支持。由于作者的学识水平和教学经验都很有限，书中的缺点和错误在所难免，殷切希望广大读者和专家给予批评和指正。

作　者

2008年6月于浙江大学

目录

CONTENTS

第1章 绪论 …… 1

1.1 智能控制的发展 …… 1

1.1.1 智能控制问题的提出 …… 1

1.1.2 智能控制的发展 …… 2

1.2 智能控制的几个主要分支 …… 5

1.2.1 基于知识的专家系统 …… 5

1.2.2 模糊控制 …… 5

1.2.3 神经元网络控制 …… 6

1.2.4 学习控制 …… 7

1.3 智能控制系统的构成原理 …… 7

1.3.1 智能控制系统结构 …… 7

1.3.2 智能控制系统的特点 …… 9

1.3.3 智能控制系统研究的主要数学工具 …… 10

习题和思考题 …… 11

第2章 模糊控制论 …… 12

2.1 引言 …… 12

2.2 模糊集合论基础 …… 14

2.2.1 模糊集的概念 …… 14

2.2.2 模糊集合的运算 …… 18

2.2.3 模糊集合运算的基本性质 …… 19

2.2.4 隶属度函数的建立 …… 20

2.2.5 模糊关系 …… 26

2.3 模糊逻辑、模糊逻辑推理和合成 …… 32

2.3.1 二值逻辑 …… 33

2.3.2 模糊逻辑的基本运算 …… 34

2.3.3 模糊语言逻辑 …… 36

2.3.4 模糊逻辑推理 …… 41

2.3.5 模糊关系方程的解 …… 50

2.4 模糊控制系统的组成 …… 53

2.4.1 模糊化过程 …… 54
2.4.2 知识库 …… 54
2.4.3 决策逻辑 …… 58
2.4.4 精确化过程 …… 59
2.5 模糊控制系统的设计 …… 61
2.5.1 模糊控制器的结构设计 …… 61
2.5.2 模糊控制器的基本类型 …… 63
2.5.3 模糊控制器的设计原则 …… 64
2.5.4 模糊控制器的常规设计方法 …… 65
2.6 模糊 PID 控制器 …… 70
2.6.1 模糊控制器和常规 PID 的混合结构 …… 70
2.6.2 常规 PID 参数的模糊自整定技术 …… 73
2.7 模糊控制器的应用 …… 74
2.7.1 流量控制的模糊控制器设计 …… 75
2.7.2 倒立摆的模糊控制 …… 77
习题和思考题 …… 80

第 3 章 人工神经元网络控制论 …… 83

3.1 引言 …… 83
3.1.1 神经元模型 …… 85
3.1.2 神经网络的模型分类 …… 86
3.1.3 神经网络的学习算法 …… 87
3.1.4 神经网络的泛化能力 …… 90
3.2 前向神经网络模型 …… 91
3.2.1 多层神经网络结构 …… 91
3.2.2 多层传播网络的 BP 学习算法 …… 95
3.2.3 快速的 BP 改进算法 …… 103
3.2.4 BP 学习算法的 MATLAB 例程 …… 107
3.3 动态神经网络模型 …… 109
3.3.1 带时滞的多层感知器网络 …… 111
3.3.2 Hopfield 神经网络 …… 112
3.3.3 回归神经网络 …… 128
3.4* CMAC 神经网络 …… 131
3.4.1 小脑网络的感知器模型 …… 132
3.4.2 CMAC 的映射原理 …… 135
3.4.3 CMAC 网络的学习算法 …… 141

3.5* RBF 神经网络模型 …… 142
3.5.1 具有固定中心的 RBF 神经网络的训练 …… 143
3.5.2 径向基神经网络训练的随机梯度逼近法 …… 145
3.6 神经网络控制基础 …… 146
3.6.1 引言 …… 146
3.6.2 神经网络的逼近能力 …… 151
3.7 非线性动态系统的神经网络辨识 …… 156
3.7.1 神经网络的辨识基础 …… 156
3.7.2 神经网络辨识模型的结构 …… 158
3.7.3 非线性动态系统的神经网络辨识 …… 164
3.8 神经网络控制的学习机制 …… 170
3.8.1 监督式学习 …… 171
3.8.2 增强式学习 …… 174
3.9 神经网络控制器的设计 …… 175
3.9.1 神经网络直接逆模型控制法 …… 175
3.9.2 直接网络控制法 …… 177
3.9.3 多神经网络自学习控制法 …… 179
3.10 单一神经元控制 …… 182
习题和思考题 …… 184

第 4 章 专家控制 …… 186

4.1 引言 …… 186
4.2 专家控制的基本原理 …… 187
4.2.1 专家控制系统的基本内容 …… 187
4.2.2 知识表达 …… 188
4.2.3 知识推理 …… 190
4.2.4 专家控制系统的设计 …… 192
4.3 专家控制应用举例 …… 194
4.3.1 PID 专家控制系统设计 …… 194
4.3.2 过程专家控制系统 …… 196
4.4 仿人智能控制 …… 197
4.4.1 仿人智能控制的引入 …… 197
4.4.2 仿人智能控制的基本概念 …… 199
4.4.3 仿人智能控制的实现 …… 203
4.4.4 仿人智能控制的应用举例 …… 209
习题和思考题 …… 211

上机实验题 …… 212

第5章* 分层递阶智能控制 …… 213

5.1 引言 …… 213
5.2 递阶智能控制的基本原理 …… 214
5.3 递阶智能控制的组织和协调 …… 215
5.3.1 递阶智能控制的组织级 …… 215
5.3.2 递阶智能控制的协调级 …… 216
5.3.3 递阶智能控制的执行级 …… 216
5.4 分层递阶智能控制的应用举例 …… 218
5.4.1 智能机器人系统的递阶控制 …… 218
5.4.2 集散递阶智能控制系统 …… 222
习题和思考题 …… 224

第6章* 学习控制 …… 225

6.1 迭代学习控制 …… 225
6.1.1 迭代学习控制的基本思想 …… 225
6.1.2 线性时变系统的迭代学习控制 …… 226
6.1.3 一类非线性动态系统的迭代学习控制 …… 231
6.1.4 多关节机械手的迭代学习控制 …… 237
6.1.5 迭代学习控制面临的挑战 …… 241
6.2 增强学习 …… 241
6.2.1 增强学习的基本思想 …… 241
6.2.2 增强学习的主要算法 …… 246
6.2.3 增强学习在控制中的应用 …… 251
习题和思考题 …… 255
上机实验题 …… 256

第7章 模糊神经网络控制与自适应神经网络 …… 257

7.1 模糊神经网络控制 …… 257
7.1.1 神经网络与模糊控制系统 …… 257
7.1.2 模糊神经网络的学习算法 …… 261
7.2 基于神经元网络的自适应控制 …… 267
7.2.1 神经网络的模型参考自适应控制 …… 268
7.2.2 神经网络的自校正控制 …… 271
7.3* 自适应神经网络结构学习 …… 273

7.3.1 神经网络结构设计准则 …… 274
7.3.2 神经网络结构设计方法 …… 275

第8章 进化算法 …… 277

8.1 引言 …… 277
8.2 遗传学习原理与算法 …… 279
8.2.1 遗传学习的基本思想 …… 279
8.2.2 遗传学习算法的理论基础 …… 285
8.2.3 遗传学习算法的改良 …… 289
8.2.4 遗传学习算法的应用 …… 297
8.3* 人工免疫进化算法 …… 300
8.3.1 免疫系统的基本概念 …… 300
8.3.2 人工免疫进化的引入和算法的提出 …… 304
习题和思考题 …… 309

第9章* 多智能体系统控制 …… 310

9.1 引言 …… 310
9.1.1 多智能体系统的概念 …… 310
9.1.2 多智能体系统的发展 …… 312
9.2 多智能体系统的理论 …… 313
9.2.1 多智能体系统的理论模型 …… 313
9.2.2 多智能体系统的通信 …… 316
9.2.3 多智能体系统的协调与协作 …… 319
9.3 多智能体控制系统 …… 323
9.3.1 基于符号推理的多智能体控制系统 …… 323
9.3.2 基于行为主义的多智能体控制系统 …… 327
9.3.3 基于进化思想的多智能体控制系统 …… 334
9.4 多智能体控制系统的应用举例 …… 337
9.4.1 多机器人控制系统 …… 337
9.4.2 交通管理系统 …… 338
习题和思考题 …… 340
上机实验题 …… 340

参考文献 …… 341

第1章 绪 论

1.1 智能控制的发展

1.1.1 智能控制问题的提出

自从1932年奈奎斯特(H. Nyquist)发表反馈放大器的稳定性论文以来,控制理论学科的发展已走过70多年的历程,其中20世纪40年代中到50年代末是经典控制理论的成熟和发展阶段,60年代到70年代是现代控制理论的形成和发展阶段。经典控制理论主要研究的对象是单变量常系数线性系统,且只适用于单输入单输出控制系统。系统的数学模型采用传递函数表示。系统的分析和综合方法主要是基于根轨迹法和频率法。经典控制理论的主要贡献在于PID调节器广泛成功地应用于常系数单输入单输出线性控制系统中。进入60年代以后,因为人类探索空间的需要及电子计算机技术的飞速发展,以多变量控制为特征的现代控制理论得到重大发展。Apollo宇宙飞船按最优轨线飞向月球的制导和登月艇软着陆等都是现代控制理论应用的典型范例。现代控制理论以庞特里亚金(Pontryagin)的极大值原理、贝尔曼(Bellman)的动态规划、卡尔曼(Kalman)的线性滤波和估计理论为基石,形成了以最优控制(二次型最优控制、H^{∞}控制等)、系统辨识和最优估计、自适应控制等为代表的现代控制理论分析和设计方法。系统分析的对象已转向多输入多输出线性系统。系统分析的数学模型主要是状态空间描述法。随着研究的对象和系统越来越复杂,借助于数学模型描述和分析的传统控制理论难以解决复杂系统的控制问题,尤其是在具有如下特点的一类现代控制工程中。

(1) 不确定性的模型。传统的控制理论都是建立在以微分方程或差分方程为工具的精确模型基础上。通常认为传统的控制是基于模型的控制,这里的模型包括控制对象和干扰模型,而模型是已知的或经过辨识可以得到的。对于不确定性的模型,传统控制虽然也存在诸如自适应控制和鲁棒控制等,从本质上讲,自适应控制通过对系统某些重要参数的估计,以补偿的方式来克服干扰和不确定性,它适合于系统参数在一定范围内的慢变化过程;鲁棒控制是在一定的外部干扰和内部参数变化作用下,以提高系统的不灵敏度为宗旨来抵御不确定性,鲁棒区域是非常有限的。因此,在实际系统中存在的模型未知、系统模型严重不确定性时,自适应控制和鲁棒控制都难以弥补严重缺陷。

(2) 高度非线性。在传统的控制理论中,线性系统理论比较成熟,对于具有高度非线性的控制对象,虽然也有一些非线性控制方法可供使用,但总的来说,非线性控制理论还很不成熟,有些方法又过于复杂,无法得以广泛应用。

(3) 复杂的任务要求。在传统的控制系统中,输入信息比较单一,如控制的任务或者要求输出量为定值(调节系统),或者要求输出量跟随期望的运动轨迹(跟踪系统)。而现代复杂系统要以各种形式(视觉、听觉等)将周围环境信息作为系统的输入信息,对这些各种信息的处理和融合,依靠传统控制理论的方法难以奏效,尤其对于复杂的控制任务,诸如智能机器人系统、复杂工业过程控制系统、计算机集成制造系统(CIMS)、航天航空控制系统、社会经济管理系统、环保及能源系统等都无能为力。

综上所述,复杂的控制系统普遍表现出系统的数学模型难以通过传统的数学工具来描述。因此,采用数学工具或计算机仿真技术的传统控制理论已经无法解决此类系统的控制问题了。同时,我们在生产实践中看到,许多复杂的生产过程难以实现的目标控制,可以通过熟练的操作工、技术人员或专家来操作获得满意的控制效果。那么,如何有效地将熟练的操作工、技术人员或专家的经验知识和控制理论结合起来去解决复杂系统的控制问题,就是智能控制原理研究的目标所在。智能控制的概念主要是针对控制对象及其环境、目标和任务的不确定性和复杂性而提出来的。一方面,这是由于实现大规模复杂系统的控制需要;另一方面,也是由于现代计算机技术、人工智能和微电子学等学科的高速发展,使控制的技术工具发生了革命性的变化。可以说,一个智能化的工业时代已经到来。这一时代的明显标志就是智能自动化,而作为智能自动化基础的"智能控制"的应运而生是有其历史的必然了。

智能控制的研究工作最初是以机器人控制为背景而提出来的。近几年来,随着研究工作的相对深入,其应用重点已从机器人控制问题向复杂工业过程控制等非机器人领域转移,而且已经成为一种发展趋势。但是,智能控制毕竟还处于开创性的研究阶段,许多概念尚处在发展之中。从总体上来看,还缺乏坚实系统的理论基础。

1.1.2 智能控制的发展

智能控制是一门新兴的理论和技术,它的发展得益于许多学科,其中包括人工智能、现代自适应控制、最优控制、神经元网络、模糊逻辑、学习理论、生物控制和激励学习等。以上每一个学科均从不同侧面部分地反映了智能控制的理论和方法。同时,智能控制又是一门尚不成熟的学科。智能控制的技术是随着数字计算机、人工智能等技术研究的发展而发展起来的。1966 年,J. M. Mendel 首先提出将人工智能用于飞船控制系统的设计。1971 年,著名学者 K. S. Fu(傅京逊)从发展学习控制的角度首次提出智能控制这一新兴学科,他在文献[3]中归纳了三种类型的智能控制系统。

(1) 人作为控制器的控制系统。由于人具有识别决策和控制等功能,因此对于不同的控制任务、不同的对象及环境情况,人作为控制器的控制系统具有自学习、自适应和自组织的功能,能自动采取不同的控制策略以适应不同的情况。

(2) 人机结合作为控制器的控制系统。在这样的系统中,机器完成那些连续进行的并需快速计算的常规控制任务,人则完成任务分配、决策、监控等任务。

(3) 无人参与的自主控制系统。最典型的例子是自主机器人,这时的自主式控制器需要完成问题求解和规划、环境建模、传感信息分析和低层的反馈控制等任务。它实际上是一个多层的智能控制。

Saridis 对智能控制的发展也做出了重要贡献。他在 1977 年出版了《随机系统的自组织控制》[4]一书,其后又发表了一篇综述文章《走向智能控制的实现》[5]。在这两篇著作中,他从控制理论发展的观点,论述了从通常的反馈控制到最优控制、随机控制,再到自适应控制、自学习控制、自组织控制,并最终向智能控制发展的过程。他首次提出了分层递阶的智能控制结构,整个结构由上而下分为三个层次:组织级、协调级和执行级。他在理论上的一个重要贡献是定义了“熵”作为整个控制系统的性能度量,并对每一级定义了熵的计算方法,证明了在执行级的最优控制等价于使用某种熵最小的方法。他在最新的工作中采用神经元网络 Boltzmann 机来实现组织级的功能,利用 Petri 网作为工具来实现协调级的功能。

在智能控制的发展中,另一位学者 K. J. Åström 也作出了重要贡献。他在“专家控制”[6]这一著名文章中,将人工智能中的专家系统技术引入控制系统,组成了另一种类型的智能控制系统。借助于专家系统技术,将常规的 PID 控制、最小方差控制、自适应控制等不同方法有机地结合在一起,能根据不同情况分别采取不同的控制策略,也可以结合许多逻辑控制的功能如起停控制、自动切换、越限报警以及故障诊断等功能。这种专家控制的方法已有许多成功应用的报道。

至此,智能控制新学科形成的条件逐渐成熟。1985 年 8 月,IEEE 在美国纽约召开了第一届智能控制学术讨论会。来自美国各地的 60 位从事自动控制、人工智能和运筹学研究的专家学者参加了这次学术讨论会。会上集中讨论了智能控制原理和智能控制系统的结构。这次会议之后不久,在 IEEE 控制系统学会内成立了 IEEE 智能控制专业委员会。1987 年 1 月,在美国费城由 IEEE 控制系统学会和计算机学会联合召开了智能控制国际会议。这是有关智能控制的第一次国际会议，来自美国、欧洲、日本、中国以及其他发展中国家的150位代表出席了这次学术盛会。提交大会报告和分组宣读的60多篇论文以及专题讨论显示出智能控制的长足进展；同时也说明了，由于许多新技术问题的出现以及相关技术的发展，需要重新考虑控制领域和相近学科。这次会议是一个里程碑，它表明智能控制作为一门独立学科，正式在国际上形成起来。

近年来，模糊控制作为一种新颖的智能控制方式越来越受到人们的重视。如果说，传统的控制是从被控对象的数学结构上去考虑进行控制的，那么，模糊控制则是从人类智能活动的角度和基础上去考虑实施控制的。1965年美国加州大学自动控制系专家 L. A. Zadeh 在《信息与控制》杂志上先后发表了《模糊集》[16]（Fuzzy Sets）和《模糊集与系统》(Fuzzy Sets & System)，奠定了模糊集理论和应用研究的基础。1968年 Zadeh 首次公开发表《模糊算法》。1973年发表了语言与模糊逻辑相结合的系统建立方法。1974年伦敦大学 E. H. Mamdani 博士首次尝试利用模糊逻辑，成功地开发了世界上第一台模糊控制的蒸汽引擎。1965—1974年是模糊控制发展的第一阶段，即模糊数学发展和成形阶段。1974—1979年为第二阶段，这是产生简单控制器的阶段。1979年至今是发展高性能模糊控制的第三阶段。1979年 T. J. Procky 和 E. H. Mamdani 共同提出了自学习概念，使系统性能大为改善。1983年日本富士电机开创了日本的第一项应用——水净化处理；之后，它致力于模糊逻辑元件的开发和研究，并在1987年仙台地铁线采用了模糊逻辑控制技术；1989年又把模糊控制消费品推向高潮。从而使得日本逐渐成为这项技术的主导国家。今天，模糊逻辑控制技术已经应用到相当广泛的领域之中。模糊控制正是试图模仿人所具有的模糊决策和推理功能来解决复杂问题的控制难点。

神经网络控制是智能控制的重要分支。自从1943年 McCulloch 和 Pitts 提出形式神经元数学模型以来，神经网络的研究开始了它的艰难历程。20世纪50年代至80年代是神经网络研究的萧条期，但仍有不少学者致力于神经网络模型的研究；然而，此时专家系统和人工智能技术发展都相当迅速，如 Albus 在1975年提出的 CMAC 神经网络模型，利用人脑记忆模型提出了一种分布式的联想查表系统，Grossberg 在1976年提出的自共振理论解决了无导师指导下的模式分类。到了80年代，人工神经网络进入了发展期。1982年，Hopfield 提出了 HNN 模型，解决了回归网络的学习问题。1986年 PDP 小组的研究人员提出的多层前向传播神经网络的 BP 学习算法实现了有导师指导下的网络学习，从而为神经网络应用开辟了广阔的前景。神经网络在许多方面试图模拟人脑的功能，并不依赖于精确的数学模型，因而显示出强大的自学习和自适应功能。神经网络在机器人方面的许多研究成果显示了广泛的应用前景。

智能控制作为一门新兴的理论技术，现在还处于发展初期。虽然取得了一些可喜的成绩和进展，但总体来看，智能控制还需要加强如下几方面的研究工作：

(1)加强理论研究。智能控制技术已经在相当多的工程领域得到应用,但智能控制的理论研究明显滞后于应用研究,尤其在智能控制系统的稳定性、可控性和鲁棒性等理论方面有待进一步深化。(2)继续扩大实际应用范围,提高实时控制能力。(3)解决知识获取和优化的瓶颈问题,特别是动态系统的知识获取和分类。(4)加强各种智能控制方法的结合和集成研究。(5)加强对智能控制学习问题的研究。

智能控制已经在工业、农业、军事等多个领域得到广泛应用,已经解决了大量传统控制无法解决的实际问题,呈现出强大的生命力和发展前景。可以预见,随着系统理论、人工智能和计算机技术的发展,智能控制必将出现更大的发展,并在实际中获得更广泛的应用。

1.2 智能控制的几个主要分支

智能控制已不是一个学科所能独自完成得了的,应结合多种学科知识来解决复杂系统的控制问题。这一点已得到专家的共识。基于这种认识,人们将各种学科大胆地应用于控制中引出了许多新理论和新方法。下面我们就几个最主要的智能控制方向及相关的理论作简单的介绍。

1.2.1 基于知识的专家系统

毫无疑问,现在人工智能领域应用最多的是专家系统。从本质上来看,专家系统是收集的规则库,它清楚地表示了知识和结果。规则的最简单形式是IF—THEN 结构。一般的专家控制系统由三部分组成。一是控制机制,它决定控制过程的策略,即控制哪一个规则被激活、什么时候被激活等。二是推理机制,它实现知识之间的逻辑推理以及与知识库的匹配。三是知识库,包括事实、判断、规则、经验以及数学模型。专家系统的迅速发展为人工智能学科的研究注入了强有力的生机,为人工智能走向实用奠定了基础。然而,专家系统的发展遇到了知识获取的“瓶颈”、“窄台阶”等困难,使其支持能力受到极大的限制和严重的挑战。因此,单一依靠专家系统的控制已无法满足实时性、灵活性、自适应性等要求。专家系统的混合控制技术正引起各国专家的关注,如:神经网络专家系统、专家模糊控制等。

1.2.2 模糊控制

模糊控制主要研究现实生活中广泛存在的定性的、模糊的、非精确的信息系统控制问题。这方面的工作首先是从 Zadeh 建立模糊集理论开始的。模糊控制有三个基本组成部分：模糊化、模糊决策、精确化计算。模糊控制的工作过程简单地可描述为：首先将信息模糊化，然后经模糊推理规则得到模糊控制输出，再将模糊指令进行精确化计算最终输出控制值。

由于模糊控制不需要精确的数学模型，因此它是解决不确定性系统控制的一种有效途径。但它对信息简单模糊地处理会导致被控系统控制精度的降低和动态品质变差。为了提高系统的精度则必然要增加量化等级，从而导致规则的迅速增多，影响规则库的最佳生成、系统复杂性和推理时间的增加。因此混合模糊控制的思想已引起大家重视。例如模糊 PID 调节器、模糊专家系统、自适应自学习模糊控制、模糊神经网络控制等。模糊控制虽然在很多方面取得了较大进展，但在理论方面还有众多问题需要研究。主要表现为：

(1) 适合于解决工程上普遍适用的稳定性分析方法，稳定性评价方法和可控性评价方法；

(2) 模糊控制规则设计方法的研究，包括模糊集合隶属函数的设定方法、量化等级、规则的最小实现、规则和隶属度函数的自动生成等问题；

(3) 模糊控制器参数的最优调整理论的确定及修正推理规则的学习方式；

(4) 模糊动态系统的辨识方法；

(5) 模糊预测系统的设计方法和提高计算速度的算法。

读者如对此不太理解，可以不予深究，在学习了模糊控制有关章节后就迎刃而解了。综上分析，模糊控制既具有广泛的应用前景，又具有许多待开发和研究的理论问题。因此，可以说模糊控制是智能控制不可缺少的一个组成部分。

1.2.3 神经元网络控制

神经元网络控制是模拟人脑神经中枢系统智能活动的一种控制方式。神经元网络通过神经元以及相互连接的权值，初步实现了生物神经系统的部分功能。神经元网络具有非线性映射能力、并行计算能力、自学习能力以及强鲁棒性等优点，已广泛地应用于控制领域，尤其是非线性系统领域。一般说来，就神经元网络在系统中的作用不同有两种功能模式：神经元网络建模和神经元网络控制。

神经元网络具有可逼近任意非线性函数的能力，因此它可以用来建立非线性系统的动态模型。神经元网络建模主要是利用对象的先验知识(即输入输出数据)，经过误差校正反馈，修整网络权值，最终得到一个具有输入输出对应关系的函数模型。虽然神经元网络对非线性系统建模起到重要的作用，但是还存在很多需进一步研究的问题。如：对不同的非线性对象神经元网络模型的选取及其结构的确定问题、被辨识系统的充分激励问题、带噪声系统的辨识问题、辨识算法的快速性和收敛性问题等。

神经元网络控制就是利用神经元网络这一工具而构成的控制系统。神经元网络在控制系统中所起的作用可大致分为四大类：第一类是在基于模型的各种控制结构中充当对象的模型；第二类是充当控制器；第三类是在控制系统中起优化计算的作用；第四类是与其他智能控制如专家系统、模糊控制相结合为其提供非参数化对象模型、推理模型等。神经元网络控制系统用于控制非线性对象时，由于神经元网络的自学习、自适应性使其与线性系统的自适应控制系统有许多相同之处。有一些结论可以平移。但是由于从线性系统到非线性系统有着本质的差异，要解决非线性系统自适应控制的问题如稳定性问题、结构问题、鲁棒性问题等都要比线性系统难得多。因此，在神经元网络的控制中存在的潜在研究问题也相当多。神经元网络控制无疑是一个挑战性很强的领域，由于它可能是处理非线性不确定性系统的有力途径，因此对它的研究是十分吸引人的。

1.2.4 学习控制

学习控制是智能控制的一部分。学习是人类的主要智能之一。学习控制正是模拟人类自身各种优良控制调节机制的一种尝试。Tsypkin 曾对学习下过一个定义，即作为一种过程，它通过重复各种输入信号，并从外部校正该系统，从而使系统对特定输入具有特定响应。学习控制系统是一个能在其运行过程中逐步获得被控过程及环境的非预知信息，积累控制经验，并在一定评价标准下进行估值、分类、决策和不断改善系统品质的自动控制系统。

学习控制根据系统工作对象的不同可分为两大类：一类是对具有可重复性的被控对象利用控制系统的先前经验，寻求一个理想的控制输入。而这个寻求的过程就是对被控对象反复训练的过程。这种学习控制又称为迭代学习控制。另一类是自学习控制系统。它不要求被控过程必须是重复性的。它能通过在线实时学习，自动获取知识，并将所学的知识用来不断地改善具有未知特征过程的控制性能。尽管学习控制已研究了多年，但与实际要求还相距较远。它的主要缺点是在线学习能力差、学习速度较慢，跟不上实时控制要求。

1.3 智能控制系统的构成原理

1.3.1 智能控制系统结构

由于智能控制尚处于发展阶段，关于什么是智能控制系统目前还没有非常明确一致的定义。但可以这样说，智能控制系统是实现某种控制任务的一种智能系统。所谓智能系统是指具备一定智能行为的系统。具体地说，若对于一个问题的激励输入，系统具备一定的智能行为，它能够产生合适的求解问题的响应，这样的系统就称为智能系统。

从系统的角度看,智能行为是一种从输入到输出的映射关系。这种映射关系并不能用常规的数学方法来精确地加以描述,因此它可以看成一种不依赖于模型的自适应估计。例如一个钢琴家弹奏一支优美的乐曲,这是一种很高级的智能行为,其输入是乐谱,输出是手指的动作和力度。显然输入输出之间存在某种映射关系,这种映射关系可以定性地加以说明,但却难以用数学的方法来精确地加以描述,也不可能由别人来精确加以复现。

智能系统的典型结构由 6 部分组成,包括执行器、传感器、感知信息处理、规划与控制、认知和通信接口。"执行器"是系统的输出,对外界对象发生作用。一个智能系统可以有许多甚至成千上万个执行器。为了完成给定的目标和任务,它们必须进行协调。执行器有电机、定位器、阀门、电磁线圈、变送器等。"传感器"产生智能系统的输入,它可以是关节位置传感器、力传感器、视觉传感器、距离传感器、触觉传感器等。传感器用来监测外部环境和系统本身的状态。传感器向感知信息处理单元提供输入。"感知信息处理"将传感器得到的原始信息加以处理,并与内部环境模型产生的期望值进行比较。感知信息处理单元在时间和空间上综合观测值与期望值之间的异同,以检测发生的事件,识别环境的特征、对象和关系。"认知"主要用来接收和储存信息、知识、经验和数据,并对它们进行分析、推理,作出行动的决策,送至规划和控制部分。"通信接口"除建立人机之间的联系外,还建立系统各模块之间的联系。"规划和控制"是整个系统的核心,它根据给定的任务要求、反馈的信息以及经验知识,进行自动搜索、推理决策、动作规划,最终产生具体的控制作用。"广义对象"包括通常意义下的控制对象和外部环境。如智能机器人系统中,机器人的手臂、被操作物体及所处环境统称广义对象。智能控制系统典型的原理结构如图 1-1 所示。

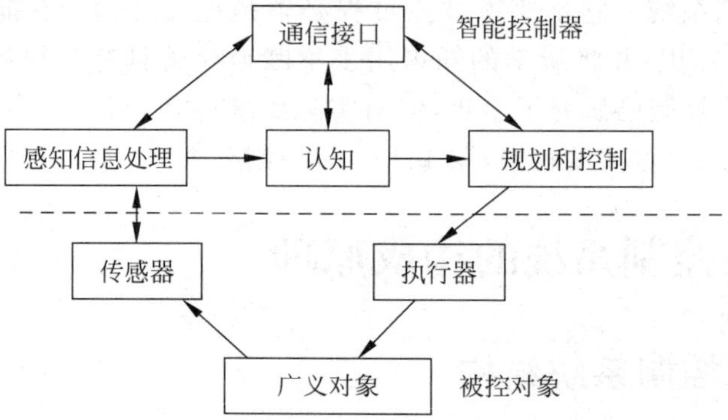

图 1-1 智能控制系统的原理结构

Saridis 从智能控制系统的功能模块结构观点出发,提出了分层递阶结构的智能控制系统。系统组成结构如图 1-2 所示,其中执行级一般需要比较准确的模型,以实现具有一定精度要求的控制任务;协调级用来协调执行级的动作,它不需要精确的模型，但需要具备学习功能以便在再现的控制环境中改善性能，并能接受上一级的模糊指令和符号语言；组织级将操作员的自然语言翻译成机器语言，进行组织决策和规划任务，并直接干预低层的操作。对于执行级，识别的功能在于获得不确定的参数值或监督系统参数的变化；对于协调级，识别的功能在于根据执行级送来的测量数据和组织级送来的指令产生合适的协调作用；对于组织级，识别的功能在于翻译定性的命令和其他输入。

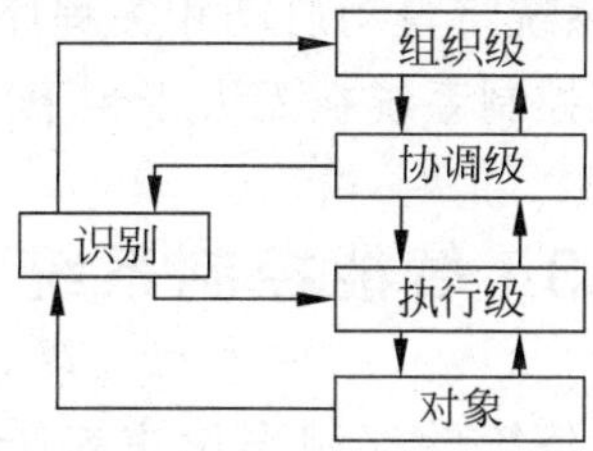

图 1-2　智能控制系统的分层递阶结构

1.3.2　智能控制系统的特点

智能控制系统具备以下特点：

(1) 智能控制系统一般具有以知识表示的非数学广义模型和以数学模型表示的混合控制过程。它适用于含有复杂性、不完全性、模糊性、不确定性和不存在已知算法的生产过程。

(2) 智能控制器具有分层信息处理和决策机构。它实际上是对人神经结构和专家决策机构的一种模仿。

(3) 智能控制器具有非线性和变结构特点。

(4) 智能控制器具有多目标优化能力。

(5) 智能控制器能够在复杂环境下学习。

从功能和行为上分析，智能控制系统应该具备以下一条或几条功能特点：

(1) 自适应(self-adaptation)功能。与传统的自适应控制相比，这里所说的适应功能具有更广泛的含义，它包括更高层次的适应性。所谓的智能行为实质上是一种从输入到输出的映射关系，它可以看成是不依赖于模型的自适应估计，因此具有很好的适应性能。即使是在系统的某一部分出现故障时，系统也能正常工作。体现了它的很强的适应性。

(2) 自学习(self-recognition)功能。一个系统，如能对一个过程或其环境的未知特征所固有的信息进行学习，并将得到的经验用于进一步估计、分类、决策或控制，从而使系统的性能得以改善，那么便称该系统具有学习功能。

(3) 自组织(self-organization)功能。对于复杂的任务和多感信息具有自行组织和协调的功能。该组织行为还表现为系统具有相应的主动性和灵活性，即智能控制器可以在任务要求的范围内自行决策，主动采取行动；而当出现多目标冲突时，各控制器在一定限制条件下自行解决。

(4) 自诊断(self-diagnosis)功能。对于智能控制系统表现为系统自身的故障检测能力。

(5) 自修复(self-repairing)功能。一旦智能控制系统检测到自身部件故障行为,系统将自动启动相关程序替换故障模块、甚至可以通过自身修复程序和模块,实现控制系统在无人干预下的正常恢复能力。

1.3.3 智能控制系统研究的主要数学工具

传统的控制理论主要采用微分方程、状态方程及各种数学变换作为研究工具,它们本质上是一种数值计算的方法。而人工智能主要采用符号处理、一阶谓词逻辑等作为研究的数学工具。显然两者有着根本的区别。智能控制研究的数学工具则是上述两方面的交叉和结合,它主要有以下几种形式。

(1) 符号推理与数值计算的结合。例如专家控制,它的上层是专家系统,采用人工智能中的符号推理方法;下层是传统意义下的控制系统,采用数值计算方法。

(2) 离散事件系统与连续时间系统分析的结合。例如在 CIMS 中,上层任务的分配和调度、零件的加工和传输等均可用离散事件系统理论来进行分析和设计;下层的控制(如机床和机器人的控制)则采用常规的连续时间系统分析方法。

(3) 模糊集理论。模糊理论形式上是利用规则进行逻辑推理,但其逻辑取值可在 0 与 1 之间连续变化,其处理的方法是基于数值的而不是基于符号的。

(4) 神经元网络理论。神经元网络通过许多简单关系来实现复杂的函数。神经元网络本质上是一个非线性动力学系统,但它并不依赖于模型。因此可以看成是一种介乎逻辑推理和数值计算之间的工具和方法。

(5) 优化理论。学习控制系统时常通过对系统性能的评判来修改系统的结构和参数。利用优化理论来解决智能控制系统中的结构和参数设计是常用分析方法,也是智能控制系统设计的精髓。

智能控制是一门交叉学科,傅京逊教授称它是人工智能与自动控制的交叉。以后 Saridis 又加入了运筹学,即认为智能控制是人工智能、自动控制和运筹学三者的交叉。图 1-3 形象地说明了这种交叉。当然对于其他类型的智能控制系统,如基于专家系统的控制、神经元控制、模糊控制等,它们仍然是多学科的交叉,只是它们所涵盖的学科不尽相同罢了。智能控制系统的研究领域相当丰富,每个领域都有各自特有的感兴趣的研究课题。这些研究领域包括智能机器人控制、智能过程控制、智能调度与决策、专家控制系统、语言控制、康复智能控制器和智能仪器等。值得指出,这些智能控制的子领域并非完全独立,它们的智能特性也不是互不相关的。

智能控制作为一门新兴学科,还没有形成一个统一的完整的理论体系。智能控制研究所面临的最迫切的问题是,对于一个给定的系统如何进行系统的分析和设计。专家预测,把复杂环境建模的严格数学方法研究同人工智能中的新兴学科分支"计算智能"的理论方法研究紧密地结合起来,有望导致新的智能控制体系结

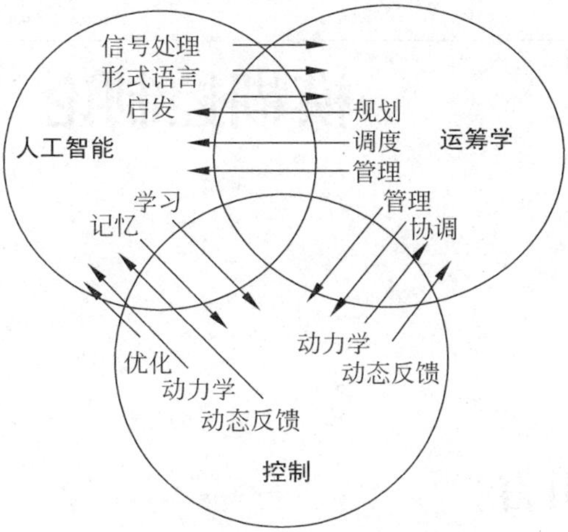

图 1-3　智能控制的交叉

构的产生和发展；并预示，这种研究将在“自上而下”和“自下而上”两个方向工作的交汇处取得突破性的进展，使智能控制系统的研究出现崭新的局面，而不是停留在监控级用一个简单的基于规则的控制将基础级的常规控制系统松散地耦合起来的水平。这里“自上而下”的含义是指由高层控制的思想、观念和理论入手向下层发展，在简化条件下建造仿真或实验系统来研究智能控制的基本概念和验证控制算法。“自下而上”的含义是指从建立“感知—行为”的直接映射入手向上层发展，同样是在简化条件下去研究各种新的分布式智能控制体系结构及其相应的控制算法。所以，智能控制理论要发展到如经典控制理论、现代控制理论那么完整还需相当长的艰苦工作。

习题和思考题

1-1　智能控制系统由哪几部分组成？各部分的作用是什么？

1-2　智能控制系统的特点是什么？

1-3　智能控制与常规控制相比较有什么不同？在什么场合下应该选用智能控制策略？

第2章 模糊控制论

2.1 引言

传统控制方法均是建立在被控对象精确数学模型基础之上的，随着系统复杂程度的提高以及一些难以建立精确数学模型的被控对象的出现，人们期望探索出一种简便灵活的描述手段和处理方法对此类复杂系统进行控制。结果发现一个依靠传统控制理论似乎难以实现的控制系统，却可由一个操作人员凭着丰富的实践经验得到满意的控制结果。骑自行车就是一个例子。任何一个经过训练的人都可以骑车自如地穿过人群，却难以对这种极为复杂的动力学问题使用精确的数学模型进行控制。这个例子给我们带来启示，吸收人脑的这种特点，模拟人的思维方法，把自然语言植入计算机内核，让计算机发挥智能性和灵活性，是计算智能的重要发展方向。模糊逻辑控制(fuzzy logic control)就是使计算机具有这种特性的新颖智能控制方法之一。

模糊控制是以模糊集合论作为它的数学基础，它的诞生是以 L. A. Zadeh 于 1965 年提出模糊集理论为标志。模糊控制是模糊集合论应用的一个重要方向。模糊控制经历了 40 多年的研究和发展已经逐步完善，尤其在其应用领域更是成果辉煌。自从 1974 年 E. H. Mamdani 首先利用模糊数学理论进行蒸汽机和锅炉控制得到成功应用以后，模糊控制的研究和应用就十分活跃。1977 年英国的 Pipps 等人采用模糊控制对十字路口的交通管理进行实验，车辆的平均等待时间减少 7%。1980 年 Tong 等将模糊控制用于污水处理过程控制，取得较好的效果。1983 年，日本学者 Shuta Murakami 研制成功了一种基于语言真值推理的模糊逻辑控制器，并成功地用于汽车速度的自动控制。90 年代以来模糊控制的领域更加广泛，除了以往的工业过程应用以外，各种商业民用场合也大量采用模糊控制技术，如模糊控制洗衣机、模糊微波炉、模糊空调、地铁运行的模糊控制、机器人控制等。模糊控制系统的应用对于那些测量数据不确切、要处理的数据量过大以致无法判断它们的兼容性、一些复杂可变的被控对象等场合是有益的，利用模糊逼近来表示它们是非常合适的。与传统控制器依赖于系统行为参数的控制器设计方法不同，模糊控制器设计是依赖于操作者的经验。在传统控制器中，参数或控制输出的调整是根据对由一组微分方程描述的过程模型的状态分析和综合来进行的，而模糊控制器参数或控制输出的调整是从过程函数的逻辑模型产生的规则来进行的。改善模糊控制性能的最有效方法是优化模糊控制规则。通常，模糊控制规则的获取是通过将人的操作经验转化为模糊语言形式。因此它带有相当的主观性。可以说，没有一种特定的方法是最优的，每一种规则控制方式都有其优缺点。

模糊控制在最近的短短十多年来发展相当迅速，这主要归结于模糊控制器的一些明显的特点。

(1) 无需知道被控对象的数学模型。模糊控制是以人对被控系统的控制经验为依据而设计的控制器，故无需知道被控系统的数学模型。

(2) 是一种反映人类智慧思维的智能控制。模糊控制采用人类思维中的模糊量，如“高”、“中”、“低”、“大”、“小”等，控制量由模糊推理导出。这些模糊量和模糊推理是人类通常智能活动的体现。

(3) 易被人们所接受。模糊控制的核心是控制规则。模糊控制中的知识表示、模糊规则和模糊推理是基于专家知识或熟练操作者的成熟经验。这些规则是以人类语言表示的。很明显这些规则易被一般人所接受和理解。如“衣服较脏，则投入洗涤剂较多，洗涤时间较长”。

(4) 构造容易。用单片机等来构造模糊控制器，其结构与一般的数字控制系统无异，模糊控制算法用软件实现，也可以用专用模糊控制芯片直接构造控制器。

(5) 鲁棒性好。模糊控制系统无论被控对象是线性的还是非线性的，都能执行有效的控制，具有良好的鲁棒性和适应性。

模糊控制具有如此明显的优点，那么模糊控制到底研究哪些内容呢？我们先来看一下模糊控制的定义。模糊控制定义是这样描述的：模糊控制器的输出是通过观察过程的状态和一些如何控制过程的规则的推理得到的。模糊逻辑控制器的这一定义主要是基于以下三个概念，测量信息的模糊化、推理机制和输出模糊集的精确化。测量信息的模糊化是将实测物理量转化为在该语言变量相应论域内不同语言值的模糊子集。推理机制使用数据库和规则库，它的作用是根据当前的系统状态信息来决定模糊控制的输出子集。模糊集的精确化计算是将推理机制得到的模糊控制量转化为一个清晰、确定的输出控制量的过程。一个典型的模糊控制系统结构示意如图 2-1 所示。

模糊控制技术的迅速发展也离不开相关技术的发展。这些相关技术包括：

(1) 模糊控制器核心处理单元。目前模糊控制器的核心处理单元主要有三种。一是传统的单片机或微型机；二是模糊单片处理芯片；三是可编程门阵列芯片。

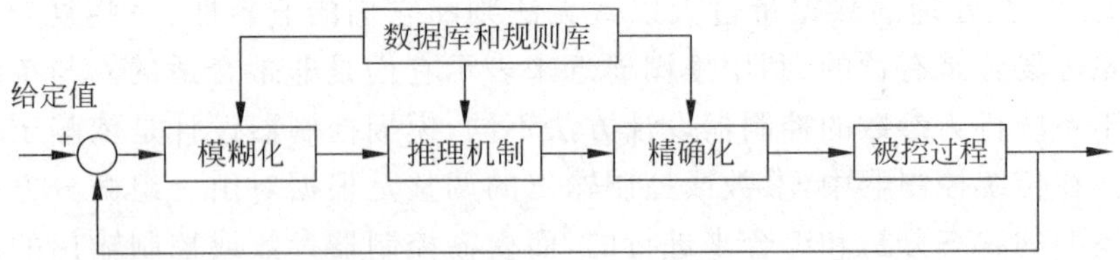

图 2-1 模糊控制系统结构示意图

(2) 模糊信息与精确信息的转换技术。模糊信息与精确信息转换技术目前主要采用 A/D、D/A 转换技术。

(3) 模糊控制的软技术。软技术主要包括系统的仿真软件，如 Neuralogix 公司的产品等。

这些模糊控制的技术随着大规模集成电路技术、计算机技术、工艺技术的发展而不断成熟起来。虽然模糊控制技术的应用也取得了惊人的成就，但与常规控制技术相比仍然显得很不成熟。至今尚未建立有效的方法来分析和设计模糊控制系统，尤其在模糊控制系统的稳定性、能控性和学习能力方面还存在许多问题有待解决。综上分析，模糊控制是一种更人性化的方法，用模糊逻辑处理和分析现实世界问题，其结果往往更符合人的要求。用模糊控制更能容忍噪声干扰和元器件的变化，使系统适应性更好。因此，模糊控制的应用前景更加广阔。

2.2 模糊集合论基础

2.2.1 模糊集的概念

模糊控制是以模糊集合论作为它的数学基础。那么，什么是模糊集合？它是怎样描述和定义的？又有哪些运算？这些问题都是学习与掌握模糊控制技术的基础。在讨论模糊集合论之前先来简单回顾一下经典集合论。19 世纪末德国数学家乔·康托(Georage Contor，1845—1918)创立的集合论已经成为现代数学的基础。集合一般指具有某种属性的、确定的、彼此间可以区别的事物的全体。这里事物的含义是广泛的，它可以是具体的东西，也可以是抽象的概念。在经典集合论中，一个事物要么属于该集合，要么不属于该集合，两者必居其一，没有模棱两可的情况。这表明经典集合论所表达概念的内涵和外延都必须是明确的。我们把所考虑的对象限制在一个特定的集合，比如一个班级、自然数等。称这个集合为基本集合或论域，通常用大写英文字母如 U 表示。U 中的一部分称为 U 的子集，常以 A 表示，U 中的对象称为元素，通常用小写英文字母如 u 表示。一个集合 U 如果是由有限个元素组成，则称为有限集合。有限集合 U 所含的不同元素的数目称为该集合 U 的基数，记为 $|U|$ 或 $\# U$。不是有限集合的集合称为无限集合。

集合既可以是连续的也可以是离散的。集合至少可以用五种不同方式来表示。

1. 列举法

将集合的元素全部列出的方法。对于有一定规则的元素表征可以用…来简记。它只适用于元素有限的集合。例如电气学院 05 级电机与电器学科硕士生、电气学院 05 级电力系统自动化学科硕士生、电气学院 05 级控制理论与控制工程学科硕士生、电气学院 05 级电力电子与电力传动学科硕士生、电气学院 05 级理论电工学科硕士生就构成了电气学院 05 级硕士生这样一个集合，可以表示为

电气学院 05 级硕士生＝{电气学院 05 级电机与电器学科硕士生、电气学院 05 级电力系统自动化学科硕士生、电气学院 05 级控制理论与控制工程学科硕士生、电气学院 05 级电力电子与电力传动学科硕士生、电气学院 05 级理论电工学科硕士生}。

2. 定义法

适用于有很多元素而不能一一列举的集合，这是用集合中的共性来描述集合的方法。例如 $U=\{u|u$ 为自然数且 $u<5\}$ 表示少于 5 的自然数集合。

3. 归纳法

通过一个递推公式来描述一个集合。给出集合中的一个元素和一个规则，集合中的其他元素可以借助这个规则来找到。例如 $U=\{u_{i+1}=u_i+1, i=1,2,u_1=1\}$。

4. 特征函数表示法

它是利用经典集合论非此即彼的明晰性来表示集合的，因为某一集合中的元素要么属于这个集合，要么就不属于这个集合，二者必居其　。例如小于 10 的数构成偶数的集合可表示成

若小于 10 的数 u 属于偶数的集合 U，集合 U 就可以通过特征函数 $T_{\mathrm{U}}(u)$ 来表示，即

$$T_{\mathrm{U}}(u)=\begin{cases}1, & u\in U\\ 0, & u\notin U\end{cases} \tag{2-1}$$

5. 通过某些集合的运算来表示的集合

例 2-1　设集合 U 是由 1 到 10 的十个自然数组成。试用上述前三种方法写出该集合的表达式。

解　(1) 列举法　$U=\{1,2,3,4,5,6,7,8,9,10\}$；

(2) 定义法　$U=\{u|u$ 为自然数且 $1\leqslant u\leqslant 10\}$；

(3) 归纳法　$U=\{u_{i+1}=u_i+1, i=1,2,\cdots,9,u_1=1\}$。 ■

从上述分析可知，经典集合论中任意一个元素与任意一个集合之间的关系，只是“属于”或“不属于”，两者必居其一而且只居其一。它描述的是有明确分界线的元素组合。在处理清晰的、确定性的问题时达到了高度的严密性和精确性。然而，用它来处理模糊性概念时就显得无能为力。我们知道，在思维中每一个概念都有一定的内涵和外延。概念的内涵是指一个概念所包含的区别于其他概念的全体本质属性，概念的外延是指符合某概念的对象的全体。比如“人”这个概念的外延是世界上所有人的全体，而内涵就是区别于其他动物的本质属性的全体。从集合论的角度看，内涵就是集合的定义，外延就是组成集合的所有元素。经典集合的内涵和外延都是明确的。例如“男人”和“女人”这样一对集合是有明确的分界线的。然而，在人们的思维中，存在许多没有明确外延的概念，即模糊概念。如“速度的快慢”、“年龄的大小”、“温度的高低”等模糊概念没有明确的外延。因此，模糊概念无法用经典集合论来描述。那么，怎样描述一个模糊概念呢？模糊集合是提供一种处理此类现象的有效方法。与传统的经典集合对事物只用“1”、“0”简单地表示“属于”或“不属于”分类相比，模糊集合则是把它扩展成用 0 到 1 之间的连续变化值来描述元素的属于程度。这个 0 到 1 之间的连续变化值又称作“隶属度(degree of membership)”。这就是说，有些元素可以同时是部分真和部分假。模糊集合是处理人们自然语言或概念的崭新数学工具。以人对室温(0～40℃)的感觉为例，来看看如何用模糊集合表示人对各种事物和现象形成的概念。在一般情况下，大部分人把从 15～25℃ 的室温称作“舒适”的温度，而把 15℃ 以下称为“冷”，25℃ 以上称为“热”。如用经典集合论来定义，则把小于 15℃ 的温度哪怕是 14.9℃ 也只能属于“冷”(见图 2-2(a))，显然这与人的感觉是不一致的。因此需寻求另外一种数学的表示方式，这就是模糊集合论所要解决的问题。若用模糊集合论来定义如上这种情况，就是用具有 0～1 之间变化的隶属度的特征函数来描述某一模糊元素，模糊集合中的特征函数就称作隶属度函数(见图 2-2(b))。

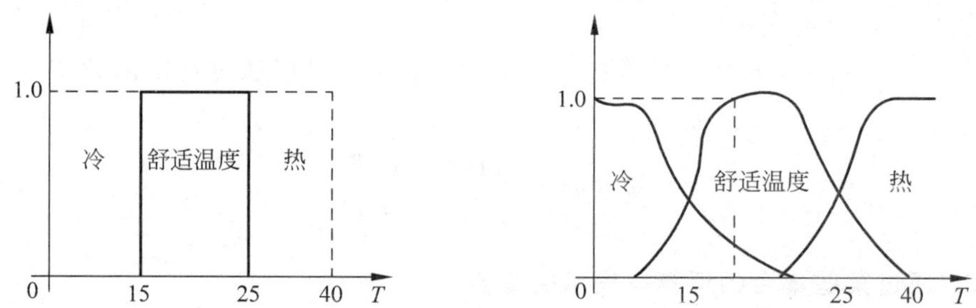

(a) 经典集合对温度的定义　　(b) 模糊集合对温度的定义

图 2-2

在模糊逻辑中，小的温度变化只会引起系统性能的逐渐变化。这样 14.9℃ 和 15℃ 属于同一集合的程度是很接近的。那么模糊集合是如何定义的呢？模糊集合的定义实际上是将经典集合论中的特征函数表示扩展到用隶属度函数来表示。

定义 2-1　模糊集合(fuzzy sets)　论域 U 中的模糊集合 F 是用一个在闭区间[0,1]上取值的隶属度 μ_F 来表示，即

$$\mu_F: U \to [0,1]$$

$\mu_F(u)=1$，表示 u 完全属于 F；

$\mu_F(u)=0$，表示 u 完全不属于 F；

$0<\mu_F(u)<1$，表示 u 部分属于 F。

μ_F 是用来说明 u 隶属于 U 的程度。$\mu_F(u)$值的大小反映了 u 对于模糊集合 F 的从属程度。$\mu_F(u)$值接近于1，表示 u 从属于 F 的程度很高；$\mu_F(u)$值接近于0，表示 u 从属于 F 的程度很低。模糊集合可看成是隶属度值只取0和1的普通集合的推广。论域 U 中的模糊集 F 可以用元素 u 和它的隶属度来表示

$$F=\{(u,\mu_F(u))\mid u\in U\} \tag{2-2}$$

若 U 为连续域，则可写成 $F=\int_U \mu_F/u$，注意这里的$\int$并不表示"积分"，只是借用来表示集合的一种方法。

例 2-2　设 F 表示远远大于0的实数集合，求 F 的隶属度函数。

解

$$\mu_F(x)=\begin{cases}0 & x\leqslant 0\\ \dfrac{1}{1+\dfrac{100}{x^2}} & x>0\end{cases} \tag{2-3}$$

可以算出 $\mu_F(5)=0.2$，$\mu_F(10)=0.5$，$\mu_F(20)=0.8$，表示5属于远远大于零的程度只有0.2，这也意味着5还算不上是远远大于零的数。■

定义 2-2　支集(support)　模糊集合 F 的支集 S 是一个普通集合，它是由论域 U 中满足 $\mu_F(u)>0$ 的所有 u 组成的，即

$$S=\{u\in U\mid \mu_F(u)>0\}$$

定义 2-3　模糊单点(singleton)　如果模糊集合 F 的支集在论域 U 上只包含一个点 u_0，且 $\mu_F(u_0)=1$，则 F 就称为模糊单点。即

$$F=\{u_0\in U\mid \mu_F(u_0)=1\}$$

若 U 为离散域，即论域 U 是有限集合时，模糊集合可以有以下二种表示法。

1. 扎德表示法

即 $F=\sum_{i=1}^{n}\mu_F(u_i)/u_i$ 注意这里的$\sum$并不表示"求和"，只是借用来表示集合的一种方法。符号"/"也不表示分数，只是表示元素 u_i 与它对 F 的隶属度的对应关系。

例 2-3　考虑论域 $U=\{0,1,2,\cdots,10\}$和模糊集 F"接近于0的整数"。求模糊数 F 的离散隶属度函数扎德表示法。

解　$F=1.0/0+0.9/1+0.75/2+0.5/3+0.2/4+0.1/5$ ■

2. 序偶表示法

$$F=\{(u_1,\mu(u_1)),(u_2,\mu(u_2)),\cdots,(u_n,\mu(u_n))\} \tag{2-4}$$

对于上例可写成

$$F=\{(0,1),(1,0.9),(2,0.75),(3,0.5),(4,0.2),(5,0.1)\}$$

3. 向量表示法

$$F=\{\mu(u_1),\mu(u_2),\cdots,\mu(u_n)\} \tag{2-5}$$

此时元素 u 应该按次序排列，隶属度值为零的项不能省略。对于上例可写成

$$F=\{1,0.9,0.75,0.5,0.2,0.1\}$$

2.2.2 模糊集合的运算

对于模糊集合，元素与集合之间不存在属于或不属于的明确关系，但是集合与集合之间还是存在相等、包含以及与经典集合论一样的一些集合运算，如并、交、补等。下面分别引入这些定义。

定义 2-4 模糊集合相等 若有两个模糊集合 A 和 B，对于所有的 $u\in U$，均有 $\mu_A(u)=\mu_B(u)$，则称模糊集合 A 与模糊集合 B 相等，记作 $A=B$。

定义 2-5 模糊集合包含 若有两个模糊集合 A 和 B，对于所有的 $u\in U$，均有 $\mu_A(u)\leqslant\mu_B(u)$，则称模糊集合 A 包含于模糊集合 B，或称 A 是 B 的子集，记作 $A\subseteq B$。

定义 2-6 模糊空集 若对于所有 $u\in U$，均有 $\mu_A(u)=0$，则称 A 为模糊空集，记作 $A=\varnothing$。

定义 2-7 模糊全集 若对于所有 $u\in U$，均有 $\mu_A(u)=1$，则称 A 为模糊全集。

定义 2-8 模糊集合的并集 若有三个模糊集合 A,B,C。对于所有 $u\in U$，均有

$$\mu_C(u)=\mu_A\vee\mu_B=\max\{\mu_A(u),\mu_B(u)\}$$

则称 C 为 A 与 B 的并集，记为 $C=A\cup B$。

定义 2-9 模糊集合的交集 若有三个模糊集合 A,B,C。对于所有 $u\in U$，均有

$$\mu_C(u)=\mu_A\wedge\mu_B=\min\{\mu_A(u),\mu_B(u)\}$$

则称 C 为 A 与 B 的交集，记为 $C=A\cap B$。

定义 2-10 模糊集合的补集 若有两个模糊集合 A 和 B，对于所有 $u\in U$，均有

$$\mu_B(u)=1-\mu_A(u)$$

则称 B 为 A 的补集，记为 $B=\overline{A}=A^C$。

例 2-4 设论域 $U=\{u_1,u_2,u_3,u_4,u_5\}$ 中的两个模糊子集为

$$A=\frac{0.6}{u_1}+\frac{0.5}{u_2}+\frac{1}{u_3}+\frac{0.4}{u_4}+\frac{0.3}{u_5}$$

$$B=\frac{0.5}{u_1}+\frac{0.6}{u_2}+\frac{0.3}{u_3}+\frac{0.4}{u_4}+\frac{0.7}{u_5}$$

求 $A\cup B,A\cap B$。

解

$$A\cup B=\frac{0.6\vee 0.5}{u_1}+\frac{0.5\vee 0.6}{u_2}+\frac{1\vee 0.3}{u_3}+\frac{0.4\vee 0.4}{u_4}+\frac{0.3\vee 0.7}{u_5}$$
$$=\frac{0.6}{u_1}+\frac{0.6}{u_2}+\frac{1}{u_3}+\frac{0.4}{u_4}+\frac{0.7}{u_5}$$
$$A\cap B=\frac{0.6\wedge 0.5}{u_1}+\frac{0.5\wedge 0.6}{u_2}+\frac{1\wedge 0.3}{u_3}+\frac{0.4\wedge 0.4}{u_4}+\frac{0.3\wedge 0.7}{u_5}$$
$$=\frac{0.5}{u_1}+\frac{0.5}{u_2}+\frac{0.3}{u_3}+\frac{0.4}{u_4}+\frac{0.3}{u_5}$$
■

模糊集合中除了“交”、“并”、“补”等基本运算之外，还有如下一些代数运算法则。设论域 U 上有三个模糊集合 A、B、C，对于所有的 $u\in U$，存在

(1) 代数积　$A\cdot B\leftrightarrow\mu_{A\cdot B}(u)=\mu_A(u)\mu_B(u)$

(2) 代数和　$A\hat{+}B\leftrightarrow\mu_{A\hat{+}B}(u)=\mu_A(u)+\mu_B(u)-\mu_A(u)\mu_B(u)$

(3) 有界和　$A\oplus B\leftrightarrow\mu_{A\oplus B}(u)=[\mu_A(u)+\mu_B(u)]\wedge 1$

(4) 有界差　$A\odot B\leftrightarrow\mu_{A\circ B}(u)=[\mu_A(u)-\mu_B(u)]\vee 0$

(5) 有界积　$A\otimes B\leftrightarrow\mu_{A\otimes B}(u)=[\mu_A(u)+\mu_B(u)-1]\vee 0$

2.2.3 模糊集合运算的基本性质

定理 2-1 模糊集合运算的基本定律　设 U 为论域，A,B,C 为 U 中的任意模糊子集。则下列等式成立

幂等律

$$A\cap A=A,\quad A\cup A=A \tag{2-6}$$

结合律

$$A\cap(B\cap C)=(A\cap B)\cap C,\quad A\cup(B\cup C)=(A\cup B)\cup C \tag{2-7}$$

交换律

$$A\cap B=B\cap A,\quad A\cup B=B\cup A \tag{2-8}$$

分配律

$$A\cap(B\cup C)=(A\cap B)\cup(A\cap C)$$
$$A\cup(B\cap C)=(A\cup B)\cap(A\cup C) \tag{2-9}$$

同一律

$$A\cap U=A,\quad A\cup\varnothing=A \tag{2-10}$$

零一律

$$A\cap\varnothing=\varnothing,\quad A\cup U=U \tag{2-11}$$

吸收律

$$A \cap (A \cup B) = A, \quad A \cup (A \cap B) = A \tag{2-12}$$

德·摩根律

$$\begin{aligned} \overline{(A \cap B)} &= \bar{A} \cup \bar{B} \\ \overline{(A \cup B)} &= \bar{A} \cap \bar{B} \end{aligned} \tag{2-13}$$

双重否认律

$$\overline{\overline{A}} = A \tag{2-14}$$

模糊集合与经典集合的集合运算的基本性质完全相同，只是模糊集合运算不满足互补律，即

$$A \cap \bar{A} \neq \varnothing \quad A \cup \bar{A} \neq U \tag{2-15}$$

模糊集合的代数运算仍然满足结合律、交换律、德·摩根律、同一律和零一律。但不满足幂等律、分配律和吸收律。当然，也不满足互补律。模糊集合的有界运算也满足结合律、交换律、德·摩根律、同一律和零一律。而且满足互补律。但不满足幂等律、分配律和吸收律。

2.2.4 隶属度函数的建立

对于一个特定模糊集来说，隶属度函数基本上体现了所有的模糊性，因此这种描述也体现了模糊特性或运算本质。在经典集合中，特征函数只能取 0 和 1 两个值，而在模糊集合中，其特征函数的取值范围扩大到[0,1]区间的连续值。为了把两者区分开来，就把模糊集合的特征函数称作隶属度函数。隶属度函数是模糊集合论的基础，因而如何确定隶属度函数就是一个关键问题。由于模糊集理论研究的对象具有“模糊性”和经验性，因此找到一种统一的隶属度函数计算方法是不现实的。尽管确定隶属度函数的方法带有主观因素，但主观的反映和客观的存在是有一定联系的，是受到客观制约的。隶属度函数实质上反映的是事物的渐变性，因此，它仍然应遵守一些基本原则。

1. 表示隶属度函数的模糊集合必须是凸模糊集合

我们通过一个例子来说明这一原则。以主观性最强的专家经验法为例来确定“速度适中”的隶属度函数。某专家以涉及的系统实际情况和他本人的经验对“速度适中”这一语言值进行隶属度函数的定义

$$\text{“速度适中”} = 0/30 + 0.5/40 + 1/50 + 0.5/60 + 0/70$$

这里隶属度为“1”的速度值定在 50km/h。就是说在这个问题上 50 左右的速度为最适中。越偏离这一速度值其隶属度函数的值越小，即速度适中的程度越小。这基本上符合人们的习惯经验。虽然，不同的专家可以定义 40 这一档的隶属度为 0.4 而不是 0.5。因此，从这一点上来看隶属度函数的确定带有一定的随意性。

但这种随意性并不意味着就可以任意确定，它必须能经得起实验的检验。比如说我们把 30 这一档的隶属度为 0.9 而不是 0 就明显不符合人们的经验知识。所以，在一定的范围内或在一定的条件下，所用语言语义分析中模糊概念的隶属度的确具有相当稳定性。因此根据专家经验确定的隶属度函数值就有较好的可信度。一般说来，某一模糊概念的隶属度函数确定首先从最适合这一模糊概念的点下手，也即确定该模糊概念的最大隶属度函数点，然后向两边延伸。当然，每个专家的延伸着重点不同会导致隶属度函数的形状有明显的差异。但是有一点必须是一致的，即从最大隶属度函数点出发向两边延伸时，其隶属度函数的值必须是单调递减的，而不允许有波浪形。这实际上是很好理解的，如上面提到的如果把 50 左右的速度定义为最适中，则若将 40 的隶属度定义为 0.5、30 的隶属度定义为 0.9。这也就意味着 30 的速度在这一问题中比 40 的速度更适中，则显然是不符合逻辑的。综上分析，隶属度函数的确定形象地说要求呈单峰馒头形，用数学的语言来表示就要求是凸模糊集合。不允许出现如图 2-3 所示的非凸模糊集合的隶属度函数。在实际应用中为了简化计算常选用三角形或梯形作为隶属度函数曲线。

2. 变量所取隶属度函数通常是对称和平衡的

在模糊控制系统中，每一个输入变量(以后又可称语言变量)可以有多个标称值(又称语言值)。一般情况下，描述变量的标称值安排得越多，即在论域中的隶属度函数的密度越大，模糊控制系统的分辨率就越高，其系统响应的结果就越平滑；但带来的不足之处是模糊规则会明显增多、计算时间会大大增加、系统设计困难程度加重。但是如果标称值安排得太少，则其系统的响应可能会太不敏感，并可能无法及时提供输出控制跟随小的输入变化，以致使系统的输出会在期望值附近振荡。因此，模糊变量的标称值选择既不能过多又不能过少，一般取 3～9 个为宜，并且通常取奇数个。在“零”、“适中”或“合适”集合的两边语言值的隶属度函数通常是取对称和平衡的。针对上例，除“速度适中”这一语言值外，如果选择另一个语言值“速度高”，则一般应该选一个“速度低”的语言值相对应，以满足对称性。

3. 隶属度函数要遵从语意顺序和避免不恰当的重叠

在相同论域上使用的具有语义顺序关系的若干标称值的模糊集合，例如“速度很低”、“速度低”、“速度适中”、“速度高”、“速度很高”等模糊子集的中心值位置必须按这一次序排列。不能违背常识和经验。因为在模糊控制设计中的很大一部分尤其是规则库的设计要依赖于专家的经验，而专家的经验往往是与这些语言值相关的。语言值的分布必须满足常识和经验。除此之外，由中心值向两边模糊延伸的范围也有一定的限制，间隔的两个模糊集合的隶属度函数尽量不相交。如图 2-3 和图 2-4 所示的隶属度函数定义法明显是不符合实际情况的，即 32km/h 的速度隶属于“很高”的程度比隶属于“适中”的程度还要高。若有这样的安排，则在制定模糊控制规则时往往会有相互矛盾的现象出现。

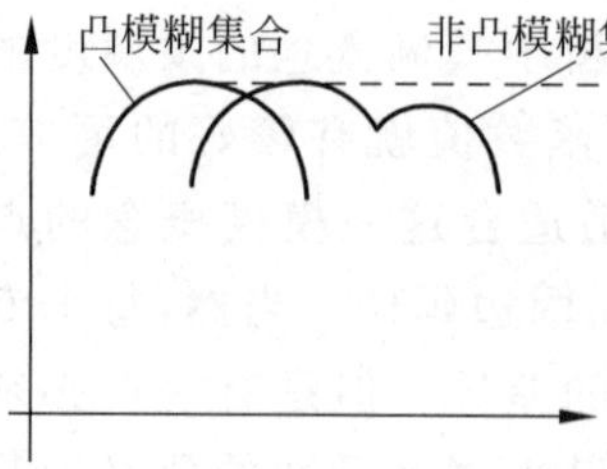

图 2-3　非凸模糊集合隶属度函数

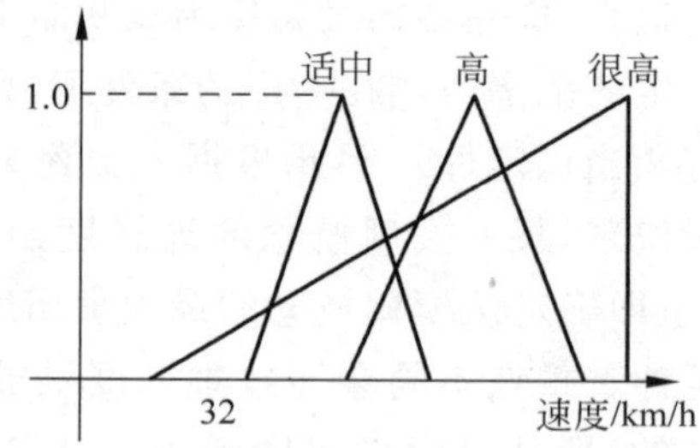

图 2-4　交叉越界的隶属度函数示意图

4. 隶属度函数的选择需要考虑重叠指数

一个合理的隶属度函数的建立需要考虑很多因素，重叠指数为隶属度函数的选择提供依据。为了定量研究隶属度函数之间的重叠，Motorola 的 Marsh 提出重叠率和重叠鲁棒性的概念，并用这两个指数来描述隶属度函数的重叠关系。它们的定义和图示如图 2-5 所示。对于重叠指数的选择有以下经验知识。一般取重叠率为 0.2～0.6 为宜，重叠鲁棒性的值通常比重叠率稍大一点，即 0.3～0.7。重叠率和重叠鲁棒性越大，模糊控制模块就更具有模糊性，而低重叠指数适用于有较大明确相关性的输入输出系统。为了使模糊控制模块更平滑地操作，应该选择一个成熟的重叠率和重叠鲁棒性。例如重叠率可取 0.33、重叠鲁棒性可取 0.5。图 2-6 是几个隶属度函数的重叠指数示意图。

$$\text{重叠率}=\frac{\text{重叠范围}}{\text{附近模糊隶属度函数的范围}}$$

$$\text{重叠鲁棒性}=\frac{\text{总的重叠面积}}{\text{总的重叠最大面积}}=\frac{\int_L^U(\mu_{A1}+\mu_{A2})\mathrm{d}x}{2(U-L)}$$

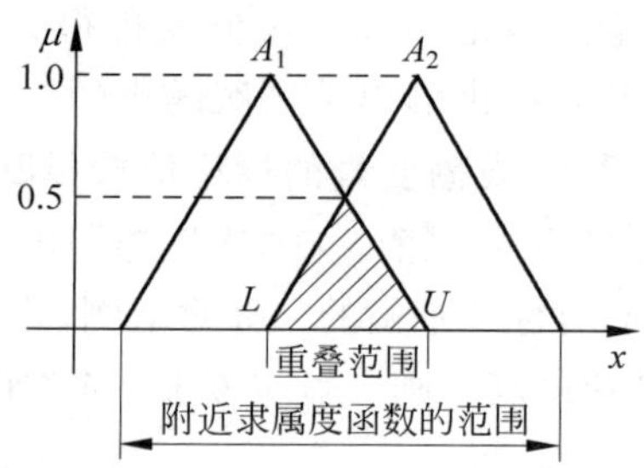

图 2-5　重叠指数的定义

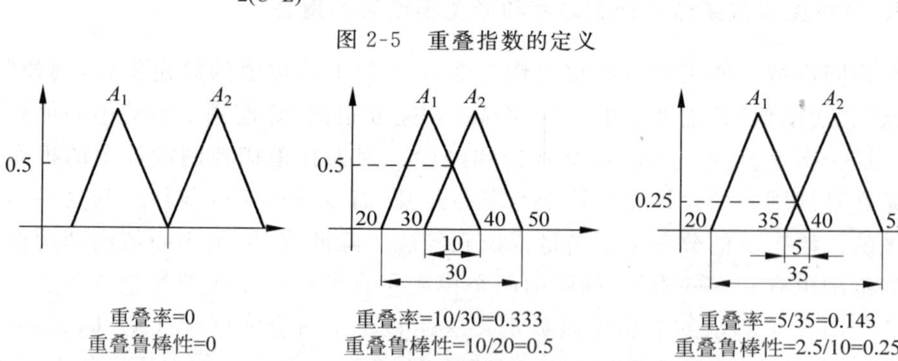

图 2-6　隶属度函数重叠的范例

隶属度函数是模糊控制的应用基础，正确构造隶属度函数是能否用好模糊控制的关键之一。隶属度函数的确立目前还没有一套成熟有效的方法，大多数系统的确立方法还停留在经验和实验的基础上。通常的方法是初步确定粗略的隶属度函数，然后再通过"学习"和不断的实践来修整和完善，从而达到主观和客观的统一。遵照以上原则的隶属度函数选择方法仍然有很多，这里主要介绍以下四种。

1. 模糊统计法

模糊统计法的基本思想：论域U上的一个确定元素v_0属于模糊集A的隶属度是通过对它是否属于论域上的一个可变动的清晰集合A^*的统计次数作出计算。对于不同的试验者，清晰集合A^*可以有不同的边界，但它们都对应于同一个模糊集A。如对于"年轻人"这个概念属于"模糊集"概念A，但对于不同试验者所对应的清晰集合A^*会不同，例如有的人认为"17～30"岁的人属于"年轻人"，这里的"17～30"岁就是清晰集合A_1^*。有的人认为"20～35"岁的人属于"年轻人"，这里的"20～35"岁又是另一个清晰集合A_2^*。清晰集合A_1^*、A_2^*属于不同边界对应于同一模糊集A的两个试验集。模糊统计法的计算步骤是在每次统计中，v_0是固定的，A^*的值是可变的，作n次试验，其模糊统计可按下式进行计算

$$v_0\text{ 对 }A\text{ 的隶属频率}=\frac{v_0\in A^*\text{ 的次数}}{\text{试验总次数 }n} \tag{2-16}$$

随着n的增大，隶属频率也会趋向稳定，这个稳定值就是v_0对A的隶属度值。这种方法较直观地反映了模糊概念中的隶属程度，但其计算量相当大。

2. 例证法

例证法的主要思想是从已知有限个μ_A的值，来估计论域U上模糊子集A的隶属度函数。如论域U代表全体人类，A是"高个子的人"。显然A是一个模糊子集。为了确定μ_A先确定一个高度值h，然后选定几个语言真值（即一句话的真实程度）中的一个来回答某人高度是否算"高个子"。如语言真值可分为"真的"、"大致真的"、"似真似假"、"大致假的"和"假的"五种情况，并且分别用数字 1、0.75、0.5、0.25、0 来表示这些语言真值。对n个不同高度$h_1,h_2,\cdots,h_n$都作同样的询问，即可以得到A的隶属度函数的离散表示。

3. 专家经验法

专家经验法是根据专家的实际经验给出模糊信息的处理算式或相应权系数值来确定隶属度函数的一种方法。例如，对于某一故障诊断系统它存在多种故障现象，如"跳闸"、"振荡"等。而产生每一现象的原因可能有"系统温度过高"、"负载过大"、"压力过大"等。专家经验法是根据专家的经验对每一现象产生每一结果

的可能性程度来决定它们相应的隶属度函数。从而可以构成一个模糊专家系统。

4. 二元对比排序法

二元对比排序法是一种较实用的隶属度函数确定方法。它通过对多个事物之间的两两对比来确定某种特征下的顺序，由此来决定这些事物对该特征的隶属度函数的大体形状。二元对比排序法根据对比测度不同，可分为相对比较法、对比平均法、优先关系定序法和相似优先对比法等，本书仅介绍一种较实用又方便的方法——相对比较法。

相对比较法是设论域 U 中元素 $v_1,v_2,\cdots,v_n$，要对这些元素按某种特征进行排序，首先要在二元对比中建立比较等级，而后再用一定的方法进行总体排序，以获得诸元素对于该特性的隶属度函数。其具体步骤如下。

设论域 U 中一对元素 (v_1,v_2)，其具有某特征的等级分别为 $g_{v_2}(v_1)$、$g_{v_1}(v_2)$，即在 v_1 和 v_2 的二元对比中，如果 v_1 具有某特征的程度用 $g_{v_2}(v_1)$ 来表示，则 v_2 某特征的程度用 $g_{v_1}(v_2)$ 来表示；并且该二元对比级的数对 $(g_{v_2}(v_1)、g_{v_1}(v_2))$ 必须满足 $0\leqslant g_{v_2}(v_1)\leqslant 1$、$0\leqslant g_{v_1}(v_2)\leqslant 1$，令

$$g(v_1/v_2)=\frac{g_{v_2}(v_1)}{\max(g_{v_2}(v_1),g_{v_1}(v_2))} \tag{2-17}$$

这里 $v_1,v_2\in U$，若由 $g(v_1/v_2)$ 为元素，且定义 $g(v_i/v_j)=1$，当 $i=j$ 时。则可构造出矩阵 $\boldsymbol{G}$，并称 $\boldsymbol{G}$ 为相及矩阵。

$$\boldsymbol{G}=\begin{bmatrix}1 & g(v_1/v_2)\\ g(v_2/v_1) & 1\end{bmatrix}$$

容易推广到 n 元的情况。对于 n 个元素 $(v_1,v_2,\cdots,v_n)$，同理可得相及矩阵 $\boldsymbol{G}$

$$\boldsymbol{G}=\begin{bmatrix}1 & g(v_1/v_2) & g(v_1/v_3) & \cdots & g(v_1/v_n)\\ g(v_2/v_1) & 1 & g(v_2/v_3) & \cdots & g(v_2/v_n)\\ g(v_3/v_1) & g(v_3/v_2) & 1 & \cdots & g(v_3/v_n)\\ \vdots & \vdots & \vdots & & \vdots\\ g(v_n/v_1) & g(v_n/v_2) & g(v_n/v_3) & \cdots & 1\end{bmatrix} \tag{2-18}$$

若对矩阵 $\boldsymbol{G}$ 的每一行取最小值，如对第 i 行取 $g_i=\min[g(v_i/v_1),g(v_i/v_2),\cdots,g(v_i/v_n)]$，并按其值的大小排序，即可得到元素 $(v_1,v_2,\cdots,v_n)$ 对某特征的隶属度函数。

例 2-5 设论域 $U=\{v_1,v_2,v_3,v_0\}$，其中 v_1 表示长子，v_2 表示次子，v_3 表示三子，v_0 表示父亲。如果考虑长子和次子与父亲的相似问题，则可这样来描述长子相似于父亲的程度为 0.8，次子相似于父亲的程度为 0.5。如果仅考虑次子和三子，则次子相似于父亲的程度为 0.4，三子相似于父亲的程度为 0.7。如果仅考虑长子和三子，则长子相似于父亲的程度为 0.5，三子相似于父亲的程度为 0.3。求 $\{v_1,v_2,v_3\}$ 与 v_0 相似程度的隶属度函数。

解 根据已知条件，可建立如下关系

$$f(v_1,v_1)=1.0\quad f(v_1,v_2)=0.8\quad f(v_1,v_3)=0.5$$
$$f(v_2,v_1)=0.5\quad f(v_2,v_2)=1.0\quad f(v_2,v_3)=0.4$$
$$f(v_3,v_1)=0.3\quad f(v_3,v_2)=0.7\quad f(v_3,v_3)=1.0$$

按照“谁像父亲”这一原则排序，可得

$$(g_{v_2}(v_1),\quad g_{v_1}(v_2))=(0.8,0.5)$$
$$(g_{v_3}(v_2),\quad g_{v_2}(v_3))=(0.4,0.7)$$
$$(g_{v_1}(v_3),\quad g_{v_3}(v_1))=(0.5,0.3)$$

计算相及矩阵 $\boldsymbol{G}$。因为 $g(v_i/v_j)=\dfrac{g_{v_j}(v_i)}{\max(g_{v_j}(v_i),g_{v_i}(v_j))}$，所以，相及矩阵

$$\begin{array}{c} \\ v_1 \\ v_2 \\ v_3 \end{array}\begin{array}{c} \begin{array}{ccc} v_1 & v_2 & v_3 \end{array} \\ \begin{bmatrix} 1 & 1 & 1 \\ 5/8 & 1 & 4/7 \\ 3/5 & 1 & 1 \end{bmatrix} \end{array}=\boldsymbol{G}$$

在相及矩阵中取每一列的最小值，按所得值的大小排列得

$$1>3/5>4/7$$

结论是长子最像父亲(1)，三子次之(0.6)，次子最不像父亲(0.57)。由此，可以确定出隶属度函数的大致形状。■

隶属度函数的确定是一个难题。本节给出了隶属度函数的几种建立方法。除此之外，隶属度函数的确定还有许多其他方法，如神经元网络确定法、遗传学习确定法等隶属度函数的自学习确定方法得到广泛应用。同时，基于模式识别、相关选择、统计方法等的隶属度函数确定方法也时有涌现，如可变形原型、相关选择。虽然目前隶属度函数的确定还没有一个统一的方法，但隶属度的图形基本上可归结为三大类：(1)左大右小的偏小型下降函数(又称 Z 函数)；(2)左小右大的偏大型上升函数(又称 S 函数)；(3)对称型凸函数(又称 Π 函数)。

(1) Z 函数　它很适用于输入值比较小时的隶属度函数确定。它的典型函数关系有降半矩形分布、降半梯形分布、降半 Γ 形分布、降半正态分布等。其中主要的曲线示意图如图 2-7 所示。

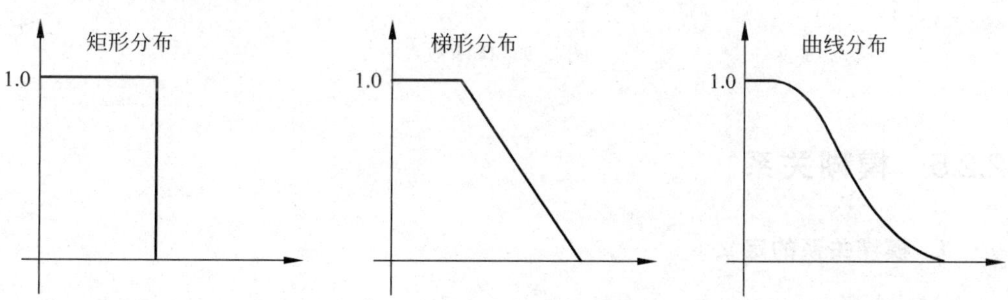

图 2-7　Z 函数

(2) S 函数　它很适用于输入值比较大时的隶属度函数确定。它的典型函数关系有升半矩形分布、升半梯形分布、升半 Γ 形分布、升半正态分布等。其中主要的曲线示意图如图 2-8 所示。

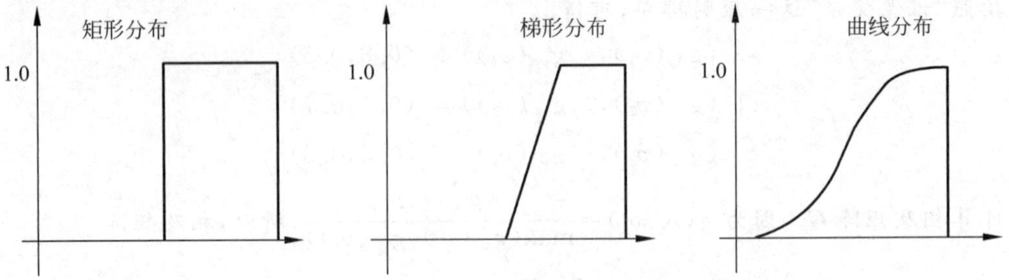

图 2-8　S 函数

(3) Π 函数　它适用于输入值位于中间时的隶属度函数确定。它的典型函数关系有矩形分布、三角形分布、梯形分布、正态分布、柯西分布等。其中主要的曲线示意图如图 2-9 所示。

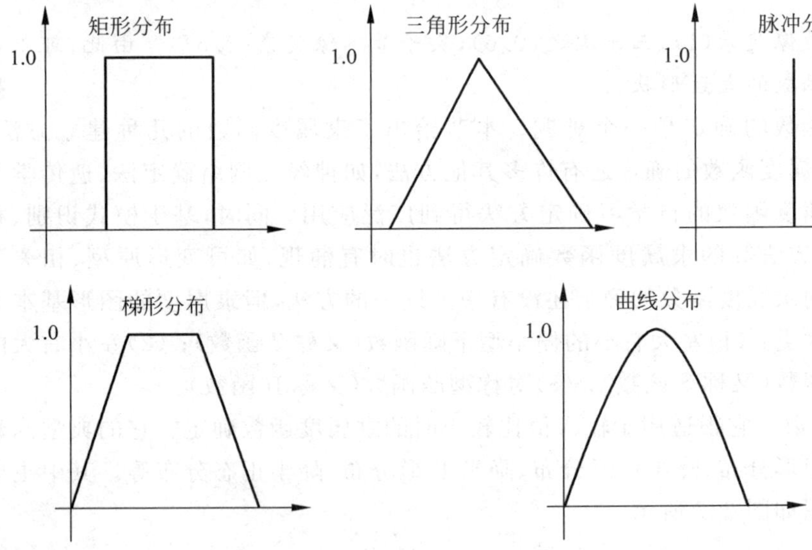

图 2-9　Π 函数

2.2.5 模糊关系

1. 模糊关系的定义

关系是客观世界存在的普遍现象，它描述了事物之间存在的某种联系。如人与人之间有父子、师生、同事等关系，两个数字之间有大于、等于、小于等关系，元素与集合之间有属于、不属于等关系。两个客体之间的关系称为二元关系，表示三个客体以上的关系称为多元关系。普通关系只表示元素之间是否关联。但是客观世界存在的很多关系是很难用有或是没有这样简单的术语来划分的。如前面提到的父与子的“相像”关系就很难绝对地用“像”和“不像”两元来完整地描述，而只能说他们相像的程度。由此引出了模糊关系。模糊关系是普通关系的拓广和发展。模糊关系是通过两个论域上的笛卡儿积把一个叫 A 论域中的元素映射到另一个叫 B 的论域上去。然而，这两个论域上的序偶间的关系“强度”不是用特征函数来测量，而是用隶属度函数在单位区间[0,1]的不同值来表示其关系的“强度”。因此，模糊关系 R 是笛卡儿空间 $A\times B$ 到区间[0,1]的映射，其映射的强度可用从两个论域或 $\mu_{\mathrm{R}}(a,b)$ 的序偶关系的隶属度函数来表示。

定义 2-11 所谓 A,B 两集合的直积

$$A\times B=\{(a,b)\mid a\in A,b\in B\}$$

中的一个模糊关系 R，是指以 $A\times B$ 为论域的一个模糊子集，序偶 (a,b) 的隶属度为 $\mu_{\mathrm{R}}(a,b)$。

一般地，若论域为 n 个集合的直积 $A_1\times A_2\cdots\times A_n$，则它所对应的是 n 元模糊关系 R，其隶属度函数为 n 个变量的函数 $\mu_{\mathrm{R}}(a_1,a_2,\cdots,a_n)$。显然当隶属度函数值只取“0”或“1”时，模糊关系就退化为普通关系。

模糊关系通常可以用模糊集合、模糊矩阵和模糊图等方法来表示。

(1) 模糊集合表示法

当 $A\times B$ 为连续有限域时，二元模糊关系 R 的模糊集合表示方法为

$$R=\int_{A\times B}\mu_{\mathrm{R}}(a,b)/(a,b)\quad a\in A,b\in B$$

同样，对于 n 元模糊关系表示为

$$R=\int_{A_1\times A_2\times\cdots\times A_n}\mu_{\mathrm{R}}(a_1,a_2,\cdots,a_n)/(a_1,a_2,\cdots,a_n)\quad a_i\in A_i$$

例 2-6 考查两个整数间的“大得多”的关系。设论域 $U=\{1,5,7,9,20\}$。求“大得多”的关系矩阵 $\boldsymbol{R}$。

解 序偶(20,1)的第一个元素 20 比第二个元素 1 大得多。因此，可以认为(20,1)隶属于“大得多”的程度为“1”。但认为 9 比 7 大得多显然是不合适的，因而可以认为(9,7)隶属于“大得多”的程度只有 0.1。其余类推，可以大致得出“大得多”的关系 $\boldsymbol{R}$ 为

$$R=\frac{0.5}{(5,1)}+\frac{0.7}{(7,1)}+\frac{0.8}{(9,1)}+\frac{1.0}{(20,1)}+\frac{0.1}{(7,5)}+\frac{0.3}{(9,5)}+\frac{0.95}{(20,5)}+\frac{0.1}{(9,7)}+\frac{0.9}{(20,7)}+\frac{0.85}{(20,9)}$$

上面确定 R 的隶属度函数确实带有相当大的主观性，但与普通模糊关系相比却客观得多了。 ■

(2) 模糊矩阵表示法

通常二元模糊关系用模糊矩阵表示。

当 $A=\{a_i\}_{i=1,2,\cdots,m}$，$B=\{b_j\}_{j=1,2,\cdots,n}$是有限集合时，则 $A\times B$ 的模糊关系 $\boldsymbol{R}$ 可用 $m\times n$ 阶矩阵来表示

$$\boldsymbol{R}=\begin{bmatrix} r_{11} & r_{12} & \cdots & r_{1j} & \cdots & r_{1n} \\ r_{21} & r_{22} & \cdots & r_{2j} & \cdots & r_{2n} \\ \vdots & \vdots & & \vdots & & \vdots \\ r_{i1} & r_{i2} & \cdots & r_{ij} & \cdots & r_{in} \\ \vdots & \vdots & & \vdots & & \vdots \\ r_{m1} & r_{m2} & \cdots & r_{mj} & \cdots & r_{mn} \end{bmatrix}$$

式中，元素 $r_{ij}=\mu_{\mathrm{R}}(a_i,b_j)$，$\boldsymbol{R}$ 称为模糊矩阵。

例 2-7 设有七种物品，苹果、乒乓球、书、篮球、花、桃、菱形组成的一个论域 U，并设 $x_1,x_2,\cdots,x_7$ 分别表示这些物品，则论域 $U=\{x_1,x_2,\cdots,x_7\}$。求物品两两之间的相似程度的模糊关系。

解 假设物品之间完全相似者为"1"、完全不相似者为"0"，其余按具体相似程度给出一个 0～1 之间的数，就可确定出一个 U 上的模糊关系 R。列表如下。

$\boldsymbol{R}$	苹果 x_1	乒乓球 x_2	书 x_3	篮球 x_4	花 x_5	桃 x_6	菱形 x_7
苹果 x_1	1.0	0.7	0	0.7	0.5	0.6	0
乒乓球 x_2	0.7	1.0	0	0.9	0.4	0.5	0
书 x_3	0	0	1.0	0	0	0	0.1
篮球 x_4	0.7	0.9	0	1.0	0.4	0.5	0
花 x_5	0.5	0.4	0	0.4	1.0	0.4	0
桃 x_6	0.6	0.5	0	0.5	0.4	1.0	0
菱形 x_7	0	0	0.1	0	0	0	1

模糊关系矩阵为

$$\boldsymbol{R}=\begin{bmatrix} 1 & 0.7 & 0 & 0.7 & 0.5 & 0.6 & 0 \\ 0.7 & 1 & 0 & 0.9 & 0.4 & 0.5 & 0 \\ 0 & 0 & 1 & 0 & 0 & 0 & 0.1 \\ 0.7 & 0.9 & 0 & 1 & 0.4 & 0.5 & 0 \\ 0.5 & 0.4 & 0 & 0.4 & 1 & 0.4 & 0 \\ 0.6 & 0.5 & 0 & 0.5 & 0.4 & 1 & 0 \\ 0 & 0 & 0.1 & 0 & 0 & 0 & 1 \end{bmatrix}$$ ■

下面我们来看一下模糊关系与模糊控制的主要环节模糊推理之间的关系。对于确定的控制系统而言，系统的输入输出存在一种确定的关系也称普通关系。同样，对于模糊的控制系统，系统的输入输出也存在某种关系通常称为模糊关系，而这种模糊关系是通过定义在不同论域上的模糊变量之间的模糊条件语句来表

示的。假设有如下一条模糊规则

$$A \rightarrow B \quad 或 \quad \text{IF } A(u) \text{ THEN } B(u)$$

其中条件部模糊集 A 定义为 $\mu_A(u)/u \in U$，结论部模糊集 B 定义为 $\mu_B(v)/v \in V$。

为了建立模糊关系，先来考虑一下 A 和 B 的直积，记为 $A \times B$。即

$$A \times B = \int_{U \times V} \min(\mu_A(u), \mu_B(v))/(u,v) \tag{2-19}$$

其中 $U \times V$ 是有序对 (u,v) 的集合，即 $U \times V = \{(u,v)/u \in U, v \in V\}$。

例 2-8　设 $U=\{1,2,3\}$；$V=\{1,2,3,4\}$；$\mu_A(u)/u = 1/1 + 0.7/2 + 0.2/3$；$\mu_B(v)/v = 0.8/1 + 0.6/2 + 0.4/3 + 0.2/4$。求 A 和 B 的直积 $A \times B$。

解　由式(2-19)可知

$$\begin{aligned} A \times B = & 0.8/(1,1) + 0.6/(1,2) + 0.4/(1,3) + 0.2/(1,4) \\ & + 0.7/(2,1) + 0.6/(2,2) + 0.4/(2,3) + 0.2/(2,4) \\ & + 0.2/(3,1) + 0.2/(3,2) + 0.2/(3,3) + 0.2/(3,4) \end{aligned}$$

对于以上这种模糊集合的表示形式也可以很方便地用模糊关系矩阵 $\boldsymbol{R}$ 来表示。

u \ v	1	2	3	4
1	0.8	0.6	0.4	0.2
2	0.7	0.6	0.4	0.2
3	0.2	0.2	0.2	0.2

■

为了进一步深入地分析模糊关系矩阵的内在含义和计算方法，引入笛卡儿积算子。

定义 2-12　笛卡儿积(⊗算子)　若 $A_1, A_2, \cdots, A_n$ 分别是论域 $U_1, U_2, \cdots, U_n$ 中的模糊集，则 $A_1, A_2, \cdots, A_n$ 的笛卡儿积是在积空间 $U_1 \times U_2 \times \cdots \times U_n$ 中的一个模糊集，其隶属度函数为

直积(极小算子)

$$\mu_{A_1 \times A_2 \times \cdots \times A_n}(u_1, u_2, \cdots, u_n) = \min\{\mu_{A_1}(u_1), \mu_{A_2}(u_2), \cdots, \mu_{A_n}(u_n)\} \tag{2-20}$$

或代数积

$$\mu_{A_1 \times A_2 \times \cdots \times A_n}(u_1, u_2, \cdots, u_n) = \mu_{A_1}(u_1)\mu_{A_2}(u_2), \cdots, \mu_{A_n}(u_n) \tag{2-21}$$

对于连续情况，关系矩阵可以定义为

$$\boldsymbol{R} = A \times B = \int_{U \times V} \mu_R(u,v)/(u,v) = \int_{U \times V} \mu_A(u) \otimes \mu_B(v)/(u,v)$$

为了便于区分起见，我们引入两个记号分别表示笛卡儿积的两种算子：直积(极小算子)用 $\mu_{\min}$ 表示，代数积用 μ_{AP} 表示。

(注，事实上，⊗算子不仅限于直积算子和代数积算子)。

例 2-9　考虑如下模糊条件语句

如果 C 是慢的，则 A 是快的。

其中 C,A 分别属于两个不同的论域 U,V。其隶属度函数分别为

$$A = 快 = 0/0 + 0/20 + 0.3/40 + 0.7/60 + 1/80 + 1/100;$$

$$C = 慢 = 1/0 + 0.7/20 + 0.3/40 + 0/60 + 0/80 + 0/100。$$

求它们的直积和代数积。

解

$$\mu_{\min}(C\times A) = \sum_{u,v}\mu_A(u)\otimes\mu_C(v)$$

$$= \begin{bmatrix} \min(1,0) & \min(1,0) & \min(1,0.3) & \min(1,0.7) & \min(1,1) & \min(1,1) \\ \min(0.7,0) & \min(0.7,0) & \min(0.7,0.3) & \min(0.7,0.7) & \min(0.7,1) & \min(0.7,1) \\ \min(0.3,0) & \min(0.3,0) & \min(0.3,0.3) & \min(0.3,0.7) & \min(0.3,1) & \min(0.3,1) \\ \min(0,0) & \min(0,0) & \min(0,0.3) & \min(0,0.7) & \min(0,1) & \min(0,1) \\ \min(0,0) & \min(0,0) & \min(0,0.3) & \min(0,0.7) & \min(0,1) & \min(0,1) \\ \min(0,0) & \min(0,0) & \min(0,0.3) & \min(0,0.7) & \min(0,1) & \min(0,1) \end{bmatrix}$$

$$= \begin{bmatrix} 0 & 0 & 0.3 & 0.7 & 1 & 1 \\ 0 & 0 & 0.3 & 0.7 & 0.7 & 0.7 \\ 0 & 0 & 0.3 & 0.3 & 0.3 & 0.3 \\ 0 & 0 & 0 & 0 & 0 & 0 \\ 0 & 0 & 0 & 0 & 0 & 0 \\ 0 & 0 & 0 & 0 & 0 & 0 \end{bmatrix}$$

代数积为

$$\mu_{AP}(C\times A) = \sum_{u,v}\mu_A(u)\otimes\mu_C(v)$$

$$= \begin{bmatrix} 0 & 0 & 0.3 & 0.7 & 1 & 1 \\ 0 & 0 & 0.21 & 0.49 & 0.7 & 0.7 \\ 0 & 0 & 0.09 & 0.21 & 0.3 & 0.3 \\ 0 & 0 & 0 & 0 & 0 & 0 \\ 0 & 0 & 0 & 0 & 0 & 0 \\ 0 & 0 & 0 & 0 & 0 & 0 \end{bmatrix}$$

■

从这个简单的例子可以看出，代数积运算子比取小算子产生更平滑的模糊关系表面。

由于模糊关系 R 实际上是一个模糊子集。因此它的运算完全服从于模糊子集的法则（如交、并、补等）。特别是当论域 $A\times B$ 为有限集时，模糊关系 R 也可以用矩阵来表示，并称之为模糊矩阵。

定义 2-13 设 $A=\{u_1,u_2,\cdots,u_n\}$，$B=\{v_1,v_2,\cdots,v_m\}$ 以及 $R\in F(A\times B)$，将序偶 (u_i,v_j) 的隶属度 $R(u_i,v_j)\in[0,1]$ 记作 r_{ij}，称矩阵 $\boldsymbol{R}=(r_{ij})_{n\times m}$ 为模糊矩阵。

模糊矩阵是模糊数学的主要运算工具。一个模糊关系虽然可以用模糊集合表达式来表示，但比不上用模糊矩阵表示更为简单明了。特别是在模糊关系的合成运算中。当论域是离散的有限域时，模糊矩阵的元素 r_{ij} 是用模糊关系的隶属度 $R(u_i,v_j)$ 表示的。关系与矩阵是一一对应的。因此，关系的运算与矩阵的运算也有一一对应的性质和规律。具体的交、并等运算同模糊集合的运算相类似。这里不再重复。

2. 模糊关系的合成

对于有些系统，只依赖单一的条件和结论推理是不够的。因此存在多重推理现象，如 IF A THEN B，IF B THEN C 这样一类控制规则，其控制输出变量是 C，那么，人们不禁要问，A 和 C 之间是否存在某种定量的关系呢？答案是肯定的。寻求这种关系的方法就是模糊关系的合成。对于普通关系也存在关系合成计算。如 A 和 B 是父子关系，B 和 C 是夫妻关系，则 A 和 C 就会形成一种新的关系，即公媳＝父子○夫妻。推广到模糊概念域，模糊关系也存在关系的合成，其合成的方法是通过模糊关系矩阵来进行的。先来看一个简单的例子。

例 2-10　某家中子女与父母的长像相似关系 R 为模糊关系，可表示为

R	父	母
子	0.2	0.8
女	0.6	0.1

也可以用模糊矩阵 $\boldsymbol{R}$ 来表示

$$\boldsymbol{R}=\begin{bmatrix}0.2 & 0.8\\0.6 & 0.1\end{bmatrix}$$

该家中父母与祖父母的相似关系 S 也是模糊关系，可表示为

S	祖父	祖母
父	0.5	0.7
母	0.1	0

用模糊矩阵 $\boldsymbol{S}$ 可表示为

$$\boldsymbol{S}=\begin{bmatrix}0.5 & 0.7\\0.1 & 0\end{bmatrix}$$

求该家中孙子、孙女与祖父、祖母的相似程度。

解　模糊关系的合成运算就是为了解决诸如此类问题而提出来的。现在先给出问题的结果再来明确其定义。针对此例，一个简单的模糊关系合成运算为

$$\boldsymbol{R}\circ\boldsymbol{S}=\begin{bmatrix}0.2 & 0.8\\0.6 & 0.1\end{bmatrix}\circ\begin{bmatrix}0.5 & 0.7\\0.1 & 0\end{bmatrix}$$

$$= \begin{bmatrix} (0.2 \wedge 0.5) \vee (0.8 \wedge 0.1) & (0.2 \wedge 0.7) \vee (0.8 \wedge 0) \\ (0.6 \wedge 0.5) \vee (0.1 \wedge 0.1) & (0.6 \wedge 0.7) \vee (0.1 \wedge 0) \end{bmatrix}$$

$$= \begin{bmatrix} 0.2 & 0.2 \\ 0.5 & 0.6 \end{bmatrix}$$

这一计算结果表明孙子与祖父、祖母的相似程度为 0.2、0.2；而孙女与祖父、祖母的相似程度为 0.5、0.6。 ■

定义 2-14 模糊关系合成 如果 R 和 S 分别为笛卡儿空间 $U\times V$ 和 $V\times W$ 上的模糊关系，则 R 和 S 的合成是定义在笛卡儿空间 $U\times V\times W$ 上的模糊关系，并记为 $R\circ S$。其隶属度函数的计算方法如下：

$$R \circ S = \{[\sup_V(\mu_R(u,v) \otimes \mu_S(v,w))], u \in U, v \in V, w \in W\}$$

与模糊集合的运算定律相似，模糊关系合成算子 Sup-min 存在如下特性

$$R \circ I = I \circ R = R$$

$$R \circ 0 = 0 \circ R = 0$$

$$R^{m+1} = R^m \circ R$$

$$R^m \circ R^n = R^{m+n}$$

分配律

$$\begin{cases} (R \cup T) \circ S = (R \circ S) \cup (T \circ S) \\ R \circ (T \cup S) = (R \circ T) \cup (R \circ S) \\ (R \cap T) \circ S = (R \circ S) \cap (T \circ S) \\ R \circ (T \cap S) = (R \circ T) \cap (R \circ S) \end{cases}$$

结合律 $R\circ(S\circ T)=(R\circ S)\circ T$

包含 IF $S\subset T$, THEN $S\circ R\subset T\circ R$

转置运算 $(R\circ S)^{T}=S^{T}\circ R^{T}$

注意，模糊关系的合成运算不满足交换率，即 $R\circ S\neq S\circ R$。

2.3 模糊逻辑、模糊逻辑推理和合成

模糊控制的核心是模糊控制规则库，而这些规则库实质上是一些不确定性推理规则的集合。要实现模糊控制的目标，必须研究不确定性推理的规律——模糊逻辑推理就是不确定性推理的主要方法之一。我们知道，传统的逻辑学是研究概念、判断和推理形式的一门科学。从 17 世纪起就有不少数学家和哲学家开始把数学的方法用于哲学的研究，出现了一门逻辑和数学相互渗透的新学科——数理逻辑。由于数理逻辑是采用一套符号代替人们的自然语言进行表述，因而又称符号逻辑。数理逻辑是建立在经典集合论的基础上的，在逻辑上只取真假二值。二值逻辑是非此即彼的逻辑，然而，在客观世界中虽然有不少事物之间的界限是分明的，但也有很多事物彼此之间的界限是不分明的，例如

青年人、中年人、老年人之间就没有一个明确的界限。因此，一个事物只用真假两个值来划分并不能描述某些客观事物的状态以及它们之间的关系。模糊逻辑就是在这种条件下形成和发展的。经典逻辑对于人类自然界普遍存在的非真非假现象无法进行处理。如陈述句"他很年轻"并不像"今天下雨"这样的陈述句一样，并非能进行确定性判断。"年轻"这个概念是一个模糊概念，无法直接用"真"、"假"两字作简单的判断。因此，对于含有模糊概念的对象，只能采用基于模糊集合的模糊逻辑系统来描述。模糊逻辑是研究含有模糊概念或带有模糊性的陈述句的逻辑。这些模糊概念通常用诸如很、略、比较、非常、大约等模糊语言来表示。Zadeh 在 1972—1974 年期间系统地研究和建立了模糊逻辑理论，提出了模糊限定词、语言变量、语言真值和近似推理等关键概念，制定了模糊推理的规则，为模糊逻辑奠定了基础。由于人类的思维除了一些单纯、易断的问题能迅速做出确定性判断与决策以外，多数情况下是极其粗略的，与之相应的语言表达也是模糊的，它的逻辑判断往往也是定性的。因此，模糊概念更适合于人们的观察、思维、理解和决策。此外，现代控制系统的高度复杂化使得被控对象的精确数学模型往往难以确定或者从被控对象获得的状态信息极其模糊，导致传统的控制方式无法满足系统动、静特性的要求，模糊逻辑控制就成为研究复杂大系统的有力工具。

2.3.1　二值逻辑

在研究模糊逻辑之前，先对二值逻辑作一简要的回顾。

在经典逻辑中，简单命题 P 是指论域 U 中判断真假的语言陈述或语句，即对论域 U 中的集合而言可以判断为全真或全假。因此，命题 P 是指所有元素的真值或者全为真或者全为假的集合。命题 P 中的元素可以赋予一个二元真值 $T(P)$。在二元逻辑中，$T(P)$ 或者为 1(真)或者为 0(假)。设 U 是所有命题构成的论域，则 T 就是从这些命题(集合)中的元素 u 到二元值(0,1)的一个映射

$$T: u \in U \rightarrow (0,1)$$

在论域 U 中所有关于命题 P 为真的元素 u 构成的集合称为 P 的真集，记为 $T(P)$。而所有关于命题 P 为假的元素构成的集合称为 P 的假集。如"浙江大学位于浙江省杭州市"是一个有明确意义的句子，因此它可以称为一个命题，且答案是真的。

把两个或是两个以上的简单命题用命题联结词联结起来就称为复合命题。常用的命题联结词有析取 $\vee$、合取 $\wedge$、否定 —、蕴涵 $\rightarrow$、等价 $\leftrightarrow$。

(1) 析取 $\vee$ 是"或"的意思。如果用 P、Q 分别表示两个命题，则由析取联结词构成的复合命题表示为 $P \vee Q$。它是两者取其一，而不包括两者。复合命题

$P \vee Q$的真值是由两个简单命题的真值来决定的，仅当 P 和 Q 都是假时，$P \vee Q$ 才是假。

例　P：他喜欢打篮球；Q：他喜欢跳舞。

则　$P \vee Q$：他喜欢打篮球或喜欢跳舞。

(2) 合取$\wedge$是"与"的意思。如果用 P、Q 分别表示两个命题，则由合取联结词构成的复合命题表示为 $P \wedge Q$。复合命题 $P \wedge Q$ 的真值是由两个简单命题的真值来决定的，仅当 P 和 Q 都是真时，$P \wedge Q$ 才是真。

例　P：他喜欢打篮球；Q：他喜欢跳舞。

则　$P \wedge Q$：他喜欢打篮球并且喜欢跳舞。

(3) 否定—是对原命题的否定。如果 P 是真的，则 $\bar{P}$ 是假的。

例　P：他喜欢打篮球。

则　$\bar{P}$：他不喜欢打篮球。

(4) 蕴涵→表示"如果…那么…"。由于命题 P 的成立，即可推出 Q 也成立，以 $P \rightarrow Q$ 来表示。

例　P：甲是乙的父亲；Q：乙是甲的儿女。

则　$P \rightarrow Q$：若甲是乙的父亲；那么乙必定是甲的儿女。

(5) 等价↔表示两个命题的真假相同。是"当且仅当"的意思。

例　P：A 是等边三角形。Q：A 是等角三角形。

则　$P \leftrightarrow Q$：A 是等边三角形当且仅当 A 是等角三角形。

2.3.2 模糊逻辑的基本运算

二值逻辑的特点是，一个命题不是真命题便是假命题。但在很多实际问题中要作出这种非真即假的判断是困难的。比如说，"他是一个高个子"，显然，这句话的含义是明确的，是一个命题。但是很难判断这个命题是真是假。如果说他个子高的程度为多少就更合适一些了。也就是说如果命题的真值不是简单地取"1"或"0"，而是可以在区间[0,1]内连续取值。这样对此类命题的描述就更切合实际了。这就是模糊命题。模糊命题是普通命题的推广。概括起来，模糊逻辑是研究模糊命题的逻辑，而模糊命题是指含有模糊概念或者是带有模糊性的陈述句。模糊命题的真值不是绝对的"真"或"假"，而是反映其以多大程度隶属于"真"。因此，它不只是一个值，而是有多个值，甚至是连续量。普通命题的真值相当于普通集合中元素的特征函数，而模糊命题的真值就是隶属度函数，所以真值的运算也就是隶属度函数的运算。

记 P、Q、R 为三个模糊单命题，那么

模糊逻辑补：用来表示对某个命题的否定，$\bar{P}=1-P$

模糊逻辑合取：$P \wedge Q=\min(P,Q)$

模糊逻辑析取：$P \vee Q=\max(P,Q)$

模糊逻辑蕴含：如 P 是真的，则 Q 也是真的，$P\rightarrow Q=(1-P+Q)\wedge 1$

模糊逻辑等价：$P\leftrightarrow Q=(P\rightarrow Q)\wedge(Q\rightarrow P)$

模糊逻辑限界积：各元素分别相加，大于1的部分作为限界积。$P\odot Q=(P+Q-1)\vee 0=\max(P+Q-1,0)$

模糊逻辑限界和：各元素分别相加，比1小的部分作为限界和。$P\oplus Q=(P+Q)\wedge 1=\min(P+Q,1)$

模糊逻辑限界差：各元素分别相减部分作为限界差。$P\ominus Q=(P-Q)\vee 0$

例 2-11　设有模糊命题

P：他是个和善的人，它的真值 $P=0.7$；

Q：他是个热情的人，它的真值 $Q=0.8$。

求 $P\wedge Q, P\vee Q, P\rightarrow Q$。

解　$P\wedge Q$：他既是和善的人又是热情的人的真值 $P\wedge Q=\min(P,Q)=0.7$。

$P\vee Q$：他是个和善的人或是个热情的人的真值 $P\vee Q=\max(P,Q)=0.8$。

$P\rightarrow Q$：如果他是个和善的人，则他是个热情的人的真值 $P\rightarrow Q=(1-P+Q)\wedge 1=1$。■

根据以上模糊逻辑的基本运算定义，可以得出以下模糊逻辑运算的基本定律

(1) 幂等律　$P\vee P=P$，　$P\wedge P=P$

(2) 交换律　$P\vee Q=Q\vee P$，　$P\wedge Q=Q\wedge P$

(3) 结合律　$P\vee(Q\vee R)=(P\vee Q)\vee R$，　$P\wedge(Q\wedge R)=(P\wedge Q)\wedge R$

(4) 吸收律　$P\vee(P\wedge Q)=P$，　$P\wedge(P\vee Q)=P$

(5) 分配律　$P\vee(Q\wedge R)=(P\vee Q)\wedge(P\vee R)$，　$P\wedge(Q\vee R)=(P\wedge Q)\vee(P\wedge R)$

(6) 双否律　$\bar{\bar{P}}=P$

(7) 德·摩根律　$\overline{P\vee Q}=\bar{P}\wedge\bar{Q}$，　$\overline{P\wedge Q}=\bar{P}\vee Q$

(8) 常数运算法则　$1\vee P=1$　$0\vee P=P$

$0\wedge P=0$　$1\wedge P=P$

注意，与二值逻辑不同之处是二值逻辑中的互补律　$P\vee\bar{P}=1$　$P\wedge\bar{P}=0$ 在模糊逻辑中不成立，在模糊逻辑中

$$P\vee\bar{P}=\max(P,1-P)$$

$$P\wedge\bar{P}=\min(P,1-P)$$

利用这些基本公式就可化简模糊逻辑函数，以便根据化简得到的结果来组成最简单的模糊逻辑电路。

2.3.3 模糊语言逻辑

模糊逻辑原则上是一种模拟人思维的逻辑，要用从 0～1 区间上的确切数值来表达一个模糊命题的真假程度，有时是困难的。人们在日常生活中交流信息用的大多是自然语言，而这种语言是用充满了不确定性的描述来表达具有模糊性的现象和事物。自然语言的模糊性是由于使用大量的模糊化词(如较大、较高等)来构成自然语言。因此，从广义角度来讲，一切具有模糊性的语言都称为模糊语言。在不同的场合，某一模糊概念可以代表不同的含义。如“高个子”，在中国，可以把大约在 1.75～1.85 之间的人归结于“高个子”模糊概念里，而在欧洲，可能把大约在 1.80～1.90 之间的人归结于“高个子”模糊概念里。模糊语言逻辑是由模糊语言构成的一种模拟人思维的逻辑。因此，在讨论机器模拟人的思维、推理和判断之前，先引入几个重要概念。

定义 2-15 模糊数 连续论域 U 中的模糊数 F 是一个 U 上的正规凸模糊集。

那就是说，以实数集合为全集合，一个具有连续隶属度函数的正规有界凸模糊集合就称为模糊数。它实质上是一个模糊子集。这里，所谓正规模糊集合的含义就是隶属度函数的最大值为 1，且论域中至少有 1 个元素 u 的隶属度值为 1。用数学表达式表示就是

正规集合 $$\max_{u\in U}\mu_{\rm F}(u)=1$$

图 2-10(a)和图 2-10(b)分别给出了正规模糊集和次正规模糊集的示意图。

凸集合：在隶属度函数曲线上任意两点之间曲线上的任一点所表示的隶属度都大于或者等于两点隶属度中较小的一个。用数学语言说，就是在实数集合的任意区间$[a,b]$上，对于所有的 $x\in[a,b]$，都存在 $\mu_{\rm F}(x)\geqslant\min(\mu_{\rm F}(a),\mu_{\rm F}(b))(a,b\in U,x\in[0,1])$。就称 F 是凸模糊集合。

图 2-10(c)和图 2-10(d)分别给出了正规凸模糊集和正规非凸模糊集的示意图。

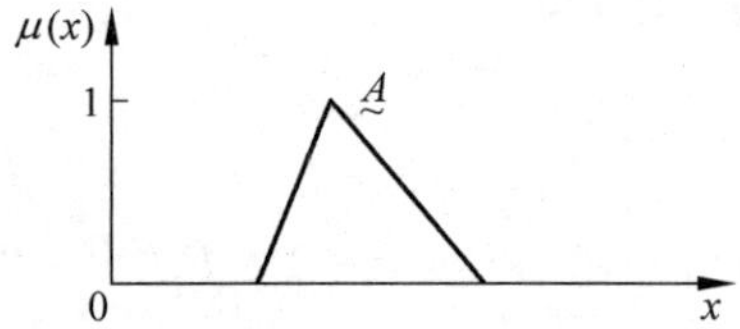

图 2-10(a) 正规模糊集

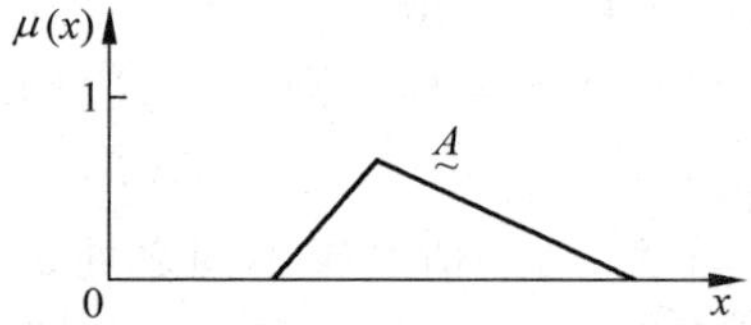

图 2-10(b) 次正规模糊集

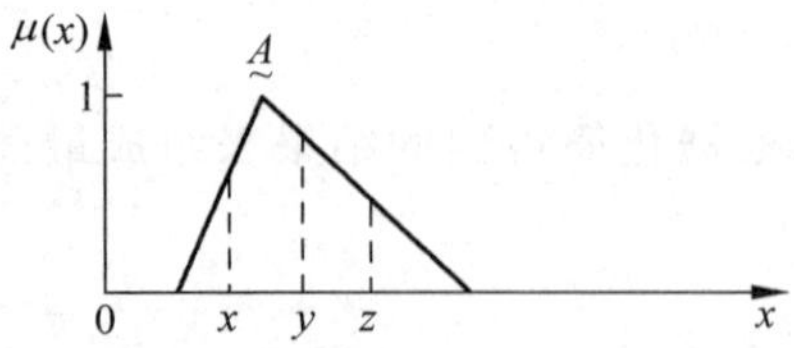

图 2-10(c) 正规凸模糊集

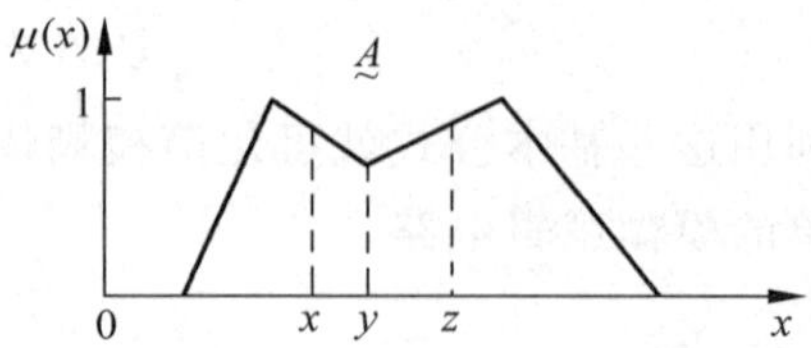

图 2-10(d) 正规非凸模糊集

通俗地讲,模糊数就是那些诸如"大约 5"、"10 左右"等具有模糊概念的数值。

定义 2-16　语言值　在语言系统中,那些与数值有直接联系的词,如长、短、多、少、高、低、重、轻、大、小等或者由它们再加上语言算子(如很、非常、较、偏等)而派生出来的词组,如不太大、非常高、偏重等都被称为语言值。语言值一般是模糊的,可以用模糊数来表示。例如成年男子身高的论域

$$E = \{130,140,150,160,170,180,190,200,210\} = \{e_1,e_2,\cdots,e_9\}$$

在论域 E 上定义语言值

$$[\text{个子高}] = 0.2/e_4 + 0.4/e_5 + 0.6/e_6 + 0.8/e_7 + 1/e_8 + 1/e_9$$

$$[\text{个子矮}] = 1/e_1 + 0.7/e_2 + 0.5/e_3 + 0.3/e_4 + 0.1/e_5$$

因此,语言真值就是由[0,1]区间的模糊子集对所表现的命题真假程度的描述。

定义 2-17　语言变量　语言变量是用一个五元素的集合$(X,T(X),U,G,M)$来表征的。其中:

X 是语言变量名;

$T(X)$为语言变量 X 的项集合,即语言变量名的集合,且每个值都是在 U 上定义的模糊数 F_i;

U 为语言变量 x 的论域;

G 为产生 x 数值名的语言值规则,用于产生语言变量值;如隶属度函数确定规则等;

M 为与每个语言变量含义相联系的算法规则。如合成算子规则等语言变量的概念容易用图 2-11 来表示。"速度"为一语言变量,可以赋予很慢、慢、较慢、中等、较快、快、很快等语言值。这里用不同的语言值表示模糊变量速度性态程度的差别,但无法对它们的量做出精确的定义,因为语言值是模糊的,所以可以用模糊数来表示。

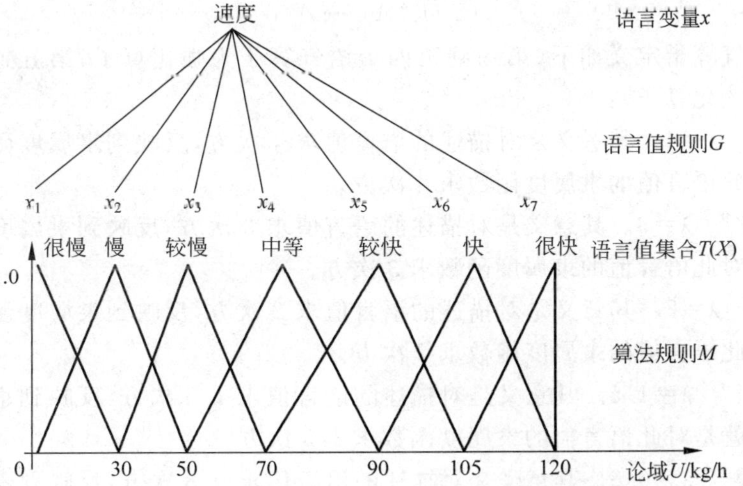

图 2-11　语言变量元素之间的关系示意图

显然语言变量与我们熟悉的数值变量不同，数值变量的结果是精确的，但是用自然语言来描述的量是模糊的。如上所述，为了对模糊的自然语言形式化和定量化，进一步区分和刻画模糊值的程度，常常还借用自然语言中的修饰词，诸如"较"、"很"、"非常"、"稍微"、"大约"、"有点"等来描述模糊值。为此引入语言算子的概念。语言算子通常又分为三类：语气算子、模糊化算子和判定化算子。

(1) 语气算子

语气算子用来表达语言中对某一个单词或词组的确定性程度。这有两种相反的情况，一种是有强化作用的语气算子，如"很"、"非常"等。这种算子使得模糊值的隶属度函数的分布向中央集中，常称为集中化算子或强化算子，如图 2-12 所示。强化算子在图形上有使模糊值尖锐化的倾向。另一种是有淡化作用的语气算子，如"较"、"稍微"等。这种算子可以使得模糊值的隶属度函数的分布由中央向两边弥散，常称为松散化算子或淡化算子，如图 2-13 所示。淡化算子在图形上有使模糊值平坦化的倾向。

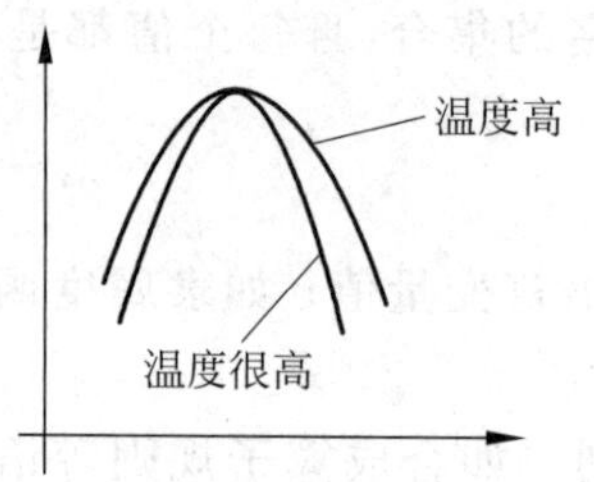

图 2-12 强化算子的作用示意图

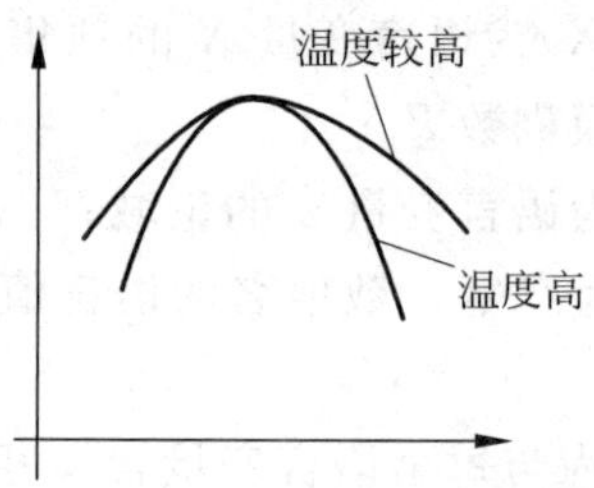

图 2-13 淡化算子的作用示意图

记 H_λ 为语气算子运算符，则它的集合可以定义为：对于原语言值 A 经语气算子 H_λ 的作用下形成一个新的语言值 $H_\lambda(A)$，且它的隶属度函数满足

$$H_\lambda(A) = A^\lambda \tag{2-22}$$

常用的语气算子定义如下(第一到第四个语气算子为强化算子，第五到第八个语气算子为淡化算子)：

"极" $\lambda=4$。其意义是对描述的语言值求 4 次方，反映到隶属度函数的计算上就是对此语言值的隶属度函数求 4 次方。

"非常" $\lambda=3$。其意义是对描述的语言值求 3 次方，反映到隶属度函数的计算上就是对此语言值的隶属度函数求 3 次方。

"很" $\lambda=2$。其意义是对描述的语言值求 2 次方，反映到隶属度函数的计算上就是对此语言值的隶属度函数求 2 次方。

"相当" $\lambda=1.5$。其意义是对描述的语言值求 1.5 次方，反映到隶属度函数的计算上就是对此语言值的隶属度函数求 1.5 次方。

"比较" $\lambda=0.8$。其意义是对描述的语言值求 0.8 次方，反映到隶属度函数的计算上就是对此语言值的隶属度函数求 0.8 次方。

“略”　$\lambda=0.6$。其意义是对描述的语言值求 0.6 次方，反映到隶属度函数的计算上就是对此语言值的隶属度函数求 0.6 次方。

“稍”　$\lambda=0.4$。其意义是对描述的语言值求 0.4 次方，反映到隶属度函数的计算上就是对此语言值的隶属度函数求 0.4 次方。

“有点”　$\lambda=0.2$。其意义是对描述的语言值求 0.2 次方，反映到隶属度函数的计算上就是对此语言值的隶属度函数求 0.2 次方。

当然，语气的强弱程度会因人而已。对于某一特定的语气词，其 λ 的取值并不会完全一样。但 λ 的取值大小与语气的强弱程度应该是一致的。

例 2-12　我们以“年老”这个词为例，来说明语气算子的作用。

$$\text{“年老”}(x)=\mu_{\text{年老}}(x)=\begin{cases}0 & 0\leqslant x<50\\ \dfrac{1}{1+\left[\dfrac{1}{5}(x-50)\right]^{-2}} & x\geqslant 50\end{cases}$$

求非常老，很老，比较老，有点老的隶属度函数。

解

$$\text{“非常老”}(x)=\mu_{\text{非常老}}(x)=\begin{cases}0 & 0\leqslant x<50\\ \left(\dfrac{1}{1+\left[\dfrac{1}{5}(x-50)\right]^{-2}}\right)^{3} & x\geqslant 50\end{cases}$$

$$\text{“很老”}(x)=\mu_{\text{很老}}(x)=\begin{cases}0 & 0\leqslant x<50\\ \left(\dfrac{1}{1+\left[\dfrac{1}{5}(x-50)\right]^{-2}}\right)^{2} & x\geqslant 50\end{cases}$$

$$\text{“比较老”}(x)=\mu_{\text{比较老}}(x)=\begin{cases}0 & 0\leqslant x<50\\ \left(\dfrac{1}{1+\left[\dfrac{1}{5}(x-50)\right]^{-2}}\right)^{0.8} & x\geqslant 50\end{cases}$$

$$\text{“有点老”}(x)=\mu_{\text{有点老}}(x)=\begin{cases}0 & 0\leqslant x<50\\ \left(\dfrac{1}{1+\left[\dfrac{1}{5}(x-50)\right]^{-2}}\right)^{0.2} & x\geqslant 50\end{cases}$$

现以强化算子“很”和淡化算子“有点”为例，比较“年老”、“很老”、“有点老”几个语言值的隶属度函数，如图 2-14 所示。■

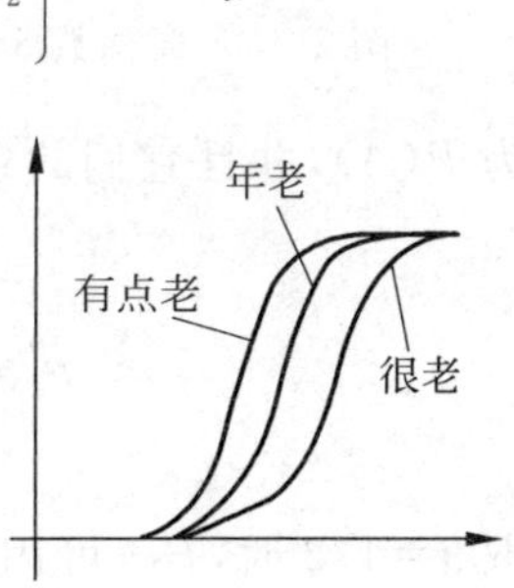

图 2-14　“有点”和“很”的比较

(2) 模糊化算子

模糊化算子用来使语言中某些具有清晰概念的单词或词组的词义模糊化，或者是将原来已经具有模糊概念的词义更加模糊化。如“大概”、“近似于"、"大约"等。如果对数字进行作用就意味着把精确数转化为模糊数。例如数字"5"是一个精确数，而如果将模糊化算子"F"作用于"5"这个精确数就变成"$F(5)$"这一模糊数。若模糊化算子"F"是"大约"，则"$F(5)$"就是"大约 5"这样一个模糊数。以后，我们会发现在模糊控制中，实际系统的输入采样值一般总是精确量，要利用模糊逻辑推理方法，就必须首先把精确量进行模糊化。而模糊化过程实质上是使用模糊化算子实现的。所以引入模糊化算子是非常重要的。用数学语言来说，模糊化算子的集合可以如下表示：

设模糊化之前的集合为 A，模糊化算子为 F。则模糊化变换可表示为 $F(A)$，并且它们的隶属度函数关系满足

$$\mu_{F(A)}(x)=\bigvee_{c\in x}(\mu_R(x,c)\wedge\mu_A(x)) \tag{2-23}$$

如果 A 是清晰集，则 $\mu_A(x)$就是特征函数。$\mu_R(x,c)$是表示模糊程度的一个相似变换函数，通常可取正态分布曲线，即 $\mu_R(x,c)=\begin{cases}e^{-(x-c)^2} & |x-c|<\delta,\\ 0 & |x-c|\geqslant\delta,\end{cases}$ 参数 δ 的取值大小取决于模糊化算子的强弱程度。

例 2-13 设论域 X 上的清晰集 $A(x)$为

$$\mu_A(x)=\begin{cases}1 & x=5\\ 0 & x\neq 5\end{cases}$$

求当 $c=5$，"大约是 5"的隶属度函数。

解 根据式(2-23)可知

$$\mu_{F(A)}(x)=\begin{cases}e^{-(x-5)^2} & |x-5|<\delta\\ 0 & |x-5|\geqslant\delta\end{cases}$$

如图 2-15 所示。■

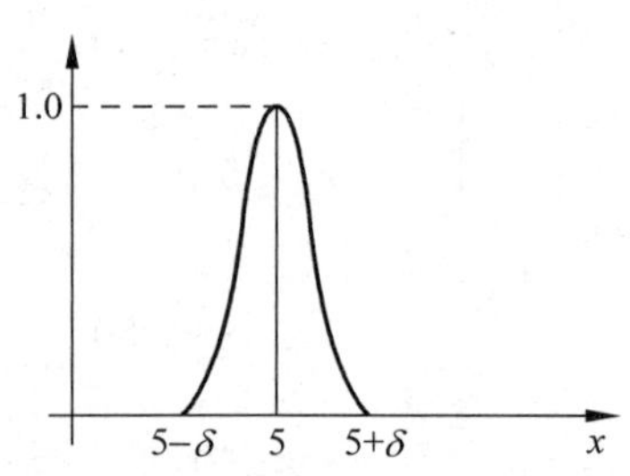

图 2-15 模糊数 5

(3) 判定化算子

判定化算子与模糊化算子的作用相反。它是将原来具有模糊词义的词进行肯定化处理，例如"倾向于"、"大半是"等。判定化算子的集合可以表示：

设判定化之前的集合为 A，它的隶属度函数为 $\mu_A(x)$。判定化算子为 P，则判定化变换可表示为 $P(A)$，并且它们的隶属度函数关系满足

$$\mu_{P_\alpha(A)}(x)=\begin{cases}0 & \mu_A(x)\leqslant\alpha\\ \dfrac{1}{2} & \alpha<\mu_A(x)\leqslant 1-\alpha\\ 1 & \mu_A(x)>1-\alpha\end{cases} \tag{2-24}$$

当取 $\alpha=1/2$ 时，$P_{1/2}$ 可用来表示"倾向于"。

2.3.4 模糊逻辑推理

常规的逻辑推理方法如演绎推理、归纳推理都是严格的。用传统二值逻辑进行推理时，只要推理规则是正确的，小前提是肯定的。那么就一定会得到确定的结论。例如，前提：如果 A，则 B；如果 B，则 C。结论：如果 A，则 C。然而，在现实生活中人们常常获得的信息是不精确的、不完全的或者事实本身就是模糊。但又需要人们利用这些信息进行判断和决策。例如，若 A 大，则 B 小。已知 A 较大，则 B 应该多少？显然这样一类问题利用传统的二值逻辑是无法得到结果的。而人们在大部分情况下能够对其进行推理和判断。那么这种不确定性推理规则是什么呢？目前有关这方面的理论和方法还不成熟，尚在发展之中。已知的主要不确定性推理方法可归结为五类：MYCIN 法、主观贝叶斯方法、证据理论法和模糊逻辑推理法。本书只介绍模糊逻辑推理法。模糊逻辑推理是不确定性推理方法的一种，其基础是模糊逻辑，它是在二值逻辑三段论的基础上发展起来的。虽然它的数学基础没有形式逻辑那么严密，但用这种推理方法得到的结论与人类的思维推理结论是一致或相近的，并在实际使用中得到了验证。模糊逻辑推理是以模糊判断为前提的，运用模糊语言规则，推出一个新的模糊判断结论的方法。例

大前提　腿长则跑步快
小前提　小王腿很长
结　论　小王跑步很快

属于近似于二值逻辑的三段论推理模式。在这里“腿长”和“跑步快”都是模糊概念。而且小前提的模糊判断和大前提的前件不是严格相同的。因此这一推理的结论也不是从前提中严格地推出来的而是近似逻辑地推出的结论，通称为假言推理或是似然推理。判断是否属于模糊逻辑推理的标准是看推理过程是否具有模糊性，具体表现在推理规则是不是模糊的。模糊逻辑的推理方法还在发展之中，比较典型的有扎德(Zadeh)方法、玛达尼(Mamdani)方法、鲍德温(Baldwin)方法、耶格(Yager)方法、楚卡莫托(Tsukamoto)方法。但最常用的是玛达尼极大极小推理法。

1. 近似推理

在控制系统中经常存在此类现象，“如果温度低，则控制电压就大”这样一个前提下，要问“如果温度很低，则控制电压将该是多少呢?”，很自然用人们的常识可以推知，“如果温度很低，则控制电压就很大”，这种推理方式就称为模糊近似推理。模糊近似推理有两种方式

广义肯定式推理

前提 1　如果 x 是 A，则 y 是 B；

前提 2　如果 x 是 A'；

结论　　y 是 $B'=A'\circ(A\rightarrow B)$

即结论 B' 可用 A' 与由 A 到 B 的推理关系进行合成而得到，由于 A 到 B 的模糊关系矩阵 R 为

$$R = A \rightarrow B \tag{2-25}$$

有了模糊关系矩阵 R，就可以得到近似推理的隶属度函数为

$$\mu_{B'}(y) = \bigvee_x \{\mu_{A'}(x) \wedge \mu_{A\rightarrow B}(x,y)\} \tag{2-26}$$

模糊关系矩阵元素 $\mu_{A\rightarrow B}(x,y)$ 的计算方法采用 Mamdani 推理法

$$(A \rightarrow B) = A \wedge B \tag{2-27}$$

那么其隶属度函数为

$$\mu_{A\rightarrow B}(x,y) = [\mu_A(x) \wedge \mu_B(y)] = \mu_{R_{\min}}(x,y)$$

模糊蕴含(模糊关系矩阵)通常有两种计算方法。

① 模糊蕴含最小运算法

$$R_{\min} \leftrightarrow \mu_{A\rightarrow B}(x,y) = \mu_A(x) \wedge \mu_B(y)$$

② 模糊蕴含积运算法

$$R_{AP} \leftrightarrow \mu_{A\rightarrow B}(x,y) = \mu_A(x)\mu_B(y)$$

广义否定式推理

前提 1　如果 x 是 A，则 y 是 B；

前提 2　如果 y 是 B'；

结论　　x 是 $A'=(A\rightarrow B)\circ B'$

即结论 A' 可用 B' 与由 A 到 B 的推理关系进行合成而得到，由于 A 到 B 的模糊关系矩阵 $\boldsymbol{R}$ 为

$$\boldsymbol{R} = A \rightarrow B = (A \wedge B) \vee (1-A) \tag{2-28}$$

利用 $\boldsymbol{R}$ 可以得到近似推理的隶属度函数为

$$\mu_{A'}(x) = \bigvee_y \{\mu_{B'}(y) \wedge \mu_{A\rightarrow B}(x,y)\} \tag{2-29}$$

模糊关系矩阵元素 $\mu_{A\rightarrow B}(x,y)$ 的计算方法采用 Zadeh 推理法

$$(A \rightarrow B) = 1 \wedge (1-A+B)$$

或

$$(A \rightarrow B) = (A \wedge B) \vee (1-A)$$

那么其隶属度函数为

$$\mu_{A\rightarrow B}(x,y) = [\mu_A(x) \wedge \mu_B(y)] \vee [1-\mu_A(x)] \tag{2-30}$$

例 2-14　考虑如下逻辑条件语句

如果“转角误差远远大于 15°”，那么“快速减少方向角”。其隶属度函数定义为

A = 转角误差远远大于 15° = 0/15 + 0.2/17.5 + 0.5/20 + 0.8/22.5 + 1/25

B = 快速减少方向角 = 1/−20 + 0.8/−15 + 0.4/−10 + 0.1/−5 + 0/0

求当 A' = 转角误差大约在 20°时，方向角应该怎样变化？

解　定义 A' = 转角误差大约在 20°的隶属度函数 $=0.1/15+0.6/17.5+1/20+0.6/22.5+0.1/25$，则

已知 $\mu_A(x)=[0,0.2,0.5,0.8,1]$，$\mu_B(y)=[1,0.8,0.4,0.1,0]$。当 $\mu_{A'}(x)=[0.1,0.6,1,0.6,0.1]$ 时，求解 B'。

由 Mamdani 推理法计算出关系矩阵为 $\boldsymbol{R}_{AP}$（积算子）、$\boldsymbol{R}_{min}$（最小算子）

$$\boldsymbol{R}_{AP}=\begin{bmatrix}0 & 0 & 0 & 0 & 0\\ 0.2 & 0.16 & 0.08 & 0.02 & 0\\ 0.5 & 0.4 & 0.2 & 0.05 & 0\\ 0.8 & 0.64 & 0.32 & 0.08 & 0\\ 1 & 0.8 & 0.4 & 0.1 & 0\end{bmatrix},\quad \boldsymbol{R}_{min}=\begin{bmatrix}0 & 0 & 0 & 0 & 0\\ 0.2 & 0.2 & 0.2 & 0.1 & 0\\ 0.5 & 0.5 & 0.4 & 0.1 & 0\\ 0.8 & 0.8 & 0.4 & 0.1 & 0\\ 1.0 & 0.8 & 0.4 & 0.1 & 0\end{bmatrix}$$

选择关系矩阵由代数积算子计算而得

$$\begin{aligned}&\inf[\mu_A(x),\mu_{R_{AP}}(x,y)]\\ &=\inf\begin{bmatrix}(0,0.1) & (0,0.1) & (0,0.1) & (0,0.1) & (0,0.1)\\ (0.2,0.6) & (0.16,0.6) & (0.08,0.6) & (0.02,0.6) & (0,0.6)\\ (0.5,1) & (0.4,1) & (0.2,1) & (0.05,1) & (0,1)\\ (0.8,0.6) & (0.64,0.6) & (0.32,0.6) & (0.08,0.6) & (0,0.6)\\ (1,0.1) & (0.8,1) & (0.4,0.1) & (0.1,0.1) & (0,0.1)\end{bmatrix}\\ &=\begin{bmatrix}0 & 0 & 0 & 0 & 0\\ 0.2 & 0.16 & 0.08 & 0.02 & 0\\ 0.5 & 0.4 & 0.2 & 0.05 & 0\\ 0.6 & 0.6 & 0.32 & 0.08 & 0\\ 0.1 & 0.8 & 0.1 & 0.1 & 0\end{bmatrix}\end{aligned}$$

因此，

$$\begin{aligned}\mu_{B'}(y)&=\sup\{\inf[\mu_{A'}(x),\mu_{R_{AP}}(x,y)]\}\\ &=0.6/-20+0.6/-15+0.32/-10+0.1/-5+0/0\end{aligned}$$

同理，选择关系矩阵由直积算子计算可得

$$\begin{aligned}\mu_{B'}(y)&=\max\{\min[\mu_{A'}(x),\mu_R(x,y)]\}\\ &=0.6/-20+0.6/-15+0.4/-10+0.1/-5+0/0\end{aligned}$$ ■

从上述计算可以看出，利用代数积算子计算关系矩阵会得到更平滑的关系矩阵。但两种算子运算结果的差异并不太大。

2. 模糊条件推理

语言规则是如果 x 是 A，则 y 是 B，否则 y 是 C。其逻辑表达式为

$$(A\rightarrow B)\vee(\overline{A}\rightarrow C)$$

要实现模糊推理的关键是找出模糊关系矩阵，根据逻辑表达式，其模糊关系矩阵 $\boldsymbol{R}$ 是 $X\times Y$ 的子集，可以表示为

$$\boldsymbol{R} = (A \times B) \cup (\overline{A} \times C) \tag{2-31}$$

$$\mu_{\mathrm{R}}(x,y) = \mu_{\mathrm{A \to B}} \cup \mu_{\overline{\mathrm{A}} \to \mathrm{C}} = [\mu_{\mathrm{A}}(x) \wedge \mu_{\mathrm{B}}(y)] \vee [(1-\mu_{\mathrm{A}}(x)) \wedge \mu_{\mathrm{C}}(y)] \tag{2-32}$$

有了这个模糊关系矩阵，就可根据模糊推理合成规则，将输入 A' 与该关系矩阵 $\boldsymbol{R}$ 进行合成得到模糊推理结论 B'，即

$$B' = A' \circ \boldsymbol{R} = A' \circ [(A \times B) \cup (\overline{A} \times C)]$$

例 2-15 对于一个系统，当输入 A 时，输出为 B，否则为 C，且有

$$A = 1/u_1 + 0.4/u_2 + 0.1/u_3$$

$$B = 0.8/v_1 + 0.5/v_2 + 0.2/v_3$$

$$C = 0.5/v_1 + 0.6/v_2 + 0.7/v_3$$

已知当前输入 $A' = 0.2/u_1 + 1/u_2 + 0.4/u_3$。求输出 D。

解 先求关系矩阵 $\boldsymbol{R}$

$\boldsymbol{R} = (A \times B) \cup (\overline{A} \times C)$。由 Mamdani 推理法得

$$A \times B = \begin{bmatrix} 0.8 & 0.5 & 0.2 \\ 0.4 & 0.4 & 0.2 \\ 0.1 & 0.1 & 0.1 \end{bmatrix}, \quad \overline{A} \times C = \begin{bmatrix} 0 & 0 & 0 \\ 0.5 & 0.5 & 0.6 \\ 0.5 & 0.6 & 0.7 \end{bmatrix}$$

则

$$\boldsymbol{R} = (A \times B) \cup (\overline{A} \times C) = \begin{bmatrix} 0.8 & 0.5 & 0.2 \\ 0.5 & 0.6 & 0.6 \\ 0.5 & 0.6 & 0.7 \end{bmatrix}$$

输出

$$D = A' \circ R = [0.2 \quad 1 \quad 0.4] \circ \begin{bmatrix} 0.8 & 0.5 & 0.2 \\ 0.5 & 0.6 & 0.6 \\ 0.5 & 0.6 & 0.7 \end{bmatrix} = [0.5 \quad 0.6 \quad 0.6]$$ ■

3. 多输入模糊推理

多输入模糊推理在多输入单输出系统的设计中经常遇到，如在速度设定值控制系统中，"速度误差较大且速度误差的变化量也较大，那么加大输入控制电压"这样一类规则就需要用多输入模糊推理方式来解决。这种规则的一般形式为

前提 1 如果 A 且 B，那么 C

前提 2 现在是 A' 且 B'

结论 $C' = (A' \text{ AND } B') \circ [(A \text{ AND } B) \to C]$

因为 $\mu_{\mathrm{A\ and\ B}}(x,y) = \mu_{\mathrm{A}}(x) \wedge \mu_{\mathrm{B}}(y)$，如果 A 且 B，那么 C 的数学表达式是 $\mu_{\mathrm{A}}(x) \wedge \mu_{\mathrm{B}}(y) \to \mu_{\mathrm{C}}(z)$，其模糊关系矩阵 $\boldsymbol{R} = AB \times C$。

若用 Mamdani 推理，则模糊关系矩阵的计算就变成 $[\mu_{\mathrm{A}}(x) \wedge \mu_{\mathrm{B}}(y)] \wedge \mu_{\mathrm{C}}(z)$。由此，推理结果为 $C' = (A' \text{ AND } B') \circ [(A \text{ AND } B) \to C]$。其隶属度函数为

$$\begin{aligned}\mu_{C'}(z) &= \bigvee_x \{\mu_{A'}(x) \wedge [\mu_A(x) \wedge \mu_C(z)]\} \cap \bigvee_Y \{\mu_{B'}(y) \wedge [\mu_B(y) \wedge \mu_C(z)]\} \\ &= \bigvee_x \{\mu_{A'}(x) \wedge \mu_A(x)\} \wedge \mu_C(z) \cap \bigvee_Y \{\mu_{B'}(y) \wedge \mu_B(y)\} \wedge \mu_C(z) \\ &= (\alpha_A \wedge \mu_C(z)) \cap (\alpha_B \wedge \mu_C(z)) = (\alpha_A \wedge \alpha_B) \wedge \mu_C(z) \end{aligned} \tag{2-33}$$

其中：

$$\alpha_A = \bigvee_x (\mu_{A'}(x) \wedge \mu_A(x))$$

$$\alpha_B = \bigvee_y (\mu_{B'}(y) \wedge \mu_B(y))$$

α 是指模糊集合 A 与 A' 交集的高度。这在 Mamdani 推理削顶法中的几何意义是分别求出 A' 对 A、B' 对 B 的隶属度 α_A、α_B，并且取这两个之中小的一个作为总的模糊推理前件的隶属度，再以此为基准去切割推理后件的隶属度函数，便得到结论 C'。推理过程如图 2-16 所示。

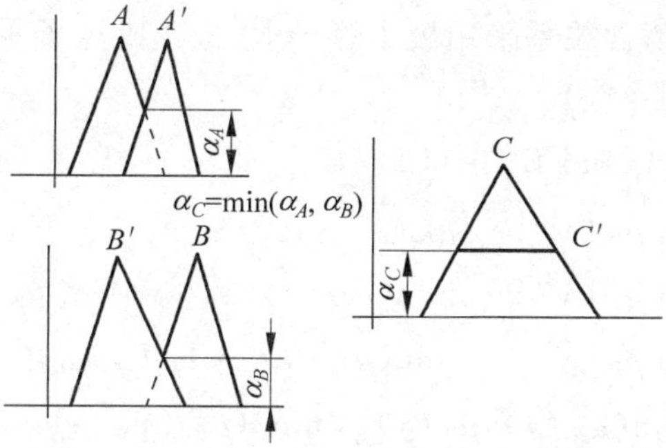

图 2-16　二输入 Mamdani 推理法过程

在证明以上公式之前，先来看几个模糊推理的性质。

性质 1　若合成运算"∘"采用极大-极小法或极大-代数法，连接词"and"(且)采用求"并"运算法，则"∘"和"and"的运算次序可以交换，即

$$(A' \text{and } B') \circ \bigcup_{i=1}^{n} R_i = \bigcup_{i=1}^{n} (A' \text{and } B') \circ R_i$$

证明　先考虑"∘"表示极大-极小合成法

$$C' = (A' \text{ and } B') \circ \bigcup_{i=1}^{n} R_i = \bigcup_{i-1}^{n} (A' \text{ and } B' \to C_i)$$

即

$$\begin{aligned}\mu_{C'}(z) &= [\mu_{A'}(x) \text{ and } \mu_{B'}(y)] \circ \max[\mu_{R_1}(x,y,z),\cdots,\mu_{R_n}(x,y,z)] \\ &= \max_{x,y} \min\{[\mu_{A'}(x) \text{ and } \mu_{B'}(y)], \max[\mu_{R_1}(x,y,z),\cdots,\mu_{R_n}(x,y,z)]\} \\ &= \max_{x,y} \max\{\min[(\mu_{A'}(x) \text{ and } \mu_{B'}(y)),\mu_{R_1}(x,y,z)],\cdots, \\ &\quad \min[(\mu_{A'}(x) \text{ and } \mu_{B'}(y)),\mu_{R_n}(x,y,z)]\} \\ &= \max\{[(\mu_{A'}(x) \text{ and } \mu_{B'}(y)) \circ \mu_{R_1}(x,y,z)],\cdots, \\ &\quad [(\mu_{A'}(x) \text{ and } \mu_{B'}(y)) \circ \mu_{R_n}(x,y,z)]\}\end{aligned}$$

也即

$$\begin{aligned}C' &= [(A' \text{ and } B') \circ R_1] \cup \cdots \cup [(A' \text{ and } B') \circ R_n] \\ &= \bigcup_{i=1}^{n} [(A' \text{ and } B') \circ R_i] \\ &= \bigcup_{i=1}^{n} [(A' \text{ and } B') \circ (A_i \text{ and } B_i \to C_i)] \\ &= \bigcup_{i=1}^{n} C'_i\end{aligned}$$

其中

$$C'_i = (A' \text{ and } B') \circ (A_i \text{ and } B_i \to C_i)$$

对于"∘"表示极大-代数积合成法的情况，同理可以证明上述结论。

性质 2 若模糊蕴含关系采用极小算子 $R_{\min}$，合成算子采用极大-极小法，and 算子采用求"交"法，则

$$C'_i = (A' \text{ and } B') \circ (A_i \text{ and } B_i \to C_i)$$

$$\begin{aligned}\mu_{C'}(z) &= [\mu_{A'}(x) \text{ and } \mu_{B'}(y)] \circ (\mu_{A_1 \times B_i} \to \mu_{C_n}) \\ &= [\mu_{A'}(x) \text{ and } \mu_{B'}(y)] \circ [\min(\mu_{A_1}(x), \mu_{B_n}(y)) \to \mu_{C_n}] \\ &= [\mu_{A'}(x) \text{ and } \mu_{B'}(y)] \circ [\min(\mu_{A_1}(x) \to \mu_{C_n}), (\mu_{B_n}(y) \to \mu_{C_n})] \\ &= \max_{x,y} \min\{\min(\mu_{A'}(x), \mu_{B'}(y)), \min[(\mu_{A_1}(x) \to \mu_{C_n}), (\mu_{B_n}(y) \to \mu_{C_n})]\} \\ &= \max_{x,y} \min\{\min[\mu_{A'}(x), (\mu_{A'}(x) \to \mu_{C_n})], \min[\mu_{B'}(y), (\mu_{B_n}(y) \to \mu_{C_n})]\} \\ &= \min\{[\mu_{A'}(x) \circ (\mu_{A_1}(x) \to \mu_{C_n})], [\mu_{B'}(y) \circ (\mu_{B_n}(y) \to \mu_{C_n})]\}\end{aligned}$$

也即

$$C'_1 = [A' \circ (A_i \to C_i)] \cap (B' \circ (B_i \to C_i))$$

对于模糊蕴含关系采用代数算子 R_{AP}，同理可以证明上述结论。

性质 3 对于 $C'_i = (A' \text{ and } B') \circ (A_i \text{ and } B_i \to C_i)$ 的推理结果可以用如下简洁的形式来表示

$$\mu_{C'_i}(z) = \alpha_i \wedge \mu_{C_i}(z) \quad \text{当模糊蕴含运算采用极小算子 } R_{\min}$$

$$\mu_{C'_i}(z) = \alpha_i \mu_{C_i}(z) \quad \text{当模糊蕴含运算采用代数算子 } R_{AP}$$

其中

$$\alpha_i = [\max(\mu_{A'}(x) \wedge \mu_{A_1}(x))] \wedge [\max(\mu_{B'}(y) \wedge \mu_{B_1}(y))]$$

证明 设模糊运算采用 $R_{\min}$，合成运算采用极大-极小法，则根据性质 2 有

$$C'_i = (A' \text{ and } B') \circ (A_i \text{ and } B_i \to C_i) = [A' \circ (A_i \to C_i)] \cap [B' \circ (B_i \to C_i)]$$

$$\begin{aligned}\mu_{C'}(z) = \min\{&\max_x \min[\mu_{A'}(x), (\mu_{A_1}(x) \to \mu_{C_n}(z))], \\ &\max_y \min[\mu_{B'}(y), (\mu_{B_1}(y) \to \mu_{C_n}(z))]\}\end{aligned}$$

$$= \min\{\max_x \min[\mu_{A'}(x), (\mu_{A_1}(x) \wedge \mu_{C_n}(z))],$$

$$\max_y \min[\mu_{B'}(y), (\mu_{B_1}(y) \wedge \mu_{C_n}(z))]\}$$

$$= \min\{\max_x[\mu_{A'}(x) \wedge \mu_{A_1}(x) \wedge \mu_{C_n}(z)], \max_y[\mu_{B'}(y) \wedge \mu_{B_1}(y) \wedge \mu_{C_n}(z)]\}$$

$$= [\max_x(\mu_{A'}(x) \wedge \mu_{A_1}(x) \wedge \mu_{C_n}(z))] \wedge [\max_y(\mu_{B'}(y) \wedge \mu_{B_1}(y) \wedge \mu_{C_n}(z))]$$

$$= [\max_x(\mu_{A'}(x) \wedge \mu_{A_1}(x))] \wedge [\max_y(\mu_{B'}(y) \wedge \mu_{B_1}(y) \wedge \mu_{C_n}(z))]$$

$$= \alpha_i \wedge \mu_{C_i}(z)$$

根据性质 1、2、3，不难得出多输入模糊推理结论(2-33)。性质 2 表明，用连接词“and”连接的模糊语句很多时，可以通过单个模糊语句的蕴含运算得出。模糊推理不会随输入条件语句的增多而复杂化(见多输入多规则推理)。性质 3 表明，通过简化计算得出的 α_i 可以看成是对应于第 i 规则的加权因子，它也可以认为是第 i 规则的适用程度，或是第 i 规则对模糊控制作用所产生贡献的大小。

如果各语言变量的论域是有限集时，即模糊子集的隶属度函数是离散时，模糊逻辑推理过程可以通过模糊关系矩阵计算来完成。下面以一类模糊控制器为例，说明离散模糊子集下的多输入模糊逻辑推理。已知当 A 和 B 时，输出为 C，即

IF　A and B，　THEN C

求当 A' 和 B'，控制输出 C' 应该多少？

离散隶属度函数条件下模糊推理可以借用矩阵运算，提高模糊推理计算的有效性。以下模糊推理计算利用极大-极小推理法。

① 先求 $\boldsymbol{D}=\boldsymbol{A}\times\boldsymbol{B}$，令 $d_{xy}=\mu_A(x)\wedge\mu_B(y)$ 得 $\boldsymbol{D}$ 矩阵为

$$\boldsymbol{D}=\begin{bmatrix} d_{11} & d_{12} & \cdots & d_{1n} \\ d_{21} & d_{22} & \cdots & d_{2n} \\ \vdots & \vdots & & \vdots \\ d_{m1} & d_{m2} & & d_{mn} \end{bmatrix} \tag{2-34}$$

② 将 $\boldsymbol{D}$ 写成列矢量 $\boldsymbol{DT}$，即　$\boldsymbol{DT}=[d_{11}, d_{12}, \cdots, d_{1m}, d_{21}, \cdots, d_{mn}]^{1}$

③ 求出关系矩阵 $\boldsymbol{R}$　　$\boldsymbol{R}=\boldsymbol{DT}\times\boldsymbol{C}$　　(2-35)

④ 由 $\boldsymbol{A}'$、$\boldsymbol{B}'$ 求出 $\boldsymbol{D}'$　　$\boldsymbol{D}'=\boldsymbol{A}'\times\boldsymbol{B}'$　　(2-36)

⑤ 仿照②，将 $\boldsymbol{D}'$ 化为列矢量 $\boldsymbol{DT}'$

⑥ 最后求出模糊推理输出　　$\boldsymbol{C}'=\boldsymbol{DT}'\circ\boldsymbol{R}$　　(2-37)

例 2-16　假设 $A=\frac{1}{x_1}+\frac{0.5}{x_2}$ 且 $B=\frac{0.1}{y_1}+\frac{0.5}{y_2}+\frac{1}{y_3}$，则 $C=\frac{0.2}{z_1}+\frac{1}{z_2}$。现已知 $A'=\frac{0.8}{x_1}+\frac{0.1}{x_2}$ 及 $B'=\frac{0.5}{y_1}+\frac{0.2}{y_2}+\frac{0}{y_3}$。求 C'。

解

$$\boldsymbol{D}=\boldsymbol{A}\times\boldsymbol{B}=\begin{bmatrix} 0.1 & 0.5 & 1 \\ 0.1 & 0.5 & 0.5 \end{bmatrix}$$

$$\boldsymbol{R}=\boldsymbol{DT}\times\boldsymbol{C}=\begin{bmatrix}0.1\\0.5\\1\\0.1\\0.5\\0.5\end{bmatrix}\times[0.2\quad 1]=\begin{bmatrix}0.1&0.1\\0.2&0.5\\0.2&1\\0.1&0.1\\0.2&0.5\\0.2&0.5\end{bmatrix}$$

又因为

$$\boldsymbol{D}'=\boldsymbol{A}'\times\boldsymbol{B}'=\begin{bmatrix}0.8\\0.1\end{bmatrix}\times[0.5\quad 0.2\quad 0]=\begin{bmatrix}0.5&0.2&1\\0.1&0.1&0\end{bmatrix}$$

所以

$$\boldsymbol{C}'=[0.5\quad 0.2\quad 0\quad 0.1\quad 0.1\quad 0]\circ\begin{bmatrix}0.1&0.1\\0.2&0.5\\0.2&1\\0.1&0.1\\0.2&0.5\\0.2&0.5\end{bmatrix}=[0.2\quad 0.2]$$

即

$$C'=\frac{0.2}{z_1}+\frac{0.2}{z_2}$$ ■

4. 多输入多规则推理

然而对于一个控制系统而言，一条模糊控制规则是不能满足控制要求的。通常都有一系列控制规则来构成一个完整的模糊控制系统。如

$$\text{IF } A_1 \text{ and } B_1,\cdots,\text{THEN } C_1 \tag{2-38}$$

$$\text{IF } A_2 \text{ and } B_2,\cdots,\text{THEN } C_2$$

$$\vdots$$

$$\text{IF } A_m \text{ and } B_m,\cdots,\text{THEN } C_m \tag{2-39}$$

对于这类系统如何进行推理运算呢？多输入多规则推理方法就是为了解决此问题而提出来的。

为了简单起见，我们以二输入多规则为例，它可以很容易推广到多输入多规则的情况。考虑如下一般形式

如果 A_1 且 B_1， 那么 C_1
否则如果 A_2 且 B_2， 那么 C_2
否则如果 A_n 且 B_n， 那么 C_n
已知 A' 且 B'， 那么 $C'=?$

在这里，A_n 和 A'、B_n 和 B'、C_n 和 C'分别是不同论域 X、Y、Z 上的模糊集合。

利用 Mamdani 推理方法，规则如果 A_i 且 B_i，那么 C_i的模糊关系可以表示为

$$[\mu_{Ai}(x)\wedge\mu_{Bi}(y)]\wedge\mu_{Ci}(z) \tag{2-40}$$

"否则"的意义是"OR"即"或",在推理计算过程中可以写成并集形式。参照性质 2 和性质 3,可以得到

$$C' = (A' \text{ AND } B') \circ ([(A_1 \text{ AND } B_1) \to C_1] \cup \cdots \cup [(A_n \text{ AND } B_n) \to C_n])$$
$$= C'_1 \cup C'_2 \cup C'_3 \cup \cdots \cup C'_n \tag{2-41}$$

其中

$$C'_i = (A' \text{ AND } B') \circ [(A_i \text{ AND } B_i) \to C_i]$$
$$= A' \circ (A_i \to C_i) \cap [B' \circ (B_i \to C_i)] \quad i = 1, 2, \cdots, n$$

其隶属度函数为

$$\mu_{C'i}(z) = \bigvee_x \{\mu_{A'}(x) \wedge [\mu_{Ai}(x) \wedge \mu_{Ci}(z)]\} \cap \bigvee_y \{\mu_{B'}(y) \wedge [\mu_{Bi}(y) \wedge \mu_{Ci}(z)]\}$$
$$= \bigvee_x \{\mu_{A'}(x) \wedge \mu_{Ai}(x)\} \wedge \mu_{Ci}(z) \cap \bigvee_y \{\mu_{B'}(y) \wedge \mu_{Bi}(y)\} \wedge \mu_{Ci}(z)$$
$$= (\alpha_{Ai} \wedge \mu_{Ci}(z)) \cap (\alpha_{Bi} \wedge \mu_{Ci}(z)) = (\alpha_{Ai} \wedge \alpha_{Bi}) \wedge \mu_{Ci}(z) \tag{2-42}$$

其中,

$$\alpha_{Ai} = \bigvee_x \{\mu_{A'}(x) \wedge \mu_{Ai}(x)\}$$
$$\alpha_{Bi} = \bigvee_y \{\mu_{B'}(y) \wedge \mu_{Bi}(y)\}$$

整个推理过程的意义为分别从不同的规则得到不同的结论,其几何意义是分别在不同规则中用各自推理前件的总隶属度函数去切割本推理规则中后件的隶属度函数以得到输出结果。最后对所有的结论进行模糊逻辑和,即进行"并"运算,得到总的推理结果。下面看一下两条二规则的推理方法。

例 2-17　图 2-17 举例说明了二输入二规则的推理过程。

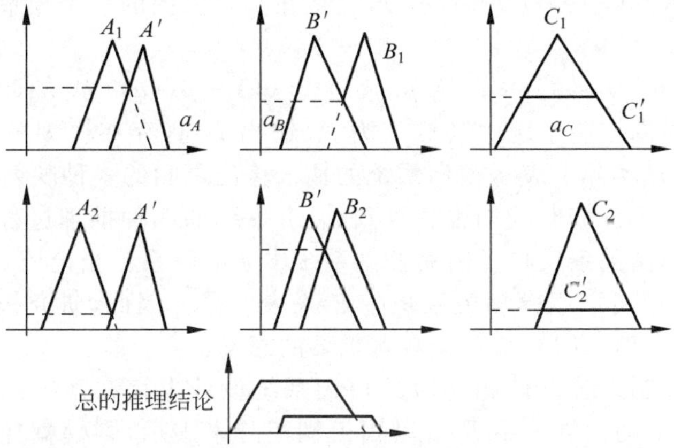

图 2-17　二输入二规则的推理过程

这种推理方法是先在推理前件中选取各个条件中隶属度最小的值(即"最不适配"的隶属度)作为这条规则的适配程度,以得出这条规则的结论。这一过程简称为"取小"操作。然后对所有规则的结论部选取最大适配度的部分,这一过程又称"取大"操作。这样整个推理的最后结果为所有规则结论部的并集。这种推理方法简单且实用,但其推理结果经常不平滑。因此,也有人主张把从推理前件到后件削顶的"与"运算改为"代数积",这就不是用推理前件的隶属度函数为基准取

切割推理后件的隶属度函数，而是用该隶属度函数乘后件的隶属度函数。这样得到的推理结果就不再呈平台梯形，而是原隶属函数的等底缩小。这种处理结果最后经对各规则结论“并”运算后，总推理结果的平滑性得到了改善。

综上分析，对于这样多输入多规则总的推理结果是将每一个推理规则的模糊关系矩阵进行“并”运算就可以。即对于以上式(2-38)和式(2-39)中的每一条推理规则，都可以得到相应的模糊关系矩阵 $\boldsymbol{R}_i=A_i\times B_i\times\cdots\times C_i, i=1,2,\cdots,n$。其中直积算子“×”可取“极小”运算，也可取“代数积”运算。

系统总的控制规则所对应的关系矩阵 $\boldsymbol{R}$ 通常采用并的算法求出，即

$$\boldsymbol{R}=R_1\cup R_2\cup\cdots\cup R_n$$

2.3.5 模糊关系方程的解

在模糊控制系统中，应用较多的“模糊条件语句”也是一种模糊推理，它的一般形式为

若 a 则 b，否则 c

可表示为

$$(a\rightarrow b)\vee(\bar{a}\rightarrow c)$$

设 a 是论域 U 上的模糊命题，a 对应 U 上的模糊子集为 A；b，c 是论域 V 上的模糊命题，分别对应 V 上的模糊子集 B，C。则上述模糊条件语句就可以表示为一种模糊关系 $R=(A\rightarrow B)\vee(\overline{A}\rightarrow C)$，它是在 $U\times V$ 上的一个模糊子集。其隶属度函数为

$$\mu_{\mathrm{R}}(u,v)=(\mu_{\mathrm{A}}(u)\wedge\mu_{\mathrm{B}}(v))\vee((1-\mu_{\mathrm{A}}(u))\wedge\mu_{\mathrm{C}}(v))$$

这也意味着在模糊控制系统中其输入为 A、输出 B，且存在模糊关系 R 满足 $B=A\circ R$，模糊关系 R 实际上表示模糊系统的输入输出之间的一种映射。当输入为 A' 时，输出 $B'=A'\circ R$。同时我们也注意到，以上提到的四种推理过程都是与模糊关系相对应的。模糊关系反映了模糊控制系统本质的联系。当论域 $U\times V$ 为有限集时，模糊关系 R 就可以用模糊关系矩阵 $\boldsymbol{R}$ 来表示了。因此，研究模糊关系矩阵 $\boldsymbol{R}$ 的性质、求解对模糊控制系统理论有着重要的意义。

与传统的控制系统设计相对应的模糊系统设计也存在系统的建模和控制问题，对于有限域上的模糊关系 R 可以用模糊矩阵来表示，则模糊控制系统的建模和控制问题就转化为模糊关系方程的求解问题了。

建模辨识问题　已知给定的 $\boldsymbol{A}$ 和 $\boldsymbol{B}$，求关系矩阵 $\boldsymbol{R}$。

$$\boldsymbol{A}\circ\boldsymbol{R}=\boldsymbol{B}\tag{2-43}$$

系统控制问题　已知需控制的目标 $\boldsymbol{B}$ 和关系矩阵 $\boldsymbol{R}$，求控制输入 $\boldsymbol{A}$。

$$\boldsymbol{A}\circ\boldsymbol{R}=\boldsymbol{B}\tag{2-44}$$

建模问题是正问题，系统控制问题属于逆问题。因为对方程式(2-44)两边取转置可以将其转化为方程式(2-43)的形式，即 $(\boldsymbol{A}\circ\boldsymbol{R})^{\mathrm{T}}=\boldsymbol{B}^{\mathrm{T}}\rightarrow\boldsymbol{R}^{\mathrm{T}}\circ\boldsymbol{A}^{\mathrm{T}}=\boldsymbol{B}^{\mathrm{T}}$，这样待求解的关系矩阵($\boldsymbol{R}$ 或 $\boldsymbol{A}^{\mathrm{T}}$)都在合成算子的右边。因此我们就只需讨论模糊关系

方程式(2-43)的求解问题了。

已知$\boldsymbol{A}\in F(U\times V)$、$\boldsymbol{B}\in F(U\times W)$、$\boldsymbol{R}\in F(V\times W)$，分别为笛卡儿空间$U\times V$、$U\times W$、$V\times W$上的模糊关系矩阵$\boldsymbol{A}=(a_{ij})_{m\times n}$、$\boldsymbol{B}=(B_{ij})_{m\times s}$、$\boldsymbol{R}=(r_{ij})_{n\times s}$。记

$$\boldsymbol{R}_j=(R_{1j},R_{2j},\cdots,R_{nj})^{\mathrm{T}},\boldsymbol{B}_j=(B_{1j},B_{2j},\cdots,B_{mj})^{\mathrm{T}}$$

则式(2-43)可用以下分块矩阵的形式来表示

$$\boldsymbol{A}\circ(\boldsymbol{R}_1,\boldsymbol{R}_2,\cdots,\boldsymbol{R}_s)=(\boldsymbol{B}_1,\boldsymbol{B}_2,\cdots,\boldsymbol{B}_s) \tag{2-45}$$

因此方程式(2-45)的求解问题可简化为下面s个简单的模糊矩阵方程的求解问题了。

$$\boldsymbol{A}\circ\boldsymbol{R}_j=\boldsymbol{B}_j\quad j=1,2,\cdots,s \tag{2-46}$$

展开方程式(2-46)得

$$\begin{bmatrix} a_{11} & a_{12} & \cdots & a_{1n} \\ a_{21} & a_{22} & \cdots & a_{2n} \\ \vdots & \vdots & & \vdots \\ a_{m1} & a_{m2} & & a_{mn} \end{bmatrix}\circ\begin{bmatrix} r_1 \\ r_2 \\ \vdots \\ r_n \end{bmatrix}=\begin{bmatrix} b_1 \\ b_2 \\ \vdots \\ b_m \end{bmatrix} \tag{2-47}$$

假设合成算子∘取极小运算(min)，则为了求解方程式(2-47)，需首先讨论一元一次方程

$$a\wedge r=b \tag{2-48}$$

和一元一次不等式方程

$$a\wedge r\leqslant b \tag{2-49}$$

的解。其中a、$b\in[0,1]$且已知，$r\in[0,1]$未知。显然方程式(2-48)的解为

$$[r]=\begin{cases} b & \text{IF}\quad a>b \\ [b,1] & \text{IF}\quad a=b \\ \varnothing & \text{IF}\quad a<b \end{cases} \tag{2-50}$$

其中$\varnothing$表示空集。

不等式(2-49)的解为

$$(r)=\begin{cases} [0,b] & \text{IF}\quad a>b \\ [0,1] & \text{IF}\quad a\leqslant b \end{cases} \tag{2-51}$$

现在再来考虑方程式(2-47)的求解问题，由合成算子∘的计算法则可知，式(2-47)等价于下面的模糊线性方程组

$$\begin{cases} (a_{11}\wedge r_1)\vee(a_{12}\wedge r_2)\vee\cdots(a_{1n}\wedge r_n)=b_1 \\ (a_{21}\wedge r_1)\vee(a_{22}\wedge r_2)\vee\cdots(a_{2n}\wedge r_n)=b_2 \\ \vdots \\ (a_{m1}\wedge r_1)\vee(a_{m2}\wedge r_2)\vee\cdots(a_{mn}\wedge r_n)=b_m \end{cases} \tag{2-52}$$

为了求模糊方程式(2-52)的解集，先讨论其中的第i个方程的解

$$(a_{i1}\wedge r_1)\vee(a_{i2}\wedge r_2)\vee\cdots(a_{in}\wedge r_n)=b_i\quad i=1,2,\cdots,m \tag{2-53}$$

显然方程式(2-53)可以分解为n个一元一次等式方程和n个一元一次不等式方程

$$(a_{i1} \wedge r_1) = b_i, \quad (a_{i2} \wedge r_2) = b_i, \quad \cdots, \quad (a_{in} \wedge r_n) = b_i \tag{2-54}$$

$$(a_{i1} \wedge r_1) \leqslant b_i, \quad (a_{i2} \wedge r_2) \leqslant b_i, \quad \cdots, \quad (a_{in} \wedge r_n) \leqslant b_i \tag{2-55}$$

设式(2-54)中第 k 个方程成立,则式(2-53)的一个解为

$$W^{[k]} = [(r_1),(r_2),\cdots,[r_k],\cdots,(r_n)] \tag{2-56}$$

其中$[r_k]$ 表示第 k 个等式方程的解;$(r_i)i \neq k$ 表示第 i 个不等式方程的解。

我们称 $W^{[k]}$ 为方程式(2-56)的部分解。若等式(2-57)中还有其他若干等式也成立,则式(2-53)存在全部解

$$r_i = W^{[1]} \cup W^{[2]} \cup \cdots \cup W^{[n]} \tag{2-57}$$

例 2-18 已知模糊关系方程

$$(0.5 \wedge r_1) \vee (0.4 \wedge r_2) \vee (0.8 \wedge r_3) = 0.5$$

求模糊关系方程的解。

解 上述方程可化为三个一元一次等式方程

$$(0.5 \wedge r_1) = 0.5, \quad (0.4 \wedge r_2) = 0.5, \quad (0.8 \wedge r_3) = 0.5 \tag{2-58}$$

和三个一元一次不等式方程

$$(0.5 \wedge r_1) \leqslant 0.5, \quad (0.4 \wedge r_2) \leqslant 0.5, \quad (0.8 \wedge r_3) \leqslant 0.5 \tag{2-59}$$

由式(2-50)可知三个一元一次等式方程的解为

$$[r_1] = [0.5,1], \quad [r_2] = [\varnothing], \quad [r_3] = 0.5$$

由式(2-51)可知三个一元一次不等式方程的解为

$$(r_1) = [0,1], \quad (r_2) = [0,1], \quad (r_3) = [0,0.5]$$

因此,此模糊方程的部分解分别为

$$R_1 = ([r_1],(r_2),(r_3)) = ([0.5,1],[0,1],[0,0.5])$$

$$R_2 = ((r_1),[r_2],(r_3)) = ([0,1],[\varnothing],[0,0.5]) = [\varnothing]$$

$$R_3 = ((r_1),(r_2),[r_3]) = ([0,1],[0,1],0.5)$$

所以,$R=R_1 \cup R_3=([0.5,1],[0,1],[0,0.5]) \cup ([0,1],[0,1],0.5)$。 ■

例 2-19 已知模糊关系方程

$$\begin{bmatrix} 0.8 & 0.5 & 0.6 \\ 0.4 & 0.8 & 0.5 \end{bmatrix} \circ \begin{bmatrix} r_1 \\ r_2 \\ r_3 \end{bmatrix} = \begin{bmatrix} 0.5 \\ 0.5 \end{bmatrix}$$

求模糊关系方程的解。

解 将方程按合成运算展开

$$(0.8 \wedge r_1) \vee (0.5 \wedge r_2) \vee (0.6 \wedge r_3) = 0.5 \tag{2-60}$$

$$(0.4 \wedge r_1) \vee (0.8 \wedge r_2) \vee (0.5 \wedge r_3) = 0.6 \tag{2-61}$$

对于式(2-60)

$$R^1 = (0.5,[0,1],[0,0.5]) \cup ([0,0.5],[0.5,1],[0,0.5]) \cup ([0,0.5],[0,1],0.5)$$

对于式(2-61)

$$R^2 = ([0,1],0.6,[0,1])$$

所以方程的解为

$$
\begin{aligned}
R &= R^1 \cap R^2 = \{(0.5,[0,1],[0,0.5]) \cup ([0,0.5],[0.5,1],[0,0.5]) \\
&\quad \cup ([0,0.5],[0,1],0.5)\} \cap ([0,1],0.6,[0,1]) \\
&= (0.5,0.6,[0,0.5]) \cup ([0,0.5],0.6,[0,0.5]) \cup ([0,0.5],0.6,0.5) \\
&= ([0,0.5],0.6,[0,0.5])
\end{aligned}
$$

■

2.4　模糊控制系统的组成

模糊系统是由那些模糊现象引起的不确定性系统。也就是说一个模糊系统，它的状态或输入、输出具有模糊性。一般说来，模糊系统也是复杂过程的一种近似表示方式，该过程本身并不一定是模糊的。模糊控制系统是以模糊数学、模糊语言形式的知识表示和模糊逻辑推理为理论基础，采用计算机控制技术构成的一种具有闭环结构的数字控制系统。它的组成核心是具有智能性的模糊控制器。无疑，模糊逻辑控制系统是一种典型的智能控制系统，它通过模拟人的模糊逻辑思维方法，对复杂过程进行控制。

模糊控制系统的组成与常规计算机控制系统具有类似的结构形式。模糊控制系统通常由模糊控制器、输入输出接口、执行机构、被控对象和测量装置等五个部分组成。模糊控制器是模糊控制系统的核心部件。模糊控制器的基础是模糊逻辑推理，模糊逻辑控制是利用模糊逻辑建立一种"自由模型"的非线性控制算法，特别适合于那些传统定量技术分析过于复杂的被控对象，或者是定性、非精确的和非确定性的被控对象。模糊逻辑控制器的基本结构如图 2-18 所示。从图中可以看出，模糊控制器的主要部件是模糊化过程、知识库(含数据库和规则库)、推理决策逻辑和精确化计算。很显然，模糊控制系统在结构上与传统的控制系统没有太大的差别。主要不同之处在于控制器的结构和控制方法。由于模糊控制器主要通过数字计算机来实现，所以，它应该具备下列三个重要功能：

(1) 把被控对象的测量值从数字量转化为模糊量，也即是模糊化过程。由模糊化接口和知识库来完成。

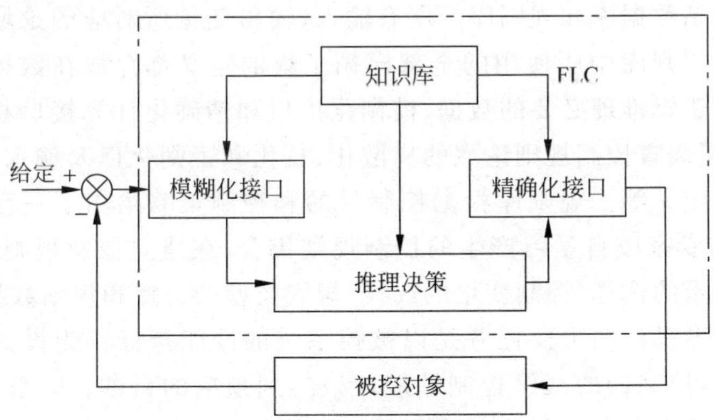

图 2-18　模糊逻辑控制器的基本结构

(2) 对所测的模糊量按给定的模糊逻辑推理规则进行模糊推理,得出模糊控制器控制输出的推理结果。这部分由推理决策和规则库完成。

(3) 把推理输出结果的模糊量转化为实际系统能够接受的精确数字量或模拟控制量。这部分由精确化计算完成。

因此,模糊控制器的设计问题就是模糊化过程、知识库(含数据库和规则库)、推理决策和精确化计算四大模块的设计问题。在详细讨论模糊控制系统设计问题之前,先定性分析一下四大模块的设计。

2.4.1 模糊化过程

模糊化过程就是将精确的测量值转化为模糊子集的过程。模糊化过程主要完成测量输入变量的值,并将数字表示形式的输入量转化为通常用语言值表示的隶属程度。对于一个测量值可以对应于 2 个以上的模糊子集,即如既可以隶属于“小”,也可以隶属于“中”,只是它们的隶属程度不同而已。图 2-19 给出了模糊化过程的结果,即测量值 x_0 隶属于“小”的程度为 0.66,隶属于“中”的程度为 0.33。为了保证任意物理输入 x_0 能够映射到模糊集系统中去,即在所有论域内的输入量都能与某一模糊子集相对应,模糊子集(限定码)的数目和范围必须遍及整个论域。这样,对于每一个物理输入量至少有一个模糊子集的隶属程度大于零。模糊化过程的主要工作是定义论域内所有语言值的隶属度函数。

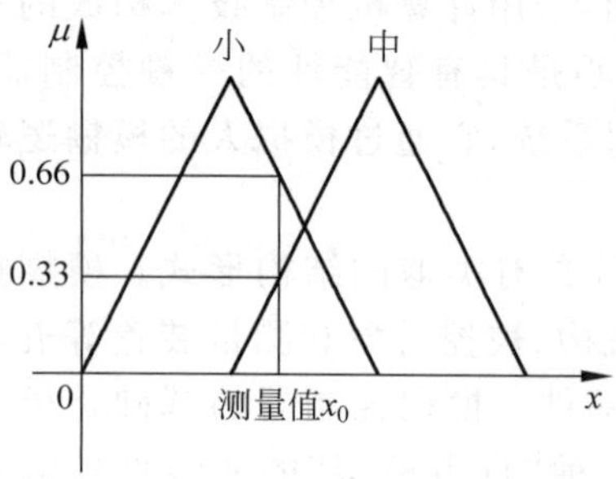

图 2-19 模糊化过程举例

2.4.2 知识库

知识库包括数据库和规则库。所有输入、输出变量所对应的论域以及这些论域上所定义的规则库中所使用的全部模糊子集的定义都存放在数据库中。数据库还提供模糊逻辑推理必要的数据、模糊化接口和精确化计算接口相关论域的必要数据,包含了语言控制规则论域的离散化、量化和正则化以及输入空间的分区、隶属度函数的定义等。规则库根据控制目的和控制策略给出了一套由语言变量描述的通过如专家或自学习产生的控制规则集合,在建立控制规则时,首先要解决诸如状态变量的选择、控制变量的选择、规则类型的选择和规则数目的确定。

模糊控制器设计的主要任务是以被控系统的性能指标作为设计和调节控制器参数的依据,控制器的最终控制性能应该达到预期的目的。一般说来,模糊控制器设计需要考虑的设计参数有采样频率(根据香农定理和被控过程控制的技术限制来选择)、量化等级(它严重影响系统的响应,如超调、上升时间、稳态精度等)、隶属度函数的类型和不同隶属度函数之间的重叠率、规则的数目和精确化计算方法。实质上,模糊控制器设计的关键在于如何有效地建立知识库即数据库和规则库,决策逻辑控制实际上是依赖规则库来实现的。因此为了使读者便于更有效地设计出最佳的模糊控制器,下面将进一步详细地讨论数据库和规则库设计的一些定性问题。

1. 数据库

模糊逻辑控制中的数据库主要包括量化等级的选择、量化方式(线性量化或非线性量化)、比例因子和模糊子集的隶属度函数。这些概念都是建立在经验和工程判断的基础上的,其定义带有一定的主观性。下面讨论在模糊控制中与数据库组成有关的一些重要问题。

(1) 论域的离散化

要使计算机能够处理模糊信息就必须对用模糊集合来表示的不确定信息进行量化。通常表示这种信息的模糊论域可以是连续的也可以是离散的。为了便于数字计算机处理,一般首先将连续的论域离散化形成离散论域。论域的离散化实质上是一个量化过程。量化是将一个论域离散成确定数目的几小段(量化级),每一段用某一个特定术语作为标记,这样就形成一个离散域。然后通过对这新的离散域中的特定术语赋予隶属度来定义模糊集。为了实现离散化,必须将测量的非模糊系统变量的值映射到离散域中的量值,这种映射可以是线性的也可以是非线性的。线性的比例因子、量化等级的选择都是凭借与控制变量、输入输出空间的分辨率或精度相关的先验知识。当需要在大误差段的分辨率精度要求不高而在小误差段时要求较高分辨率的情况下,采用非线性映射是很有效的。此外,测量变量的量化会带来误差,但它同时也减少了系统对小的扰动的敏感性。

在模糊控制系统中,变量的量化给出了控制器计算的简化和控制值的平滑之间的一个折中,然而为了消除大的误差在量化级之间的一些插值运算是必要的,这种运算并不会带来多大的运算负担。一个简单的方法是引入一个权系数 $w(\cdot)$,对于任意一个连续的测量值可以通过相邻两个离散值的加权运算得到隶属度的值。

例 2-20 如果当前测量误差 $e=3.6$,误差的离散值 3、4 的隶属度值分别为 $\mu(3)$、$\mu(4)$。求测量误差 $e=3.6$ 的隶属度值。

解 通过插值运算得到,即

$$\mu(3.6)=\mu(3)w(3,3.6)+\mu(4)w(3.6,4)=\mu(3)\times 0.6+\mu(4)\times 0.4 \quad ■$$

模糊控制规则中的条件部和结论部对都是一些定义在一定论域内的语言变量。每一语言变量由一组项集合构成且这组项集合定义在同一论域内。项数目的确定取决于模糊分区或相等效的基本模糊集(NB(负大)、NS(负小)、ZE(零)、

PS(正小)、PB(正大))的数目。项数目的多少决定了模糊控制器控制性能的粗略程度。输入输出空间的模糊分区具有一定的主观性,因此为了获得“最佳”的模糊分区,必要的实验是需要的。

(2) 输入输出空间的模糊划分

模糊控制规则前提部的每一个语言变量都形成一个与确定论域相对应的模糊输入空间,而结论部的语言变量则形成模糊输出空间。一般情况下,语言变量与术语(语言值)集合相联系,每一个术语被定义在同一论域上。那么模糊划分就是确定术语集合中有多少个术语,也就是说模糊划分就是确定基本模糊集的数目。而基本模糊集又是决定一个模糊逻辑控制器的控制分辨率。图 2-20 给出了两个输入变量下的一个模糊空间划分示意图。在模糊空间中,术语集的基数决定了我们可以建立的模糊控制规则的最大数目。必须指出,模糊输入、输出空间的划分并非是确定的,至今还没有统一的解决方法。因而经常采用启发式实验划分来找最佳模糊分区。

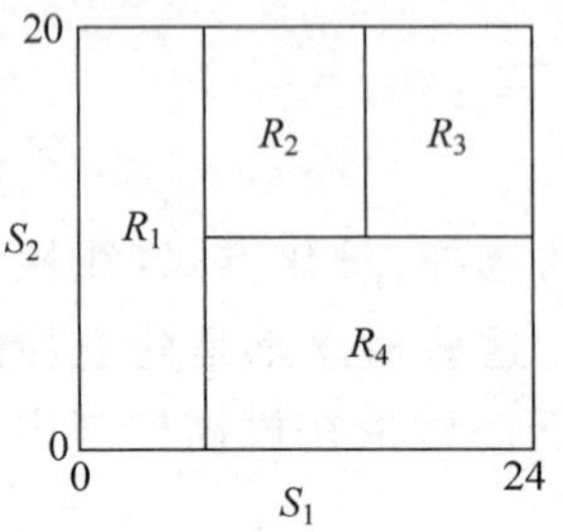

图 2-20 模糊输入空间规则分区示意图

(3) 基本模糊子集的隶属度函数

模糊集的隶属度函数是数据库的一个重要组成部分。通常有两种模糊集隶属度函数的表示方式。一是数字表示;二是函数表示。数字表示适用于论域是离散的情况,此时,模糊集隶属度函数的等级是用一个矢量来表示的。例如输入值 u 属于不同模糊子集的隶属程度用一个矢量来表示。当模糊子集总数为 5 并分别用 u_i 表示时,即可写成

$$\mu(u) = \sum_{i=1}^{5} a_i/u_i$$

其中矢量 $\boldsymbol{a}=[0.3,0.7,1.0,0.7,0.3]$ 中的元素分别是隶属于模糊子集 u_i 的程度。

当论域是连续时,模糊集合的隶属度函数需要用函数的形式来表示。典型的函数有三角形函数、梯形函数和高斯函数等。同样隶属度函数的选择是以决策的主观准则为基础的。隶属度函数的选择准则和方法已在上一节作了介绍。这里不再赘述。

2. 规则库

模糊控制系统是用一系列基于专家知识的语言来描述的,专家知识常采用“IF…THEN…”的规则形式,而这样的规则很容易通过模糊条件语句描述的模糊逻辑推理来实现。用一系列模糊条件描述的模糊控制规则就构成模糊控制规则

库。与模糊控制规则相关的主要有过程状态输入变量和控制输出变量的选择、模糊控制规则的建立和模糊控制规则的完整性、兼容性、干扰性等。下面将讨论过程状态输入变量和控制输出变量的选择、模糊控制规则的建立。

(1) 过程状态输入变量和控制输出变量的选择

用语言方式来定义模糊控制规则比用数学方式更容易。过程状态变量和控制变量的正确选择对模糊控制系统的控制性能是至关重要的。而语言变量的选择对模糊控制器有实质性的影响。典型的模糊逻辑控制器的语言变量取系统的状态、系统误差、误差变化等。

(2) 模糊控制规则的建立

目前模糊规则库的建立大致有四种方法。这些方法并不是相互排斥的。在实际使用时往往综合地利用各种方法。

① 基于模糊模型的控制

这种方法是基于对物理过程的模糊化数学表示,并由一组语言规则来描述此过程,它们的适应度由距离测量来决定。基于模糊模型的控制规则库建立有很多方法,从理论上来说,这些方法都具有好的性能和较小的计算量。本章将主要介绍一种由 Sugeno 和 Kang 在 1988 年提出的基于模糊模型的规则库建立方法。

假设模糊系统辨识模型可以用参数形式的规则来描述,即

$$R_i:\quad \text{IF}\quad s_1\quad \text{is}\quad S_1^i\quad \text{AND}\quad s_2\quad \text{is}\quad S_2^i\quad \text{AND}\quad \cdots\quad s_p\quad \text{is}\quad S_p^i$$

$$\text{THEN}\quad v^i = a_0^i + a_1^i s_1 + \cdots + a_p^i s_p \quad i = 1,\cdots,N \tag{2-62}$$

其中 S_j^i 是模糊语言值,s_i 是一个输入变量,v^i 是输出变量,系数集$\{a_j^i\}$是待辨识的参数。模型的辨识分两步。即结构参数(N,p)的辨识和系数$\{S_j^i,a_j^i\}$的确定。如果模型已知,则对于一组给定输入$\{s_1^0,s_2^0,\cdots,s_p^0\}$,最终输出 v^0 可以通过对每一条规则推理输出 v^i 的加权平均得到

$$v^0 = \frac{\sum_{i=1}^{N} w^i v^i}{\sum_{i=1}^{N} w^i} \tag{2-63}$$

权系数 w^i 表示对于给定输入的第 i 条模糊推理规则的可信度,其计算公式为 $w^i = \bigcap_{j=1}^{p} \mu_{S_j^i}(s_j^0)$,即 p 个输入变量隶属于第 i 个对应的模糊集函数中最小的隶属度值。

模糊规则 R_i 必须是完整的,且覆盖输入空间$\{s_1,s_2,\cdots,s_p\}$的全部模糊分区(对两个输入变量而言参见图 2-20)。尽管模糊推理方程式(2-62)是线性的,但它们能表示高度非线性的输入输出函数关系。通过定义正则化权系数

$$\delta^i = \frac{w^i}{\sum_{k=1}^{N} w^k} \qquad i = 1,2,\cdots,N \tag{2-64}$$

则可将方程式(2-63)的推理输出 v^0 计算化为给定输入的线性组合

$$\begin{aligned} v^0 = & a_0^1(\delta^1) + a_1^1(\delta^1 s_1^0) + \cdots + a_p^1(\delta^1 s_p^0) \\ & \vdots \\ & + a_0^i(\delta^i) + a_1^i(\delta^i s_1^0) + \cdots + a_p^i(\delta^i s_p^0) \\ & \vdots \\ & + a_0^N(\delta^N) + a_1^N(\delta^N s_1^0) + \cdots + a_p^N(\delta^N s_p^0) \end{aligned} \tag{2-65}$$

待定系数$\{a_j^i\}$可通过最小二乘法计算得到。依据以上思路,对控制对象进行观察并收集输入和控制的样本数据$\{s_1, s_2, \cdots, s_p, v\}$,利用方程式(2-65)计算出待定系数$\{a_j^i\}$后即可建立模糊推理规则。

② 专家经验法

专家经验法既是很自然的方法又是主观性较强的方法。这里的专家经验法是通过对专家控制经验的咨询形成控制规则库。由于模糊控制的规则是通过语言条件语句来模拟人类的控制行为,且它的条件语句与专家的控制特性直接相关,因此这种方法是很自然的。与传统的专家系统相比,基于专家经验法构成的模糊控制规则器需要一些内涵的和客观的准则。

③ 观察法

对于众多复杂的工业过程要通过对输入输出的测量建立量化的数学模型是很困难的,然而,人类却能够对此类系统进行有效的控制。试图通过观察人类控制行为并将其控制思想提炼出一套基于模糊条件语言类型的控制规则从而建立模糊规则库的途径就是观测法的基本思路。

④ 自组织法

至今,大多数模糊控制器通常是静态的,如上面提及的诸类方法无论是基于模型的方法还是基于知识的方法,一旦设计完成其模糊规则都是无法改变的,即此类系统没有自学习和自适应性能。但是,众所周知,人类不但能对复杂系统产生模糊控制规则,而且还能够随着环境的变化或经验的丰富更新原有的控制规则以获得更佳的控制效果。自组织模糊控制器就是这样一类模糊控制器,它能够在没有先验知识和很小有先验知识的情况下通过对观察系统的输入输出关系建立控制规则库。与所有学习系统一样,自组织模糊控制器也需要一个学习性能指标来保证学习的收敛性。

2.4.3 决策逻辑

决策逻辑是模糊控制的核心。决策逻辑是采用某种推理方法,由采样时刻的输入和模糊控制规则导出模糊控制器的控制量输出。模糊决策逻辑推理算法与很多因素相关,如模糊蕴涵规则、推理合成规则、模糊推理条件语句前件部分的连接词(and)和语句之间的连接词(also)的不同定义等。因为这些因素有多种组合得出的推理方法十分丰富。在 2.3 节中主要介绍了 Mamdani 模糊推理算法。实际上模糊逻辑推理的方法有十余种。下面以常用的条件推理语句为例，列出几种常用的推理算法。

对于 $C_i' = (A' \quad \text{and} \quad B') \circ (A_i \quad \text{and} \quad B_i \to C_i)$，记

$$\alpha_i = [\max_x(\mu_{A'}(x) \wedge \mu_{A_i}(x))] \wedge [\max_y(\mu_{B'}(y) \wedge \mu_{B_i}(y))]$$

有如下四种推理算法。

(1) Mamdani 模糊推理算法

$$\mu_{C_i'} = \alpha_i \wedge \mu_{C_i}(z)$$

$$\mu_{C'} = \mu_{C_1'}(z) \vee \mu_{C_2'}(z) = [\alpha_1 \wedge \mu_{C_1}(z)] \vee [\alpha_2 \wedge \mu_{C_2}(z)]$$

(2) Larsen 模糊推理算法

$$\mu_{C_i'} = \alpha_i \mu_{C_i}(z)$$

$$\mu_{C'} = \mu_{C_1'}(z) \vee \mu_{C_2'}(z) = [\alpha_1 \mu_{C_1}(z)] \vee [\alpha_2 \mu_{C_2}(z)]$$

(3) Takagi-Sugeno 模糊推理算法

本推理方法的基础是模糊逻辑推理规则满足 Takagi-Sugeno 模糊推理形式，即结论部是条件部输入变量的函数，如 IF x is A_i and y is B_i then $z = f_i(x, y)$。对于两条规则的模糊控制器而言，推理输出为

$$z_0 = \frac{\alpha_1 f_1(x_0, y_0) + \alpha_2 f_2(x_0, y_0)}{\alpha_1 + \alpha_2}$$

(4) Tsukamoto 模糊推理算法

这是一种当 A_i、B_i、C_i 的隶属度函数为单调函数时的特例。对于该方法，首先根据第 1 条规则求出 $\alpha_1 = C_1(z_1)$ 而求得 z_1；再根据 $\alpha_2 = C_2(z_2)$ 求得 z_2，准确的输出量可表示为 z_1 和 z_2 的加权组合，即

$$z_0 = \frac{\alpha_1 z_1 + \alpha_2 z_2}{\alpha_1 + \alpha_2}$$

2.4.4 精确化过程

通过模糊推理得到的结果是一个模糊集合或者隶属度函数，但在实际使用中，特别是在模糊控制中，必须要有一个确定的值才能去控制驱动或伺服机构。在推理得到的模糊集合中取一个能最佳代表这个模糊推理结果可能性的精确值的过程就称为精确化过程(又称为反模糊化)。精确化过程可以采取很多不同的方法，用不同的方法所得到的结果也是不同的，常用的精确化计算方法有以下三种。

(1) 最大隶属度函数法

简单地取所有规则推理结果的模糊集合中隶属度最大的那个元素作为输出值。即

$$v_0 = \max \mu_v(v) \quad v \in V$$

如果在输出论域 V 中，其最大隶属度函数对应的输出值多于一个时，简单的方法是取所有具有最大隶属度输出的平均，即

$$v_0=\frac{1}{J}\sum_{j=1}^{J}v_j \qquad v_j=\max_{v\in V}(\mu_v(v)) \qquad J=|\{v\}|$$

J 为具有最大隶属度输出的总数。

最大隶属度函数法不考虑输出隶属度函数的形状，只关心其最大隶属度值处的输出值。因此，难免会丢失许多信息。但它的突出优点是计算简单，所以在一些控制要求不高的场合，采用最大隶属度函数法是相当有效的。

(2) 重心法

重心法是取模糊隶属度函数曲线与横坐标围成面积的重心为模糊推理最终输出值，即

$$v_0=\frac{\int_V v\mu_v(v)\mathrm{d}v}{\int_V \mu_v(v)\mathrm{d}v} \tag{2-66}$$

对于具有 m 个输出量化级数的离散论域情况，则有

$$v_0=\frac{\sum_{k=1}^{m}v_k\mu_v(v_k)}{\sum_{k=1}^{m}\mu_v(v_k)} \tag{2-67}$$

与最大隶属度法相比较，重心法具有更平滑的输出推理控制。即对应于输入信号的微小变化，其推理的最终输出一般也会发生一定的变化，且这种变化明显比最大隶属度函数法要平滑。

(3) 加权平均法

加权平均法的最终输出值是由下式决定的，即

$$v_0=\frac{\sum_{i=1}^{m}v_i\cdot k_i}{\sum_{i=1}^{m}k_i} \tag{2-68}$$

这里的系数 k_i 的选择要根据实际情况而定。不同的系数就决定系统有不同的响应特性。当该系数 k_i 取为 $\mu_v(v_i)$时，即取其隶属度函数值时，就转化为重心法了。在模糊逻辑控制中，可以选择和调整该系数来改善系统的享用特性。

精确化计算的方法还有很多，如左取大、右取大、取大平均等。总的来说，精确化计算方法的选择与隶属度函数的形状选择、推理方法的选择都是相关的。面积重心法对于不同的隶属度函数形状会有不同的推理输出结果。而最大隶属度函数法对隶属度函数的形状要求不高。

综上分析可知，模糊逻辑控制的过程主要有三个步骤，模糊化过程、模糊逻辑推理、精确化计算。

2.5　模糊控制系统的设计

2.5.1　模糊控制器的结构设计

模糊控制系统的结构与常规数字控制系统类似，只是它的控制器是模糊控制器。按照输入变量数目不同，模糊控制器的结构可分为以下几种。

1. 单变量模糊控制器

常规的模糊控制器为单变量模糊控制器，它有一个独立的外部输入变量和一个输出变量。单变量模糊控制器结构在模糊控制的实际应用是相当广泛的一种，如加热炉的温度控制系统、速度控制系统等所有的经典控制理论能够处理的系统。单变量模糊控制器的输入个数称为模糊控制器的维数。通常有一维模糊控制器、二维模糊控制器和多维模糊控制器。通常情况下，一维模糊控制器的输入为被控变量与设定值之差 $e=r-y$，适合于简单被控对象。二维模糊控制器的输入一般为误差 e 和误差变化 de。

(1) 一维模糊控制器

一维模糊控制器是一种最简单的模糊控制器，它的输入输出变量只有一个。假设模糊控制器的输入变量为 e、输出控制量为 u，则模糊控制规则一般有以下形式

R_1　　如果　e 是 E_1，则 u 是 U_1；

R_2　　否则如果　e 是 E_2，则 u 是 U_2；

⋮

R_n　　否则如果　e 是 E_n，则 u 是 U_n。

这里，$E_1,E_2,\cdots,E_n$ 和 $U_1,U_2,\cdots,U_n$ 均为输入、输出论域上的模糊子集。对于上述多重模糊推理语句，其总的模糊蕴涵关系可按下式来求取

$$R(e,u)=\bigcup_{i=1}^{n} E_i \times U_i \tag{2-69}$$

一维控制器的设计简单明了。它面对的大多数实际控制问题是诸如跟踪控制系统、设定值控制系统等误差控制系统。但是由于此类一维控制器的规则只考虑系统的误差，只要误差相近，不管误差变化的趋势，其控制输出的结果是相似的。其结果必然会影响模糊控制器的性能。所以，须在模糊控制器设计中考虑更多的因素。二维模糊控制和多维模糊控制器就是针对此类情况而提出来的。

(2) 二维模糊控制器

这里指的二维是模糊控制器的输入变量有两个，而控制器的输出变量仍然是

一个，被控对象仍旧是单输入单输出系统。这类控制器的模糊规则一般可描述为

R_1　　如果　e 是 E_1 和 de 是 DE_1，则 u 是 U_1；

R_2　　否则如果　e 是 E_2 和 de 是 DE_2，则 u 是 U_2；

⋮

R_n　　否则如果　e 是 E_n 和 de 是 DE_n，则 u 是 U_n。

这里，$E_1,E_2,\cdots,E_n$、$DE_1,DE_2,\cdots,DE_n$ 和 $U_1,U_2,\cdots,U_n$ 均为输入、输出论域上的模糊子集。对于上述多重模糊推理语句，其总的模糊关系为

$$R(e,de,u)=\bigcup_{i=1}^{n}(E_i\times DE_i)\times U_i \tag{2-70}$$

二维模糊控制器考虑了系统的误差和误差变化，因此在跟踪控制系统、设定值控制系统的应用中有着相当大的潜力，其控制性能明显优于一维模糊控制器。在目前大量的模糊控制系统设计中考虑的是这一种模糊控制器结构。

(3) 多维模糊控制器

在有些控制要求更高的场合，仅依赖于系统的误差、误差变化信号还不足以实现高精度的控制。参照经典 PID 调节器的控制思想，能否将系统的误差、误差变化及误差的积累都作为模糊控制器的输入信号？这就是多维模糊控制器的设计思想。从理论上来分析，提高控制器输入变量的个数会提高控制器的控制性能。但是，由于输入维数的增加导致了控制规则的复杂化、控制算法的复杂化。如何解决多维模糊控制系统规则的冗余性、兼容性等有效的方法还没有。因此，目前多维模糊控制器并不常见。

2. 多变量模糊控制器

多变量模糊控制器有多个独立的输入变量和一个或多个输出变量。如果每个输入变量又引出多维输入信息，那么模糊控制器的输入个数将会急剧增加，对应的模糊控制规则的推理语句维数随着输入变量的增加呈指数增加，直接建立这种系统的控制规则十分困难。目前还没有一套比较完整的理论来指导系统的设计。由于人对具体事物的逻辑思维一般不超过三维，因此，对于许多多输入多输出模糊控制系统而言，它的规则提取无法直接从人的经验上来获得。为此，必须把观察和实验数据进行重组。例如，已知样本数据(X_1,X_2,Y_1,Y_2,Y_3)，则可将其变换为(X_1,X_2,Y_1)，(X_1,X_2,Y_2)，(X_1,X_2,Y_3)。这样，把多输入多输出模糊控制结构化为多输入单输出模糊控制结构。然后可以用单输入单输出模糊控制系统的设计方法来进行。这就是多变量控制系统的模糊解耦问题。因为涉及多变量控制系统的问题比较复杂，也没有一个公认有效的方法。所以这里不再继续展开。

2.5.2 模糊控制器的基本类型

由于模糊控制器的知识库中规则的形式和推理方法不同,模糊控制系统的具体类型是多种多样的。通过对各种类型模糊控制器的分析,现有的模糊控制系统可以归纳为两种基本类型,Mamdani 型和 Takagi-Sugeno 型,其他的类型都可视为这两种类型的改进或变型。Mamdani 型和 Takagi-Sugeno 型也不是截然区分的,如规则后件采用单点模糊数的模糊控制器即可认为是一种 Mamdani 型模糊控制器又可以认为是零阶 Takagi-Sugeno 型模糊控制器。而且 Mamdani 型和 Takagi-Sugeno 型模糊控制器在一定条件下可以相互转化。

1. Mamdani 型模糊控制器的工作原理

Mamdani 型模糊控制器是英国 Mamdani 博士在 1974 年提出,并成功应用于模糊控制系统,是最常用的模糊控制器之一。通常也称为传统的模糊控制器。

多输入单输出(MISO)Mamdani 模糊控制器的模糊控制规则形式为

R_1 IF x_1 is A_1^1 AND x_2 is A_2^1 AND … x_p is A_p^1 , then u is U^1

R_2 IF x_1 is A_1^2 AND x_2 is A_2^2 AND … x_p is A_p^2 , then u is U^2

⋮

R_n IF x_1 is A_1^n AND x_2 is A_2^n AND … x_p is A_p^n , then u is U^n

其中,$x_1,x_2,\cdots,x_p$ 为前件(输入)变量,其论域分别为 $X_1,X_2,\cdots,X_p$;$A_i^j\in F(X_i),i=1,2,\cdots,p$;$j=1,2,\cdots,n$ 为前件变量 x_i 的模糊集合。u 为输出控制量,论域为 U。$U^j\in F(U)$为输出变量的模糊集合。

每条规则为直积空间 $X_1\times X_2\times\cdots\times X_p\times U$ 上的一个模糊关系($A_1^j\times A_2^j\times\cdots A_1^j)\rightarrow U^j$

$$R_j = A_1^j\times A_2^j\times\cdots\times A_p^j\times U^j$$

n 条规则全体构成的模糊关系为

$$R=\bigcup_{j=1}^{n} R_j$$

对于某一组输入(x_1 is A_1',x_2 is A_2',…,x_p is A_p'),模糊推理的结论为

$$U' = (A_1'\times A_2'\times\cdots\times A_p')\circ R$$

其中,∘为合成算子。对于模糊关系,Zadeh,Mamdani 等学者给出了不同的定义,其中在模糊控制中常用的是 Mamdani 提出的取小"∧"运算和 Larsen 提出的乘积运算。

对于合成算子∘,也有多种选择,如"∧－∨"(Max-Min)、"∨ －"(Max-Product)、"⊕－∧"(Sum-Min)"⊕－."(Sum-Product)等。其中有界和的定义为

$$x\oplus y=\min(1,x+y)$$

对于 Mamdani 型的模糊控制器,如果选择不同的模糊关系定义合成算子以及模糊化和精确化方法,则控制器的算法和控制系统的性能也将不同。在实际应用

中，比较常见的 Mamdani 型模糊控制器选择模糊关系运算为取小“∧”、合成算子为“∧－∨”、单点模糊化和重心法精确化。所有规则综合后总的模糊关系为

$$R=\bigcup_{j=1}^{n} R_j=\bigcup_{j=1}^{n}\int_{X_1\times X_2\times\cdots\times X_p\times U} A_1^j(x_1)\wedge A_2^j(x_2)\wedge\cdots A_p^j(x_p)\wedge U^j(u)/(x_1,x_2,\cdots,x_p,u)$$

对于某一模糊输入(x_1 is A_1'，x_2 is A_2'，…，x_p is A_p')，模糊推理的结论为

$$U'(u)=(A_1'\times A_2'\times\cdots\times A_p')\circ R=\bigvee_{j=1}^{n}\left\{\bigwedge_{i=1}^{p}\left[\bigvee_{x_i\in X_i}(A_i'(x_i)\wedge A_i^j(x_i)\wedge U^j(u))\right]\right\}$$

2. T-S 型模糊控制器的工作原理

T-S 模糊模型是日本学者 Takagi 和 Sugeno 于 1985 年首先提出来的，它采用系统状态变量或输入变量的函数作为 if-then 模糊规则的后件，这样不仅可以用来描述模糊控制器，也可以描述被控对象的动态模型。T-S 模糊模型可描述为

R_1: IF x_1 is A_1^1 AND x_2 is A_2^1 AND … x_p is A_p^1 , then $u=f_1(x_1,x_2,\cdots,x_p)$

R_2: IF x_1 is A_1^2 AND x_2 is A_2^2 AND … x_p is A_p^2 , then $u=f_2(x_1,x_2,\cdots,x_p)$

⋮

R_n: IF x_1 is A_1^n AND x_2 is A_2^n AND … x_p is A_p^n , then $u=f_n(x_1,x_2,\cdots,x_p)$

其中，$x_1,x_2,\cdots,x_p$ 为前件(输入)变量，其论域分别为 $X_1,X_2,\cdots,X_p$；$A_i^j\in F(X_i)$；$i=1,2,\cdots,p$；$j=1,2,\cdots,n$ 为前件变量 x_i 的模糊集合。u 为输出控制量，论域为 U。$f_j(x_i)$为模糊后件关于前件变量 x_i 的线性或非线性函数。

对于 T-S 型模糊控制器，如果选择不同的模糊推理方法以及模糊化和精确化方法，则控制器的算法和控制系统的性能也将不同。对于一组输入($x_1,x_2,\cdots,x_p$)$\in X_1\times X_2\times\cdots\times X_p$，经过模糊推理并采用重心法精确后得到的控制器输出为

$$u'=\frac{\sum_{j=1}^{n} w_j f_j(x_1,x_2,\cdots,x_p)}{\sum_{j=1}^{n} w_j}$$

w_j 为输入变量对第 j 条规则的匹配度。如采用“∧－∨”(Max-Min)推理方法，有

$$w_j=A_1^j(x_1)\wedge A_2^j(x_2)\wedge\cdots\wedge A_p^j(x_p)$$

如采用“⊕－.”(Sum-Product)推理方法，有

$$w_j=A_1^j(x_1)A_2^j(x_2)\cdots A_p^j(x_p)$$

在实际应用中，T-S 模糊规则后件的函数 $f_i(x_i)$可采用多项式或状态方程的形式，为了使推理算法更加简便明了，多数系统采用 Sum-Product 推理方法。

2.5.3 模糊控制器的设计原则

如前所述，模糊逻辑控制是一种利用人的直觉和经验设计的控制系统，设计时不是用数学解析模型来描述受控系统的特性，故没有一个成熟而固定的设计过

程和方法。尽管如此,我们仍然可以总结出以下供参考的原则性设计步骤。

(1) 定义输入输出变量

首先要决定受控系统有哪些输入的操作控制状态必须被监测和哪些输出的控制作用是必须的。例如,模糊温度控制器就必须测量受控系统的温度与设定值相比较得到误差值,进而决定加热操作量的大小。由此,模糊温度控制器就必须定义系统的温度为输入量,而把加热操作量作为输出变量。

根据输入和输出变量的个数,就可以求出所需要规则的最大数目

$$N = n_{\text{out}} * (n_{\text{level}})n_{\text{in}}$$

这里 n_{in} 是输入变量的个数,n_{out} 是输出变量的个数,n_{level} 是输入空间模糊划分的数目。

然而实际上有的组合状态不会出现,所以真正用到的规则数没有这么多。所以建议用以下公式来计算

$$N = n_{\text{out}} * (n_{\text{in}}(n_{\text{level}} - 1) + 1)$$

在定义输入和输出变量时,要考虑到软件实现的限制,一般用于小于 10 个输入变量时,软件推理还能应付,但当输入变量的数目再增加时,就要考虑采用专用模糊逻辑推理集成芯片。

(2) 定义所有变量的模糊化条件

根据受控系统的实际情况,决定输入变量的测量范围和输出变量的控制作用范围,以进一步确定每个变量的论域;然后再安排每个变量的语言值及其相对应的隶属度函数。

(3) 设计控制规则库

这是一个把专家知识和熟练操作工的经验转换为用语言表达的模糊控制规则的过程。

(4) 设计模糊推理结构

这一部分可以设计成通用的计算机或单片机上用不同推理算法的软件程序来实现,也可采用专门设计的模糊推理硬件集成电路芯片来实现。

(5) 选择精确化策略的方法

为了得到确切的控制值,必须对模糊推理获得的模糊输出量进行转换,这个过程称作精确化计算,实际上是要在一组输出量中找到一个有代表性的值,最能反映模糊推理的结果。

2.5.4 模糊控制器的常规设计方法

模糊控制器是按一定的语言规则进行工作的,而这些控制规则是建立在总结操作员控制经验的基础上的。且大多数模糊逻辑推理方法采用 Mamdani 极大极小推理法。

由模糊控制的理论基础和模糊控制器的基本组成可知，要设计一个模糊控制器，通常须将模糊控制器的输入输出变量模糊化。不失一般性，假设模糊逻辑控制器的输入量为系统的误差 e 和误差变化 de、输出量为系统控制值 u，则模糊逻辑控制器的工作过程可以描述为，首先将模糊控制器的输入量转化为模糊量供模糊逻辑决策系统用，模糊逻辑决策器根据控制规则决定的模糊关系 R，应用模糊逻辑推理算法得出控制器的模糊输出控制量。最后经精确化计算得到精确的控制值去控制被控对象。常规模糊控制器如图 2-21 所示。图中 E、DE、U 为误差 e、误差变化 de、控制量 u 的模糊集。

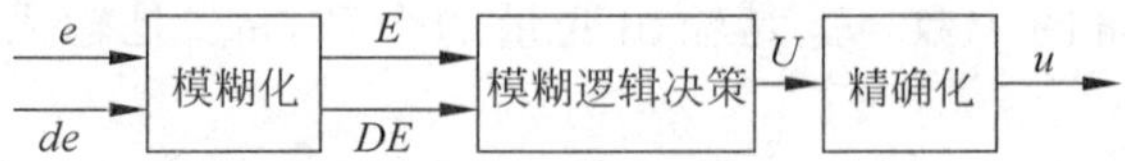

图 2-21 常规模糊控制器

由模糊逻辑推理法可知，对于 n 条模糊控制规则可以得到 n 个输入输出关系矩阵 $\boldsymbol{R}_1,\boldsymbol{R}_2,\cdots,\boldsymbol{R}_n$，从而由模糊规则的合成算法可得系统总的模糊关系矩阵为

$$\boldsymbol{R}=\bigcup_{i=1}^{n}\boldsymbol{R}_i$$

则对于任意系统误差 E_i 和系统误差变化 DE_j，其对应的模糊控制器输出 C_{ij} 为

$$C_{ij}=(E_i\times DE_j)\circ\boldsymbol{R} \tag{2-71}$$

对上式得到的模糊控制量 C_{ij} 再进行精确化计算就可以去直接控制系统对象了。然而，在实际应用中，由于模糊关系矩阵 $\boldsymbol{R}$ 是一个高阶矩阵，如果对于任何瞬间的系统误差 E_i 和误差变化 DE_j 都用式(2-71)合成计算出即时控制输出 C_{ij}，显然要花费大量的计算时间。其结果是系统实时控制性能变差。为了克服实时计算量大的缺点，常规模糊控制在实际应用中通常采用的是查表法。

查表法的基本思想是通过离线计算取得一个模糊控制表，并将其控制表存放在计算机内存中。当模糊控制器进行工作时，计算机只需直接根据采样得到的误差和误差变化的量化值来找出当前时刻的控制输出量化值。最后，计算机将此量化值乘以比例因子 k_3 得到最终的输出控制量。这种控制系统的结构图如图 2-22 所示。图中 k_1、k_2 分别为误差 e 和误差变化 de 的量化比例因子、k_3 为控制量的量化比例因子。查表法的设计关键是模糊控制表的构成。下面，我们以温度控制系统的模糊控制器设计为例来说明查表法模糊控制器的设计步骤。

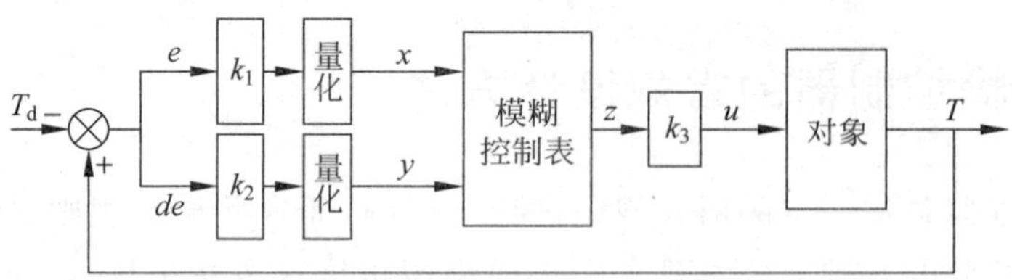

图 2-22 控制表方式的模糊逻辑控制器结构图

(1) 确定模糊控制器的输入、输出变量

模糊控制器选用系统的实际温度 T 与温度给定值 T_d 的误差 $e=T_d-T$ 及其误差变化 de 作为输入语言变量，把控制加热装置的供电电压 u 选作输出语言变量。这样构成了一个二维模糊控制器。

(2) 确定各输入、输出变量的变化范围、量化等级和量化因子 k_1、k_2、k_3

取三个语言变量的量化等级都为 9 级，即 $x,y,z=\{-4,-3,-2,-1,0,1,2,3,4\}$。误差 e 的论域为$[-50,50]$，误差变化 de 的论域为$[-150,150]$，控制输出 u 的论域为$[-64,64]$。本例中采用非线性量化，故量化因子为非常量。

(3) 在各输入和输出语言变量的量化域内定义模糊子集

首先确定各语言变量论域内模糊子集的个数。本例中都取 5 个模糊子集，即 PB、PS、ZE、NS、NB。各语言变量模糊子集通过隶属度函数来定义。为了提高稳态点控制的精度，本例的量化方式采用非线性量化，即如表 2-1 所示。

表 2-1 模糊集的隶属度函数

误差 e	−50	−30	−15	−5	0	5	15	30	50
误差率 de	−150	−90	−30	−10	0	10	30	90	150
控制 u	−64	−16	−4	−2	0	2	4	16	64
量化等级	−4	−3	−2	−1	0	1	2	3	4
状态变量	相关的隶属度函数								
PB	0	0	0	0	0	0	0	0.35	1
PS	0	0	0	0	0	0.4	1	0.4	0
ZE	0	0	0	0.2	1	0.2	0	0	0
NS	0	0.4	1	0.4	0	0	0	0	0
NB	1	0.35	0	0	0	0	0	0	0

(4) 模糊控制规则的确定

模糊控制规则实质上是将操作员的控制经验加以总结而得出一条条模糊条件语句的集合。确定模糊控制规则的原则是必须保证控制器的输出能够使系统输出响应的动静态特性达到最佳。现设控制系统的响应曲线如图 2-23 所示。

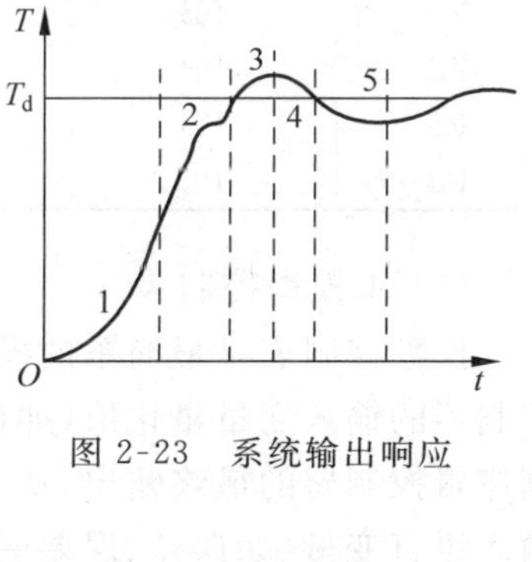

图 2-23 系统输出响应

考虑误差 $e=T_d-T$ 为负的情况。当 e 为负大(NB)时，即系统响应处于曲线第 1 段。此时，无论 de 的值如何，为了消除偏差应使控制量加大。所以控制量 u 应取正大(PB)，即有如下控制规则

规则 1：如果误差 e 是 NB、且误差变化 de 是 PB，则控制 U 为 PB；

规则 2：如果误差 e 是 NB、且误差变化 de 是 PS，则控制 U 为 PB；

规则 3：如果误差 e 是 NB、且误差变化 de 是 ZE；则控制 U 为 PB；

规则 4：如果误差 e 是 NB、且误差变化 de 是 NS，则控制 U 为 PB；

当误差 e 为负小或零时，主要矛盾转化为系统的稳定性问题了。为了防止超调过大并使系统尽快稳定，就要根据误差的变化 de 来确定控制量的变化。若 de 为正，表明误差有减小的趋势。系统响应位于曲线的第 2 段，所以可取较小的控制量，即有如下控制规则

规则 5：如果误差 e 是 NS、且误差变化 de 是 ZE，则控制 U 为 PS；

规则 6：如果误差 e 是 NS、且误差变化 de 是 PS，则控制 U 为 ZE；

规则 7：如果误差 e 是 NS、且误差变化 de 是 PB，则控制 U 为 NS；

规则 8：如果误差 e 是 ZE、且误差变化 de 是 ZE，则控制 U 为 ZE；

规则 9：如果误差 e 是 ZE、且误差变化 de 是 PS，则控制 U 为 NS；

规则 10：如果误差 e 是 ZE、且误差变化 de 是 PB，则控制 U 为 NB；

当误差变化 de 为负时，偏差有增大的趋势，此时系统响应位于曲线第 5 段。这时应使控制量增加，防止偏差进一步增加。因此，有控制规则

规则 11：如果误差 e 是 NS、且误差变化 de 是 NS，则控制 U 为 PS；

规则 12：如果误差 e 是 NS、且误差变化 de 是 NB，则控制 U 为 PB；

规则 13：如果误差 e 是 ZE、且误差变化 de 是 NS，则控制 U 为 PS；

规则 14：如果误差 e 是 ZE、且误差变化 de 是 NB，则控制 U 为 PB。

根据系统工作的特点，当误差 e 和误差变化 de 同时变号时，控制量的变化也应变号。这样就可以得出剩余的 9 条规则了。所有的控制规则库如表 2-2 所示。

表 2-2 模糊控制表

	U				
DE \ *E*	NB	NS	ZE	PS	PB
NB	PB	PB	PB	PS	NB
NS	PB	PS	PS	ZE	NB
ZE	PB	PS	ZE	NS	NB
PS	PB	ZE	NS	NS	NB
PB	PB	NS	NB	NB	NB

(5) 求模糊控制表

模糊控制表是最简单的模糊控制器之一。它可以通过查询，将当前时刻模糊控制器的输入变量量化值（如误差、误差变化量化值）所对应的控制输出值作为模糊逻辑控制器的最终输出，从而达到快速实时控制。模糊控制规则表必须对所有输入语言变量（如误差、误差变化）量化后的各种组合通过模糊逻辑推理的一套方法离线计算出每一个状态的模糊控制器输出，最终生成一张模糊控制表。下面以某一时刻的输入状态为例来说明整个设计过程。

设系统误差 e 的量化值为 1、误差变化 de 的量化值为 −2。则由表 2-2 可知相应的隶属度值

对于误差 e　$\mu_{ZE}(1)=0.2$　$\mu_{ps}(1)=0.4$；误差变化 de　$\mu_{NS}(-2)=1$

根据此时此刻的输入状态，由模糊控制规则库表 2-2 可知，只有以下两条规则有效：

第一条　如果误差 e 是 ZE、且误差变化 de 是 NS，则控制 U 为 PS；

第二条　如果误差 e 是 PS、且误差变化 de 是 NS，则控制 U 为 ZE。

由极大极小推理法可得控制量的输出模糊集为

$$\mu_{ps}(1,-2)=\min(0.2,1)=0.2$$

$$\mu_{ZE}(1,-2)=\min(0.4,1)=0.4$$

图 2-24 形象地画出了极大极小的推理过程。最后将每一条推理规则得出的模糊控制子集进行"并"运算得出图中粗线段，用重心法计算出模糊控制输出的精确值。

$$u=\frac{-1\times0.2+0\times0.4+1\times0.2+2\times0.2+3\times0.2}{0.2+0.4+0.2+0.2+0.2}$$

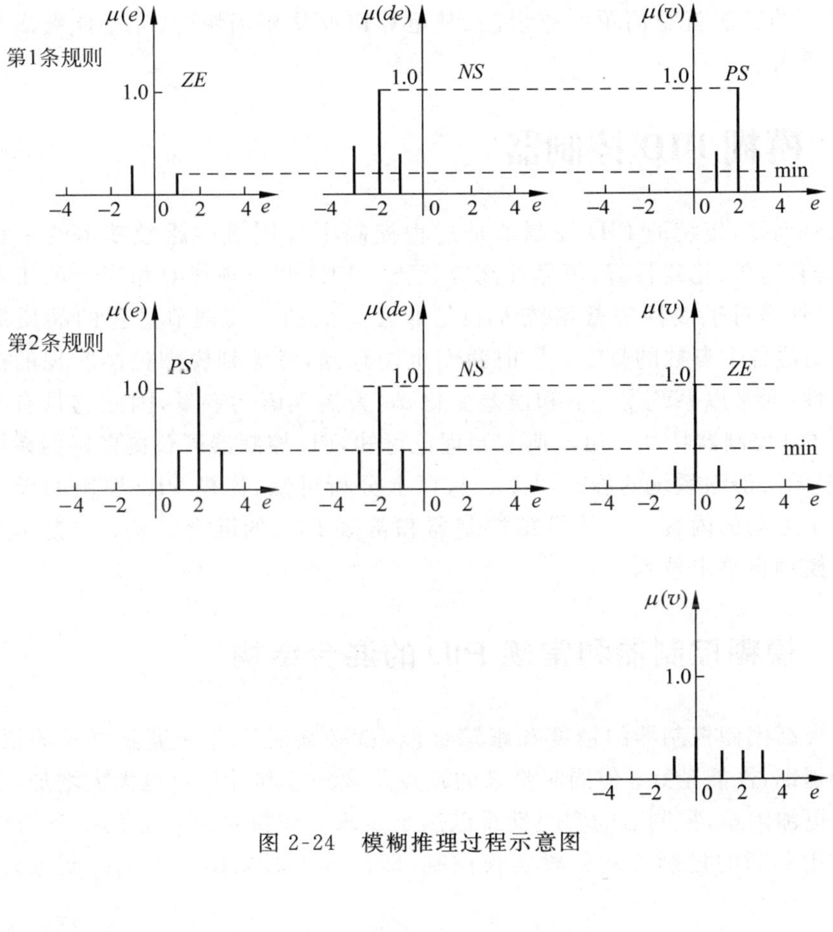

图 2-24　模糊推理过程示意图

同样，对输入空间论域中的所有组合计算出输出控制量，即可构成一个模糊控制器的控制表(见表 2-3)。

表 2-3 模糊控制表

de_j / c_{ij} / e_j	**−4**	**−3**	**−2**	**−1**	**0**	**1**	**2**	**3**	**4**
−4	4	3	3	3	3	3	0	0	0
−3	3	3	3	2	2	2	0	0	0
−2	3	3	2	2	1	1	0	−1	−2
−1	2	2	2	1	1	0	−1	−1	−2
0	2	2	1	1	0	−1	−1	−2	−2
1	2	1	1	0	−1	−1	−2	−2	−3
2	2	1	0	−1	−1	−2	−2	−3	−3
3	0	0	0	−2	−2	−2	−3	−3	−3
4	0	0	0	−3	−3	−3	−3	−3	−4

至此，模糊控制表已经建立。由于模糊控制表的建立是离线进行的，因此它丝毫没有影响模糊控制器实时运行的速度。一旦模糊控制表建立起来，模糊逻辑推理控制的算法就是简单的查表法，其运算速度是相当快的，完全能够满足实时控制的要求。

2.6 模糊 PID 控制器

众所周知，传统的 PID 控制器是过程控制中应用最广泛最基本的一种控制器，它具有简单、稳定性好、可靠性高等优点。PID 调节规律对相当多的工业控制对象，特别是对于线性定常系统控制是非常有效的。其调节过程的品质取决于 PID 控制器各个参数的整定。同时我们也注意到，考虑到模糊控制实现的简易性和快速性，通常以系统误差 e 和误差变化 de 为输入语句变量，因此它具有类似于常规的 PD 控制器特性。由经典控制理论可知，PD 控制器可获得良好的系统动态特性，但无法消除系统的静态误差。从以上分析可知，模糊 PID 控制的设计主要涉及两个方面的内容。一是模糊控制器和常规 PID 的混合结构；二是常规 PID 参数的模糊自整定技术。

2.6.1 模糊控制器和常规 PID 的混合结构

要提高模糊控制器的精度和跟踪性能，就必须对语言变量取更多的语言值，即分档越细，性能越好；但同时带来的缺点是规则数和计算量也大大增加，从而使得调试更加困难，控制器的实时性难以满足要求。解决这一矛盾的一种方法是在论域内用不同的控制方式分段实现控制，即误差大时采用纯比例控制方式，当误差小于某一阈值时切换到模糊控制方式，当输入变量误差模糊值为零(ZE)时进入 PI 控制方式；另一种方法是将 PID 控制器分解为模糊 PD 控制器和各种其他类型(如模糊放大器、模糊积分器、模糊 PI 控制器、确定积分器等)的并联结构，达到这两种控制器性能的互补。对于不同的控制对象可以有不同的控制结构。一般来说，可归结为五种类型。

(1) 当被控过程的稳态增益已知或可以测量 K_p，那么积分作用就没有必要了。在这种情况下模糊逻辑控制器的输出可以用如下方程来描述。

$$U_L = U_{PD} + U_1 = U_{PD} + x/K_p \tag{2-72}$$

其中 U_{PD} 是模糊 PD 控制器输出，x 是闭环系统的期望输出值(如图 2-25 所示)。

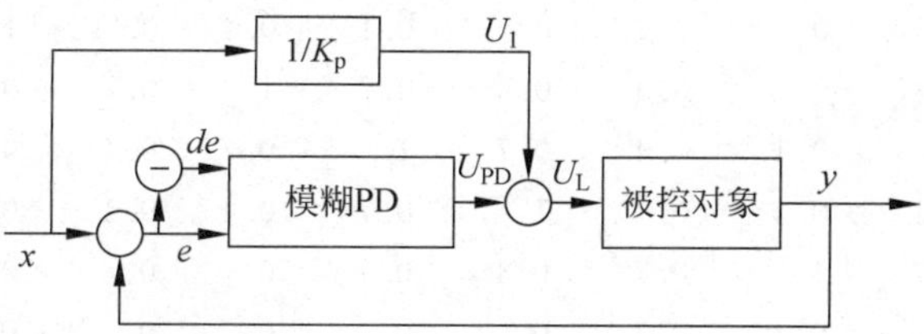

图 2-25　模糊 PD 控制器

(2) 如果 K_p 未知，则积分项就不可缺少了。在这种情况下可以将传统的积分控制器并联到模糊 PD 控制器中去构成混合结构，其中积分控制器输出 $u_i = K_i \sum e$，K_i 是已知的积分增益(如图 2-26 所示)。

(3) 以上两种混合结构由于包含了确定性的比例环节和积分环节，因此实质上不是纯粹的模糊 PID 控制器。如果将类型(2)中的积分增益 K_i 进行模糊化就变成了类型(3)的模糊 PID 控制器。其中控制器的总输出值为

$$U_L = U_{PD} + \text{Fuzzy}(K_i) \sum e$$

(4) 另一方案是将模糊 PD 控制器与模糊 PI 控制器并联构成拟模糊 PID 控制器。它们都是由二输入　输出规则库来控制的，其中模糊 PI 控制器的规则形式为

PI 规则 r：如果 e 是 E^r 和 de 是 ΔE^r，那么 du 是 ΔU^r。$r = 1, 2, \cdots, N$。

与 PD 控制器规则不同之处在于模糊 PD 规则库的输出为当前控制值 U，而模糊 PI 控制器的输出为控制增量 ΔU。控制结构图如图 2-27 所示。

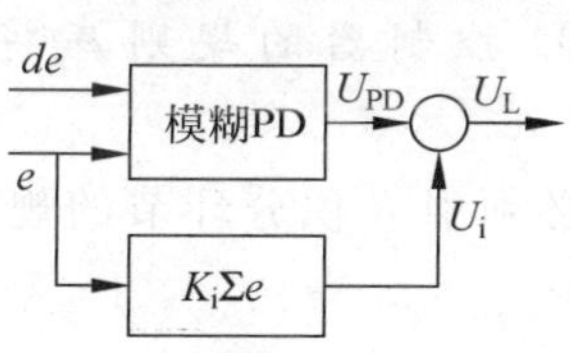

图 2-26　模糊 PD+精确积分

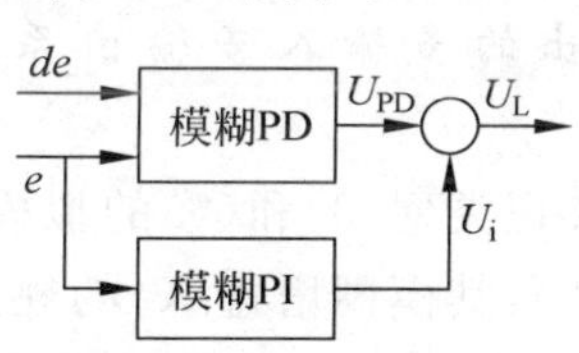

图 2-27　模糊 PD 和模糊 PI 合成控制结构图

(5) 如果只考虑误差对模糊 PI 输出量有影响，则类型(4)中的规则可以简化为

简易 PI 规则 r：如果 e 是 E^r，那么 du 是 ΔU^r。$r=1,2,\cdots,N$。

这里的模糊积分控制器与模糊 PD 控制器并联，结构图同类型(4)。

例 2-21 考虑一个二阶动态系统，其传递函数为

$$G(s)=\frac{K}{s^2+bs+c}$$

已知输入和输出语言变量的语言值和隶属度值都相同(如表 2-4 所示)。系统的参数$(K,b,c)=(5,1,1)$。模糊 PD 控制器的规则由表 2-5 给出。

表 2-4 隶属度函数

	−5	−4	−3	−2	−1	0	1	2	3	4	5
PB	0	0	0	0	0	0	0	0.1	0.4	0.7	1
PM	0	0	0	0	0	0.1	0.4	0.7	1	0.7	0.4
PS	0	0	0	0.1	0.4	0.7	1	0.7	0.4	0.1	0
ZE	0	0	0.1	0.4	0.7	1	0.7	0.4	0.1	0	0
NS	0	0.1	0.4	0.7	1	0.7	0.4	0.1	0	0	0
NM	0.4	0.7	1	0.7	0.4	0.1	0	0	0	0	0
NB	1	0.7	0.4	0.1	0	0	0	0	0	0	0

表 2-5 模糊 PD 控制器的规则表

控制值 U_{PD}

ΔE		NB	NM	NS	ZE	PS	PM	PB
	NB	NB	NB	NB	NM	NM	NS	ZE
	NM	NB	NB	NB	NM	NS	ZE	PS
E	NS	NB	NM	NM	NS	ZE	PS	PM
	ZE	NB	NS	NS	ZE	PS	PM	PB
	PS	NM	NS	ZE	PS	PM	PB	PB
	PM	NS	ZE	PS	PM	PB	PB	PB
	PB	ZE	PS	PM	PM	PB	PB	PB

由表 2-5 可知，对于一个二维的 PD 控制器规则库在 7 个语言值条件下共有 7×7=49 条规则，如果要实现模糊 PID 控制器的规则库，则需要 7×7×7=343 条规则。因此输入语言变量的增加会导致规则库的迅速增加。再则，如果系统为二输入二输出的多输入多输出系统时，其模糊 PID 控制器的规则库将达到 117649 条。■

为了实现类型(3)和(5)的拟模糊 PID 控制器，必须引入积分环节的规则库。对于类型(3)，其模糊增益 K_i 的规则库为

E	NB	NM	NS	ZE	PS	PM	PB
K_i	PS	PM	PM	PB	PM	PM	PS

对于类型(5)，其模糊输出增益 ΔU 的规则库为

E	NB	NM	NS	ZE	PS	PM	PB
ΔU	NB	NM	NS	ZE	PS	PM	PB

针对以上被控系统，分别用类型(1)～(5)的控制方式对其控制，其单位阶跃响应曲线如图 2-28 所示。五种不同类型的拟模糊 PID 控制器作用下的不同的性能指标如上升时间(t_r)、超调量($\sigma\%$)、绝对误差积分准则(IAE)、时间乘绝对误差积分准则(ITAE)比较值如表 2-6 所示。

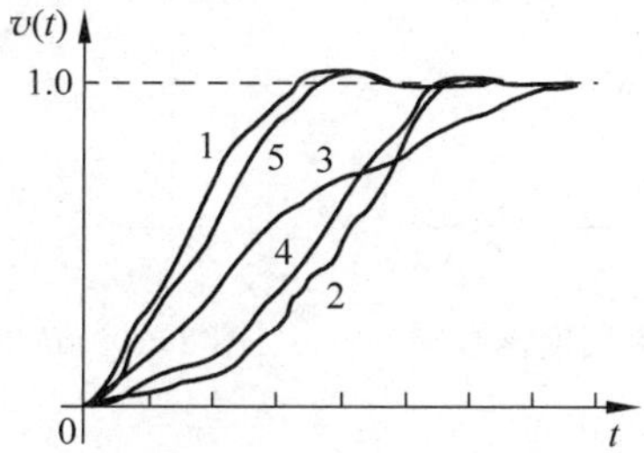

图 2-28　各种模糊 PID 控制响应曲线图

表 2-6　不同模糊 PID 控制器的性能指标对比表

		性能指标			
		t_r	$\sigma\%$	IAE	ITAE
类型	1	2.09	0.9%	26.54	32.59
	2	4.36	0.4%	40.29	48.61
	3	7.25	0.1%	58.21	82.37
	4	4.02	0.6%	30.01	60.98
	5	2.21	0.7%	29.91	35.73

2.6.2　常规 PID 参数的模糊自整定技术

为了满足不同误差 e 和误差变化 Δe 对 PID 参数自整定的要求，利用模糊控制规则在线对 PID 参数进行修改，便构成了参数模糊自整定 PID 控制器。这种技术的设计思想是先找出 PID 三个参数与误差 e 和误差变化 Δe 之间的模糊关系，在运行中通过不断检测 e 和 Δe，再根据模糊控制原理来对三个参数进行在线修改以满足在不同 e 和 Δe 时对控制器参数的不同要求，从而使被控对象具有良好的动、静态性能。根据对已有控制系统设计经验的总结，可以得出 PID 参数 K_p，K_i，K_d 的自整定规律如下。

(1) 当$|e|$较大时，应取较大的 K_p 和较小的 K_d(使系统响应加快)且使 $K_i=0$

(避免过大的超调)。

(2) 当$|e|$中等时,应取较小的K_p(使系统响应具有较小的超调),适当的K_d和K_i(K_d的取值对系统响应的影响较大)。

(3) 当$|e|$较小时,应取较大的K_p和K_i(使系统响应具有良好的稳态性能),K_d的取值要适当,以避免在平衡点附近出现振荡。

我们可取语言变量$|e|$和$|\Delta e|$的语言值为"大"、"中"、"小",其隶属度函数分别用图2-29和图2-30来表示。

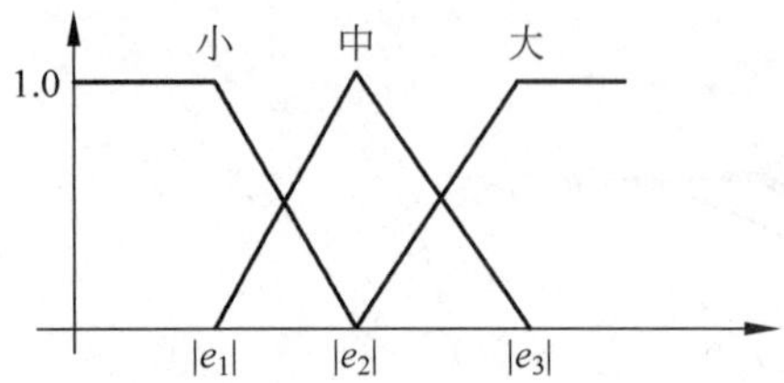

图 2-29 语言变量误差的隶属度函数

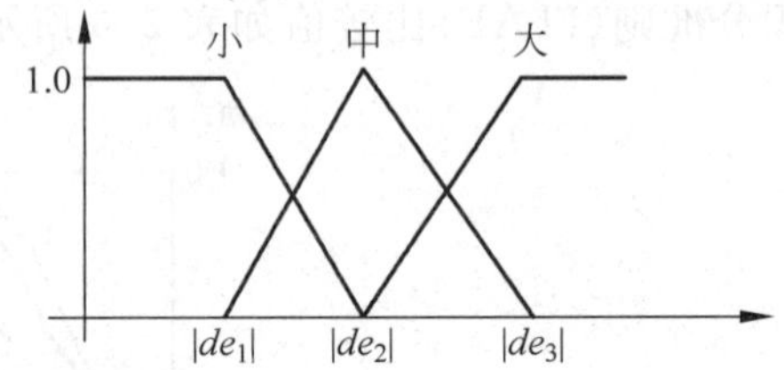

图 2-30 语言变量误差变化的隶属度函数

其中隶属度函数的几个主要参数e_1、e_2、e_3、de_1、de_2、de_3可以根据不同情况进行调整以提高PID控制器的总体控制性能。依据$|e|$和$|\Delta e|$的不同组合状态,其模糊PID参数自调整的规则库可以有不同种类。下面给出某种组态下的规则库。

规则1 如果$|e|$是大, 则$K_{p1}=K'_{p1}$,$K_{i1}=0$,$K_{d1}=0$;

规则2 如果$|e|$是中且$|\Delta e|$是大, 则$K_{p2}=K'_{p2}$,$K_{i2}=0$,$K_{d2}=K'_{d2}$;

规则3 如果$|e|$是中且$|\Delta e|$也是中, 则$K_{p3}=K'_{p3}$,$K_{i3}=0$,$K_{d3}=K'_{d3}$;

规则4 如果$|e|$是中且$|\Delta e|$是小, 则$K_{p4}=K'_{p4}$,$K_{i4}=0$,$K_{d4}=K'_{d4}$;

规则5 如果$|e|$是小, 则$K_{p5}=K'_{p5}$,$K_{i5}=K'_{i5}$,$K_{d5}=K'_{d5}$。

其中$K'_{p1}\sim K'_{p5}$、$K'_{i1}\sim K'_{i5}$、$K'_{d1}\sim K'_{d5}$分别是在不同状态下对于参数K_p、K_i、K_d用常规PID参数整定法得到的整定值。

同理可以依据$|e|$和$|\Delta e|$的不同组态得到不同的模糊PID参数自调整规则库。

2.7 模糊控制器的应用

最近十多年来,模糊逻辑控制的应用日益广泛,已经涉及工业、农业、金融、地质等各个领域。它已经成为智能控制技术应用的最活跃和最有成效的技术之一,在许多应用领域呈现出比常规控制系统更优越的性能。模糊控制系统在水泥窑控制、交通调度和管理、小车停靠、过程控制、水处理控制、机器人、家用电器等方面得到广泛的应用。

2.7.1 流量控制的模糊控制器设计

为了进一步说明模糊控制器的设计和应用，首先来讨论流量控制的模糊控制器设计问题。假设流量模糊控制系统是一个单输入单输出的控制对象，其系统输出是要求液位恒定，系统控制变量是流量的阀门。下面来说明模糊控制器的设计过程。

1. 模糊化过程

模糊化与自然语言的含糊和不精确相联系，这是一种主观评价，它把测量值转换为主观量值的评价。由此，它可以定义为在确定的输入论域中将所观察的输入空间转换为模糊集的映射。设一个模糊控制输入量为误差（以 e 表示）和误差变化（以 de 表示），输出为阀门流量的校正量（以 u 表示）。这是一个典型的二输入、一输出的控制问题。我们可以把误差划分成“负大”、“负小”、“零”、“正小”、“正大”五个等级（又可称为五个模糊子集）。一般说来，模糊划分越细，控制精度就越高。但过细的划分将增加模糊规则的数目，使控制器复杂化。同样对于误差变化 de 也可以划分为几个等级。通常，我们称输入变量“误差”为**语言变量**，而将误差的“负大”、“负小”、“零”、“正小”、“正大”称为这个语言变量的**语言值**。每一个语言值都对应于一个模糊子集。因此为了进行模糊化过程这一步骤，首先要确定这些模糊子集的隶属度函数（如图 2-31）。

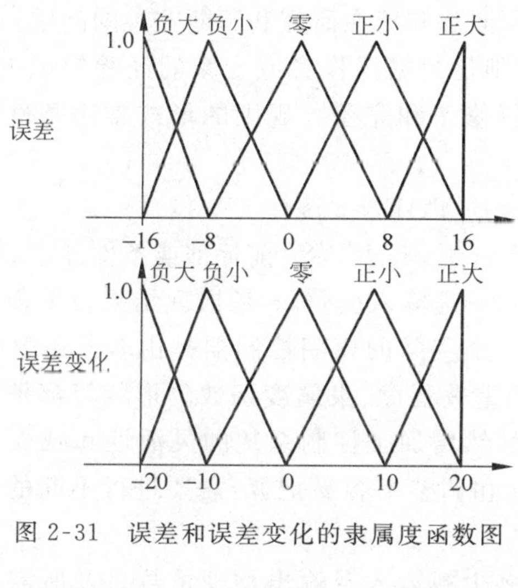

图 2-31　误差和误差变化的隶属度函数图

所谓模糊化，就是把输入的数值，根据输入变量模糊子集的隶属度函数找出相应的隶属度值的过程。假定输入的误差为 5，误差变化为 8。从图 2-31 可得，此误差属于“零”的程度即隶属度为 0.375，属于“正小”的程度为 0.625。而此误差变化属于“零”的程度为0.2，属于“正小”的程度为0.8。对应于误差和误差变化的不同的输入数值，都可以根据图2-31所定义的隶属度函数，把它“模糊化”成不同的语言值。这样就实现了模糊控制的第一步。

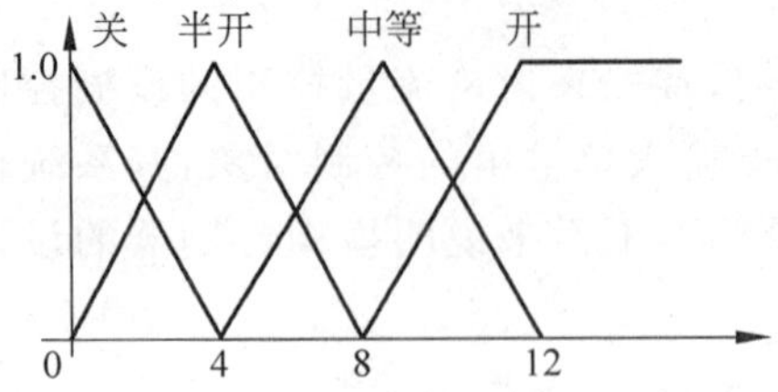

图2-32 阀门流量的隶属度函数

为了按照一定的语言规则进行模糊推理，这里还要事先确定输出量即阀门的流量的隶属度函数，现将阀门开关的状态划分为“关”、“半开”、“中等”和“开”这四级(注意，这里“开”、“关”都代表模糊子集)，它们的隶属度函数见图2-32所示。

2. 模糊控制规则的建立

模糊控制器的中心工作是依据语言规则进行模糊推理。模糊逻辑推理的依据是模糊控制规则库。模糊系统是用一系列基于专家知识的语言来描述表征的，专家知识常用形如“IF THEN”规则的形式，而这些规则很容易通过模糊逻辑条件语句来实现。用一系列模糊条件描述表达的模糊控制规则就构成模糊控制规则库。模糊规则库的建立与模糊控制规则中过程变量和控制变量的选择、模糊控制规则的来源、派生、调整，模糊控制规则的类型、一致性、交互性和完备性等几个问题相互关联。如何正确选择模糊控制的过程变量和控制变量，如何根据专家知识、操作工经验和模糊模型等方面的综合知识建立模糊规则库，如何解决模糊规则的自调整问题，如何保证模糊规则库的一致性、完备性和交互作用性等都是模糊控制规则库设计中所面临和正在研究和不断完善的问题。

综上所述，控制规则是根据操作者或专家的经验知识来确定的，它们也可以在试验过程中不断进行修正和完善。规则的形式常用条件语句IF THEN来表示。其基本形式为

IF x is A and y is B, THEN z is C

其中IF部分的“x is A and y is B”称为前提部或条件部。THEN部分“z is C”称为后件部或结论部。x,y是输入变量，z是推理结果。A、B、C是模糊集，它们用隶属度函数来表示。一个实际的模糊控制器是由若干条这样的规则组成的。至于规则的多少、规则的重叠程度、隶属度函数的形状等都是根据控制系统的实际要求而灵活设置。这虽然增加了控制系统的灵活性和减少了对系统模型的依赖性，但使得系统的建立和调整不容易把握，需要进行不断的修改和调试才能得到满意的结果。

控制规则条数的多少视输入及输出物理量数目及所需的控制精度而定。对于常用的二输入一输出控制过程，若每个输入量分成三级，那么相应就有9条规则，若按每个输入的语言变量分成七级计，则有49条规则就可全部覆盖了。这里我们先任选二条规则为例说明模糊推理方法。

规则 1 如果(IF)误差为零 或者(OR)误差变化为正小 则(THEN)阀门半开;

规则 2 如果(IF)误差为正小 和(AND)误差变化为正小 则(THEN)阀门中等。

注意,这两条规则中在两个输入量之间用了不同的连接词"或"、"和",这在推理过程中是大有区别的。"或"表示模糊子集的并运算,而"和"表示模糊子集的交运算。

下面以输入误差为 5,误差变化为 8 为例分别应用以上两条规则。对应规则 1,误差为零的隶属度是 0.375,而误差变化为正小的隶属度是 0.8,由并运算的推理规则可得 max(0.375,0.8)=0.8。对应规则 2,误差为零的隶属度是 0.625,而误差变化为正小的隶属度是 0.8,由交运算的推理规则可得 min(0.625,0.8)=0.625。这样得出的推理结果为,按第一条规则,阀门半开的隶属度为 0.8,而相应于第二条规则,阀门中等的隶属度为 0.625。

目前在世界各国的应用软件中常用的推理方法有最大-最小(max-min)推理法和最大-乘积(max-prod)推理法两种。不管我们采用何种推理方法,其得到的推理结果都是以模糊子集的形式来表阀门的校正量。然而阀门并不能用这样的表示方式进行调节,因此需进行第三步工作,即精确化计算。

3. 精确化计算

精确化计算就是把语言表达的模糊量回复到精确的数值,也就是根据输出模糊子集的隶属度计算出输出的确定值。精确化计算有各种方法,其中最简单的一种是最大隶属度函数方法。然而在控制系统设计中常用重心法。对于上例中的推理结果,使用重心法得到阀门的确切开度为 5.2(如图 2-33 所示)。

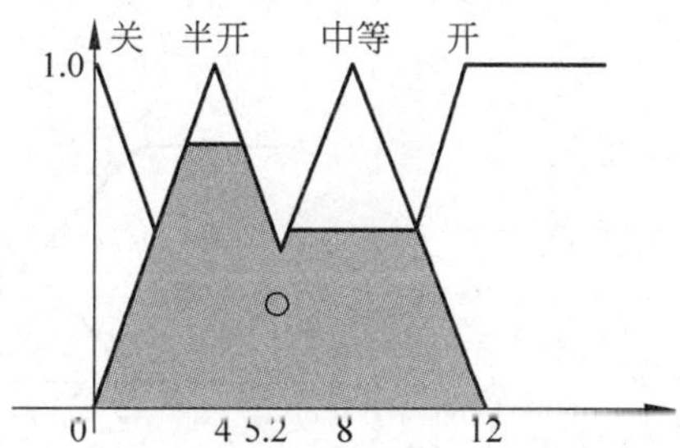

图 2-33 推理出的阀门流量的隶属度

2.7.2 倒立摆的模糊控制

根据图 2-34 所示倒立摆系统简图,设计和分析其模糊控制器。下面给出了该系统的微分方程(Kailaith,1980; Craig,1986)

$$-ml^2\mathrm{d}^2\theta/\mathrm{d}t^2+(mlg)\sin(\theta)=\tau=u(t) \tag{2-73}$$

这里 m 是摆杆的质量,l 是摆长,θ 是从垂直方向上的顺时针偏转角,$\tau=u(t)$ 为作用于杆的逆时针扭矩[$u(t)$是控制作用],t 是时间,g 是重力加速度常数。

假设 $x_1=\theta$,$x_2=\mathrm{d}\theta/\mathrm{d}t$ 为状态变量,由等式(2-73)给出的非线性系统的状态空间表达式为

$$dx_1/dt = x_2$$

$$dx_2/dt = (g/l)\sin(x_1) - (1/ml^2)u(t)$$

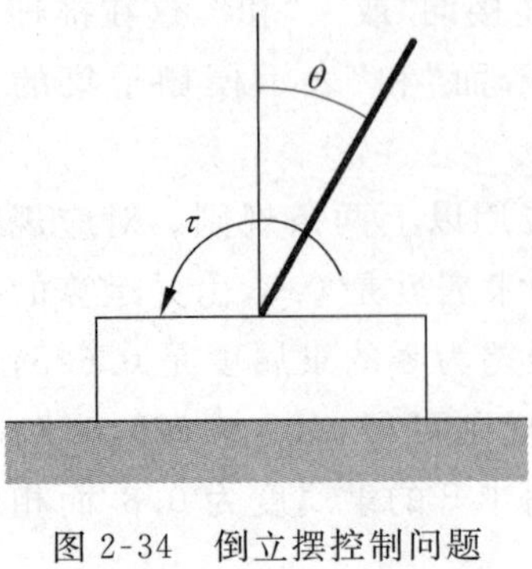

图 2-34 倒立摆控制问题

众所周知，当偏转角 θ 很小时，有 $\sin(\theta)=\theta$，这里所测 θ 用弧度表示。由此式可将状态空间表达式线性化，并得

$$dx_1/dt = x_2$$

$$dx_2/dt = (g/l)x_1 - (1/ml^2)u(t)$$

若所测 x_1 用度表示，x_2 用每秒度表示，当取 $l=g$ 和 $m=180/(\pi g^2)$ 时，线性离散时间状态空间表达式可用矩阵差分方程表示

$$x_1(k+1) = x_1(k) + x_2(k)$$

$$x_2(k+1) = x_1(k) + x_2(k) - u(k)$$

在此问题中，设上述两变量的论域为 $-2°\leqslant x_1\leqslant 2°$ 和 $-5\text{rad/s}\leqslant x_2\leqslant 5\text{rad/s}$，则设计步骤为

第 1 步　首先，对 x_1 在其论域上建立三个隶属度函数，即如图 2-35 所示的正值(P)、零(Z)和负值(N)。然后，对 x_2 在其论域上亦建立 3 个隶属度函数，即图 2-36 所示的正值(P)、零(Z)和负值(N)。

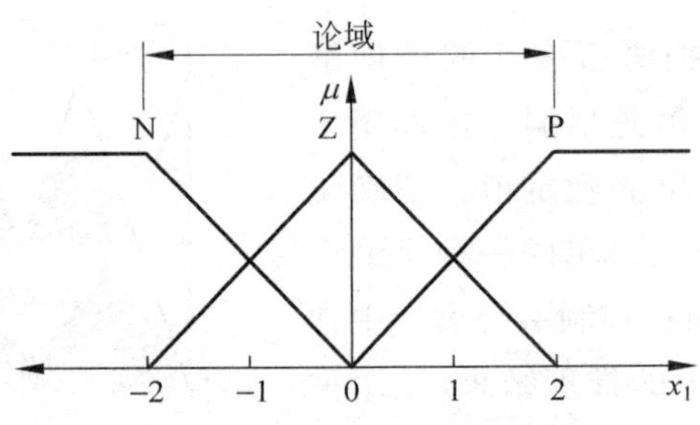

图 2-35 输入 x_1 的分区

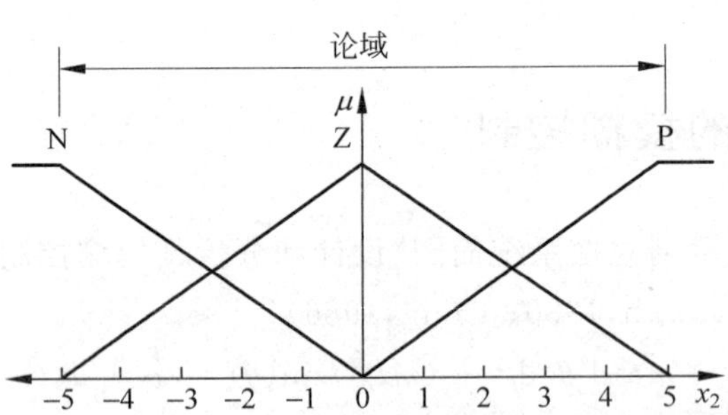

图 2-36 输入 x_2 的分区

第 2 步　为划分控制空间(输出)，对 $u(k)$ 在其论域上建立 5 个隶属度函数，$-24\leqslant u(k)\leqslant 24$，如图 2-37(注意，图上划分为 7 段，但此问题中只用了 5 段)。

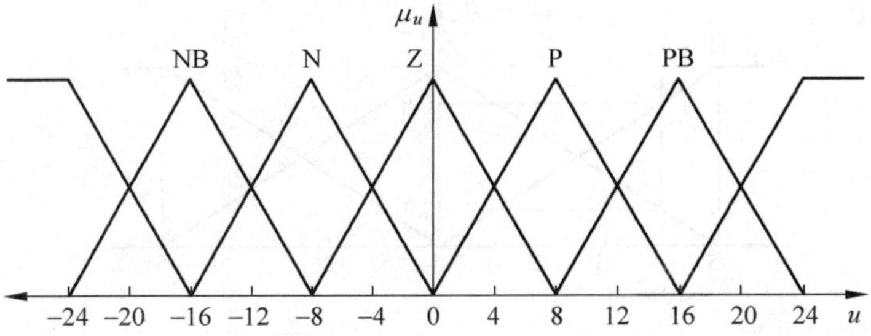

图 2-37　输出 u 的分区

第 3 步　用表 2-7 所示的 3×3 规则表的格式建立 9 条规则(即使我们可能不需要这么多)。在本系统中为使倒立摆系统稳定,将用到 θ 和 $d\theta/dt$。表中的输出即为控制作用 $u(t)$。

表 2-7　模糊控制规则表

X_1 \ X_2	P	Z	N
P	PB	P	Z
Z	P	Z	N
N	Z	N	NB

第 4 步　我们可用表 2-7 中规则导出该控制问题的模型。并用图解法来推导模糊运算。假设初始条件为

$$x_1(0) = 1^\circ \quad 和 \quad x_2(0) = -4\text{rad/s}$$

然后,我们在上例中取离散步长 $0 \leqslant k \leqslant 3$,并用矩阵差分方程式导出模型的四步循环式。模型的每步循环式都会引出两个输入变量的隶属度函数,规则表产生控制作用 $u(k)$ 的隶属度函数。我们将用重心法对控制作用的隶属度函数进行精确化,用递归差分方程解得新的 x_1 和 x_2 值。$k=0$ 之后的每步模型循环式都以前一步的 x_1 和 x_2 值为开始,并作为下一步递归差分方程式的输入条件。

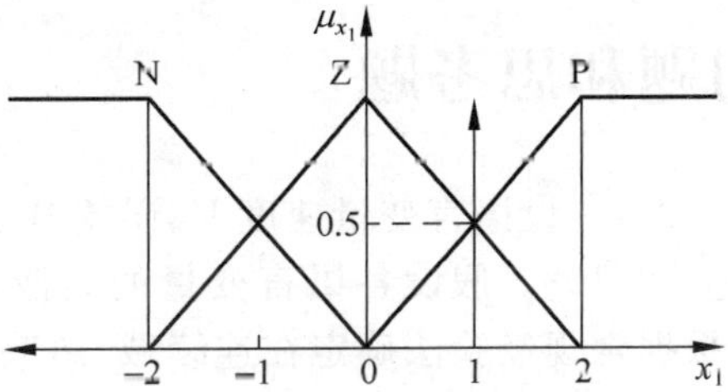

图 2-38　x_1 的初始条件

图 2-38 和图 2-39 分别为 x_1 和 x_2 的初始条件。从模糊规则表(表 2-7)有

If$(x_1=P)$and$(x_2=Z)$,then$(u=P)$　　min(0.5,0.2)=0.2(P)

If$(x_1=P)$and$(x_2=N)$,then$(u=Z)$　　min(0.5,0.8)=0.5(Z)

If$(x_1=Z)$and$(x_2=Z)$,then$(u=Z)$　　min(0.5,0.2)=0.2(Z)

If$(x_1=Z)$and$(x_2=N)$,then$(u=N)$　　min(0.5,0.8)=0.5(N)

图 2-40 表示了控制变量 u 的截尾模糊结果的并。利用重心法精确化计算后的控制值为 $u=-2$。

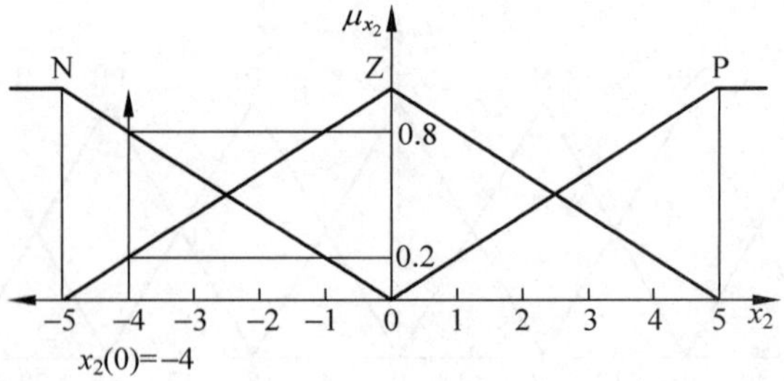

图 2-39　x_2 的初始条件

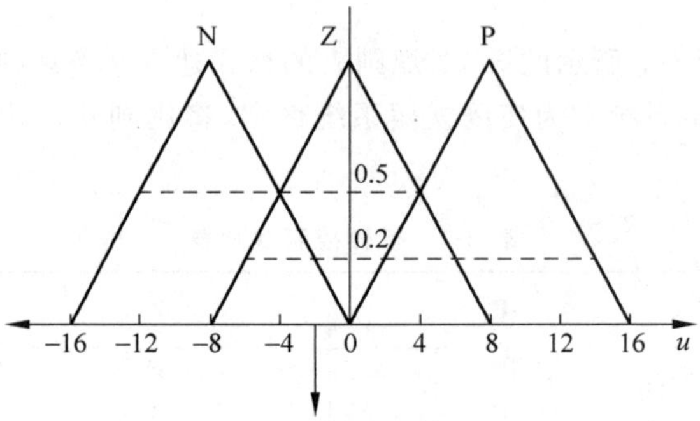

图 2-40　由规则得出的模糊推理结果

在已知 $u=-2$ 控制下，系统的状态变为

$$x_1(1)=x_1(0)+x_2(0)=-3$$

$$x_2(1)=x_1(0)+x_2(0)-u(0)=-1$$

依次类推，可以计算出下一步的控制输出 $u(1)$。模糊控制器能够满足倒立摆的运动控制。

习题和思考题

2-1　设语言变量速度 V、误差 W、控制电压 U 的论域分别为[0,200]、[−30,30]、[0,10]。假设各语言变量的离散论域是由相应连续论域十等分后构成。要求根据常规经验法确定在连续域、离散域下速度大、误差为零、控制电压较大这三个语言值的隶属度函数。

2-2　已知年龄的论域是[1,200]，且设“年老 O”和“年轻 Y”两个模糊集的隶属度函数分别为

$$\mu_O(x)=\begin{cases}0 & 0\leqslant x\leqslant 50\\ \left[1+\left(\dfrac{x-50}{5}\right)^{-2}\right]^{-1} & 50< x\leqslant 200\end{cases}$$

$$\mu_Y(x)=\begin{cases}1 & 0\leqslant x\leqslant 25\\ \left[1+\left(\dfrac{x-25}{5}\right)^{2}\right]^{-1} & 25< x\leqslant 200\end{cases}$$

求“很年轻 W”、“不年老也不年轻 V”两个模糊集的隶属度函数。

2-3　下列是根据 100 个人对最新获奖轿车的偏好进行成对比较后得到的原始数据

与保时捷(P)相比，79 人更喜欢宝马(B)，85 人更喜欢梅赛德斯(M)，59 人更喜欢凌志(L)，67 人更喜欢无限(I)。

与宝马(B)相比，21 人更喜欢保时捷(P)，23 人更喜欢梅赛德斯(M)，37 人更喜欢凌志(L)，45 人更喜欢无限(I)。

与梅赛德斯(M)相比，15 人更喜欢保时捷(P)，77 人更喜欢宝马(B)，35 人更喜欢凌志(L)，48 人更喜欢无限(I)。

与凌志(L)相比，41 人更喜欢保时捷(P)，63 人更喜欢宝马(B)，65 人更喜欢梅赛德斯(M)，51 人更喜欢无限(I)。

与无限(I)相比，33 人更喜欢保时捷(P)，55 人更喜欢宝马(B)，52 人更喜欢梅赛德斯(M)，49 人更喜欢凌志(L)。

请计算出最受欢迎轿车的隶属度函数。

2-4　设误差的离散论域是[$-30,-20,-10,0,10,20,30$]，且已知误差为零(ZE)和误差为正小(PS)的隶属度函数为

$$\mu_{\mathrm{ZE}}(e)=\frac{0}{-30}+\frac{0}{-20}+\frac{0.4}{-10}+\frac{1}{0}+\frac{0.4}{10}+\frac{0}{20}+\frac{0}{30}$$

$$\mu_{\mathrm{PS}}(e)=\frac{0}{-30}+\frac{0}{-20}+\frac{0}{-10}+\frac{0.3}{0}+\frac{1}{10}+\frac{0.3}{20}+\frac{0}{30}$$

求(1) 误差为零和误差为正小的隶属度函数 $\mu_{\mathrm{ZE}}(e)\cap\mu_{\mathrm{PS}}(e)$；

(2) 误差为零或误差为正小的隶属度函数 $\mu_{\mathrm{ZE}}(e)\cup\mu_{\mathrm{PS}}(e)$。

2-5　已知模糊矩阵 $\boldsymbol{P}$、$\boldsymbol{Q}$、$\boldsymbol{R}$、$\boldsymbol{S}$ 为

$$\boldsymbol{P}=\begin{bmatrix}0.6 & 0.9\\0.2 & 0.7\end{bmatrix}\quad \boldsymbol{Q}=\begin{bmatrix}0.5 & 0.7\\0.1 & 0.4\end{bmatrix}\quad \boldsymbol{R}=\begin{bmatrix}0.2 & 0.3\\0.7 & 0.7\end{bmatrix}\quad \boldsymbol{S}=\begin{bmatrix}0.1 & 0.2\\0.6 & 0.5\end{bmatrix}$$

求(1) $(\boldsymbol{P}\circ\boldsymbol{Q})\circ\boldsymbol{R}$；(2) $(\boldsymbol{P}\cup\boldsymbol{Q})\circ\boldsymbol{S}$；(3) $(\boldsymbol{P}\circ\boldsymbol{S})\cup(\boldsymbol{Q}\circ\boldsymbol{S})$。

2-6　设论域 $X=Y=\{1,2,3,4,5\}$，X、Y 上的模糊子集“大”、“小”、“较小”分别定义为

“大”$=0.4/3+0.7/4+1/5$

“小”$=1/1+0.7/2+0.3/3$

“较小”$=1/1+0.6/2+0.4/3+0.2/4$

已知规则如 x 小，则 y 大。求当 x 较小时，$y=$?

2-7　设有论域 $X=[u_1,u_2,u_3,u_4,u_5]$，$Y=[v_1,v_2,v_3,v_4,v_5]$，并定义

$$A=\text{轻}=1/u_1+0.8/u_2+0.6/u_3+0.4/u_4+0.2/u_5$$

$$B=\text{重}=0.2/v_1+0.4/v_2+0.6/v_3+0.8/v_4+1/v_5$$

试确定模糊条件语句“如果 x 轻，则 y 重。否则 y 不非常重”所决定的模糊关系矩阵 $\boldsymbol{R}$，并计算出当 x 为非常轻或重的条件下所对应的模糊集合 y。

2-8 求解模糊关系方程$\begin{bmatrix}0.3 & 0.2 & 0\\0.5 & 0 & 0.6\\0.2 & 0.4 & 0.1\end{bmatrix}\circ\begin{bmatrix}x_1\\x_2\\x_3\end{bmatrix}=\begin{bmatrix}0.2\\0.4\\0.2\end{bmatrix}$的解。

2-9 设有论域$X=[u_1,u_2,u_3]$，$Y=[v_1,v_2,v_3]$，$Z=[w_1,w_2]$，已知

$A=0.5/u_1+1/u_2+0.1/u_3$，$B=0.1/v_1+1/v_2+0.6/v_3$，$C=0.4/w_1+1/w_2$

试确定模糊条件语句"如果A和B，则C"所决定的模糊关系矩阵$\boldsymbol{R}$，并计算出当

$A'=1/u_1+0.5/u_2+0.1/u_3$，$B'=0.1/v_1+0.5/v_2+1/v_3$时模糊集C'。

2-10 模糊逻辑控制器由哪几部分组成？各完成什么功能？

2-11 模糊逻辑控制器常规设计的步骤怎样？应该注意哪些问题？

2-12 已知由极大极小推理法得到的输出模糊集为$C=0.3/-1+0.8/-2+1/-3+0.5/-4+0.1/-5$，试用重心法计算出推理结果的精确值$z*$。

2-13 已知某一炉温控制系统，要求温度保持在600℃恒定。目前此系统采用人工控制方式，并有以下控制经验

(1) 若炉温低于600℃，则升压；低得越多升压越高。

(2) 若炉温高于600℃，则降压；高得越多降压越低。

(3) 若炉温等于600℃，则保持电压不变。

设模糊控制器是一维控制器，输入语言变量为误差，输出为控制电压。两个变量的量化等级为七级、取五个语言值。隶属度函数根据确定的原则任意确定。试按常规模糊逻辑控制器的设计方法设计出模糊控制表。

2-14 设在论域e(误差)$=[-4,4]$和控制电压$u=[0,8]$上定义的模糊子集的隶属度函数分别如图题2-14所示。

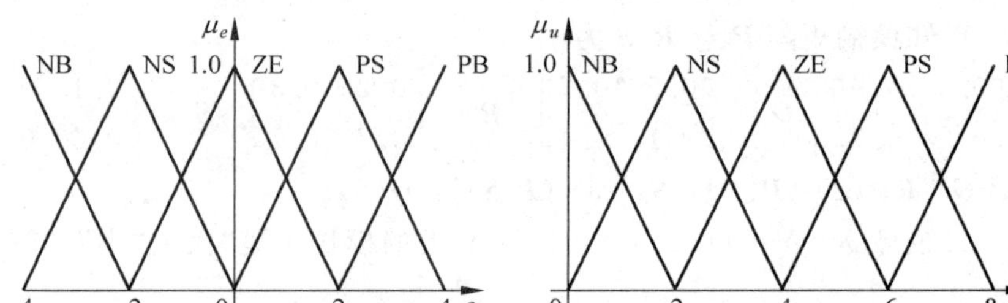

图题 2-14

已知模糊逻辑控制规则

规则1 如果误差e为ZE，则u为ZE；

规则2 如果误差e为PS，则u为NS。

试应用Mamdani推理法计算出当输入误差$e=0.6$时，输出电压$u=$？

第3章 人工神经元网络控制论

3.1 引言

模糊逻辑控制解决了人类智能行为语言的描述和推理问题，尤其是一些不确定性语言的描述和推理问题，从而在机器模拟人脑的感知和推理等智能行为方面迈出了重大的一步。然而，模糊控制在处理数值数据和自学习能力等方面还远没有达到人脑的境界。本章将从另一个角度出发，即从人脑的生理学和心理学着手，通过人工模拟人脑信息处理机理来实现机器的部分智能行为。人工神经网络就是模拟人脑细胞的分布式工作特点和自组织功能，且能实现并行处理、自学习和非线性映射等能力的一种系统模型。

自 20 世纪 80 年代以来，神经网络的研究出现了突破性的进展。神经网络作为揭开人脑生理机制的一个重要手段越来越引起各行各业科学家的浓厚兴趣。早在 1943 年，心理学家 McCmloch 和数学家 Pitts 合作提出形式神经元数学模型(MP)，揭开了神经科学理论的新时代。1944 年 Hebb 提出了改变神经元连接强度的 Hebb 规则，至今仍在各种神经网络模型中起着重要作用。1957 年 Rosenblatt 首次引进了感知器概念(perceptron)。它由阈值性神经元组成，试图模拟动物和人脑的感知和学习能力。1976 年 Grossberg 基于生理和心理学的经验，提出了自适应共振理论，各种神经网络模型和结构的提出进一步推动神经网络理论的研究和发展。1982 年，美国加州工学院物理学家 Hopfield 提出了 HNN 模型，他引入了“计算能量函数”的概念，给出了网络的稳定性判据，HNN 网络的电子电路实现为神经计算机的研究奠定了基础，同时也开拓了神经网络用于记忆和优化计算的新途径。值得一提的，1986 年，Rumelhart 等 PDP 研究小组提出了多层前向传播网络的 BP 学习算法，为前向传播神经网络的快速有导学习提供十分有效的方法，也为神经网络的实际应用开辟了一条新途径。

神经网络经历了近半个多世纪的研究和发展已经取得了重大的进展。尤其在最近十多年来人工神经网络得到迅速发展。神经网络系统实质上是由大量的，同时也是很简单的处理单元(或称神经元)广泛地互相连接而形成的复杂网络系统。它反映了人脑功能的许多基本特性，但它并不是人脑神经系统的真实写照，而只是对其作某种简化、抽象和模拟。神经网络系统是一个高度复杂的非线性动力学系统，虽然每一个神经元的结构和功能十分简单，但由大量神经元构成的网络系统的行为却是丰富多彩和十分复杂的。神经网络系统除了具备一般非线性动力学系统的共性之外，还具有一些明显的特点，如快速并行处理能力和自学习能力。因此神经网络控制确实是一种很有前途的智能控制方法。但必须指出，神经网络控制存在大量的理论问题有待解决。本章将就目前在控制领域中用得相对普遍的神经网络模型、神经网络控制结构及学习算法作一介绍。同时对神经网络系统建模、神经网络控制等进行了研究和总结。作者认为，神经网络理论处在发展阶段，有很多问题如学习的快速性问题、网络结构的最佳选择问题、新颖的特别适用于控制的专用网络模型、非线性系统的神经网络可辨识性问题、控制算法的收敛性和稳定性问题等都没有明确的答案。作者希望通过本书对神经网络控制的介绍能起到抛砖引玉之效，促进神经网络控制理论的深入发展。

神经元网络系统的研究主要有三个方面的内容，即神经元模型、神经网络结构、神经网络学习方法。从神经元模型角度来看，有线性处理单元和非线性处理单元；从网络结构方面来看，主要表现出三大类，前向网络、反馈网络和自组织网络。目前已被广泛应用的神经网络结构种类大致可以由图 3-1 示意。

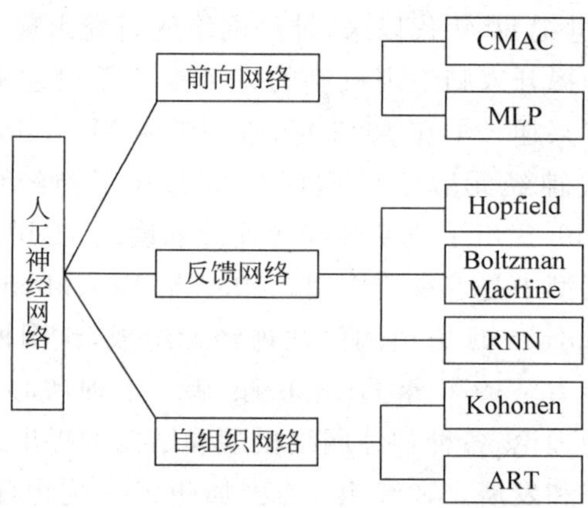

图 3-1　神经网络结构分类示意图

虽然神经网络的组成原理和结构都不尽相同，但是它们都具有学习功能。因此，在一般意义上统称为神经元网络。所谓学习是指神经元系统能根据某种学习方法调整它内部的参数以完成特定任务的过程。根据不同的神经网络结构，学习方法主要有两大类，有导师指导下的学习和无导师指导下的学习。在全面介绍各种神经网络模型之前，先来讨论人工神经网络的一些共性问题。

3.1.1 神经元模型

神经元是生物神经系统的最基本单元，其形状和大小是多种多样的。从组成结构方面来看，各种神经元是有共性的。神经元模型是生物神经元的抽象和模拟，它是模拟生物神经元的结构和功能，并从数学角度抽象出来的一个基本单元。在构造神经网络模型前，首先就要确定神经元的各种特性。神经元一般是多输入单输出的非线性器件（如图 3-2 所示）。

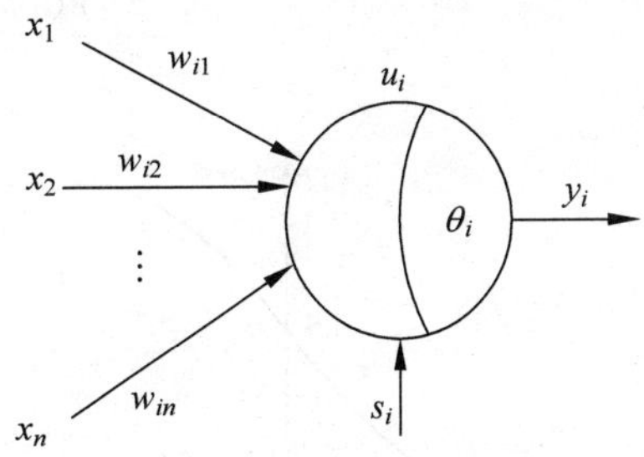

图 3-2　神经元结构模型

图 3-2 中，u_i——神经元的内部状态；

θ_i——阈值；x_i——输入信号，$i=1,2,\cdots,n$；

w_{ij}——表示从单元 u_j 到单元 u_i 的连接权值；

s_i——外部输入信号。

那么，上述模型可描述为

$$Net_i = \sum_j w_{ij}x_j + s_i - \theta_i \tag{3-1}$$

$$u_i = f(Net_i) \tag{3-2}$$

$$y_i = g(u_i) = h(Net_i) \tag{3-3}$$

通常情况下，可以假设 $g(u_i)=u_i$，即 $y_i=f(Net_i)$。目前常用的神经元数学模型主要有以下四种。

（1）阈值型（图 3-3）

$$f(Net_i) = \begin{cases} 1 & Net_i > 0 \\ 0 & Net_i \leqslant 0 \end{cases}$$

（2）分段线性型（图 3-4）

$$f(Net_i) = \begin{cases} 0 & Net_i \leqslant Net_{i0} \\ kNet_i & Net_{i0} < Net_i < Net_{i1} \\ f_{\max} & Net_i \geqslant Net_{i1} \end{cases}$$

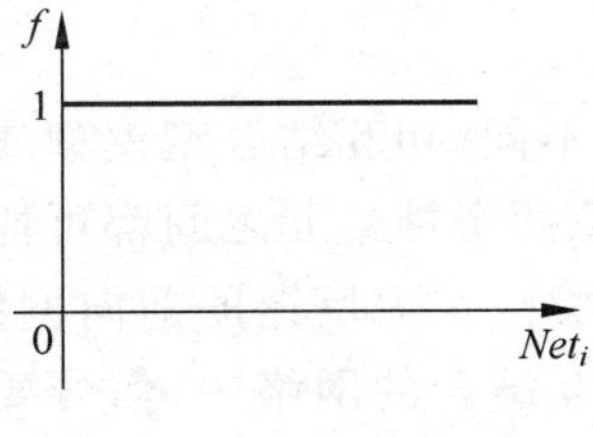

图 3-3　阈值函数

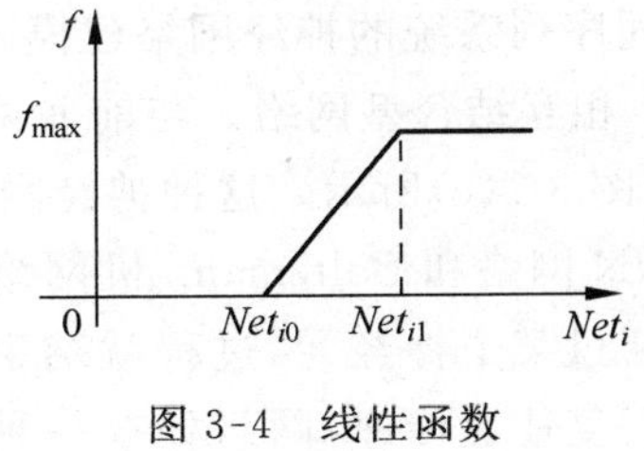

图 3-4　线性函数

(3) Sigmoid 函数型(图 3-5)

$$f(Net_i) = \frac{1}{1 + e^{-\frac{Net_i}{T}}}$$

(4) Tan 函数型(图 3-6)

$$f(Net_i) = \frac{e^{\frac{Net_i}{T}} - e^{-\frac{Net_i}{T}}}{e^{\frac{Net_i}{T}} + e^{-\frac{Net_i}{T}}}$$

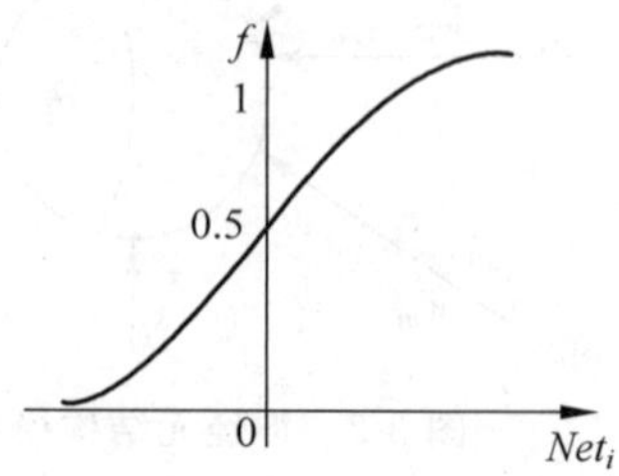

图 3-5 Sigmoid 函数

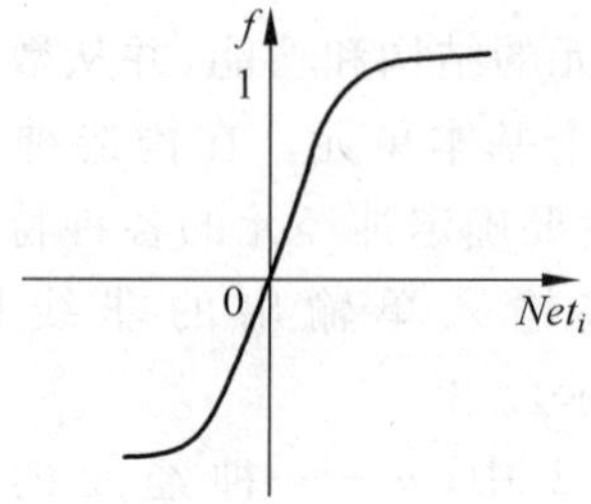

图 3-6 Tan 函数

3.1.2 神经网络的模型分类

目前神经网络模型的种类相当丰富,已有 40 余种各式各样的神经网络模型,其中典型的有多层前向传播网络(BP 网)、Hopfield 网络、CMAC 小脑模型、ART 自适应共振理论、BAM 双向联想记忆、SOM 自组织网络、Boltzman 机网络和 Madaline 网络等。

神经网络的强大功能就是通过神经元互连而达到的。根据连接方式的不同,神经网络可分为以下 4 种形式。

(1) 前向网络。如图 3-7(a)所示,神经元分层排列,组成输入层、隐含层(可以有若干层)和输出层。每一层的神经元只接受前一层神经元的输入。输入模式经过各层的顺次变换后,得到输出层输出。各神经元之间不存在反馈。感知器和误差反向传播算法中使用的网络都属于这种类型。

(2) 反馈网络。这种网络结构指的是只有输出层到输入层存在反馈,即每一个输入节点都有可能接受来自外部的输入和来自输出神经元的反馈,如图 3-7(b)所示。这种模式可用来存储某种模式序列,如神经认知机即属于此类。也可以用于动态时间序列系统的神经网络建模。

(3) 相互结合型网络。与前面两种结构模型不同,相互结合型模型属于网状结构,如图 3-7(c)所示。这种神经网络模型在任意两个神经元之间都可能存在连接。HNN 网络和 Boltzmann 机网络都属于这一类。在无反馈的前向网络中,信号一旦通过某个神经元,过程就结束了。而在相互结合的网络中,信号要在神经元之间反复往返传递,网络处在一种不断改变的状态之中。从某个初态开始,经

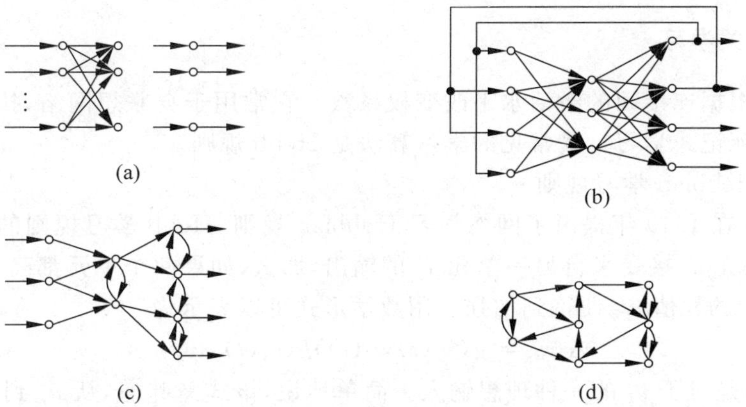

图 3-7　神经网络的 4 种形式

过若干次变化，才能达到某种平衡状态，根据网络结构和神经元的特性，还有可能进入周期振荡或其他如混沌等状态。

(4) 混合型网络。它是层次型网络和网状结构网络的一种结合，如图 3-7(d)所示。通过层内神经元的相互结合，可以实现同一层内的神经元的横向抑制或兴奋机制，这样可以限制每层内能同时动作的神经元数，或者把每层内的神经元分成若干组，让每组作为一个整体来动作。

3.1.3　神经网络的学习算法

学习的过程实质上是针对一组给定输入 $X_p(p=1,2,\cdots,N)$ 使网络产生相应期望输出的过程。总的来说，神经网络的学习算法分为两大类，有导师学习和无导师学习(分别如图 3-8(a)和(b)所示)。

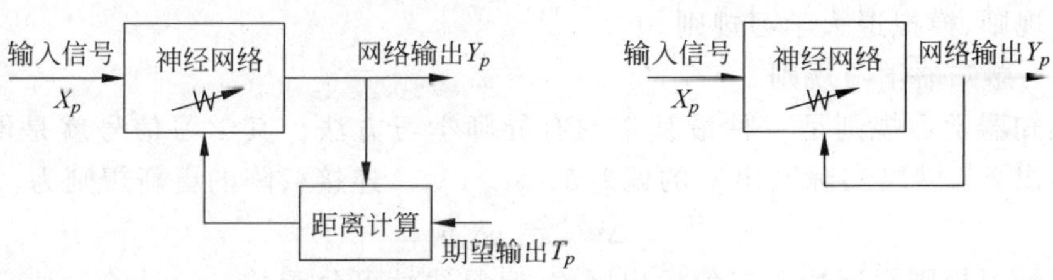

图 3-8　神经网络学习方式

所谓有导师学习就是在训练过程中，始终存在一个期望的网络输出。期望输出和实际输出之间的距离作为误差度量并用于调整权值。而无导师学习指的是网络不存在一个期望的输出值，因而没有直接的误差信息，因此，为实现对网络训练，需建立一个间接的评价函数，以对网络的某种行为趋向作出评价。神经网络学习规则根据连接权系数的改变方式不同又可分为如下三类。

1. 相关学习

仅仅根据连接间的激活水平改变权系数。它常用于自联想网络，执行特殊记忆状态的死记式学习。最常见的学习算法是 Hebb 规则。

(1) Hebbian 学习规则

Hebb 在 1949 年提出了网络学习 Hebbian 规则，Hebb 学习规则的基本思想是，如果单元 u_i 接受来自另一单元 u_j 的输出，那么，如果两个单元都高度兴奋，则从 u_j 到 u_i 的权值 w_{ij} 便得到加强。用数学形式可以表示为

$$\Delta w_{ij} = g(y_i(t), t_i(t))h(o_j(t), w_{ij}) \tag{3-4}$$

这里，$t_i(t)$是对于 u_i 的一种理想输入。简单地说，该式意味着，从 u_j 到 u_i 的连接权阵的修改量是由 u_i 的活跃值 y_i 和它的理想输入 t_i 的函数 g，及 u_j 的输出值 $o_j(t)$和连接强度 w_{ij} 的函数 h 的积确定。在 Hebb 学习规则的最简单形式中没有理想输入，而且函数 g 和 h 与它们的第一个自变量成正比。因此有

$$\Delta w_{ij} = \eta y_i o_j \tag{3-5}$$

这里 η 表示学习步长。

(2) 相关学习法

相关学习法实际上是一种有导师指导下的 Hebbian 学习法，它是将 Hebbian 学习法(如式(3-5))中的 y_i 用期望输出值 t_i 来代替，即

$$\Delta w_{ij} = \eta t_i x_j \quad i = 1,2,\cdots,n_o;\ j = 1,2,\cdots,n_i$$

相关学习法的权系数初值通常取为 0。

2. 纠错学习

依赖关于输出节点的外部反馈改变权系数。它常用于感知器网络、多层前向传播网络和 Boltzmann 机网络。其学习的方法是梯度下降法。最常见的学习算法有 δ 规则、模拟退火学习规则。

(1) 感知器学习规则

感知器学习规则是一种最基本的有导师学习方法。其学习信号就是网络的期望输出 t 与网络实际输出 y 的偏差 $\delta_j = t_j - y_j$。连接权阵的更新规则为

$$\Delta w_{ji} = \eta \delta_j y_i \tag{3-6}$$

感知器学习规则只适用于二值输出网络，且是线性可分函数。

(2) Delta 学习规则

Delta 学习规则是对感知学习规则的改进。它不但适用于线性可分函数也适用于非线性可分函数，且激励函数的输出可以为连续函数。与感知器学习规则一样，Delta 学习规则也属于有导师学习方法。它适用于多层前向传播网络，其中 BP 学习算法是最典型的 Delta 学习规则。定义指标函数

$$E_{\mathrm{p}} = \frac{1}{2}\sum_{i=1}^{n_o}(t_i - y_i)^2$$

连接权阵的更新规则为 $\Delta W=-\eta\nabla E_{\mathrm{p}}$。

(3) Widrow-Hoff 学习规则

Widrow-Hoff 学习规则是由 Widrow 和 Hoff 在 1962 年共同提出来的。主要用于有导师学习。当输出单元为线性函数时，其校正量为 $\delta_j=t_j-W_i^{\mathrm{T}}X$，因而有

$$\Delta w_{ji}=\eta\delta_j X_i \quad i=1,2,\cdots,n。$$

实质上，Widrow-Hoff 学习规则是 Delta 学习规则的一个特例，即当输出单元为线性单元时，Delta 学习规则就退化为 Widrow-Hoff 学习规则。

3. 无导师学习

学习表现为自适应实现输入空间的检测规则。它常用于 ART、Kohonen 自组织网络。在这类学习规则中，关键不在于实际节点的输出怎样与外部的期望输出相一致，而在于调整参数以反映观察事件的分布。

无导师学习中常用的有 Winner-Take-All 学习规则，如下所示。

如图 3-9 所示的网络结构，Winner-Take-All 学习规则的基本思想是，假设输出层共有 n_o 个输出神经元，且当输入为 x 时，第 m 个神经元输出值最大，则称此神经元为胜者。并将与此胜者神经元相连的权系数 W_m 进行更新。其更新公式为

$$\Delta w_{mj}=\eta(x_j-w_{mj}) \quad j=1,2,\cdots,n_{\mathrm{i}}$$

式中 $\eta>0$，为小常数。

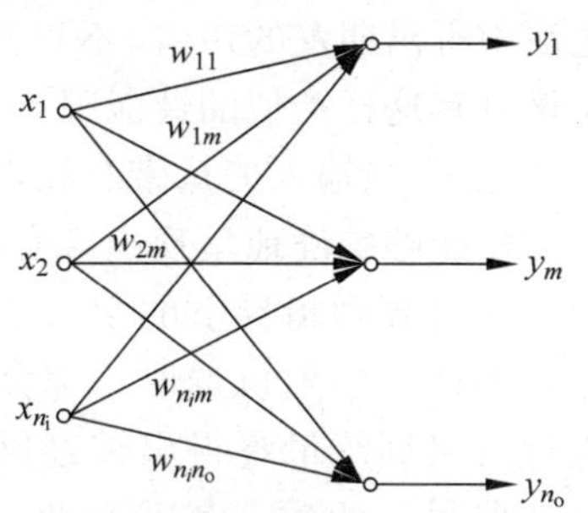

图 3-9　前向传播神经网络结构图

有导师指导下的学习中通常有一维矢量组成的训练样本集，并利用这一样本对神经网络进行训练。在这一矢量对中，其中一个矢量对应于网络的输入，另一个矢量表示期望输出。网络训练的目的是通过调整神经网络的权系数阵以使使网络的实际输出与期望输出之间的偏差达到极小。这一过程可以是一个迭代过程，也可以通过一个闭合方程一次性解得权系数阵的值。

无导师指导下的学习有时又称为自组织训练。它只需要输入样本就可以进行网络的训练。在整个训练过程中，神经网络权系数调整的目的是保证此网络能够将相类似的输入样本映射到相近似的输出单元中去。这一训练过程实质上是从输入样本集中抽取其统计特性。

虽然学习算法众多，但无论哪一种都不是完全理想的。它们都受到这样或那样的限制。因此，在神经网络理论的研究中，学习算法的研究占据重要一席之地。学习速度、算法的可靠性和通用性是评价一个学习算法好坏的重要因素。对学习算法的进一步改进应该着重于这些方面。

除此之外，在神经网络理论的研究中还有许多问题困扰着人们，如

(1) 神经网络能否实现期望的表示？满足期望输入输出映射的网络权阵是否存在？

(2) 学习算法能否保证权值收敛于真值？

(3) 权值能否通过网络训练达到最佳值？

(4) 神经网络的泛化能力是否充分？

(5) 训练样本集是否合理？它们能否充分地描述系统的输入输出特性？

对于这些问题的满意解答目前还没有定论。因此，人们对人工神经网络的利用还带有许多经验和判断。目前，人们不能保证对于一个给定的神经网络、学习算法和训练样本集能够产生满意的逼近结果。就现在的背景知识而言，为了得到较好的结果，大量的试验是不可避免的。

3.1.4 神经网络的泛化能力

现实世界是五颜六色的，充满变化和发展。因此，不可能存在两个完全一致的事物。但是人们能够很容易地区别出这里的相同或相异。例如，我们能够轻易地从电话中听出朋友的声音，不管其噪声有多大。那么，对于人工神经网络而言是否也应该具有这样类似的性能呢？希望是肯定的。我们希望人工神经网络也能容许某些变化，如当输入矢量带有噪声时，即与样本输入矢量存在差异时，其神经网络的输出同样能够准确地呈现出应有的输出。这种能力就称为神经网络的泛化能力。

在有导师指导下的学习中，泛化能力可以给出定量的定义。对于某一个概率分布的样本中随机选取一部分作为神经网络的训练样本，并且首先对这一组样本进行网络训练最终得出神经网络输出的误差 e_1。接下去再从全体样本数据中随机选取另一组输入输出数据，这一批数据对已经训练好的神经网络进行校对，记它们的校对误差即神经网络的实际输出与期望输出之差为 e_2。那么，定义 $|e_1-e_2|$ 为此神经网络的泛化能力。

神经网络的泛化又可以看作是一种多维插值。为了说明这一点，我们先来看一个例子。为了便于分析，考虑一个一维问题。假设给定 5 个样本点，如图 3-10 所示。我们假定这 5 个点取于某一条潜在的曲线。通过插值计算可以得到在这 5 个点之间任意输入点 x 的未知曲线的输出值 $y=f(x)$。图中给出了三条不同的插值计算曲线，它们分别是五阶多项式、七阶多项式和九阶多项式。通过插值计算可以得到其余输入点的输出值。每一条曲线对于已知的 5 个样本的逼近都是完美无缺的。但是，在没有进一步的信息之前，我们无法判断哪一条曲线更符合实际的输出响应。这一例子说明了泛化存在的一个基本问题，即只用有限的样本数据集难以正确地确定其他点的输出情况。目前神经网络理论对此类问题也无法有满意的解释。因此，必须借助于系统的一些背景知识和校验数据。在缺乏任何其他信息的条件下，人们习惯于选择那些比较简单又比较平滑的结果，如上例中可选五阶多项式曲线来描述输入输出关系。同样的道理，对于一样的样本集系统产生同样精度的神经网络结构，则应选择最简单的那一个网络结构类型。但是必须清楚地认识到，这样的选择是武断的和主观的，会产生不良结果。

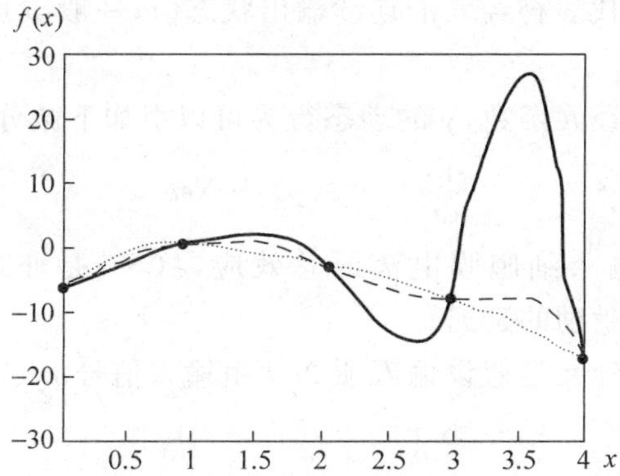

图 3-10 多项式逼近示意图

以上分析可知,泛化或插值都需要一定数量的样本训练集。很显然,如果仅仅只有少数样本点,那么点之间的曲线形状的不确定性将是相当严重的。因此,可以这样说,输入矢量的个数、网络的节点数和权值与训练样本集数目之间存在密切的关系。

3.2 前向神经网络模型

3.2.1 多层神经网络结构

前向神经网络是由一层或多层非线性处理单元组成。相邻层之间通过突触权系数连接起来。由于每一层的输出传播到下一层的输入,因此称此类网络结构为前向神经网络。前向神经网络结构的出现是相当早的,1962 年 Rosenblatt 提出的感知器和 1962 年 Widrow 提出的 Adaline 网络是最早的前向神经网络结构。然而前向神经网络真正发挥出它应有的潜力是在 1986 年 Rumelhart 等提出的多层感知网络及其 BP 学习算法以后。前向神经网络可以看成是一种一组输入模式到一组输出模式的系统变换。这种变换通过对某一给定的输入样本相应的输出数据集训练得到。为了能实现这一行为,网络的突触权系数阵能在某种学习规则的指导下进行自适应学习。通常情况下,前向神经网络的训练需要一组输入输出样本集,因此这种学习方法又称为有导师指导下的学习。下面先来看一下几种前向神经网络结构。

1. 单一人工神经元

单一人工神经元可以看作是某一试图建立人工神经元和生物神经元之间联系的动态模型。根据这一解释,每一神经元的激励输出是由一组连续输入信号 $x_i, i=1,2,\cdots,n_i$ 决定的,而这些输入信号代表着从另外神经元传递过来的神经脉冲的瞬间激励。设 y 代表神经元的连续输出状态值，一般 y 可取 0 或 1 来表示神经元的兴奋和抑制。

为了模拟生物神经元函数，y 的动态行为可以由如下微分方程来表示

$$\frac{\mathrm{d}y}{\mathrm{d}t}=-\xi(y)+Net \tag{3-7}$$

其中，Net 表示所有输入细胞膜电流的总效应，$\xi(\cdot)$是非递减的非线性函数，$-\xi(y)$项表示神经元激励的延迟。

最简单的人工神经元是假设输入项 Net 由输入信号 $x_j(j=1,2,\cdots,n)$的线性组合构成，即

$$Net=w_0+\sum_{j=1}^{n}w_jx_j \tag{3-8}$$

其中 w_0 为阈值，w_j 决定第 j 个输入的突触权系数。

如果输入信号是稳定的或变化缓慢时，y 趋近于它的渐近稳定点，即 $\mathrm{d}y/\mathrm{d}t=0$。在平衡点，方程式(3-7)就变成为

$$y=\sigma\left(w_0+\sum_{j=1}^{n}w_jx_j\right)$$

其中 $\sigma(x)=\xi-1(x)$。图 3-11 形象地表示了单个神经元的输入输出关系图。

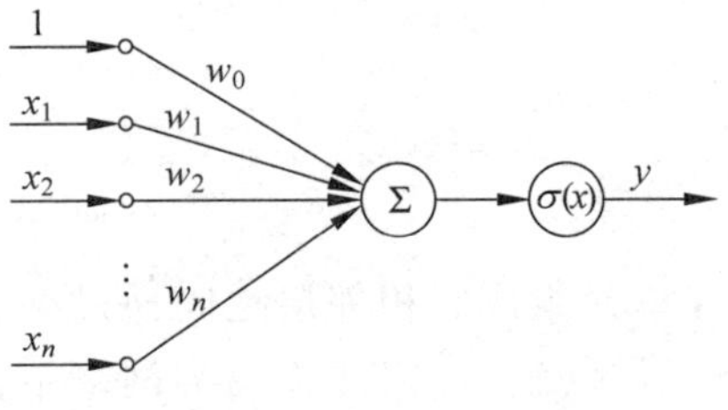

图 3-11 单一人工神经元的示意图

根据以前的讨论，如果输出变量 y 是一个二值元素，则在平衡点 $y=+1(1)$表示兴奋状态，$y=-1(0)$表示抑制状态。这样，每一个神经元的输出都可以用一个阈值型非线性函数来表示。但是为了分析方便起见，阈值型非线性函数通常用软阈值型非线性函数来代替，即 $\sigma(\cdot)$可以用方程式(3-9)来代替。

$$\sigma(x)=\xi^{-1}(x)=\tanh(\beta x) \tag{3-9}$$

由前面讨论可知，最简单的单一神经元中，我们是假设输入项 Net 是输入信号 x_i 的线性函数。但在一般情况下，Net 应该是输入 x_i 的非线性函数，即

$$Net=w_0+\sum_{j=1}^{n}w_jx_j+\sum_{j=1}^{n}\sum_{k=1}^{n}w_{jk}x_jx_k+\cdots \tag{3-10}$$

此时，神经元的平衡态输出 y 为

$$y=\sigma\left(w_0+\sum_{j=1}^{n}w_jx_j+\sum_{j=1}^{n}\sum_{k=1}^{n}w_{jk}x_jx_k+\cdots\right) \tag{3-11}$$

对于神经元输出只含兴奋和抑制两状态的神经元可以看作是一个分类器，即能对任意一组输入信号进行是否属于的分类映射。当神经元输出为连续状态时，单一神经元可以作为一个简单的神经控制器进行参数自适应控制，如传统的 PID 调节器就可以用单一神经元来实现。这样，可以通过调节神经元的连接权系数来达到 PID 参数的自适应。

2. 单层神经网络结构

前面描述的单一神经元是神经网络结构的基本组成部分。为了强调它在神经网络结构中的作用，又把人工神经元称为单元(unit)。单层神经网络结构是由 n_{i} 个输入单元和 n_{o} 个输出单元组成(如图 3-12)。系统 n_{i} 个输入变量用 $x_j, j=1,2,\cdots,n_{\mathrm{i}}$ 表示，n_{o} 个输出变量用 $y_i, i=1,2,\cdots,n_{\mathrm{o}}$ 表示。则每一个输出神经元 y_i 满足

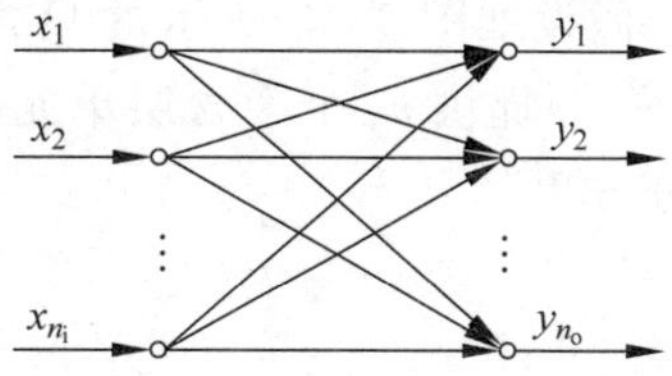

图 3-12　单层前向传播网络结构示意图

$$\frac{\mathrm{d}y_i}{\mathrm{d}t} = -\xi(y_i) + Net_i \tag{3-12}$$

其中 Net_i 为输入到第 i 个单元的信号总和，即

$$Net_i = w_{i0} + \sum_{j=1}^{n_i} w_{ij}x_j \tag{3-13}$$

那么，每一单元 i 的输出满足

$$\frac{\mathrm{d}y_i}{\mathrm{d}t} = -\xi(y_i) + w_{i0} + \sum_{j=1}^{n_i} w_{ij}x_j = -\xi(y_i) + \sum_{j=0}^{n_i} w_{ij}x_j \tag{3-14}$$

其中 $x_0=1$。

同单一神经元一样，假设输入信号的变化相当缓慢或保持常值，则系统可达到平衡点，且满足方程

$$y_i = \sigma\left(\sum_{j=0}^{n_i} w_{ij}x_j\right) \tag{3-15}$$

其中 $\sigma(x)=\xi-1(x)$。

同理，对于高阶神经单元(如式(3-11))也可以用来构成一种神经网络结构。

3. 多层神经网络结构

早期对神经网络的研究着重于简单的神经网络，如单层具有线性或非线性输出单元的研究。然而，很早就发现单靠单层神经元网络无法满足许多复杂问题的求解。许多学者(如 Widrow，Lehr 等人)提出了更复杂的结构来试图克服单层网络的众多缺陷。但真正起决定作用的是 Rumelhart 等人引入的多层传播网络结构。多层传播网络结构是在输入层和输出层之间嵌入一层或多层隐含层的网络结构。隐含单元既可以与输入输出单元相连，也可以与其他隐含单元相连。图 3-13 表示了具有一个隐含层

图 3-13　含一个隐含层前向传播网络结构示意图

的全连接多层前向传播网络的结构图。隐含层单元与输入单元之间通过突触权系数 $w_{ij}^{(1)}$ 连接，并可用矩阵 $W^{(1)}$ 表示全部的连接关系，隐含单元与输出单元通过突触权系数 $w_{ij}^{(2)}$ 表示，全部连接关系可用矩阵 $W^{(2)}$ 记之。

假设如图 3-13 所示的只含有一个隐含层的神经网络。输入变量 $x_i(i=1,2,\cdots,n_i)$ 提供 n_h 个隐含层单元的输入信号，则每一个隐含单元的激励 o_j 满足如下微分方程

$$\frac{\mathrm{d}o_j}{\mathrm{d}t}=-\zeta(o_j)+w_{jo}^{(1)}+\sum_{l=1}^{n_i}w_{jl}^{(1)}x_l \tag{3-16}$$

隐含层的输出传送到 n_o 个输出单元。因此 y_i 满足

$$\frac{\mathrm{d}y_i}{\mathrm{d}t}=-\xi(y_i)+w_{i0}^{(2)}+\sum_{j=1}^{n_h}w_{ij}^{(2)}o_j \tag{3-17}$$

即每一输出单元的激励取决于由微分方程式(3-17)定义的系统的响应，且这个系统的输入是隐含层单元的输出。因此，系统式(3-13)达到平衡点的速度应该比系统式(3-17)要快；换句话说，要求隐含层单元达到平衡态的时间要比输出单元达到平衡态的时间要短。其中 $\zeta(\cdot)$ 的非线性决定了方程式(3-16)达到平衡点的速度。假设 $\zeta^{-1}(x)=\tanh(\beta x)$。$\zeta(\cdot)$ 的非线性形状取决于参数 β，β 越大，$\zeta(\cdot)$ 越接近于阈值型函数，则每一个 o_j 趋于平衡态的收敛性越快。因此，多层神经网络中隐含层的非线性特性要比输出层更严重。

现在考虑，当方程式(3-16)、式(3-17)描述的神经网络系统达到平衡点时，则隐含层单元在平衡态的响应为

$$o_j=\rho\left(\sum_{l=0}^{n_i}w_{jl}^{(1)}x_l\right) \tag{3-18}$$

其中 $x_0=1$，$\rho(x)=\zeta^{-1}(x)$。

同样，输出层单元在平衡态的响应为

$$y_i=\sigma\left(\sum_{j=0}^{n_h}w_{ij}^{(2)}o_j\right) \tag{3-19}$$

其中 $o_0=1$，$\sigma(x)=\xi^{-1}(x)$。

不难得到，可以简单地直接将以上结论推广到多层隐含层的神经网络上去(图 3-14)。所谓真正意义上的多层神经网络指的是虽然输出单元可以全部是线

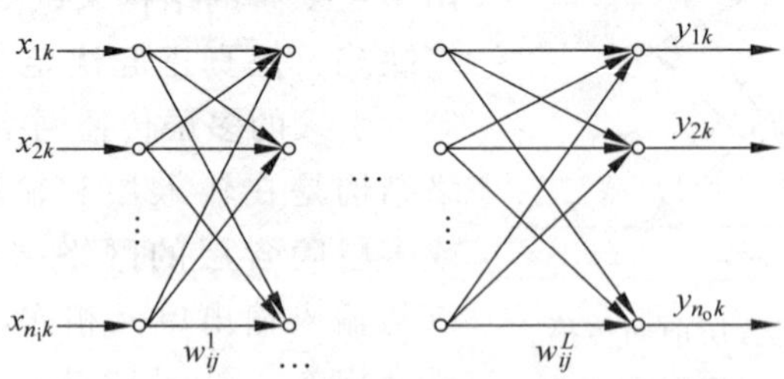

图 3-14 $L+1$ 层前向传播网络结构示意图

性单元但隐含层单元中至少含有一个非线性单元，否则多层前向网络就退化为一个单层的神经网络结构了。为了便于数学推导，不失一般性，假设每一层的神经元激励函数相同，则对于 $L+1$ 层前向传播网络(图 3-14)，其网络输出的数学表示关系方程式一律采用

$$Y=\Gamma_L(W^L\Gamma_{L-1}\{W^{L-1}\Gamma_{L-2}[\cdots[\Gamma_l(W^lX+\theta^l)]\cdots+\theta^{L-2}]+\theta^{L-1}\}+\theta^L) \tag{3-20}$$

其中 Γ_l 为各层神经元的激励函数；

W^l 为 $l-1$ 层到 l 层的连接权矩阵，$l=1,2,\cdots,L$；

θ^l 为 l 层的阈值矢量。

3.2.2　多层传播网络的 BP 学习算法

1. 有导师学习的基本思想

前向传播网络实质上表示的是一种从输入空间到输出空间的映射。对于给定的输入矢量 $\boldsymbol{X}$，其网络的响应可以由方程式(3-21)给出。

$$\boldsymbol{Y}=\boldsymbol{T}(\boldsymbol{X}) \tag{3-21}$$

其中 $\boldsymbol{T}(\cdot)$ 一般取为与网络结构相关的非线性算子。神经网络可以通过对合适样本集，即输入输出矢量对$(\boldsymbol{X}_p,\boldsymbol{T}_p)(p=1,2,\cdots,N)$来进行训练。网络的训练实质上是突触权阵的调整以满足当输入为 $\boldsymbol{X}_p$ 时其输出应为 $\boldsymbol{T}_p$。对于某一特定的任务，训练样本集是由外部的导师决定的。这种训练的方法就称为有导师学习。

对于给定的一组初始权系数，网络对当前输入 $\boldsymbol{X}_p$ 的响应为 $\boldsymbol{Y}_p=\boldsymbol{T}(\boldsymbol{X}_p)$。权系数的调整是通过迭代计算逐步趋向最优值的过程，调整数值大小是根据对所有样本 $p=1,2,\cdots,N$ 的误差指标 $\boldsymbol{E}_p=d(\boldsymbol{T}_p,\boldsymbol{Y}_p)$达到极小的方法来实现的。其中 $\boldsymbol{T}_p$ 表示期望的输出，$\boldsymbol{Y}_p$ 表示当前网络的实际输出，$d(\cdot)$表示距离函数。

对于 N 个样本集，性能指标为

$$\boldsymbol{E}=\sum_{p=1}^{N}\boldsymbol{E}_p=\sum_{p=1}^{N}\sum_{i=1}^{n_o}\varphi(t_{pi}-y_{pi}) \tag{3-22}$$

其中 $\varphi(\cdot)$是一个正定的、可微的凸函数。

对于具有 n_o 个输出单元网络，每一个期望输出矢量 $\boldsymbol{T}_p$ 和实际输出矢量 $\boldsymbol{Y}_p$ 之间的误差函数可以用平方误差和来表示，即

$$\boldsymbol{E}_p=\frac{1}{2}\sum_{i=1}^{n_o}(t_{pj}-y_{pj})^2 \tag{3-23}$$

一般说来，前向神经网络是通过期望输出与实际输出之间误差平方的极小来进行权阵学习和训练。通常，前向传播网络的训练是一个周期一个周期地进行的，即在每一个周期内，训练将是针对所有的样本集，一旦一个周期完成，下一个周期仍然对此样本集进行重新训练，直到性能指标 E 满足要求为止。

2. 单层网络的学习算法

考虑如图 3-13 所示的单层神经网络，设 $\boldsymbol{X}_p$ 为网络的某一特定输入样本，其相应的网络输出为

$$y_{pi} = \Gamma(Net_{pi}) = \Gamma\left(\sum_{j=0}^{n_i} w_{ij}x_{pj}\right) \quad i = 1,2,\cdots,n_o \tag{3-24}$$

其中 $x_{p0}=1, p=1,2,\cdots,N$；$\Gamma(\cdot)$是连续可微函数。

(1) 基于最小二乘的学习方法

如果输出激励单元为线性函数，且性能指标函数取为样本误差平方和时，则网络的突触权系数阵可以通过最小二乘法来得到。

$$y_{pi} = \sum_{j=0}^{n_i} w_{ij}x_{pj} = \boldsymbol{W}_i^{\mathrm{T}}\boldsymbol{X}_p \quad x_{p0} = 1 \tag{3-25}$$

记

$$\boldsymbol{Y}_p = [y_{p1}, y_{p2}, \cdots, y_{pno}]^{\mathrm{T}}$$
$$\boldsymbol{W}^{\mathrm{T}} = [\boldsymbol{W}_1^{\mathrm{T}}, \boldsymbol{W}_2^{\mathrm{T}}, \cdots, \boldsymbol{W}_{no}^{\mathrm{T}}]^{\mathrm{T}}$$
$$\boldsymbol{X}_p = [x_{p1}, x_{p2}, \cdots, x_{pni}]^{\mathrm{T}}$$

则

$$\boldsymbol{Y}_p = \boldsymbol{W}^{\mathrm{T}}\boldsymbol{X}_p \tag{3-26}$$

$$\begin{aligned}\boldsymbol{E}_p &= \frac{1}{2}(\boldsymbol{T}_p - \boldsymbol{Y}_p)^{\mathrm{T}}(\boldsymbol{T}_p - \boldsymbol{Y}_p)\\ &= \frac{1}{2}(\boldsymbol{T}_p - \boldsymbol{W}^{\mathrm{T}}\boldsymbol{X}_p)^{\mathrm{T}}(\boldsymbol{T}_p - \boldsymbol{W}^{\mathrm{T}}\boldsymbol{X}_p)\end{aligned} \tag{3-27}$$

对于 N 个样本数据，引入变量

$$\boldsymbol{T} = [T_1, T_2, \cdots, T_N]$$
$$\boldsymbol{X} = [X_1, X_2, \cdots, X_N]$$
$$\boldsymbol{Y} = [Y_1, Y_2, \cdots, Y_N]$$

则总的样本误差

$$\begin{aligned}\boldsymbol{E} &= \sum_{p=1}^{N}\boldsymbol{E}_p = \frac{1}{2}(\boldsymbol{T}-\boldsymbol{Y})^{\mathrm{T}}(\boldsymbol{T}-\boldsymbol{Y})\\ &= \frac{1}{2}(\boldsymbol{T}-\boldsymbol{W}^{\mathrm{T}}\boldsymbol{X})^{\mathrm{T}}(\boldsymbol{T}-\boldsymbol{W}^{\mathrm{T}}\boldsymbol{X})\end{aligned} \tag{3-28}$$

由$\dfrac{\partial E}{\partial \boldsymbol{W}} = -(\boldsymbol{T}-\boldsymbol{W}^{\mathrm{T}}\boldsymbol{X})\boldsymbol{X}^{\mathrm{T}} = 0$ 可得

$$\boldsymbol{W}^{\mathrm{T}}\boldsymbol{X}\boldsymbol{X}^{\mathrm{T}} = \boldsymbol{T}\boldsymbol{X}^{\mathrm{T}} \tag{3-29}$$

则最小二乘意义上的最优解为

$$\boldsymbol{W}^{\mathrm{T}} = \boldsymbol{T}\boldsymbol{X}^{\mathrm{T}}(\boldsymbol{X}\boldsymbol{X}^{\mathrm{T}})^{-1} \tag{3-30}$$

(2) 基于 Delta 规则的学习算法

当输出神经元为非线性单元时，简单地利用最小二乘学习方法已无法解决问

题了。这时,需要考虑一种全新的学习方法。Delta 学习规则就是其中的一种,它是由 Widrow 提出来的,并对神经元网络的研究起到重大影响。由于 Delta 学习算法本质上属于一次收敛,因此,收敛速度慢且容易收敛于局部极小是它的缺陷。不管怎样,Delta 学习算法仍然是神经网络训练的主要方法之一,下面将着重讨论单层神经网络的 Delta 学习算法。

单层神经网络的 Delta 学习算法是通过对目标函数 $E=\sum_{p=1}^{N}E_p$ 的极小来实现的,其中 E 的极小是通过有序地对每一个样本数据的输出误差 E_p 的极小化来得到。Delta 规则的学习算法就是对式(3-23) 所定义的目标函数值求梯度得到。由梯度法可知

$$\Delta_p w_{ji}=-\alpha\frac{\partial E_p}{\partial w_{ji}}=\alpha(t_{pj}-y_{pj})\frac{\partial y_{pj}}{\partial w_{ji}}\tag{3-31}$$

$\Delta_p w_{ji}$表示权系数 w_{ji} 在第 p 个样本训练时的修改量。

当 $y_{pj}=\Gamma(Net_{pj})$时

$$\frac{\partial y_{pj}}{\partial w_{ji}}=\frac{\partial\Gamma(Net_{pj})}{\partial Net_{pj}}\frac{\partial Net_{pj}}{\partial w_{ji}}=\Gamma'(Net_{pj})x_{pi}\tag{3-32}$$

由式(3-31)和式(3-32)可以得到突触权系数 w_{ij} 的迭代计算公式

$$\Delta_p w_{ji}=\alpha(t_{pj}-y_{pj})\Gamma'(Net_{pj})x_{pi}\tag{3-33}$$

其中 α 是一个正实数,通常称为学习因子。

为了进一步说明 Delta 学习算法的有效性,下文将继续讨论 Delta 学习算法的收敛性。不失一般性,为了推导方便起见,设输出单元为线性单元,即 $\Gamma(Net_{pj})=Net_{pj}$。那么

$$\varepsilon_{pj}^{0}=e_{pj}=t_{pj}-y_{pj}$$

表示第 p 次学习时第 k 个输出单元的输出误差。则

$$\Delta\varepsilon_{pi}^{0}=(t_{pj}-\boldsymbol{X}_p^{\mathrm{T}}\boldsymbol{W}_{pj})-(t_{pj}-\boldsymbol{X}_p^{\mathrm{T}}\boldsymbol{W}_{p-1,j})=-\boldsymbol{X}_p^{\mathrm{T}}(\boldsymbol{W}_{pj}-\boldsymbol{W}_{p-1,j})\tag{3-34}$$

根据式(3-34)可知

$$\Delta\varepsilon_{pj}^{0}=-\alpha\|\boldsymbol{X}_p\|^2\varepsilon_{pj}^{0}\tag{3-35}$$

上式表明,两次学习之间误差变化 $\Delta\varepsilon_{pj}^{0}$ 与当前误差值 ε_{pj}^{0} 成比例。在训练期间,ε_{pj}^{0} 是递减的,且误差越大,递减量越大,学习速度越快。同时,我们也发现,每一自适应学习周期产生的误差减少量比以前一个周期产生的误差减少量要小,即意味着此算法的收敛速度越来越慢。

3. 多层传播网络的学习算法

考虑多层前向传播网络(如图 3-14)。设输入模式为 $\boldsymbol{X}_p$,则相应的隐含单元的输出为

$$o_{pj}^{1}=\Gamma_1\left(\sum_{i=1}^{n_i}w_{ji}^{1}x_{pi}+\theta_j^{1}\right)\tag{3-36}$$

很显然，隐含单元输出 o_{pj}^1 是输入矢量 $\boldsymbol{X}_p$ 和它们之间的突触权系数阵 $\boldsymbol{W}^1$ 的函数。突触权系数阵 $\boldsymbol{W}^1$ 由学习算法来训练。因此，对于每一对输入输出样本矢量 $(\boldsymbol{T}_p, \boldsymbol{X}_p)$，在学习算法中必须包含一个中间矢量 o_p 的计算。根据 L 层网络结构可知，网络的输出为

$$y_{pj} = \Gamma_L(Net_{pj}^L) = \Gamma_L\left(\sum_{i=1}^{n_{L-1}} w_{ji}^L o_{pi}^{(L-1)} + \theta_j^L\right) \quad j = 1,2,\cdots,n_o \tag{3-37}$$

第 $r+1$ 个隐含层的输入是第 r 个隐含层的输出，所以

$$Net_{pj}^{(r+1)} = \sum_{l=1}^{n_r} w_{jl}^{r+1} o_{pl}^{(r)} + \theta_j^{r+1} \quad r = 0,1,2,\cdots,L-1 \tag{3-38}$$

$$o_{pj}^{(r+1)} = \Gamma_{r+1}\left(\sum_{l=1}^{n_r} w_{jl}^{r+1} o_{pl}^{(r)} + \theta_j^{r+1}\right) \quad r = 0,1,2,\cdots,L-1 \tag{3-39}$$

其中 $o^{(0)}pl = x_{pl}$。

多层前向传播网络的权系数训练算法是利用著名的误差反向传播学习算法。根据这一算法，训练网络权阵的更新是通过反向传播网络的期望输出(样本输出)与实际输出的误差来实现的。下面我们将详细推导出误差反向传播学习算法(又称 BP 算法)。

由性能指标函数 $\boldsymbol{E}_p$ 的定义(方程式(3-26))可得

$$\Delta_p w_{ji}^r \propto -\frac{\partial \boldsymbol{E}_p}{\partial w_{ji}^r} \tag{3-40}$$

$$\frac{\partial \boldsymbol{E}_p}{\partial w_{ji}^r} = \frac{\partial E_p}{\partial Net_{pj}^r} \frac{\partial Net_{pj}^r}{\partial w_{ji}^r} \tag{3-41}$$

$$\frac{\partial Net_{pj}^r}{\partial w_{ji}^r} = \frac{\partial}{\partial w_{ji}^r} \sum_k w_{jk}^r o_{pk}^{(r-1)} = o_{pi}^{(r-1)} \tag{3-42}$$

定义 $\delta_{pj}^r = -\dfrac{\partial \boldsymbol{E}_p}{\partial Net_{pj}^r}$ 为广义误差。则式(3-41)可记为 (3-43)

$$-\frac{\partial E_p}{\partial w_{ji}^r} = \delta_{pj}^r o_{pi}^{(r-1)} \tag{3-44}$$

这就是说，要使 $\boldsymbol{E}$ 按梯度下降，就必须按下式进行权值调整

$$\Delta_p w_{ji}^r = \eta \delta_{pj}^r o_{pi}^{(r-1)} \tag{3-45}$$

其中上标变量 r 表示第 r 个隐含层，$r=1,2,\cdots,L$；

w_{ji}^r 为第 $r-1$ 层第 i 单元到第 r 层的第 j 单元的连接系数。

若 $r=L$ 为输出单元层，则

$$\delta_{pj}^L = -\frac{\partial \boldsymbol{E}_p}{\partial Net_{pj}^L} = -\frac{\partial \boldsymbol{E}_p}{\partial y_{pj}} \frac{\partial y_{pj}}{\partial Net_{pj}^L} = (t_{pj} - y_{pj})\Gamma_L'(Net_{pj}^L) \tag{3-46}$$

若 $r \neq L$ 则为隐含层，考虑到所有 $r+1$ 层的神经元输入激励信号 Net_{pk}^{r+1} 都与第 r 层的神经元输出 o_{pj}^r 相连，利用复合微分规则对 o_{pj}^r 求微分需对所有 $r+1$ 层的输入激励信号 Net_{pk}^{r+1} 分别求微分之和来得到

$$\begin{aligned}\delta_{pj}^{r} &= -\frac{\partial \boldsymbol{E}_p}{\partial Net_{pj}^{r}} = -\frac{\partial \boldsymbol{E}_p}{\partial o_{pj}^{r}}\frac{\partial o_{pj}^{r}}{\partial Net_{pj}^{r}} \\ &= \sum_k \left(-\frac{\partial \boldsymbol{E}_p}{\partial Net_{pk}^{r+1}}\frac{\partial Net_{pk}^{r+1}}{\partial o_{pj}^{r}}\right)\Gamma_r'(Net_{pj}^{r}) \\ &= \left(\sum_k \delta_{pk}^{r+1}\cdot w_{kj}^{r+1}\right)\cdot \Gamma_r'(Net_{pj}^{r})\end{aligned} \tag{3-47}$$

这样，BP学习算法可归结如下。

给定p组样本(x_1, t_1; x_2, t_2; …; x_P, t_P)。这里$\boldsymbol{x}_i$为n_i维输入矢量，$\boldsymbol{t}_i$为n_o维期望的输出矢量，$i=1,2,\cdots,P$。假设矢量$\boldsymbol{y}$和$\boldsymbol{o}$分别表示网络的输出层输出和隐含层输出矢量，则训练过程为

(1) 选$\eta>0$，$E_{\max}$作为最大容许误差，并将权系数$\boldsymbol{W}^l$，θ^l，$l=1,2,\cdots,L$初始化成小的随机值。

$$p \leftarrow 1, E \leftarrow 0$$

(2) 训练开始

$$\boldsymbol{o}_p^{(0)} \leftarrow \boldsymbol{x}_p, \quad \boldsymbol{t} \leftarrow \boldsymbol{t}_p$$

$$o_{pj}^{(r+1)} = \Gamma_{r+1}\left(\sum_{l=1}^{n_{r+1}} w_{jl}^{r+1} o_{pl}^{(r)} + \theta_j^{r+1}\right) \quad r = 0,1,2,\cdots,L-1$$

$$y_{pj} = \Gamma_L(Net_{pj}^{L}) = \Gamma_L\left(\sum_{i=1}^{n_1} w_{ji}^{L} o_{pi}^{(L)} + \theta_j^{L}\right) \quad j = 1,2,\cdots,n_o$$

(3) 计算误差$E \leftarrow (\boldsymbol{t}_k - \boldsymbol{y}_k)^2/2 + E$，$k=1,2,\cdots,n_o$

(4) 计算广义误差δL_{pj}、δr_{pj}

$$\delta_{pj}^{L} = (t_{pj} - y_{pj})\Gamma_L'(Net_{pj}^{L})$$

$$\delta_{pj}^{r} = \left(\sum_k \delta_{pk}^{r+1}\cdot w_{kj}^{r+1}\right)\cdot \Gamma_r'(Net_{pj}^{r}) \quad j = 1,2,\cdots,n_o;\ r = L-1,\cdots,2,1。$$

(5) 调整权阵系数

$$\Delta_p w_{ji}^{r} = \eta \delta_{pj}^{r} o_{pi}^{(r-1)}$$
$$\Delta_p \theta_j^{r} = \eta \delta_{pj}^{r}$$

(6) 若$p<P$，$p \leftarrow p+1$转(2)，否则转(7)。

(7) 若$E<E_{\max}$，结束，否则$E \leftarrow 0$，$p \leftarrow 1$转(2)。

从理论上分析来说，具有一个隐含层的神经网络能逼近任意的连续函数。但在训练过程中仍有许多问题值得讨论。对训练过程有较大影响的有权系数的初值、学习方式、激励函数、学习速率等。

(1) 权系数的初值　一般情况下，权系数通常初始化成一个比较小的随机数，并尽量可能覆盖整个权阵的空间域。避免出现初始权阵系数相同的情况。

(2) 学习方式　式(3-45)的学习算法是根据广义误差计算公式式(3-46)和式(3-47)获得的。这种学习算法又称为增量型学习。若将误差定义为

$$E=\frac{1}{2}\sum_{p=1}^{P}\sum_{j=1}^{n_o}(t_{pj}-y_{pj})^2 \tag{3-48}$$

则有

$$\Delta w^r=\sum_{p=1}^{P}\Delta w_p^r \tag{3-49}$$

这种学习方法称为累积型学习。增量型学习的优点是它们的学习过程是真正的梯度法，而且在计算过程中不必记忆每个权值的变化量。它的缺点是学习过程中的权值调整只向满足逼近最近的那个样本。累积型学习受样本的整体影响，只要学习速率充分小，它也能使网络收敛。对于随机的输入样本，则采用增量型学习算法可望获得较好的训练结果。

(3) 激励函数　激励函数的选择对训练有较大影响，由于常规 Sigmoid 函数在输入趋于 1 时其导数接近 0，从而会大大影响其训练速度，容易产生饱和现象。因此，可以通过调节 Sigmoid 函数的斜率或采用其他激励单元来改善网络性能。

(4) 学习速率　一般说来，学习速率越大，收敛越快，但容易产生振荡；而学习速率越小，收敛越慢。

从以上分析可知，BP 学习算法本质上属于一次收敛的学习算法。由最优化理论可知，BP 学习不可避免地存在局部极小问题，且学习速度很慢，甚至会在极值点附近出现振荡现象，而不能平滑地趋于最优解。为了减小这种现象，可采用某种平滑的权值更新公式。Rumelhart，Hinton 和 William 在 1986 年提出了一种在权系数更新公式中增加 Momentum 项的新措施，即

$$\Delta w_{ji}^r(k)=\eta\delta_{pj}^r o_{pi}^{r-1}+\alpha w_{ji}^r(k-1) \tag{3-50}$$

式中，η——学习因子，α——Momentum 因子。

必须指出，增加 Momentum 项对某些问题并不能起到加快学习进程的目的，有时反而会减慢收敛速度；但是有一点是明确的，即在学习过程的后期引入 Momentum 项会加速收敛速度。下面举一例子进一步说明多层前向传播神经网络的学习过程。

例 3-1　如图 3-15 所示的多层前向传播神经网络结构。假设对于期望的输入$[x_1,x_2]^T=[1,3]^T$，$[t_1,t_2]^T=[0.95,0.05]^T$。网络权系数的初始值见图。试用 BP 算法训练此网络(本例中只给出一步迭代学习过程)。这里，取神经元激励函数 $f(x)=\frac{1}{1+e^{-x}}$。学习步长为 $\eta=1$。

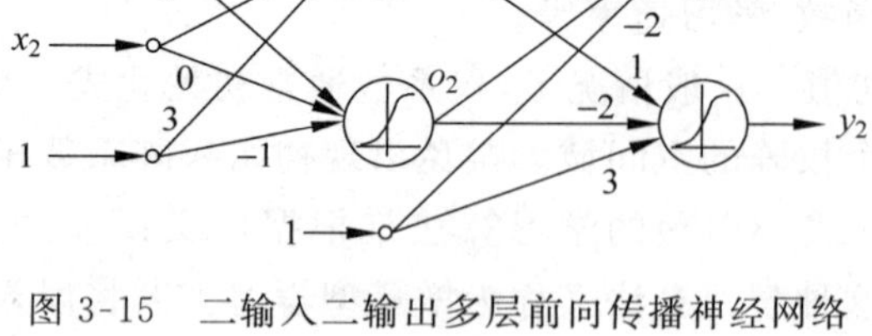

图 3-15　二输入二输出多层前向传播神经网络

解　(1) 计算当前输入状态下、当前网络的连接权系数下的神经网络输出。

$$net_1^1 = w_{11}^1 x_1 + w_{12}^1 x_2 + w_{10}^1 = 1 \cdot x_1 + (-2) \cdot x_2 + 3 = -2$$

$$net_2^1 = w_{21}^1 x_1 + w_{22}^1 x_2 + w_{20}^1 = 2 \cdot x_1 + 0 \cdot x_2 - 1 = 1$$

$$o_1 = \frac{1}{1+e^{-net_1^1}} = \frac{1}{1+e^2} = 0.1192$$

$$o_2 = \frac{1}{1+e^{-net_2^1}} = \frac{1}{1+e^{-1}} = 0.731$$

$$net_1^2 = w_{11}^2 o_1 + w_{12}^2 o_2 + w_{10}^2 = 1 \cdot o_1 + 0 \cdot o_2 - 2 = -1.8808$$

$$net_2^2 = w_{21}^2 o_1 + w_{22}^2 o_2 + w_{20}^2 = 1 \cdot o_1 + (-2) \cdot o_2 + 3 = 1.6572$$

$$y_1 = \frac{1}{1+e^{-net_1^2}} = 0.1323$$

$$y_2 = \frac{1}{1+e^{-net_2^2}} = 0.8399$$

(2) 判断神经网络逼近误差是否满足要求或迭代学习是否达到最大容许值。

$$\|t-y\| < \varepsilon \quad 或 \quad iterate \geqslant iterate_{\max}$$

若上述不等式中有一个满足，则退出学习。否则进入(3)。

(3) 计算广义误差。

$$\delta_1^2 = (t_1 - y_1) f'(net_1^2) = (t_1 - y_1) y_1 (1 - y_1) = 0.0938$$

$$\delta_2^2 = (t_2 - y_2) f'(net_2^2) = (t_2 - y_2) y_2 (1 - y_2) = 0.1062$$

$$\delta_1^1 = \sum_k \delta_k^2 w_{k1}^2 o_1 (1 - o_1) = (\delta_1^2 w_{11}^2 + \delta_2^2 w_{21}^2) o_1 (1 - o_1) = 0.2811$$

$$\delta_2^1 = \sum_k \delta_k^2 w_{k2}^2 o_2 (1 - o_2) = (\delta_1^2 w_{12}^2 + \delta_2^2 w_{22}^2) o_2 (1 - o_2) = -0.04176$$

(4) 连接权系数更新。

$$\Delta w_{11}^1 = \eta \delta_1^1 x_1 = 0.2811 \quad \Delta w_{12}^1 = \eta \delta_1^1 x_2 = 0.8433 \quad \Delta w_{10}^1 = \eta \delta_1^1 = 0.2811$$

$$\Delta w_{21}^1 = \eta \delta_2^1 x_1 = -0.04176 \quad \Delta w_{22}^1 = \eta \delta_2^1 x_2 = -0.1253 \quad \Delta w_{20}^1 = \eta \delta_2^1 = -0.04176$$

$$\Delta w_{11}^2 = \eta \delta_1^2 o_1 = 0.0112 \quad \Delta w_{12}^2 = \eta \delta_1^2 o_2 = 0.0686 \quad \Delta w_{10}^2 = \eta \delta_1^2 = 0.0938$$

$$\Delta w_{21}^2 = \eta \delta_2^2 o_1 = 0.01266 \quad \Delta w_{22}^2 = \eta \delta_2^2 o_2 = 0.0776 \quad \Delta w_{20}^2 = \eta \delta_2^2 = 0.1062$$

$$w_{ji}^l(iterate+1) = w_{ji}^l(iterate) + \Delta w_{ji}^l \quad l = 1,2;\ i = 0,1,2;\ j = 1,2$$

$iterate = iterate + 1$；继续迭代计算直至满足终止条件为止。■

例 3-2　利用多层前向传播神经网络来逼近非线性函数 $y=0.5*(1+\cos(x))$。

解　训练算法采用传统的 BP 学习算法，其中样本集取 20 点，即

$$x = 2*\pi*i/20, \quad i = 0,1,\cdots,19$$

$$t = 0.5*(1+\cos(x))$$

选择 MLP 网络结构为 1 个输入神经元、6 个隐含层神经元和 1 个输出神经元(图 3-16(a))。神经元的激励函数都为 Sigmoid 函数。初始权系数阵由(0,1)之

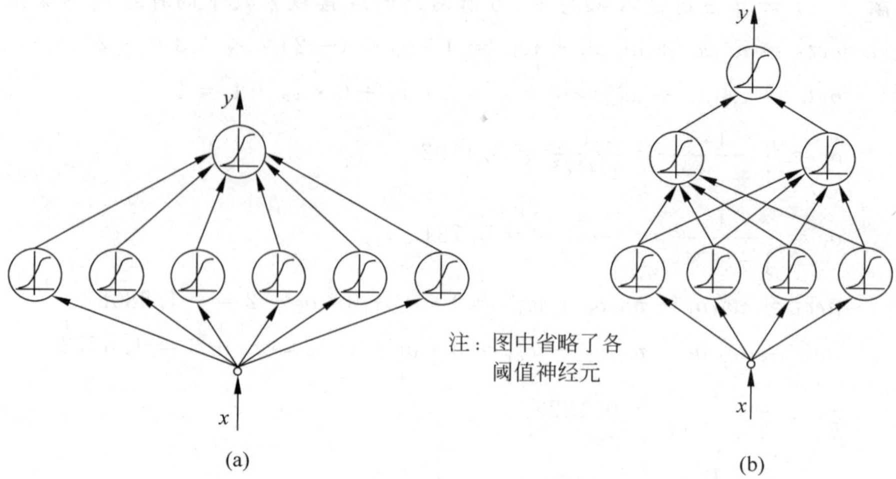

图 3-16　多层前向传播网络结构图

间的随机数组成。学习步长 $\eta=0.09$。图 3-17(a)给出了此神经网络 BP 学习算法平方误差的收敛过程。为了验证此神经网络逼近的泛化性，我们又选择了 30 个校验样本数据集，它们的取值为 $x=2*\pi*i/30, i=0,1,\cdots,29$；$y=0.5*(1+\cos(x))$。图 3-17(b)分别画出了系统的实际输出（如虚线所示）和神经网络的逼近输出（如实线所示）。

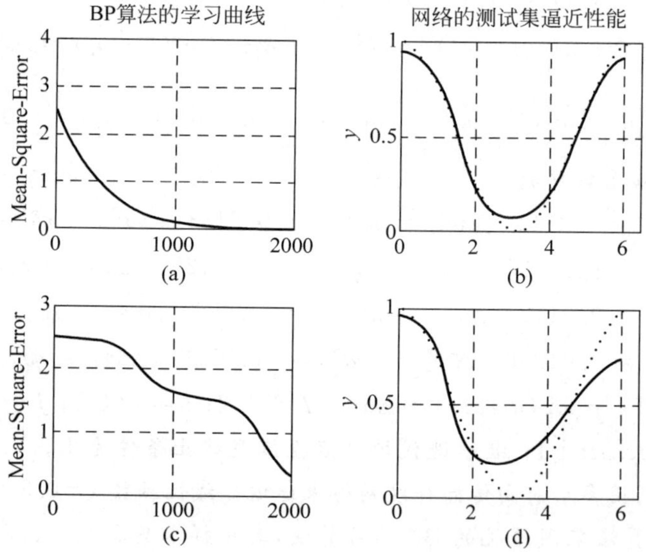

图 3-17　两种 MLP 模型的学习曲线和网络的逼近测试图

本例中为了验证含多隐含层的前向传播网络的逼近性能，针对同样的样本集对含有两个隐含层的 MLP 进行了仿真试验。在此，取第一隐含层的隐含神经元数为 4、第二隐含层的隐含神经元数为 2(图 3-16(b))。学习步长 $\eta=0.08$。则神经网络的学习曲线和样本的校验曲线分别如图 3-17(c)、(d)所示。从图中可以看出，增加隐含层的数目并不一定意味着能够改善逼近精度。对于本例而言，这一非线性函数的神经网络逼近问题用单一隐含层已经足以满足逼近精度了。而且由于神经网络结构更加简单，相应的连接权值系数减小。其结果表现在收敛速度上有明显的优势。 ■

3.2.3 快速的 BP 改进算法

传统的 BP 学习算法通常其训练的速度是相当慢的。对于稍微复杂一点的问题也许要几天甚至几周的计算机运算可能找到收敛点。为了满足神经网络控制的实时应用，网络的快速学习问题必须解决。近几年来许多专家学者就快速学习算法进行了广泛的研究，并取得较大的进展。但是，由于许多结论与待解问题有着相当大的关系，这意味着众多的快速学习算法的通用性并不是那么优越。而且，由于其中不少算法是采用启发式的方法对传统的 BP 算法进行改进的，因此，对这类算法除实验手段外还没有严密的理论能够预计到它们的有效性。尽管如此，这些方法仍然得到广泛的应用。目前，对 BP 算法的改良已有相当多的措施和方法。本书给出两种典型的改良方法。

1. 快速 BP 算法

快速 BP 算法(QuickProp)由 Fahlman 在 1988 年首先提出。它试图不通过计算 Hessian 阵来估计误差函数的二次导数信息，并利用此信息来改善 BP 算法的收敛性。它的思想是很自然的，由于常规的 BP 算法只使用了一阶导数信息，因此它在极值点附近的收敛必然是相当慢的。由牛顿法可以得到启发，有效地利用二次导数信息对算法的收敛会起到积极的作用。

快速 BP 算法需要保留上一次的梯度矢量信息和上一次的权系数更新值。它的权值更新公式为

$$\Delta w_{ij}(k)=\frac{\nabla w_{ij}(k)}{\nabla w_{ij}(k-1)-\nabla w_{ij}(k)}\Delta w_{ij}(k-1) \tag{3-51}$$

其中 $\nabla w_{ij}(k)$表示第 k 步的梯度函数。

要使得这一快速学习算法真正起到快速收敛的目的，它须满足两个比较严格的假设条件。

① 误差表面呈抛物面、极值点附近凹面向上；

② 某一权系数的梯度变化$\nabla w_{ij}(k)$与其他权系数变化无关。

如果上述两个条件都满足，则此算法可以一步到达极小点。由于以上条件难以总能满足，因此为了有效地利用快速 BP 算法，在算法训练中应该考虑以下四种

情况。

① 当前的梯度与上一次的梯度方向相同、数值减小。这表明本次搜查一切正常，已经接近抛物面的顶点。

② 当前的梯度与上一次的梯度方向相反但数值更小。这表明我们应该到抛物面的另一面去寻找极值点，它也并不能说明下一步能够保证更接近于极值点。

③ 当前的梯度与上一次的梯度方向相同且数值相等。此时，该算法的进一步迭代学习已经无效，应该停止学习。

④ 当前的梯度与上一次的梯度方向相同但数值增大。这表明当前搜索方向将是使误差增加的方向。

为了克服上述一些缺陷，Fahlman 本人建议使用最大增长率 μ 来限制权值更新公式中步长增长过快而导致收敛过程发散的现象，即如果

$$\Delta w_{ij}(k) > \mu\Delta w_{ij}(k-1)$$

则

$$\Delta w_{ij}(k) = \mu\Delta w_{ij}(k-1)$$

经验表明，$\mu=1.75$ 比较合适。

这一算法的另一问题是按照以上公式进行迭代计算时会出现权值过大造成计算溢出的现象。解决方法之一是在计算梯度时乘上一个小于 1 的衰减因子，从而间接地减小了权值的增加率。

此外，由于饱和点的导数接近于零。因此，由 BP 算法可知，此时 $\delta_{pj}\approx 0$，从而使得与其相连接的权系数更新接近于 0，即导致训练过程几乎停止。为了克服这一现象，可以人为地增加一个量(如 0.1)来代替饱和点的系数值 $f'(net_j)$。

快速 BP 学习算法虽然在一定条件下改善了传统 BP 算法的收敛性，但目前看来，它与待求实际问题有着密切的关系。要得到一组好的结果，经常需要多次试探才能有一组合适的学习参数、合适的学习速度。但是，它仍然不失为一种快速学习算法。

2. 共轭梯度学习算法

前面讨论已经知道，BP 算法是利用梯度下降法来实现逐步逼近的。由于它只利用一阶导数信息，在许多情况下，不能直接找到极值点。由最优化理论可知，如果能够合理地利用目标的二次导数信息，则可以明显改善优化算法的收敛速度。在非线性系统的优化理论中已有很多成熟的拟二次收敛算法，许多方法可以移植到神经网络的权值训练中来。在这里我们主要介绍共轭梯度学习算法，读者如有兴趣，可以进一步参考最优化原理类书籍。

不像上面提到的 BP 改进算法，共轭梯度学习算法有着坚实的理论基础。从理论上来看，这种方法可以在更少的迭代次数下达到收敛。它带来的额外代价是每一次迭代计算的工作量有所增加。尽管如此，许多应用已表明共轭梯度学习算法总的收敛速度还是比常规 BP 算法提高数十倍甚至更多。

共轭梯度学习算法原先应用于求解非线性多变量函数的极值，在前向传播神经网络学习中，这些多变量就是网络的连接系数。对于批处理的神经网络训练问题，寻优的极值函数可以是系统的输出误差平方和，即

$$f(\boldsymbol{W}) = \frac{1}{P \times n_o}\sum_{p=1}^{P}\sum_{j=1}^{n_o}(t_{pj} - y_{pj})^2$$

对上述多维函数进行 Taylor 展开

$$f(\boldsymbol{W}) = f(\boldsymbol{W}_0) + \sum_i \frac{\partial f}{\partial w_i}(w_i - w_{i0}) + \frac{1}{2}\sum_i\sum_j \frac{\partial^2 f}{\partial w_i \partial w_j}(w_i - w_{i0})(w_j - w_{j0}) + \cdots$$

其中 $\boldsymbol{W}_0$ 为初始权值行矢量。当 $\boldsymbol{W}$ 与 $\boldsymbol{W}_0$ 比较接近时，可以忽略高阶项后得

$$f(\boldsymbol{W}) = c - b\boldsymbol{W}^{\mathrm{T}} + \frac{1}{2}\boldsymbol{W}\boldsymbol{H}\boldsymbol{W}^{\mathrm{T}} \tag{3-52}$$

其中$\boldsymbol{W}$——神经网络中所有权系数构成的 n 维行矢量；

c——常数项；

b——$-\nabla f|_{W_0}$ 初始点的梯度行矢量；

$\boldsymbol{H}$——$\frac{\partial^2 f}{\partial w_i \partial w_j}|_{W_0}$ 初始点的 Hessian 阵。

由于近似得到的 $f(\boldsymbol{W})$是二次函数，则当梯度为零时，函数达到极小值。即

$$\boldsymbol{H}\boldsymbol{W}^{\mathrm{T}} = \boldsymbol{b}^{\mathrm{T}} \tag{3-53}$$

当 $\boldsymbol{H}$ 阵可逆时，最佳权系数的解可以简单地通过求解线性方程组式(3-53)而得到。但是，一旦人们注意到计算 $\boldsymbol{H}$ 阵的逆矩阵需要 $O(n^3)$次的计算工作量都会对这种求解方法感到失望，尤其在神经网络计算中权系数 $\boldsymbol{W}$ 的总数 n 通常是一个比较大的数。由最优化理论可知，解决 $\boldsymbol{H}$ 逆矩阵的计算问题方法之一是利用共轭梯度来间接地构成 $\boldsymbol{H}$ 的逆矩阵值。先来看一下共轭方向这一概念。

如果 $\boldsymbol{d}_i\boldsymbol{H}\boldsymbol{d}_j^{\mathrm{T}}=0$ 对于所有的 $i\neq j, i,j=1,2,\cdots,n$。则称 $\boldsymbol{d}_1,\boldsymbol{d}_2,\cdots,\boldsymbol{d}_n$ 是 $\boldsymbol{H}$ 共轭的。

上式表明，$\boldsymbol{d}_1,\boldsymbol{d}_2,\cdots,\boldsymbol{d}_n$ 是线性无关的，因此是 n 维空间中的一个基矢量。记 $\boldsymbol{W}^*$ 是极值点的权系数矢量，则

$$\boldsymbol{W}^* - \boldsymbol{W}_0 = \sum_{i=1}^{n}\alpha_i\boldsymbol{d}_i \tag{3-54}$$

这里 α_i 是一个待定的常数。

对式(3-54)两边先转置再左乘 $\boldsymbol{d}_j\boldsymbol{H}$，并用 $\boldsymbol{b}^{\mathrm{T}}$ 代替 $\boldsymbol{H}\boldsymbol{W}^*$ 得

$$\boldsymbol{d}_j(\boldsymbol{b}^{\mathrm{T}} - \boldsymbol{H}\boldsymbol{W}_0^{\mathrm{T}}) = \sum_{i=1}^{n}\alpha_i\boldsymbol{d}_j\boldsymbol{H}\boldsymbol{d}_i^{\mathrm{T}} \tag{3-55}$$

因为 $\boldsymbol{d}_i,\boldsymbol{d}_j$ 是 $\boldsymbol{H}$ 的共轭矢量，所以

$$\alpha_j = \frac{\boldsymbol{d}_j(\boldsymbol{b}^{\mathrm{T}} - \boldsymbol{H}\boldsymbol{W}_0^{\mathrm{T}})}{\boldsymbol{d}_j\boldsymbol{H}\boldsymbol{d}_j^{\mathrm{T}}} \tag{3-56}$$

记

$$\boldsymbol{W}_k = \boldsymbol{W}_0 + \sum_{j=1}^{k} \alpha_j \boldsymbol{d}_j \tag{3-57}$$

则

$$\boldsymbol{W}_k = \boldsymbol{W}_{k-1} + \alpha_k \boldsymbol{d}_k \tag{3-58}$$

对式(3-52)求梯度得

$$\boldsymbol{g}_k^{\mathrm{T}} = \nabla f(\boldsymbol{W}_k) = \boldsymbol{H}\boldsymbol{W}_k^{\mathrm{T}} - \boldsymbol{b}^{\mathrm{T}} \tag{3-59}$$

将式(3-59)代入式(3-56)得

$$\alpha_k = -\frac{\boldsymbol{d}_k \boldsymbol{g}_k^{\mathrm{T}}}{\boldsymbol{d}_k \boldsymbol{H} \boldsymbol{d}_k^{\mathrm{T}}} \tag{3-60}$$

结合式(3-58)和式(3-60)两式，考虑式(3-54)，我们可以得出如下结论。

如果能够找到一组共轭矢量 $\boldsymbol{d}_1, \boldsymbol{d}_2, \cdots, \boldsymbol{d}_n$，那么对于 n 维的二次函数而言，只须 n 次的迭代计算就可以找到函数的极值点。对于非二次函数来说，可以通过不断的迭代来逐步求得极值点。接下去的问题是如何找到这组共轭矢量。定义第一个矢量 $\boldsymbol{d}_1$ 为初始点的负梯度矢量，即 $\boldsymbol{d}_1 = -\boldsymbol{g}_1$。

对于第 k 步，α_k 是最优步长，则由最优化理论可知 $\boldsymbol{g}_{k+1}^{\mathrm{T}} \boldsymbol{d}_k = 0$，即 $\boldsymbol{g}_{k+1}^{\mathrm{T}}$ 和 $\boldsymbol{d}_k$ 两矢量线性无关。因此下一个共轭矢量可通过它们的线性组合来得到。即

$$\boldsymbol{d}_{k+1} = -\boldsymbol{g}_{k+1} + \beta_k \boldsymbol{d}_k$$

因为

$$\boldsymbol{d}_{k+1} \boldsymbol{H} \boldsymbol{d}_k^{\mathrm{T}} = (-\boldsymbol{g}_{k+1} + \beta_k \boldsymbol{d}_k) \boldsymbol{H} \boldsymbol{d}_k^{\mathrm{T}} = 0$$

所以

$$\beta_k = \boldsymbol{g}_{k+1} \boldsymbol{H} \boldsymbol{d}_k^{\mathrm{T}} / (\boldsymbol{d}_k \boldsymbol{H} \boldsymbol{d}_k^{\mathrm{T}}) \tag{3-61}$$

上式计算中虽然 Hessian 阵的逆阵计算工作量已经消除，但还包含了它本身的计算。这一计算工作量也不小。为了进一步提高收敛速度，应尽量避免对 Hessian 阵的计算。考虑式(3-58)，在已知 $\boldsymbol{d}_k$ 的条件下，$\boldsymbol{W}_k$ 的更新可以通过一维步长最优搜索得到当前的最优步长 α_k。从而实现权值的更新。下面的问题就转化为如何利用此信息来简化 β_k 的计算，实现无 Hessian 阵的计算。

由式(3-59)得

$$(\boldsymbol{g}_{k+1} - \boldsymbol{g}_k)^{\mathrm{T}} = \boldsymbol{H}(\boldsymbol{W}_{k+1} - \boldsymbol{W}_k)^{\mathrm{T}} = \alpha_k \boldsymbol{H} \boldsymbol{d}_k^{\mathrm{T}}$$

$$\boldsymbol{H} \boldsymbol{d}_k^{\mathrm{T}} = (\boldsymbol{g}_{k+1} - \boldsymbol{g}_k)^{\mathrm{T}} / \alpha_k \tag{3-62}$$

把式(3-62)代入式(3-61)

$$\beta_k = \boldsymbol{g}_{k+1} (\boldsymbol{g}_{k+1} - \boldsymbol{g}_k)^{\mathrm{T}} / [\boldsymbol{d}_k (\boldsymbol{g}_{k+1} - \boldsymbol{g}_k)^{\mathrm{T}}] \tag{3-63}$$

至此，整个共轭梯度学习算法也有了明确的计算公式。便于读者进行编程计算，下面给出它的算法流程。

(1) 置 $k=0$，随机选取初始权系数阵 $\boldsymbol{W}$。

(2) 使用 BP 算法计算当前权值下的梯度矢量 $\boldsymbol{g} = \nabla f(\boldsymbol{W})$ 如果 $\boldsymbol{g} = \boldsymbol{0}$，则停机；否则置 $\boldsymbol{d} = -\boldsymbol{g}$。

(3) 利用一维最优搜索找出当前搜索方向下的最优步长 α，即 $\alpha = \mathrm{ls}[f(\boldsymbol{W} + \alpha \boldsymbol{d})]$。

(4) 更新权系数阵 $\boldsymbol{W}=\boldsymbol{W}+\alpha\boldsymbol{d}$。

(5) 计算新的权系数下的梯度矢量 $\boldsymbol{g}_p=\nabla f(\boldsymbol{W})$。如果 $\boldsymbol{g}_p=\boldsymbol{0}$,则停机;否则,计算

$$\beta=\boldsymbol{g}_p(\boldsymbol{g}_p-\boldsymbol{g})^{\mathrm{T}}/[\boldsymbol{d}(\boldsymbol{d}-\boldsymbol{g})^{\mathrm{T}}];$$

$$\boldsymbol{d}=-\boldsymbol{g}_p+\beta_d$$

(6) 若 $k=n-1$ 转(7),否则

$k=k+1$;

$g=g_p$;转(3)。

(7) 置 $k=0$,转(2)。

3.2.4　BP 学习算法的 MATLAB 例程

例 3-3　同例 3-1,其中取 l 为学习步长,n 为输入样本数,$cells$ 为神经元个数,$times$ 为学习次数,e 为均方误差,取神经元激励函数 $f(x)=\dfrac{1}{1+\mathrm{e}^{-x}}$,$y=\sin x$ 为 BP 网络学习函数。

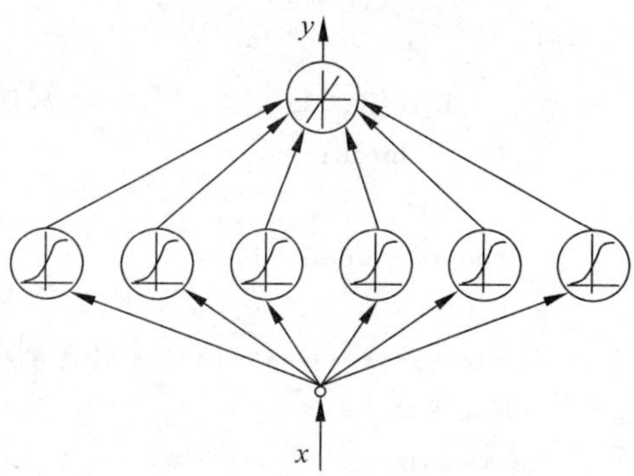

解　取学习步长为 $\eta=0.05$,输入样本数为 $n=20$,神经元个数为 $cells=6$,那么网络结构图同右图所示,图中省略了神经元的各阈值和网络权值。

MATLAB 编程如下:

```
function bpsin
% ************************** 初始化各参数 ******************************
l=0.05;                          %取学习步长为 0.05
n=30;                            %输入样本数 n
cells=6;                         %取 6 个神经元
times=3000;                      %设定总学习次数 x=(linspace(0,2 * pi,n));
%选取样本点
t=sin(x);                        %样本需要学习的函数 t
w1=rand(cells,1) * 0.05;         %取第一层连接权系数初始值为随机量
w2=rand(1,cells) * 0.05;         %取第二层连接权系数初始值为随机量
yw1=rand(cells,1) * 0.05;        %取第一层阈值初始值为随机量
yw2=rand * 0.05;                 %取第二层阈值初始值为随机量
y=rand(1,n) * 0.05;              %取输出值初始值为随机量
counts=1;                        %计数值初始化
e=zeros(1,times);                %均方差初始值设为 0
% ************************** 学习过程 ******************************
for i=1:times
```

```
  ei=0;
    for a=1:n
        net1=w1 * x(a)-yw1;
        out=logsig(net1);
        net2=w2 * out-yw2;
        y(a)=net2;
        det2=t(a)-y(a);
        det1=((det2 * (w2)'). * out). * (1-out);
        w1=w1+det1 * x(a) * l;
        w2=w2+(det2 * out)' * l;
        yw1=-det1 * l+yw1;
        yw2=-det2 * l+yw2;
        ei=ei+det2^2/2;
        e(i)=ei;
    end
    if ei<0.008                  %设定学习要求:均方差小于 0.008
       break;
    end
  counts=counts+1;
end
% ************************ 逼近学习曲线 ***************************
%逼近曲线
for a=1:n
   net1=w1 * x(a)-yw1;
   out=logsig(net1);
   net2=w2 * out-yw2;
   y(a)=net2;
end
subplot(2,1,1);
plot(x,t,'b-',x,y,'k * -');
grid on;
title('BP 学习方法逼近 y=sin(x)');
xlabel('x 轴');
ylabel('y=sin(x)');
%误差曲线
if(counts<times)
   count=1:counts;
   sum=counts;
else
   count=1:times;
```

```
    sum=times;
end
subplot(2,1,2);
plot(count,e(1:sum));
grid on;
title('BP 算法学习曲线');
xlabel('迭代次数');
ylabel('均方误差');
return;
```

通过运行上述程序可得 BP 方法逼近 $y=\sin x$ 的仿真曲线如图 3-18 所示。

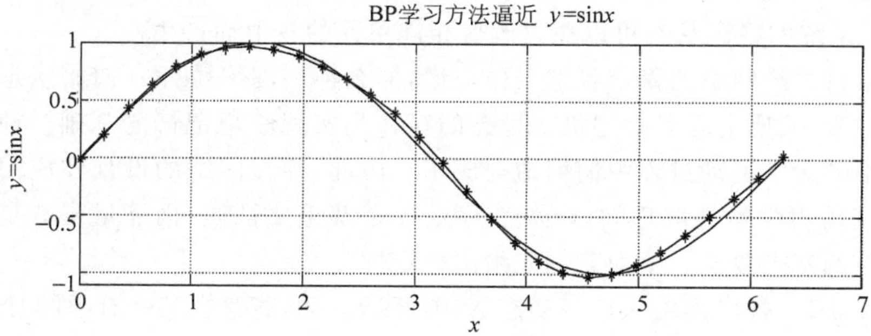

图 3-18　BP 方法逼近 $y=\sin x$ 仿真曲线图：其中实线为 $y=\sin x$ 曲线，* 一线为学习曲线

迭代次数与均方误差间的仿真曲线如图 3-19 所示。

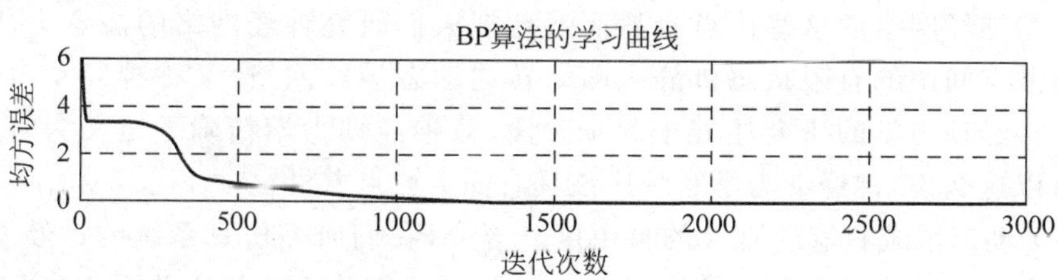

图 3-19　BP 学习方法迭代次数与均方误差间的变化曲线

3.3　动态神经网络模型

上一节讨论的前向传播网络，从学习观点看，它是一种强有力的学习系统，系统结构简单且易于编程；从系统观点看，它是一种静态非线性映射，通过简单非线性处理单元的复合映射可获得复杂的非线性处理能力；但是从计算观点看，它并不是一种强有力的系统，缺乏丰富的动力学行为。大部分前向神经网络都是学习网络，并不注重系统的动力学行为。然而现实世界中的许多系统是非线性动态系

统，因此研究动态系统的神经网络模型对于拓宽神经网络的应用领域具有更重要的现实意义。反馈型神经网络具备非线性动力学系统所特有的丰富动力学特性，如稳定性、极限环、奇异吸引子(即浑沌现象)等。一个耗散动力学系统的最终行为是由它的吸引子决定的，吸引子可以是稳定的，也可以是不稳定的。因此，吸引子可以是相空间(即状态空间)的一个不动点(称定点吸引子)；也可以是周期重复的循环(称为极限环吸引子)；还可以貌似无规则又具有自相似性的奇异吸引子。研究表明，由简单非线性神经元互连而成的反馈动力学神经网络系统具有两个重要的特征。

(1) 系统有若干个稳定状态。如果从某一初始状态开始运动，系统总可以进入某一稳定状态。

(2) 系统的稳定状态可以通过改变相连单元的权值而产生。

如果将神经网络的稳定状态当作记忆，那么神经网络由任一初始状态向稳态的演化过程，实质上是寻找记忆。稳态的存在是实现联想记忆的基础。神经计算就在网络动力学运动过程中悄悄地完成了。因此，神经网络的设计和应用必须建立在对其动力学特性的理解基础上，稳定性是其重要性质，而能量函数是判定网络稳定性的基本概念。下面我们先给出稳定性定义。

定义 3-1 神经网络从任一初态 $X(0)$ 开始运动，若存在某一有限的时刻 t_s，从 t_s 以后神经网络的状态不再发生变化，即

$$X(t_s+\Delta t)=X(t_s)\quad \Delta t>0$$

则称网络是稳定的。处于稳定时刻的网络状态叫稳定状态，又称定点吸引子。

反馈神经网络的这些优点自然而然地把人们研究神经网络的注意力从研究传统离散空间中的有限状态机静态网络转向动态神经网络(又称神经动力学)的研究。神经动力学的研究还处于起步阶段，对神经动力学精确下定义为时尚早。但是可以这么说，神经动力学系统应该具有如下三点共性。

(1) 动态系统具有非常大的自由度。至今，我们研究仿真系统的神经网络规模还局限于 10^5 个神经元之内。这与人脑的神经细胞 10^{11} 相比差距相当大，而且人脑系统在时空上表现出完美无缺的一致性也是人工神经元网络远不能比拟的。因此还具有很大的潜力。

(2) 非线性性。非线性是神经动力学系统的主要特征。任何由线性单元组成的神经网络都可以退化为一个等效的单层神经网络。而早在 1969 年 Minsky 和 Papert 就指出单靠单层神经网络无法实现非线性的映射。

(3) 消耗性。消耗性系统指的是随着时间的推移系统状态将收敛于某一流形域。系统呈现出来的全局渐近稳定性对神经网络建模起着重要的作用。全局渐近稳定的系统意味着系统在任何初始状态下都能最终收敛于稳定点。

动态神经网络模型的实质是其节点方程用微分方程或差分方程来表示而不是简单地用非线性代数方程来表示。动态神经网络的作用尤其在基于神经网络

的非线性系统控制中显得更为重要。反馈的引入是构成动态神经网络的基础。反馈网络的一个重要特征是系统具有稳定状态，即系统从某个初始态开始，经过有限时刻后，网络能够达到某一平衡态。而这一平衡态也是实现联想记忆的基础。动态神经网络的典型代表是 Hopfield 网络。除此之外，带时滞的多层感知器网络、回归神经网络也是几种主要的动态神经网络。下面将分别讨论以上三种动态神经网络模型及其学习算法。

3.3.1　带时滞的多层感知器网络

在讨论真实意义上的动态神经网络之前，先来考虑多层前向传播网络是如何来处理动态序列问题的。利用静态网络来描述动态时间序列可以简单地将输入信号按时间坐标展开，并将展开后的所有信息作为静态网络的输入模式，换句话说，就是将时间作为另一维信号同时加到神经网络的输入端从而实现利用静态网络来逼近动态时间序列系统。实际上，我们只能将输入时间序列展开成有限维的输入信号。最简单的带时滞多层感知器网络结构图如图 3-20 所示。这种网络结构可以有效地描述输出是有限维独立的输入序列函数的动态系统，即可用如下数学关系式来表述

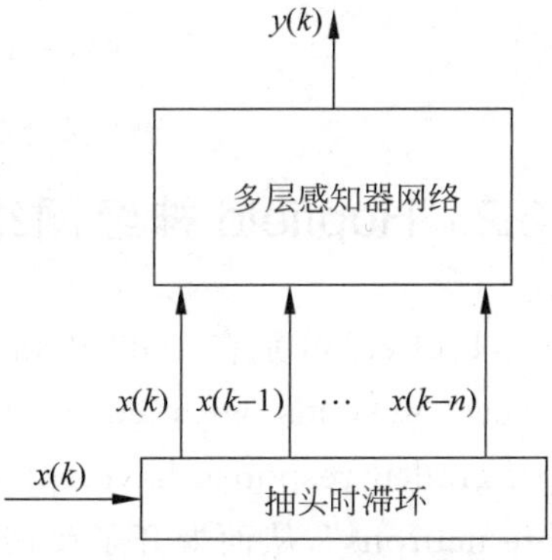

图 3-20　时滞神经网络结构

$$y(k) = f[x(k), x(k-1), \cdots, x(k-n)] \tag{3-64}$$

由于不存在反馈，其训练方法完全套用传统的 BP 学习算法。

带反馈的动态网络系统具有比纯前馈神经网络更优越的性能。例如有时只需带一点反馈，在性能上就可能等效于一个巨大规模的甚至可能是无限维的前馈网络。带反馈的系统特别适用于动态系统的辨识和控制。目前在控制领域研究的对象大多数是线性系统，但是，如前所说，现实世界上确实存在许多非线性动态系统。虽然神经网络系统并不是唯一用来研究非线性动态系统的工具，但是由于其可以适用于多种非线性问题和其独有的神经生物机能，神经网络不失为一种研究非线性系统的手段。对于此类带反馈的神经网络通常又称为回归神经网络。最简便的方法首先由 Narendra 等提出，即将输出的时延加到网络的输入端(如图 3-21)从而构成一个非线性动态系统，并把这一特殊结构应用于非线性系统的辨识和控制。事实上，若用前一节讨论的前向传播网映射原理，从理论上来说，这种网络结构能够逼近任意可用下式描述的系统：

$$y(k) = F(x(k), x(k-1), \cdots, x(k-n), y(k-1), y(k-2), \cdots, y(k-m)) \tag{3-65}$$

它的学习问题也完全可以利用静态前向传播神经网络的 BP 算法来解决。

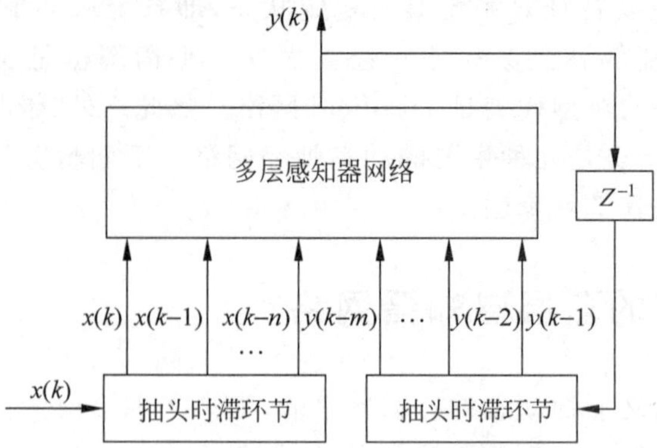

图 3-21　带反馈时滞神经网络结构

3.3.2　Hopfield 神经网络

Hopfield 分别在 1982 年和 1984 年发表了其著名文章"Neural Networks and physical systems with emergerent collective computation ability"和"Neurons with graded response have collective computational properties like those of two state neurons",从而揭开了反馈神经网络研究的新篇章。在这两篇文章中他提出了一种具有相互连接的反馈型神经网络模型,将其定义的"能量函数"概念引入到神经网络研究中,给出了网络的稳定性判据。他用模拟电子线路实现了所提出的模型,并成功地用神经网络方法实现了 4 位 A/D 转换。所有这些有意义的成果不仅为神经网络硬件实现奠定了基础,也为神经网络的智能信息处理开拓了新途径(如联想记忆、优化问题求解等)。从时域上来看,Hopfield 网可以用一组耦合的非线性微分方程来表示。下面我们会看到,当网络神经元之间的连接权系数是齐次对称时,可以找到 Lyapunov 能量函数来描述此非线性动力学系统。且已经证明,此神经网络无论在何种初始状态下都能渐近趋于稳定态。在一定的条件下,Hopfield 网络可以用作联想存储器。Hopfield 网络得到广泛应用的另一个特点是它具备快速优化能力,并将其成功地用于推销员旅行路径优化问题。Hopfield 神经网络的主要贡献在于成功地实现了联想记忆和快速优化计算。下面分别介绍二值型的 Hopfield 网络和连续型的 Hopfield 网络。

1. 二值型的 Hopfield 网络

二值型的 Hopfield 网络又称离散型 Hopfield 网络。这种网络结构只有一个神经元层次。每个处理单元均有一个活跃值,又可称为状态,它取两个可能的状态值之一。通常用 0 和 1 或 −1 和 1 来表示神经元的两个状态,即抑制和兴奋。

整个网络的状态由单一神经元状态组成。网络的状态可用一个由 0(−1)/1 组成的矢量来表示，其中每一元素对应于某个神经元的状态。通常二值型的 Hopfield 网络可以用如下节点方程式来描述

$$Net_i(k) = \sum_{j=1}^{N} w_{ij} y_j(k) + \theta_i \tag{3-66}$$

$$y_i(k+1) = f(Net_i(k)) \tag{3-67}$$

其中 k——时间变量；

θ_i——外部输入；

y_i——神经元输出；

Net_i——神经元内部状态；

f——阈值函数。

二值型的 Hopfield 网络的结构图如图 3-22 所示。神经元之间实现全连接，即每个神经元的输出都通过权系数 w_{ij} 反馈到所有其他神经元（包括自身神经元）。

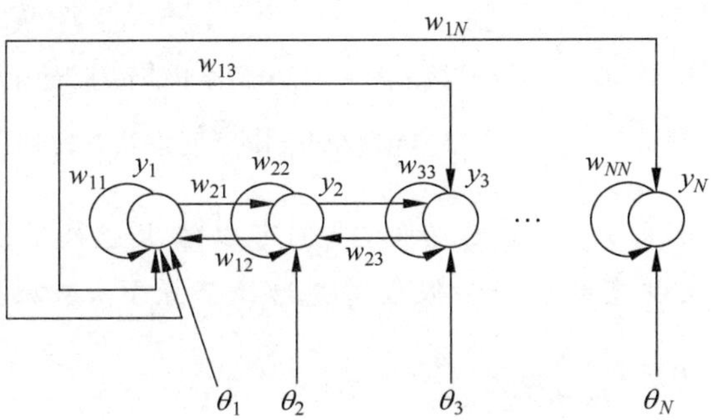

图 3-22 二值型 Hopfield 网络结构

对于 n 个节点的离散 Hopfield 网络有 2^n 个可能的状态，网络状态可以用一个包含 0 和 1 的矢量来表示，如 $\boldsymbol{Y}=(y_1 \quad y_2 \quad \cdots \quad y_n)$。每一时刻整个网络处于某一状态。状态变化采用随机性异步更新策略，即随机地选择下一个要更新的神经元，且允许所有神经元节点具有相同的平均变化概率。节点状态更新包括三种情况，0→1、1→0 或状态保持。某一时刻网络中只有一个节点被选择进行状态更新，当该节点状态变化时，网络状态就可以以某一概率转移到另一状态；当该节点状态保持时，网络状态更新的结果保持前一时刻的状态。一般情况下，Hopfield 网络能从某一初始状态开始经多次更新达到某一稳定状态。给定网络的权值和阈值，就可以确定网络的状态转移序列。下面举例说明 Hopfield 神经网络的状态转移关系。

例 3-4 假设一个 3 节点的离散 Hopfield 神经网络，已知网络权值与阈值如图 3-23(a)所示。计算状态转移关系。

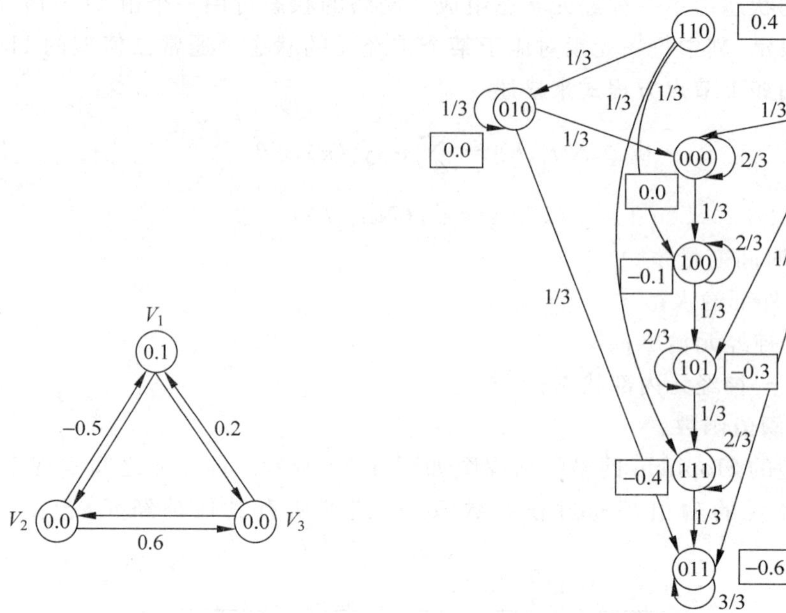

(a) 已知网络权值初值，圈内为阈值，线上为连接系数　　(b) 网络状态转移，圈内为状态，线上为转移概率

图 3-23　一个 3 节点离散 Hopfield 网络状态转移

解　以初始状态 $y_1y_2y_3=000$ 为例，我们可以依次选择节点 V_1,V_2,V_3，确定其节点兴奋的条件及状态的转移。假设首先选择节点 V_1，激励函数为

$$
\begin{aligned}
Net_1(0) &= \sum_{j=1}^{N} w_{1j}y_j(0)+\theta_1 \\
&= (-0.5)\cdot 0+(0.2)\cdot 0+0.1=0.1>0
\end{aligned}
$$

可见，节点 V_1 处于兴奋状态并且状态 y_1 由 0→1。网络状态由 000→100，转移概率为 1/3。同样其他两个节点也可以以等概率发生状态变化，它们的激励函数为

$$Net_2(0)=(-0.5)\cdot 0+0.6\cdot 0+0=0$$

$$Net_2(0)=(0.2)\cdot 0+0.6\cdot 0+0=0$$

节点 V_2 和 V_3 的状态保持不变。因此，由状态 000 不会转移到 001 和 010。

同理，可以计算出其他状态之间的转移关系，结果如图 3-23(b)所示。从这个例子上可以看出，系统状态 $y_1y_2y_3=011$ 是一个网络的稳定状态；该网络能从任意一个初始状态开始经几次的状态更新后都将到达此稳态。■

从上述工作过程可以看出，离散 Hopfield 网络实质上是一个离散的非线性动力学系统。因此，如果系统是稳定的，则它可以从任一初态收敛到一个稳定状态；若系统是不稳定的，由于网络节点输出只有 1 或 0(−1)两种状态，因而系统不可能出现无限发散，只可能出现限幅自持振荡或极限环。

若将稳态视为一个记忆样本，那么初态朝稳态收敛过程便是寻找记忆样本的

过程。初态可认为是给定样本的部分信息，网络改变的过程可认为是从部分信息找到全部信息，从而实现联想记忆的过程。

若将稳态与某种优化计算的目标函数相对应，并作为目标函数的极值点，那么初态朝稳态收敛过程便是优化计算过程。

仔细观察图 3-23(b)状态转移关系，就会发现 Hopfield 网络的神经元状态要么在同一"高度"上变化，要么从上向下转移。这样的一种状态变化有着它必然的规律。Hopfield 网络状态变化的核心是每个状态定义一个能量 E，任意一个神经元节点状态变化时，能量 E 都将减小。这也是 Hopfield 网络系统稳定的重要标记。Hopfield 利用非线性动力学系统理论中的能量函数方法(或 Lyapunov 函数)研究反馈神经网络的稳定性，并引入了如下能量函数

$$E=-\frac{1}{2}\boldsymbol{Y}^{\mathrm{T}}\boldsymbol{W}\boldsymbol{Y}-\boldsymbol{Y}^{\mathrm{T}}\boldsymbol{\theta}=-\sum_{i=1}^{n}\left(\frac{1}{2}\sum_{\substack{j=1\\j\neq i}}^{n}w_{ij}y_j+\theta_i\right)y_i \tag{3-68}$$

则 Hopfield 神经网络中的状态变化会导致能量函数 E 的下降。并且能量函数的极小值点与网络稳定状态有着紧密的关系。

定理 3-1　离散 Hopfield 神经网络的稳定状态与能量函数 E 在状态空间的局部极小状态是一一对应的。

举例说明以上定理的正确性。

例 3-5　求解例 3-4 中的各状态能量。

解　首先看状态 $y_1y_2y_3=111$ 时，

$$E=-(-0.5)\times1\times1-0.2\times1\times1-0.6\times1\times1-0.1\times1=-0.4$$

由图 3-23(b)可知，状态 111 可以转移到 011。状态 011 的能量为

$$\begin{aligned}E=&-(-0.5)\times0\times1-0.2\times0\times1-0.6\times1\times1\\&-0.1\times0-0\times1-0\times1=-0.6\end{aligned}$$

同理，可以计算出其他状态对应的能量，结果如图 3-23(b)方框内的数字所示。显然，状态 $y_1y_2y_3=011$ 处的能量最小。从任意初始状态开始，网络沿能量减小方向更新状态，最终达到能量极小所对应的稳态。■

神经网络的能量极小状态又称为能量井。能量井的存在为信息的分布存储记忆、神经优化计算提供了基础。如果将记忆的样本信息存储于不同的能量井，当输入某一模式时，神经网络就能回想起与其相关记忆的样本实现联想记忆。一旦神经网络的能量井可以由用户选择或产生时，Hopfield 网络所具有的能力才能得到充分的发挥。能量井的分布是由连接权值决定的，因此，设计能量井的核心是如何获得一组合适的权值。权值设计通常有两种方法，一是根据求解问题的要求直接计算出所需要的连接权值，这种方法为静态产生方法，一旦权值确定下来就不再改变；二是通过提供一种学习机制来训练网络，使其能够自动调整连接权值，产生期望的能量井，这种方法为动态产生方法，如 TSP 问题等。

例 3-6 以图 3-24 所示的 3 节点 DHNN 模型为例，要求设计的能量井为状态 $y_1y_2y_3=010$ 和 111。权值和阈值可在$[-1,1]$区间取值。确定网络权值和阈值。

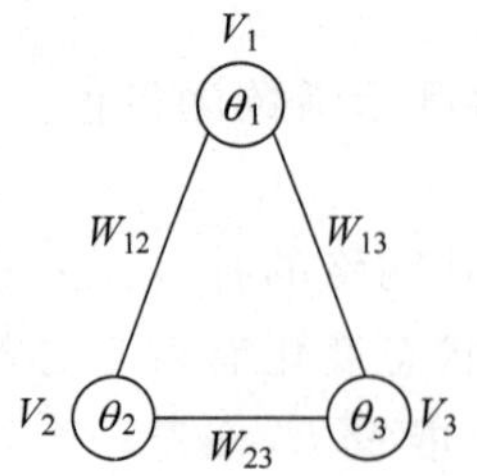

图 3-24 3 节点 DHNN 模型

解 我们知道，当神经网络到达能量井时，也即神经网络状态进入稳定态后，网络的状态再也不会发生变化。要想使其进入所选择的稳态，只有修改网络的权值和阈值。

记 $y_1y_2y_3=010$ 为状态 A，$y_1y_2y_3=111$ 为状态 B。对于状态 A，因为

$$y_1=0,\quad y_2=1,\quad y_3=0$$

V_1 点的神经元输入激励函数值为

$$Net_1=W_{12}y_2+W_{13}y_3+\theta_1$$

当系统处于稳态时，必须要求 $Net_1<0$，这样才能保持 $y_1=0$ 的状态不变。同理，可得其余两个神经元应该满足的不等式，即

$$W_{12}+\theta_1<0 \tag{3-69}$$

$$\theta_2>0 \tag{3-70}$$

$$W_{23}+\theta_3<0 \tag{3-71}$$

同理，对于状态 B，权系数也必须满足以下不等式

$$W_{12}+W_{13}+\theta_1>0 \tag{3-72}$$

$$W_{12}+W_{23}+\theta_2>0 \tag{3-73}$$

$$W_{23}+W_{13}+\theta_3>0 \tag{3-74}$$

利用上面 6 个不等式可以求出 6 个未知量的允许取值范围。假设取 $W_{12}=0.5$，则

由式(3-69)，$-1<\theta_1\leqslant-0.5$，取 $\theta_1=-0.7$；

由式(3-72)，$0.2<W_{13}\leqslant1$，取 $W_{13}=0.4$；

由式(3-70)，$0<\theta_2\leqslant1$，取 $\theta_2=0.2$；

由式(3-73)，$-0.7<W_{23}\leqslant1$，取 $W_{23}=0.1$；

由式(3-71)，$-1\leqslant\theta_3<-0.1$，取 $\theta_3=-0.4$。

对于需要记忆稳态 A 和 B 的 3 点 DHNN 网络的一组权系数值为

$$W_{12}=0.5,\quad W_{13}=0.4,\quad W_{23}=0.1,$$

$$\theta_1=-0.7,\quad \theta_2=0.2,\quad \theta_3=-0.4。$$ ■

可以验证，利用这组参数构成的 DHNN，对于任何一个初始状态，最终都将达到所期望的稳态 A 或 B（如图 3-25 所示）。细心的读者会注意到，由于网络权值和阈值的选择可以在某一个范围内进行。因此，它的解并不是唯一的。而且在某种情况下，所选择的一组参数虽然能满足能量井的设计要求，但同时也会产生我们不期望的能量井。这种稳定状态点称为假能量井。针对上例，如果选择的权值

和阈值为

$W_{12}=-0.5,\quad W_{13}=0.5,\quad W_{23}=0.4,$

$\theta_1=0.1,\quad \theta_2=0.2,\quad \theta_3=-0.7$。

可以验证，这组值满足不等式(3-69)～式(3-74)。由这组参数构成的DHNN有三个能量井，包括期望的能量井010和111，以及假能量井100。

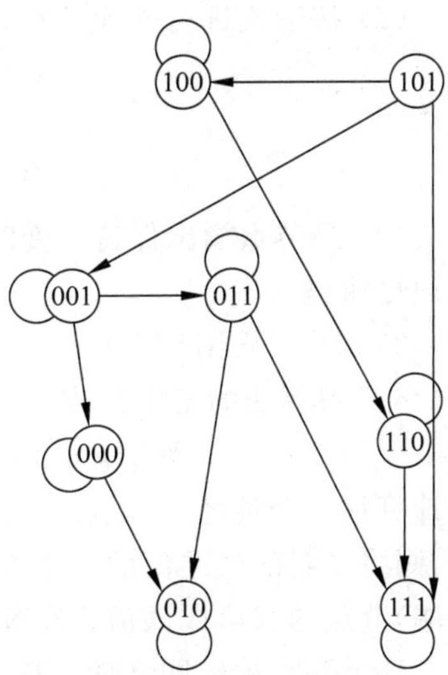

图 3-25 例 3-6 的 DHNN 状态转移图

DHNN 的学习只是在此神经网络用于联想记忆时才有意义，其实质是通过一定的学习规则自动调整连接权值，使网络具有期望的能量井分布，并经记忆样本存储在不同的能量井上。常用的 Hopfield 网络学习规则是 Hebb 学习规则和 δ 学习规则。

1) Hebb 学习规则

其训练方法是，设有 N 个神经元相互连接，每个神经元的活化状态 x_i 只能取 0 或 1，分别代表抑制和兴奋。学习过程中调节 w_{ij} 原则为，若 i 与 j 两个神经元同时处于兴奋状态，则它们之间的连接应加强，即

$$\Delta w_{ij}=\eta y_i y_j \quad \eta>0 \tag{3-75}$$

对于一给定的需记忆的样本向量$\{t^1,t^2,\cdots,t^N\}$，如果 t^k 的状态值为+1或-1，则其连接权系数的学习可以利用“外积规则”，即

$$\boldsymbol{W}=\sum_{k=1}^{N}(\boldsymbol{t}^k(\boldsymbol{t}^k)^{\mathrm{T}}-\boldsymbol{I}) \tag{3-76}$$

化为标量形式为

$$w_{ij}-(1-\delta_{ij})\sum_{k=1}^{N}t_i^k t_j^k \tag{3-77}$$

对于单端情况，即神经元的活跃值为1或0时，则权系数的学习规则为

$$w_{ij}=(1-\delta_{ij})\sum_{k=1}^{N}(2t_i^k-1)(2t_j^k-1) \tag{3-78}$$

具体的计算步骤可归结为

(1) 置 $\boldsymbol{W}=[\boldsymbol{0}]$；

(2) 输入 $\boldsymbol{t}_k, k=1,2,\cdots,N$；对所有连接对$(i,j)$的权系数分别按式(3-77)或式(3-78)计算。

一旦学习完成，Hopfield 网络就可以用作联想记忆，即对于某一带噪声的输入模式，Hopfield 网络将收敛于与学习样本最相接近的稳定模式。联想记忆过程可用如下过程来描述。

(1) 对未知的输入模式 θ_i 进行初始化

$$y_i(0)=\theta_i \quad i=1,2,\cdots,N \tag{3-79}$$

(2) 按下式进行迭代计算,直至

$$y_i(k+1) = y_i(k)$$

$$y_i(k+1) = f\left(\sum_{j=1}^{N} w_{ij} y_j\right) \tag{3-80}$$

(3) 当节点输出保持不变时,其输出值就是对于当前未知输入模式的最佳联想记忆输出。

2) δ 学习规则

δ 学习算法的基本公式为

$$W_{ji}(k+1) = W_{ji}(k) + \eta[t - y_j(k)]y_i(k)$$

即计算每一个神经元节点的实际激活值 y_j,并与期望状态 t 进行比较,若不满足要求,则将二者的误差值的一小部分作为调整量,调整具有激活输入(状态为 1 的输入端)节点的权值或阈值;若满足要求,则相应的权值或阈值不需修整。

Hopfield 神经网络学习算法主要采用 Hebb 规则。

2. Hopfield 神经网络的联想记忆

根据前面的分析可知,只要神经元之间的连接系数满足一定的条件,通过学习总能设计出一组满足期望的能量井分布的连接权值。下面还会进一步讨论 Hopfield 神经网络的稳定性问题。前面已经提到,能量井的存在为实现神经网络联想记忆提供了保证。同样,联想记忆功能也是 DHNN 的一个重要应用特征。要实现联想记忆,神经网络必须具备两个基本条件。

① 能够收敛于稳定状态,利用此稳态来记忆样本信息;

② 具有回忆能力,能够从某一局部输入信息回忆起与其相关的其他记忆,或者由某一残缺的信息回忆起比较完整的记忆。

DHNN 模型作为一个反馈型神经网络,其稳定性和可学习性为实现联想记忆奠定了基础。DHNN 实现联想记忆分为两个阶段,即学习记忆阶段和联想记忆阶段。学习记忆阶段实质上是设计能量井的分布,对于要记忆的样本信息,通过一定的学习规则训练网络,确定一组合适的权值和阈值,使网络具有期望的稳态。不同的稳态对应于不同的记忆样本。联想回忆阶段是当给定网络某一输入模式的情况下,网络能够通过自身的动力学状态演化过程达到与其在海明距离意义上最近的稳态,从而实现自联想或异联想回忆。如果回忆出的结果为所要寻找的记忆,那么称为正确的回忆;否则称之为错误回忆。当然,所要寻求的记忆根本就没有存储过,则回忆结果一定是不正确的,此时是不能回忆的。联想记忆神经网络可以达到两个目的,一是通过联想记忆网络可以从残缺不全的信息中获取完整的信息;二是可以对受到噪声干扰下的输入模式矢量进行精确的回忆。DHNN 用于联想记忆有两个突出特点,即记忆是分布式的,联想是动态的。这与人脑的联想记忆实现机理相类似。利用网络能量井来存储记忆样本,按照反馈动力学活动规律唤起记忆，显示出 DHNN 联想记忆实现方法的重要价值。

下面我们以一个简单的印刷体字符识别为例来说明 Hopfield 神经网络用于联想记忆的学习和识别过程。给定一组标准的样本集（如图 3-26 给出的 8 个标准字符）。针对此例，其样本数 $M=8$，每个字符以 $10\times12=120$ 个黑白像素表示，并以矢量 $\boldsymbol{X}$ 描述。设 $\boldsymbol{X}$ 为列矢量

$$\boldsymbol{X}=[x_1,x_2,\cdots,x_N]^{\mathrm{T}} \qquad (3\text{-}81)$$
$$\boldsymbol{X}\in\{-1,1\}^N$$

其中 N 是矢量维数，这里 $N=120$。-1 和 1 分别代表白色与黑色像素。利用标准样本对神经网络进行训练，求得网络权系数阵值。

设 Hopfield 神经网络的模型如图 3-27 所示，则 Hopfield 神经网络用于联想记忆时可分为两大阶段。

0 1 2 3

4 6 7 9

图 3-26　8 个标准样本集

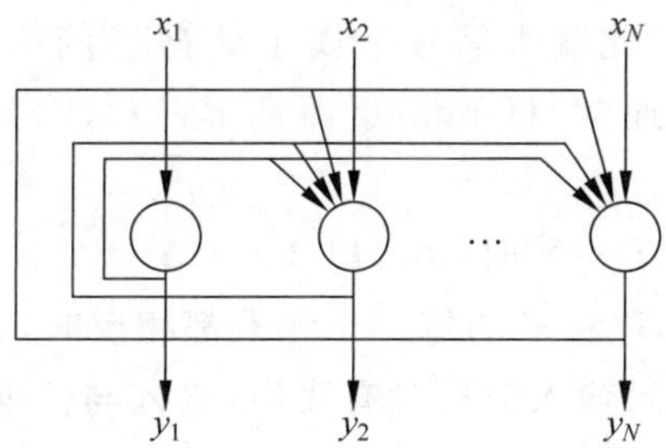

图 3-27　Hopfield 网络模型

1）神经网络的权系数训练阶段

给定 8 个字符标准样本，可以得到 8 个样本列矢量 $[\boldsymbol{T}^1,\boldsymbol{T}^2,\cdots,\boldsymbol{T}^8]$，其中 $\{\boldsymbol{T}^s=[x_1^s,x_2^s,\cdots,x_N^s]^{\mathrm{T}},s=1,2,\cdots,8\}$ 为每个标准样本的像素矢量，则利用 Hebb 规则学习可求出连接权值。即

$$w_{ij}=\begin{cases}\sum\limits_{s=1}^{8}x_i^s x_j^s & i\neq j\\ 0 & i=j\end{cases} \quad 1\leqslant i,j\leqslant N \qquad (3\text{-}82)$$

其中 w_{ij}——从节点 j 到节点 i 的连接系数；

x_i^s——第 s 类样本的第 i 个元素，取离散值 -1，1；

N——网络的节点数，也即样本矢量的维数；

M——样本数。

2）神经网络用于联想阶段

对于某一输入信息 X，神经网络首先对此输入信息进行迭代运算得到 Hopfield 神经网络的平衡态。如果此平衡态与某一个标准样本信息相匹配，则将当前的输入信息归结到此标准样本类中。整个运算过程可以这样来描述。

（1）利用未知输入样本，对神经网络进行初始化

$$y_i(0)=x_i \quad 1\leqslant i\leqslant N$$

x_i 表示输入信号的第 i 个元素，取离散值－1，1。

（2）迭代计算

$$y_i(k+1)=f\left[\sum_{j=1}^{N} w_{ij}y_j(k)\right] \quad 1\leqslant i\leqslant N \tag{3-83}$$

其中 $y_i(k)$ 表示节点 i 在 k 时刻的输出；

$f[\cdot]$表示神经元的非线性函数。

重复上述迭代计算过程直至 $y_i(k+1)$不再改变。此状态即为描述当前输入信号下的最佳标准样本。

（3）计算 $\boldsymbol{Y}=[y_1(k+1),y_2(k+1),\cdots,y_N(k+1)]^{\mathrm{T}}$ 和标准样本 $\boldsymbol{T}^s$的 Hamming 距离 $d_{\mathrm{H}}(\boldsymbol{T}^s,\boldsymbol{Y})$。如果存在某一标准样本 s，其 Hamming 距离 $d_{\mathrm{H}}(\boldsymbol{T}^s,\boldsymbol{Y})$小于某一允许的误差带，则表明当前的输入样本可归结到标准集 s 类中去。否则，表示此输入信号不属于此神经网络的记忆类，也即不能对此输入信号进行联想。通常，Hamming 距离 $d_{\mathrm{H}}(\boldsymbol{T}^s,\boldsymbol{Y})$定义为两个矢量中对应元素不相同的总个数。

当 $\boldsymbol{T}^s=\boldsymbol{Y}$ 时，$d_{\mathrm{H}}(\boldsymbol{T}^s,\boldsymbol{Y})=0$；

当 $\boldsymbol{T}^s$和 $\boldsymbol{Y}$ 的每一个元素都相反时，$d_{\mathrm{H}}(\boldsymbol{T}^s,\boldsymbol{Y})$取到最大值 N。

如果输入信号没有噪声，输入与标准样本一致时，迭代只需一次就成功，其输出 $\boldsymbol{Y}$ 即为当前输入 $\boldsymbol{X}$。但由于噪声或缺损等因素使输入信号与标准样本不一致，这时多次迭代运算是不可避免的。最终它将收敛于某一稳定态。

必须指出的是，由于 Hopfield 神经网络本身具有的非线性动力学特性，在进行迭代的过程中并不都能如想象的那样收敛到与某一标准样本相一致的稳定态，它会出现许多十分复杂的现象。

① 假能量井现象。一般说来，对于给定一组样本，经训练计算得到最终的权值阵 $\boldsymbol{W}$ 能够对应于网络中的一组稳定状态。但是，针对如图 3-27 所示的 Hopfield 神经网络模型还可能出现其他多余的稳定状态——假能量井。

② 并非任何一组样本经训练都可构成一组稳定的状态。

③ 给定一个偏离样本的初始状态，最终不一定收敛到与其 Hamming 距离最近的标准样本状态。

④ 各样本之间的 Hamming 距离分布对联想记忆功能的正确实现有重要影响。例如，若样本之间相互正交（$d_{\mathrm{H}}=N/2$）效果最好。反之，若样本特征相近则易出现错误识别。

⑤ 当网络的 N 值确定后，样本数 M 越小，联想记忆功能出现的错误的可能性越小。

以上这些现象严重影响了 DHNN 神经网络的广泛应用。此外，DHNN 神经网络记忆容量的限制又给它在大系统上的应用带来了困难。对于一个 N 个节点的 DHNN，所能存储的总记忆样本数约为 $0.15N$。这个结论是 Hopfield 用计算机仿真实验确定的。当存储的样本数越来越多时，回忆期间出错的结果也越来越多。当记忆样本数低于 $0.15N$ 时，错误的回忆就很小。同时，DHNN 的记忆容量还与记忆样本的选择有关。如果记忆样本是正交向量而不是随机向量，那么网络就能存储更多的有效记忆。

3. Hopfield 神经网络的稳定性

上一小节我们给出了 DHNN 网络的学习迭代公式，那么人们不禁要问按照这样的计算迭代公式能否保证 Hopfield 网络的学习过程是稳定的？在给出稳定性结论以前，首先讨论 Hopfield 网络学习的工作方式。根据式(3-66)和式(3-67)的计算方式不同，Hopfield 网络的工作方式有串行(异步)工作方式和并行(同步)工作方式两种。所谓串行工作方式指的是在任一时刻 k，只有某一个神经元 i(随机地或确定性地选择)依式(3-67)变化，而其余 $N-1$ 个神经元的状态保持不变。而并行工作方式指的是在任一时刻 k，部分神经元依式(3-67)改变状态，其中最重要的一种特殊情况为，在任一时刻 k，所有神经元同时按式(3-67)改变状态。这种特殊情况又称为全并行工作方式。那么什么叫网络学习过程是稳定的呢？稳定指的是若神经网络从 $k=0$ 的任一初态 $X(0)$开始，而存在某一个有限时刻 k，从此刻以后神经网络的状态不再发生变化，即 $Y(k+\Delta k)=Y(k)$，$\Delta k>0$。

反馈网络的一个重要特点就是它具有稳定状态，即系统的吸引子。由式(3-67)描述的二值型的 Hopfield 神经网络的稳定状态满足 $Y_i = f\left(\sum_{j=1}^{N} w_{ij}Y_j + \theta_i\right)$，定理 3-2 给出了网络稳定性的条件。

定理 3-2　令 $S=(\boldsymbol{W},\boldsymbol{\theta})$代表式(3-67)描述的神经网络，$\boldsymbol{W}$ 为一对称矩阵。则有：

① 如果 S 工作在串行模式，$\boldsymbol{W}$ 的对角元素非负(包括对角元为 0 的情况)，则网络式(3-67)总是收敛于稳定状态(即在状态空间没有极限环存在)；

② 如果 S 工作在并行模式时，网络式(3-67)总是收敛于稳定状态或 Hamming 距离小于 2 的极限环。

证明　定义能量函数为

$$E(k)=-\boldsymbol{Y}^{\mathrm{T}}(k)\boldsymbol{W}\boldsymbol{Y}(k)/2+\boldsymbol{Y}(k)^{\mathrm{T}}\boldsymbol{\theta} \tag{3-84}$$

将 $E(k)$在 $\boldsymbol{Y}(k)$展开泰勒级数，有

$$E(k+1) = E(k) + \Delta\boldsymbol{Y}^{\mathrm{T}}\nabla\boldsymbol{E} + \frac{1}{2}(\Delta\boldsymbol{Y})^{\mathrm{T}}\nabla^2\boldsymbol{E}(\Delta\boldsymbol{Y}) \tag{3-85}$$

其中

$$\Delta\boldsymbol{Y}=\boldsymbol{Y}(k+1)-\boldsymbol{Y}(k)$$

$$\nabla\boldsymbol{E}=-\boldsymbol{W}\boldsymbol{Y}(k)+\boldsymbol{\theta}$$

$$\nabla^2\boldsymbol{E}=-\boldsymbol{W}$$

不失一般性，假设阈值函数 $f(\cdot)$为符号函数 $\mathrm{sgn}(\cdot)$，则由式(3-66)、式(3-67)、式(3-84)可得

$$\Delta E = E(k+1) - E(k) = -(\Delta \boldsymbol{Y})^{\mathrm{T}} \boldsymbol{W} \boldsymbol{Y}(k) + \Delta \boldsymbol{Y}^{\mathrm{T}} \theta - (\Delta \boldsymbol{Y})^{\mathrm{T}} \boldsymbol{W} (\Delta \boldsymbol{Y})/2$$
$$= -(\Delta \boldsymbol{Y})^{\mathrm{T}} H(k) - (\Delta \boldsymbol{Y})^{\mathrm{T}} \boldsymbol{W} (\Delta \boldsymbol{Y})/2 \tag{3-86}$$

其中

$$\begin{aligned} \boldsymbol{H}(k) &= \boldsymbol{W}\boldsymbol{Y}(k) - \boldsymbol{\theta} \\ \Delta y_i &= y_i(k+1) - y_i(k) \\ \boldsymbol{Y}(k+1) &= \mathrm{sgn}(Net(k)) \\ Net(k) &= \boldsymbol{W}\boldsymbol{Y}(k) - \boldsymbol{\theta} = \boldsymbol{H}(k) \end{aligned} \tag{3-87}$$

显然

$$\Delta y_i = \begin{cases} 0 & y_i(k) = \mathrm{sgn}(Net_i(k)) \\ -2 & y_i(k) = 1, \mathrm{sgn}(Net_i(k)) = -1 \\ 2 & y_i(k) = -1, \mathrm{sgn}(Net_i(k)) = 1 \end{cases} \tag{3-88}$$

在串行工作方式下，

$$\Delta \boldsymbol{Y} = [0, \cdots, 0, \Delta y_i, 0, \cdots 0]$$

从而有当 $\Delta y_i \neq 0$ 时，

$$\Delta \boldsymbol{Y}_i H_i(k) > 0$$
$$\Delta E = -\Delta y_i H_i(k) - \frac{1}{2}(\Delta y_i)^2 w_{ii} < 0 \tag{3-89}$$

即当 $\boldsymbol{W}$ 为对角元素非负的对称矩阵时，且 $\boldsymbol{Y}(k+1) \neq \boldsymbol{Y}(k)$ 时必存在

$$E(k+1) < E(k)$$

因此 E_1 是有上界的，即能量函数式(3-84)收敛。

作为一个非线性动力学系统，Hopfield 网络在任一初始态下最终可能收敛到一个稳定状态，也可能产生振荡构成极限环。研究稳定状态存在的规律有助于进一步认识 Hopfield 网络用于优化计算和联想记忆的许多性能。如果把稳定状态视为一个记忆样本，那么从初始状态朝稳定状态收敛的过程就是寻找记忆样本的过程。初态可认为是给定样本的部分信息，网络演变过程实质上是从部分信息中找到全部信息，以实现联想记忆。如果将稳定状态与某种优化计算的目标函数相对应，作为网络能量函数的极小点，那么优化计算过程就是从初态(某个初始估计)寻找能量函数极小点的过程，优化计算的目标就在系统的演变过程中自动完成。

例 3-7 假设神经元的阈值矢量 $\boldsymbol{\theta} = \boldsymbol{0}$，网络输出只取两值$\{0,1\}$。要求 Hopfield 网络记忆如下稳定状态，$\boldsymbol{t}^1 = (1 \quad 0 \quad 1 \quad 0)^{\mathrm{T}}$。证明此状态是稳定的，并对以下三种初始状态下的网络行为作出评价。$\boldsymbol{y}^1(0) = (1 \quad 0 \quad 0 \quad 1)^{\mathrm{T}}$，$\boldsymbol{y}^2(0) = (1 \quad 0 \quad 0 \quad 0)^{\mathrm{T}}$，$\boldsymbol{y}^3(0) = (0 \quad 0 \quad 0 \quad 1)^{\mathrm{T}}$。

解 对于给定 4 单元输出的 Hopfield 神经网络

$$w_{ij} = w_{ji}$$

对于给定的一个稳定状态 $N=1$，其全连接系数为

$$w_{ij} = (1 - \delta_{ij}) \sum_{k=1}^{N} (2t_i^k - 1)(2t_j^k - 1)$$

$$W=\begin{bmatrix}0 & -1 & 1 & -1\\ -1 & 0 & -1 & 1\\ 1 & -1 & 0 & -1\\ -1 & 1 & -1 & 0\end{bmatrix}$$

则

$$\boldsymbol{t}^1(k+1)=f(\boldsymbol{W}\boldsymbol{t}^1(k))=[1,0,1,0]^{\mathrm{T}}=\boldsymbol{t}^1(k)$$

其中

$$f(y)=\begin{cases}1 & y>0\\ 0 & y\leqslant 0\end{cases}$$

所以，$\boldsymbol{t}^1$ 确实是一个稳定态。下面将继续讨论其他三个初始态下的网络响应。

对于 $\boldsymbol{y}^1(0)$ 有

$$\boldsymbol{y}^1(1)=f(\boldsymbol{W}\boldsymbol{y}^1(0))=[-1,0,0,-1]^{\mathrm{T}}\rightarrow[0,0,0,0]^{\mathrm{T}}$$
$$\boldsymbol{y}^1(2)=f(\boldsymbol{W}\boldsymbol{y}^1(1))=[0,0,0,0]^{\mathrm{T}}=\boldsymbol{y}^1(1)$$

因此 $\boldsymbol{y}^1=[0,0,0,0]^{\mathrm{T}}$，也是一个稳定态。

对于 $\boldsymbol{y}^2(0)$ 有

$$\boldsymbol{y}^2(1)=f(\boldsymbol{W}\boldsymbol{y}^2(0))=[0,-1,1,-1]^{\mathrm{T}}\rightarrow[0,0,1,0]^{\mathrm{T}}$$
$$\boldsymbol{y}^2(2)=f(\boldsymbol{W}\boldsymbol{y}^2(1))=[1,0,0,0]^{\mathrm{T}}$$
$$\boldsymbol{y}^2(3)=f(\boldsymbol{W}\boldsymbol{y}^2(2))=[0,0,1,0]^{\mathrm{T}}$$

所以初始状态 2 不属于此 Hopfield 网络记忆范围。无法实现联想。

对于 $\boldsymbol{y}^3(0)$ 有

$$\boldsymbol{y}^3(1)=f(\boldsymbol{W}\boldsymbol{y}^3(0))=[-1,1,-1,0]^{\mathrm{T}}\rightarrow[0,1,0,0]^{\mathrm{T}}$$
$$\boldsymbol{y}^3(2)=f(\boldsymbol{W}\boldsymbol{y}^3(1))=[0,0,0,1]^{\mathrm{T}}$$

也不属于此 Hopfield 区的记忆范围。■

4. 连续型的 Hopfield 网络

连续型的 Hopfield 网络模型与二值型的 Hopfield 网络模型具有相同的拓扑结构，这种拓扑结构反映了生物神经系统中广泛存在的神经回路现象。与二值型的 Hopfield 网络模型类似，这里也要求 $w_{ij}=w_{ji}$，所不同的是用 Sigmoid 函数代替原来的符号函数或门限函数。对于连续型的 Hopfield 网络模型，神经元的状态 o_j 满足微分方程式(3-90)给出的变化规律，即

$$c_j\frac{\mathrm{d}o_j}{\mathrm{d}t}=\sum_i w_{ji}y_i-\frac{o_j}{R_j}+x_j\quad j=1,2,\cdots,N \tag{3-90}$$

其中 N——网络中神经元的个数；

o_j——神经元 j 的状态；

c_j——常数且大于 0；

R_j——正数；

x_j——外部输入；

y_i——神经元 i 的输出，满足 $y_i=f(o_i)$。

对于系统式(3-90)，从数学观点看，是由许多子系统组成的一个大系统。我

们知道，一个动力学系统的最终行为是由它的吸引子决定的。吸引子可以是稳定的，也可以是不稳定的。吸引子可以是平衡点、极限环或浑沌吸引子。如果我们把动力系统的一个稳定吸引子视为一个记忆的话，那么从初始态朝吸引子流动的过程就是寻找记忆的过程。初态可以认为是给定的关于该记忆的部分信息。换言之，流动过程就是从部分信息找出全部信息的过程，这就是联想存储器的基本思想。因此 Hopfield 网络可以用于联想存储器。要达到联想存储的目的，由方程式(3-90)描述的动态非线性系统首先应该是稳定的。下面的定理将给出在什么条件下此系统是稳定的。为了证明系统的稳定性，先引入一个能量函数 E

$$E=-\frac{1}{2}\sum_{i=1}^{N}\sum_{j=1}^{N}w_{ij}y_iy_j-\sum_{i=1}^{N}y_ix_i+\sum_{i=1}^{N}\frac{1}{R_i}\int_0^{y_i}f^{-1}(y)\mathrm{d}y \tag{3-91}$$

注意到式中第一项和第二项分别表示突触连接系数与阈值的作用，第三项的积分式表明神经元函数 o_i 对 y_i 曲线包围的面积。不难看出，函数 E 具有与能量相同的量纲。下面我们还将证明这样定义的能量函数的时间导数是负值，即表明能量是渐渐衰减的并最终能够达到稳定态。

定理 3-3 对于系统式(3-90)，若 f^{-1} 为单调递增且连续，$c_i>0$，$w_{ij}=w_{ji}$，则沿系统轨道有

$$\frac{\mathrm{d}E}{\mathrm{d}t}\leqslant 0,\quad 且当且仅当\frac{\mathrm{d}y_i}{\mathrm{d}t}=0\ 时,\quad \frac{\mathrm{d}E}{\mathrm{d}t}=0,\quad i=1,2,\cdots,N \tag{3-92}$$

证明

$$\frac{\mathrm{d}E}{\mathrm{d}t}=\sum_i\frac{\partial E}{\partial y_i}\frac{\mathrm{d}y_i}{\mathrm{d}t} \tag{3-93}$$

而

$$\begin{aligned}\frac{\partial E}{\partial y_i}&=-\frac{1}{2}\sum_j w_{ij}y_j-\frac{1}{2}\sum_j w_{ji}y_j+\frac{o_i}{R_i}-x_i\\&=-\frac{1}{2}\sum_j(w_{ji}-w_{ij})y_j-\left(\sum_j w_{ij}y_j-\frac{o_i}{R_i}+x_i\right)\\&=-\frac{1}{2}\sum_j(w_{ji}-w_{ij})y_j-c_i\frac{\mathrm{d}o_i}{\mathrm{d}t}\\&=-\frac{1}{2}\sum_j(w_{ji}-w_{ij})y_j-c_if^{-1'}(y_i)\frac{\mathrm{d}y_i}{\mathrm{d}t}\end{aligned} \tag{3-94}$$

这样有

$$\frac{\mathrm{d}E}{\mathrm{d}t}=-\sum c_if^{-1'}(y_i)\left(\frac{\mathrm{d}y_i}{\mathrm{d}t}\right)^2-\frac{1}{2}\sum_{i,j}(w_{ji}-w_{ij})y_j\frac{\mathrm{d}y_i}{\mathrm{d}t} \tag{3-95}$$

对于系统式(3-90)，由于系统连接矩阵对称且 f^{-1} 单调递增，$c_i>0$，因此

$$\frac{\mathrm{d}E}{\mathrm{d}t}=-\sum c_if^{-1'}(y_i)\left(\frac{\mathrm{d}y_i}{\mathrm{d}t}\right)^2\leqslant 0 \tag{3-96}$$

且当 $\frac{\mathrm{d}y_i}{\mathrm{d}t}=0$ 时

$$\frac{\mathrm{d}E}{\mathrm{d}t}=0\quad 对所有\ i \tag{3-97}$$

以上定理告诉我们，随着时间的演化，网络的解轨迹在状态空间中总是朝着能量 E 减小的方向运动。网络的稳定平衡点就是 E 的极小点。

5. Hopfield 神经网络用于优化计算

连续型 Hopfield 神经网络能够从任意初始态按一定的状态轨迹运动，最终达到网络的平衡状态。这一特征使得对某些优化问题可以通过 Hopfield 神经网络的演变过程来寻找能量的极小点，即神经网络的稳定点。Hopfield 神经网络用于优化计算的主要领域有 TSP 问题、人工神经网络 A/D 变换器和线性规划问题求解等。限于篇幅，本书只介绍由 Hopfield 本人提出的用神经网络理论来解决经典人工智能的一个难题——旅行商最优路径问题(Travelling Salesman Problem，简称 TSP)。TSP 的命题是这样的。

假定有 n 个城市 A、B、C…，它们之间相互距离分别为 d_{AB}、d_{AC}、…、d_{BC}、…。问题是寻找一条闭合路径，此路径历经每个城市且仅经过一次，返回起始城市，要求此路径长度最短。

不难得出，在给定 n 的前提下可能存在的闭合路径数目有$(n-1)!/2$。为了寻求最短路径 $d_{\min}$，按照传统的搜索求解法会随着 n 的增加而导致计算工作量的急剧增长，以致利用计算机也无法得到圆满的解。采用连续 Hopfield 神经网络模型为求解 TSP 问题开辟了这一问题解决的新途径。它的基本思想是把 TSP 问题映射的 CHNN，通过网络状态的动态演化逐步趋向稳态，自动搜索优化解。为了便于神经网络优化计算，首先必须找到旅程的一个合适的表示方法。TSP 问题的解是若干城市的有序排列，任何一个城市在最终路径上的位置可用一个 n 维的 0、1 矢量来表示。对于所有 n 个城市，则需要一个 $n\times n$ 维矩阵。如以 10 个城市为例，其排列矩阵为

$$
\begin{array}{c}
\underline{\text{旅行中的位置}} \qquad\qquad \underline{\text{城市}}\\
\left[\begin{array}{ccccccccccc}
1 & 2 & 3 & 4 & 5 & 6 & 7 & 8 & 9 & 10 & \\
0 & 0 & 0 & 1 & 0 & 0 & 0 & 0 & 0 & 0 & A\\
0 & 1 & 0 & 0 & 0 & 0 & 0 & 0 & 0 & 0 & B\\
0 & 0 & 0 & 0 & 0 & 0 & 1 & 0 & 0 & 0 & C\\
0 & 0 & 0 & 0 & 1 & 0 & 0 & 0 & 0 & 0 & D\\
0 & 0 & 0 & 0 & 0 & 0 & 0 & 0 & 0 & 1 & E\\
0 & 0 & 0 & 0 & 0 & 0 & 0 & 1 & 0 & 0 & F\\
1 & 0 & 0 & 0 & 0 & 0 & 0 & 0 & 0 & 0 & G\\
0 & 0 & 0 & 0 & 0 & 1 & 0 & 0 & 0 & 0 & H\\
0 & 0 & 0 & 0 & 0 & 0 & 0 & 0 & 1 & 0 & I\\
0 & 0 & 1 & 0 & 0 & 0 & 0 & 0 & 0 & 0 & J
\end{array}\right]
\end{array}
$$

其中行矢量表示某一城市在旅行中的位置，列矢量表示处在某一位置的城市。该矩阵唯一地确定了一条有效的路径：$G\to B\to J\to A\to D\to H\to C\to F\to I\to E$。若用

d_{xy}表示从城市 x 到城市 y 的距离，则相应的路径距离为

$$d = d_{GB} + d_{BJ} + d_{JA} + d_{AD} + d_{DH} + d_{HC} + d_{CF} + d_{FI} + d_{IE}$$

要使这样的 $n\times n$ 维矩阵能够描述一条有效的路径，必须满足以下条件。

① 每行只有一个“1”，其余元素为“0”；

② 每列只有一个“1”，其余元素为“0”；

③ 全部元素中“1”的个数之和为 n。

该矩阵又称为置换矩阵。利用 $n\times n$ 个神经元组成 Hopfield 神经网络，网络达到稳定状态时各神经元的状态就对应于置换矩阵的各元素值。各城市之间的距离 d_{GB}等作为一组约束信息确定神经元之间的突触连接强度 w_{ij}。期望神经网络演变的最终结果能给出 TSP 的最优解。用 CHNN 求解 TSP 问题必须构造一个合适的能量函数。对于一个 n 个城市的 TSP 问题，需要用 $n\times n$ 个节点的 CHNN。假设每个神经元的输出记为 y_{ak}，行下标 a 表示城市名、列下标 k 表示城市 a 在路径中的位置。根据 TSP 问题的要求(三个条件和 d 较小)，可以建立如下能量函数

$$\begin{aligned} E = &\frac{A}{2}\sum_{a}\sum_{k}\sum_{l\neq k} y_{ak}y_{al} + \frac{B}{2}\sum_{k}\sum_{a}\sum_{b\neq a} y_{ak}y_{bk} \\ &+ \frac{C}{2}\Big(\sum_{a}\sum_{k} y_{ak} - n\Big)^2 + \frac{D}{2}\sum_{a}\sum_{b}\sum_{k} d_{ab}y_{ak}(y_{b(k+1)} + y_{b(k-1)}) \end{aligned} \tag{3-98}$$

式中 A、B、C、D 均为正常数。其中：

第一项表示当且仅当每一城市行只包含一个“1”元素时取极小值 0；

第二项表示当且仅当每一旅行位置只包含一个“1”元素时取极小值 0；

第三项表示当且仅当置换矩阵中“1”元素个数之和为 n 时取极小值 0；

第四项表示路径长度信息，它随着路径长度的减小而减小。

前三项保证了所有路径的有效性，当收敛到有效解时，前三项均为“0”。最后一项对应经过的路径长度就是一个最优解或者至少是次优解。

考虑 CHNN 模型的能量函数式(3-91)，如果神经元非线性函数 f 呈硬限幅特性，则式(3-91)中的积分项就等于零(o_i 对 y_i 包围的曲线面积为零)，此时，能量函数 E 的表达式可简化为

$$E = -\frac{1}{2}\sum_{i=1}^{N}\sum_{j=1}^{N} w_{ij}y_iy_j - \sum_{i=1}^{N} y_ix_i \tag{3-99}$$

比较式(3-98)和式(3-99)不难求得利用 A、B、C、D 和描述各权系数 w_{ij} 和偏置 x_i 的表达式。引用符号

$$\delta_{ij} = \begin{cases} 1 & i = j \\ 0 & i \neq j \end{cases}$$

来约束常数 A、B、C、D 对不同神经元之间连接关系的限制，达到系数 A 只影响同一行各神经元之间的连接系数、系数 B 只影响同一列各神经元之间的连接系数、系数 C 与所有的权系数都相关、系数 D 只涉及路径顺序相邻项。根据以上考虑，可以得出

$$w_{ak,bl} = -A\delta_{ab}(1-\delta_{kl}) - B\delta_{kl}(1-\delta_{ab}) - C - D_{ab}(\delta_{l,k+1}+\delta_{l,k-1}) \tag{3-100}$$

$$x_{ak} = C_n \tag{3-101}$$

进一步分析式(3-90)和式(3-91)可得

$$\frac{\partial E}{\partial y_i} = -\sum_j w_{ij} y_j + \frac{o_i}{R_i} - x_i = -c_i \frac{\mathrm{d}o_i}{\mathrm{d}t} \tag{3-102}$$

则 TSP 人工神经网络的状态方程式为

$$\frac{\mathrm{d}o_{ak}}{\mathrm{d}t} = -A\sum_{l\neq k} y_{al} - B\sum_{b\neq a} y_{bl} - C\left(\sum_a \sum_l y_{al} - n\right) - D\sum_b d_{ab}(y_{b,(k+1)} + y_{b,(k-1)}) - \frac{o_{ak}}{R_{ak}C_{ak}} \tag{3-103}$$

$$y_{ak} = f(o_{ak}) = \frac{1}{2}\left(1+\mathrm{th}\left(\frac{o_{ak}}{o_0}\right)\right) \quad a=1,2,\cdots,n;\ k=1,2,\cdots,n \tag{3-104}$$

式中 o_0 为初始值，神经元函数 $f(\cdot)$ 为非线性双曲正切函数。

这是 $n\times n$ 个神经元的状态方程式。为求得 TSP 的优化结果，需要求解 $n\times n$ 个非线性一阶微分方程组，以得到置换矩阵中 $n\times n$ 个元素的全部状态。下面给出一个 Hopfield 本人进行的 10 个城市的 TSP 问题的仿真结果，其参数选择是

$$A=B=D=500,\quad C=200,\quad R_{ak}C_{ak}=1,\quad o_0=0.02$$

微分方程的初值选为

$$o_{ak} = o_{00} + \delta o_{ak}$$

其中 o_{00} 为常数项，满足在 $t=0$ 时，$\sum\limits_a \sum\limits_k y_{ak} = n$ 以利于收敛；

δo_{ak} 是扰动项，其取值范围为

$$-0.1 o_0 \leqslant \delta o_{ak} \leqslant 0.1 o_0$$

利用数值计算方法对式(3-103)和式(3-104)进行求解，经若干次迭代即可求得网络中各神经元的最终状态。实验表明，δo_{ak} 的取值不同，会引起最终解即 TSP 的最短路径不同。图 3-28(a)、(b)分别给出了 10 个城市在不同 δo_{ak} 的取值下的 TSP 问题的模拟结果。显然，这种优化计算的结果不能保证都是最优，但是相当接近最优，因此有着重大的应用价值。

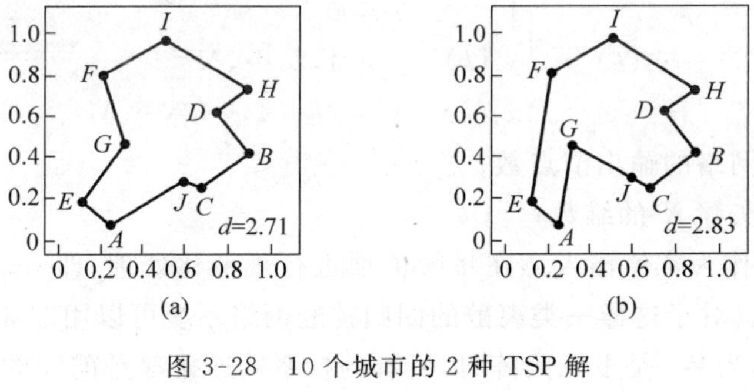

图 3-28 10 个城市的 2 种 TSP 解

综上分析可知，Hopfield 神经网络为优化计算提供了又一崭新的途径。利用 Hopfield 神经网络求解 TSP 问题可以得到一组接近的最优解(当然也包括最优解)，这一结果非常类同于人脑分析问题的特点。此外，必须指出的，利用数字计算机来求解 TSP 问题并一定能改善计算速度，利用 Hopfield 神经网络进行最优问题的求解的主要优势在于 Hopfield 神经网络可以容易用硬件来实现，从而使得解题的过程演变为动态神经元的过渡过程。一旦神经网络系统达到稳态，其最优解就已经得到。不难看出，这样的动态过渡过程时间是相当短的。因此，只要 Hopfield 神经网络硬件的大规模集成可以实现的话，真正意义上的速度改善就会充分显示出来。

3.3.3 回归神经网络

回归神经网络与 Hopfield 神经网络非常相似。它既保留了部分前向传播网络的特性又具备部分 Hopfield 网络的动态联想记忆能力。Pineda 在 1987 年首先将传统的 BP 学习算法引入到回归神经网络中来，并提出回归反向传播算法。回归反向传播算法也属于梯度下降法，由于回归神经网络在结构上与前向传播网络有明显差异性，一旦系统规模过大，学习算法收敛于局部极小的概率相当高，需要引起足够重视。

离散型回归神经网络(disdrete-time recurrent neural network，DTRNN)可以用以下差分方程来描述，即

$$y_i(k+1) = f\left(\sum_{j=1}^{N} w_{ij} y_j(k) + x_i(k)\right) \tag{3-105}$$

如果我们不但考虑输出神经元与其他神经元之间存在相互连接，而且也考虑输入单元与其他神经元之间的连接关系，那么，可以将式(3-105)改为更具普遍意义的 DTRNN 模型方程式

$$y_i(k+1) = f\left(\sum_{j=0}^{N+M} w_{ij} y_j(k)\right) \tag{3-106}$$

其中

$$y_j(k) = \begin{cases} 1 & j = 0 \\ y_j(k) & j = 1,2,\cdots,N \\ x_j(k) & j = N+1,\cdots,N+M \end{cases} \tag{3-107}$$

N 是神经网络的输出节点数；

M 是输入矢量 X 的维数；

$y_0(k)=1$ 作为常值输入意在将阈值项进行规范化处理，即 w_{i0} 就表示第 i 个神经元的阈值。对于这样一类离散的回归神经网络系统可以用图 3-29 来表示。

不难发现，当 $\boldsymbol{W}_2$ 是下三角阵时，所有的权系数连接都是前馈的。这也就意味

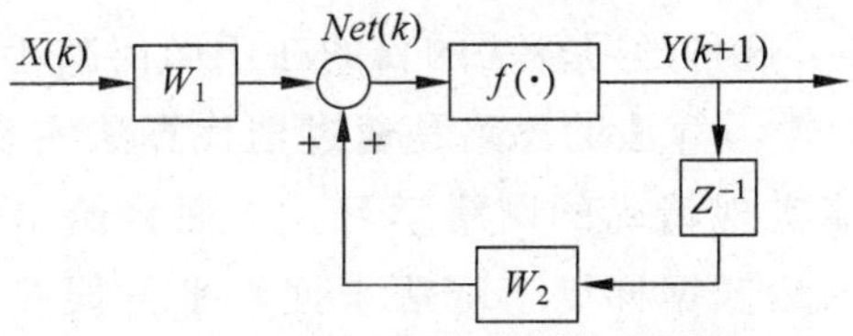

$Net(k)=W_1X(k)+W_2Y(k)$
$Y(k+1)=f(Net(k))$

图 3-29　DTRNN 系统结构图

着 DTRNN 已经退化为多层前向传播网络了。这种情况下网络的映射能力、学习算法都与带反馈的时滞神经网络相近似。这里不再重复讨论。当 $\boldsymbol{W}_2$ 不是下三角阵时，离散回归神经网络的学习问题就变得复杂起来了。解决此类神经网络学习问题有两种 DTRNN 学习算法，一是将网络模型作适当的处理后利用传统的 BP 学习算法进行学习；另一种是利用迭代法。

（1）学习算法之一：首先将回归神经网络按时间序列展开成一个多层的复杂前向传播网络来处理。如果系统只考虑 n 个时序长的信号，则可构造出由 n 个回归网络结构复制串联而成的 n 层前向传播网络（如图 3-30 所示）。这样，网络的训练如同一个巨大的前向传播网络一样进行，其中权系数通过复制的办法达到两个网络在性能上的一致。这种学习方法又可称为随时间变化的反向传播学习算法。这种学习算法的缺陷在于需求的内存量要求过大。为了减小学习过程中的内存量和提高计算速度，人们往往在不影响系统学习精度的条件下通过人为地截断 m 个备份作为其近似的网络结构。从而既可以保证一定的精度，又能减小内存量和提高计算速度，满足实时信号处理的要求。

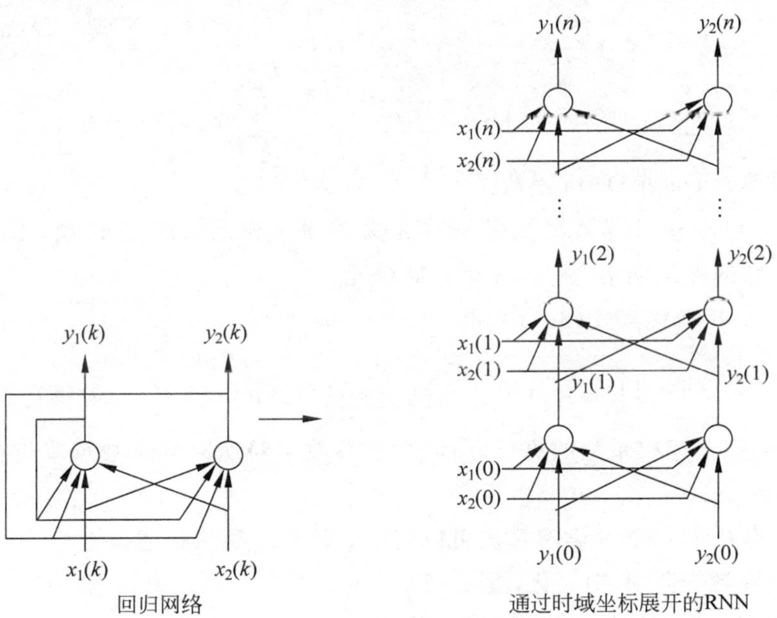

图　3-30

(2) 学习算法之二：这种学习算法的目的在于如何减小内存记忆单元来实现回归网络的学习问题。学习算法的思路是通过迭代算法实现递归计算，这样既能保持很小的内存量又能实现精确的网络学习。下面将给出迭代学习算法的计算公式。迭代学习算法仍然依据梯度下降法来搜索平方误差和的极小值。设指标函数为

$$E(w)=\sum_{p=1}^{P}E_p(w) \tag{3-108}$$

其中 P 为训练序列数；

$$E_p(w)=\frac{1}{2}\sum_{n=1}^{N_p}\sum_{j\in\Omega}(t_{pj}(n)-y_{pj}(n))^2 \tag{3-109}$$

表示第 p 次序列的总平方误差。

N_p 表示训练样本的长度，Ω 表示输出神经元的集合。

由梯度法可知

$$w_{ji}(k+1)=w_{ji}(k)-\eta\sum_{p=1}^{P}\left.\frac{\partial E_p(w)}{\partial w_{ji}}\right|_{w(k)} \tag{3-110}$$

其中 k 表示迭代次数的时标。注意 k 和 n 代表不同的意义，n 表示输入序列的时标，而 k 表示权阵更新的时标，它比 n 慢得多。

$$\frac{\partial E_p(w)}{\partial w_{ji}}=-\sum_{n=1}^{N_p}\sum_{s\in\Omega}(t_{ps}(n)-y_{ps}(n))v_{ji}^{s}(n) \tag{3-111}$$

其中 $v_{ji}^{s}(n)$是由下式定义的偏微分。

$$\begin{aligned}v_{ji}^{s}(n)&=\frac{\partial y_s(n)}{\partial w_{ji}}=f'\left(\sum_{q=0}^{N+M}w_{sq}y_q(n-1)\right)\cdot\left[\delta_{sj}y_i(n-1)+\sum_{\beta=1}^{N}w_{s\beta}\frac{\partial y_\beta(n-1)}{\partial w_{ji}}\right]\\&=f'\left(\sum_{q=0}^{N+M}w_{sq}y_q(n-1)\right)\cdot\left[\delta_{sj}y_i(n-1)+\sum_{\beta=1}^{N}w_{s\beta}v_{ji}^{\beta}(n-1)\right]\end{aligned} \tag{3-112}$$

其中 δ_{sj} 是 Kronecter Delta 函数。

注意：对于 n_o 个节点的网络，我们必须将每个权系数保留 n_o 项，因此对于有 n_o^2 个权系数的神经网络，需要 n_o^3 个存储单元。

将式(3-111)代入式(3-110)得

$$w_{ji}(k+1)=w_{ji}(k)+\eta\sum_{p=1}^{P}\sum_{n=1}^{N_p}\sum_{s\in\Omega}(t_{ps}(n)-y_{ps}(n))v_{ji}^{s}(n) \tag{3-113}$$

注意：在上述权系数的更新方程中，权系数需对所有样本数据集进行处理后才更新一次。

归结起来，DTRNN 学习算法可以用以下计算步骤来描述。

① 权系数矩阵 $\boldsymbol{W}$ 初始化，置 $k=1$；

② 取下一组训练样本集 $\{x(n),t(n)\}$，$n=1,2,\cdots,N_p$

置所有状态为零，所有 $g_{ji}(k)=0$；

③ $y_i(n)=f\left(\sum_{j=0}^{N+M} w_{ij}(k)y_j(n-1)\right)\quad n=1,2,\cdots,N_p$；

④ $v_{ji}^s(n)=f'\left(\sum_{q=0}^{N+M} w_{sq}(k)y_q(n-1)\right)\cdot\left[\delta_{sj}y_i(n-1)+\sum_{\beta=1}^{N} w_{s\beta}v_{ji}^{\beta}(n-1)\right]$，对于所有 i,j 和 $s\in\Omega$；

⑤ $g_{ji}(k)=g_{ji}(k)+\sum_{s\in\Omega}(t_{ps}(n)-y_{ps}(n))v_{ji}^s(k-1)$；

⑥ $w_{ji}(k+1)=w_{ji}(k)+\eta g_{ji}(k)$；

⑦ $k\leftarrow k+1$，判准则指标满足要求否？若不满足，则转②，否则结束。

3.4* CMAC 神经网络

前两节讨论了静态神经网络、动态神经网络的结构和学习算法。不难发现，在这种结构中，各神经元之间的连接关系是全连接的，学习的过程也表现为在得到每一个样本后所有的连接系数都将更新一次。因此这种结构属于多输入多输出非线性系统的全局逼近。然而，这种权系数全局更新的方式使得系统本身一些局部结构变得模糊不清且学习速率较慢，更严重的是全局逼近的网络结构，其逼近精度对于训练样本数据过于敏感。我们知道，在生物界中很多的生物控制只依赖于部分生物细胞就能进行局部调节和控制。基于这种思考，人工神经网络是否也具有此类结构满足系统的控制和调节呢？答案是肯定的。CMAC(Cerebellar Model Articulation Controller)网络结构就是基于这一思想由 Albus 在 1975 年首先提出来并应用于机械手的运动控制。CMAC 网络实质上是一个局部逼近的网络结构，更通俗一点来看，它有点像分段的样条函数逼近。由于在这种网络结构中，针对输入空间的某一点只有一小部分权系数能被激活。因此，每一权系数只对局部的输出误差的有效部分负责，即表现出来它的局部性。此外，网络设计的参数如输入矢量的量化、小部分空间的宽度等是决定这种纯局部逼近方法精确度的关键。神经网络局部逼近的主要优点有：学习收敛速度比全局逼近网络的学习速度要快；只要再训练的样本空间数据与原有的样本空间数据相距较远，则 CMAC 网络可以很方便地继续进行训练而又不会影响原有网络已经训练好的输入输出对应关系。

CMAC 控制器的控制方式是模拟人的小脑思维方式，它本身是一个自适应系统，也具有学习能力。CMAC 的控制输出是通过表格的形式而不是通过数学方程解的形式来给出的。因此它不同于传统的控制器。CMAC 的基本控制思想可以这样来描述：它首先将输入矢量空间进行量化编码成许多子空间，每一子空间与一定数量的联想单元相对应。当前输入子空间所对应的系统输出就是与之相连的联想单元内容之和。从而实现了输入输出之间的映射。CMAC 的输入矢量除系统输入控制信号之外还可以包含系统状态的反馈信号,使得 CMAC 实现反馈控制成为可能。必须指出的 CMAC 一个重要特征是它具有泛化能力,即对于两个相近输入矢量子空间其输出矢量也表现为相近的特性,这有点像生物系统中表现出来的类推能力。本节将详细介绍 CMAC 的模型构造、映射原理、学习算法和收敛性分析。

3.4.1 小脑网络的感知器模型

感知器是可以通过训练来进行模式分类的机器之一。传统的感知器结构如图 3-31 所示。

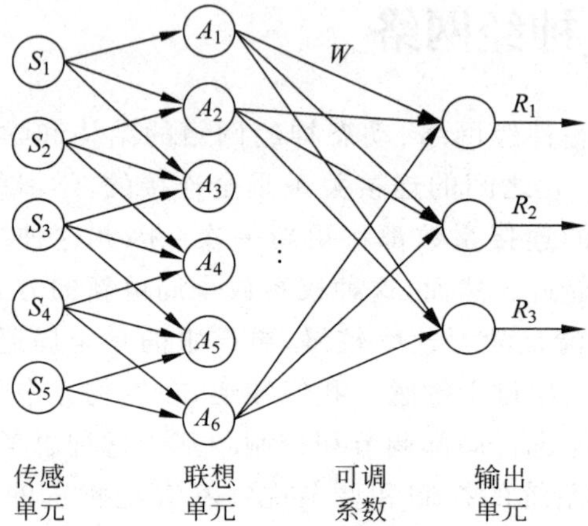

图 3-31 小脑网络模型

由于感知器原先是用来模拟人脑的,因此,它包含着许多神经生理的术语,如输入矢量被称为传感细胞的激励模式。输入矢量既可以用二进制数来表示也可以用实数来表示。这样与之相对应的联想单元矢量也有两种表示方式。那么,感知器输出就是简单地将联想单元的内容与相应权系数 W 相乘再相加而得到。如果联想单元的输出只取"0"、"1",则感知器网络就退化为 CMAC 模型了。

记 $\boldsymbol{S}$ 为传感器输入矢量,$\boldsymbol{A}$ 为联想单元矢量,$\boldsymbol{P}$ 为输出矢量,则感知器的数学模型可以表示为

$$f:\quad \boldsymbol{S} \to \boldsymbol{A}$$
$$g:\quad \boldsymbol{A} \to \boldsymbol{P}$$

其中函数 f 通常是固定不变的,函数 g 主要由连接权系数矩阵 $\boldsymbol{W}$ 来决定,通过训练可以改变权系数阵 $\boldsymbol{W}$,从而使得整个网络具备自学习能力。接下去,我们将分析 CMAC 的工作原理。

考虑图 3-32 所示的 CMAC 映射模型。当输入矢量 $\boldsymbol{S}_1=(s_1,s_2,\cdots,s_N)$时,它

映射得到联想单元矢量 **A**。

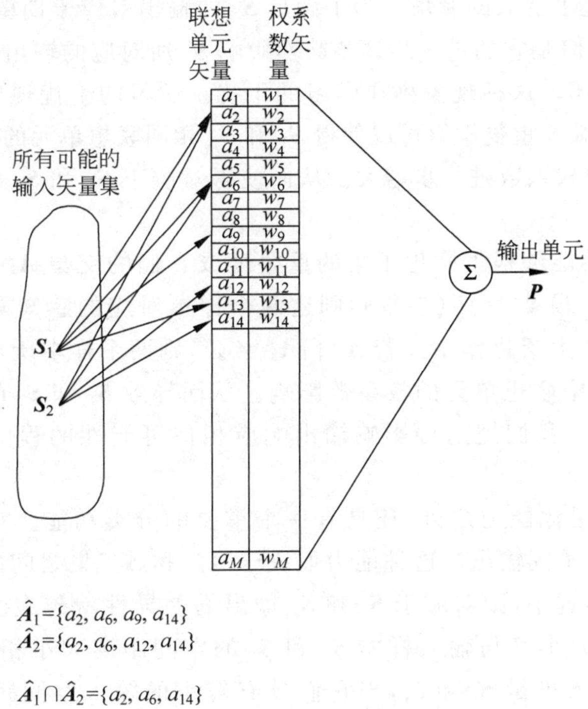

图 3-32　CMAC 映射模型

记 $\boldsymbol{A}^*$ 为由矢量 **A** 中的非零元素组成的矢量。则系统的输出响应矢量 **P** 就是由 $\boldsymbol{A}^*$ 矢量中储存的权系数内容之和。只有 **A** 矢量中的非零元素会影响最终的输出 **P**。用通俗一点的语言可以这样来表示 CMAC 的简单工作原理，即将输入矢量 $\boldsymbol{S}_1$ 看成是一个地址，则可把输出响应看成是该地址的内容。如果对于某一输入 $\boldsymbol{S}_1$ 需要改变 **P** 的内容的时候，唯一的方法是改变与 $\boldsymbol{A}^*$ 联想单元相关的权系数。

由于感知器没有足够多的联想单元，也不可能有一个联想单元或一组联想单元来专供每一个可能的输入样本储存之用，因此，一般情况下，每一个联想单元会被许多不同输入样本激活，从而也会导致输入模式之间的重叠和干扰。这种现象对于 CMAC 系统来说，有时是有益的，有时会产生严重后果。下面我们来分析一下联想单元在不同输入模式下的重复激励对系统性能的影响。先来分析有益效应。如图 3-32 所示，考虑两个输入样本 $\boldsymbol{S}_1$ 和 $\boldsymbol{S}_2$，它们激活了具有重叠的联想单元矢量 $\boldsymbol{A}_1^*$ 和 $\boldsymbol{A}_2^*$。如果对于两个输入样本 $\boldsymbol{S}_1$、$\boldsymbol{S}_2$ 的期望输出是相同的，则联想单元重叠无疑对 CMAC 系统是相当有益的。例如，如果 $\boldsymbol{S}_1$ 的合适输出响应已经存储在联想单元内，则 $\boldsymbol{S}_2$ 的输出响应表现为与 $\boldsymbol{S}_1$ 的输出响应有很大的相似性(唯一的差别在于 w_9 和 w_{12})。这种特性就称为 CMAC 控制器的泛化能力。再来看一下它的负面效果。一旦对于两个输入样本 $\boldsymbol{S}_1$、$\boldsymbol{S}_2$ 的期望输出相距很远时，$\boldsymbol{A}_1^*$ 和 $\boldsymbol{A}_2^*$ 的重叠就引起了巨大的麻烦。为了满足 $\boldsymbol{S}_2$ 的输出对应于期望的输出，必须调整 $\boldsymbol{A}_2^*$ 的权系数，但是它的进一步调整必然影响 $\boldsymbol{S}_1$ 所对应的输出，使得 $\boldsymbol{S}_1$ 样本的映射关系遭到破坏。这种现象称作学习的干扰。学习的干扰现象可以通过不断的迭代学习来克服。重复学习可以使得 $\boldsymbol{S}_1$ 和 $\boldsymbol{S}_2$ 相同联想单元的权系数进一步减小，而相异部分的权系数进一步增大。从而使得对应于 $\boldsymbol{S}_1$ 和 $\boldsymbol{S}_2$ 的输出响应差异增大。

总之，感知器能够根据联想子集的重叠度或它们的交集 $\boldsymbol{A}_1^* \cap \boldsymbol{A}_2^*$ 进行泛化处理。即如果 $\boldsymbol{A}_1^* \cap \boldsymbol{A}_2^* = \varnothing$（空集），则这两个样本对应的感知器输出是相互独立的，也即没有产生泛化作用。若 $\boldsymbol{A}_1^* \cap \boldsymbol{A}_2^* \neq \varnothing$，则两个样本所对应的输出将受到 $\boldsymbol{A}_1^* \cap \boldsymbol{A}_2^*$ 交集中联想单元的权系数影响。从而导致 $\boldsymbol{S}_1$ 和 $\boldsymbol{S}_2$ 的输出呈现出相似响应的可能性。我们把这种影响输出响应相似可能性的程度称为感知器的泛化能力。

感知器除了泛化能力之外，还具有一个重要的分类功能。对于不同输入样本，感知器会产生不同输出。这种能力取决于 $\boldsymbol{A}_1^*$ 和 $\boldsymbol{A}_2^*$ 集之间的差异。一般说来，$\boldsymbol{A}_1^* \cap \boldsymbol{A}_2^*$ 交集越小，则对应于 $\boldsymbol{S}_1$ 和 $\boldsymbol{S}_2$ 输出的差异性就越大。反之亦然。而 $\boldsymbol{A}_1^* \cap \boldsymbol{A}_2^*$ 交集的大小又与输入样本 $\boldsymbol{S}_1$ 和 $\boldsymbol{S}_2$ 的空间距离大小相关。一般说来，对于任意两个输入矢量 $\boldsymbol{S}_i$ 和 $\boldsymbol{S}_j$，当它们具有较小的输入空间距离时，$\boldsymbol{A}_i^* \cap \boldsymbol{A}_j^*$ 的交集必然也是大的。反之，如果 $\boldsymbol{S}_i$ 和 $\boldsymbol{S}_j$ 相距较远，则 $\boldsymbol{A}_i^* \cap \boldsymbol{A}_j^*$ 的交集一定是小的。为了精确地表示 $\boldsymbol{S}_i$ 和 $\boldsymbol{S}_j$ 相距的大小，引入一个输入空间的 Hamming 距离函数

$$H_{ij} = \sum_{k=1}^{N} \mid s_{ik} - s_{jk} \mid \tag{3-114}$$

其中 s_{ik} 表示输入矢量 $\boldsymbol{S}_i$ 中的分量；

N 表示输入矢量 $\boldsymbol{S}_i$ 的维数。

$$\boldsymbol{S}_i = (s_{i1}, s_{i2}, \cdots, s_{iN})$$

$$\boldsymbol{S}_j = (s_{j1}, s_{j2}, \cdots, s_{jN})$$

那么，若 H_{ij} 小，则 $\boldsymbol{A}_i^* \cap \boldsymbol{A}_j^*$ 的交集就大；当 H_{ij} 变大时，$\boldsymbol{A}_i^* \cap \boldsymbol{A}_j^*$ 的交集必然变小，直至当 H_{ij} 大于某一值时，$\boldsymbol{A}_i^* \cap \boldsymbol{A}_j^* = \varnothing$。

传统感知器网络中输入矢量与联想单元相连的数目通常是相当大的，甚至是全连接的。在这种情况下，$\boldsymbol{A}_i^* \cap \boldsymbol{A}_j^*$ 总是比较大的。因此，这种网络的泛化能力几乎对所有的输入矢量都是较好的。在 CMAC 网络中，为了获得当 $\boldsymbol{S}_i$ 和 $\boldsymbol{S}_j$ 相距较远时，$\boldsymbol{A}_i^* \cap \boldsymbol{A}_j^* = \varnothing$。必须取比 $|\boldsymbol{A}^*|$ 大得多的联想单元数，其中 $|\boldsymbol{A}^*|$ 定义为矢量 $\boldsymbol{A}^*$ 的维数，也即是 $\boldsymbol{A}$ 矢量中非零元素的个数。由于每一个输入矢量的某一点都将对应于 $|\boldsymbol{A}^*|$ 个联想单元的非零值，因此，当 $|\boldsymbol{A}^*|$ 比较小时，两个不同输入值之间的相互影响比较小。其结果是联想单元内的权系数调整比较容易。但是，付

出的代价是需要相当大的内存容量，这种网络的泛化能力也严重减弱。因此，如何选择合适的$|\boldsymbol{A}^*|$是设计 CMAC 网络控制的一个重要步骤。

一般认为，在小脑模型中，对于任意的输入矢量，$|\boldsymbol{A}^*|$应满足小于 1%的总的联想单元数目。此时，CMAC 既有较好的泛化能力，又有良好的分类功能。为了进一步让读者了解输入矢量的量化等级 R、物理上可实现的联想记忆单元的总数目$|\boldsymbol{A}_p|$(下一小节中还会详细讨论)和$|\boldsymbol{A}^*|$之间的关系，便于大家有效地选择这些参数，下面将定量地给出三个参数之间的数学关系表达式，使得从输入空间 $\boldsymbol{S}$ 到联想单元空间 $\boldsymbol{A}$ 之间的映射是唯一的。

设每个输入矢量 $\boldsymbol{S}$ 可取 R 个不同的离散值，则有 R^N 个可能的输入模式。取

$$|\boldsymbol{A}_p| = V|\boldsymbol{A}^*| \quad V \text{为一常数}$$

要满足映射的唯一性，必须要求在 $\boldsymbol{A}_p$ 中$|\boldsymbol{A}^*|$个联想单元被激活的组合数应大于输入模式的总数，即

$$\binom{|\boldsymbol{A}_p|}{|\boldsymbol{A}^*|} \geqslant R^N \tag{3-115}$$

令 $U=|\boldsymbol{A}^*|$，而 $V=|\boldsymbol{A}_p|/|\boldsymbol{A}^*|$，则

$$\binom{|\boldsymbol{A}_p|}{|\boldsymbol{A}^*|} = \binom{VU}{U} = \frac{(VU)!}{U!(VU-U)!} > \frac{(VU-U)^U}{U!} > \frac{(VU-U)^U}{U^U} = (V-1)^U \tag{3-116}$$

所以，当 $R^N \leqslant (V-1)^{|\boldsymbol{A}^*|}$ 时，从理论上来看，$\boldsymbol{S}\to\boldsymbol{A}$ 的映射是唯一的。一般情况下取 $V\geqslant 100$ 能满足系统综合指标的要求。因此，取$|\boldsymbol{A}^*| \leqslant 0.01|\boldsymbol{A}_p|$是比较合适的。

3.4.2 CMAC 的映射原理

CMAC 的映射过程 $\boldsymbol{S}\to\boldsymbol{A}$ 可分为两步。先从 $\boldsymbol{S}$ 映射到 $\boldsymbol{M}$，$\boldsymbol{S}\to\boldsymbol{M}$；再从 $\boldsymbol{M}$ 映射到 $\boldsymbol{A}$，$\boldsymbol{M}\to\boldsymbol{A}$。其中 $\boldsymbol{M}$ 是一个中间状态，它实质上是一个量化的感知器，即将实输入矢量 $\boldsymbol{S}=(s_1, s_2, \cdots, s_N)$的每一个分量 s_i 转化为一组二进制数表示的中间变量 m_i，也可以说是一个编码过程。且要满足以下规则。

(1) 每一个二进制数变量 m_i 中的每一位至少含有一个“1”，且两位数字为“1”之间的间距不能超过 1。其余位必须为“0”。表 3-1 给出了某一输入分量 s 划分为 9 挡后映射到二进制数表示的空间 M 的对应关系表。如空间 M 中的一员 μ_f 是“1”，当 $3\leqslant s\leqslant 6$ 时，μ_f 的其余位为“0”。从物理意义上来看，当输入为 $3\leqslant s\leqslant 6$ 时将激励中间神经元 f。而输入 s 为其他值时中间神经元 f 不起作用。

(2) 变量的每一个实值 s 映射过来的 m_i 必须包含$|\boldsymbol{A}^*|$的“1”。换句话说，要求$|\boldsymbol{m}^*|=|\boldsymbol{A}^*|$。其中 $\boldsymbol{m}^*$ 表示 $\boldsymbol{m}$ 中是“1”的神经元编号组成的子集矢量，$|\boldsymbol{m}^*|$为矢量 $\boldsymbol{m}^*$ 的维数。如表 3-1 给出的映射关系中$|\boldsymbol{m}^*|=4$。

表 3-1 一维十进制数变量 s 与二进制数变量 m 的映射表

s	m(12 个神经元)											
	μ_a	μ_b	μ_c	μ_d	μ_e	μ_f	μ_g	μ_h	μ_i	μ_j	μ_k	μ_l
1	1	1	1	1	0	0	0	0	0	0	0	0
2	0	1	1	1	1	0	0	0	0	0	0	0
3	0	0	1	1	1	1	0	0	0	0	0	0
4	0	0	0	1	1	1	1	0	0	0	0	0
5	0	0	0	0	1	1	1	1	0	0	0	0
6	0	0	0	0	0	1	1	1	1	0	0	0
7	0	0	0	0	0	0	1	1	1	1	0	0
8	0	0	0	0	0	0	0	1	1	1	1	0
9	0	0	0	0	0	0	0	0	1	1	1	1

(3) $\boldsymbol{m}^*$ 中神经元的下标可以与输入变量 s 值之间制成一张对应的简表，如表 3-2。它表示的映射关系完全等同于表 3-1。只是表 3-2 更加简略一些。下标变量的次序可以是任意的。但一旦确定下来以后，相同名的下标其位置是不能改变的。如表 3-2 中的下标 c 一直处于第 3 列。

表 3-2 $s \to m$ 映射简表

s	m^*				s	m^*			
1	a	b	c	d	6	i	f	g	h
2	e	b	c	d	7	i	j	g	h
3	e	f	c	d	8	i	j	k	h
4	e	f	g	d	9	i	j	k	l
5	e	f	g	h					

以上这种编码方式实质上是通过滚动组合来得到的。其原则是要求输入空间比较相近的矢量映射的输出空间中也应该是比较相近的。下面将进一步分析这种编码方式产生的输入输出距离函数之间的一些关系。

对于如表 3-2 所示的一维情况，输入空间的距离 H_{ij} 与交集 $\boldsymbol{A}_i^* \cap \boldsymbol{A}_j^*$ 元素的数目存在如下数学关系

$$H_{ij} = |\boldsymbol{A}_i^*| - |\boldsymbol{A}_i^* \cap \boldsymbol{A}_j^*| \quad \text{for} \quad H_{ij} \leqslant |\boldsymbol{A}_i^*|$$

例如，若 $s_1=(1)$ 和 $s_2=(3)$，则

$$\boldsymbol{A}_1^* \cap \boldsymbol{A}_2^* = \{c,d\}$$

由于 $|\boldsymbol{A}_1^*|=4$，$|\{c,d\}|=2$，所以 $|\boldsymbol{A}_1^*|-|\boldsymbol{A}_1^* \cap \boldsymbol{A}_2^*|=2=H_{12}$。

接下去，再来分析一下多维映射问题。对于输入 N 维矢量 $\boldsymbol{S}$，要实现 $\boldsymbol{S} \to \boldsymbol{M}$ 的完全映射，应包含 N 个相互独立的映射 $s_i \to m_i^*$。即

$$\boldsymbol{S} \to \boldsymbol{M} \Leftrightarrow \begin{cases} s_1 \to m_1^* \\ s_2 \to m_2^* \\ \vdots \\ s_N \to m_N^* \end{cases} \tag{3-117}$$

例如,考虑两维输入矢量 $\boldsymbol{S}=\{s_1,s_2\}$. 假设 $1\leqslant s_1\leqslant 5,1\leqslant s_2\leqslant 7$。取 $|\boldsymbol{A}^*|=4$。首先分别构造两个独立的映射关系表 $s_1\rightarrow m_1^*$ 和 $s_2\rightarrow m_2^*$,如表 3-3 所示。那么,对于 $\boldsymbol{S}$ 是二维或大于二维情况下,$\boldsymbol{A}^*$ 矢量的构成是通过合并每一个 m_i^* 的相应元素来得到的,如表 3-4。例如,如果 $s_1=2$ 和 $s_2=4$,则 $\boldsymbol{A}^*$ 是通过合并 $m_1^*=\{E,B,C,D\}$ 和 $m_2^*=\{e,f,g,d\}$ 的对应元素而形成的,即对于输入值 $S=\{2,4\}$,$A^*=\{Ee,Bf,Cg,Dd\}$。所有输入状态的组合所对应的完整 A^* 由表 3-4 给出。

表 3-3　两维输入下的映射关系表

s_1	m^*				s_2	m^*			
1	A	B	C	D	1	a	b	d	d
2	E	B	C	D	2	e	b	d	d
3	E	F	C	D	3	e	f	d	d
4	E	F	G	D	4	e	f	d	d
5	E	F	G	H	5	e	f	h	h
					6	i	f	h	h
					7	i	j	h	h

表 3-4　两维矢量 S 到 A^* 的映射

m_1^*	s_2	A^*				
i,j,g,h	7	Ai,Bj,Cg,Dh	Ei,Bj,Cg,Dh	Ei,Fj,Cg,Dh	Ei,Fj,Gg,Dh	Ei,Fj,Gg,Hh
i,f,g,h	6	Ai,Bf,Cg,Dh	Ei,Bf,Cg,Dh	Ei,Ff,Cg,Dh	Ei,Ff,Gg,Dh	Ei,Ff,Gg,Hh
e,f,g,h	5	Ae,Bf,Cg,Dh	Ee,Bf,Cg,Dh	Ee,Ff,Cg,Dh	Ee,Ff,Gg,Dh	Ee,Ff,Gg,Hh
e,f,g,d	4	Ae,Bf,Cg,Dd	Ee,Bf,Cg,Dd	Ee,Ff,Cg,Dd	Ee,Ff,Gg,Dd	Ee,Ff,Gg,Hd
e,f,c,d	3	Ae,Bf,Cc,Dd	Ee,Bf,Cc,Dd	Ee,Ff,Cc,Dd	Ee,Ff,Gc,Dd	Ee,Ff,Cc,Hd
e,b,c,d	2	Ae,Bb,Cc,Dd	Ee,Bb,Cc,Dd	Ee,Fb,Cc,Dd	Ee,Fb,Gc,Dd	Ee,Fb,Gc,Hd
a,b,c,d	1	Ae,Bb,Cc,Dd	Ea,Bb,Cc,Dd	Ea,Fb,Cc,Dd	Ea,Fb,Gc,Dd	Ea,Fb,Gc,Hd
s_1		1	2	3	4	5
m_0^*		A,B,C,D	E,B,C,D	E,F,C,D	E,F,G,D	E,F,G,H

注意:与一维输入时的情况相似,对于二维输入也存在输入空间距离 H_{ij} 与交集 $\boldsymbol{A}_1^*\cap\boldsymbol{A}_2^*$ 元素数目的一种近似关系,如

$$H_{12}=|\boldsymbol{A}^*|-|\boldsymbol{A}_1^*\cap\boldsymbol{A}_2^*| \tag{3-118}$$

例如,$\boldsymbol{S}_1=\{3,5\}$,$\boldsymbol{S}_2=\{3,2\}$。因为 $\boldsymbol{A}_1^*\cap\boldsymbol{A}_2^*=\{Ee\}$。由式(3-118)可得这两点的空间距离为

$$H_{12}=|A^*|-|A_1^*\cap A_2^*|=4-1=3$$

但是,对于二维输入以上的情况,式(3-118)并不总是成立的。仔细检查一下表 3-4 中矩阵各元素我们会发现,任意 2×2 方块中对角两个状态 $\boldsymbol{A}^*$ 之间的差异有时为 2 而有时为 1。这个差异就是这两个元素的交集。因此也就是说,在这种情况下,由于 $\boldsymbol{A}^*$ 中对角相邻两个元素的距离 H_{ij} 总是等于 2,而 $|\boldsymbol{A}_1^*\cap\boldsymbol{A}_2^*|$ 有时为 2、有时为 1。

从而导致式(3-118)在这种情况下不成立。例如,由表 3-4 可得,取 $\boldsymbol{A}^*$ 中对角相邻两个元素 $\boldsymbol{S}_1=\{4,3\}$、$\boldsymbol{S}_2=\{3,4\}$,则这两点的距离 $H_{12}=2$。而 $\boldsymbol{A}_1^*\cap\boldsymbol{A}_2^*=\{Ee,Ff,Dd\}$,它们的模 $|\boldsymbol{A}_1^*\cap\boldsymbol{A}_2^*|=3$,即 $|\boldsymbol{A}^*|-|\boldsymbol{A}_1^*\cap\boldsymbol{A}_2^*|=1$。相类似地,我们再来考虑另一种情况,取输入空间两点 $\boldsymbol{S}_1=\{1,1\}$、$\boldsymbol{S}_2=\{4,4\}$,则 $H_{12}=6$。而 $|\boldsymbol{A}^*|-|\boldsymbol{A}_1^*\cap\boldsymbol{A}_2^*|=3$。另一方面,沿着对角方向如 $\boldsymbol{S}_1=\{3,3\}$,$\boldsymbol{S}_2=\{4,2\}$,它们的输入空间距离 $H_{12}=|\boldsymbol{A}^*|-|\boldsymbol{A}_1^*\cap\boldsymbol{A}_2^*|=2$。从以上分析不难看出,当输入空间距离 H_{ij} 增加时,$|\boldsymbol{A}^*|-|\boldsymbol{A}_i^*\cap\boldsymbol{A}_j^*|$ 绝对不会减小。这意味着,交集 $\boldsymbol{A}_i^*\cap\boldsymbol{A}_j^*$ 的元素随着 $\boldsymbol{S}_i$ 和 $\boldsymbol{S}_j$ 相似性的减弱而单调减小。

考虑多维输入,即 $\boldsymbol{S}=\{s_1,s_2,\cdots,s_N\}$时,$\boldsymbol{S}\to\boldsymbol{A}$ 的映射可以这样来计算。

① 首先将 $\boldsymbol{S}$ 中的每一个分量 s_i 转换为有二进制变量 m_i^* 的一组下标构成的子集;

② $\boldsymbol{A}^*$ 中有效的相关元素集通过合并 m_i^* 的对应元素来形成。

通过对二维情况的讨论,对于多维输入也存在着如下结论。

交集 $\boldsymbol{A}_i^*\cap\boldsymbol{A}_j^*$ 元素的数目大致与两个输入点 $\boldsymbol{S}_i$ 和 $\boldsymbol{S}_j$ 的接近度成正比。

因为 CMAC 系统是局部逼近系统,因此要求输入点位于某一邻域时其相应的输出也应该在一个邻域内而不至于偏离太大。下面将着重讨论输入空间邻域的概念、邻域大小与 CMAC 设计参数之间的关系。对于两个输入点 s_1、s_2,如果 $|\boldsymbol{A}_1^*\cap\boldsymbol{A}_2^*|\neq0$,则 s_1、s_2 属于同一邻域内。例如,在表 3-3 中它的输入空间邻域的大小为 3,即对于输入空间中的任意两点 s_1、s_2,它们的距离 $|s_1-s_2|\leqslant3$ 时,$m_1^*\cap m_2^*$ 总是非空集。而 $|s_1-s_j|\leqslant3$ 就可以定义为 s_1 点的邻域边界条件。但是对于二维或二维以上的输入空间邻域边界就复杂多了。例如表 3-5 给出了输入矢量 $\boldsymbol{S}_1=\{2,3\}$ 与 $\boldsymbol{S}_2=\{i,j\}$ 之间交集 $|\boldsymbol{A}_1^*\cap\boldsymbol{A}_2^*|$ 重叠元素项数目表格图。这张表也表明了 $\boldsymbol{S}_1=\{2,3\}$ 这一点的邻域是由哪些 $|\boldsymbol{A}_1^*\cap\boldsymbol{A}_2^*|\neq0$ 的所有点组成的。进一步分析一下上面的例子,不难看出,邻域的大小不但与 $|\boldsymbol{A}^*|$ 相关,而且也与每一点 $s_i\to m_i$ 映射的量化等级相关。而 $s_i\to m_i$ 映射的量化等级完全取决于设计者。例如表 3-6 给出的一维映射关系其邻域为 1.5,而前面表 3-2 给出的量化等级其邻域大小为 3。

表 3-5 $\boldsymbol{S}_1=\{2,3\}$ 与其他矢量的邻域关系表

s_2					
7	0	0	0	0	0
6	1	1	0	0	0
5	1	2	1	1	1
4	2	3	2	2	1
3	3	4	3	2	1
2	2	3	3	2	1
1	2	2	2	1	0
$s_1\to$	1	2	3	4	5

表 3-6 一维映射关系表

s	m^*
1.0	a,b,c,d
1.5	e,b,c,d
2.0	e,f,c,d
2.5	e,f,g,d
3.0	e,f,g,h
3.5	i,f,g,h
4.0	i,j,g,h
4.5	i,j,k,h
5.0	i,j,k,l

在多维输入空间中，任意输入矢量的邻域大小可以通过改变 $s_i \to m_i^*$ 的量化等级来增大或减小。例如，如果 $s_x \to m_x^*$ 的量化等级高，而 $s_y \to m_y^*$ 的量化等级低，则输入空间的邻域在 y 方向将增长而在 x 方向将缩短。通常一个高分辨率的映射 $s_i \to m_i^*$ 会使得 $\boldsymbol{A}^*$ 集中的分量严重依赖于输入变量 s_i 的数值(即输入变量 s_i 的一个微小变化将导致 $\boldsymbol{A}^*$ 元素的较大变化)。反之，对于一个低分辨率的映射 $s_j \to m_j^*$，则 $\boldsymbol{A}^*$ 集中的元素对变量 s_j 的依赖性会有所减弱。如果 $s_j \to m_j^*$ 的分辨率足够低，则 $\boldsymbol{A}^*$ 集中的元素将与变量 s_j 无关(即变量 s_j 无论如何变化，$\boldsymbol{A}^*$ 集中的元素将不受影响)。在这种情况下，称在 j 轴上输入空间的邻域是无限的。

最后要指出的，$s_i \to m_i^*$ 的量化映射可以是非均匀的，即可在 s_i 的某一范围内其分辨率取高一点，而在另一区间内分辨率取低一点。此时，邻域的概念也有所变化，即在不同区域内其邻域的大小也不一样。从上面分析可知，邻域大小与神经网络泛化能力的大小有一定的关系。邻域越大，泛化能力越强。

到目前为止，我们已经详细描述了 $f: \boldsymbol{S} \to \boldsymbol{A}$ 的映射过程。这种映射方法既能满足一定的泛化能力又具备良好的分类特性。然而，至今还没有提及这种映射的物理实现问题，即如何用较小和合理规模的中间联想单元层来实现这一映射？我们知道，如果仅仅简单地用合并 m_i^* 下标变量的方法来构造可能出现的所有集合 $\boldsymbol{A}^*$，其数目也即是联想单元数是相当巨大的。看一下表 3-4，以大写字母 $A,B,C,\cdots$ 表示 A 存储器地址的前 B_h 位编号，以小写字母 $a,b,c,\cdots$ 表示 A 存储器地址的后 B_j 位编号。那么 $Ae,Cf,Dg,\cdots$ 都表示一个地址长度为 B_h+B_j 位存储器地址。这个地址是虚拟的，在 A 中的 $|\boldsymbol{A}^*|$ 个虚拟地址的组合如 Ai,Bj,Cg,Dh 为 $\boldsymbol{A}^*$，代表 $\boldsymbol{S}$ 空间中的一个输入矢量。若输入空间矢量是 N 维，即 $\boldsymbol{S}=\{s_1,s_2,\cdots,s_N\}$，并把每一个分量 s_i 分成 R 个等级，则整个输入空间有 R^N 个不同的映射点。经过 $s_i \to m_i^*$ 映射后，如果按以上合并 m_i^* 集的方法，得到的 $\boldsymbol{A}^*$ 的神经单元数将与 R^N 同数量级。在实际问题中，N 通常是大于 1 的。而当每一个分量的变化范围比较大时，为了满足一定的映射精度，量化等级 R 也不能太小。如对于一个多关节的机械手控制系统而言，输入变量 N 通常要大于 10，而每个变量的量化等级也不应小于 30，则最终需求的联想神经元应不小于 30^{10}。很显然，这么大一个数量的内存空间在物理上是无法实现的。因此，必须找到一种方法，它既能减少内存容量，又能保持映射的唯一性。幸运的是，在特定的控制问题中，系统不可能遍及所有的输入空间，因此在 A 中被激励的神经元是很稀疏的。在这种情况下就有可能将一个很大的 A 空间压缩到一个比较小的实际空间中去，通常我们把这一实际空间集合记为 A_p。Albus 借用了计算机技术中的杂凑编码实现了从 $A \to A_p$ 的映射。杂凑编码通常在计算机数据结构理论中应用较多，它的主要作用在于将稀疏矩阵或一些少量数据分散在较大内存区的数据用更紧凑、更少的内存空间来保存，它的实质是减少内存的占用空间。它的操作方法是首先提取 A 中的一个单元地址，并将其进行杂凑函数计算得到一个物理上能够实现存储的随机新地址，便

将原先的内容存放到这个新地址上来。最常用的杂凑函数计算公式是除法杂凑函数，即取 A 中单元的一个地址，并将其除以一个常数，取其余数即为这个小储存空间的随机新地址。一般情况下，这一常数为物理上可实现的最大内存容量数 A_p。为了保证杂凑函数对随机输入无偏向性、分布的均匀性，实验表明，$|A_p|$ 取素数比较合理。利用杂凑编码进行映射的结果是大存储空间内的地址映射到少存储空间内的地址，任意一个集合 A 中的联想单元(地址单元)通过杂凑函数计算可以得到在集合 A_p 中的对应位置。实际上 $|A_p|$ 在数量级上小于 $|A|$，因此，$A \to A_p$ 的映射是多→小的映射。

杂凑编码是将分散数据压缩起来，达到减少内存空间的目的。但会带来冲撞现象，即在 A 中的不同地址进行杂凑编码计算后映射到 A_p 的同一个地址内。如果这种映射计算的随机性很强，则会大大降低冲撞的概率。但是，冲撞还是不可避免的。在 CMAC 算法中，我们可以忽略这种冲撞，因为当这种冲撞发生的概率比较小时可以将其看作是一种随机扰动，它可以通过 CMAC 迭代学习过程逐步将影响减少，甚至不影响输出。

杂凑编码发生冲撞现象可能有以下两种。

(1) 在同一个 A^* 中，不同单元的地址映射到 A_p 中的同一地址上。如果 A^* 中每一个单元地址是以等概率落在 A_p 上，并记 $|A_p|=n$，$|A^*|=C$。那么同一个 A^* 中两个或多于两个单元映射到同一个 A_p 地址单元内的概率为

$$prob = \frac{1}{n} + \frac{2}{n} + \cdots + \frac{C-1}{n} \tag{3-119}$$

很显然，当 A^* 中的一个单元已经映射到 A_p 中后，下一个单元落到 A_p 的同一地址上的概率为 $1/n$。当两个单元已映射到 A_p 中的两个不同地址单元后，以后任一单元落到 A_p 这两个地址上的概率为 $2/n$，以此类推，得到最后一个单元 C 落到 A_p 其余 $C-1$ 个地址上的概率为 $(C-1)/n$。以 $|A_p|=2000$，$|A^*|=20$ 为例，在 A^* 中的单元有两个或两个以上映射到同一个 A_p 地址单元内的概率为

$$prob = 1/2000 + 2/2000 + \cdots + 19/2000 = 0.1$$

因此只要发生的概率比较低，在实际应用中并不会造成严重后果。因为这仅仅意味着这样的 A_p 地址单元所对应的权系数被选中两次或两次以上，而在计算输出响应时也被选中两次或两次以上，且由于权系数是可以学习的。因此，最终对输出的影响并不大。

(2) 如果在输入空间中本来不在同一邻域内的两个矢量 $\boldsymbol{s}_i$ 和 $\boldsymbol{s}_j$，而在 A_p 中产生了交叠，这使得原先不应有的泛化作用发生了。因为输出是 A_p 中相应 C 个内存的权系数累加。这种冲撞的现象比第(1)种对输出的影响更为严重。不过，当取 $|A_p| \gg |A^*|$ 时，这种冲撞的概率是相当低的。此外当这两点在 A_p 中交叠数远远少于 $|A^*|$ 时，它对输出的影响也不是显著的。换句话说，当 $A_1^* \cap A_2^* = \varnothing$ 时，只要 $|A_{p1}^* \cap A_{p2}^*| \ll |A^*|$，这种冲撞带来的重叠已经不是严重问题了。例如，

取$|A_p|=2000$，$|A^*|=20$。对于随机选取的两个输入矢量满足$A_1^* \cap A_2^* = \varnothing$，则$A_{p1}^* \cap A_{p2}^*$不发生重叠的概率可以这样来计算：先考虑一个放球问题，现有C个球放到n个单元中的任意一个，则它们总的放法有$n \times n \times \cdots = n^C$。一个单元只放一个球的放法总数为：第一个球有$n$种放法，而第二个球只能放在剩下的$n-1$个盒子里了，故有$n-1$种放法，……，依次类推，最后一个球有$n-C+1$种放法。因此，总共可有的放法为：$n \times (n-1) \times \cdots (n-C+1)$。所以一个盒子中只有一个球的概率为

$$\frac{n(n-1)\cdots(n-C+1)}{n^C} = \left(1-\frac{1}{n}\right)\left(1-\frac{2}{n}\right)\cdots\left(1-\frac{C-1}{n}\right)$$

由于$A \to A_p$的映射过程完全类似于上述描述的放球过程，故对于上例，$A_{p1}^* \cap A_{p2}^* = \varnothing$的概率为

$$\left(1-\frac{1}{2000}\right)\left(1-\frac{2}{2000}\right)\cdots\left(1-\frac{19}{2000}\right) = 0.818$$

若取$|A_p|=20000$，$|A^*|=20$。则$A_{p1}^* \cap A_{p2}^* = \varnothing$的概率为0.98。

综上分析可知，为了减小神经网络的计算量，需要选择尽可能小的$|A^*|$。同时，由于$|A_p|$的大小受物理条件的限制，为了减少如(1)所述的杂凑编码带来的冲撞概率，$|A^*|$不可能取得过大。然而，为了提高神经网络在输入空间邻域点的泛化能力，$|A^*|$应有一个足够大的数值。因此，必须合适地选择$|A^*|$，既要使冲撞概率变得很小又能保持良好的泛化能力。

通过$A \to A_p$的杂凑编码程序计算得到的$|A^*|$地址指向$|A^*|$可变的权系数，CMAC神经网络的输出只是简单将这些权系数相加(当然，也可以乘上合适的常数因子)就得到神经元的输出值。整个函数关系可表示为

$$P = h(S)$$

这也是CMAC控制器总的传递函数。用权系数的形式可以这样来表示网络的输出

$$h(S) = \sum_{i \in A^*} w_i \tag{3-120}$$

其中w_i是存储在A_p中$|A^*|$个地址内容中的第i个权系数。因为对于某一输入点经$S \to A$的变换后有$|A^*|$个地址被选中，而这$|A^*|$个地址的排列是有一定规则的，但分散在A的虚拟地址中。随后又进行$A \to A_p$的变换，在不考虑冲撞现象条件下，在A_p中也有$|A^*|$个地址被选中。由于使用了杂凑编码技术，$|A^*|$个地址的位置是随机分布在A_p上的，就在这些地址内存放的是可以调整的权系数w_i，网络的输出就是这些相关权系数的线性累加。因此，对应于一组输入样本S_l，$l=1,2,\cdots,L$，总可以通过调节权系数w_i找到其正确的映射。

3.4.3 CMAC网络的学习算法

CMAC网络属于分布式存储系统，它的每一地址内容分散地存储在一个大的物理空间内。这些物理空间就是对应的权系数w_i。网络的输出就定义为由

CMAC变址算法选择的所有相关权系数的线性累加。CMAC权系数的学习与传统感知器的学习算法完全相似，CMAC记忆函数值（也称权值）的学习也是一个迭代的误差校正过程。只要输入输出的函数关系足够平滑，这种CMAC网络的迭代学习能保证收敛。CMAC的学习过程可以这样来叙述。

(1) 假设 P' 是对应于地址 S（系统输入）的期望输出。

(2) 访问 S 单元的内容，并根据当前的权系数求出CMAC神经网络的实际输出 $P=h(S)$。

(3) 对于输出矢量 $\boldsymbol{P}=(p_1,p_2,\cdots,p_i,\cdots,p_M)$ 和期望输出矢量 $\boldsymbol{P}'=(p'_1,p'_2,\cdots,p'_i,\cdots,p'_M)$，计算每一输出分量的误差 $|p'_i-p_i|$。选择一个容许误差限 $\xi_i>0$，有

$$|p'_i-p_i|<\xi_i$$

表明原有的权系数已能精确地逼近系统响应，对权系数不再进行调整；

$$|p'_i-p_i|\geqslant\xi_i$$

计算修正量

$$\Delta_i=\frac{p'_i-p_i}{|A^*|} \tag{3-121}$$

并对与输出单元 p_i 相关的权系数全部叠加 $\beta\Delta_i$。对于多输出系统每个权系数的学习公式又可展开成

$$w_{ij}(k+1)=w_{ij}(k)+\beta\frac{\delta_i}{|A^*|}\quad j\in A^*,\quad i=1,2,\cdots,M \tag{3-122}$$

$$\delta_i=p'_i-p_i=p'_i-h_i(S_k)\quad i=1,2,\cdots,M \tag{3-123}$$

$$h_i(S_k)=\sum_{j\in A^*}w_{ij}(k) \tag{3-124}$$

3.5* RBF神经网络模型

本质上，有导学习的神经网络模型是一种曲线拟合问题。上面几节中我们介绍了前向传播网络和CMAC网络的逼近特性。这一节将引入一种新的神经网络模型——径向基神经网络模型（Radial Basis Function Neural Network）。

径向基神经网络模型的结构图如图3-33所示。网络由三层组成，一个输入层、一个单层的非线性处理神经元和一个输出层。RBF的输出层 y_i 一般满足

$$y_i=f_i(\boldsymbol{x})=\sum_{k=1}^{N}w_{ik}\phi_k(\boldsymbol{x},c_k)=\sum_{k=1}^{N}w_{ik}\phi_k(\|\boldsymbol{x}-c_k\|_2)\quad i=1,2,\cdots,m \tag{3-125}$$

其中 $\boldsymbol{x}\in\mathbb{R}^n$ 是输入矢量，$\phi_k(\cdot)$ 是一个 $\mathbb{R}^+$（正数集）到 $\mathbb{R}$ 的函数，$\|\cdot\|_2$ 表示Euclidean范数，w_{jk} 是输出层的连接系数。N 是隐藏层的神经元个数，$c_k\in\mathbb{R}^n$ 是输入向量空间的径向基函数中心。对于隐藏层的每个神经元，它的中心值和网络输入的欧几里得距离都要计算出来，隐藏层神经元的输出是欧几里得距离的非线

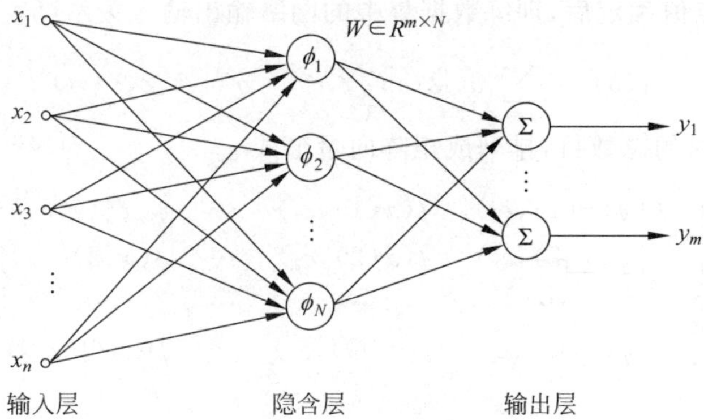

图 3-33　R 神经网络结构图

性函数，而且神经网络的输出就是以隐藏层输出值的加权值总和来计算的。如果函数 $\phi_k(\cdot)$ 的形式是给定的，可以得到以下几种模型。

(1) $\phi(x)=x$　　线性函数

(2) $\phi(x)=x^3$　　三次方函数

(3) $\phi(x)=x^2\ln x$　　薄片样条函数

(4) $\phi(x)=\exp(-x^2/\sigma^2)$　　高斯函数

(5) $\phi(x)=\sqrt{x^2+\sigma^2}$　　多二次函数

(6) $\phi(x)=\dfrac{1}{\sqrt{x^2+\sigma^2}}$　　逆多二次函数

其中，参数 σ 控制径向基函数的“宽度”，而且通常表示增长参数。在实际应用中，应用最广泛的径向基函数是高斯函数。

径向基函数的中心 c_k 是确定的点，而且是输入向量空间适当的样本点，它们通常被选作输入数据的子集。从图 3-33 中可以看出，输入层的神经元间没有交互，因此在不失一般性的情况下，我们可以得到一个具有单一输出的径向基神经网络，而具有多个输出的网络可以被认为是共享一个隐藏层的多个单一输出网络的组合。

3.5.1　具有固定中心的 RBF 神经网络的训练

从式(3-125)看出，影响 RBF 神经网络映射性能的参数有两个，输出层的权值 w_{ik} 和径向基函数中心 c_k。RBF 神经网络训练的最简单形式是具有固定中心值的形式。Broomhead 和 Lowe 最早引入中心位置的随机选取方式，即根据训练数据的概率密度函数分布，从输入数据集合随机选取足够多的中心。这样，可以得到输入空间的一个适当采样值。然而由于从足够多的中心值中确定选取是很困难的，因此，通常的做法是选取一个相对大的输入向量值作为中心值。网络经过训练后，部分中心点会在不降低网络映射性能条件下通过学习规则移去。

一旦中心点值确定后，训练数据集中的网络输出输入关系可表示为

$$\hat{\boldsymbol{y}}(q)=\sum_{k=1}^{N}w_{ik}\phi(x(q),c_k)\quad q=1,2,\cdots,Q \tag{3-126}$$

其中 Q 是训练对的总数目，排列成矩阵向量形式

$$\begin{bmatrix}\hat{y}(1)\\ \hat{y}(2)\\ \vdots\\ \hat{y}(Q)\end{bmatrix}=\begin{bmatrix}\phi(x(1),c_1) & \phi(x(1),c_2) & \cdots & \phi(x(1),c_N)\\ \phi(x(2),c_1) & \phi(x(2),c_2) & \cdots & \phi(x(2),c_N)\\ \cdots & \cdots & \cdots & \cdots\\ \phi(x(Q),c_1) & \phi(x(Q),c_2) & \cdots & \phi(x(Q),c_N)\end{bmatrix}\begin{bmatrix}w_1\\ w_2\\ \vdots\\ w_N\end{bmatrix} \tag{3-127}$$

或者

$$\hat{\boldsymbol{y}}=\boldsymbol{\Phi}\boldsymbol{w} \tag{3-128}$$

其中 $\hat{\boldsymbol{y}}\in\mathbb{R}^{Q\times1}$ 是实际的网络输出向量，$\boldsymbol{w}\in\mathbb{R}^{N\times1}$ 是输出层的连接权值向量，$\boldsymbol{\Phi}\in\mathbb{R}^{Q\times N}$ 是隐藏层的 RBF 非线性映射矩阵。一旦中心点固定后，则隐藏层的映射也就固定了。因此，网络训练任务就变为网络输出层权系数阵的确定。常用的最优化准则是实际网络的输出和期望输出之间的均方误差。换句话说，加权系数阵的最优化即是取下列性能指标的最小值

$$J(\boldsymbol{w})=\frac{1}{2}\sum_{q=1}^{Q}[\boldsymbol{y}_{\mathrm{d}}(q)-\hat{\boldsymbol{y}}(q)]^2=\frac{1}{2}(\boldsymbol{y}_{\mathrm{d}}-\hat{\boldsymbol{y}})^{\mathrm{T}}(\boldsymbol{y}_{\mathrm{d}}-\hat{\boldsymbol{y}}) \tag{3-129}$$

其中 $\boldsymbol{y}_{\mathrm{d}}\in\mathbb{R}^{Q\times1}$ 表示网络的期望输出向量。将式(3-128)代入式(3-129)得

$$J(w)=\frac{1}{2}(\boldsymbol{y}_{\mathrm{d}}-\boldsymbol{\Phi}\boldsymbol{w})^{\mathrm{T}}(\boldsymbol{y}_{\mathrm{d}}-\boldsymbol{\Phi}\boldsymbol{w})=\frac{1}{2}(\boldsymbol{y}_{\mathrm{d}}^{\mathrm{T}}\boldsymbol{y}_{\mathrm{d}}-2\boldsymbol{y}_{\mathrm{d}}^{\mathrm{T}}\boldsymbol{\Phi}\boldsymbol{w}+\boldsymbol{w}^{\mathrm{T}}\boldsymbol{\Phi}^{\mathrm{T}}\boldsymbol{\Phi}\boldsymbol{w}) \tag{3-130}$$

取性能测度函数 $J(\boldsymbol{w})$ 的最小值，即满足

$$\frac{\partial J(\boldsymbol{w})}{\partial\boldsymbol{w}}=0 \tag{3-131}$$

或者

$$-\boldsymbol{\Phi}^{\mathrm{T}}\boldsymbol{y}_{\mathrm{d}}+\boldsymbol{\Phi}^{\mathrm{T}}\boldsymbol{\Phi}\boldsymbol{w}=0 \tag{3-132}$$

对于 $\boldsymbol{w}$，有下式

$$\boldsymbol{w}=(\boldsymbol{\Phi}^{\mathrm{T}}\boldsymbol{\Phi})^{-1}\boldsymbol{\Phi}^{\mathrm{T}}\boldsymbol{y}_{\mathrm{d}}=\boldsymbol{\Phi}^{+}\boldsymbol{y}_{\mathrm{d}} \tag{3-133}$$

其中 $\boldsymbol{\Phi}^{+}$ 表示非线性映射矩阵 $\boldsymbol{\Phi}$ 的伪逆。

从式(3-133)中看出，网络有固定中心的情况下，网络训练问题有了一个圆满的解决，这充分说明径向基函数神经网络比反向传播神经网络和对偶传播神经网络能更快速地训练。事实上，它表现出一种非线性的多维插值，而且能用一个线性最小二乘算法进行训练，使得 RBF 神经网络能应用于各种形式的信号处理中。

另一个重要方面，根据 RBF 神经网络系统的大小，方程式(3-132)可以被欠定、过定或者有唯一的解。如果中心的总数大于等于训练集总数，期望输出和实际输出之间的误差可以非常小。

对于所有的高斯径向基函数，扩展参数 σ 通常都设定为下列简单的关系

$$\sigma=\frac{d_{\max}}{\sqrt{K}} \tag{3-134}$$

其中 $d_{\max}$ 是所选中心中的最大欧几里得距离，K 是中心的数目，运用式(3-134)，一个神经元的 RBF 可以表示为

$$\phi(\boldsymbol{x},\boldsymbol{c}_k)=\exp\left(-\frac{K}{d_{\max}^2}\|\boldsymbol{x}-\boldsymbol{c}_k\|^2\right) \tag{3-135}$$

则具有固定中心的 RBF 神经网络的训练算法可归结为

第 1 步：选取径向基函数的中心。中心是从输出向量集中选取，选取足够多的中心以保证有适当的输入向量采样值。

第 2 步：根据式(3-134)计算 RBF 函数的扩展参数 σ。

第 3 步：将网络输出层的加权值初始化为一些小的随机值。

第 4 步：根据式(3-128)计算神经网络的输出。

第 5 步：根据式(3-133)解决网络加权值。

3.5.2　径向基神经网络训练的随机梯度逼近法

前一节我们介绍了 RBF 神经网络的训练过程，在 RBF 神经网络中唯一可调整的参数是输出层的加权值。正如我们所知，该方法是一个十分简单的训练算法。然而，为了得到适当的输入采样，必须从输出数据集中选取大量的中心，这样使得即使是相对简单的问题也得产生相对庞大的网络。

随机梯度算法在训练径向基函数神经网络时允许调整三个网络参数(即加权值、RBF 中心位置和 RBF 的宽度)。因此，输出层的加权值、中心点值和扩展参数同步进行有导学习。在引入随机梯度的学习算法之前，先定义瞬时误差代价函数

$$J(n)=\frac{1}{2}\mid \boldsymbol{c}(n)\mid^2=\frac{1}{2}\left[\boldsymbol{y}_{\mathrm{d}}(n)-\sum_{k=1}^{N}\boldsymbol{w}_k(n)\,\boldsymbol{\phi}\,\{\boldsymbol{x}(n),\boldsymbol{c}_k(n)\}\right]^2 \tag{3-136}$$

如果径向基函数选择高斯形式，变为

$$J(n)=\frac{1}{2}\left[\boldsymbol{y}_{\mathrm{d}}(n)-\sum_{k=1}^{N}\boldsymbol{w}_k(n)\exp\left(-\frac{\|\boldsymbol{x}(n)-\boldsymbol{c}_k(n)\|_2^2}{\boldsymbol{\sigma}_k^2(n)}\right)\right]^2 \tag{3-137}$$

网络参数的修正方程为

$$\boldsymbol{w}(n+1)=\boldsymbol{w}(n)-\mu_{\mathrm{w}}\frac{\partial}{\partial\boldsymbol{w}}J(n)\bigg|_{w=w(n)} \tag{3-138}$$

$$\boldsymbol{c}_k(n+1)=\boldsymbol{c}_k(n)-\mu_{\mathrm{c}}\frac{\partial}{\partial\boldsymbol{c}_k}J(n)\bigg|_{c_k=c_k(n)} \tag{3-139}$$

$$\boldsymbol{\sigma}_k(n+1)=\boldsymbol{\sigma}_k(n)-\mu_{\sigma}\frac{\partial}{\partial\boldsymbol{\sigma}_k}J(n)\bigg|_{\sigma_k=\sigma_k(n)} \tag{3-140}$$

则基于随机梯度法的径向基函数神经网络训练算法可归纳为

第 1 步：选择 RBF 函数的中心，中心从输入向量集中选取。

第 2 步：根据式(3-138)计算 RBF 函数的扩展参数初始值。

第 3 步：将网络输出层的加权值初始化为一些小的随机值。

第 4 步：由输入向量，根据下式计算网络的输出

$$\hat{\boldsymbol{y}}(n)=\sum_{k=1}^{N}\boldsymbol{w}_k\boldsymbol{\phi}\{\boldsymbol{x}(n),\boldsymbol{c}_k,\boldsymbol{\sigma}_k\} \tag{3-141}$$

第 5 步：根据下式修正网络参数

$$\boldsymbol{w}(n+1)=\boldsymbol{w}(n)+\mu_{\mathrm{w}}\boldsymbol{e}(n)\boldsymbol{\Psi}(n) \tag{3-142}$$

$$\boldsymbol{c}_k(n+1)=\boldsymbol{c}_k(n)+\mu_{\mathrm{c}}\frac{\boldsymbol{e}(n)\boldsymbol{w}_k(n)}{\boldsymbol{\sigma}_k^2(n)}\phi\{\boldsymbol{x}(n),\boldsymbol{c}_k(n),\boldsymbol{\sigma}_k\}[\boldsymbol{x}(n)-\boldsymbol{c}_k(n)] \tag{3-143}$$

$$\boldsymbol{\sigma}_k(n+1)=\boldsymbol{\sigma}_k(n)+\mu_{\sigma}\frac{\boldsymbol{e}(n)\boldsymbol{w}_k(n)}{\boldsymbol{\sigma}_k^3(n)}\phi\{\boldsymbol{x}(n),\boldsymbol{c}_k(n),\boldsymbol{\sigma}_k\}\|\boldsymbol{x}(n)-\boldsymbol{c}_k(n)\|^2 \tag{3-144}$$

其中

$$\boldsymbol{\Psi}(n)=[\boldsymbol{\phi}\{\boldsymbol{x}(n),\boldsymbol{c}_1,\boldsymbol{\sigma}_1\},\phi\{\boldsymbol{x}(n),\boldsymbol{c}_2,\boldsymbol{\sigma}_2\},\cdots,\phi\{\boldsymbol{x}(n),\boldsymbol{c}_N,\boldsymbol{\sigma}_N\}]^{\mathrm{T}}$$

$$\boldsymbol{e}(n)=\hat{\boldsymbol{y}}(n)-\boldsymbol{y}_{\mathrm{d}}(n)$$

$y_{\mathrm{d}}(n)$是网络的期望输出，μ_{w}，μ_{c} 和 μ_{σ} 是适当的学习率参数。

第 6 步：检验收敛性，否则返回第 4 步。

具有修正隐藏层处理单元的中心点值和扩展参数的能力极大地改善了 RBF 神经网络的性能。对于一个给定大小的隐藏层，用随机梯度算法训练的 RBF 神经网络优胜于有固定中心的网络。然而，训练算法复杂性大大增加了，使得网络受训练的时间也增加了。观察上面给出的修正方程，可以得出以下结论：

(1) 相对于输出层的加权值，瞬时误差代价函数 $J(n)$是连续凸函数。然而，对于隐藏层单元的中心位置和 RBF 的相关扩展参数，都不成立。

(2) 一般来说，学习率参数 μ_{w}，μ_{c} 和 μ_{σ} 设定为不同的值。

(3) 学习规则没有反向传播复杂，因为一个 RBF 神经网络只有一个可调整的加权值(在输出层中)，不需要误差的反向传播。

3.6 神经网络控制基础

3.6.1 引言

1. 神经网络控制的优越性

神经网络具有大规模并行处理能力、冗余性、容错性、本质的非线性及自组织、自学习、自适应能力等优点，已经在许多不同的领域得到成功应用，如最优化设计、模式识别、信号处理和图像处理等领域。神经网络理论的诞生同样对不断面临挑战的控制理论带来生机。控制理论在经历了经典控制论、状态空间法、动

态规划、最优控制等阶段以后,面对被控对象越来越复杂、控制精度越来越高、对象和环境的知识知道甚少的情况,智能控制理论和技术迅速崛起。神经网络研究的再度兴起给传统控制理论注入了新鲜的血液和提供了新出路。由于神经网络本质上是一个大规模并行分布处理的非线性动力学系统,并在更高层次上体现出一些人脑的智能行为,为智能控制提供了新途径。神经网络的智能处理能力和控制系统所面临的愈来愈严重的挑战是神经网络控制的发展动力。正是由于神经网络本身具备传统的控制手段无法实现的一些优点和特征,使得神经网络控制器的研究迅速发展。从控制角度看,神经网络用于控制的优越性主要表现为:

① 神经网络可以处理那些难以用模型或规则描述的过程或系统。例如人骑自行车,要用机理模型来描述它的行为是相当困难甚至是不可能的,事实上也不会有人在辨识自行车的运动模型后再去学习如何骑车,而且学会骑车的过程中连一些基本的规则都难以表示,但人在处理这类问题时表现得相当出色。这类问题在现实生活中广泛存在,用神经网络理论来研究和模仿这类人类的活动是相当有潜力的。

② 神经网络采用并行分布式信息处理,具有很强的容错性。在处理实时性要求高的自动控制技术中显示出极大的优越性。如机器人的动力学实时控制问题等用传统控制方式目前都遇到了很多困难。

③ 神经网络是本质的非线性系统。目前研究最多的神经网络模型是多层前向传播网络,它是由大量具有 S 形曲线的非线性神经元组成,并具备非线性映射的特点。Hornik 等人已在 1989 年就用泛函分析理论证明了多层前向传播网络能够逼近任意 L^2 上的非线性函数,从而为多层前向传播神经网络的应用提供理论支持。因此神经网络在非线性系统控制中的应用很有前途。

④ 神经网络具有很强的信息综合能力。它能够同时处理大量不同类型的输入,能很好地解决输入信息之间的互补性与冗余性,能恰当地协调好互相矛盾的输入信息。利用神经网络的这一特性,人们可以有效地进行信息的融合来达到运动学、动力学和环境模型间的有机结合。

⑤ 神经网络的硬件实现愈趋方便。大规模集成电路技术的发展为神经网络硬件实现提供了技术手段,这进一步带动了高速处理能力,为神经网络的应用开辟了广阔前景。

2. 神经网络控制器的分类

神经网络的控制研究随着神经网络理论研究的不断深入而迅速发展起来。从 20 世纪 60 年代开始,Widrow 和 Hoff 就开始研究神经网络在控制中的应用。1964 年 Widrow 和 Smith 采用 Adaline 和 Madaline 网络结构以及 Widrow-Hoff 的最小均方误差(LMS)算法,进行“邦-邦”控制,复现一个已知的开关曲面,完成了小车-倒立摆的控制,这是神经网络应用于控制领域的最早例子。根据神经网络在控制系统中的作用不同,又可分为两大类,一类称神经控制,它是以神经网络为基础而形成的独立智能控制系统;另一类称为混合神经网络控制,它是利用神经网络学习和优化能力来改善传统的控制方法的一类控制系统。如自适应神经控制等。我们知道,线性系统的动力学模型可以通过微分方程来描述,对于离散系统而言可以用差分方程来描述。如果系统是线性的,现代控制理论已经给出了相当有效又具一般性的解决方法。然而,对于非线性系统来说就没有如此优越的结果。由于神经网络具备以上几个特点,有关控制器或控制对象的动力学特性和映射特征都可以包含在神经网络之中,且可以在没有数学模型的情况下通过学习来产生稳定的、合适的控制输出。目前神经控制器的分类还存在较大的争议,没有一个统一的分类法。综合目前各国专家的分类法,我们将一些典型的神经网络控制结构和学习方式归结为以下六类。

(1) 导师指导下的控制器。在许多情况下为了实现某一控制功能,简单地教会神经网络控制器模拟人做同样一件任务的操作行为是可能的。这种控制结构是假设人能够直接进行这类任务的控制,只是从价格、速度、兼容性和安全性考虑需采用自动控制方式;这种神经网络控制结构的学习样本直接取自于专家的控制经验。神经网络的输入信号来自传感器的信息和命令信号,神经网络的输出就是系统的控制信号,结构示意图如图 3-34 所示。一旦神经网络的训练达到了能够充分描述人的控制行为时,则网络训练结束。神经网络控制器可以直接投入实际系统运行。这种控制器结构简单,控制成功的把握大;在功能上它能模拟人类的控制技巧,同专家控制具有相当的功能,从获取知识的角度来看,神经网络更胜一筹。这种控制器的缺陷是其网络的训练只涉及静态过程,缺乏在线学习机制,且在网络训练时控制器不能投入实际运行。

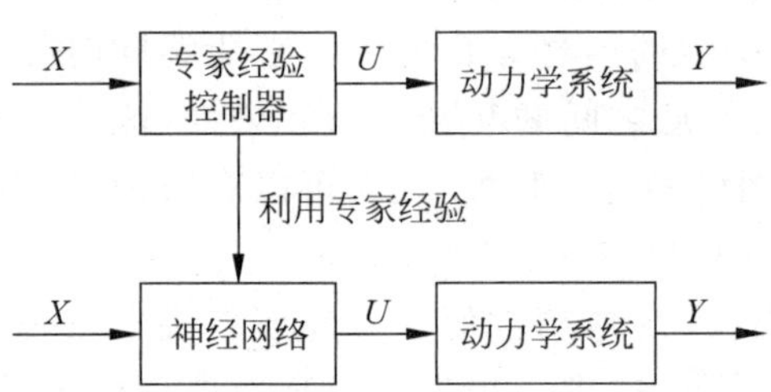

图 3-34 导师指导下的神经网络控制结构图

(2) 逆控制器。如果一个动力学系统可以用一个逆动力学函数来表示,则采用简单的控制结构和方式是可能的,图 3-35 给出了这种控制器的结构示意图。神经网络的训练目的就是为了逼近此系统的逆动力学模型。其方法是通过采集被控对象的状态信息来实现。神经网络的输出与该被控系统的控制信号之差作为调整神经网络权系数的校正信号,并可利用常规的 BP 学习算法(当然改进的算法更佳)来进行控制网络的训练。一旦训练成功,从理论上来看只要直接把神经网络控制器接到动力学系统的控制端就可以实现无差跟踪控制，即要实现期望的控制输出只要将此信息加到神经网络的输入端就可以了。

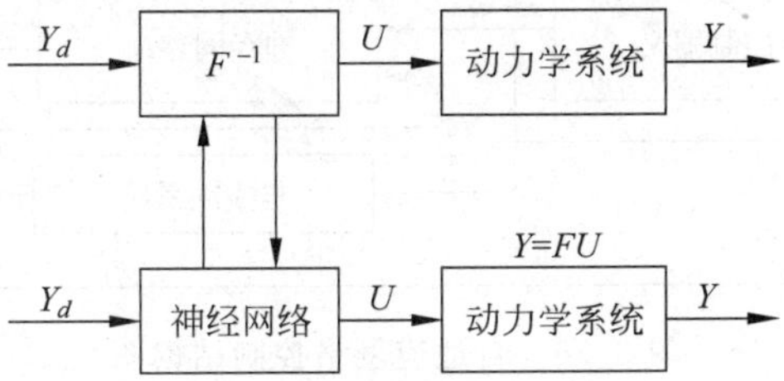

图 3-35　逆控制器的结构图

上述控制方式在有些情况下会产生严重的后果。如当被控制系统的动力学模型不可逆时。例如，只简单地考虑一下静态问题，当系统存在多个输入信号下产生同一系统输出的情况时，此系统就不可逆了。此时，对神经网络训练来说，意味着对应于一个神经网络输入存在两个以上的期望输出。因此网络的训练是不可接受的。另一种情形是当某一系统的动态性能相当复杂以至于系统的频率响应在某一频率下为 0。在这种情况下神经网络的训练在此频率输入信号时其控制期望输出为无穷大。因此，在物理上也是不可实现的。

尽管直接逆控制存在这些不足，但在被控系统的动态特性比较了解且逆动力学模型存在时，直接逆模型控制还是值得考虑的。

(3) 自适应网络控制器。利用神经网络将线性系统经典的自适应控制设计理论和思想方法直接引到非线性系统自适应控制系统中来是可能的，而且被证明是可行的。这一思想首先在 1990 年由 Narendra 等提出并成功地应用于非线性系统的神经网络自适应控制。这一控制器在结构上完全等同于线性系统的自适应控制器，只是利用非线性神经网络代替线性系统中的线性处理单元。自适应控制系统要求控制器能够随着系统环境或参数变化而对控制器进行调节以便达到最优控制的目标。图 3-36 给出了模型参考自适应网络控制器的系统结构图。在这里，将控制误差 e_c(实际系统的输出与参考模型的输出之差)反馈到控制器中去并利用它对控制器特性进行修改最终使其误差趋于极小。在线性系统的自适应控制中，我们知道，这种对控制器特性进行修改的机制是相当复杂的。即使这样，将这些结果直接用于非线性系统的情况相当小且非常专一。自适应网络控制器有两种控制结构，一是直接自适应网络控制结构；二是间接自适应网络控制结构。直接自适应网络控制结构是将系统误差信号 e_c 直接用于神经控制器的自适应调整，但目前还没有一种可行的方法来解决未知动力学模型的控制问题。间接自适应网络控制结构利用神经网络辨识器和神经网络控制器代替经典控制结构中的辨识模型和控制器，使得系统的学习和控制能够实现。控制器的设计准则仍然是依赖于系统的输出预报误差最小原则。

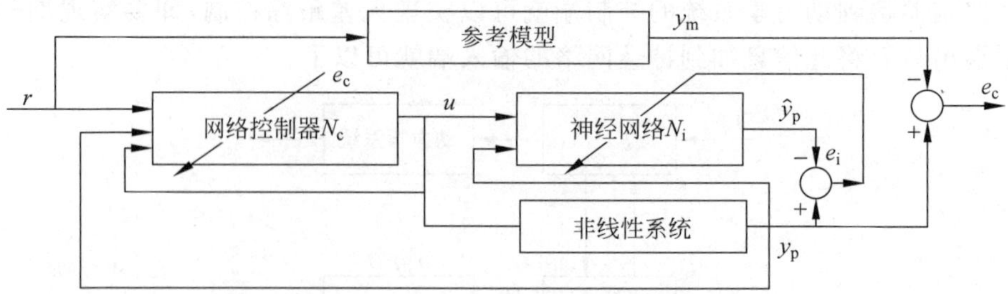

图 3-36　自适应网络控制结构图

(4) 前馈控制结构。这种结构是基于鲁棒性问题而提出来的。通常单纯的求逆控制结构不能很好地起到抗干扰能力,因此结合反馈控制的思想组成前馈补偿器的网络控制结构(如图 3-37)。反馈控制的目的在于提高抗随机扰动的能力,而控制器的主要成分,特别是非线性成分将由网络控制器来完成。这种控制器设计的主要困难是如何找到一种有效的学习方法实现对系统模型未知条件下网络控制的在线学习。

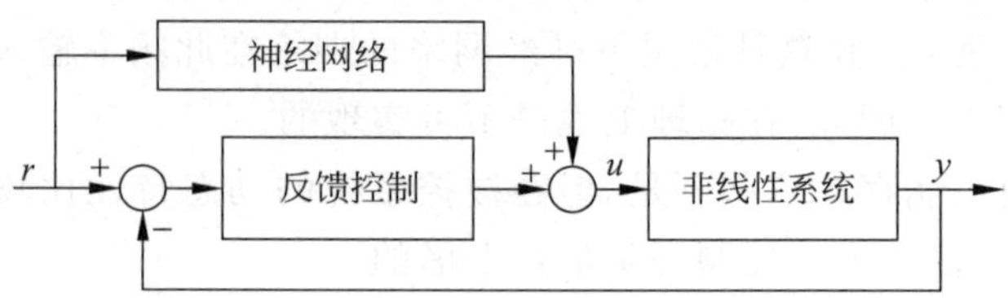

图 3-37　前馈补偿控制结构图

(5) 自适应评价网络。经常有这样一类系统,在一系列控制作用进行时没有一个直接的对系统控制效果的暗示信号,如两人下棋,在下棋过程中,每一步的走法都无法得出胜负的结论,除了最后一步外。因此,这种现象属于缺乏系统的中间信息,但是,对有经验的棋手来说,能够在每一步作出准确的判断,直至最后胜利。这个例子也说明了当最后结果到来之前对每一步作出准确的评价是一件相当困难的事。自适应评价网络是由 Barto,Sutten 和 Anderson 在 1983 年提出来的,整个学习系统由一个相关的搜索单元和一个自适应评价单元组成,在这个算法中,相关搜索单元是作用网络。自适应评价单元为评价网络,它不需要控制系统数学模型,只是通过对某一指标准则 J 的处理和分析得到奖励或惩罚信号。

(6) 混合控制系统。将神经网络技术与模糊控制、专家系统等相结合形成的一种具有很强学习能力的智能控制系统。它集人工智能各分支的优点,使系统同时具有学习、推理和决策能力,成为智能控制最新发展的方向。

从以上分析可知,不管采用何种神经网络控制结构,要真正实现神经网络的智能控制,必须具备一种有效的学习机制来保证神经控制器的自学习、自适应功能。此外,不难看出,神经网络模型对于未知动力学系统的控制是至关重要的。

因此,在讨论神经控制器的学习问题之前先来引入非线性动力学系统的神经网络辨识问题。

3.6.2 神经网络的逼近能力

在研究控制系统的神经网络辨识和控制时,首先要搞清楚到底什么样的被控系统可以用神经网络来描述。对于众多的神经网络类型来说,要得到一个统一的神经网络逼近理论是不现实的,况且,还有很多神经网络结构的逼近性问题至今尚未得到证明。考虑到多层前向传播神经网络在控制系统的辨识和控制中有广泛应用,本节给出多层前向传播神经网络的逼近能力。我们知道,许多神经网络的应用实例已经表明,多层前向传播神经网络能够相当好地逼近许多实际问题中的非线性函数。那么,这些成功应用的背后是否意味着多层前向传播神经网络有更深入、更基本的内含呢?是不是多层前向传播神经网络仅仅局限于已经得到成功应用的这些场合呢?本节将回答这些问题。

神经网络的逼近能力问题随着神经网络理论的形成而相继提出。1987 年由 Cun L. 和 Lapedes 给出了如下结论:含有两个隐含层的前向传播神经网络,且神经元激励函数为单调的 S 型函数,则此神经网络能够得到合适的逼近精度。1988 年 Gallant 和 White 利用 Fourier 级数理论证明单层隐含层前向传播神经网络的映射能力。他们指出,对于在紧集中的任何平方可积函数可以通过有限个隐含神经元组成的二层前向传播神经网络来逼近,并能达到任意逼近精度。考虑具有单个隐含层的前向传播神经网络,其输出属于集合

$$\begin{aligned}&\sum(\Psi)=\{f\colon R^n\to R\\&f(\boldsymbol{x})=\sum v_j\Psi(\bar{\boldsymbol{x}}^{\mathrm{T}}\boldsymbol{w}_j)\quad \boldsymbol{x}\in R^n\quad v_j\in R\quad \boldsymbol{w}_j\in R^{n+1}\\&j=1,2,\cdots,q\}\end{aligned}\tag{3-145}$$

其中:$\boldsymbol{x}$ 表示 n 维输入矢量,$\bar{\boldsymbol{x}}=(1,\boldsymbol{x}^{\mathrm{T}})^{\mathrm{T}}$;

v_j 表示隐含层第 j 个神经元到输出层的权值;

$\boldsymbol{w}_j$ 表示输入矢量到隐含层第 j 个神经元的权值矢量,$j=1,2,\cdots,q$;q 为隐含层神经元个数;

$\Psi(\cdot)$为隐含层神经元特性。

这里,我们只考虑仅含一个隐含层的神经元网络。不难看出,只要这样的神经网络能够逼近任意非线性函数,那么,对于含有多个隐含层的神经网络肯定也能逼近任意非线性函数。为了讨论输出函数集合 $\Sigma(\Psi)$在函数空间中的逼近能力,先引入一些数学定义。

定义 3-2 S 型函数。如果函数 $\Psi(\cdot)$:$R\to[0,1]$是非递减函数,且满足

$$\lim_{\lambda\to\infty}\Psi(\lambda)=1;\qquad \lim_{\lambda\to-\infty}\Psi(\lambda)=0\tag{3-146}$$

则称函数 $\Psi(\cdot)$为 S 型函数。

定义 3-3 距离函数 ρ。给定的函数空间 S，设 $f,g,h\in S$，则距离函数 ρ 满足以下条件

① 正定性 $\rho(f,g)\geqslant 0$，且仅当 $f=g$ 时等号成立；

② 对称性 $\rho(f,g)=\rho(g,f)$；

③ 三角不等式关系 $\rho(f,g)\leqslant\rho(f,h)+\rho(h,g)$。

定义 3-4 ρ 稠密。一个度量空间(X,ρ)中的子集 S 称为是在子集 T 上的ρ-稠密，只有当对于任意一个给定的 $\varepsilon>0$，对所有的 $t\in T$，存在一个 $s\in S$，有 $\rho(s,t)<\varepsilon$。

这一定义实际上说明的是，S 集中的任意元素都可以用 T 集中的某一元素进行任意精度的逼近。

若定义 $U\in R^n$ 是 n 维的单位超立方体，$C(U)$为定义在 U 上的所有连续函数 $g(\boldsymbol{x})$的集合，距离函数 $\rho(s,t)=\mathrm{Sup}|s-t|$，则存在以下定理。

定理 3-4 若神经元的激励函数 $\Psi(\cdot)$是 S 型连续函数，那么 $\Sigma(\Psi)$在 $C(U)$中是 ρ 稠密。

这个定理说明，只要是有限空间中的连续函数 $g(\boldsymbol{x})$，总存在具有上述神经元特性 $\Psi(\cdot)$的三层网络 $\Sigma(\Psi)$，使得其输出函数 $f(\boldsymbol{x})$能够以任意精度逼近 $g(\boldsymbol{x})$。对于连续函数 $g(\boldsymbol{x})$而言，我们已经有了明确的结论。那么，对于非连续函数是否也有类似的神经网络来逼近它呢？如果能够实现这样的逼近，则非连续函数 $g(\boldsymbol{x})$应该满足什么样的条件？为了简单起见，先来考虑一维输入变量($n=1$)情况下的神经网络逼近问题。

假设函数 $g(x)$只在 $U=[-1,1]$上有定义，且满足平方可积条件

$$\int_{-1}^{1} |g(x)|^2 \mathrm{d}x < \infty$$

那么，可以将函数 $g(x)$在$[-1,1]$上展开成傅里叶级数。在 $g(x)$的连续点的值可以用有限项的三角函数和来表示：

$$G(g,x,N)=\frac{a_0}{2}+\sum_{k=1}^{N}[a_k\cos(2\pi kx)+b_k\sin(2\pi kx)] \qquad (3\text{-}147)$$

其中

$$a_k=\int_{-1}^{1}g(x)\cos(2\pi kx)\mathrm{d}x \qquad k=0,1,2,\cdots,N$$

$$b_k=\int_{-1}^{1}g(x)\sin(2\pi kx)\mathrm{d}x \qquad k=1,2,\cdots,N$$

$G(g,x,N)$在均方意义下收敛于 $g(x)$。亦即，对于任意的 δ，存在 N，使

$$\int_{-1}^{1} |G(g,x,N)-g(x)|^2 \mathrm{d}x < \delta \qquad (3\text{-}148)$$

这样，任意函数 $g(x)$的神经网络逼近问题就转化为函数 $G(g,x,N)$的神经网络逼近问题了，也就是说，只要存在三层前向传播神经网络 $\Sigma(\Psi)$，能够逼近 $\cos(2\pi kx)$和 $\sin(2\pi kx)$，也就证明了非连续函数的神经网络逼近问题。由于 $\cos(2\pi kx)$和 $\sin(2\pi kx)$存在一定的相关性，因此，不难看出，只要函数 $\sin(2\pi kx)$的神经网络逼

近可以实现，则函数 $\cos(2\pi kx)$ 的任意精度逼近问题也就迎刃而解了。所以，最后归结到函数 $\sin t(t=2\pi kx)$ 的神经网络逼近问题。为了说明问题起见，我们取 $\Psi(t)$ 为阈值函数，即

$$\Psi(t)=\begin{cases}1, & t\geqslant 0\\ 0, & t<0\end{cases}$$

考虑到神经元激励函数为阈值函数。因此，对于单输入单输出函数的逼近问题可以用分段的折线来逼近正弦函数，如图 3-38 所示。由于神经元网络的映射函数由式(3-145)给出，用这一网络结构来逼近正弦函数只需取它们的权系数为

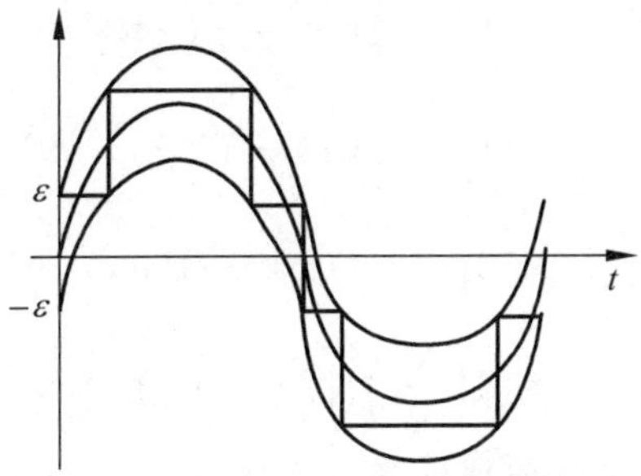

图 3-38　正弦函数的神经网络逼近示意图

$$\frac{w_{0i}}{w_{1i}}=-\theta_i$$

$$v_i=\begin{cases}2\varepsilon, & \theta_i\in\left[0,\dfrac{\pi}{2}\right)\cup\left(\dfrac{3\pi}{2},2\pi\right]\\ -2\varepsilon, & \theta_i\in\left[\dfrac{\pi}{2},\dfrac{3\pi}{2}\right]\end{cases}\tag{3-149}$$

从图 3-38 中不难看出，当 ε 充分小时，所需的神经元个数约为 $2/\varepsilon$ 的整数倍。注意到 $t=2\pi kx$，当 $x\in[-1,1]$ 时，$\sin t$ 共有 k 个周期。将上述针对 $\sin t, t\in[0,2\pi]$ 作周期延拓，共需 $[2k/\varepsilon]$ 个神经元，其中 $[\cdot]$ 表示取整函数。同理，逼近 $\cos(2\pi kx)$ 也需要这么多的神经元。因此，逼近 $G(g,x,N)$ 函数时总共需约 $\sum_{k=1}^{N}2[2k/\varepsilon]$ 个神经元，即不超过 $[2N^2/\varepsilon]$。假设取神经网络 $\Sigma(\Psi)$ 的隐含神经元总数

$$q=[2N^2/\varepsilon]\tag{3-150}$$

则用这一神经网络结构的网络输出 $f(x)$ 来逼近 $G(g,x,N)$ 函数的误差为

$$|f(x)-G(g,x,N)|\leqslant\varepsilon\left|f(x)-\sum_{k=1}^{N}[a_k\cos(2\pi kx)+b_k\sin(2\pi kx)]\right|\tag{3-151}$$

在区间 $[-1,1]$ 上的均方误差为

$$\int_{-1}^{1}|f(x)-G(g,x,N)|^2\mathrm{d}x\leqslant\varepsilon^2\sum_{k=1}^{N}(a_k^2+b_k^2)\tag{3-152}$$

当 $g(x)$ 满足平方可积的条件时，由 Parseval 能量恒等式可知

$$\int_{-1}^{1}|g(x)|^2\mathrm{d}x=\frac{a_0^2}{2}+\sum_{k=1}^{\infty}(a_k^2+b_k^2)\tag{3-153}$$

考虑方程式(3-150)、式(3-152)和式(3-153)可得 $f(x)$ 与 $G(g,x,N)$ 的均方误差为

$$\int_{-1}^{1}|f(x)-G(g,x,N)|^2\mathrm{d}x\leqslant\left(\frac{2N^2}{q}\right)^2\int_{-1}^{1}|g(x)|^2\mathrm{d}x\tag{3-154}$$

这就是神经网络 $\Sigma(\Psi)$ 逼近 $G(g,x,N)$ 的显式上界。下面我们来看一下神经网络 $\Sigma(\Psi)$ 输出 $f(x)$ 与被逼近函数 $g(x)$ 的均方误差。

$$\begin{aligned}&\int_{-1}^{1}|f(x)-g(x)|^2\mathrm{d}x\\&=\int_{-1}^{1}|f(x)-G(g,x,N)+G(g,x,N)-g(x)|^2\mathrm{d}x\\&\leqslant 2\int_{-1}^{1}|f(x)-G(g,x,N)|^2\mathrm{d}x+2\int_{-1}^{1}|G(g,x,N)-g(x)|^2\mathrm{d}x\\&\leqslant 8\left(\frac{N^2}{q}\right)^2\int_{-1}^{1}|f(x)|^2\mathrm{d}x+2\delta\end{aligned}\tag{3-155}$$

只要隐含神经元总个数 q 与三角级数项数 N 满足 $N^2/q\to 0$，则此神经网络就能以任意精度逼近 $g(x)$，$g(x)$ 可以是分段连续函数。至此，我们已经证明了一维情况下的神经网络逼近问题。接下去将继续讨论多维输入、输出系统的神经网络逼近问题。定义函数矢量 $g(\boldsymbol{x})$ 的绝对值 $|\cdot|$ 为各分量的最大绝对值，并将其在单位空间 U 中满足

$$\int_U|g(\boldsymbol{x})|^2\mathrm{d}\boldsymbol{x}<\infty\tag{3-156}$$

的函数 $g(\boldsymbol{x})$ 集合记为 $L_2(U)$。引入距离度量

$$\rho_2(f,g)=\left[\int_U|f(\boldsymbol{x})-g(\boldsymbol{x})|^2\mathrm{d}\boldsymbol{x}\right]^{\frac{1}{2}}\tag{3-157}$$

则有以下定理。

定理 3-5 若神经元特性 $\Psi(t)$ 是阈值特性，那么，$\Sigma(\Psi)$ 在 $L_2(U)$ 中是 ρ_2 稠密的。即，对于任意的 $g(\boldsymbol{x})\in L_2(U)$，及 $\varepsilon>0$，必存在一个神经网络输出函数 $f(\boldsymbol{x})$，使得

$$\int_U|f(\boldsymbol{x})-g(\boldsymbol{x})|^2\mathrm{d}\boldsymbol{x}<\varepsilon\tag{3-158}$$

这一定理只是简单地将一维情形推广到多维情况。

上述两条定理阐明了多层前向传播神经网络可以逼近任意连续函数和分段连续函数的能力。但是，在有些场合，仅仅是函数值的逼近还不能满足系统分析和设计的要求。经常需要诸如函数的导数等的逼近信息。那么，究竟要求函数满足什么样的要求能实现神经网络的进一步逼近呢？Hornik、Stinchcombe 和 White 在 1989 年发表的论文[45]中回答了这一问题。下面将给出主要的一些结论。

定义 3-5 仿射函数集 A^n。对于任一 $n\in N\equiv\{1,2,\cdots\}$，称 A^n 为从空间 R^n 映射到空间 R^o 的仿射函数集合，这里的 $A(\boldsymbol{x})$ 为所有满足方程 $A(\boldsymbol{x})=\boldsymbol{w}\cdot\boldsymbol{x}+b$ 的函数集合，其中 $\boldsymbol{w}$ 和 $\boldsymbol{x}$ 是在 R^n 空间中的矢量，"·"表示两个矢量的内积，$b\in R^o$ 是一标量。

在下文中，我们将 $\boldsymbol{x}$ 作为神经网络的输入矢量，$\boldsymbol{w}$ 表示从输入层到中间隐含层

的连接权值，$\boldsymbol{b}$ 为对应的阈值。

定义 3-6 函数的集合 $\Sigma^n(G)$。对于任意 Borel 可测函数 $G(\cdot)$实现从 R^n 到 R^o 的映射和 $n\in N$。则 $\Sigma^n(G)$定义为满足以下方程的函数集合

$$\begin{aligned}\{f: R^n \to R^o : f(\boldsymbol{x}) = \sum_{j=1}^{q}\beta_j G(A_j(\boldsymbol{x})),\\ \boldsymbol{x}\in R^n, \beta_j \in R^o, A_j \in A^n, q = 1,2,\cdots\}\end{aligned} \tag{3-159}$$

如果 G 是 S 型函数，则 $\Sigma^n(G)$就表示具有单层隐含层，其隐含神经元函数为 S-函数，输出层神经元为线性函数的神经网络输入输出映射关系。这里的 β_j 表示从隐含层到输出层神经元之间的连接权值。

定义 3-7 函数的集合 $\Sigma\Pi^n(G)$。对于任意 Borel 可测函数 $G(\cdot)$实现从 R^n 到 R^o 的映射和 $n\in N$。则 $\Sigma\Pi^n(G)$定义为满足以下方程的函数集合

$$\begin{aligned}\{f: R^n \to R^o : f(\boldsymbol{x}) = \sum_{j=1}^{q}\beta_j \prod_{k=1}^{l_j} G(A_{jk}(\boldsymbol{x})),\\ \boldsymbol{x}\in R^n, \beta_j \in R^o, A_{jk} \in A^n, l_j \in N, q = 1,2,\cdots\}\end{aligned} \tag{3-160}$$

定义 3-7 的函数集合进一步扩充了由定义 3-6 所定义的函数集合范畴。下面定理将针对定义 3-7 的函数集合来进行。毫无疑问，这些结论对函数集合 $\Sigma^n(G)$也必然成立。

记C^n 为从 $R^n \to R^o$ 映射的连续函数的集合。

M^n 为从 $R^n \to R^o$ 映射的所有 Borel 可测函数的集合。

B^n 为 R^n 中的 Borel σ-域。

则对于任何可测函数 G，函数类 $\Sigma^n(G)$和 $\Sigma\Pi^n(G)$属于 M^n。当 G 是连续函数时，函数类 $\Sigma^n(G)$和 $\Sigma\Pi^n(G)$也属于 C^n。实际上，集合 C^n 是集合 M^n 的一个子集。

定义 3-8 集合 C^n 中的一个子集 S 称为是在 C^n 中紧凑的一致稠密，只有当对于任何一个紧集 $K\in R^n$，S 是在集合 C^n 中的 ρ_k-密度。所谓 ρ_k-密度指的是，对于函数 $f,g\in C^n$，$\rho_k(f,g)=\sup_{x\in K}|f(x)-g(x)|$。如果对于所有的紧集 $K\in R^n$，当 $n\to\infty$时，$\rho_k(f_n,f)\to 0$，则序列$\{f_n\}$必将均匀地收敛于函数 f。

紧集的概念是在泛函中出现的。为了便于读者理解，这里作一补充说明。所谓紧集指的是在度量空间中的一个子集 K，当 K 的每一个点列都含有极限点仍属于K 的子列，则称 K 为紧集。

定理 3-6 如果 G 是从 $R^o \to R^o$ 的任意一个连续的非常量函数，则 $\Sigma\Pi^n(G)$在集合 C^n 中是均匀密度的。

换句话说，这个定理表明 $\Sigma\Pi$ 前馈神经网络能够任意逼近任何在紧集内的实值连续函数。不难发现，在这一定理中并没有对函数 G 作较大的限制，只要 G 是连续函数就可以了，也没有要求 G 应该是 S 型函数。为了进一步说明以下三个定理，我们再引入两个定义。

定义 3-9 记 μ 是(R^n,B^n)集上的概率度量，如果 f 和 g 属于 M^n。当 $\mu\{x\in$

R^n：$f(x)=g(x)\}=1$ 时，我们称 f 和 g 是 μ 等效的。

定义 3-10 给定(R^n,B^n)集上的概率度量 μ，定义度量函数 $\rho_\mu(f,g)=\inf\{\varepsilon>0:\mu\{x:|f(x)-g(x)|>\varepsilon\}<\varepsilon\}$。

定理 3-7 对于每一个连续非常量函数 G、任意维数 n 和每一个(R^n,B^n)集上的概率度量 μ，$\Sigma\Pi^n(G)$在 M^n 中是 ρ_μ-稠密的。

换句话说，单一隐含层的前向传播网络 $\Sigma\Pi$ 能够对任何的可测函数任意精度的逼近，而与神经元函数 G、输入维数 n、输入空间度量 μ 无关。这也意味着 $\Sigma\Pi$ 神经网络具有强大的逼近能力。

定理 3-8 对于任意 S 型函数 Ψ、输入维数 n 和概率度量 μ，$\Sigma\Pi^n(\Psi)$在紧集 C^n 中是一致稠密的、在 M^n 中是 ρ_μ-稠密的。

定理 3-9 对于任意 S 型函数 Ψ、输入维数 n 和概率度量 μ，$\Sigma^n(\Psi)$在紧集 C^n 中是一致稠密的、在 M^n 中是 ρ_μ-稠密的。

换句话说，标准的具有一个隐含层的前向传播网络在紧集中能够均匀地逼近任意连续函数、在 ρ_μ-度量中逼近任意可测函数，且与神经元函数 G、输入维数 n、输入空间度量 μ 无关。

不难看出，定理 3-9 蕴涵着定理 3-8，定理 3-8 蕴涵着定理 3-7。上述定理同样表明了，多层前向传播神经网络不仅可以逼近连续函数本身，还可以逼近函数的导数项。

3.7 非线性动态系统的神经网络辨识

3.7.1 神经网络的辨识基础

系统辨识是 20 世纪 60 年代开始迅速发展起来的一门学科，它是现代控制理论的重要组成部分。数字计算机的快速发展为系统辨识提供十分有效的计算工具。在过去三十多年中单变量线性系统的辨识理论和方法已趋成熟，然而对于多变量线性系统辨识，包括多变量系统的结构辨识，近十年来受到了普遍的重视。但由于在噪声背景下辨识问题的高度复杂性，多变量系统的辨识还有很多问题有待解决。与多变量系统辨识相比，非线性系统的辨识更加复杂，且研究进展也十分缓慢。传统的非线性系统辨识都是基于如下三种基本结构模式，函数级数展开、方块图系统和非线性微分(或差分)方程模型。神经网络理论的出现为非线性系统辨识提供了新的思路。

对于辨识，L. A. Zadeh 曾经下过这样的定义："辨识是在输入和输出数据的基础上，从一组给定的模型中，确定一个与所测系统等价的模型"。这个定义明确了辨识的三个基本要素。

(1) 输入输出数据——指能够量测到的系统的输入输出；

(2) 模型类——指所考虑的系统的结构；

(3) 等价准则——指辨识的优化目标。

由于实际上不可能找到一个与实际系统完全等价的模型。因此，从实用角度看，辨识就是从一组模型中选择一个模型，按照某种准则，使之能最好地拟合所关心的实际系统动态或静态特性。图 3-40 给出了常见的辨识结构。神经网络辨识就是从神经网络模型中选择一个模型来逼近实际系统模型。一旦确认系统具有非线性特征以后，系统辨识的任务就是选择适当模型来描述它。描述非线性系统的模型结构不同，其参数估计的方法也有所不同。由于非线性系统的复杂性，至今还没有一套适用于所有非线性系统模型参数估计的有效方法。正是由于神经网络本质上具备非线性映射能力，因此它的发展为非线性系统辨识提供了可靠的技术途径。神经网络系统本质上来说是一种非线性映射，它从某一输入空间通过网络变换，映射到输出空间，这种非线性逼近关系同样在系统控制中也是相当重要的。使用非线性系统的输入输出数据来训练神经网络可认为是非线性函数的逼近问题。逼近理论是一种经典的数学方法。大家知道，多项式函数和其他逼近方法都可以逼近任意的非线性函数。但由于其学习能力和并行处理能力不及神经网络，从而使得神经网络的逼近理论研究得到迅速发展。大量研究结果和理论证明多层前向传播网络能够逼近任意 L^2 非线性函数。因此对于多层前向传播神经网络逼近问题的关键在于如何确定多少隐含层和多少隐含激励神经元才能最佳地逼近给定的非线性对象。Chester(1990)从实验观察和分析中给出了理论上的支持，认为双隐层的神经网络比单隐层的神经网络具备更高的逼近精度。至于对于 N 个变量的连续函数到底需要多少隐含层、多少隐含神经元目前暂没有公认的结论。

神经网络用于系统辨识的实质就是选择适当的神经网络模型来逼近实际系统，即 $\hat{S}_M$ 为神经网络模型类，$\hat{P}\in\hat{S}_M$ 为一神经网络。考虑到多层前向传播网络具备良好的学习算法，本章我们选择多层前向传播网络为模型类 $\hat{S}_M$，$\hat{P}$ 为一能充分逼近实际系统而又不过分复杂的多层网络。与传统基于算法的系统辨识一样，神经网络辨识同样也需首先考虑以下三大因素。

(1) 模型的选择

模型只是在某种意义下实际系统的一种近似描述，它的确定要兼顾其精确性和复杂性。因为如要求模型越精确，模型就会变得越复杂，相反如果适当降低模型精度要求，只考虑主要因素而忽略次要因素，模型就可以简单些。所以在建立实际系统模型时，存在着精确性和复杂性这一对矛盾。在神经网络辨识这一问题上主要表现为网络隐含层数的选择和隐含层内节点数的选择。由于神经网络隐含节点的最佳选择目前还缺乏理论上的指导，因此实现这一折中方案的唯一途径是通过多次仿真实验来达到。

(2) 输入信号的选择

为了能够精确有效地对未知系统进行辨识，输入信号必须满足一定的条件。

从时域上来看,要求系统的动态过程在辨识时间内必须被输入信号持续激励,即输入信号必须充分激励系统的所有模态;从频域来看,要求输入信号的频谱必须足以覆盖系统的频谱。通常在神经网络辨识中可选用白噪声或伪随机信号作为系统的输入信号。对于实际运行系统而言,选择测试信号需考虑对系统安全运行的影响。

(3) 误差准则的选择

误差准则是用来衡量模型接近实际系统的标准,它通常表示为一个误差的泛函,记作

$$E(W)=\sum_{k} f(e(k)) \tag{3-161}$$

其中 $f(\cdot)$是误差矢量 $\boldsymbol{e}(k)$的函数,用得最多的是平方函数,即

$$f[\boldsymbol{e}(k)]=\boldsymbol{e}^{2}(k) \tag{3-162}$$

这里的误差 $\boldsymbol{e}(k)$是广义误差,即既可以表示输出误差又可以表示输入误差甚至是两种误差函数的合成。

神经网络的辨识在以上三大要素确定以后就归结为一个最优化问题。传统辨识算法是通过建立系统的参数模型,并把辨识问题转化为对模型参数的估计问题。与传统辨识方法不同,神经网络辨识具有以下五个特点。

(1) 不要求建立实际系统的辨识格式。因为神经网络本质上已作为一种辨识模型,其可调参数反映在网络内部的权值上。

(2) 可以对本质非线性系统进行辨识,而且辨识是通过在网络外部拟合系统的输入输出,网络内部隐含着系统的特性。因此这种辨识是由神经网络本身实现的,是非算法式的。

(3) 辨识的收敛速度不依赖于待辨识系统的维数,只与神经网络本身及其所采用的学习算法有关,传统的辨识方法随模型参数维数的增大而变得很复杂。

(4) 由于神经网络具有大量的连接,这些连接之间的权值在辨识中对应于模型参数,通过调节这些权值使网络输出逼近系统输出。

(5) 神经网络作为实际系统的辨识模型,实际上也是系统的一个物理实现,可以用于在线控制。

3.7.2 神经网络辨识模型的结构

非线性动力学系统的神经网络建模问题根据模型的表示方式不同主要有两大类,前向建模法和逆模型法。所谓前向建模法是利用神经网络来逼近非线性系统的前向动力学模型,其结构图如图 3-39 所示。神经网络模型在结构上与实际系统并行。网络训练的导师信号直接利用系统的实际输出,即将系统的实际输出与神经网络输出的误差作为网络训练的信号。目前对于动态系统的建模有两种方法。一种是把系统动力学特性直接引入到网络本身中来,如回归网络模型和动

态神经元模型。另一种方法是在网络输入信号中考虑系统的动态因素，即将输入、输出的滞后信号加到网络输入中来形成一种动态关系。由于多层前向传播网络具备良好的学习算法，动态系统的这一建模方法往往选择多层前向传播网络。不失一般性，考虑这样一类非线性离散动态系统

$$y(k+1)=f(y(k),\cdots,y(k-n+1),\\ u(k),u(k-1),\cdots,u(k-m+1)) \tag{3-163}$$

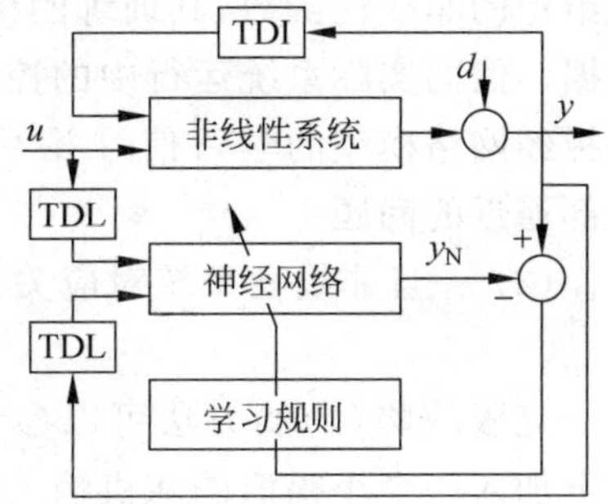

图 3-39　前向建模示意图

当前 $k+1$ 时刻的系统输出依赖于过去时刻的 n 个输出值和过去时刻的 m 个控制值。比较直观的一种建模方法是选择神经网络的输入输出结构与系统的结构一致，记 y_N 为神经网络的输出，则

$$y_N(k+1)=f^{\sim}(y(k),\cdots,y(k-n+1),u(k),\cdots,u(k-m+1)) \tag{3-164}$$

其中 $f^{\sim}$ 为神经网络的输入输出非线性映射，注意网络的输入包括实际系统输出的过去值 $y(k),y(k-1),\cdots,y(k-n+1)$。

式(3-164)表示一种通用的非线性动态系统模型。通常说来，针对同一非线性离散动态系统，用神经网络来辨识系统的复杂性也是相当严重的，即可有多种神经网络结构来逼近此系统模型。前向建模方法建立起来的神经网络模型表示从系统的输入 u 经过前向网络传播后输出 y。这种方法确实反映系统动力学模型的输入输出关系，然而，在大多数基于神经网络控制的非线性系统中，往往要考虑动态系统的逆模型，如何建立非线性系统的逆动力学模型对于以后将讨论的神经控制是至关重要的。因此有必要先引入逆模型法。逆模型建立的最直接方法是将系统输出作为网络的输入，网络输出与其期望输出即系统的输入进行比较得到误差作为此神经网络训练的信号，如图 3-40 所示。

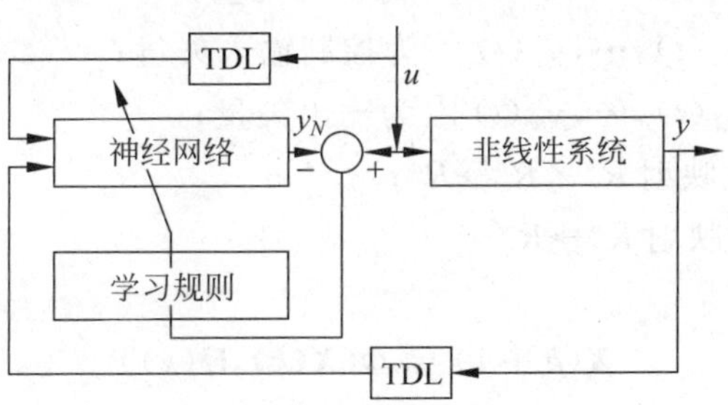

图 3-40　逆模型直接法示意图

但是这种逆模型建模方法在实用上并不理想。其主要原因在于此方法存在以下缺陷。

（1）学习过程不一定是目标最优的。我们知道，如果要求神经网络准确地逼近给定的非线性函数，其训练的样本空间应尽量地选择系统可能达到的大范围内数据。然而实际系统运行中的控制信号往往是针对某一过程而言的，这样用来训练神经网络模型的学习信号并不能完全表示整个非线性系统的特性。因此存在局部逼近的问题。

（2）一旦非线性系统对应关系不是一对一的，那么不准确的逆模型可能会被建立。

克服缺陷（1）的方法可以参考其他系统辨识的方法，通过适当地在稳定工作态下加入一个小幅值的随机输入信号，从而提高系统的可辨识能力。解决这一问题的另一途径是可采用图 3-41 所示的逆模型建模结构。在这种结构中，逆模型的输入可以遍及整个系统的输入空间。由于它的指导思想和学习方法与神经网络控制器有相近之处，因此详细讨论参见 3.8 节。下面将重点讨论非线性系统的前向建模问题。

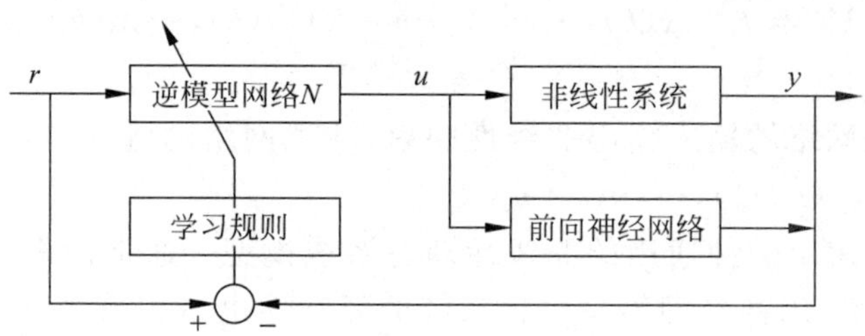

图 3-41 实用逆模型建模示意图

我们知道，在系统理论中，相当一部分系统可以用矢量微分方程或矢量差分方程来描述。即可用方程式(3-165)和式(3-166)分别表示。

$$\begin{aligned}\dot{\boldsymbol{X}}(t) &= \Phi(\boldsymbol{X}(t),\boldsymbol{U}(t))\\ \boldsymbol{Y}(t) &= \psi(\boldsymbol{X}(t))\end{aligned} \tag{3-165}$$

其中$\boldsymbol{X}(t)=[x_1(t),x_2(t),\cdots,x_n(t)]^{\mathrm{T}}$ 为状态矢量；

$\boldsymbol{U}(t)=[u_1(t),u_2(t),\cdots,u_p(t)]^{\mathrm{T}}$ 为控制输入矢量；

$\boldsymbol{Y}(t)=[y_1(t),y_2(t),\cdots,y_m(t)]^{\mathrm{T}}$ 为输出矢量；

Φ 为静态非线性映射 $R^n \times R^p \to R^n$；

ψ 为静态非线性映射 $R^n \to R^m$。

或

$$\begin{aligned}\boldsymbol{X}(k+1) &= \Phi(\boldsymbol{X}(k),\boldsymbol{U}(k))\\ \boldsymbol{Y}(k+1) &= \psi(\boldsymbol{X}(k+1))\end{aligned} \tag{3-166}$$

其中 $\boldsymbol{X}(k)$、$\boldsymbol{U}(k)$、$\boldsymbol{Y}(k)$分别为 n 维、p 维、m 维状态矢量序列。

神经网络系统辨识的基本思想是利用神经网络的非线性映射特性来逼近动态系统的非线性函数 Φ 和 ψ。其最基本的辨识框图如图 3-42 所示。由于前向传播网络具备良好的学习性能，已被广泛地用于模式识别、图像处理、信号处理等领域。但是对于一般控制系统而言，动态特性是最基本的。如何利用静态神经网络来描述动态系统一直是控制工程师们致力解决的方向。对于神经网络辨识而言，通常情况下，神经网络模型会与其他一些如控制器、反馈环节等进行不同方式的连接构成一般性的神经网络结构。在讨论动态系统的神经网络辨识问题之前先来看一下动态前向传播网络模型。1990 年美国著名的自适应控制专家 Narendra 教授和他的博士生共同在这一方面作了开拓性的工作，他们重点讨论了由非线性神经网络和线性的动态模型组成的四种典型非线性系统(如图 3-43)的学习问题，其中 NN 表示多层前向传播网络，$W(z)$表示线性系统的传递函数，把它们组合起来成为非线性动态系统。不难看出，在第三种结构中当 $W(z)=0$ 时，网络就退化为多层前向传播网络；而当 $\boldsymbol{W}(z)=\mathrm{diag}(z^{-1},z^{-1},\cdots,z^{-1})$，即对角线上全为单位时延算子的矩阵，这一网络就是多层前向传播网络与 Hopfield 网络的结合。一旦 NN 退化为单层时，整个网络就变成了纯 Hopfield 网络了。现在的问题是如何对这些动态网络结构进行训练。误差反向传播是一般 BP 学习算法的精髓。这种反向传播在通常的多层前向传播网络中是静态的，即每次反向传播的误差只与网络当前的误差分布有关。而引入动态系统 $W(z)$后误差的传播实质上变成了一个动态过程。动态反向传播的关键也就是要找到反映该动态过程的关系式。

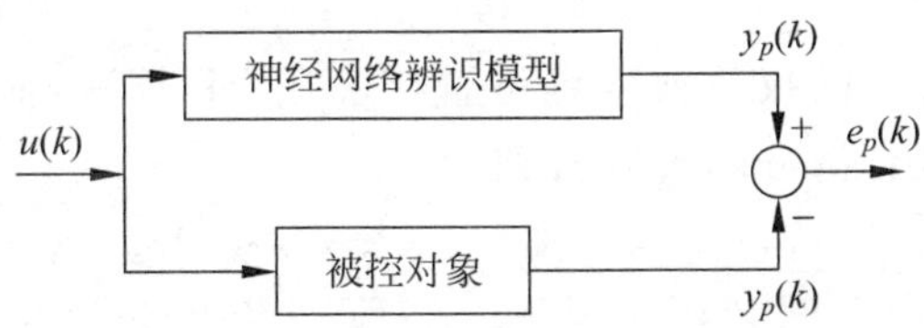

图 3-42 神经网络辨识系统框图

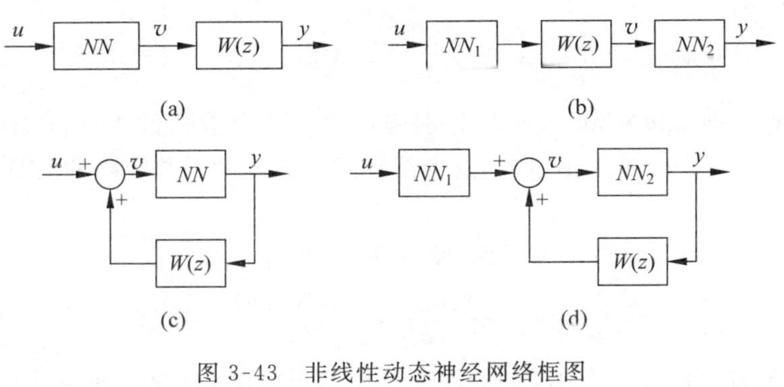

图 3-43 非线性动态神经网络框图

设网络的观察输出 $\boldsymbol{Y}=[y_1,y_2,\cdots,y_m]^{\mathrm{T}}$，目标输出 $\boldsymbol{T}=[t_1,t_2,\cdots,t_m]^{\mathrm{T}}$，相应的输入模式为 $\boldsymbol{U}=[u_1,u_2,\cdots,u_n]^{\mathrm{T}}$，设网络训练的指标为

$$J=\sum_j\|e_j\|^2=\sum_j\|t_j-y_j\|^2 \tag{3-167}$$

当输入模式动态地在各采样时刻提供给网络时，指标函数也可以取作某一时间段内各误差的均方值，即取

$$J=\frac{1}{P}\sum_{j=k-P+1}^{k}\|e(j)\|^2 \tag{3-168}$$

其中 P 为适当选取的整数。

动态反向传播算法仍然依据梯度法的思想，即

$$\Delta w_{ji}=-\eta\nabla J\mid_{w_{ji}}=w_{ji\,\mathrm{norm}} \tag{3-169}$$

其中 $w_{ji\,\mathrm{norm}}$ 为 w_{ji} 的当前值。

同传统的 BP 算法一样，动态反向传播算法的关键问题在于计算$(\partial e/\partial w_{ji})$。下面将针对以上四种非线性一般化神经网络动态模型结构分别给出相应的学习算法问题。

对于模型(a)

$$Y(z)=w(z)\cdot V(z)$$

$$\frac{\partial e}{\partial w_{ji}}=-\frac{\partial y}{\partial w_{ji}}=-W(z)\frac{\partial v}{\partial w_{ji}} \tag{3-170}$$

用静态 BP 算法计算$\partial v/\partial w_{ji}$，经过一个动态系统 $W(z)$后得到当前时刻的$\partial e/\partial w_{ji}$各值。

对于模型(b)

如针对神经网络 2 的权系数训练可直接套用 BP 算法，而对于神经网络 1 的权系数训练可利用复合微分的规则得到

$$\frac{\partial e}{\partial w_{ji}}=-\frac{\partial y}{\partial w_{ji}}=-\sum_{k}\frac{\partial y}{\partial v_k}\frac{\partial v_k}{\partial w_{ji}} \tag{3-171}$$

其中$\partial v_k/\partial w_{ji}$可用模型(a)的方法计算，$\partial y/\partial v_k$ 用静态 BP 算法计算。

对于模型(c)

$$\frac{\partial e}{\partial w_{ji}}=-\frac{\partial y}{\partial w_{ji}}=-\frac{\partial NN(v)}{\partial v}\left[W(z)\frac{\partial y}{\partial w_{ji}}\right]+\frac{\partial NN(v)}{\partial w_{ji}} \tag{3-172}$$

其中$\partial NN(v)/\partial v$ 和$\partial NN(v)/\partial w_{ji}$分别表示在当前点取值的 Jacobi 矩阵和矢量，它们可以在每一个时刻求出，作为这个线性差分方程的系数矩阵和向量。

对于模型(d)

NN_2 可用模型(c)的方法训练，而对 NN_1 则有

$$\frac{\partial e}{\partial w_{ji}}=-\frac{\partial y}{\partial w_{ji}}=-\frac{\partial NN_2(v)}{\partial v}\left[\frac{\partial NN_1(u)}{\partial w_{ji}}+W(z)\frac{\partial y}{\partial w_{ji}}\right] \tag{3-173}$$

从上面的分析可以看出，由于计算是反向进行的，前面的网络计算不受后面的网络计算的影响，即对通用网络，反向传播方法对以单个 BP 网络为单元的情况也是适用的，这在结构复杂的网络训练中显得尤为重要。但动态反向传播一般总比静态反向传播要复杂得多，因此在选取辨识模型时应尽量利用静态反向传播算法。

前面介绍了通用动态神经网络的辨识问题，有了通用神经网络结构的学习算法以后，接下来就是如何解决单一神经元模型的辨识和学习问题。对于离散的非线性动态模型式(3-166)，如果系统式(3-166)是线性系统具有未知的模型参数，且系统是可控可观，则可以采用以下两种辨识模型

$$\hat{y}_p(k+1)=\sum_{i=0}^{n-1}\hat{\alpha}_i\,\hat{y}_p(k-i)+\sum_{j=0}^{m-1}\hat{\beta}_j u(k-j) \tag{3-174}$$

$$\hat{y}_p(k+1)=\sum_{i=0}^{n-1}\hat{\alpha}_i y_p(k-i)+\sum_{j=0}^{m-1}\hat{\beta}_j u(k-j) \tag{3-175}$$

其中 $\hat{\alpha}_i(i=0,1,\cdots,n-1)$ 和 $\hat{\beta}_j(j=0,1,\cdots,m-1)$ 为可调参数。式(3-174)和式(3-175)所表示的模型分别称为并联模型和串联模型。为产生稳定的自适应控制规律，并联模型比串联模型更可取，在这种情况下，自适应算法的一个典型形式为

$$\hat{\boldsymbol{\xi}}_i(k+1)=\hat{\boldsymbol{\xi}}_i(k)-\eta\frac{e(k+1)y_p(k+1)}{1+\sum_{i=0}^{n-1}y_p^2(k-i)+\sum_{j=0}^{m-1}u^2(k-j)} \tag{3-176}$$

其中 $\eta>0$ 为步长。$\hat{\boldsymbol{\xi}}=[\hat{\alpha}_0,\hat{\alpha}_1,\cdots,\hat{\alpha}_{n-1},\hat{\beta}_0,\cdots,\hat{\beta}_{m-1}]^{\mathrm{T}}$ 为辨识模型的可调参数矢量。

但是对于非线性系统，尽管有许多专家学者对诸如可控性、可观性、反馈稳定性以及观察器的设计等进行了一些研究，都没有得到像线性系统那样有效的结论。因此如何选择非线性系统的辨识模型和控制模型是个困难的问题。

由于实际上不可能寻找到一个与实际系统完全等价的模型，因此从更实用的观点来看，辨识就是从一组模型中选择一个模型，按照某种准则，使之能最好地拟合实际系统的动态或静态特性。图 3-44 给出了常见的辨识结构。

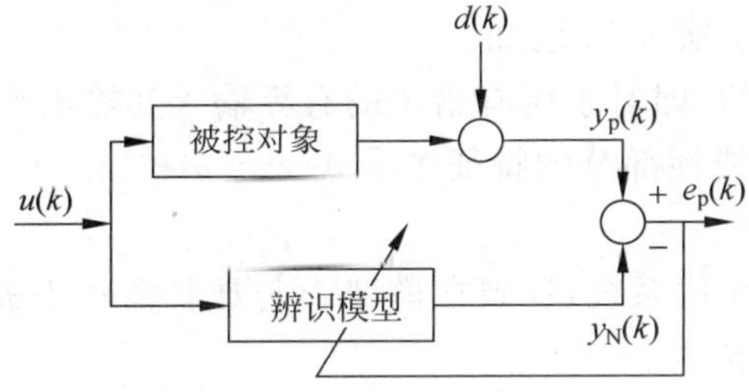

图 3-44 神经网络辨识结构

设系统的输入空间为 Ω_u，输出空间为 Ω_g，实际系统可以表示为一个从输入空间到输出空间的算子 $P:\Omega_u\to\Omega_g$；给定一个模型类 S_M，设 $P\in S_M$，则辨识的目的就是确定一个 S_M 的子集类 $\hat{S}_M\subset S_M$，使其中存在 $\hat{P}_M\subset\hat{S}_M$，且 P 在给定的准则下，$\hat{P}$ 为 P 的一个最佳逼近。无论是静态或动态系统，实际系统的静动态特性必然表现在其变化着的输入输出数据之中，而辨识只不过是利用数学的方法从这些数据序列中提炼出系统 P 的学习模型 $\hat{P}$ 而已，即确定 $\hat{P}$，使下式成立

$$\|y_N - y_p\| = \|\hat{P}(u) - P(u)\| \leqslant \varepsilon \quad \forall u \in \Omega_u \tag{3-177}$$

其中 $\varepsilon > 0$ 可预先由辨识准则给定。

3.7.3 非线性动态系统的神经网络辨识

在数字控制中,往往采用非线性离散时间动态系统模型。因此,研究和讨论非线性离散时间动态系统的神经网络辨识问题对于非线性系统的建模、控制都是十分重要的。由于多层前向传播网络具有良好的学习算法,通常采用此类网络来逼近非线性离散时间动态系统。考虑到神经网络辨识模型的结构优化设计,针对不同类型的非线性离散系统,有以下几种辨识模型。

① $$y(k+1) = \sum_{i=0}^{n-1} \alpha_i y(k-i) + g[u(k), u(k-1), \cdots, u(k-m+1)] \tag{3-178}$$

② $$y(k+1) = f[y(k), y(k-1), \cdots, y(k-n+1)] + \sum_{i=0}^{m-1} \beta_i u(k-i) \tag{3-179}$$

③ $$\begin{aligned} y(k+1) = & f[y(k), y(k-1), \cdots, y(k-n+1)] \\ & + g[u(k), u(k-1), \cdots, u(k-m+1)] \end{aligned} \tag{3-180}$$

④ $$\begin{aligned} y(k+1) = & f[y(k), y(k-1), \cdots, y(k-n+1), \\ & u(k), u(k-1), \cdots, u(k-m+1)] \end{aligned} \tag{3-181}$$

其中 f、g 分别为非线性函数。$[u(k), y(k)]$表示在 k 时刻的输入输出对。

可以采用多种神经网络辨识模型对如上四种类型的系统进行辨识。假定

(1) 线性部分的阶次 n、m 已知。

(2) 系统是稳定的,即对于所有给定的有界输入其输出响应必定也是有界的。反映在模型①上要求线性部分的特征多项式 $z^n - \alpha_0 z^{n-1} - \cdots - \alpha_{n-1} = 0$ 的根应全部位于单位圆内。

(3) 系统是最小相位系统,反映在模型②上要求 $\beta_0 z^m + \beta_1 z^{m-1} + \cdots + \beta_{m-1} = 0$ 的零点全部位于单位圆内。

(4) $\{u(k-i), i=0,1,\cdots\}$与$\{y(k-j), j=0,1,\cdots\}$可以量测。

基于以上假设,可以利用带时滞的多层感知网络模型来描述非线性动态系统,并结合动态误差反向回归学习算法,完成对实际系统的辨识。与线性系统的辨识相似,非线性动态系统的神经网络辨识也存在两种辨识模型结构,即并行模型和串行模型。以模型③为例(其余类同),用并行模型其神经网络的表示形式为

$$\begin{aligned} \hat{y}(k+1) = & N_1[\hat{y}(k), \hat{y}(k-1), \cdots, \hat{y}(k-n+1)] \\ & + N_2[u(k), u(k-1), \cdots, u(k-m+1)] \end{aligned} \tag{3-182}$$

式中$\hat{y}(k+1)$是辨识模型的输出,N_1 和 N_2 代表多层网络实现的算子。该模型在

$k+1$ 时刻的输出依赖于它在 $k+1$ 时刻以前的输出和系统的输入。尽管已假设待辨识系统是稳定的，然而在学习开始并不能保证 $\hat{y}(k+1)$ 逼近 $y(k+1)$。这种结构存在产生不稳定因素的可能性，因此并不是相当可靠的。串行模型具有更稳定的因素，即在辨识模型的网络输入端总是利用系统的实际有界输出，因此网络的输出肯定也是有界的，从而保证学习算法是收敛的。这种模型结构可用下列方程描述

$$\hat{y}(k+1)=N_1[y(k),y(k-1),\cdots,y(k-n+1)] + N_2[u(k),u(k-1),\cdots,u(k-m+1)] \tag{3-183}$$

由于串行模型具有较好的收敛性，下面我们将采用串行模型分别对非线性动态离散模型①至④进行讨论。根据模型中是否含有线性系统部分又可将四种模型分为两大组，即模型①、②和模型③、④。对于第一组模型的辨识问题可根据参数是否已知，其辨识方法可分为两种。

(1) 线性部分的参数已知

这种情况下模型的辨识问题简单地归结为带时滞的多层感知网络模型的学习问题。这样，模型①和②的辨识思想就基本相同，只是两种模型的输入输出信号代表的意义有所不同而已。它们的辨识结构图如图 3-45、图 3-46 所示。因为线性部分已知，系统实际输出与模型输出(神经网络输出与线性部分输出之和)的差可以用来训练神经网络模型。这种情形比较简单，读者不难得出其学习算法。

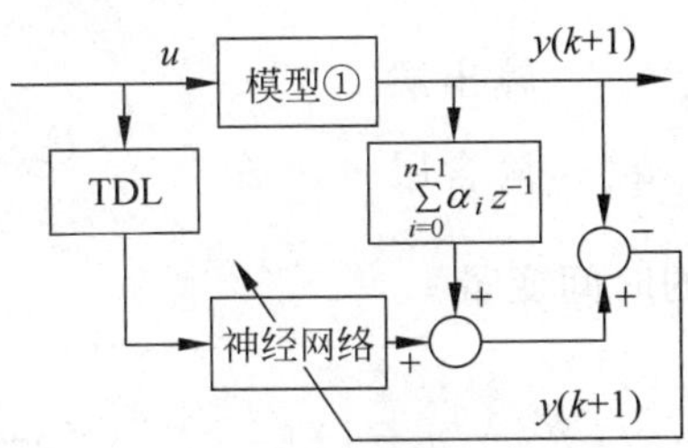

图 3-45　模型①的神经网络辨识结构图

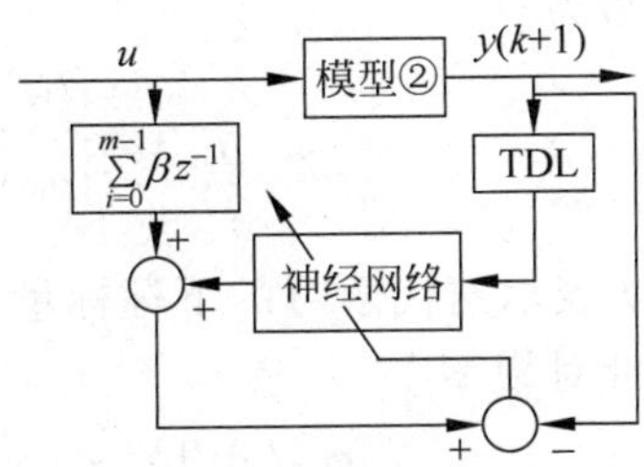

图 3-46　模型②的神经网络辨识结构图

(2) 线性部分的参数未知

这种情况下模型的辨识问题简单地归结为带时滞的多层感知网络模型的学习和线性系统的参数估计问题。我们知道，多层感知器网络的权系数学习规则是通过求误差平方极小来得到的。同时我们也注意到，线性系统的参数估计算法最小二乘法公式也是通过误差平方极小来实现的。因此，从这个角度看它们两者的参数学习算法的判断准则是一致的。由于神经网络的权阵更新是通过递推的方式来实现的，为了把两者结合起来，线性部分的参数估计算法也可采用递推最小二乘辨识算法。作者在分析了最小二乘学习算法和 BP 学习算法的共同点后，并结合模型①和模型②的特点提出了一种新的神经网络辨识结构(如图 3-47 所示)。

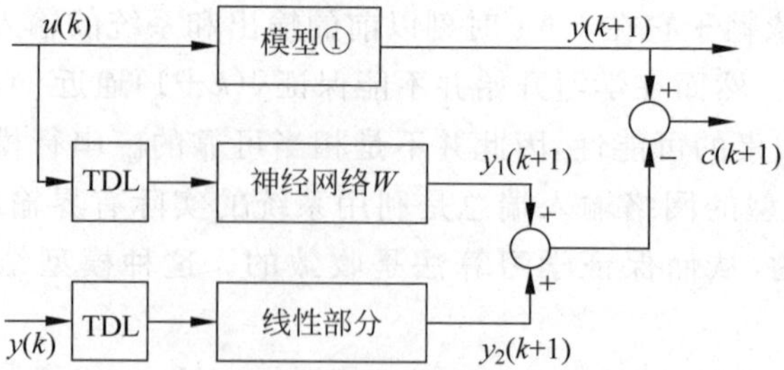

图 3-47 模型①的辨识结构

设线性部分的未知参数用矢量$\boldsymbol{\alpha}$表示，非线性部分的神经网络模型参数用$\boldsymbol{W}$阵表示。则对于模型①的混合递推辨识算法可归结为

$$\hat{\boldsymbol{\alpha}}(l+1)=\hat{\boldsymbol{\alpha}}(l)+K(l+1)(Z(l+1)-\boldsymbol{\varphi}^{\mathrm{T}}(l+1)\hat{\boldsymbol{\alpha}}(l)) \tag{3-184}$$

$$K(l+1)=P(l)\boldsymbol{\varphi}(l+1)[\lambda(l+1)+\boldsymbol{\varphi}^{\mathrm{T}}(l+1)P(l)\boldsymbol{\varphi}(l+1)]^{-1} \tag{3-185}$$

$$P(l+1)=[\boldsymbol{I}-K(l+1)\boldsymbol{\varphi}^{\mathrm{T}}(l+1)]P(l) \tag{3-186}$$

$$w_{ji}(l+1)=w_{ji}(l)+\eta\delta_{\mathrm{p}j}o_{\mathrm{p}i}+\beta\Delta w_{ji}(l) \tag{3-187}$$

$$\delta_{\mathrm{p}j}=\begin{cases}(t_{\mathrm{p}j}-o_{\mathrm{p}j})\Gamma'(Net_{\mathrm{p}j}) & \text{输出层}\\ \left(\sum_s\delta_{\mathrm{p}s}w_{sj}\right)\Gamma'(Net_{\mathrm{p}j}) & \text{隐含层}\end{cases} \tag{3-188}$$

当输出层神经元为线性单元、隐含层神经元为 Sigmoid 函数时，广义误差的计算公式可写为

$$\delta_{\mathrm{p}j}=\begin{cases}t_{\mathrm{p}j}-o_{\mathrm{p}j} & \text{输出层}\\ o_{\mathrm{p}j}(1-o_{\mathrm{p}j})\sum_s\delta_{\mathrm{p}s}w_{sj} & \text{隐含层}\end{cases} \tag{3-189}$$

其中l表示迭代学习的下标标量，k表示系统的时间变量。

针对模型①

$$\boldsymbol{\varphi}(l+1)=[y(l),y(l-1),\cdots,y(l-n+1)] \tag{3-190}$$

特别要注意的是由于线性模型和非线性模型的期望输出$Z(l+1)$和$t_{\mathrm{p}j}$在这里都是未知的，已知的只是两个模型的输出之和，而它们的期望值应该是系统在当前时刻$l+1$的实际输出矢量$\boldsymbol{y}(l+1)$值。因此在实际对如上算法进行计算时可交替使用$y(l+1)-y_2(l+1)$和$y(l+1)-y_1(l+1)$去近似地代替$Z(l+1)$和$t_{\mathrm{p}j}$。在一定条件下（即可用神经网络逼近非线性函数f）可以保证如上算法随着学习过程的进行而逐步逼近真实参数。

在初始条件完全未知的情况下可以取

$$\hat{\alpha}(0)=0\quad P(0)=\rho I \tag{3-191}$$

其中ρ为比较大的数字。

下面的仿真例子可以进一步说明上文提出的混合学习辨识结构是稳定的。

例 3-8 考虑如下非线性离散系统

$$y(k+1)=a\cdot y(k)+b\cdot y(k-1)+g(u) \tag{3-192}$$

在此仿真例子中，取 $a=0.3, b=0.6$

$$g(u)=u^3+0.3u^2-0.4u$$

对于这个可分离系统，待辨识的参数有线性部分的系数 a, b 和非线性函数 $g(u)$ 两部分。其中线性部分采用最小二乘学习法、非线性部分 $g(u)$ 采用前向传播多层神经网络来逼近。且选择神经网络结构为 $\Pi_{1,8,4,1}$，即一个神经网络输入单元 $u(k)$、一个输出单元 $g(u(k))$、两层隐含层其隐含单元分别为 8 个和 4 个。神经网络的辨识结构模型如图 3-45。取初始估计

$$\hat{\boldsymbol{\alpha}}(0)=\begin{bmatrix}a\\b\end{bmatrix}=\begin{bmatrix}0\\0\end{bmatrix} \tag{3-193}$$

$$\boldsymbol{\rho}(0)=\begin{bmatrix}10 & 0\\0 & 10\end{bmatrix} \tag{3-194}$$

遗忘因子 $\lambda=0.95$，学习因子 $\eta=0.2, \beta=0$。

那么，经过 780 次学习后，其辨识模型输出与实际系统输出的平方误差小于 0.0818。线性部分的参数估计值为 $\hat{a}=0.292, \hat{b}=0.582$。整个学习过程的收敛曲线由图 3-48 给出。

为了进一步说明此辨识模型的有效性，本文对其进行了模型校验。取模型校验输入信号为

$$u(k)=\sin\frac{2\pi k}{100} \quad k=0,1,2,\cdots,100 \tag{3-195}$$

则辨识模型和实际系统的输出响应曲线如图 3-49 所示，其中实线表示实际系统的输出，"+"线表示辨识模型的系统响应。

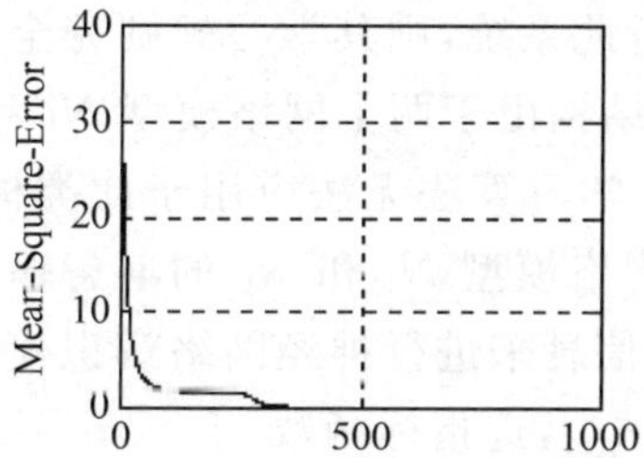

图 3-48 混合辨识学习过程的误差曲线

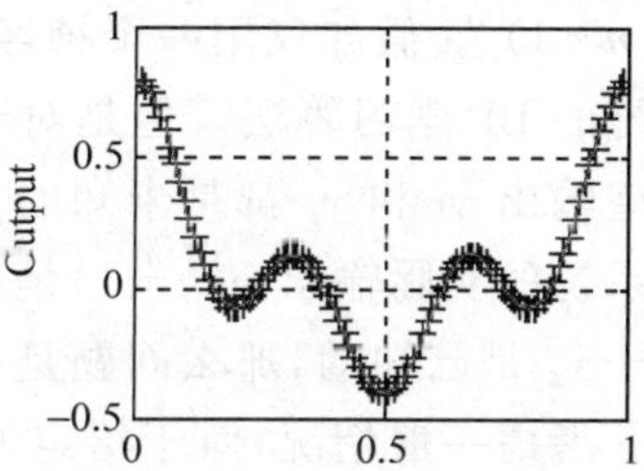

图 3-49 辨识系统的响应曲线 ■

对于第二大组的模型类型，根据其输入信号和输出信号是否可分离又可以分为两类模型形式，即模型③和模型④。对于模型④，系统的输入输出关系没有任何特殊性，因此它的神经网络辨识方法完全可以套用前向传播多层网络的构成方法和学习算法。在此不再重复。下面将重点讨论模型③的神经网络建模问题。

考虑模型③

$$\begin{aligned}y(k+1)=&f[y(k),y(k-1),\cdots,y(k-n+1)]\\&+g[u(k),u(k-1),\cdots,u(k-m+1)]\end{aligned}$$

从中可以看出，此系统是由两个可分离的非线性函数来组成的。因此，从结构上来分析可以将 $f+g$ 看成是一个非线性函数，即可用一个适当的神经网络来逼近。显然这种方案是不经济的。那么，对于两个可分离非线性函数组合的系统是否也可以由两个可分离的非线性映射网络来逼近呢？其学习规则又该是如何呢？这就是下面要讨论的模型③神经网络建模问题。

记 N_f 网络用来逼近可分离的非线性函数之一 $f(\cdot)$

N_g 网络用来逼近可分离的非线性函数之二 $g(\cdot)$

则问题就转化为如何寻求 N_f 和 N_g 的学习规则使得 N_f+N_g 收敛于 $f(\cdot)+g(\cdot)$。其辨识模型的结构示意图如图 3-50 所示。

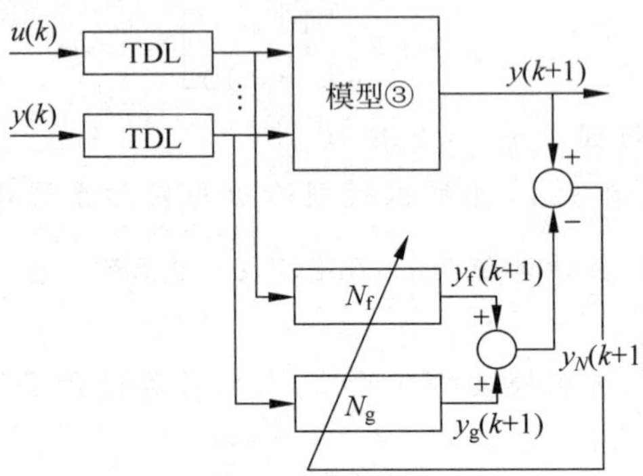

图 3-50 模型③的神经网络辨识结构图

对于未知模型，假设模型的阶已知，即 n、m 已知。则我们可以得到的信息只有系统的输入$[u(k),u(k-1),\cdots,u(k-m+1)]$和系统的输出$[y(k+1),y(k),\cdots,y(k-n+1)]$。假如仅用一个神经网络模型来逼近此系统，则其学习规则完全可引用传统的 BP 学习算法。但是对于此类辨识模型结构由于两个网络模型 N_f 和 N_g 的期望输出 y_f 和 y_g 都是未知的，因此传统的 BP 学习算法无法应用于此类模型。因为系统的实际输出 $y(k+1)$是已知的，即两个网络模型 N_f 和 N_g 的期望输出之和 y_f+y_g 是已知的，那么问题是如何利用此样本信息来进行神经网络辨识模型的学习。考虑一般情况，对于给定的 P 个样本$[t_{pj},x_{pj}]$，选指标函数

$$E=\sum_{p=1}^{P}E_p=\frac{1}{2}\sum_{p=1}^{P}[t_{pj}-(o_{pj}^1+o_{pj}^2)]^2 \tag{3-196}$$

其中，o_{pj}^1，o_{pj}^2 分别为两个不同的并联网络的输出，且这两个并联的神经网络取相同的多层前向传播网络结构。它们的连接矩阵分别用符号 w_{ji}^1，w_{ji}^2 来表示。同样，我们依据梯度法的学习思想，推导出两个并联神经网络辨识模型的学习算法。

$$\Delta w_{ji}\propto-\frac{\partial E_p}{\partial w_{ji}} \tag{3-197}$$

由式(3-196)可知，当考虑网络 1 的输出只与网络 1 的权矩阵 w_{ji}^1 相关，而与网络 2 的权矩阵 w_{ji}^2 无关时，则

$$\frac{\partial E_p}{\partial w_{ji}^1}=\frac{\partial E_p}{\partial Net_{pj}^1}\frac{\partial Net_{pj}^1}{\partial w_{ji}^1}=\delta_{pj}^1\cdot o_i^1 \tag{3-198}$$

$$\frac{\partial E_p}{\partial w_{ji}^2}=\frac{\partial E_p}{\partial Net_{pj}^2}\frac{\partial Net_{pj}^2}{\partial w_{ji}^2}=\delta_{pj}^2\cdot o_i^2 \tag{3-199}$$

其中：o_i^1 表示网络 1 中第 i 个神经元的输出值；

δ_{pj}^1 表示网络 1 中第 j 个神经元的广义误差；

o_i^2 表示网络 2 中第 i 个神经元的输出值；

δ_{pj}^2 表示网络 2 中第 j 个神经元的广义误差。

不失一般性，假设两个多层前向传播神经网络具有 L 层的网络结构。为了便于自学，我们分别在各变量中引入一个上标变量(r)，如 $o_i^{1(r)}$ 表示网络 1 中第 r 层第 i 个神经元的输出值，则对于输出层有

$$\begin{aligned}\delta_{pj}^{1(L)}&=(t_{pj}-(o_{pj}^{1(L)}+o_{pj}^{2(L)}))\frac{\partial o_{pj}^{1(L)}}{\partial Net_{pj}^{1(L)}}\\&=(t_{pj}-(o_{pj}^{1(L)}+o_{pj}^{2(L)}))f_1'(Net_{pj}^{1(L)})\end{aligned} \tag{3-200}$$

$$\delta_{pj}^{2(L)}=(t_{pj}-(o_{pj}^{1(L)}+o_{pj}^{2(L)}))f_2'(Net_{pj}^{2(L)}) \tag{3-201}$$

同样，对于隐含层利用反向传播的思想不难得出

$$\delta_{pj}^{1(r)}=f_1'(Net_{pj}^{1(r)})\sum_k\delta_{pk}^{1(r+1)}w_{kj}^{1(r+1)} \tag{3-202}$$

$$\delta_{pj}^{2(r)}=f_2'(Net_{pj}^{2(r)})\sum_k\delta_{pk}^{2(r+1)}w_{kj}^{2(r+1)} \tag{3-203}$$

式中求和变量 k 遍及上一层的所有层内神经元。

$$\Delta w_{ji}^{1(r)}=\eta_1\delta_{pj}^{1(r)}o_i^{1(r)} \tag{3-204}$$

$$\Delta w_{ji}^{2(r)}=\eta_2\delta_{pj}^{2(r)}o_i^{2(r)} \tag{3-205}$$

在整个算法的计算过程中，交替使用网络的实际输出值 $o_{pj}^{1(L)}$ 和 $o_{pj}^{2(L)}$，使得广义误差信号可以不断地进行计算和修正，直至最终收敛。

为了验证上述学习算法的有效性。下面将通过一个仿真例子来说明两网络辨识模型的学习算法是收敛的且具有比单一神经网络模型更快的学习速度和更简单的网络模型规模。

例 3-9　考虑如下非线性离散系统

$$y(k+1)=\frac{y(k)}{1+y^2(k)}+u^3(k) \tag{3-206}$$

采用双模型法解决该系统的辨识问题。

解　如采用单一模型辨识法，即可以将一个多层前向传播神经网络来逼近此非线性动态系统$\hat{y}_N(k+1)=N[y(k),u(k)]$，显然，这种方法要达到一定的辨识精度，其网络的结构模型将趋于复杂化。针对以上例子，选择网络的结构为$\Pi_{2,20,10,1}$，即网络选用 2 个隐含层，且它们的隐含神经元分别为 20 个和 10 个、2 个输入单元和一个输出神经元。经过 300 次的迭代学习后，其总的样本平方误差和达到 23.06。它们的数值还相当大，且学习的收敛速度已相当慢了。学习过程的

平方误差曲线图如图 3-51(a)所示。然而若采用两神经网络模型辨识法去逼近同样的系统,其神经网络的复杂程度和学习的收敛速度都有明显的改善。即

$$\hat{y}_{\mathrm{N}}(k+1)=N_{\mathrm{f}}[y(k)]+N_{\mathrm{g}}[u(k)]$$

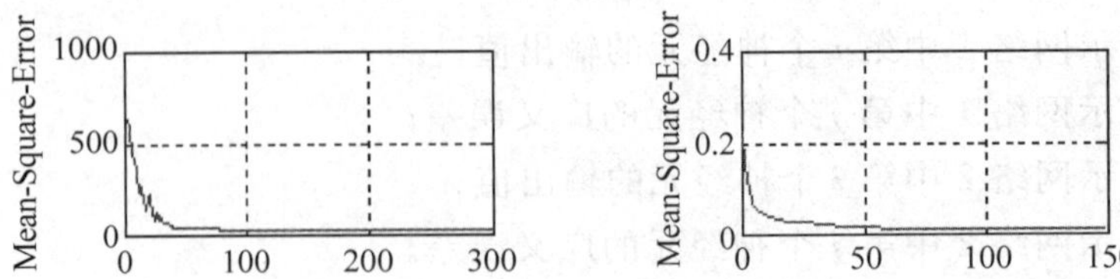

(a) 单一模型辨识法学习曲线　　(b) 两模型辨识法学习曲线

图 3-51

针对此例,选 N_{f},N_{g} 两个网络的结构都为 $\Pi_{1,6,2,1}$,利用式(3-200)至式(3-205)更新网络的权系数矩阵,只需 150 次迭代学习后其样本的平方误差已经小于 0.0133。因此整个精度远远优于单一网络模型的辨识方法。同时我们也注意到,在整个辨识模型的隐含神经元总共有 $2\times(2+6)=16$ 个,而单一神经网络模型的辨识需要 $20+10=30$ 个隐含神经元,且辨识精度还不及网络结构简单的辨识模型。因此能够用两神经网络模型,或者推广至多神经网络模型辨识的系统应尽量选用此类网络模型结构。图 3-51(b)给出了两网络模型结构辨识法的学习收敛曲线图。为了验证这个结构模型的辨识精度,我们选用了另一组输入信号对模型响应和系统的实际响应作一比较,发现其辨识精度是相当高的。图 3-52 给出了当 $u(k)=\sin\dfrac{2\pi k}{25}+\sin\dfrac{2\pi k}{10}$,$k=0,1,\cdots,50$ 时的辨识结果。

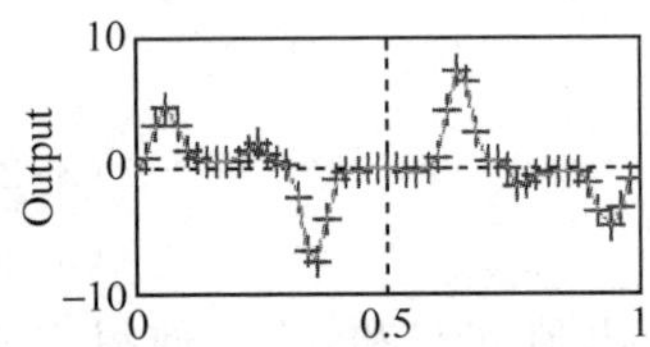

图 3-52　两模型辨识法辨识结果

3.8　神经网络控制的学习机制

神经网络控制的基本结构在 3.6 节中已经作了介绍。要使神经网络控制器真正有效地对未知系统或非线性动态系统实现控制,必须要求网络控制器具备一定的学习能力。与神经网络辨识完全不同的是神经网络辨识器的期望输出值即未知系统的输出是已知的,而神经网络控制器的期望输出应该是系统的最佳控制量。一般情况下无法知道,尤其在被控系统模型未知的情况下。因此,如何解决神经网络控制器的学习问题,是网络控制能否成功应用于非线性系统控制的关键所在。与传统控制器设计思想相仿,神经元控制器的目的在于如何设计一个有效的神经元网络去完成代替传统控制器的作用,使得系统的输出跟随系统的期望输出。为了达到这个目的,神经网络的学习方法就是寻找一种有效的途径进行网络

连接权阵或网络结构的修改，从而使得网络控制器输出的控制信号能够保证系统输出跟随系统的期望输出。根据控制系统的不同结构和系统不同的已知条件，有以下两种基本学习模式，监督式学习和增强式学习。所谓监督式学习实质上是有导师指导下的控制网络学习，根据导师信号不同和学习方式不同，监督式学习又可分为离线学习法、在线学习法、反馈误差学习法和多网络学习法。所谓增强式学习指的是无导师指导下的学习模式，它通过某一评价函数来对网络的权系数进行学习和更新，最终达到有效稳定学习的目的。

3.8.1　监督式学习

神经网络控制器的学习规则不同于神经网络辨识器的学习规则。由于网络控制器的期望输出预先无法知道，因此系统的输入输出样本信息不能直接用于控制网络的学习算法。对于神经网络控制器的学习，我们唯一能利用的信息就是系统期望输出 y_d 和系统实际输出 y，因此如何利用系统信息寻求一种稳定快速的学习途径是监督式学习要解决的主要问题。下面将介绍几种常见的监督式学习算法。

1. 离线学习法

这种学习方法的思路是通过对一批系统样本输入输出数据的学习建立一个系统的逆模型。然后用这个逆模型去进行在线控制。网络结构如图 3-53 所示。整个过程利用已知系统输入 u 产生的系统输出 y 作为神经网络的输入，那么网络的输出为 u_c，学习的目的是要求 u 和 u_c 的平方误差为最小。一旦学习过程结束，神经网络中神经元之间的连接权阵就固定了，并把这个网络作为此系统的控制器直接连接在非线性系统的输入端，从而构成一个逆动力学模型的控制系统。从上面分析，我们可以知道，样本空间的选择应该尽量遍及整个控制域，这样才能保证逆动力学系统网络能够在最大范围内逼近系统的逆模型。同时我们也注意到，一旦离线学习结束，神经网络控制器 N_c 的学习能力就停止。因此这种控制系统在变化的环境下是无法使用的。而且在网络离线训练中选择的性能指标为 $u-u_c$ 的平方误差极小，这一指标并不能保证系统的最终性能 y_d-y 的平方误差极小。综上所述，这类控制结构在实际系统应用中是存在困难的。

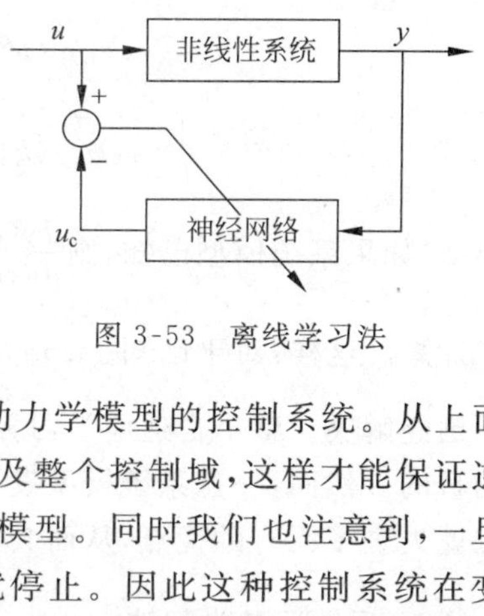

图 3-53　离线学习法

2. 在线学习法

为了克服离线学习法的困难，首先应该要考虑的是如何增强网络控制器的学习功能，保证整个控制器具备自适应、自学习的能力。控制结构如图 3-54 所示。在这种控制器训练中，学习只能在期望输出 y_d 值域内进行。同一般的网络控制器学习一样，此网络结构学习的目的是找出一个最优控制量 u 使得系统输出 y 趋于期望输出 y_d。权阵的调整应该使得 y_d-y 的误差减少最快。下面我们将给出在线学习法的学习算法。

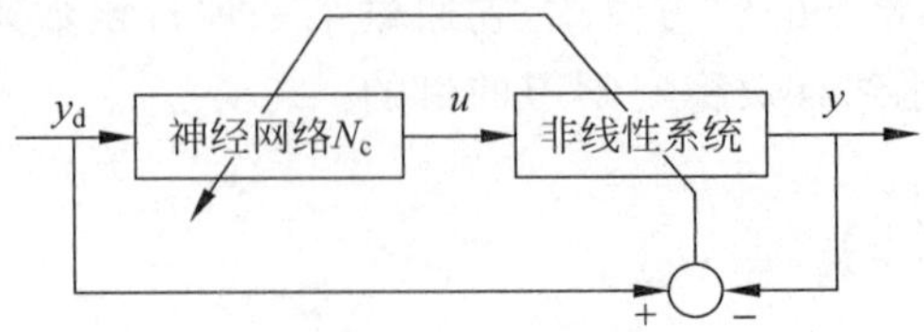

图 3-54 在线学习法

不失一般性，假设非线性系统模型为

$$y=f(u,t) \tag{3-207}$$

选用控制器网络为多层感知器神经元网络。取最优性能指标函数为

$$E_p=\frac{1}{2}(y_d(k)-y(k))^2 \tag{3-208}$$

则权阵的学习规则可以通过最速下降法寻优来求得，即

$$\begin{aligned} w_{ji}(k+1) &= w_{ji}(k)-\eta\frac{\partial E_p}{\partial w_{ji}} \\ &= w_{ji}(k)+\eta(y_d(k)-y(k))\cdot\frac{\partial y(k)}{\partial w_{ji}(k)} \\ &= w_{ji}(k)+\eta(y_d(k)-y(k))\cdot\frac{\partial y(k)}{\partial u(k)}\frac{\partial u(k)}{\partial w_{ji}(k)} \end{aligned} \tag{3-209}$$

那么，如果系统模型已知，则$\frac{\partial y(k)}{\partial u(k)}$可以求得，而$\frac{\partial u(k)}{\partial w_{ji}(k)}$则利用广义的 Delta 规则来计算。这样，对于已知 Jacobian 矩阵$\frac{\partial y(k)}{\partial u(k)}$的系统，其求逆网络控制器的学习问题已经解决。整个自适应学习控制器就能很好地跟踪系统的期望输出，达到控制的目的。然而，一旦系统模型发生变化，且这种变化是未知时，这类网络控制器结构就失去了原有的优点，从而会导致控制轨迹偏离期望轨迹。

3. 反馈误差学习法

在线学习法在权系数矩阵的学习过程中需要已知系统的 Jacobian 阵，这在系统模型未知的情况下就难以应用了，反馈误差学习法就是为了克服这个困难而提出来的。这种控制系统的结构通常由前馈控制和反馈控制两部分组成，把反馈控制的输出作为网络控制器的训练误差信号，其结构图如图 3-55 所示。在此，神经网络控制器就是其前馈控制器。我们知道，反馈控制的优点是保持系统的稳定并能实现无静差控制。但在许多非线性系统的控制中单靠反馈控制已不能满足控制精度要求了,因此,需引入前馈补偿控制以加快控制速度。由于前馈控制器的这一优点,在外部信号的充分激励下,由反馈误差不断训练的神经网络前馈控制器将逐渐地在控制行为中占主导地位。一旦训练完毕,整个控制系统将主要由前馈神经网络控制器来实现,而反馈控制只用来解决诸如扰动之类的问题。必须指出的是,由于我们直接使用系统的误差信号去更新控制网络的权矩阵,而忽略了非线性系统本身的动态性能,这样有可能导致学习算法的发散现象。这种控制结构只适用于非线性系统线性绝对占优条件下的网络学习。

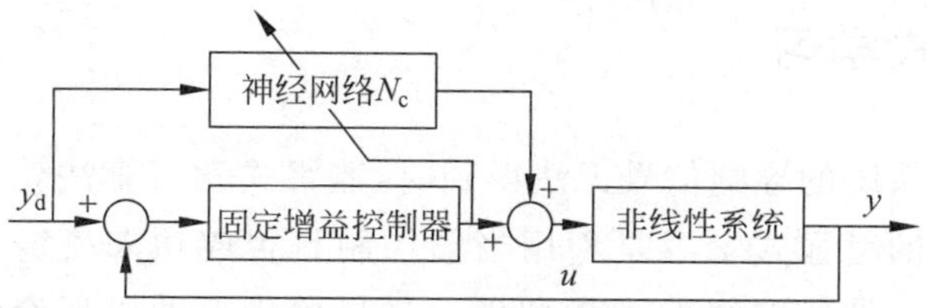

图 3-55 反馈误差学习结构

4. 多神经网络学习法

以上三种学习算法都不能从根本上解决未知非线性系统的学习问题。解决这类问题的方法之一就是利用神经网络辨识的手段在线识别出未知系统的动态模型,并利用此模型进行神经网络控制的设计和学习,且在学习过程中进一步改善模型的精确性,达到高精度控制的目的。多神经网络学习法根据系统模型的建模方式不同有两种学习算法,一是建立未知非线性动态系统的前向模型,利用此前向模型实现系统误差信息的反向传播,从而完成网络控制的权阵学习,其结构图如图 3-56 所示;二是建立未知非线性动态系统的逆模型,利用期望的输出 y_d 作为逆神经网络模型的输入信号由此网络模型产生期望的控制信号 u_d,并将此信号与实际的网络控制器信号 u 进行比较,产生的误差作为神经网络控制 N_c 的学习信号,从而解决了系统模型未知的网络控制器学习问题,其结构图如图 3-57 所示。

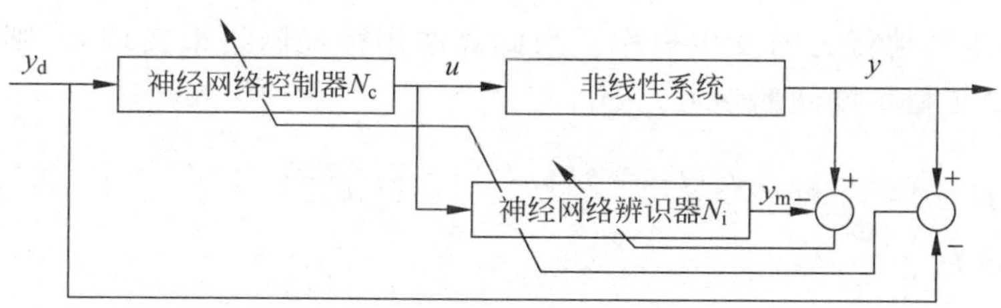

图 3-56 前向建模多网络控制结构图

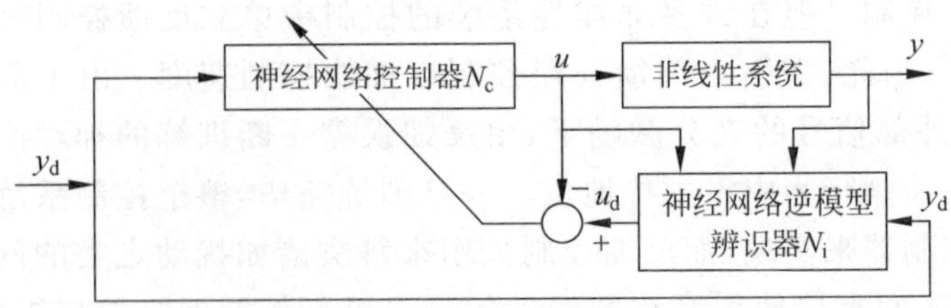

图 3-57 逆模型建模的多网络控制结构图

3.8.2 增强式学习

当某些被控系统的导师信号无法得到时，监督式学习算法就不能使用了。与监督式学习不同的增强式学习是利用当前控制是否成功来决定下一次控制该如何走的学习方式。神经网络的增强型学习最早始于自动机理论。对给定的一组行为 $a=\{a^{(0)},a^{(1)},\cdots,a^{(m)}\}$，自动机从中选取某行为 $a^{(i)}$ 的概率 $p^{(i)}$。则对应于行为 a，该行为发生的概率 $p(t)=\{p^{(0)}(t),p^{(1)}(t),\cdots,p^{(m)}(t)\}$，其中 $p^{(i)}(t)=P_r(y(t)=a(t))$。在自动机产生行为 $a^{(i)}$ 后，环境对该行为的评价用一标量因子 $r(t)$（称为增强因子）表示，这里，$r=[0,1]$，0 表示失败，1 表示成功。假设采取行为 $a^{(i)}$ 的最大成功概率为 $d(t)=\{d^{(0)}(t),d^{(1)}(t),\cdots,d^{(m)}(t)\}$，则自动机的学习目标是修正概率 $p^{(i)}(t)$，使成功的概率最大。修正的办法是对某一成功的行为进行鼓励，而对不成功的行为进行惩罚。与传统学习方法不同的是在增强式学习中我们预先是不知道下一步该怎么做，只知道某一行为好不好。因此学习的思路是一旦某一行为比较好时应该增强此行为的分量，减弱其他行为的影响达到奖惩的目的。一种最常用的次优奖励方法如下：

当第 i 个行为成功时

$$\Delta p^{(i)}=\alpha(1-p^{(i)}) \tag{3-210}$$

$$\Delta p^{(j)}=-\alpha p^{(j)} \quad j\neq i \tag{3-211}$$

这里 $\alpha\in[0,1]$为学习速率。上述学习算法表明，若某行为正确，则提高它的发生概率，并减少其他行为的发生概率。当此算法用神经网络来实现时，则权值空间的学习代替了概率空间的学习。令

$$p_i(t)=f(w_i(t))=\frac{1}{1+\mathrm{e}^{-w_i}} \tag{3-212}$$

则权值更新为

$$\Delta w_i=d\cdot r(y_i-p_i) \tag{3-213}$$

上述学习算法的收敛速度比较慢。为了加快学习速率，人们提出了众多改进算法。限于篇幅，这里不再详细介绍，读者可参考第 6 章中的内容。

3.9 神经网络控制器的设计

3.9.1 神经网络直接逆模型控制法

直接逆模型控制法是最直观的一种神经网络控制器实现方法，其基本思想就是假设被控系统可逆，通过离线建模得到系统的逆模型网络，然后用这一逆网络模型去直接控制被控对象。

考虑如下单输入单输出系统

$$y(k+1)=f(y(k-1),\cdots,y(k-n+1),u(k),\cdots,u(k-m)) \tag{3-214}$$

式中，y——系统的输出变量；

u——系统的输入变量；

n——系统的阶数；

m——输入信号滞后阶；

$f(\cdot)$——任意的线性或非线性函数。

如果已知系统阶次 n、m，并假设系统式(3-214)可逆，则存在函数 $g(\cdot)$，有

$$u(k)=g(y(k+1),\cdots,y(k-n+1),u(k-1),\cdots,u(k-m)) \tag{3-215}$$

对于关系式(3-215)，若能用一个多层前向传播神经网络来实现，则网络的输入输出关系为

$$u_N=\Pi(\boldsymbol{x}) \tag{3-216}$$

式中，u_N——神经网络的输出，它表示训练完成后神经网络产生的控制作用；

Π——神经网络的输入输出关系式，它用来逼近被控系统的逆模型函数 $g(\cdot)$；

$\boldsymbol{x}$——神经网络的输入矢量，$\boldsymbol{x}=[y(k+1),y(k),\cdots,y(k-n+1),u(k-1),\cdots,u(k-m)]^{\mathrm{T}}$。

这样神经网络共有 $n+m+1$ 个输入节点、1 个输出节点。神经网络的隐含节点数根据具体情况决定。

我们知道，如果以上逆动力学模型可以用某个神经网络模型来逼近，则直接逆模型控制法的目的在于产生一个期望的控制量使得在此控制作用下系统输出为期望输出。为了达到这一目的，只要将神经网络输入矢量 $\boldsymbol{x}$ 中的 $y(k+1)$ 用期望系统输出值 $y_d(k+1)$ 去代替，就可以通过神经网络 Π 产生期望的控制量 u。即

$$\boldsymbol{x}=[y_d(k+1),\dot{y}(k),\cdots,y(k-n+1),u(k-1),\cdots,u(k-m)]^{\mathrm{T}} \tag{3-217}$$

逆神经网络动力学模型的训练结构图如图 3-58 所示。

定义训练的误差函数

$$E(k)=[u(k)-u_N(k)]^2/2 \tag{3-218}$$

为了实现有效的训练，对于离线训练的神经网络而言，通常采用批处理训练方式。即取被控系统实际输入输出的数据序列$[(y(k),u(k-1)),(y(k-1),u(k-2)),\cdots,$

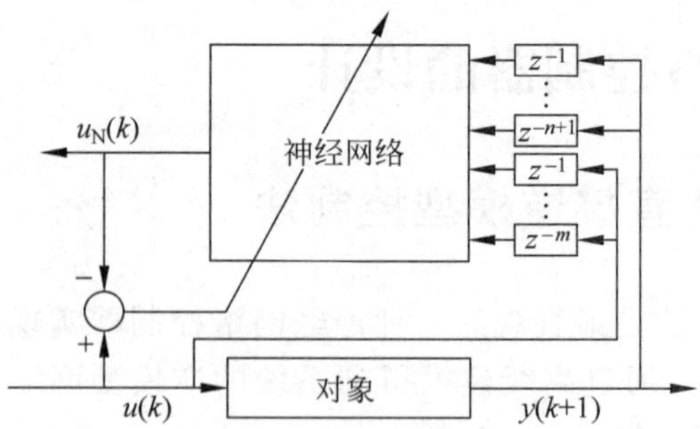

图 3-58 直接逆控制的训练结构示意图

$(y(k-n-P+1),u(k-n-P+1))]$。因此有神经网络的输入矢量样本集

$$\begin{aligned}\boldsymbol{x}(k,k) = [&y(k+1),y(k),\cdots,y(k-n+1),\\ &u(k-1),\cdots,u(k-m)]^{\mathrm{T}}\end{aligned} \tag{3-219}$$

$$\begin{aligned}\boldsymbol{x}(k,k-1) = [&y(k),y(k-1),\cdots,y(k-n),\\ &u(k-2),\cdots,u(k-m-1)]^{\mathrm{T}}\end{aligned} \tag{3-220}$$

$$\vdots$$

$$\begin{aligned}\boldsymbol{x}(k,k-P) = [&y(k-P+1),y(k-P),\cdots,y(k-n-P+1),\\ &u(k-P-1),\cdots,u(k-m-P)]^{\mathrm{T}}\end{aligned} \tag{3-221}$$

于是取目标函数

$$E(k,P) = \frac{1}{2}\sum_{p=0}^{P-1}\lambda_p[u(k-p)-u_{\mathrm{N}}(k-p)]^2 \tag{3-222}$$

式中，λ_p 为常值系数，类似于系统辨识中的遗忘因子，且有

$$0 \leqslant \lambda_0 \leqslant \lambda_1 \cdots \leqslant \lambda_{P-1} \leqslant 1$$

利用误差准则式(3-222)，不难推导出相应的 BP 学习算法。

(1) 随机选取初始权系数阵 $\boldsymbol{W}_0$，选定学习步长 η、遗忘因子 λ_p 和最大误差容许值 $E_{\max}$；

(2) 按式 (3-219)至式(3-221)构成神经网络输入矢量空间样本值；

(3) $l \leftarrow 0$；

(4) $\boldsymbol{W}_{l+1} \leftarrow \boldsymbol{W}_l$。计算神经网络各神经元的输出和神经网络的输出 u_N；

(5) 计算误差 $E(k,P) = \frac{1}{2}\sum_{p=0}^{P-1}\lambda_p[u(k-p)-u_N(k-p)]^2$，判 $E(k,P) < E_{\max}$？若是，则训练结束。否则继续下一步；

(6) 求反向传播误差

$$\delta_j = \sum_{p=0}^{P-1}\lambda_p(u(k-p)-u_N(k-p)) \quad 输出层 \tag{3-223}$$

$$\delta_j = \left(\sum_q \delta_q w_{qj}\right)\Gamma'(Net_j) \quad 隐含层 \tag{3-224}$$

(7) 调整权系数阵

$$\Delta w_{ji} = \eta \delta_j o_i \quad w_{ji}(l) \leftarrow w_{ji}(l) + \Delta w_{ji} \tag{3-225}$$

(8) $l \leftarrow l+1$,转(4)。

直接逆模型控制法是在被控系统的逆动力学神经网络模型训练完毕后直接投入控制系统的运行。当神经网络得到充分训练后,由于 $y_d(k)$ 与 $y(k)$ 基本相等,因此在控制结构中可以直接用 $y_d(k), y_d(k-1), \cdots, y_d(k-n+1)$ 来代替 $y(k), y(k-1), \cdots, y(k-n+1)$。直接逆模型控制法的控制框图如图 3-59 所示。

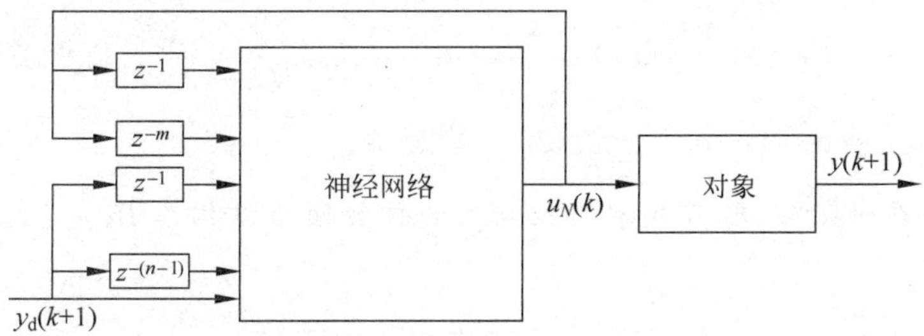

图 3-59　直接网络逆模型控制的结构示意图

值得指出的,直接逆模型控制法不进行在线学习。因此,这种控制器的控制精度取决于逆动力学模型的精度,并且在系统参数发生变化的情况下无法进行自适应调节。这种控制方式还有很大局限性。为了改善控制系统的性能,可在系统的外环增加一个常规的反馈控制。

3.9.2 直接网络控制法

我们知道,直接逆模型控制法由于缺乏学习机制,且在控制器的设计中又没有考虑到系统本身的输入输出状态,因此,一旦系统运行的环境、参数发生变化时,这类控制器就无法适应了。为了改善控制性能,人们提出了众多改进措施。直接网络控制法就是在神经网络的输入端引入了系统的状态信号,并将学习机制实时在线地用于网络控制器的调整和改善。通过系统输入、输出信号的馈入,大大提高了系统的自适应能力。

例 3-10　考虑被控系统

$$y(k+1) = \frac{y(k)y(k-1)y(k-2)u(k-1)(y(k-1)-1)+u(k)}{1+y^2(k-1)+y^2(k-2)} \tag{3-226}$$

假设系统的动力学逆模型成立,即有

$$u(k) = g[y(k+1), y(k), y(k-1), y(k-1), u(k-1)]$$

其直接网络控制法的控制结构如图 3-60 所示。

根据控制性能的要求，选目标函数为

$$E=\sum E_{\mathrm{p}}=\frac{1}{2}\sum(y_{\mathrm{d}}(k)-y(k))^2 \tag{3-227}$$

神经网络模型选用四层前向传播神经网络，并假设输出单元层的神经元为线性单元、其余层的神经元为Sigmoid激励元。则其学习规则可归结为

$$w_{ij}(k+1)=w_{ij}(k)+\eta\delta_{\mathrm{p}j}o_{\mathrm{p}i} \tag{3-228}$$

$$\begin{aligned}\delta_{\mathrm{p}j}&=(y_{\mathrm{d}}(k)-y(k))\frac{\mathrm{d}y(k)}{\mathrm{d}u(k)}\\&=(y_{\mathrm{d}}(k)-y(k))\frac{1}{1+y^2(k-2)+y^2(k-3)}\quad \text{输出层}\end{aligned} \tag{3-229}$$

$$\delta_{\mathrm{p}j}=o_{\mathrm{p}j}(1-o_{\mathrm{p}j})\sum_{l}\delta_{\mathrm{p}l}w_{lj}\quad \text{隐含层} \tag{3-230}$$

根据多次仿真研究后，取直接网络控制法的神经网络结构为$\Pi_{5,25,12,1}$。$\eta=0.05$，期望输出为

$$y_{\mathrm{d}}(k)=\sin\frac{2\pi k}{100}+0.2\sin\frac{6\pi k}{100}$$

则经过100次的在线学习和训练后，其均方误差已经小于0.005。系统的响应曲线如图3-61所示。从图中可以看出，直接网络控制法的控制精度远远优于直接逆模型控制法。

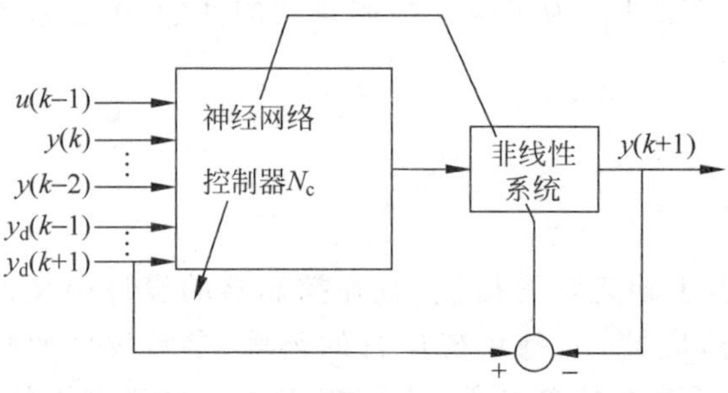

图3-60 直接神经网络控制结构图

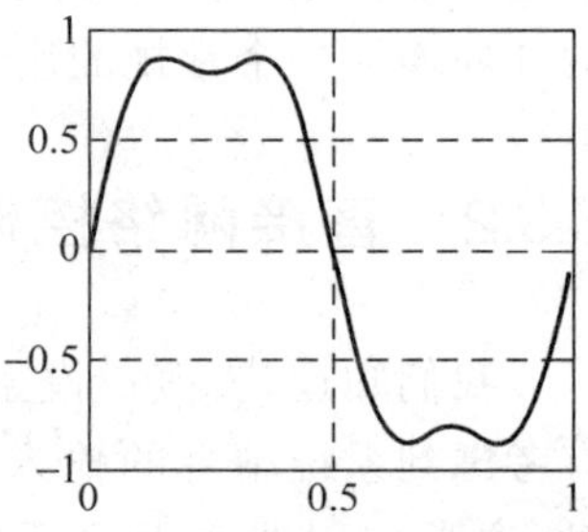

图3-61 直接网络控制法的系统响应曲线 ■

直接网络控制法虽然解决了神经控制网络的学习问题，对系统的自适应能力、自学习能力有显著的提高。但是，它需要系统的Jacobian矩阵$\mathrm{d}y/\mathrm{d}u$。显然，这一要求对大多数复杂系统、未知系统而言是没法满足的。为了克服这一缺陷，许多专家学者提出了各种不同的方法。归结起来，主要有以下四种解决措施。(1)摄动法。用$\frac{\Delta y_i}{\Delta u_i}$来代替$\frac{\partial y_i}{\partial u_i}$。这虽然是一种近似的计算方法，但一般说来，在采样间隔比较短的情况下还是可行的。(2)符号函数法。简单地采用符号函数$\mathrm{sgn}\left(\frac{y_i}{u_i}\right)$来代替$\frac{\partial y_i}{\partial u_i}$。这种方法比摄动法更为简单且实用。因为，对于大多数系统

而言系统的输出变化随输入变化的趋势是容易知道的。简单地采用符号函数来代替 Jacobian 矩阵函数，既能保持神经网络学习算法的稳定性，又具有计算简单、已知条件较小情况下系统的控制能力。(3)前向神经网络方针模型法。采用另一神经网络模型来仿真系统的动力学模型，并利用它得到系统的 Jacobian 矩阵 $\mathrm{d}y/\mathrm{d}u$ 信息，从而实现神经网络控制的学习。(4)多网络自学习控制法。采用神经网络的系统逆动力学模型来产生系统的期望控制信号，从而解决神经网络控制器的导师信号问题、实现了网络控制器的学习。

3.9.3 多神经网络自学习控制法

对于未知动力学行为的非线性系统，单纯地依靠前面提到的控制方法都无法达到满意的控制效果。多网络自学习控制方法就是利用神经网络的众多优点，将神经网络的辨识和神经网络的控制分离出来，从而构造出一套有效的学习控制算法，使得系统的输出能够在神经网络控制器的作用下精确快速地跟踪系统的期望输出，如图 3-62 所示。下面来进一步分析这种控制结构下的神经网络辨识器和神经网络控制器的学习算法，并将通过一个例子来说明多神经网络自学习控制方法的有效性。

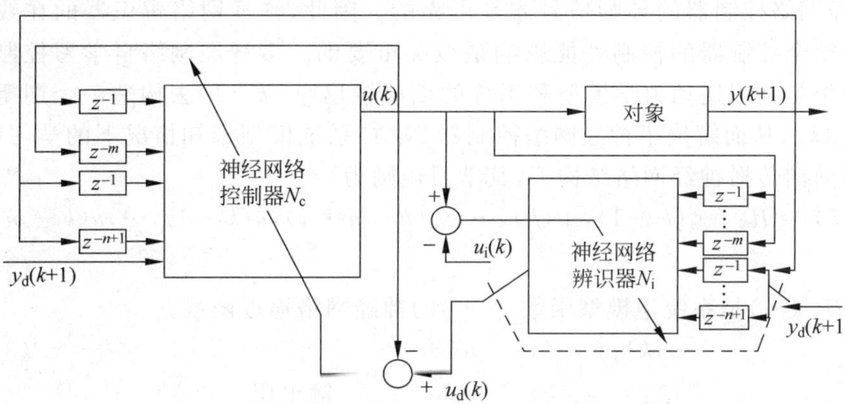

图 3 62　多网络自学习控制结构图

对于非线性系统

$$y(k+1)=f(y(k),y(k-1),\cdots,y(k-n+1),u(k),\cdots,u(k-m)) \tag{3-231}$$

控制器控制目的在于希望找到 $u(k)$，使得 $y(k+1)\to y_d(k+1)$。同样，我们假设被控系统的逆动力学模型存在，即

$$u(k)=g(y(k+1),y(k),\cdots,y(k-n+1),u(k-1),\cdots,u(k-m)) \tag{3-232}$$

是唯一的。则可以通过神经网络的辨识器实现被控对象逆动力学模型的逼近，从而为神经网络控制器的学习创造了条件。如图 3-62 所示，N_i 是逆动力学神经网

络模型,它可以实时地利用系统的输入输出信息$(u(k),y(k+1))$来改善神经网络模型的精度,并且也实现了自适应的功能。这里,仍然选用前向传播神经网络结构模型,则神经辨识器的学习规则可归结为

$$u_i(k)=\Pi_{\mathrm{N}_i}(y(k+1),y(k),\cdots,y(k-n+1),u(k-1),\cdots,u(k-m)) \tag{3-233}$$

其中$\Pi_{\mathrm{N}_i}(\cdot)$是系统逆模型函数$g(\cdot)$的神经网络逼近函数。

$$e_{\mathrm{u}}(k)=u(k)-u_i(k) \tag{3-234}$$

$$\begin{cases}\delta_{\mathrm{p}j}^{i}=e_{\mathrm{u}j}(k) & \text{输出层}\\ \delta_{\mathrm{p}j}^{i}=o_j^i(1-o_j^i)\sum\limits_{l}\delta_{\mathrm{p}j}^{i}w_{lj}^{i} & \text{隐含层}\end{cases} \tag{3-235}$$

$$w_{lj}^{i}(k+1)=w_{lj}^{i}(k)+\eta_i\delta_{\mathrm{p}j}^{i}o_l^i+\alpha_i\Delta w_{ij}^{i}(k) \tag{3-236}$$

其中$e_{\mathrm{u}j}(k)$为矢量$\boldsymbol{e}_{\mathrm{u}}(k)$的第$j$个分量。

系统逆模型的在线学习保证了在系统参数发生变化的情况下能及时地调节神经辨识器连接权系数,达到精确逼近系统模型的目的。从而也保证了基于这个逆模型的神经网络控制器能够实现准确的输出跟踪控制。神经网络控制器N_{c}的设计前提是这个神经网络辨识器能够精确地表示此系统的逆动力学模型,只有这样,神经网络控制器的导师信号才是可靠的。因此,神经网络辨识器的在线学习特性对整个控制器的控制性能影响是至关重要的。多神经网络自学习控制器的基本思想是利用逆动力学模型和系统的期望输出$y_{\mathrm{d}}(k+1)$去构造一个期望的控制量$u_{\mathrm{d}}(k)$,从而解决了神经网络控制器N_{c}在系统模型未知情况下的学习问题。在多层前向传播神经网络结构下,其学习规则为

$$u_{\mathrm{d}}(k)=\Pi_{\mathrm{N}_i}(y_{\mathrm{d}}(k+1),y_{\mathrm{d}}(k),\cdots,y_{\mathrm{d}}(k-n+1),u(k-1),\cdots,u(k-m)) \tag{3-237}$$

其中:$\Pi_{\mathrm{N}_i}(\cdot)$是系统逆模型函数$g(\cdot)$的神经网络逼近函数。

$$e_{\mathrm{c}}(k)=u_{\mathrm{d}}(k)-u(k) \tag{3-238}$$

$$\begin{cases}\delta_{\mathrm{p}j}^{c}=e_{\mathrm{c}j}(k) & \text{输出层}\\ \delta_{\mathrm{p}j}^{c}=o_j^c(1-o_j^c)\sum\limits_{l}\delta_{\mathrm{p}j}^{c}w_{lj}^{c} & \text{隐含层}\end{cases} \tag{3-239}$$

$$w_{lj}^{c}(k+1)=w_{lj}^{c}(k)+\eta_c\delta_{\mathrm{p}j}^{c}o_l^c+\alpha_c\Delta w_{lj}^{c}(k) \tag{3-240}$$

其中$e_{\mathrm{c}j}(k)$为矢量$\boldsymbol{e}_{\mathrm{c}}(k)$的第$j$个分量。$\eta_{\mathrm{i}}$、$\eta_{\mathrm{c}}$分别为两个神经网络的学习因子,$\alpha_{\mathrm{i}}$、$\alpha_{\mathrm{c}}$分别为两个神经网络的 Momentun 系数。

例 3-11 考虑非线性系统

$$y(k+1)=\frac{y(k)y(k-1)y(k-2)u(k-1)(y(k-2)-1)+u(k)}{1+y^2(k-1)+y^2(k-2)} \tag{3-241}$$

试用多神经自学习网络控制方法来设计此系统的非线性控制器,要求系统的期望输出为

$$y_d(k) = \sin\frac{2\pi k}{100} \quad k = 0,1,\cdots,100 \tag{3-242}$$

解 为了保证控制系统在初始阶段的稳定性，对系统逆动力学模型的神经网络离线建模是必须的。假设被控对象式(3-241)的逆动力学模型存在，即有

$$u(k) = g(y(k+1), y(k), y(k-1), y(k-1), u(k-1)) \tag{3-243}$$

则可以用一个神经网络模型去逼近它。在这里，我们取神经网络辨识器 N_i 的结构为 $\Pi_{5,25,12,1}$。经过 1000 步的学习计算后，系统逆模型的辨识精度已控制在 5%之内了。这样，离线建模工作可告一段落，下面的工作是将此模型投入到整个控制系统中去，构成一个多神经网络自学习控制系统(如图 3-62)。多神经网络自学习控制的设计是基于直接逆模型控制和直接网络控制的思想，并利用传统的反馈控制的思想，将系统的输出直接反馈到神经网络控制器的输入端，达到自调节的目的。本例中神经网络控制器 N_c 的网络结构为 $\Pi_{6,20,10,1}$。输入矢量为 $[y_d(k+1), y(k), y(k-1), y(k-2), y(k-3), u(k-1)]$，输出量为 $u(k)$。为了保证控制系统的稳定性，控制神经网络的初始数应尽量取比较小的数值。因此，我们取神经控制器的初始权系数为(−0.5,0.5)之间的随机数。将离线辨识后的神经网络逆模型和初始控制网络投入学习控制，选用期望的训练样本输出满足方程式(3-242)。其初始的第一周期的系统响应曲线如图 3-63 所示，从中可以看出其控制误差是相当大的。随着学习过程的进行(学习算法见式(3-237)～式(3-240))控制精度越来越高。经过 100 个周期的学习后，整个系统的跟踪误差已控制在 1%之内(如图 3-64)。训练完成后的多神经网络控制系统即可投入实际运行，并且能适应任何期望输出轨迹的系统跟随响应。当期望的输出为

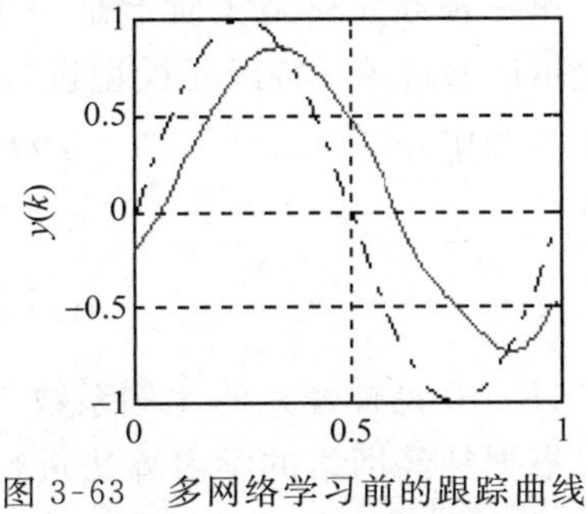

图 3-63 多网络学习前的跟踪曲线

(实线为系统的实际输出，虚线为系统的期望输出)

$$y_d(k) = \sin\frac{2\pi k}{100} + 0.2\sin\frac{6\pi k}{100} \quad k = 0,1,\cdots,100$$

时，多神经网络自学习控制器的控制效果也是相当高的。其响应曲线如图 3-65 所示。

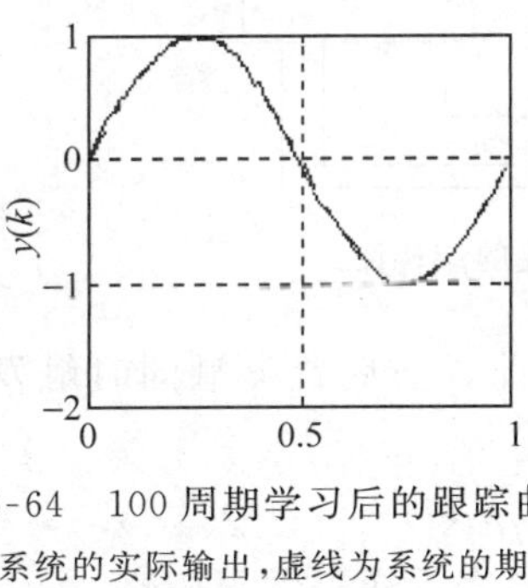

图 3-64 100 周期学习后的跟踪曲线

(实线为系统的实际输出，虚线为系统的期望输出)

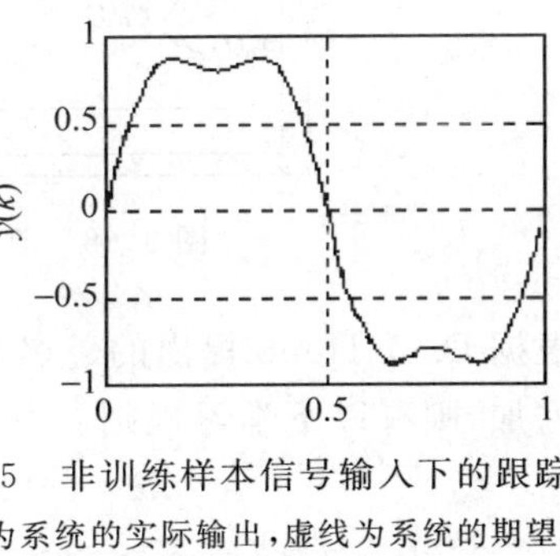

图 3-65 非训练样本信号输入下的跟踪曲线

(实线为系统的实际输出，虚线为系统的期望输出)

多神经网络自学习控制技术克服了多层前向传播神经网络控制中广义 Delta 学习规则难以应用的困难，在系统模型参数未知的情况下，通过逆动力学辨识网络模型来构造系统期望的控制量，从而达到网络控制的在线学习。这种控制结构归结起来有以下几个特点。

① 边控制边辨识。利用实际系统的输入输出信息去更新逆动力学神经网络模型的连接权系数，达到对被控系统的准确识别。

② 利用期望的输出轨迹 y_d 信息，经逆动力学网络模型产生期望的控制量，从而使得广义 Delta 学习规则在网络控制器中的调节能力成为可能。

③ 由于整个系统具有在线辨识和实时控制的能力，多神经网络自学习控制器完全能满足环境参数变化下的控制性能要求，具备良好的自适应、自学习能力。

④ 存在的一个缺陷是要求被控对象的逆映射是单一的。如果这种逆映射是多值的话，则基于逆模型的神经网络控制就难以实现。

3.10 单一神经元控制

单一神经元模型实质上是一个非线性控制器。对于许多单输入单输出系统完全可以通过单一神经元模型进行控制。单一神经元控制系统的结构图如图 3-66 所示。图中，$x_i(t)(i=1,2,\cdots,n)$是神经元的 n 个输入状态量，神经元输出可表示为

$$s(t) = k\sum_{i=1}^{n} w_i(t)x_i(t)$$

式中，$K>0$ 是神经元的比例系数，$w_i(t)$为对应于元输入 $x_i(t)$的加权值。权值的学习根据神经网络的学习算法进行。

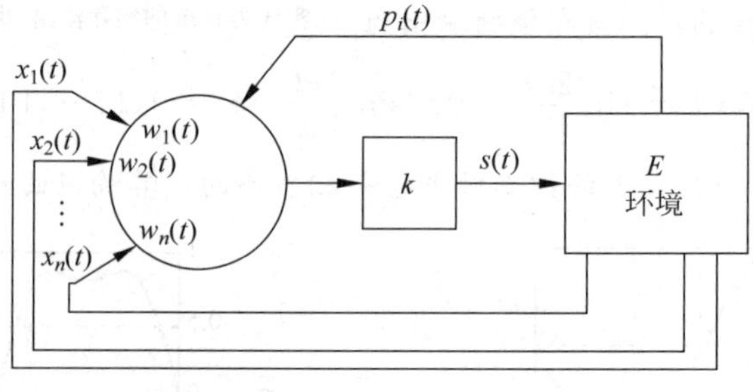

图 3-66 单一神经元控制系统的结构图

根据 D. O. Hebb 提出的著名假设，神经元是前置与后置突触同时触发时，加权值增加，则有以下学习规则

$$w_i(t+1) = \gamma w_i(t) + \eta p_i(t)$$

式中，$1>\gamma>0$ 为衰减速率，$\eta>0$ 为学习速率，$p_i(t)$表示递进学习策略。

神经元的简单学习策略主要有以下三种。

(1) Hebbian 学习,即

$$p_i(t) = s(t)x_i(t)$$

表示对一个动态特性未知的环境,自适应神经元通过学习,逐步使神经元控制器适应被控制对象特性以达到最佳控制的目的,同时通过其自身的学习能力以适应外界的变化。

(2) 监督学习,即

$$p_i(t) = z(t)x_i(t)$$

表示对一个动态特性未知的环境,神经元在教师信号 $z(t)$的指导下进行强迫学习,使神经元控制器尽快适应被控制对象的特性以达到最佳控制的目的,同时又能满足适应外界变化的要求。

(3) 联想式学习,即

$$p_i(t) = z(t)s(t)x_i(t)$$

表示自适应神经元采用 Hebbian 学习和监督学习相结合的方式,通过关联搜索对未知的外界环境作出反应和作用。这意味着神经元在教师信号 $z(t)$的指导下,通过自组织关联搜索进行递进式学习修正加权值来产生控制作用。

采用神经元非模型控制基本方法构成的控制系统的一般形式如图 3-67 所示。转换部件的输入为反映被控对象及控制指标的状态变量,如设定值 $r(t)$、对象输出测量值 $y(t)$等。转换部件的输出为神经元学习所需的状态,如设定值$r(t)$、误差 $e(t)$、误差变化 $\Delta e(t)$等,控制信号 $u(t)$由神经元通过关联搜索来产生。根据以上模型,采用联想式学习方法,可以得出规范化神经元非模型控制方法

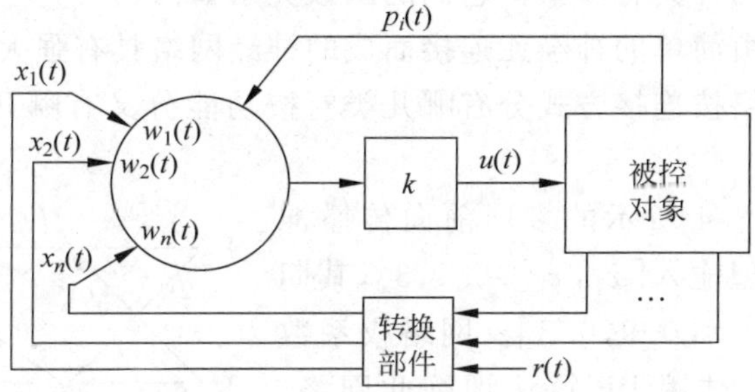

图 3-67 采用神经元非模型控制构成的系统一般形式

$$u(t) = \frac{K\sum_{i=1}^{n} w_i(t)x_i(t)}{\sum_{i=1}^{n} w_i(t)}$$

$$w_i(t+1) = w_i(t) + \eta[r(t) - y(t)]u(t)x_i(t)$$

式中 $x_i(t)$ $i=1,2,\cdots,n$ 为神经元的输入状态; K 为神经元的比例系数; η 为神经

元的学习速率。神经元的输入状态可在进行控制系统设计时根据需要选取，例如选择元的输入状态如下时($n=3$)

$$x_1(t)=r(t),\quad x_2(t)=r(t)-y(t),\quad x_3(t)=x_2(t)-x_2(t-1)$$

则神经元非模型控制器转化为

$$u(t)=K_1r(t)+K_2e(t)+K_3\Delta e(t)$$

分别为前馈比例控制、反馈比例控制和反馈微分控制。式中 $e(t)=r(t)-y(t)$，$\Delta e(t)=e(t)-e(t-1)$。若取

$$\Delta u(t)=\frac{K\sum_{i=1}^{n}w_i(t)x_i(t)}{\sum_{i=1}^{n}w_i(t)}$$

$$w_i(t+1)=w_i(t)+\eta[r(t)-y(t)]u(t)x_i(t)$$

式中 $\Delta u(t)=u(t)-u(t-1)$，并取神经元的输入状态 $x_i(t)$ $i=1,2,3$ 为

$$x_1(t)=r(t)-y(t),\quad x_2(t)=x_1(t)-x_1(t-1),\quad x_3(t)=x_2(t)-x_2(t-1)$$

则此控制器与增量型 PID 控制器相似。

以上分析说明，单一神经元模型控制方法十分灵活。可以通过神经元输入状态的选择、学习速率的确定，甚至神经元结构的设计等多种方法来满足控制系统的设计要求。

习题和思考题

3-1 神经元的种类有多少？它们的函数关系如何？

3-2 为什么由简单的神经元连接而成的神经网络具有强大的功能？

3-3 神经网络按连接方式分有哪几类？按功能分又有哪几类？按学习方式分又有哪几类？

3-4 如图题 3-4 所示的多层前向传播神经网络，假设对期望输入$[x_1,x_2]=[1,3]$，其期望输出为$[y_{d1},y_{d2}]=[0.9,0.3]$。网络权系数初始值如图所示。试用 BP 算法训练此网络，并详细写出第一次迭代学习的计算结果。这里取神经元激励函数为 $\sigma(x)=\dfrac{1}{1+e^{-x}}$。

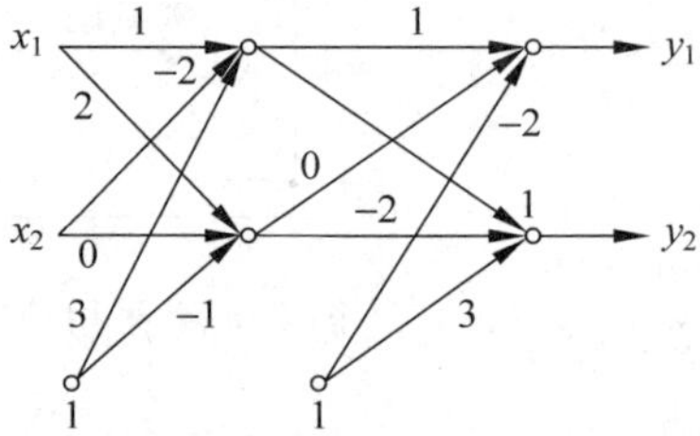

图题 3-4

3-5 如图题 3-5 所示的字符识别系统，要求用离散 Hopfield 网络来记忆 A、I、O 三个字符(1 表示黑，0 表示白)，如字符 A 表示为(1,1,1,1,1,0,1,0,1,0,1,0,1,1,1,1,1)。试求出 Hopfield 网络各连接系数。当输入为(1,1,0,1,1,0,1,0,1,1,0,1,1,1,1,1,1)时，利用此训练好的网络实现对此输入模式的识别。

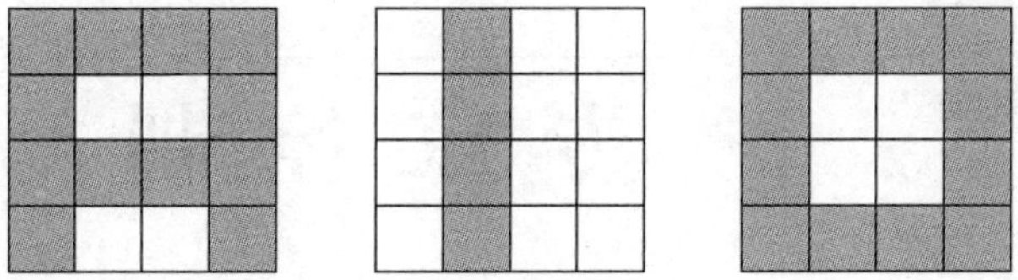

图题　3-5

3-6　试用 CMAC 网络学习以下二维函数

$$Y(x_1,x_2)=\left(\sin\frac{2\pi x_1}{360}\right)e^{-2x_2}$$

式中 $0\leqslant x_1\leqslant 360, 0\leqslant x_2\leqslant 10$。

当输入信号表示的分辨率不同时，比较误差收敛到相同数值所需学习的次数。

3-7　神经网络控制系统的结构有哪几种？在设计神经网络控制系统时应如何选择最佳控制结构？

3-8　实现神经网络控制器有导学习的关键是什么？

3-9　神经网络可以作为非线性动态系统辨识器的条件是什么？

3-10　已知一非线性动态系统

$$y(k+1)=\frac{y(k)}{1+y^2(k)}+u^3(k)$$

给定的期望轨迹为

$$y_d(k)=\sin\frac{2\pi k}{25}+\sin\frac{2\pi k}{10}$$

(1) 假设系统已知，即 $\frac{\partial y(k)}{\partial u(k)}$ 从方程中可以求出，采用直接网络控制法实现期望轨迹的跟踪控制；

(2) 假设只已知 $\frac{\partial y(k)}{\partial u(k)}$ 的符号，重新设计直接网络控制法实现期望轨迹的跟踪控制；

(3) 利用神经网络辨识器，设计多神经网络控制器实现期望轨迹的跟踪控制。

3-11　假定参考模型由 3 阶差分方程描述

$$y_m(k+1)=0.8y_m(k)+1.2y_m(k-1)+0.2y_m(k-2)+r(k)$$

式中 $r(k)$ 为有界参考输入。

过程的动态方程是

$$y(k+1)=\frac{-0.8y(k)}{1+y^2(k)}+u(k)$$

试用间接自适应控制方法，利用神经元网络对过程进行控制，并画出 $r(k)=\sin(2\pi k/25)$ 时的控制响应曲线。

第4章 专家控制

4.1 引言

经典的控制方法在许多应用中面临着以下问题。

(1) 对于化工、冶金领域的一些高度非线性、不确定的对象，很难建立数学模型；

(2) 如果建立的模型过于复杂，也无法得到实用的控制策略；

(3) 故障诊断、生产调度等高层决策需求，超出了传统控制的能力范围。

另一方面，人类自身(包括各种动物)却能够在不知道对象机理的情况下，依据经验很好地完成一些复杂任务，例如工人对窑温的控制、司机对汽车的驾驶，这使得学者们开始考虑如何让机器模拟人的控制能力。

20世纪80年代，由于人工智能的飞速发展、专家系统的广泛应用，为上述想法提供了一种可能。1983年，自适应控制方面的专家、瑞典学者 Åström 提出了将专家系统技术引入自动控制的思想，并在1986年正式提出了"专家控制"的概念。从此专家控制得到了广泛的研究，发展为智能控制的一个重要分支。

早期的专家控制，例如 LISP 公司研制的蒸馏塔过程控制的分布式专家系统 PICON、核反应堆的环境的辅助决策专家系统 REACTOR，主要在于利用专家的信息进行控制指导，可以称为专家指导系统。随着专家控制研究的进一步深入，人们开始用专家的经验直接提高传统控制的智能性，构造了各种结构精巧的专家控制器。例如 Porter 等的基于 PI 控制的实时调节器，我国周其鉴、李祖枢提出的仿人智能控制器。

目前专家控制的发展，侧重在信息利用和应用开发两个方面。周德泽将信息融合的思想与专家控制相结合，将信息融合作为专家控制信息输入的前处理，提高了系统的信息综合能力。而美国 Gensym 公司出品的专家系统开发工具 G2，具有实时推理的特点，并可与神经网络、模糊逻辑、模式识别等技术相结合，已成功应用于石化、装配、军事、网络管理等许多领域。

在本章中，我们将介绍专家控制的基本原理和一些典型实现，重点为仿人智能控制器的思想和设计方法。

4.2　专家控制的基本原理

4.2.1　专家控制系统的基本内容

专家控制是以专家系统为技术背景的。专家系统是人工智能领域的一个重要分支，在 20 世纪 70 年代曾极大地推动了人工智能的发展。它是一个基于知识的启发式推理系统，具有特定的组成结构和知识表达，可以根据一个或多个专家所提供的领域知识进行推理，模拟人类的决策，提供复杂问题的参考判断，为实现机器智能提供了有效的途径和工具。

专家系统的基本结构，如图 4-1 所示，包括知识库、推理机、数据库、知识获取机构、解释机构以及人机界面等模块。

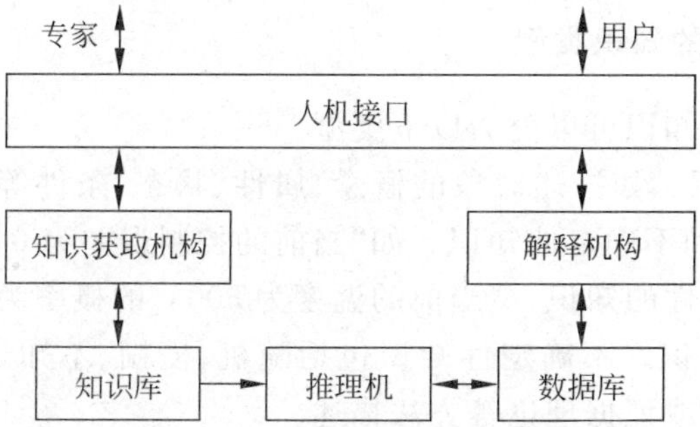

图 4-1　专家系统的基本结构

（1）知识库。存放领域知识、常识性知识、理论性知识、推理规则等，这些知识使专家系统具有启发性。

（2）数据库。存放推理的原始数据、中间结果、控制信息等，一般来说，知识库存放的信息具有规律性和普遍性，相对于数据库更为稳定。

（3）推理机。利用知识库的推理规则，对数据库的信息进行推理，得到结论或决策。从结构上说，专家系统的推理机和知识库是彼此分离的。这一特点使专家系统便于维护和调整。

（4）知识获取机构。获取专家的领域知识，对知识库进行修改和维护，保持其内容的一致性和完整性。知识获取机构使专家系统具有自学习和自适应的特点。

（5）解释机构。对推理过程作出说明，并回答用户问题。解释机构使专家系统具有透明性,便于人机交互。

(6) 人机接口。人机交互的界面,可以充分发挥人机协作。

由于上述结构,专家系统具有启发性、灵活性和透明性的特点,是应用最广泛的人工智能系统之一,可以进行诊断、预测、决策、设计、规划等各种工作。这些功能与控制相结合,就产生了专家控制。但由于控制问题本身的特殊性,专家控制又与专家系统不尽相同,主要表现在:

(1) 很多场合,专家系统是决策的辅助系统。例如疾病诊断,只是提供一个参考判断,而专家控制系统是决策的主体,必须具有足够的可靠性。

(2) 控制领域一般都有实时性的要求,因此专家控制系统必须是一个实时专家系统。需要合理地设计知识库和推理机,甚至对专家系统的结构进行简化和改造。

因此,专家控制的研究,既有传统专家系统的内容,也有其独特的方面,包括:

(1) 控制领域知识的表达和推理。

(2) 专家控制的结构和实现。

4.2.2 知识表达[56]

1. 专家控制中的知识类型

在专家控制中,知识可以分为以下类型。

(1) 事实性知识。如描述对象的概念、属性、状态、条件等,属于描述性命题。可分为确定性知识和不确定性知识。如"当前的控制误差为 0.5"、"期望的控制输出为 2V"等,是确定性的知识。"当前的温度为 500℃ 的概率为 0.7"、"当前温度较高"则是不确定性知识。不确定性知识包括随机、模糊、不知道等类型,可分别采用概率、模糊隶属度或证据理论等方法描述。

(2) 过程性知识。指推理的规则、物理定律、专家经验等,属于规律性的命题。除了传统控制中的各种微分、差分方程表示的数学模型,还包括一些经验规则,例如"角速度为 2rad/s 时,速度为 3m/s"。这些规则也有确定性和不确定性两种,例如"误差较大,则控制增幅较大"就是一条模糊规则。因此从专家系统的角度看,模糊控制是一种特殊的专家控制。

(3) 控制性知识。以知识、知识的处理为认识对象的知识,也称为元知识。比如知识的背景和范围、推理的策略等。这些知识用来确定知识的表达结构、规则之间的控制约束关系、知识的适用范围等。同时指导规则的运用、推理的方向,并进行推理过程中的冲突消解。合理的使用元知识不仅可以增加知识的表达能力,还可以提高推理的效率。

在控制中,根据当前运行状态选择控制策略的规则是典型的元知识,例如:"稳态误差大,选择积分控制。"

2. 知识表达的种类

知识表达是专家系统实现的基础。关于知识的定义目前没有一个统一的说法，可以认为是人类对客观世界认识和经验的总和。在人工智能中，知识表达是一种具有特殊处理机制的数据结构，从形式上分，大致有三类。

(1) 图示类。与或图、Petri 网、语义网等。

(2) 符号类。谓词逻辑表示法、状态空间表示法、产生式规则等。

(3) 结构类。框架、脚本、面向对象表示法、神经网络等。

如表 4-1 所示，这些表达各有特点，选择哪一种还要看具体的问题。如果需要，可以采取混合式的表达方法。

表 4-1　常见的知识表示方法

表示方法	提　出	特　点	应　用
产生式规则	1965 年 Simmon 提出	由“IF-THEN”的前提、结论对组成，便于理解和操作，但推理缺乏灵活性，维护困难	最为广泛，包括控制系统
语义网	1968 年 Quuillian 提出	代表对象、概念及其相互关系的有向图，便于联想，推理效率高，但不便于表达判断性等深层次知识	适合自然语言的理解
Petri 网	1962 年 Petri 提出	含有状态可达性、位置有界性等内容的网络，可模拟逻辑推理、语义表达、状态变换等，具有相当的通用性	适于描述异步并行事件，进行离散事件的时序建模等
谓词逻辑	1963 年 Green 从数学逻辑中引入	将逻辑中的命题和推理符号化，具有严格的演绎推理体系，可实现自动推理，但效率不高	自动问题求解
面向对象表示	20 世纪 80 年代，从软件编程中发展而出	一种针对复杂系统的编程方法，具有抽象性、封装性和继承性的特点。是一种相当通用的方法	便于软件实现

3. 常用表达方法简介

(1) 产生式规则

产生式规则主要描述了前提和结论之间的关系。其一般形式为

IF ＜前提＞　THEN ＜结论＞

在控制中，前提可以是控制的条件，如输出误差，结论是控制大小，例如

IF 偏差 $|e|$ 增大，THEN 控制输入 u 增大。

前提和结论如果是一些复合命题，也可以用 AND、OR 连接。由于产生式规则非常简单、可表达知识的范围也很广，是应用最广泛的知识表达方法，控制中的应用也最为常见。

(2) 谓词逻辑

谓词逻辑(Predicate Logic)是一种符号逻辑,它将命题解析成主词、谓词、逻辑连接词和量词,其中谓词用来刻画命题中个体词的性质或事物之间的关系,代表了命题的核心。例如"所有车间的温度是30℃、相对湿度50%"可表示成以下谓词公式的形式

$$(\forall x)\mathrm{Room}(x) \wedge \mathrm{Temp}(x,30) \wedge \mathrm{Humi}(x,0.5)$$

其中,Room、Temp、Humi为谓词,x为变元。Room(x)表示x是车间,Temp(x,30)表示x的温度为30℃,Humi(x,0.5)表示x的湿度为50%。$\wedge$是一种逻辑连接词,表示三个谓词公式的合取关系,即各子项同时成立时为真。$\forall$为全称量词,$\forall x$表示对所有的车间x,后面的复合谓词公式成立。

由于将谓词从命题中提取出来,谓词逻辑具有很强的概括能力和表达能力。而且量词的引入,也使谓词逻辑可以进行三段论式的推理,适合于高层知识的表达。

(3) 面向对象表示方法

对象是指人类认识的客观事物,在形式上用以下四元组表示

对象::=<ID,DS,MS,MI>

其中,ID(Identifier)为对象标识符,即对象名。如电机、回转窑。DS(Data Structure)为对象的数据结构,描述了对象的一组状态属性。例如温度、压力等事实性知识。MS(Method Set)为方法集合,可以用来描述各种决策。例如,对应不同状态下的控制策略。MI(Message Interface)为对象接收外部信息的窗口,可以用来控制信息的流向,驱动事件的运行。

面向对象的表示方法很符合人类认识世界的模式。不但可以将知识模块化,更可以通过封装、继承的方法,获得很好的安全和开发性能。而且C++等开发工具都基于面向对象技术,也为这一方法的使用提供了便利。目前,面向对象的方法正向面向主体(agent)的方法发展(详见第9章),以进一步提高系统的自主智能。

4.2.3 知识推理

推理是从前提得出结论的过程,其方法有两类,一是基于逻辑的推理,二是基于常识的推理。基于逻辑的推理,在人工智能中,主要指谓词逻辑。例如假言推理

$$(E \rightarrow H) \wedge E \rightarrow H$$

代表了"如果具有$E \rightarrow H$的蕴涵关系,且证据E正确,则结论H正确"的推理规则。

在一阶谓词逻辑的系统中,基于归结原理的推理方法已相当完备,具有绝对

的严格性和可靠性，可实现推理的自动化。但是推理效率低，往往不适合于实时性的要求。在专家控制系统中，主要采用常识性推理。

1. 产生式规则推理

产生式规则推理是控制中最常见的推理形式

IF(E)… THEN(H)…

在具体实现时，一般包括以下过程。

(1) 模式匹配。将数据库中的数据与知识库中的规则中的前提进行匹配，如果完全匹配或足够近似匹配，则把这条规则标记为触发规则。

(2) 竞争消解。因为符合匹配调节的规则可能不止 1 条，这时就存在着竞争问题。一般有两种解决方案，或者根据一定的准则，从所有的触发规则中选取 1 条规则，作为启用规则；或者根据所有触发规则的结论进行综合，以获得一个最终的结论。

(3) 执行操作。根据推理的结论进行操作，并更新数据库的内容。

一般情况下，从前提到结论的正向推理足以能满足控制的需要。但如果推理过程的中间结论较多，推理效率可能不高。为了提高推理的效率，我们也可以采取反向推理。这时的策略是先假定一些结论，然后在数据库中寻找支持假设的证据。如果证据存在，则假设成立。反向推理是一种比较激进的作法。如果假设选得好，则推理具有目的性，可以提高效率。但如果假设选得不好，则反而增加了许多无用的推理。因此对于复杂的系统，可以将正向推理和反向推理结合，形成双向推理的模式。即利用正向推理的中间结论来提出假设，再根据假设来寻找证据。

2. 不确定性推理

不确定性推理是另一大类重要的常识性推理方法，包括主观 Bayes 法、证据理论、粗糙集理论、模糊集理论等。这时的知识是用不确定性度量来表示的，适于描述不确定、不知道、模糊的对象，而推理过程就是不确定性的传播过程。例如，如果以主观概率 $P(E)$代表论据 E 为真的可能性，$P(H)$代表假设 H 为真的可能性，$P(E|H)$代表假设 H 为真时，论据 E 为真的可能性。假设上述主观概率均已知，则当论据 E 为真时，假设 H 为真的可能性 $P(H|E)$可套用概率论中的 Bayes 公式求取

$$P(H \mid E) = \frac{P(E \mid H)P(H)}{P(E)}$$

与概率论中不同，这里证据、假设概率并不是客观确定的，上述推理公式也只代表了可能性传播的一种主观描述，因此这种推理也只是一种常识推理。不确定性推理的具体过程，可以参考第 2 章中介绍的模糊推理。

4.2.4 专家控制系统的设计

1. 专家控制系统的结构

专家控制系统是一种专家系统，但要求足够的实时性和可靠性。目前工业中常用的专家控制系统，主要有专家控制器和实时专家控制系统两种形式。

(1) 专家控制器

基于规则的自适应专家控制器是自适应控制的思想在知识层面上的推广。通过对被控过程运行状态的识别，根据专家经验，对控制参数、控制模式进行调整，达到自适应的目的。这类控制器不需要构建复杂的知识库、推理机，直接使用IF—THEN规则来描述专家经验，将逻辑推理和传统控制的方法结合，具有结构简单、实时性好的特点(图4-2)。Kravs提出的基于模式识别的自调整PID控制器EXACT、Åström提出的智能PID控制器，都属于这一类控制形式。

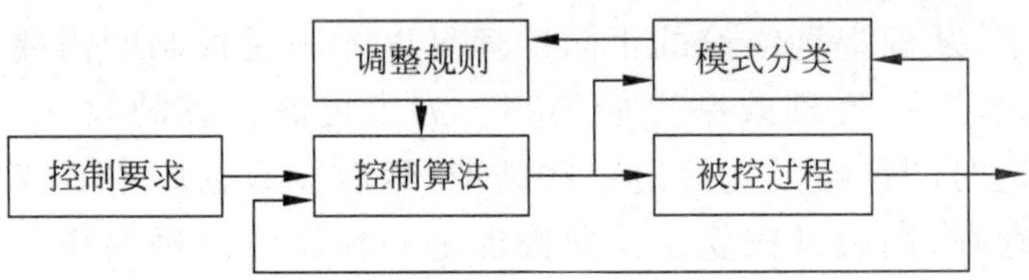

图4-2 专家控制器的结构示意图

(2) 实时专家控制系统

实时专家控制系统为传统控制的底层增加了一个监督、管理层，这是一个基于知识的专家决策系统(图4-3)。在监督层中，可以实现控制性能监视、故障诊断和分析以及系统的规划和管理。较著名的监控系统是LISP Machine INC.开发的PICON，该系统可以进行在线的数据分析和报警处理，并被成功地进行了商业包装，使用在过程控制中。

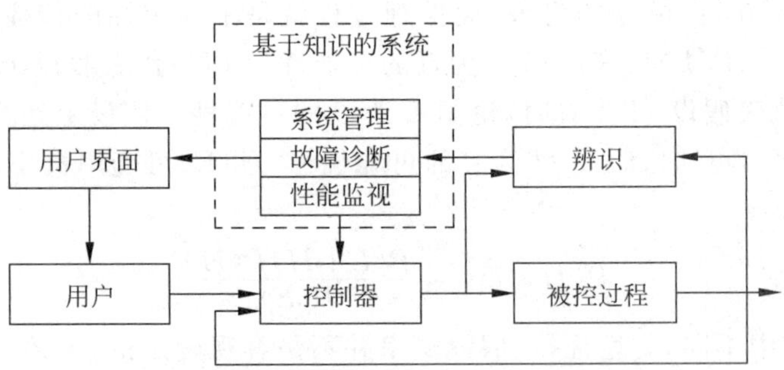

图4-3 专家监控系统结构示意图

分析上述两种结构，我们可以看到专家控制系统对传统的专家系统结构进行了不同程度的改造，以满足系统实时性的要求。但是在总体上，还保留了专家系统的特色。

(1) 知识和数据的分离。

(2) 结构上的并行性。

另外，由于传统的控制算法，也属于控制系统的知识，所以传统控制的任何进展，都可以进一步提高专家控制的性能。

2. 系统组织

对于专家控制器，其系统组织非常简单，以产生式规则表示启发式知识，并且采用正向推理。而对于实时专家系统，为了保证其实时性，则需要考虑各种系统组织的技术，常见的有：

(1) 基于规则的组织方法

例如，PICON 系统这类传统的专家系统，一般采用规则表示法来组织系统，实现实时应用。这些系统由外部事件所触发并驱动，但一般没有明确的目标和计划，一旦开始推理，其过程就不能被中断和挂起，直至推理结束。

(2) 黑板法

所谓黑板，是一个全局的公共工作区，可以接收来自推理机、知识库、数据库等各个知识源的访问和修改(图 4-4)。同一个知识库，也可以根据知识内涵的不同，划分为不同的知识源。与知识源相对应，黑板被划分为不同的层次，分别处理相关知识源的信息。这样的结构，可以减少信息管理的复杂度，减轻通信的负担，提高知识库的可维护性，从而增强了系统的实时性和灵活性。

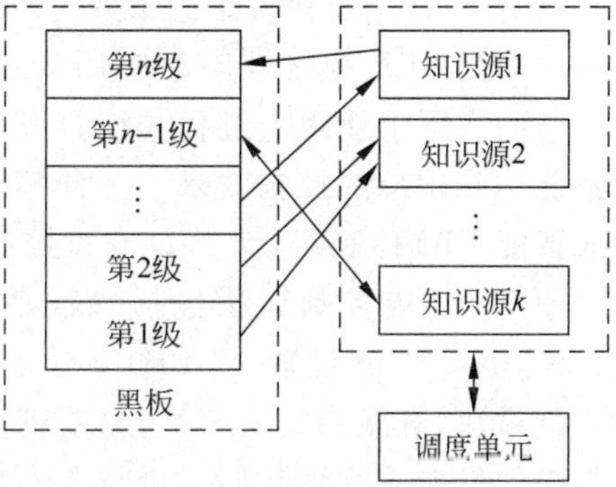

图 4-4　黑板结构示意图

在控制中，黑板的信息可根据其抽象性分层，例如，最底层是传感器的数据，其次是提取的特征信息，进一步是运行状态的假设、可行的控制策略等。在黑板结构中，系统的运转既可以由事件驱动，也可以由调度单元根据启发性知识来调度。这样，系统可以集中注意在最有可能解答的问题上，从而提高系统的推理效率。

3. 稳定性分析

专家控制系统的稳定性分析非常困难，由于不能获得对象的模型，或者无法获得控制算法的解析解，一般不能如经典算法一样地进行分析。具体的稳定性分析，往往依赖于专家控制的经验。由于专家控制系统比传统的控制系统具有更高的信息处理能力，一般能够根据系统的输出判断系统运行的状态，并进行实时的分析。因此，专家控制系统的稳定性实现，主要依赖于以下的工作。

(1) 稳定性监控。根据被控系统的状态和输出，判断系统是否处于稳定运行的状态。

(2) 控制策略的选择。通过运行状态的识别，根据控制理论和经验，选择可以保证稳定的控制策略。

4.3 专家控制应用举例

4.3.1 PID 专家控制系统设计[61-63]

PID 控制是最早发展起来的控制策略之一，其基本控制策略是一个线性表达式

$$u(t)=K_{\mathrm{p}}\left[e(t)+\frac{1}{T_{\mathrm{i}}}\int_0^t e(\tau)\mathrm{d}\tau+T_{\mathrm{d}}\,\dot{e}(t)\right]=K_{\mathrm{p}}e(t)+K_{\mathrm{i}}\int_0^t e(\tau)\mathrm{d}\tau+K_{\mathrm{d}}\,\dot{e}(t)$$

其中，$u(t)$为控制输入，$e(t)$为控制误差，T_{i}、T_{d} 分别为积分时间常数和微分时间常数，K_{p}、K_{i}、K_{d} 分别为比例系数、积分系数和微分系数，由于算法简单、鲁棒性好及可靠性高，PID 控制被广泛应用于过程控制和运动控制、电气传动及机电控制中。然而实际工业生产过程往往具有非线性、时变不确定性，应用常规 PID 控制器不能达到理想的控制效果。一种解决的思想是将 PID 与各种智能算法相结合，构成智能 PID 控制器，而 PID 专家控制就是其中的一种。

PID 的智能控制算法包括参数整定和结构优化两个方面，本节讨论参数整定。K_{p}、K_{i}、K_{d} 的设置，对 PID 算法的控制效果至关重要。传统的整定方法，如临界比例带法、衰减曲线法等，容易受到生产现场的困扰而整定不良，从而影响了控制系统的性能。这里我们讨论结合专家经验的整定方法。

1. 控制结构

对 PID 控制参数的整定过程包括对系统控制性能的判别，过程响应曲线的特征识别，控制参数调整量的确定以及 PID 控制参数的修改等。专家整定 PID 控制系统的结构如图 4-5 所示，可以看到其实现的重点在于特征识别及知识库中的规则。

2. 特征识别

提高控制参数的特征，必须能够反映控制系统的稳定性能和动态性能。例如当设定值 SV(set point value)或系统负载变化时，控制误差曲线一般如图 4-6 所示。

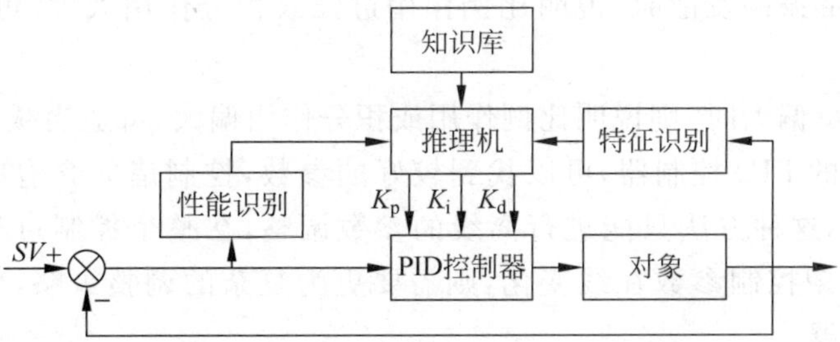

图 4-5　专家整定 PID 控制系统结构示意图

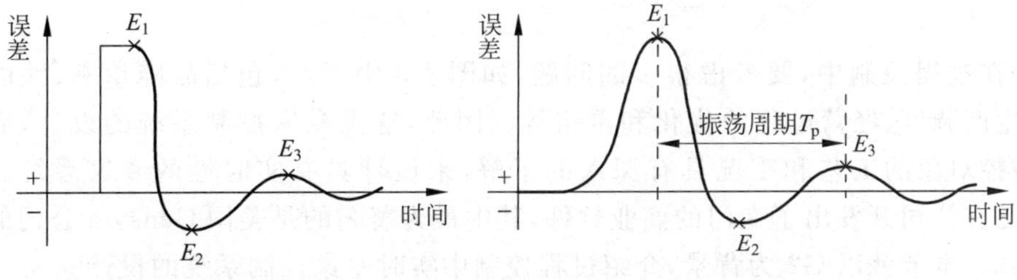

(a) 设定值变化　(b) 负载变化

图 4-6　设定点或负载变化时的控制误差曲线

根据系统响应变化的趋势，可以提取以下特征作为参数整定的依据

$$超调量\quad O_{vv}=\frac{E_1}{SV},\qquad 衰减率\quad D_{pp}=\frac{E_3}{E_1}$$

其中，E_1、E_2、E_3 分别代表了控制曲线的前三个峰值(图 4-6)，SV 为设定点值。

参数整定的目的，是希望控制曲线的超调量 O_{vv} 和衰减率 D_{pp} 均在允许范围以内，使系统的快速性和稳定性都达到较好的效果。

3. 知识库设计

根据对 PID 控制的分析，参数变化对 PID 控制的影响可总结为表 4-2。

表 4-2　K_p、K_i、K_d 变化对系统的影响

参数变化	上升时间 T_r	调节时间 T_S	超调量 O_{vv}	稳态误差	稳定性
K_p 增大	减小	小幅增加	增大	降低	减弱
K_i 增大	小幅减小	增大	增大	大幅降低	减弱
K_d 增大	小幅减小	减小	减小	微小	增大*

* 在实际系统中，由于存在滞后问题，所以微分系数 K_d 的增大，往往会减小系统的稳定性，所以 K_d 都取得较小。

根据上述控制规律，可定义一些参数整定的规则，例如：

(1) 当输出无波峰时，说明比例作用和积分作用偏小，可适当增加 K_p 和 K_i；

(2) 当波形振荡发散时,说明比例作用过强或积分作用太大,可适当减小 K_p 和 K_i;

(3) 超调量偏大时,则说明比例作用或积分作用偏大,可适当减小 K_p 和 K_i。

经过整定的 PID 控制器,可以找到较好的参数,控制诸如含有时延环节的复杂对象。不过,这种方法只能进行离线的参数调整,在整个控制过程中参数是固定的。如果希望控制参数在线变化,则需要更为复杂的调整策略,例如 4.4 节的仿人智能控制器。

4.3.2 过程专家控制系统[60]

在过程控制中,要考虑很多的问题,如图 4-3 中所示,包括故障诊断、性能监视、生产调度、经营过程的优化和重组等。因此,这类专家控制系统的设计,需要对被控对象的工艺和工况具有深入的了解,来设计具有实时性的专家系统。目前,已有公司开发出了专门的商业软件,其中最为著名的是美国 Gensym 公司的产品 G2。本节就以 G2 为背景,介绍过程控制中实时专家控制系统的设计。

1. 知识的表达

G2 采用面向对象建模机制,包括对象(object)、类(class)、变量与参数(variable & parameter)、联结与关系(connection & relation)、规则(rule)、过程(procedure) 和函数(function) 等部分。每一个对象由其属性表构成。对于某一对象,既可以具有数学解析模型的属性,也可以具有启发式知识模型。这种混合模型可以很好地解决复杂的调度问题。对象之间的联结和关系用来描述问题中的交互作用,这种联结是动态的,可以随时间变化。过程和函数用来表达领域知识,是用户所定义的顺序执行的操作的序列集,即 G2 执行的命令集,它表明了 G2 完成一个或多个任务的一系列步骤。

2. 知识库的管理

G2 通过"工作空间"(workspace) 来管理知识库,每一个工作空间可被视为一个独立的执行过程。对于某一个应用来说,可以有许多工作空间,每一个工作空间可以有上百个对象、规则、动态模型以及项目。

3. 实时推理

由于 G2 的结构庞大,为了保证推理的实时性,G2 的规则和过程设计有以下特点。

(1) 组织形式灵活

规则在 G2 中以对象的形式存在,每一个对象有一个属性表,包括:

① 扫描(scanning)属性。G2 的推理机可以以一定的时间间隔重复地调用一个规则,从而实现对一个动态过程的监视。扫描属性定义了扫描的时间间隔。例如,当推理机在一段时间没有收到有用信息时,G2 能够调用 whenever 规则,对系统的运行进行监视和刷新,防止陷入死区。

② "焦点对象或类"属性。为了减小运算量,G2 在推理过程中并不匹配所有的规则,而是利用元知识,把匹配集中在问题相关的部分,这一过程称为聚焦(focusing)。"焦点对象或类"属性即用来将规则与焦点对象相联系,加快匹配速度。

③ "目录"属性。将规则按"目录"的形式进行整理和分类,这样就可以通过请求(invoking)操作,激活与某一"目录"相关的全部规则,从而快速地检索主题相关的规则。例如,在"安全"目录下,可以查到所有与安全有关的规则。

(2) 过程执行的并行性

G2 中的过程可以对多个任务进行并行的操作。从而提高了整体的推理速度。

(3) 变量的时效性

由于实时环境中,为了保证推理结果的有效性和确定性,必须考虑变量的时效性。G2 中的变量都有一个表示有效期限的项,可以在推理中不断传播和更新。

通过上述措施,G2 已应用在许多过程控制场合,达到了微秒级的响应速度。

4.4 仿人智能控制[65-68]

4.4.1 仿人智能控制的引入

人被称为"万物之灵",有着其他动物无法比拟的智慧和情感。人工智能的最高目的,就是让人工系统具有人的能力和表现;而智能控制的本质,就是模仿人在控制中的决策、行为能力。因此,从宏观上说,智能控制可以称为"仿人智能控制"。

在前面的章节中,已经介绍了 3 种典型的智能控制策略:模糊控制、神经网络控制和专家控制,它们分别从人的思维特点、生理构造和经验模型入手,成功地模拟了人脑的控制行为和功能。这些方法在设计思想上有一个共同的特点,即都是从人工智能的某个分支出发,对已有的理论和方法进行改造,使其得以应用于控制领域。例如,模糊控制是以模糊逻辑为基础的、神经网络控制是以人工神经网络的相关理论为基础的,而专家控制的基础是专家系统。

本节要介绍的仿人智能控制具有特指,是我国重庆大学智能控制研究室周其鉴、李祖枢等人在 1980 年前后提出的仿人智能控制 HSIC(Human-Simulated Intelligent Control)。他们注意到目前人类对自身智能的了解还非常初步,现有的人工智能理论只能模拟智能的某个侧面,并不能反映人类智能的全貌。而另一方面，人类对于自身信息处理的宏观过程却已有了较为一致的认识，可以作为普适的结构。因此，从控制问题的实际需求出发，将宏观结构的模拟和行为功能的模拟相结合是现阶段实现仿人智能控制较为合适的选择。与前面介绍的控制策略不同，这一思路不仅强调某个特定智能的实现，更强调整个决策过程的模拟，因此非常符合人的决策实际，易于设计。而且这种宏观的结构还具有很强的包容能力，可以吸收信息处理方面的各种新进展，包括控制领域的已有成果。

为了设计仿人智能控制的宏观结构，首先要了解人类决策的心理过程，这是哲学、心理学、神经生物学，甚至宗教都试图回答的问题。虽然没有最终的答案，一般认为智能在信息处理的过程中可依次分为感知、特征提取、识别、推理、决策、记忆、学习等多个阶段。其中，感知不仅仅是接受刺激，还应有苦、乐等直觉感受。特征提取和识别，是一个分析与综合的过程，得到对感知的整体印象和性质判断。推理、决策是一种能引发行为的思维活动。识别和推理依赖于人的经验，而这些心理活动反过来也会通过记忆和学习使经验改变。仿人智能控制的实现，正是沿着这一宏观分析的结果进行的。

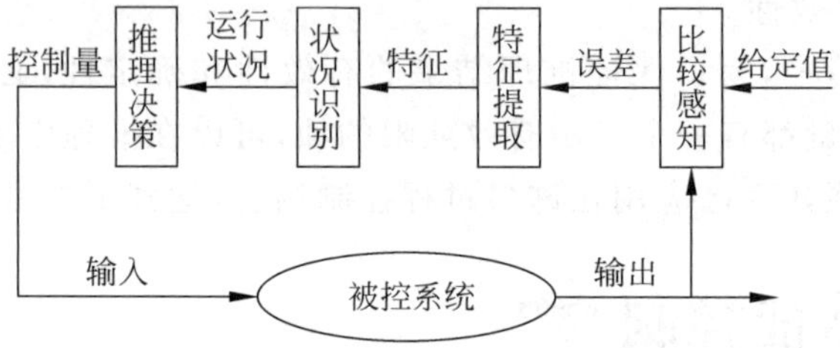

图 4-7 仿人智能控制的宏观结构

图 4-7 是仿人智能控制实现的一种典型结构。在得到被控系统的输出后，首先是一个感知的过程，即将测量值与给定值比较得到误差。从误差中提取出可以用于识别运行状况的特征，是特征提取的过程。对提取的特征进行分析，确定控制系统的运行状况，是一个识别的过程；针对不同的运行状况选择合适的控制策略，是一个推理、决策的过程。特征提取和控制策略一般都在给定的特征集合和策略集合中选择，如果需要，还可以加入记忆和学习的机制，使这些集合的组成自适应地改变。

图 4-7 的控制结构并不是仿人智能控制独有的，前面提到的专家控制系统都有类似的结构。其实上述结构给出了一种通用的智能信息处理角度，站在这一角度，不仅可以用来理解智能控制的过程，也可以用来理解经典控制中的一些方法。例如 PID 控制是一种经典的控制方法，为了解决其在控制中存在的稳定性和快速性之间的矛盾，学者们曾提出了带死区的 PID 控制、积分分离 PID 控制、不完全微分 PID 控制等改进算法。这些方法都依赖于控制误差的绝对值 $|e|$。当 $|e|$ 很小时，会保持现有的控制输出，以防止过度调节；当 $|e|$ 很大时，会采取 PD 控制，以

防止积分饱和。站在仿人智能控制的立场看，$|e|$就是这些方法所依赖的特征，判断$|e|$所在的区间就是对运行状况的识别。根据$|e|$所在的区域选择控制策略，就是推理、决策。所以这些改进的 PID 控制，都可以看作仿人智能控制的特例。

虽然仿人智能控制的宏观结构具有通用性，但具体的仿人智能控制所涉及的设计方法是独特的，具体是：从分层递阶智能控制系统的最低层(运行控制层)着手，充分应用已有的控制理论，直接对人的控制经验、技巧和各种直觉推理逻辑进行判辨，概括和总结，编制成多模态控制算法，应用于实际控制系统。这样实现的算法具有简单实用、精度高、鲁棒性强、能实时运行的特点。由于模态控制算法的选择依赖人的经验，所以也可以看作一种特殊的专家控制系统。

4.4.2　仿人智能控制的基本概念

从前面的分析可以看到，仿人智能控制在模拟人的决策控制时，有两个重要的环节需要考虑：一是对运行状况的识别，二是推理决策。运行状况的识别，关键在于控制特征的选取。而推理决策，关键在于选择合适的控制策略。

相比改进的 PID 控制而言，仿人智能控制使用的特征和控制策略要复杂得多。首先，识别所依赖的信息不仅仅是 e，还考虑了 e 的导数$\dot{e}$。所用的特征也不仅仅是误差的幅值信息$|e|$，还考虑了 e 和$\dot{e}$ 的复合。这些特征被称为特征基元，它们的组合可以细致地描述动态系统的运行情况，构成特征状态和特征模型。其次，仿人智能控制的控制策略也不只有比例、积分、微分三种，还包括邦-邦控制等其他控制策略。这些具体的控制策略在仿人智能控制中被称为控制模态，并构成了一个集合。任何一种控制算法，无论是经典的还是现代的，都可以成为模态集合中的一员。正是由于这种包容性，仿人智能控制可以实现更为丰富的多模态控制。

仿人智能控制有一套完整的基本概念来描述上述内容。下面具体介绍这些基本概念。

1. 特征基元、特征状态和特征模型

仿人智能控制认为，一个被控系统动态过程的输入、输出数据序列，包含了人类被控过程的全部信息。由于人类一般通过控制误差以及误差变化的趋势来控制系统，因此误差 e、误差导数$\dot{e}$ 和误差的二阶导数$\ddot{e}$是人类控制系统时最重要的特征信息来源，可定义误差集

$$\boldsymbol{E}=\{e,\dot{e},\ddot{e}\} \tag{4-1}$$

这些特征元素的组合，可以构成描述动态系统运行状态的特征基元，例如：

(1) $|e|$：描述系统输出与期望值的接近程度。

当$|e|<\delta_1$ 时，如果 δ_1 为一足够小的正数，则表明控制效果接近期望。

当$|e|>M_1$时，如果M_1为一合适的正阈值，则表明需要加强控制力度。

(2) $e\cdot\dot{e}$：可以描述系统误差变化的趋势。

当$e\cdot\dot{e}<0$时，表明动态系统误差的幅值正在减小。例如图4-8b中从e_0下降至A点的一段。

当$e\cdot\dot{e}>0$时，表明动态系统误差的幅值正在增大。例如图4-8b中AB段在横轴以下的部分。

(3) $|\dot{e}/e|$：描述系统动态过程中误差的变化区域。

对于振荡的曲线，$|\dot{e}/e|$越小，表明系统越接近于极值，如图4-8b中的B点附近。反之，则处于给定值附近，如图4-8b中的A点附近。在控制中，经常将$|\dot{e}/e|$和$e\cdot\dot{e}$合用。

(4) $|e_{\mathrm{m}i-1}/e_{\mathrm{m}i}|$：可以描述动态系统振荡的收敛性。其中，$e_{\mathrm{m}i-1}$和$e_{\mathrm{m}i}$分别代表了误差$e$的第$i-1$次和第$i$次峰值。

当$|e_{\mathrm{m}i-1}/e_{\mathrm{m}i}|>1$时，表明系统误差振荡收敛。

当$|e_{\mathrm{m}i-1}/e_{\mathrm{m}i}|<1$时，表明系统误差振荡发散。

根据控制问题的求解和控制指标的不同，我们可以在误差时相空间$e-\dot{e}-t$对误差动态过程曲线$f(e,\dot{e},t)$的特征进行描述。定义特征基元集$\boldsymbol{Q}$

$$\boldsymbol{Q}=\{q_1,q_2,\cdots,q_m\} \tag{4-2}$$

是一组特征基元的集合。为了分析上的方便，根据控制要求的不同，分别考虑误差动态过程曲线$f(e,\dot{e},t)$在$e-\dot{e}$误差相平面和$e-t$误差时平面上的投影。在$e-\dot{e}$相平面中，常用的特征基元q_i有

$$q_1\ e\cdot\dot{e}\geqslant 0,\quad q_2\ |\dot{e}/e|\geqslant\beta,\quad q_3\ |e|<\delta_1,\quad q_4\ |e|>M_1,$$

$$q_5\ |\dot{e}|<\delta_2,\quad q_6\ |\dot{e}|>M_2,\quad q_7\ e_{\mathrm{m}i-1}\cdot e_{\mathrm{m}i}>0,$$

$$q_8\ |e_{\mathrm{m}i-1}/e_{\mathrm{m}i}|\geqslant 1,\quad q_9\ \mathrm{sgn}(e)>0,\quad q_{10}\ \mathrm{sgn}(\dot{e})>0,\cdots\cdots$$

其中，β、δ_1、δ_2、M_1、M_2都是根据控制要求定义的阈值。这些基元描述了系统控制的稳定性和准确性方面的特征。

如果考虑误差动态过程曲线$f(e,\dot{e},t)$在$e-t$误差时平面的投影，则可根据系统的瞬态性能指标，如上升时间t_r、超调量δ_p和峰值时间t_p，定义下列特征元素(图4-8(b))。

(1) 上升时间t_r：误差e达到初始误差e_0的5%的时刻；

(2) 上升时间特征点A：上升时间t_r时刻对应的误差曲线$e(t)$上的点$(t_\mathrm{r},5\%e_0)$；

(3) 第一上界特征直线L_{1u}：$(0,e_0)$和上升时间特征点A所确定的直线；

(4) 第一下界特征直线L_{1l}：经过特征点A，位于L_{1u}和时间轴t所组成的锐角之间的直线。可据问题具体定义斜率，若无特殊要求，也可简单地取为角平分线；

(5) 峰值特征点B：超调量δ_p和峰值时间t_p所确定的标志点$(t_\mathrm{p},\delta_\mathrm{p})$；

(6) 第二上界特征直线L_{2u}：经过特征点A、B间的直线；

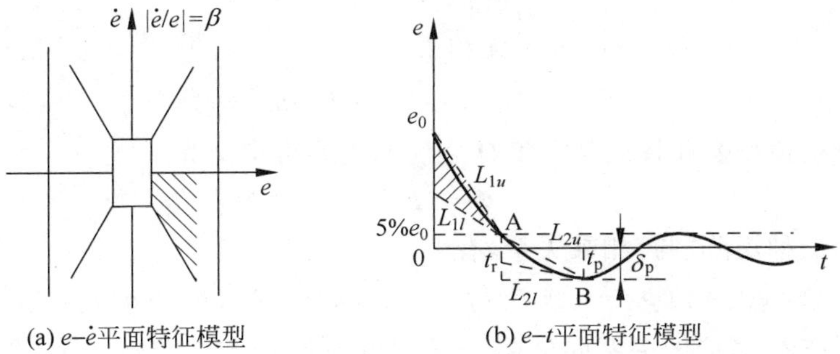

(a) $e-\dot{e}$平面特征模型　　(b) $e-t$平面特征模型

图 4-8　两种特征模型举例

(7) 第二下界特征直线 L_{2l}：经过特征点 B，位于 L_{2u}和时间轴 t 所组成的锐角之间的直线。其选择类似 L_{1l}。

根据上述特征元素，可以构造特征基元 q_i：

$$q_1\ t < t_r,\quad q_2\ e(t) < e_{1u}(t),\quad q_3\ e(t) > e_{1l}(t)$$

$$q_4\ t < t_p,\quad q_5\ e(t) < e_{2u}(t),\quad q_6\ e(t) > e_{2l}(t)$$

其中，$e_L(t)$为特征直线 L 上的点，$L=1u$、$1l$、$2u$ 或 $2l$。这些基元反映了与控制要求对应的系统快速性、稳定性方面的特征。

定义误差信息空间 Σ 为 $e-\dot{e}$ 构成的相平面(图 4-8(a))或 $e-t$ 构成的误差时平面(图 4-8(b))。上述特征基元的特定组合，可以将误差信息空间 Σ 划分为一些区域，每一个区域代表了一种系统运行特征的状态，称为特征状态。

例如图 4-8(b)中误差曲线 $e(t)$在上升时间 t_r 前的阶段，在 $e-\dot{e}$ 相平面中，特征状态可表示为

$$\phi_1 = \{e\cdot\dot{e} < 0 \wedge |\dot{e}/e| < \beta \wedge |e| > \delta_1 \wedge \mathrm{sgn}(\dot{e}) < 0\}$$

表明系统运行在图中的阴影区域，正在趋向目标值的状态。

如果在 $e-t$ 平面，特征状态则可表示为

$$\phi_1 = \{t < t_r \wedge e(t) < e_{1u}(t) \wedge e(t) > e_{1l}(t)\}$$

这种利用特征状态对误差信息空间 Σ 的划分，称为特征模型。可见特征模型$\boldsymbol{\Phi}$是所有特征状态 ϕ_i 的集合，可以如下表示

$$\boldsymbol{\Phi} = \{\phi_1,\phi_2,\cdots,\phi_n\}\quad \phi_i\in\Sigma \tag{4-3}$$

特征模型$\boldsymbol{\Phi}$ 和特征基元集 $\boldsymbol{Q}$ 之间的关系，也可由关系矩阵 $\boldsymbol{P}=[p_{ij}]_{n\times m}$ 来描述，其中

$$p_{ij}=\begin{cases}-1 & 取反\\ 0 & 取零\\ 1 & 取正\end{cases}$$

代表了三种不同的操作，可修正相应的约束关系。例如，若 q_1 为 $e\cdot\dot{e}\geqslant 0$，则

$$p_{i1} * q_1 = \begin{cases} \tilde{q}_1: e \cdot \dot{e} \leqslant 0 & p_{i1} = -1 \\ \text{无约束} & p_{i1} = 0 \\ q_1: e \cdot \dot{e} \geqslant 0 & p_{i1} = 1 \end{cases}$$

这样特征模型$\boldsymbol{\Phi}$和特征基元集$\boldsymbol{Q}$之间的关系可定义为

$$\boldsymbol{\Phi} = \boldsymbol{P} \odot \boldsymbol{Q} \tag{4-4}$$

符号⊙表示一种矩阵“与”相乘关系，有

$$\boldsymbol{\phi}_i = [(p_{i1} * q_1) \wedge (p_{i2} * q_2) \wedge \cdots \wedge (p_{im} * q_m)] \tag{4-5}$$

例如特征状态$\boldsymbol{\phi}_1$对应的关系向量在$e-\dot{e}$中可表示为

$$\boldsymbol{p}_{1j} = [-1, -1, -1, 0, 0, 0, 0, 0, 0, -1, \cdots, 0]$$

在$e-t$中可表示为

$$\boldsymbol{p}_{1j} = [1, 1, 1, 0, 0, 0]$$

针对不同的特征状态，可以采取相应的控制措施。因此特征模型既是特征辨识的依据，也是控制器应有的先验知识。

2. 特征辨识和特征记忆

确定了特征模型，智能控制器就可以对控制系统输出的信息进行在线辨识，确定当前系统所处的特征状态，这一过程称作特征辨识。

考虑到在许多实际应用的情况下控制器的记忆容量是有限的，而对于控制和决策而言，这些信息绝大多数是冗余的，真正需要的只是一些特征量，包括反映前期决策和控制效果的特征量和反映控制任务要求及被控对象性质的特征量。这些被控制器记忆的特征量被称为特征记忆，用λ表示，其集合可定义为

$$\boldsymbol{\Lambda} = \{\lambda_1, \lambda_2, \cdots, \lambda_p\} \quad \lambda_i \in \Sigma \tag{4-6}$$

常用的特征记忆量有

$\lambda_1: e_{mi}$——误差的第i次极值； $\lambda_2: u_H$——前期控制输出量的保持值；

$\lambda_3: \dot{e}_{0i}$——误差第i次过零的速度； $\lambda_4: t_{em}$——误差极值的间隔时间；……

特征记忆的引入实质上是过去系统信息的一种融合，使信息更为精练，控制更为迅捷。特征记忆量还可用于系统的自校正、自适应和自学习，并且是系统稳定性监控的依据。

另外，特征记忆可用来消除偏差，改善控制器的控制品质。如e_{mi}不但可以减小积分带来的滞后，还可以消除积分饱和现象的产生，可以获得比积分控制更好的效果。

3. 控制(决策)模态和多模态控制

针对系统的误差信息$\boldsymbol{E}$和特征记忆信息$\boldsymbol{\Lambda}$，可以决定仿人控制器的输出$\boldsymbol{U}$，这种映射关系称为控制(决策)模态，有定量和定性两种形式。设控制模态的集合为$\boldsymbol{\Psi}$，有

$$\boldsymbol{\Psi} = \{\psi_1, \psi_2, \cdots, \psi_r\} \tag{4-7}$$

其中,模态 ψ_i 可定量地定义为

$$\psi_i: u_i = f_i(e, \dot{e}, \lambda_i, \cdots) \quad u_i \in \boldsymbol{U}$$

或定性地定义为

$$\psi_i: f_i \rightarrow \text{IF(条件)} \quad \text{THEN(操作)}$$

在实际实现时,每一个控制模态一般由一系列的基本控制环节组合构成,例如 PID 控制器包括了比例、积分、微分三种控制环节。这些基本的控制环节被称为**模态基元**。常见的模态基元有

m_1: $K_{\rm p}e$ 比例控制

m_2: $K_{\rm d}\,\dot{e}$ 微分控制

m_3: $K_{\rm i}\int e{\rm d}t$ 积分控制

m_4: $u_{\rm H}$ 输出保持控制

m_5: $K\sum_{i=1}^{n} e_{{\rm m}i}$ 峰值误差记忆和控制

m_6: $\pm u_{\max}$ 邦-邦控制

m_7: $u \pm a$ 输出预补偿控制,……

设模态基元集

$$\boldsymbol{M} = \{m_1, m_2, \cdots, m_s\} \tag{4-8}$$

为模态基元 m_j 组成的向量,则控制模态集 $\boldsymbol{\Psi}$ 可表示为

$$\boldsymbol{\Psi}: \boldsymbol{U} = \boldsymbol{LM} \tag{4-9}$$

其中 $\boldsymbol{L} = [l_{ij}]_{r\times s}$ 为关系矩阵,有 -1、0、1 三种取值。这样,根据 l_{ij} 的不同,就可以构成一系列的控制模态。

ψ_1: $u = u_{\rm H} + K_{\rm p}e + K_{\rm d}\,\dot{e}$ 比例+微分+保持

ψ_2: $K\sum_{i=1}^{n} e_{{\rm m}i}$ 开环观察保持

ψ_3: $\pm u_{\max}$ 邦-邦控制

ψ_4: $u_{\rm n} \pm a$ 非线性死区预补偿

ψ_5: $u = K_{\rm p}e + K_{\rm d}\,\dot{e} + K_{\rm i}\int e{\rm d}t$ PID 控制,……

控制模态是仿人智能控制器的先验知识,决定了控制器对被控系统不同特征状态的反应,是控制器的控制策略。由于特征状态在不断变化,控制策略也不断地改变,这种控制方式称为多模态控制。这种控制方式具有很大的灵活性,也是仿人智能控制性能优越的一个重要原因。

4.4.3 仿人智能控制的实现

仿人智能控制的设计,包括以下过程,首先根据控制指标确定理想的目标轨迹,然后根据目标轨迹确定特征模型,并设计控制模态集,通过直觉推理得到控制

输出，迫使系统在目标轨迹附近的区域滑动。本节我们以具体的例子来说明仿人智能控制器的设计，并介绍分层递阶的实现结构。

1. 目标轨迹的确定

确定被控系统的目标轨迹，其实就是确定系统的瞬态性能和控制指标，主要包括快速性、稳定性和精确性这三个方面。在传统控制中，这些性能指标可以在时域中定义，如超调量、上升时间、调节时间、稳态误差等；也可以在频域中定义，如带宽、截止频率、谐振频率、增益裕度、相位裕度、增益交界频率、相位交界频率等。在最优控制中，可以用时域的泛函性能指标定义，如误差平方和(ISE)最小、时间加权误差绝对值积分(ITAE)最小。基于这些指标的传统控制设计，虽然可以得到控制器的结构与参数，但需要对象的精确数学模型，所得的结果也只能做到数个指标的折中。而基于特征辨识和多模态控制的仿人智能控制，可以在瞬态过程中采取不同的控制策略，分阶段、有重点地满足不同的控制要求。

仿人智能控制器的性能指标，主要依据误差信息，其目标轨迹可建立在误差时相空间 $e-\dot{e}-t$ 上。显然无论是定值控制还是伺服控制，都可以根据控制指标在误差时相空间中画出一条品质优良的理想轨迹。若以这条理想轨迹作为设计智能控制器的目标，则轨迹上的每一点都可视为控制过程中的瞬态指标。为了设计方便，我们一般考虑目标轨迹在误差相平面 $e-\dot{e}$ 或误差时平面 $e-t$ 中的投影。

(1) $e-\dot{e}$ 平面的目标轨迹设计

$e-\dot{e}$ 平面中，e 反映了精确性，$\dot{e}$ 反映了快速性，相轨迹对原点的环绕次数反映了振荡情况。例如图 4-9 中，曲线(a)+(b)表明了一个理想的定值控制过程；曲线(b)则为一个理想伺服控制的动态过程。例如伺服控制过程(b)，可分为三个阶段，阶段Ⅰ时，为了减小上升时间，在系统误差很大($e>e_1$)时，希望误差能以较大的速率减小，因此变化率 $\dot{e}$ 不断负向增大。阶段Ⅱ时，由于 $\dot{e}$ 的数值已比较大

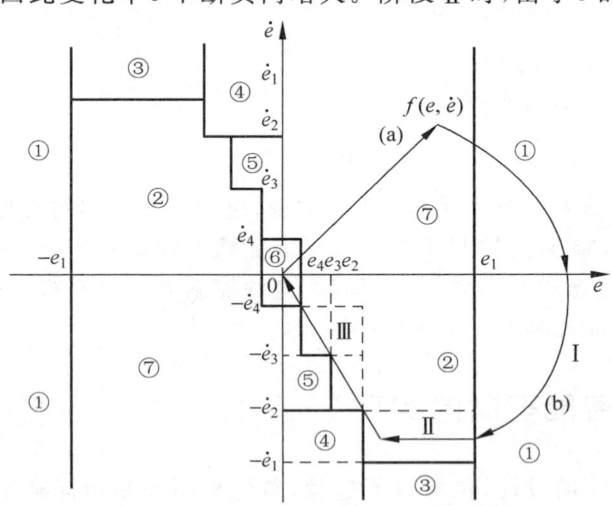

图 4-9　$e-\dot{e}$ 误差相平面上目标轨迹和特征模型举例

($|\dot{e}|>\dot{e}_2$)，为了避免产生超调，同时又要保证快速性，所以暂时保持 $\dot{e}$ 的大小。到了阶段Ⅲ，误差已比较小($e<e_2$)，应逐渐减小 e 和 $\dot{e}$，来实现无超调、无静差的给定值跟踪。这一过程一般是分段实施的。

(2) $e-t$ 平面的目标轨迹设计

对于有明确时域性能指标的系统或具有纯滞后的系统，可以考虑目标轨迹在 $e-t$ 平面上的投影。根据系统的瞬态性能指标上升时间 t_r、超调量 δ_p 和峰值时间 t_p 等来确定目标误差曲线(如图 4-10)。

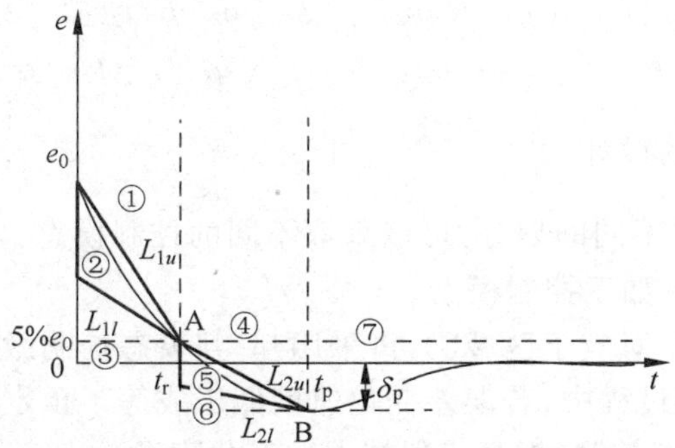

图 4-10　$e-t$ 误差时平面上目标轨迹和特征模型举例

以目标运动轨迹作为设计智能控制器的目标，理想的情况就是迫使系统在目标轨迹上滑动。但由于被控对象具有不确定性，而且常常是不确知的，实际运动的轨迹只可能处在这条理想曲线周围的一曲带中。因此设计的任务就变成根据这一曲带在误差时相空间 $e-\dot{e}-t$ 上的位置，划分出特征状态空间，并迫使系统运动状态轨迹始终运行在允许的曲带内。

2. 特征模型的设计

特征模型的建立，主要根据目标轨迹所在的曲带和模态控制的需要，相应地有 $e-\dot{e}$ 相平面和 $e-t$ 时平面两种情况。

对于图 4-9 的相空间，根据目标轨迹，可如下定义特征基元

$q_{11}\ e\cdot\dot{e}\leqslant 0$，　$q_{12}\ |e|\geqslant e_1$，　$q_{13}\ |e|\geqslant e_2$，　$q_{14}\ |e|\geqslant e_3$，　$q_{15}\ |e|\geqslant e_4$

$q_{16}\ |\dot{e}|\geqslant \dot{e}_4$，　$q_{17}\ |\dot{e}|\geqslant \dot{e}_3$，　$q_{18}\ |\dot{e}|\geqslant \dot{e}_2$，　$q_{19}\ |\dot{e}|\geqslant \dot{e}_1$

组成特征基元集 $\boldsymbol{Q}_1$。

考虑人的控制经验，可以将相平面划分为 7 个部分(图 4-9 中的粗线条分割)，建立特征模型 $\boldsymbol{\Phi}_1$，区域①～⑦对应的特征状态为

$\phi_{11}\ [q_{12}]$，　$\phi_{12}\ [q_{11}\wedge\tilde{q}_{12}\wedge((q_{15}\wedge\tilde{q}_{17})\vee(q_{14}\wedge\tilde{q}_{18})\vee(q_{13}\wedge\tilde{q}_{19}))]$，

$\phi_{13}\ [q_{11}\wedge\tilde{q}_{12}\wedge q_{13}\wedge q_{19}]$，　$\phi_{14}\ [q_{11}\wedge\tilde{q}_{13}\wedge q_{18}]$，

$\phi_{15}\ [q_{11}\wedge(q_{17}\wedge\tilde{q}_{18}\wedge\tilde{q}_{14})\vee(q_{16}\wedge\tilde{q}_{17}\wedge\tilde{q}_{15})]$，　$\phi_{16}\ [\tilde{q}_{15}\wedge\tilde{q}_{16}]$，　$\phi_{17}\ [\tilde{q}_{11}]$

如果系统进入第二象限，则说明系统出现了超调，由于特征性质和控制策略上的对称性，可采用与第四象限同样的特征状态划分。

对于图 4-10 的误差空间，可以如 4.4.1 节所述，通过建立上升时间特征点 A、峰值特征点 B、上界特征直线 L_u 和下界特征直线 L_l，划分 $e-t$ 平面，实时给出特征状态的切换阈值，动态地建立其特征模型。定义特征基元集 $\boldsymbol{Q}_2$：

$$q_{21}\ t<t_r,\quad q_{22}\ e(t)<e_{1u}(t),\quad q_{23}\ e(t)>e_{1l}(t)$$

$$q_{24}\ t<t_p,\quad q_{25}\ e(t)<e_{2u}(t),\quad q_{26}\ e(t)>e_{2l}(t)$$

则误差空间可分为 7 个部分(见图 4-10)，分别反映了时间特征和误差与目标轨迹之间的关系。设特征模型为$\boldsymbol{\Phi}_2$，则区域①～⑦对应的特征状态如下

$\phi_{21}\ [q_{21}\wedge\tilde{q}_{22}]$，$\phi_{22}\ [q_{21}\wedge q_{22}\wedge q_{23}]$，$\phi_{23}\ [q_{21}\wedge\tilde{q}_{23}]$，$\phi_{24}\ [\tilde{q}_{21}\wedge q_{24}\wedge\tilde{q}_{25}]$

$\phi_{25}\ [\tilde{q}_{21}\wedge q_{24}\wedge q_{25}\wedge q_{26}]$，$\phi_{26}\ [\tilde{q}_{21}\wedge q_{24}\wedge\tilde{q}_{26}]$，$\phi_{27}\ [\tilde{q}_{24}]$

3. 控制模态集的设计

针对特征模型中不同的划分，可以采取不同的控制模态。对于特征模型$\boldsymbol{\Phi}_1$ 的 7 个特征状态，可以有如下控制模态。

(1) 误差很大时，对应于区域①，可采用邦-邦模态控制激发误差的变化率。

(2) 误差减小的过程中，若误差变化速度低于或等于预定的速度，则对应于区域②，可采取比例模态控制，提高或保持误差变化率。

(3) 若误差减小的过程中，误差变化速度高于预定的速度，则对应于区域③和⑤，需在比例模态的基础上引入微分模态，形成 PD 模态控制，压低误差变化率。

(4) 如果引入微分模态仍不能减小误差变化的速度至预设的范围，则进入区域④，此时应引入正反馈抑制误差变化速度。

(5) 若误差和误差的变化率都很小，已满足要求，则对应于区域⑥，可采用保持模态控制，使之自行衰减达到平衡。

(6) 如果出现误差增大的失控现象，对应于区域⑦，此时，为了使误差尽快回头，可采用 PD 模态控制。

综上分析，对于特征模型$\boldsymbol{\Phi}_1$，我们可选择控制模态集$\boldsymbol{\Psi}_1$，其控制模态有

$\psi_{11}\ u=\mathrm{sgn}(e)\cdot u_{\max}$　邦-邦控制模态

$\psi_{12}\ u=K_p e+K_d\dot{e}$　PD 控制模态

$\psi_{13}\ u=u_H$　保持控制模态

对于特征模型$\boldsymbol{\Phi}_2$，我们可以看到，$e-t$ 平面中区域②、⑤属于目标轨迹所在的曲带，可以采用保持控制模态，而区域①、③、④、⑥都偏离了期望的曲带，可根据对象采用 PID 控制等方法进行校正。区域⑦则需根据情况作进一步类似的分析。

4. 直觉推理的实现

确定了特征模型$\boldsymbol{\Phi}$ 和控制模态集$\boldsymbol{\Psi}$，仿人智能控制器模拟人类的启发式直觉推理的机制，来做出控制决策。具体分为 2 个阶段，是 2 次映射的关系。

第一阶段　特征模型到控制模态的映射，即

$$\boldsymbol{\Omega}:\boldsymbol{\Phi}\rightarrow\boldsymbol{\Psi},\quad \boldsymbol{\Omega}=\{\omega_1,\omega_2,\cdots,\omega_s\}\tag{4-10}$$

该映射采用定性推理的形式。

$$\omega_i \text{ IF } \Phi_i \quad \text{THEN } \psi_i$$

例如前面例子的$\boldsymbol{\Omega}_1$：$\boldsymbol{\Phi}_1 \to \boldsymbol{\Psi}_1$ 可定义为

$$\omega_{11}\ \phi_{11} \Rightarrow \psi_{11},\quad \omega_{12}\ \phi_{12} \vee \phi_{13} \vee \phi_{14} \vee \phi_{15} \vee \phi_{17} \Rightarrow \psi_{12},\quad \omega_{13}\ \phi_{16} \Rightarrow \psi_{13}$$

这一控制模态的选择过程可表示为三重序元关系

$$IC = \langle \boldsymbol{\Phi}, \boldsymbol{\Psi}, \boldsymbol{\Omega} \rangle \tag{4-11}$$

第二阶段　误差信息 $\boldsymbol{E}$ 和特征记忆信息$\boldsymbol{\Lambda}$ 到控制器输出 $\boldsymbol{U}$ 的映射，即对应模态 ψ_i 所包含的映射关系。如前所述，这种关系有定性、定量两种形式。若定义控制器的输入为

$$\boldsymbol{R} = \{\boldsymbol{E}, \boldsymbol{\Lambda}\} \tag{4-12}$$

则模态控制映射关系表示为

$$MD = \langle \boldsymbol{R}, \boldsymbol{U}, \boldsymbol{\Psi} \rangle \tag{4-13}$$

这样，仿人智能控制器的推理映射关系可以用图 4-11 表示。

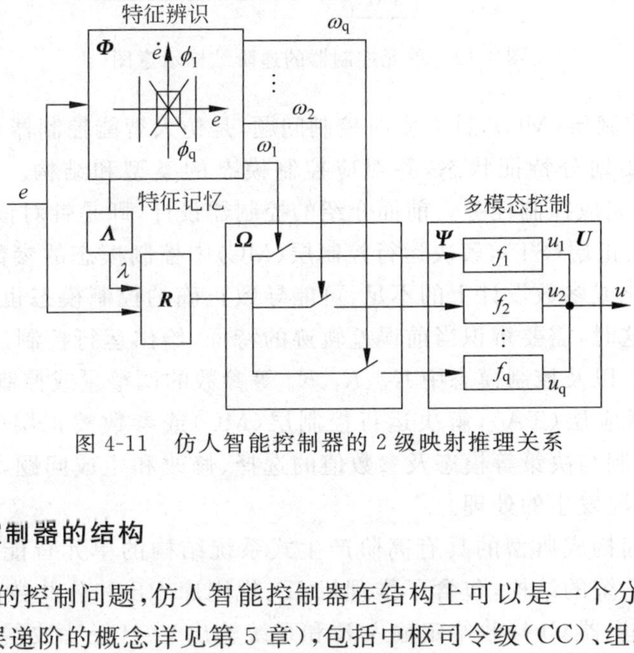

图 4-11　仿人智能控制器的 2 级映射推理关系

5. 仿人控制器的结构

对于复杂的控制问题，仿人智能控制器在结构上可以是一个分层递阶的信息处理系统（分层递阶的概念详见第 5 章），包括中枢司令级（CC）、组织协调级（OC）和单元控制级（UC），随着级别的增高，系统智能增加，精度降低（分层递阶的思想在第 5 章中详细介绍）。单元控制级又可分解为任务适应层（TA）、参数校正层（ST）和运行控制层（MC）（图 4 12）。任务适应层（TA）、参数校正层（ST）和运行控制层（MC）都有自己的特征模型$\boldsymbol{\Phi}_j$ 和控制（决策）模态集$\boldsymbol{\Psi}_j$，具有 2 级映射的直觉推理能力，其序元描述为

$$IC_j = \langle \boldsymbol{\Phi}_j, \boldsymbol{\Psi}_j, \boldsymbol{\Omega}_j \rangle$$

$$MD_j = \langle \boldsymbol{R}_j \boldsymbol{U}_j, \boldsymbol{\Psi}_j \rangle$$

上式中 j 的取值为 1、2、3，分别代表了运行控制层（MC）、参数校正层（ST）和任务

适应层(TA)。各层针对不同的目的,且相互关联。

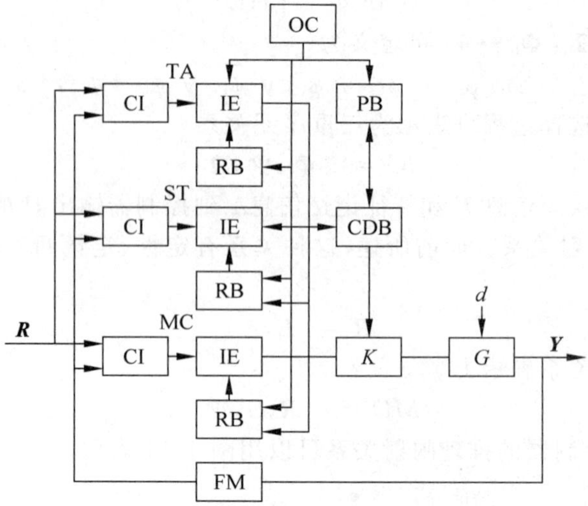

图 4-12 单元控制器的递阶结构示意图

(1) 运行控制层(MC),针对实时控制问题,是仿人智能控制器最基本的部分。根据控制的需要划分特征状态,并对应控制模态的类型和结构。对于确定的对象,可以独立地完成控制任务。前面介绍的控制器设计,即是针对该层的设计。

(2) 参数校正层(ST),解决运行控制层(MC)中控制模态的参数自校正问题。由于对象的变化或参数设计上的不足,可能导致正确的控制模态也无法达到预期的控制效果。这时,需要辨识当前误差轨迹的特征,给出运行控制层(MC)特征模型中阈值 δ_i、M_j 以及控制模态中 K_p、K_i、K_d 等参数的调整量或控制 $\boldsymbol{U}$ 的校正量。

(3) 任务适应层(TA),解决运行控制层(MC)或参数校正层(ST)中特征模型、推理规则控制与决策等模态及参数值的选择、修改和生成问题,包括控制目标的变化、异常情况发生的处理。

这三层一起构成典型的具有高阶产生式系统结构的单元智能控制器。具体实现采用专家系统的结构,包含了推理机 IE、规则库 RB 和公共数据库 CDB。其过程是,特征辨识器 CI 接收给定输入 $\boldsymbol{R}$ 和系统输出 $\boldsymbol{Y}$(已经滤波器 FM 的处理),辨识当前系统所处的特征状态 ϕ,确定在特征模型$\boldsymbol{\Phi}$中的具体位置。推理机 IE 根据规则库 RB 中的映射$\boldsymbol{\Omega}$激活相应的控制模态$\boldsymbol{\Psi}$。这时,运行控制层(MC)得到的是控制输出 $\boldsymbol{U}_1$,参数校正层(ST)得到的是校正输出 $\boldsymbol{U}_2$,任务适应层(TA)得到的是对运行控制层(MC)和参数校正层(ST)中$<\boldsymbol{\Phi},\boldsymbol{\Psi},\boldsymbol{\Omega}>$的调整。公共数据库 CDB 是进行层间信息交流的场所,接收校正输出 $\boldsymbol{U}_2$ 和组织协调级(OC)的控制指标,并向协调器 K 发出控制校正信息。具体的指标可从控制性能指标库 PB 中选择,库中预设了各种直观的性能指标和瞬态指标。经协调器 K 协调后的输出作为对象 G 的控制输入 $\boldsymbol{U}$。

值得注意的是任务适应层(TA)可以实现任务适应和自学习寻优。这一过程是通过产生式规则实现的。

$$\mathrm{IF}\{\boldsymbol{\Phi}_3,\boldsymbol{\Lambda}\}\ \mathrm{THEN}\ \{\boldsymbol{\Phi}_1,\boldsymbol{\Psi}_1,\boldsymbol{\Omega}_1\}\ \mathrm{and}\ \{\boldsymbol{\Phi}_2,\boldsymbol{\Psi}_2,\boldsymbol{\Omega}_2\}$$

其中,$\boldsymbol{\Lambda}$ 为特征记忆。当组织协调级(OC)中的任务或动态信息 $\boldsymbol{E}$ 变化时,$\boldsymbol{\Phi}_3$ 和 $\boldsymbol{\Lambda}$ 变化,从而对低两层进行改动,满足新的要求。

在任务适应和自学习结束后,任务适应层(TA)可作为一个稳定性监控器,对不稳定的特征模型进行判别,确定消除不稳定因素的措施。

4.4.4 仿人智能控制的应用举例[68]

仿人智能控制的思想可以应用于多种控制对象,包括大滞后系统和非线性系统,也可推广到多变量系统。本节我们将介绍其在非线性对象力矩受限单摆控制中的应用。

1. 力矩受限单摆的物理与数学模型

单自由度摆的物理模型如图 4-13 所示,当从外部施加力矩使摆起振时,摆还要受到黏性衰减力和库仑摩擦力的作用。如果将其数学模型无量纲化,其运动方程如下

$$\ddot{\theta}(\tau)+2\zeta\dot{\theta}(\tau)+\sin\theta(\tau)=\begin{cases}\alpha-\alpha_{\mathrm{fr}} & \dot{\theta}(\tau)>0\\ 0 & \dot{\theta}(\tau)=0\\ \alpha-\alpha_{\mathrm{fr}} & \dot{\theta}(\tau)<0\end{cases}\tag{4-14}$$

其中,$\tau=\omega$,$\zeta=\dfrac{c}{2\sqrt{mglI}}$,$\alpha=\dfrac{T}{\omega^2 I}$,$\alpha_{\mathrm{fr}}=\dfrac{T_{\mathrm{fr}}}{\omega^2 I}$,$\omega^2=\dfrac{mgl}{I}$,式中,$t$:时间(s);$\theta$:摆的角度(rad);$l$:重心的转动半径(m);$T$:加振力矩(N·m);$T_{\mathrm{fr}}$:库仑摩擦力矩(N·m);$c$:黏性衰减系数(N·m·s);$g$:重力加速度($\mathrm{m\cdot s^{-2}}$);$I$:转动惯量($\mathrm{Kg\cdot m^2}$);$\tau$:无量纲时间;$\zeta$:黏性衰减比;$\alpha$:无量纲加振力矩;$\alpha_{\mathrm{fr}}$:无量纲库仑摩擦力矩。

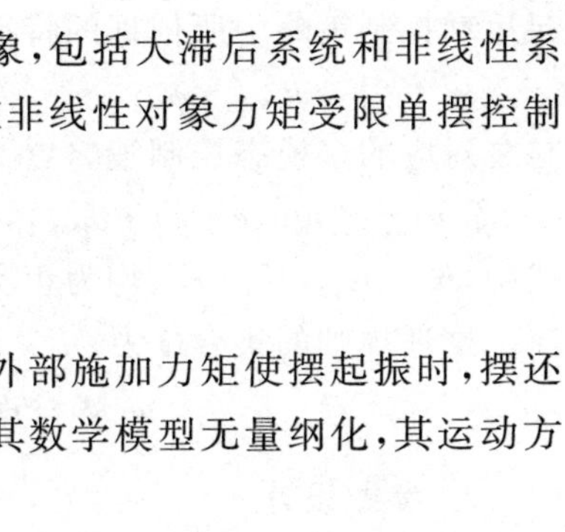

图 4-13　力矩受限单摆的物理模型

2. 控制器设计

由于无量纲加振力矩(操作量 α)受限,满足 $|\alpha|\leqslant\alpha_{\max}$,必须经过数次激振后摆才有可能到达倒立点。分析观察手动控制过程中人的操作行为可发现,在激振过

程中人的操作力矩与摆的运动方向一致，操作力矩切换的依据是误差 $e=\pi-\theta$ 和误差变化速度 $\dot{e}$ 的关系，亦即，如果 $e\cdot\dot{e}>0$，则操作力矩取负最大，如果 $e\cdot\dot{e}<0$，则操作力矩取正最大。此时人的控制策略是正反馈形式的邦-邦控制。当摆摆起到达距离目标倒立点的偏差小于某一阈值 θ_{sw} 时，即当摆进入驱动力矩能控的范围时，人采用的是渐近控制策略，例如 PD 控制策略，使摆沿一定的误差相轨迹滑动到达倒立点，并稳定倒立。但当摆进入 θ_{sw} 范围内时，若误差变化速度太大，则摆到达倒立点时的速度不能为零，就会产生过调，而不利于摆在倒立点的快速稳定。因此人还可能用在 θ_{sw} 范围内某一误差速度的阈值 ω_{sw} 作为监控的依据。如这时摆的运动速度比阈值 ω_{sw} 大，则人会采用更强的控制，以抑制摆过大的速度。这时的控制策略可认为是具有正反馈控制的 PD 控制模态。综上所述，模仿人对摆的摆起运动控制策略中所依据的特征模型 $\boldsymbol{\Phi}$ 为

$$\phi_1\ |e|\geqslant\theta_{sw},\quad \phi_2\ |e|<\theta_{sw}\wedge|\dot{e}|\leqslant\omega_{sw},\quad \phi_3\ |e|<\theta_{sw}\wedge|\dot{e}|>\omega_{sw}$$

与之对应的多模态控制策略 $\boldsymbol{\Psi}$ 为

$$\psi_1\ u=-\operatorname{sgn}(e\cdot\dot{e})\cdot\alpha_{max},\quad \psi_2\ u=K_{p1}e+K_{d1}\dot{e},\quad \psi_3\ u=-K_{p2}e+K_{d2}\dot{e}$$

式中，K_{p1}、K_{p2}、K_{d1}、K_{d2} 均为正实数。

推理规则的集合 $\boldsymbol{\Omega}$ 为

$$\omega_1\ \phi_1\Rightarrow\psi_1,\quad \omega_2\ \phi_2\Rightarrow\psi_2,\quad \omega_3\ \phi_3\Rightarrow\psi_3$$

3. 参数设计

按上述方法确定了控制器结构之后，对具体的单摆对象还必须确定适当的阈值 θ_{sw}、ω_{sw} 和参数 K_{p1}、K_{p2}、K_{d1}、K_{d2}。具体设计可以通过计算机仿真，反复试凑获得。其初值可以如下确定。

(1) 阈值 θ_{sw}、ω_{sw} 初值的确定

从系统能量的角度看(参见图 4-13)，设摆向左摆动 θ 角为正，摆在下垂稳定位置的势能为零，则摆在倒立点的位置角度为 π，在无量纲情况下经正反馈激振到达阈值角 θ_{sw} 时的势能为

$$E_p=1-\cos\theta_{sw}\tag{4-15}$$

动能为 $E_{\theta sw}$。

如果 $E_{\theta sw}=0$，要用不大于 α_{max} 的力矩控制摆到达倒立点，力矩所做的功与摆的势能之间的关系应满足

$$(\alpha_{max}-\alpha_{fr})(\pi-\theta_{sw})\geqslant 2-E_p\tag{4-16}$$

而如果 $E_{\theta sw}\neq 0$ 且足够大，则摆可能靠惯性到达倒立点并产生过调，要用不大于 α_{max} 的力矩阻止摆的过调，使摆到达倒立点时的动能为零，$E_{\theta sw}$ 应满足下式

$$(\alpha_{max}+\alpha_{fr})(\pi-\theta_{sw})+2-E_p\geqslant E_{\theta sw}\tag{4-17}$$

依据式(4-15)～式(4-17)容易确定 θ_{sw} 的初值。

在摆起到达倒立点稳定而无超调的理想运动情况下，误差相平面 $e-\dot{e}$ 上倒立

点附近的理想运动相轨迹应为一从点(θ_{sw},ω_{sw})到点(0,0)的直线,即其斜率应为

$$|\omega_{sw}/\theta_{sw}|=\lambda,\quad 0<\lambda<1$$

因此 ω_{sw} 的初值可选为

$$\omega_{sw}\approx\lambda\times\theta_{sw}\tag{4-18}$$

(2) K_{p1}、K_{d1} 初值的确定

为使单摆沿理想轨迹摆起,并滑动到倒立点结束,PD 控制模态中的比例增益 K_{p1} 和微分增益 K_{d1} 的初值可按下式选择

$$K_{p1}/K_{d1}\approx\lambda\tag{4-19}$$

K_{p1} 取值按计算出的操作量 α 在 $0\sim\alpha_{max}$ 之间能够连续变化而不发生大的振荡为好。

4. 仿真结果

假设单摆系统的参数如表 4-3 所示。

表 4-3　系统物理参数表

参数	I	m	l	ω	ζ	α_{fr}
量值	0.0163	0.0496	0.6580	4.4340	0.0355	0.0614
单位	kg·m²	kg	m			

如力矩受限值分别取 0.65 和 0.35,仿真结果如图 4-14 所示。表明摆在经 2 次激振后,在倒立点实现了很好的稳定倒立。同样的结果在物理实验中也得到了证实,实验曲线与仿真曲线非常相近。

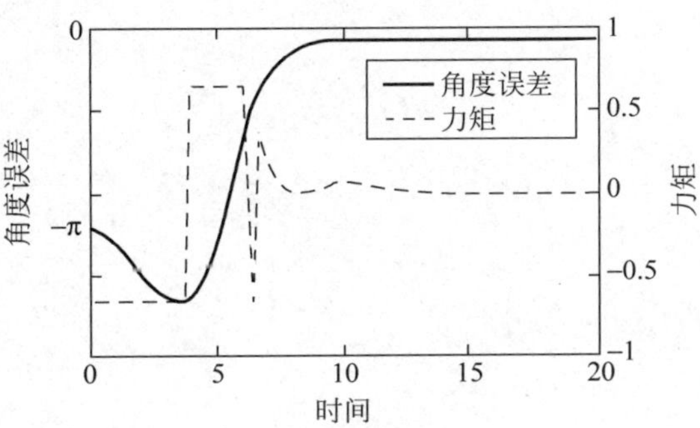

图 4-14　摆动 2 次后倒立过程

习题和思考题

4-1　专家系统由哪几部分组成,其功能和特点是什么?

4-2　专家控制系统与专家系统有哪些关系,其实现结构有哪些?

4-3　在 $e-\dot{e}$ 误差相平面和 $e-t$ 误差时平面表达特征模型各有什么特点?

4-4　已知某被控对象的期望运行轨迹和特征阈值如图题 4-4 所示，试设计相应的特征模型和对应的控制模态。

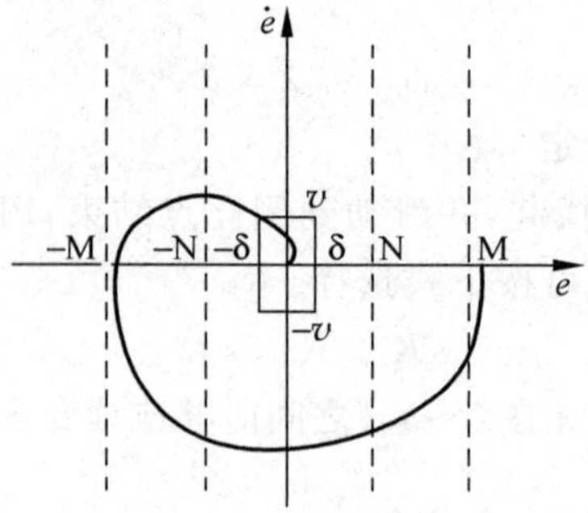

图题 4-4　期望相轨迹

上机实验题

已知某被控对象的传递函数为 $G(s)=\dfrac{2e^{-10s}}{(20s+1)^2}$，试设计一仿人控制器，画出控制效果。

第5章* 分层递阶智能控制

5.1 引言

分层递阶是人们分析和组织复杂系统的一种常用方法。例如我们可以从三个层次分析和实现视觉信息处理，像素层、特征层和识别层（图 5-1）。在最底层，是感光元件对光信号的获取。在中间层，是从原始图像中提取的特征，包括边缘、纹理、遮挡、透视关系、运动特征等。这些信息，可以使我们将不同的物体区分。最高的层次是识别层，通过对特征的分析，识别物体、理解环境。可以看到，随着层次的升高，信息变得越来越宏观，同时对图像的理解也越来越深入。

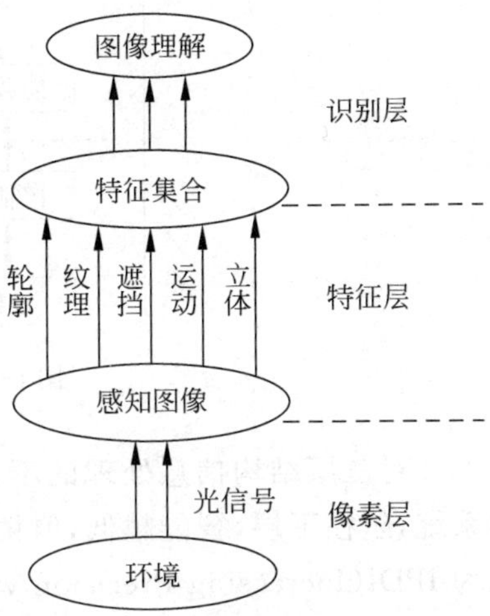

图 5-1 视觉处理的分层结构

人的行为控制过程也是一样。比如，人对物品的抓取行为，在大脑发现目标后，首先做出对物品进行抓取的决策，确定抓取的大致轨迹；而小脑则对抓取手臂的各个部分，如上臂、前臂和手指的运动进行协调；最后由运动神经控制手臂各个部分的运动，完成抓取动作。

通过上述分析可以看到，在人类的智能中，无论是信息分析、还是行为控制，都有其层次性，在高层负责宏观的信息和决策，在低层负责具体的数据和控制。根据这一特点，Saridis 在 1977 年针对机器人控制，提出了一种智能控制的三级递阶结构。该思想在智能控制中有广泛应用，并进一步推广到了结合信息融合的集散递阶智能控制系统。

5.2 递阶智能控制的基本原理[70]

Saridis 的分层递阶结构共有三层，如图 5-2 所示，从上而下，分别为组织级、协调级和执行级。其中，组织级负责整个系统的推理、规划、决策、长期记忆、信息交流等，是智能最高的级别，主要进行的是基于知识的各种信息处理和决策。协调级是组织级和执行级的接口，负责将组织级的指令分配为执行级的各项子任务，同时反馈任务执行的信息。执行级一般由多个硬件控制器所组成，负责具体的过程控制。

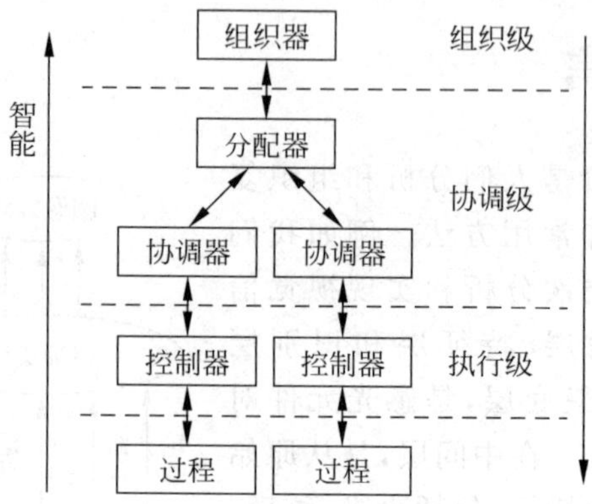

图 5-2 递阶智能控制结构

针对三层结构信息处理的不同，Saridis 进一步认为，对于这种分层递阶的控制系统，越往下层，智能越低，但精度越高。这种精度随智能降低而增大的原理被称为 IPDI(Increasing Precision with Decreasing Intelligence)原理。可以看到，在大多数情况下，人类对信息分层处理的多分辨率性是符合 IPDI 原理的。而 Saridis 还用 Shannon 的信息熵对这一原理作了说明。

信息熵是一个用来衡量信息丰富程度的物理量，对于代表某个信息的随机量 x，其信息熵可以定义为

$$H(x) = -E[\ln P(x)] \tag{5-1}$$

其中，$P(x)$为信息取值 x 时的概率密度（x 连续时）或概率（x 离散时），$E[\cdot]$表示取期望。根据式(5-1)可以看到，当信息的不确定性越强时，所含信息量也越大。

如果存在信息集合 $X=\{x_i\}, i=0,1,2,\cdots$，则整个信息集合的总熵为

$$H(X) = \sum_i H(x_i)$$

一般情况下，集合的复杂性越大，则信息量也越大。在递阶控制中，集合 X 既可以是一个规则库，也可以是一串控制序列。

假设机器智能 MI(Machine Intelligence)由知识库（规则库）来实现，各种信息

由数据库 DB(Date Base)来存储，可以看到，当 MI 作用于 DB 时，就会引起推理、映射等信息变换过程，产生知识流率 R(Rate of Machine Knowledge)。这种映射变换的关系可以表示为

$$(MI):(DB) \to R \tag{5-2}$$

从概率角度看，式(5-2)可以写作

$$P(MI,DB) = P(R)$$

则有

$$P(MI \mid DB)P(DB) = P(R)$$

两边取对数，可得

$$\ln P(MI \mid DB) + \ln P(DB) = \ln P(R)$$

并取期望，可以得到关于信息熵的等式

$$H(MI \mid DB) + H(DB) = H(R) \tag{5-3}$$

假设 MI 与 DB 无关，则式(5-3)可进一步写为

$$H(MI) + H(DB) = H(R) \tag{5-4}$$

因为计算机运算能力的限制，整个系统的 $H(R)$是固定的，从式(5-4)可以看到，当机器的智能降低，即 $H(MI)$减小时，$H(DB)$增大。这代表了数据库的复杂性增大，即精度提高。这样，就从信息熵的角度解释了 IPDI 原理。

信息熵不仅为分析分层递阶智能系统提供了数学工具，在后面的章节可以看到，Saridis 还根据 Jaynes 最大熵原理[64]，使递阶智能控制的思想与最优控制建立了联系。

5.3　递阶智能控制的组织和协调

5.3.1　递阶智能控制的组织级[71]

递阶智能控制的组织级，相当于整个系统的大脑，主要实现以下功能。

(1) 机器推理：根据前提和规则，推出结论的能力。

(2) 机器规划：根据控制目的，获得任务序列的过程。

(3) 机器决策：选择最有利的任务序列。

(4) 机器学习和反馈：根据任务的执行情况，对控制进行评估，并更新机器学习算法。

(5) 机器记忆交换：对长期存储器进行信息更新。

上述几个部分的功能的结构，如图 5-3 所示。

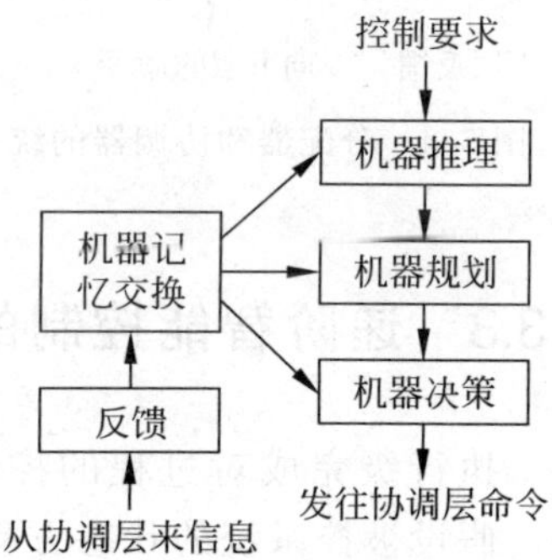

图 5-3　组织层结构

可以看到，在组织层，最重要的是如何根据控制要求，实现任务的规划和决策。在人工智能领域，已经提供了大量这样的方法。包括专家系统、Boltzmann 机神经网络等。

5.3.2 递阶智能控制的协调级[72]

协调是大系统控制中的基本概念，其目的是通过对下层控制器的干预，来调整其各控制器的决策，以满足整个系统控制的总目标。面对来自组织级的总目标和具体的任务序列，协调层需要完成三件事情。

(1) 将任务序列分解为子任务，根据子任务之间的并行关系，由分配器给低一级的协调器。如图 5-2 所示，可以看到协调级是由分配器和协调器共同组成了树状结构。

(2) 各协调器将子任务分解为控制器可执行的控制序列，并保证该子任务最优。

(3) 由于各子任务之间可能存在着耦合关系，分配器还必须根据总的目标，对各子任务的控制序列进行平衡和协调。例如，在各子任务的控制策略中引入一个协调参数、关联约束，通过预测或修正的方法来进行调整。

为了完成协调功能，分配器和协调器必须具有以下功能。

(1) 通信功能：与上、下层进行通信，接收或发送信息。

(2) 数据处理功能：对上层的命令信息和下层的反馈信息进行描述，并对自身的决策进行修改。

(3) 任务处理功能：识别要执行的任务，进行任务的调度、转换和建立，产生下层的控制程序，以及对上层的反馈信息。

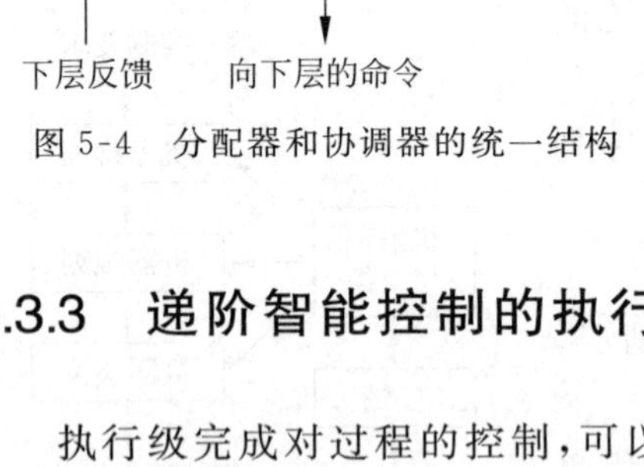

图 5-4 分配器和协调器的统一结构

(4) 学习功能：根据任务执行产生的经验，不断减小决策的不确定性，改进任务分配的能力。

在实际实现时，分配器和协调器具有相同的结构形式，只是处在不同的亚层。数据处理、任务处理和学习处理之间的关系如图 5-4 所示。因为协调层需要处理较为复杂的同步、异步关系，可用 Petri 网进行建模。

5.3.3 递阶智能控制的执行级[73]

执行级完成对过程的控制，可以根据具体情况采用任何控制理论的经典方法。假设被控系统的状态方程为

$$\dot{\boldsymbol{x}} = f(\boldsymbol{x},\boldsymbol{u},\boldsymbol{w},t), \quad \boldsymbol{x}(t_0) = \boldsymbol{x}_0 \tag{5-5}$$

其中，$\boldsymbol{x}$ 是状态变量，$\boldsymbol{u}$ 是控制量，$\boldsymbol{w}$ 为随机干扰。系统的性能指标为

$$V(\boldsymbol{x}_0,t_0;\ \boldsymbol{u}(\boldsymbol{x},t)) = \int_{t_0}^{t_f} L(\boldsymbol{x},t,\boldsymbol{u}(\boldsymbol{x},t))\mathrm{d}t \tag{5-6}$$

其中，$L(\boldsymbol{x},t,\boldsymbol{u}(\boldsymbol{x},t))>0$。

经典最优控制的目的，就是寻找使指标函数的数学期望 $E\{V(\boldsymbol{x}_0,t_0;\ \boldsymbol{u}(\boldsymbol{x},t))\}$ 最小的控制策略 $\boldsymbol{u}^*(\boldsymbol{x},t)$。

由于分层递阶控制采用信息熵作为系统的分析指标，为了形式上的统一，我们希望找到 Jaynes 最大熵原理与经典泛函指标式(5-6)之间的联系。

假设控制量 $\boldsymbol{u}(\boldsymbol{x},t)$ 在允许控制空间 Ω_{u} 中的概率密度分布为 $p[\boldsymbol{u}(\boldsymbol{x},t)]$，且有

$$\int_{\Omega_{\mathrm{u}}} p[\boldsymbol{u}(\boldsymbol{x},t)]\mathrm{d}\boldsymbol{x} = 1 \tag{5-7}$$

则对应的信息熵为

$$H(\boldsymbol{u},p[\boldsymbol{u}(\boldsymbol{x},t)]) = -\int_{\Omega_{\mathrm{u}}} p[\boldsymbol{u}(\boldsymbol{x},t)]\ln p[\boldsymbol{u}(\boldsymbol{x},t)]\mathrm{d}\boldsymbol{x} \tag{5-8}$$

假设对应于某个控制 $\boldsymbol{u}(\boldsymbol{x},t)$，式(5-6)的均值

$$E\{V(\boldsymbol{x}_0,t_0,\boldsymbol{u}(\boldsymbol{x},t))\} = K \quad V_{\min} \leqslant K \leqslant +\infty \tag{5-9}$$

$V_{\min}$ 为 V 的最小值。

我们希望得到在式(5-7)、式(5-9)的约束条件下信息熵最大的控制策略，利用 Lagrange 乘子 λ'、μ 将式(5-8)化为无约束的情况，有

$$\begin{aligned} I(\boldsymbol{u},p[\boldsymbol{u}(\boldsymbol{x},t)]) &= H(\boldsymbol{u},p[\boldsymbol{u}(\boldsymbol{x},t)]) - \lambda'\left\{\int_{\Omega_{\mathrm{u}}} p[\boldsymbol{u}(\boldsymbol{x},t)]\mathrm{d}\boldsymbol{x} - 1\right\} \\ &\quad - \mu\{E[V(\boldsymbol{x}_0,t_0,\boldsymbol{u}(\boldsymbol{x},t))] - K\} \\ &= -\int_{\Omega_{\mathrm{u}}} \{p[\boldsymbol{u}(\boldsymbol{x},t)]\ln p[\boldsymbol{u}(\boldsymbol{x},t)] + \mu p[\boldsymbol{u}(\boldsymbol{x},t)]V(\boldsymbol{x}_0,t_0,\boldsymbol{u}(\boldsymbol{x},t)) \\ &\quad + \lambda' P[\boldsymbol{u}(\boldsymbol{x},t)]\}\mathrm{d}\boldsymbol{x} + \lambda' + \mu K \end{aligned} \tag{5-10}$$

将 $p[\boldsymbol{u}(\boldsymbol{x},t)]$简写为 P，$V(\boldsymbol{x}_0,t_0,\boldsymbol{u}(\boldsymbol{x},t))$简写为 V，要使式(5-10)对 $p[\boldsymbol{u}(\boldsymbol{x},t)]$ 最大，则根据变分引理可以得到以下条件

$$\frac{\partial\{P\ln P + \mu PV + \lambda' P\}}{\partial P} = 0 \qquad \frac{\partial^2\{P\ln P + \mu PV + \lambda' P\}}{\partial P^2} < 0$$

有

$$\ln p[\boldsymbol{u}(\boldsymbol{x},t)] + 1 + \mu V(\boldsymbol{x}_0,t_0,\boldsymbol{u}(\boldsymbol{x},t)) + \lambda' = 0 \tag{5-11}$$

$$-\frac{1}{p[\boldsymbol{u}(\boldsymbol{x},t)]} < 0 \tag{5-12}$$

所以信息熵最大时的概率密度为

$$p^*[\boldsymbol{u}(\boldsymbol{x},t)] = \mathrm{e}^{-\lambda-\mu V(\boldsymbol{x}_0,t_0,\boldsymbol{u}(\boldsymbol{x},t))} \tag{5-13}$$

其中，$\lambda=\lambda'+1$。由式(5-7)和式(5-13)可以求得

$$\lambda = \ln\int_{\Omega_{\mathrm{u}}} \mathrm{e}^{-\mu V(\boldsymbol{x}_0,t_0,\boldsymbol{u}(\boldsymbol{x},t))}\mathrm{d}\boldsymbol{x}$$

将式(5-13)代入式(5-8)，可得此时的信息熵为

$$H(\boldsymbol{x}_0,t_0,\boldsymbol{u}(\boldsymbol{x},t))=\lambda+\mu E\{V(\boldsymbol{x}_0,t_0,\boldsymbol{u}(\boldsymbol{x},t))\} \tag{5-14}$$

从式(5-14)可以看到，如果选择允许控制 $\boldsymbol{u}(\boldsymbol{x},t)$ 的分布满足 Jaynes 最大熵原理，则 $E\{V(\boldsymbol{x}_0,t_0,\boldsymbol{u}(\boldsymbol{x},t))\}$ 最小控制可近似等价于使 $H(\boldsymbol{x}_0,t_0,\boldsymbol{u}(\boldsymbol{x},t))$ 最小的控制。严格的证明详见文献[73]。如果把 $H(\boldsymbol{x}_0,t_0,\boldsymbol{u}(\boldsymbol{x},t))$ 看作被控系统的总熵(global entropy)，Saridis 认为分层递阶智能控制的目标就是使总熵最小。

5.4 分层递阶智能控制的应用举例

5.4.1 智能机器人系统的递阶控制

考虑一个智能机械手，具有 6 个自由度(图 5-5)，配有全局摄像头。

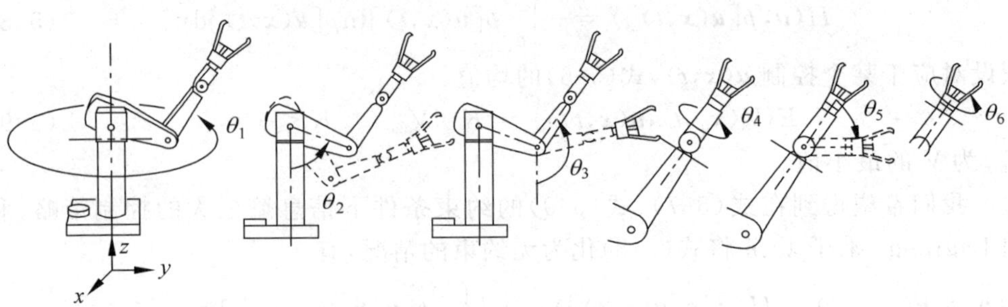

图 5-5 6 个自由度的机械手

假设需要完成两项任务，其对应的指令(Command)分别为 c_1、c_2。

c_1：拾取玻璃杯，注满水并放入指定的地点。

c_2：拾取书本，并将其放入指定的地点。

采用分层递阶控制的结构实现。

1. 组织层设计[71]

(1) 机器推理

这些命令涉及了 5 个事件(event)。

e_1：摄像头获取目标

e_2：机械手移动

e_3：在水龙头处注满水

e_4：抓取物品

e_5：将物品放在指定的地点

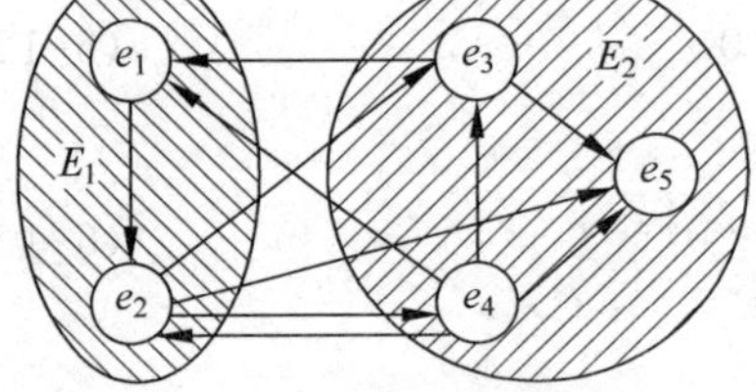

图 5-6 事件状态转移图

根据任务要求和执行中可能发生的情况，这些事件之间的转移关系如图 5-6 所示。

(2) 机器规划

为了找到各种可行的行为序列，将 5 种事件划分为可重复事件集合 E_1 和不可重复事件集合 E_2。即

$$E_1 = \{e_1, e_2\} \quad E_2 = \{e_3, e_4, e_5\}$$

可以看到要完成指定的任务，必然要经过一系列的不可重复事件，如果当前指令为 c_1，则必然要依次经过

$$e_4 \rightarrow e_3 \rightarrow e_5 \tag{5-15}$$

而要完成任务，这些不可重复事件之间，必须由可重复事件进行过渡。考虑到 c_1 涉及玻璃杯、水龙头以及摆放位置三个地点。所以，要规划特定的任务，只需在式(5-15)的不可重复事件序列中依次插入可重复的事件，来得到一系列的动作序列。虽然这种插入的组合很多，但必须抛弃不满足状态转移关系的部分。根据摄像头一次能观察到的目标数目，可以得到 4 种动作序列：

$$\begin{aligned}
Y_1^{c_1} &= \{e_1, e_2, e_4, e_1, e_2, e_3, e_1, e_2, e_5\} \\
Y_2^{c_1} &= \{e_1, e_2, e_4, e_1, e_2, e_3, e_2, e_5\} \\
Y_3^{c_1} &= \{e_1, e_2, e_4, e_2, e_3, e_1, e_2, e_5\} \\
Y_4^{c_1} &= \{e_1, e_2, e_4, e_2, e_3, e_2, e_5\}
\end{aligned} \tag{5-16}$$

其中，$Y_1^{c_1}$ 对应了摄像头每次只能发现一个目标的情况，$Y_2^{c_1}$ 对应了摄像头能同时发现水龙头和摆放地点的情况，$Y_3^{c_1}$ 对应了摄像头能同时发现玻璃杯和水龙头的情况，$Y_4^{c_1}$ 对应了摄像头一开始就能发现所有目标的情况。

(3) 机器决策

选取概率最大的动作序列作为当前的决策。例如当前任务是 c_1 时，动作输出序列为

$$Y_o = \arg\max_r \{P(Y_r^{c_1} \mid c_1)\} \quad r = 1,2,3,4$$

$P(Y_r^{c_1} \mid c_1)$为任务是 c_1 时，动作序列 Y_r 所对应的情况所出现的概率。

(4) 反馈

根据反馈的信息，例如根据摄像头的图像的分析情况，更新相关概率，为下一次决策做准备。

(5) 机器记忆交换

存储更新的概率以及其他必要的反馈信息。

2. 协调层设计[72]

因为机械手涉及视觉协调 v、路径规划协调 p、传感器协调 s、手臂协调 a 和抓取协调 g 五个部分，视觉协调是指控制摄像头，提供目标的辨识以及目标的方位。传感器协调是指对触觉、力觉等传感器的协调。各个协调器以及分配器之间，还有通信功能，整个协调级由一个微处理器控制，可以进行运动协调中的手臂路径规划。协调层的结构如图 5-7 所示。

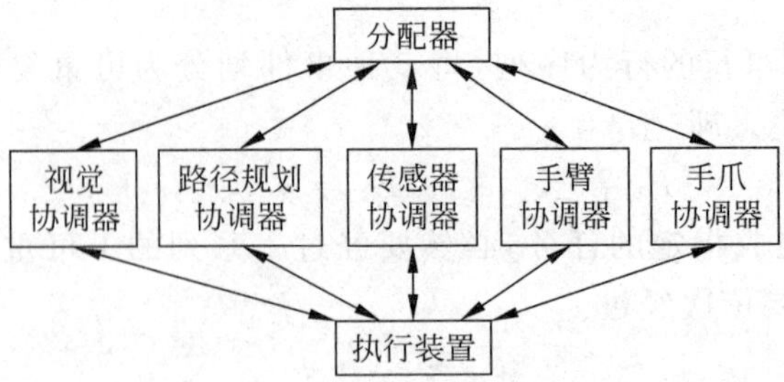

图 5-7 协调级结构

(1) 任务描述

① 分配器输入

来自组织级的动作序列 Y_O，如式(5-16)，包含了事件 e_i，$i=1,2,\cdots,5$。

② 协调器输入

各协调器的输入，即协调器的子任务序列。设协调器 c 的子任务为 σ_{ci}，则各协调器的子任务指令集合 $\Sigma_c=\{\sigma_{ci}\}$分别为

$$\Sigma_v = \{\text{contro}_v, \text{proc}_v, \text{analy}_v, \text{send}_{vp}, \text{send}_{pv}, \text{finish}\}$$

$$\Sigma_s = \{\text{contro}_s, \text{proc}_s, \text{analy}_s, \text{send}_{sg}, \text{send}_{gs}, \text{finish}\}$$

$$\Sigma_p = \{\text{path}, \text{send}_{vp}, \text{send}_{pv}, \text{send}_{ap}, \text{send}_{pa}, \text{finish}\}$$

$$\Sigma_a = \{\text{move}, \text{send}_{ap}, \text{send}_{pa}, \text{finish}\}$$

$$\Sigma_g = \{\text{grasp}, \text{put}, \text{send}_{sg}, \text{send}_{gs}, \text{finish}\}$$

其中，contro_c 为协调器 c 的对应设备的数据处理命令，例如获取图像或力觉数据；

proc_c 为 contro_c 的数据处理算法，用于去除噪声等；

analy_c 为 contro_c 数据的分析和融合算法，可以获得特征信息、识别信息、方位信息等；

send_{ab} 为协调器 a、b 之间的信息的发送或接收，通信的方向为 $a\to b$；

path 为路径规划算法；

move 为具体运动轨线的计算；

grasp 为抓取动作；

put 为放置动作；

finish 为接收过程，并反馈信息。

(2) 任务翻译

所谓任务翻译，就是任务的调度、转换。在协调级中，任务翻译包括分配器的任务翻译和协调器的任务翻译。分配器的任务翻译，就是根据 Y_O 执行状况，将当前要执行的事件 e_i 翻译成各协调器可以执行的任务序列。例如组织级的动作序列为

$$Y_O = \{e_1, e_2, e_4, e_2, e_3, e_2, e_5\}$$

则可作如下翻译：

① 初始情况下，需要观察环境，则指令 e_1 可翻译为

$$\{\text{contro}_v, \text{proc}_v, \text{analy}_v, \text{finish}\}$$

② 发现目标后，将手爪移向目标，则指令 e_2 可翻译为

$$\{(\text{contro}_v, \text{proc}_v, \text{analy}_v, \text{send}_{vp}, \text{path}, \text{move}, \text{send}_{pv})^+, \text{finish}\}$$

因为括号内部分可能要反复校对，所以用＋表示。

③ 靠近目标并抓取物品的指令 e_4 可翻译为

$$\{(\text{contro}_s, \text{proc}_s, \text{analy}_s, \text{send}_{sg}, \text{grasp}, \text{send}_{gs})^+, \text{finish}\}$$

……

协调器的翻译，就是将 contro 等子任务翻译成硬件可执行的指令序列。

可以看到，上述指令序列的执行涉及不同协调器的同步、异步操作，对于比较复杂的系统，可以使用 Petri 网翻译器 PNT(petri net transducer)建模。如图 5-8 是一个用 Petri 网表示的分配器结构，其中 p 为位置(place)，对应了各种状态。t 为位置迁移(transition)，代表了各种指令序列引起的状态转移。下标 s 代表起点，下标 f 代表终点，其余数字为中间过程。通过 Petri 网建模，可以体现各子任务之间的约束关系，保证各部分工作的协调进行。

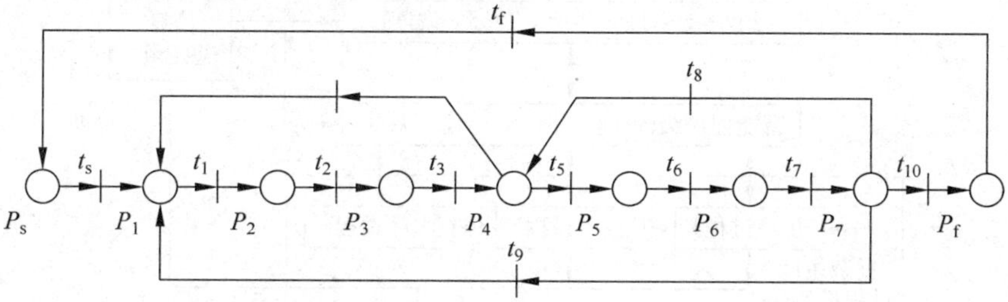

图 5-8　分配器的 Petri 网结构图

协调器的设计与分配器类似，并可通过 f_I、f_{SI}、f_O、f_{SO} 与分配器连接，进行通信。f_I、f_{SI}、f_O、f_{SO} 分别对应了各个协调器的输入、输出点及其标志(semaphore)，只有标志有记号时，才可以进行协调器和分配器间的信息交流。

3. 执行级设计[74]

针对不同的对象，具体的控制算法是不同的。如果考虑控制图 5-5 的手臂到期望的位置 $\boldsymbol{x}^d$，则控制目标可设为下列函数最小

$$J(\boldsymbol{u}) = \int_0^T \{[\boldsymbol{x}(t) - \boldsymbol{x}^d]^T \boldsymbol{Q} [\boldsymbol{x}(t) - \boldsymbol{x}^d] + \boldsymbol{u}^T(t)\boldsymbol{u}(t)\} \mathrm{d}t$$

其中 $\boldsymbol{x} = [\theta_1, \theta_2, \theta_3, \dot{\theta}_1, \dot{\theta}_2, \dot{\theta}_3]^T$，$\theta_i$ 为对应关节角度，$\boldsymbol{u}$ 为控制输入，$\boldsymbol{Q}$ 为加权矩阵。

手臂的运动方程可以通过推广的 Euler-Lagrange 方程获得

$$\dot{\boldsymbol{x}}(t)=\begin{bmatrix}\boldsymbol{0} & \boldsymbol{I}\\ \boldsymbol{0} & \boldsymbol{0}\end{bmatrix}\boldsymbol{x}(t)+\begin{bmatrix}\boldsymbol{0}\\ \boldsymbol{J}^{-1}(\boldsymbol{x})\boldsymbol{N}(\boldsymbol{x})\end{bmatrix}+\begin{bmatrix}\boldsymbol{0}\\ \boldsymbol{J}^{-1}(\boldsymbol{x})\end{bmatrix}\boldsymbol{u}(t)$$

其中 $\boldsymbol{J}(\boldsymbol{x})$、$\boldsymbol{N}(\boldsymbol{x})$为与关节的惯性矩、摩擦系数和静摩擦力等因素有关的矩阵，$\boldsymbol{I}$ 为3维单位阵。

通过经典最优控制的分析，上述问题的次优状态反馈控制可通过逼近理论获得，其形式如下

$$\boldsymbol{u}(\boldsymbol{x},\boldsymbol{x}^d)=-\boldsymbol{N}(\boldsymbol{x})-\boldsymbol{J}(\boldsymbol{x})[\boldsymbol{0}\quad \boldsymbol{I}]^{\mathrm{T}}\boldsymbol{S}[\boldsymbol{x}(t)-\boldsymbol{x}^d]$$

其中 $\boldsymbol{S}$ 为满足一定条件的正定矩阵。具体推导和控制效果可见文献[74]。

5.4.2 集散递阶智能控制系统[75]

分层递阶控制的思想，不仅仅可以用来控制一个具体对象，也适合于控制一个大规模的现代化工业生产企业。图 5-9 将 Saridis 的分层递阶控制扩展为一个集散递阶系统，实现广义的分层递阶控制。

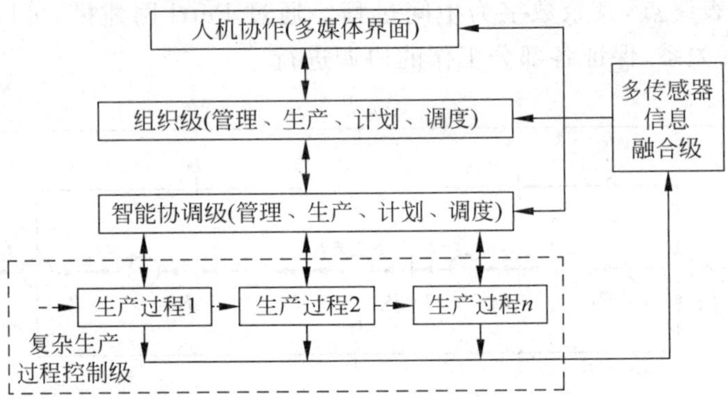

图 5-9 集散递阶智能控制系统结构

该结构在分层递阶结构的基础上，引入了多传感器信息融合技术、智能技术和人机协作技术，包括组织级、智能协调级、多传感器信息融合级和生产过程执行级四个层次。

(1) 组织级

它是整个系统的高层机构，主要完成任务规划、决策、生产计划和优化调度；对智能协调级的工作进行监督、指导与评价；收集环境信息、接受人的督导，向人提供必要的工况过程信息。人类专家可以为智能组织级提供教师信号，有效地修改智能协调级，使整个智能控制系统的品质逐步改进，并且实现整个生产目标的实施。

(2) 智能协调级

它接受来自组织级的指令和每一子任务执行过程中的反馈信息，同时在线实

时监控生产过程执行级；协调执行级的执行过程，并优化执行级的控制指标和参数等。

(3) 多传感器信息融合级[69]

它通过多种传感器采集生产过程中设备运行状态、生产指标、参数以及各被控对象的反馈信号等；经信号预处理、特征提取和信息融合，提供组织级、协调级融合信息，对当前生产过程状态进行识别、决策、控制和故障诊断等。

信息融合技术是当前信息处理的一个重要方向，研究如何从多源信息中产生进一步的信息。这些信息可以来自不同的空间、时间，采取不同的表达方式，具有不同的可信度和不确定性。信息融合的目的在于提高信息的质量或挖掘信息的深层内涵，包括增加信息的覆盖范围、精度、确定性、可靠性，获得单源信息无法提供的内容等。

多传感器信息融合的结构也可以是一个分层的结构，如图 5-10 所示，可以分为数据层、特征层和决策层。

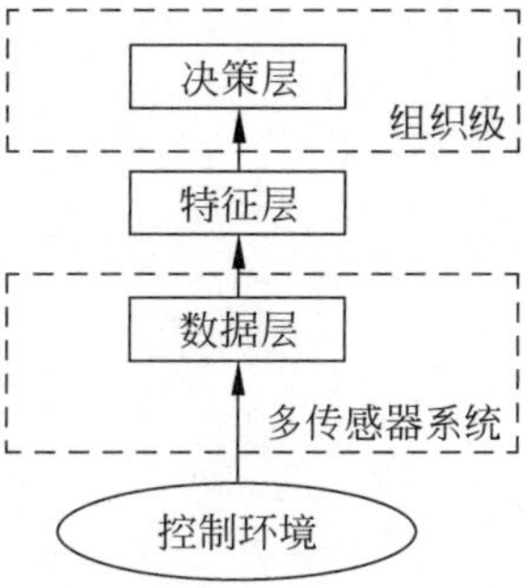

图 5-10 多传感器信息融合系统

① 数据层：对传感器的原始数据，进行去噪、滤波、估计等处理。主要用来提高数据的精度，可以采用 Kalman 滤波一类的统计方法。

② 特征层：特征信息是描述系统运行状态和环境特征的一些量，从数据层提供的数据信息中提取，一般可基于主分量分析、小波变换等模式识别方法来实现。

③ 决策层：根据特征信息来确定当前的状态，并做出控制决策。在这一层次，可采用证据理论一类的不确定性推理方法。

在集散递阶智能控制的结构中，多传感器信息融合的决策层和整个系统的组织层的功能有很大的重合，可以一起设计。

(4) 生产过程执行级

它对生产过程的各过程、环节、单元回路、被控对象(如转速、位置、温度、压力和流量等)进行特定的控制和检测。它要求具有过程中的数学模型的知识、过程的终结状态，以及由协调器给出的性能指标或代价函数。一般应具备 4 个主要环节。

① 建模：除了传统的数学模型，也可以采用神经网络等智能方法；

② 综合分析、决策；

③ 过程运行状态优化；

④ 直接控制：可根据具体需要选择控制方法，包括各种经典控制和智能控制的方法。

可以看到，与 Saridis 的分层递阶结构相比，集散递阶智能控制结构更为开放，人机界面更为友好，信息处理更为灵活，适合更为复杂的控制要求。

习题和思考题

5-1 举例说明自然、人工系统中存在分层递阶现象,并说明其作用。

5-2 试从信息熵角度说明满足 Jaynes 最大熵原理的总熵最小控制的含义是什么?

5-3 经典的分层递阶系统可分为哪几个层次?各有什么功能和联系?

5-4 什么是信息融合?信息融合与分层递阶控制有什么关系?

第6章* 学习控制

让控制器本身具有某种“智能”，使得它在控制过程中不断地完善自己，可使控制效果越来越好。这种具有“学习”能力的控制器一直是控制工程师们追求的目标。自从傅京逊教授1970年提出这种学习控制概念后，对学习控制的研究一直很活跃。1973年美国和日本以学习控制和智能控制为题开了专题讨论会。70年代发表了大量有关学习控制和智能控制的文章。1977年Saridis发表了他的著名专著《随机系统的自组织控制》，总结了这些理论的成果，在此后的几十年中，学习控制技术随着相关学科如计算机技术、人工智能、神经网络等的发展而不断发展和壮大。严格地讲，学习控制包括基于神经元网络的学习控制、迭代学习控制、重复学习控制、再励学习控制、自动机学习控制和遗传学习控制等。神经元网络的学习控制已经在第3章中讨论过。本章将重点讨论迭代学习控制和增强学习控制。

6.1 迭代学习控制

6.1.1 迭代学习控制的基本思想

迭代学习(iterative learning)的基本思想在于总结人类学习的方法，即通过多次的训练，从经验中学会某种技能。作为机器，人们也期望机器本身通过学习即对外部信息的有效处理来达到有效控制的目的。这对于复杂系统或者是系统模型难以确定的对象是非常有效的。

自从1984年Arimoto等人提出一种PID型的迭代学习控制算法以来，迭代学习控制的研究得到了迅速发展。由于它简单易行，其控制器具有学习能力且它的控制性能随控制运行次数的增加而越来越好。因此，该学习方法迅速得到了控制界的极大关注。迭代学习控制是智能控制中具有严格数学描述的一个分支。它以极为简单的学习算法，在给定的时间区间上实现未知被控对象以任意精度跟踪某一给定的期望轨迹的控制问题。控制器在运行过程中不需要辨识系统的参数，属于基于品质的自学习控制。这种控制方法特别适用于具有重复运行的场合。它的研究对诸如机器人那样有着非线性、强耦合、难以建模又需要高精度轨迹控制的场合是非常有意义的。

6.1.2 线性时变系统的迭代学习控制

我们知道，大多数传统的控制技术都是针对线性时不变系统而言的，而且它们的数学模型是完全已知或充分已知的。然而，在实际控制系统中往往遇到的控制对象是非线性的或者物理过程预先不知道。在这种情况下，传统控制技术就显得束手无策。迭代学习控制就是解决此类问题的一种有效方法之一。为了便于读者掌握迭代学习的控制思想，这里以单自由度的线性伺服控制系统为例来说明迭代学习控制的原理和方法。

考虑图 6-1 所示的 DC 伺服驱动控制的速度控制系统。假设电枢电感足够小，而且忽略机械摩擦。则系统可以简化为一阶系统。用数学方程可描述为

$$T_m \frac{dy(t)}{dt} + y(t) = v(t)/K \tag{6-1}$$

其中，$y(t)$，$v(t)$分别表示电机角速度和输入控制电压；

K 是力矩系数；

T_m 是电机的时间常数。

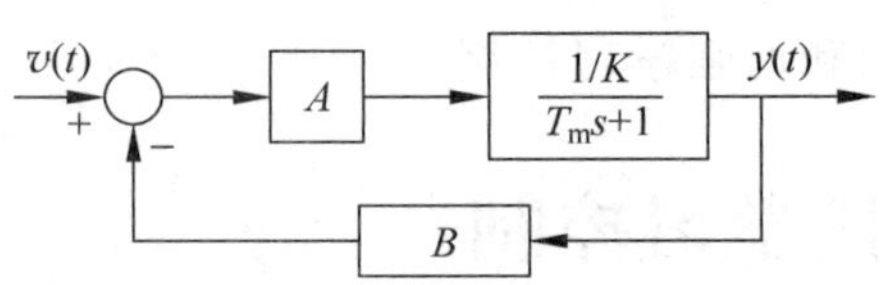

图 6-1 速度控制系统结构图

则如图 6-1 所示的闭环系统为

$$T_m \dot{y} + y = A(v - By)/K \tag{6-2}$$

化简上式得

$$\dot{y} + ay = bv \tag{6-3}$$

其中 $a=(1+AB/K)/T_m$；$b=A/KT_m$。

求解上述线性常微分方程得

$$y(t) = e^{-at}y(0) + \int_0^t be^{-a(t-\tau)}v(\tau)d\tau \tag{6-4}$$

现在我们假设期望速度特性为 $y_d(t)$，$t\in[0,T]$。根据学习控制的思想，我们假设被控系统的动力学参数是未知的，即方程式(6-3)中的 a 和 b 的精确值无需知道。此外，还假设 $y_d(t)$是连续可微和足够光滑以至于能够高精度地由数字化数

据$\{y_d(k\Delta t),k=0,1,\cdots,N=T/\Delta t\}$来恢复且能被计算机或微处理芯片所储存。控制的目的在于找到有效的控制电压$v(t)$，使得在整个时间域$[0,T]$内$y(t)$趋近于期望特性$y_d(t)$。在模型完全未知的情况下，选择任意一个初始控制电压$v_0(t)$，则系统在$v_0(t)$的作用下产生输出$y_0(t)$，由此产生的系统误差为

$$e_0(t)=y_d(t)-y_0(t) \tag{6-5}$$

其中

$$\dot{y}_0+ay_0=bv_0 \tag{6-6}$$

迭代学习的思想在于有效地利用本次控制的误差信息来改善下一个控制周期的控制量。如果有足够密度的采样数据$e_0(t),t\in[0,T]$储存在计算机内，则下一次的输出控制电压可取

$$v_1(t)=v_0(t)+b^{-1}\dot{e}_0(t) \tag{6-7}$$

电机在$v_1(t)$的作用下进行第二个周期的运动控制，同样它也产生控制误差$e_1(t)$。依次类推，可以得到以下迭代过程

$$v_{k+1}(t)=v_k(t)+b^{-1}\dot{e}_k(t) \tag{6-8}$$

$$e_k(t)=y_d(t)-y_k(t) \tag{6-9}$$

$$y_k(t)=e^{-at}y_k(0)+\int_0^t b e^{-a(t-\tau)}v_k(\tau)d\tau \tag{6-10}$$

这一学习过程可以用图 6-2 来表示。那么这样的学习过程能否保证学习是收敛的，即随着$k\to\infty$，能否保证$|e(t)|\to 0,t\in[0,T]$？答案是肯定的，只要系统满足一定的条件。下面分析系统在什么条件下迭代学习是收敛的。

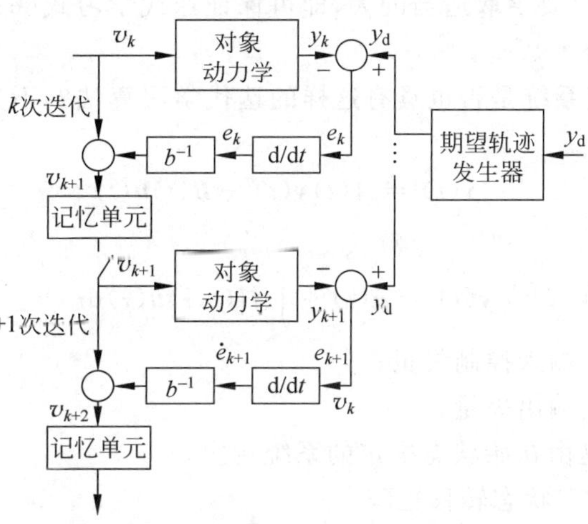

图 6-2　迭代学习过程的示意图

取$y_0(0)=y_d(0)=y_k(0)$对于所有的k，则

$$\begin{aligned}\dot{e}_k(t)&=\dot{y}_d(t)-\dot{y}_k(t)\\&=\dot{y}_d(t)-\left[-ae^{-at}y_k(0)+bv_k(t)-\int_0^t abe^{-a(t-\tau)}v_k(\tau)d\tau\right]\end{aligned}$$

$$= \dot{y}_d(t) - [-a\mathrm{e}^{-at}y_{k-1}(0) + bv_{k-1}(t) - \int_0^t ab\mathrm{e}^{-a(t-\tau)}v_{k-1}(\tau)\mathrm{d}\tau]$$

$$- [\dot{e}_{k-1}(t) - \int_0^t a\mathrm{e}^{-a(t-\tau)}\ \dot{e}_{k-1}(\tau)\mathrm{d}\tau] \tag{6-11}$$

$$= \dot{y}_d(t) - \dot{y}_{k-1}(t) - \dot{e}_{k-1}(t) + \int_0^t a\mathrm{e}^{-a(t-\tau)}\ \dot{e}_{k-1}(\tau)\mathrm{d}\tau$$

$$= a\int_0^t \mathrm{e}^{-a(t-\tau)}\ \dot{e}_{k-1}(\tau)\mathrm{d}\tau$$

$$|\ \dot{e}_k(t)\ | \leqslant |\ a\ |^2\int_0^t \mathrm{d}t_1\int_0^{t_1}\mathrm{e}^{-a(t-t_2)}\ |\ \dot{e}_{k-2}(t_2)\ |\ \mathrm{d}t_2$$

$$\leqslant |\ a\ |^k\int_0^t\int_0^{t_1}\cdots\int_0^{t_{k-1}}\ |\ \dot{e}_0(t_k)\ |\ \mathrm{d}t_k\cdots\mathrm{d}t_2\mathrm{d}t_1 \tag{6-12}$$

$$\leqslant \frac{E\ |\ a\ |^k T^k}{k!} \to 0 \quad k \to \infty$$

其中 $E = \max\limits_{0\leqslant t\leqslant T}|\dot{e}_0(t)|$。

至此,我们证明了利用式(6-8)构成的迭代学习算法,在 $y_0(0)=y_d(0)=y_k(0)$ 的假设条件下,当 $k\to\infty$ 时 $e_k(t)\to 0$。

必须指出,由于系统模型未知,所以迭代学习式(6-8)中参数 b 预先是不知道的。因此,通常可以用另一近似值 γ 来代替式(6-8)中的参数 b。只要 γ 满足以下不等式

$$|\ 1 - b\gamma^{-1}\ | < 1 \tag{6-13}$$

从上式可以看出,只要 γ 取适当的大,即可保证迭代学习式(6-8)是收敛的。详细证明将在下面讨论。

对于线性时变系统是否也具有这样的迭代学习算法?不失一般性,对于多变量输入输出系统

$$\dot{\boldsymbol{y}}(t) = \boldsymbol{A}(t)\boldsymbol{y}(t) + \boldsymbol{B}(t)\boldsymbol{u}(t) \tag{6-14}$$

其解可以表示为

$$\boldsymbol{y}(t) = \boldsymbol{g}(t) + \int_0^t \boldsymbol{H}(t,\tau)\boldsymbol{u}(\tau)\mathrm{d}\tau \tag{6-15}$$

其中 $\boldsymbol{u}(t)\in R^r$ 是输入控制矢量;

$\boldsymbol{y}(t)\in R^r$ 是输出矢量;

$\boldsymbol{g}(t)\in R^r$ 是由初始状态决定的系统响应;

$\boldsymbol{H}(t,\tau)\in R^{r\times r}$ 状态转移矩阵。

假设在固定的时间间隔 $t\in[0,T]$ 内的期望轨迹为 $\boldsymbol{y}_d(t)$。初始控制矢量 $\boldsymbol{u}_0(t)$ 任意选择。并假设 $\boldsymbol{y}_d(t)$、$\boldsymbol{u}(t)$、$\boldsymbol{g}(t)$、$\boldsymbol{H}(t,\tau)$ 对时间变量 t 和 τ 连续可微。则依据伺服电机的迭代学习控制思想,构成以下学习规则

$$\boldsymbol{y}_k(t) = \boldsymbol{g}(t) + \int_0^t \boldsymbol{H}(t,\tau)\boldsymbol{u}_k(\tau)\mathrm{d}\tau \tag{6-16}$$

$$\boldsymbol{e}_k(t) = \boldsymbol{y}_d(t) - \boldsymbol{y}_k(t) \tag{6-17}$$

$$\boldsymbol{u}_{k+1}(t)=\boldsymbol{u}_k(t)+\boldsymbol{\Gamma}(t)\,\dot{\boldsymbol{e}}_k(t) \tag{6-18}$$

其中$\boldsymbol{\Gamma}(t)\in R^{r\times r}$是一个给定的矩阵函数。容易由编程产生或通过内存记忆单元中的一组固定数值。只要$\boldsymbol{\Gamma}(t)$满足一定的条件，由式(6-16)～式(6-18)构成的迭代学习算法保证收敛。

为了证明此迭代学习算法的收敛性，首先引入 λ 范数

$$\|\boldsymbol{e}\|_\lambda=\sup_{0\leqslant t\leqslant T}\{\mathrm{e}^{-\lambda t}\max_{1\leqslant i\leqslant r}|\boldsymbol{e}_i(t)|\} \tag{6-19}$$

定理 6-1 假设

$$\boldsymbol{y}_\mathrm{d}(0)=\boldsymbol{g}(0) \tag{6-20}$$

$$\|\boldsymbol{I}_\mathrm{r}-\boldsymbol{H}(t,t)\boldsymbol{\Gamma}(t)\|_\infty<1 \tag{6-21}$$

对于 $t\in[0,T]$。给定的任一初始输入矢量 $\boldsymbol{u}_0(t)$在$[0,T]$区间内连续。则存在正常数 λ 和 ρ_0 使得

$$\|\dot{\boldsymbol{e}}_{k+1}\|_\lambda\leqslant\rho_0\|\dot{\boldsymbol{e}}_k\|_\lambda\quad 0\leqslant\rho_0<1\quad k=0,1,2,\cdots \tag{6-22}$$

其中 $r\times r$ 的矩阵 $\boldsymbol{F}=(f_{ij})$范数$\|\boldsymbol{F}\|_\infty$定义为

$$\|\boldsymbol{F}\|_\infty=\max_{1\leqslant i\leqslant r}\left\{\sum_{j=1}^{r}|f_{ij}|\right\} \tag{6-23}$$

根据这一定理，我们可以知道，当 $k\to\infty$时，

$$\|\dot{\boldsymbol{e}}_k(t)\|_\lambda\to 0$$

这意味着，当 $k\to\infty$时

$$\dot{\boldsymbol{y}}_k(t)\to\dot{\boldsymbol{y}}_\mathrm{d}(t)$$

由范数的定义式(6-19)清楚地表明这一收敛性在 $t\in[0,T]$上是一致的。所以，当取 $\boldsymbol{y}_k(0)=\boldsymbol{g}(0)=\boldsymbol{y}_\mathrm{d}(0)$时，式(6-23)隐含着

$$\text{当 } k\to\infty \text{ 时}\quad \boldsymbol{y}_k(t)\to\boldsymbol{y}_\mathrm{d}(t),\quad t\in[0,T]$$

证明与矩阵范数定义式(6-23)相类似，定义一矢量范数

$$\|\boldsymbol{W}\|_\infty=\max_{1\leqslant i\leqslant r}|w_i|\quad \boldsymbol{W}=(w_1,w_2,\cdots,w_r)$$

则有

$$\|\boldsymbol{FW}\|_\infty\leqslant\|\boldsymbol{F}\|_\infty\|\boldsymbol{W}\|_\infty \tag{6-24}$$

由方程式(6-16)可知

$$\begin{aligned}\dot{\boldsymbol{e}}_k(t)&=\dot{\boldsymbol{y}}_\mathrm{d}(t)-\dot{\boldsymbol{y}}_k(t)\\&=\dot{\boldsymbol{y}}_\mathrm{d}(t)-\left[\dot{\boldsymbol{g}}(t)+\boldsymbol{H}(t,t)\boldsymbol{u}_k(t)+\int_0^t\frac{\partial}{\partial t}\boldsymbol{H}(t,\tau)\boldsymbol{u}_k(\tau)\mathrm{d}\tau\right]\\&=\dot{\boldsymbol{y}}_\mathrm{d}(t)-\left[\dot{\boldsymbol{g}}(t)+\boldsymbol{H}(t,t)\boldsymbol{u}_{k-1}(t)+\int_0^t\frac{\partial}{\partial t}\boldsymbol{H}(t,\tau)\boldsymbol{u}_{k-1}(\tau)\mathrm{d}\tau\right]\\&\quad-\left[\boldsymbol{H}(t,t)\boldsymbol{\Gamma}(t)\,\dot{\boldsymbol{e}}_{k-1}(t)+\int_0^t\frac{\partial}{\partial t}\boldsymbol{H}(t,\tau)\boldsymbol{\Gamma}(\tau)\,\dot{\boldsymbol{e}}_{k-1}(\tau)\mathrm{d}\tau\right]\\&=[\boldsymbol{I}_r-\boldsymbol{H}(t,t)\boldsymbol{\Gamma}(t)]\,\dot{\boldsymbol{e}}_{k-1}(t)-\int_0^t\frac{\partial}{\partial t}\boldsymbol{H}(t,\tau)\boldsymbol{\Gamma}(\tau)\,\dot{\boldsymbol{e}}_{k-1}(\tau)\mathrm{d}\tau\end{aligned} \tag{6-25}$$

两边同乘 $e^{-\lambda t}$，并取 λ 范数，利用式(6-24)得

$$\begin{aligned}\|\dot{\boldsymbol{e}}_k\|_\lambda &= \max_{0\leqslant t\leqslant T}\{e^{-\lambda t}\|\dot{\boldsymbol{e}}_k(t)\|_\infty\} \\ &\leqslant \max_{0\leqslant t\leqslant T}\|\boldsymbol{I}_r-\boldsymbol{H}(t,t)\boldsymbol{\Gamma}(t)\|_\infty\cdot\max_{0\leqslant t\leqslant T}\{e^{-\lambda t}\|\dot{\boldsymbol{e}}_{k-1}(t)\|_\infty\} \\ &\quad + h_0\cdot\max_{0\leqslant t\leqslant T}\int_0^t e^{-\lambda(t-\tau)}\max_{0\leqslant\tau\leqslant T}\{e^{-\lambda\tau}\|\dot{\boldsymbol{e}}_{k-1}(\tau)\|_\infty\}d\tau \\ &= \rho\|\dot{\boldsymbol{e}}_{k-1}(\tau)\|_\lambda + h_0\|\dot{\boldsymbol{e}}_{k-1}(\tau)\|_\lambda\cdot\max_{0\leqslant t\leqslant T}\int_0^t e^{-\lambda(t-\tau)}d\tau \\ &= \left(\rho+\frac{h_0(1-e^{-\lambda T})}{\lambda}\right)\|\dot{\boldsymbol{e}}_{k-1}(\tau)\|_\lambda\end{aligned} \tag{6-26}$$

其中

$$\rho=\max_{0\leqslant t\leqslant T}\|\boldsymbol{I}_r-\boldsymbol{H}(t,t)\boldsymbol{\Gamma}(t)\|_\infty,\quad h_0=\max_{0\leqslant t,\tau\leqslant T}\left\|\frac{\partial}{\partial t}\boldsymbol{H}(t,\tau)\boldsymbol{\Gamma}(\tau)\right\|_\infty$$

由定理的假设条件式(6-21)可知，$0\leqslant\rho<1$。所以，总可以选择较大的 λ，使得

$$\rho_0=\rho+\frac{h_0(1-e^{-\lambda T})}{\lambda}<1 \tag{6-27}$$

从而保证了 $\|\dot{\boldsymbol{e}}_k\|_\lambda\leqslant\rho_0\|\dot{\boldsymbol{e}}_{k-1}\|_\lambda$。即当 $k\to\infty$ 时

$$\|\dot{\boldsymbol{e}}_k(t)\|_\lambda\to 0$$

至此定理证明完毕。

不难得出，上面得出的结论可以推广到常规的多变量线性时变系统的模型方程，即对于线性时变系统

$$\begin{aligned}\dot{\boldsymbol{X}}(t)&=\boldsymbol{A}(t)\boldsymbol{X}(t)+\boldsymbol{B}(t)\boldsymbol{U}(t)\\ \boldsymbol{Y}(t)&=\boldsymbol{C}(t)\boldsymbol{X}(t)\quad \boldsymbol{X}\in R^n,\boldsymbol{U},\boldsymbol{Y}\in R^r\end{aligned} \tag{6-28}$$

由现代控制理论可知，上述状态方程的解为

$$\boldsymbol{Y}(t)=\boldsymbol{C}(t)\boldsymbol{\Psi}(t)\boldsymbol{X}(0)+\int_0^t\boldsymbol{C}(t)\boldsymbol{\Psi}(t)\boldsymbol{\Psi}^{-1}(\tau)\boldsymbol{B}(\tau)\boldsymbol{U}(\tau)d\tau \tag{6-29}$$

其中 $\boldsymbol{\Psi}(t)$ 是系统式(6-28)的齐次解，即

$$\dot{\boldsymbol{\Psi}}(t)=\boldsymbol{A}(t)\boldsymbol{\Psi}(t)\quad \boldsymbol{\Psi}(0)=\boldsymbol{I}_n \tag{6-30}$$

只要取

$$\boldsymbol{g}(t)=\boldsymbol{C}(t)\boldsymbol{\Psi}(t)\boldsymbol{X}(0),\quad \boldsymbol{H}(t,\tau)=\boldsymbol{C}(t)\boldsymbol{\Psi}(t)\boldsymbol{\Psi}^{-1}(\tau)\boldsymbol{B}(\tau)$$

则式(6-29)与式(6-16)完全等效。所以前面讨论的迭代学习算法结论完全适用于线性时变系统。

进一步分析可知，如果是线性系统，即矩阵 $\boldsymbol{B}$，$\boldsymbol{C}$ 是定常的，则对 $\boldsymbol{\Gamma}$ 阵的选择是相当有利的。此时，如果 $\boldsymbol{BC}$ 是可逆的，则 $\boldsymbol{\Gamma}$ 阵满足式(6-31)即可。

$$\|\boldsymbol{I}_r-\boldsymbol{H}(t,t)\boldsymbol{\Gamma}(t)\|_\infty=\|\boldsymbol{I}_r-\boldsymbol{BC\Gamma}\|_\infty<1 \tag{6-31}$$

6.1.3　一类非线性动态系统的迭代学习控制

1. 问题的提出

上一节介绍并证明了线性时变系统的迭代学习算法及其收敛性。但是由于迭代学习针对被控对象的数学模型通常是未知的，因此使得$\boldsymbol{\Gamma}(t)$阵的选择比较困难。再则，学习规则的构成需要求解输出误差的导数，使得学习过程趋于复杂化。如何改进这一缺陷以提高迭代学习控制的使用性呢？此外，学习控制研究的对象主要是复杂非线性系统，那么对于非线性系统也有类似的结论吗？对于一类非线性动力学系统，当满足一定条件时可以有类似的迭代学习控制方法实现对模型完全未知系统的有效控制。

考虑一个二阶非线性动力学系统

$$\ddot{x}_1(t) = f_1(x_1(t),\dot{x}_1(t),t) + g_1(x_1(t),\dot{x}_1(t),t)u(t) \tag{6-32}$$

引入变量 $x_2(t)=x_1'(t)$，则可以将方程式(6-32)转化为一阶微分方程组

$$\begin{bmatrix}\dot{x}_1(t)\\ \dot{x}_2(t)\end{bmatrix} = \begin{bmatrix}x_2(t)\\ f_1(x_1(t),x_2(t),t)\end{bmatrix} + \begin{bmatrix}0\\ g_1(x_1(t),x_2(t),t)\end{bmatrix}u(t) \tag{6-33}$$

其中 $x_1(t)\in R^n$，$x_2(t)\in R^n$，$f_1(\cdot)\in R^n$，$g_1(\cdot)\in R^{n\times n}$，记 $\boldsymbol{x}^{\mathrm{T}}(t)=(x_1(t),x_2(t))^{\mathrm{T}}$，则式(6-33)可以简记为

$$\dot{\boldsymbol{x}}(t) = \boldsymbol{f}(\boldsymbol{x}(t),t) + \boldsymbol{g}(\boldsymbol{x}(t),t)\boldsymbol{u}(t) \tag{6-34}$$

设系统的期望输出为 $\boldsymbol{x}_{\mathrm{d}}(t)$，$t\in[0,T]$。控制的问题就归结为寻求一个控制输入 $\boldsymbol{u}(t)$ 使得系统的输出 $\boldsymbol{x}(t)$ 尽可能地逼近 $\boldsymbol{x}_{\mathrm{d}}(t)$，$t\in[0,T]$。严格地讲，此类非线性系统的学习控制问题可以用以下语言来表达。

假设 $\boldsymbol{x}_{\mathrm{d}}(t)$，$t\in[0,T]$是系统(6-34)的一个状态矢量，且属于 R^{2n} 有界闭合子集 W。则控制的问题就是寻找分段连续的控制输入 $\boldsymbol{u}^j(t)$ 序列，使得系统(6-34)的状态 $\boldsymbol{x}^j(t)$ 跟随 $\boldsymbol{x}_{\mathrm{d}}(t)$，其跟随误差小于某一给定的精度 ε，即

$$|\boldsymbol{x}_{\mathrm{d}}(t) - \boldsymbol{x}^j(t)| \leqslant \varepsilon, \quad t\in[0,T] \tag{6-35}$$

其中 j 表示第 j 次迭代。

在进一步推导出非线性动力学系统的迭代学习算法以前，先来看一下被控系统应该满足的一些条件。

(1) 系统的运行条件如采样频率、初始的控制结构是固定的；

(2) 不确定性系统(6-34)在时间$[0,T]$内是重复作业的；

(3) 函数 $f(\cdot)$、$g(\cdot)$满足 Lipshitz 连续，即

$$|f_1(x^1(t),t) - f_1(x^2(t),t)| \leqslant \beta(t)\,|x^1(t) - x^2(t)| \tag{6-36}$$

$$\| g_1(x^1(t),t) - g_1(x^2(t),t)\| \leqslant \alpha(t)\,|x^1(t) - x^2(t)| \tag{6-37}$$

其中 $\beta(t)$、$\alpha(t)$为有界的正函数，$|\cdot|$表示欧几里得范数，$\|\cdot\|$定义为

$$\| \boldsymbol{A} \| = \sup\left\{\frac{|\boldsymbol{A}v|}{|v|}\right\} \quad v \neq 0 \tag{6-38}$$

(4) $\boldsymbol{g}(\boldsymbol{x}(t),t)$在$t\in[0,T]$内是齐次和正定函数，即满足

$$0 < \lambda_1 \boldsymbol{I} \leqslant \boldsymbol{g}(\boldsymbol{x}(t),t) \leqslant \lambda_2 \boldsymbol{I} \tag{6-39}$$

其中矩阵不等式$\boldsymbol{M}\leqslant\boldsymbol{N}$的意义是$\lambda_{\max}(\boldsymbol{M})\leqslant\lambda_{\min}(\boldsymbol{N})$，$\lambda_{\max}(\cdot)$、$\lambda_{\min}(\cdot)$分别为最大、最小特征值。

为了便于读者阅读定理的证明过程，下面引入几个符号。

$$\| \boldsymbol{A} \|_m = \max_{0\leqslant t\leqslant T} \| \boldsymbol{A} \|$$

$$| \boldsymbol{v} |_m = \max_{0\leqslant t\leqslant T} | v |$$

$$a_m = \max_{0\leqslant t\leqslant T} a(t)$$

$$\boldsymbol{v} \in R^n \quad \boldsymbol{A} \in R^{n\times n} \quad a(t) > 0$$

2. 非线性动态系统的稳定性

我们知道，迭代学习控制的跟踪能力关键在于每一次迭代控制时的闭环系统稳定性。要使迭代学习控制能够适用于非线性动力学系统的控制，必须存在一个反馈控制器保证被控系统能够稳定运行。这里的反馈控制借助于Gusev(1988)的高增益反馈概念，即在高增益反馈控制器的控制下，系统式(6-34)跟踪期望轨迹$\boldsymbol{x}_{\mathrm{d}}(t)$，$t\in[0,T]$的误差能够限定在某一有限界内。下面的定理就说明了这一原理。

定理 6-2 假设系统式(6-34)中$\boldsymbol{f}(\boldsymbol{x}(t),t)$和$\boldsymbol{g}(\boldsymbol{x}(t),t)$在$t\in[0,T]$内满足条件(3)、(4)。则存在$\boldsymbol{u}(t)=\boldsymbol{K}(\boldsymbol{x}_{\mathrm{d}}(t)-\boldsymbol{x}(t))$，使得系统的状态跟踪误差$\boldsymbol{x}_{\mathrm{d}}(t)-\boldsymbol{x}(t)$一致有界，即

$$| \boldsymbol{x}_{\mathrm{d}}(t) - \boldsymbol{x}(t) | \leqslant \varepsilon(\varepsilon > 0) \quad t \in [0,T] \tag{6-40}$$

尤其当取反馈系统阵为

$$\boldsymbol{K} = [adb^{-1}\boldsymbol{I}_{n\times n} : db^{-1}\boldsymbol{I}_{n\times n}] \tag{6-41}$$

其中

$$a > 0 \quad b \geqslant \lambda_2 \quad d \geqslant (\mu + a)\frac{b}{\lambda_1} \tag{6-42}$$

$$\mu > a + \beta_{\mathrm{m}}/a + 2\beta_{\mathrm{m}}$$

$$\beta_{\mathrm{m}} = \max_{0\leqslant t\leqslant T}(\beta(t))$$

则系统状态的跟踪误差界为

$$| \boldsymbol{x}_{\mathrm{d}}(t) - \boldsymbol{x}(t) | \leqslant \sqrt{1+4a^2}\,\frac{\lambda_2\,|\,u_{\mathrm{d}}(t)\,|_{\mathrm{m}}}{a(\mu - v)} \leqslant \varepsilon \tag{6-43}$$

其中

$$v = a + \beta_{\mathrm{m}}/a + 2\beta_{\mathrm{m}} \tag{6-44}$$

$\boldsymbol{u}_{\mathrm{d}}(t)$是期望轨迹$\boldsymbol{x}_{\mathrm{d}}(t)$下的期望控制输入。

由于本书篇幅有限，证明请参考文献[101]。

这一定理的物理意义主要表现为对于有阶的输入控制只有且仅有反馈控制的条件下能够保证此类非线性动力学系统的输出跟踪误差也是有界的。从不等式(6-43)不难看出，当期望的输入控制 $\boldsymbol{u}_{\mathrm{d}}(t)$ 有界时，其系统的状态跟踪误差 $\boldsymbol{x}_{\mathrm{d}}(t)-\boldsymbol{x}(t)$ 也是有界的。这也意味着反馈控制能够保持系统稳定运行。如果取式(6-42)中 $b=\lambda_2$，则

$$d \geqslant (\mu+a)\frac{\lambda_2}{\lambda_1} = (\mu+a)\left(\frac{\lambda_2-\lambda_1}{\lambda_1}+1\right) \tag{6-45}$$

其中 λ_2/λ_1，$\lambda_2-\lambda_1$ 分别为输入的增益带比和带宽。不等式(6-45)意味着 d 的下限与 λ_2/λ_1 或 $\lambda_2-\lambda_1$ 成正比，即增益带比(或带宽)越大，要满足给定的系统跟踪误差 ε 必须要求更大的反馈增益。

3. 迭代学习控制策略

从以上分析可知，跟踪误差 $|\boldsymbol{x}_{\mathrm{d}}(t)-\boldsymbol{x}(t)|$ 不能任意减小，除非 μ 取无穷大，也即反馈增益系数 d 取无穷大。但实际上由于执行机构的能量限制和输出饱和现象，反馈增益系数 d 不可能取得足够大，这样光靠反馈控制是不可能达到高精度跟踪控制目的的。因此迭代学习的目的在于引入一个前馈控制器，它通过一系列迭代运算提供在整个时间 $[0,T]$ 域内的控制信号。这就是迭代学习的基本思想。因此，迭代学习控制过程是首先通过选择一个比较大的反馈系数实现系统的反馈控制以保证系统运行的稳定性，然后通过不断地校正前馈控制量使得系统的跟踪误差 $|\boldsymbol{x}_{\mathrm{d}}(t)-\boldsymbol{x}(t)|$ 越来越小，直至满足性能指标要求为止。定理 6-3 给出了这一迭代学习思想的有效性。

定理 6-3　记控制输入 $\boldsymbol{u}^j(t)$ 为第 j 次迭代中反馈控制和前馈控制两项的线性组合，即

$$\boldsymbol{u}^j(t) = \boldsymbol{u}_{\mathrm{b}}^j(t) + \boldsymbol{u}_{\mathrm{f}}^j(t) \tag{6-46}$$

其中 $\boldsymbol{u}_{\mathrm{b}}^j(t)\in R^n$ 为反馈误差控制项，且 $\boldsymbol{u}_{\mathrm{b}}^j(t)=\boldsymbol{K}(\boldsymbol{x}_{\mathrm{d}}(t)-\boldsymbol{x}^j(t))$；

$\boldsymbol{u}_{\mathrm{f}}^j(t)\in R^n$ 为前馈学习控制项，由学习控制器产生。

则非线性动力学系统式(6-34)在控制方程式(6-46)的控制下其系统的状态跟踪误差满足

$$|\boldsymbol{x}_{\mathrm{d}}(t)-\boldsymbol{x}(t)| \leqslant \sqrt{1+4a^2}\,\frac{\lambda_2\,|\boldsymbol{u}_{\mathrm{d}}(t)-\boldsymbol{u}_{\mathrm{f}}^j(t)|_m}{a(\mu-v)} \leqslant \varepsilon \tag{6-47}$$

其中

$$a>0 \quad b\geqslant\lambda_2 \quad d\geqslant(\mu+a)\frac{b}{\lambda_1} \tag{6-48}$$

$$\mu>v \quad v=a+(2+1/a)(\beta_{\mathrm{m}}+\alpha_{\mathrm{m}}\,|u_{\mathrm{d}}|_{\mathrm{m}})$$

定理 6-3 表明了系统的最大跟踪误差 $\boldsymbol{e}^j(t)=\boldsymbol{x}_{\mathrm{d}}(t)-\boldsymbol{x}^j(t)$ 与 $|\boldsymbol{u}_{\mathrm{d}}(t)-\boldsymbol{u}_{\mathrm{f}}^j(t)|$ 的大小成正比。因此只要控制序列 $\{\boldsymbol{u}_{\mathrm{f}}^j(t)\}$ 在整个时间域 $[0,T]$ 内收敛于 $\boldsymbol{u}_{\mathrm{d}}(t)$，则系统的跟踪误差可以达到任意精度。这样，系统的轨迹跟踪控制问题就归结为寻

求在时间域$[0,T]$上一致收敛于$\boldsymbol{u}_{\mathrm{d}}(t)$的前馈输入控制序列$\{\boldsymbol{u}_{\mathrm{f}}^{j}(t)\}$的问题了。为了求得$\boldsymbol{u}_{\mathrm{f}}^{j}(t)$的迭代计算公式,我们取性能指标函数

$$\boldsymbol{E}_{\mathrm{j}}=\frac{1}{2}\sum_{t}(\boldsymbol{u}_{\mathrm{d}}(t)-\boldsymbol{u}_{\mathrm{f}}^{j}(t))^{2}\quad t\in[0,T] \tag{6-49}$$

应用梯度法我们得到第j次$\boldsymbol{u}_{\mathrm{f}}^{j}(t)$迭代计算的公式

$$\boldsymbol{u}_{\mathrm{f}}^{j+1}(t)=\boldsymbol{u}_{\mathrm{f}}^{j}(t)-\eta\frac{\partial\boldsymbol{E}_{\mathrm{j}}}{\partial\boldsymbol{u}_{\mathrm{f}}^{j}(t)}=\boldsymbol{u}_{\mathrm{f}}^{j}(t)+\eta(\boldsymbol{u}_{\mathrm{d}}(t)-\boldsymbol{u}_{\mathrm{f}}^{j}(t)) \tag{6-50}$$

其中η为学习因子。为了保证迭代算法式(6-50)的收敛性,η的取值范围必须满足$0<\eta<2$。下面作简单的证明。

证明 用$\boldsymbol{u}_{\mathrm{d}}(t)$同时减去式(6-50)的两边得

$$\begin{aligned}\boldsymbol{u}_{\mathrm{d}}(t)-\boldsymbol{u}_{\mathrm{f}}^{j+1}(t)&=\boldsymbol{u}_{\mathrm{d}}(t)-\boldsymbol{u}_{\mathrm{f}}^{j}(t)-\eta(\boldsymbol{u}_{\mathrm{d}}(t)-\boldsymbol{u}_{\mathrm{f}}^{j}(t))\\&=(1-\eta)(\boldsymbol{u}_{\mathrm{d}}(t)-\boldsymbol{u}_{\mathrm{f}}^{j}(t))\end{aligned} \tag{6-51}$$

因此,为了保证迭代算法式(6-50)收敛,要求$(\boldsymbol{u}_{\mathrm{d}}(t)-\boldsymbol{u}_{\mathrm{f}}^{j+1}(t))<(\boldsymbol{u}_{\mathrm{d}}(t)-\boldsymbol{u}_{\mathrm{f}}^{j}(t))$,即$0<\eta<2$。

但是,实际上由于系统模型未知,$\boldsymbol{u}_{\mathrm{d}}(t)$不可能预先知道。如果预先可以知道,则迭代学习也就没有必要。所以,实际上迭代算法式(6-50)是无法投入使用的。然而现在能够使用的已知信息量仅仅是它的反馈控制量$\boldsymbol{u}_{\mathrm{b}}^{j}(t)$。我们的目的是利用已知的$\boldsymbol{u}_{\mathrm{b}}^{j}(t)$去代替未知的$\boldsymbol{u}_{\mathrm{d}}(t)-\boldsymbol{u}_{\mathrm{f}}^{j}(t)$,即迭代算法式(6-50)改为

$$\boldsymbol{u}_{\mathrm{f}}^{j+1}(t)=\boldsymbol{u}_{\mathrm{f}}^{j}(t)+\eta\boldsymbol{u}_{\mathrm{b}}^{j}(t)\quad j=1,2,3,\cdots \tag{6-52}$$

其中$\boldsymbol{u}_{\mathrm{b}}^{j}(0)=\boldsymbol{0}$对于所有的$j$;

$\boldsymbol{u}_{\mathrm{f}}^{1}(t)=\boldsymbol{0}$对于所有的$t\in[0,T]$。

学习规则式(6-52)试图通过估计$\boldsymbol{u}_{\mathrm{d}}(t)$的方式来实现迭代学习算法达到非线性补偿控制的目的。整个学习控制的结构图如图6-3所示。注意,从灵敏度考虑,学习因子η通常取小于1的正数。学习规则式(6-52)又可称为预测学习规则,因为我们使用了$\boldsymbol{x}_{\mathrm{d}}(t)-\boldsymbol{x}^{j}(t)$信息来产生此刻的下一个控制周期的控制量$\boldsymbol{u}_{f}^{j+1}(t)$。

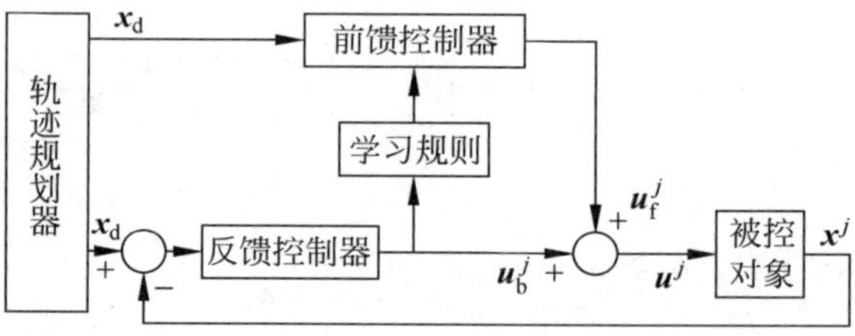

图6-3 学习控制结构图

现在的问题是用已知的$\boldsymbol{u}_{\mathrm{b}}^{j}(t)$去代替未知的$\boldsymbol{u}_{\mathrm{d}}(t)-\boldsymbol{u}_{\mathrm{f}}^{j}(t)$的迭代算法式(6-52)能否保证学习过程是收敛的呢?$\boldsymbol{u}_{\mathrm{f}}^{j}(t)$能否随着迭代次数$j$的增加而趋于$u_{\mathrm{d}}(t)$

呢？定理 6-4 来回答这一问题。

定理 6-4 假设 $\boldsymbol{u}_{\mathrm{d}}(t)$ 和 $\dot{\boldsymbol{g}}^{-1}(\boldsymbol{x}^j(t),t)$ 有界，即

$$\begin{aligned} |\boldsymbol{u}_{\mathrm{d}}(t)|_{\mathrm{m}} &\leqslant \boldsymbol{u}_0 < \infty \\ \|\dot{\boldsymbol{g}}_1^{-1}(\boldsymbol{x}^j(t),t)\|_{\mathrm{m}} &\leqslant \boldsymbol{r}_0 < \infty \end{aligned} \tag{6-53}$$

且 a,b,d 的取值满足下列不等式

$$(1-\eta)db^{-1} - 2r_0 = l_1 > 0 \tag{6-54}$$

$$(2-\eta)db^{-1} - (r_0 + 2a/\lambda_1) = l_2 > 0 \tag{6-55}$$

$$1 - \left(\frac{(r_0 + (1+1/a)q)^2}{l_1 l_2} + \frac{4q}{p}\right) = l_3 > 0 \tag{6-56}$$

其中 $p=\min(al_1,l_2)$；$q=(\beta_{\mathrm{m}}+\alpha_{\mathrm{m}}u_0)/\lambda_1$。则利用迭代学习算法式(6-46)和式(6-52)对系统式(6-34)进行学习控制时，系统是收敛的，即

(1) $\boldsymbol{V}^{j+1}(t) \leqslant \boldsymbol{V}^j(t)$

(2) $\lim\limits_{j\to\infty}\boldsymbol{x}^j(t)=\boldsymbol{x}_{\mathrm{d}}(t)$

(3) $\lim\limits_{j\to\infty}\boldsymbol{u}_{\mathrm{f}}^j(t)=\boldsymbol{u}_{\mathrm{d}}(t)$

其中，目标函数 $V^j(t)$ 定义为

$$\boldsymbol{V}^j(t) = \int_0^t \frac{b}{\eta d}(\boldsymbol{u}_{\mathrm{d}}(\tau)-\boldsymbol{u}_{\mathrm{f}}^j(\tau))^{\mathrm{T}}(\boldsymbol{u}_{\mathrm{d}}(\tau)-\boldsymbol{u}_{\mathrm{f}}^j(\tau))\mathrm{d}\tau \quad t\in[0,T] \tag{6-57}$$

如果迭代学习计算式(6-52)中利用当前的状态误差 $\boldsymbol{x}_{\mathrm{d}}(t)-\boldsymbol{x}^{j+1}(t)$ 去代替公式中误差项 $\boldsymbol{x}_{\mathrm{d}}(t)-\boldsymbol{x}^j(t)$，即学习规则改为

$$\boldsymbol{u}_{\mathrm{f}}^{j+1}(t) = \boldsymbol{u}_{\mathrm{f}}^j(t) + \eta\boldsymbol{u}_{\mathrm{b}}^{j+1}(t) \quad j=1,2,3,\cdots \tag{6-58}$$

很显然，由于我们利用了最新的状态信息来更新前馈控制补偿量，其学习的有效性肯定比原来的方法要好。那么这样构成的学习规则能否与学习规则式(6-52)一样，同样具有良好的收敛性呢？定理 6-5 给出了这一问题的结论。

定理 6-5 假设 $\boldsymbol{u}_{\mathrm{d}}(t)$ 和 $\dot{\boldsymbol{g}}^{-1}(\boldsymbol{x}^j(t),t)$ 有界，即

$$\begin{aligned} |\boldsymbol{u}_{\mathrm{d}}(t)|_{\mathrm{m}} &\leqslant \boldsymbol{u}_0 < \infty \\ \|\dot{\boldsymbol{g}}_1^{-1}(\boldsymbol{x}^j(t),t)\|_{\mathrm{m}} &\leqslant \boldsymbol{r}_0 < \infty \end{aligned} \tag{6-59}$$

且 a,b,d 的取值满足下列不等式

$$(2+\eta)db^{-1} - 2r_0 = l_1 > 0 \tag{6-60}$$

$$(2+\eta)db^{-1} - (r_0 + 2a/\lambda_1) = l_2 > 0 \tag{6-61}$$

$$1 - \left(\frac{(r_0 + (1+1/a)q)^2}{l_1 l_2} + \frac{4q}{p}\right) = l_3 > 0 \tag{6-62}$$

其中 $p=\min(al_1,l_2)$；$q=(\beta_{\mathrm{m}}+\alpha_{\mathrm{m}}u_0)/\lambda_1$。则利用迭代学习算法式(6-46)和式(6-52)对系统式(6-34)进行学习控制时，系统是收敛的，即

(1) $\boldsymbol{V}^{j+1}(t) \leqslant \boldsymbol{V}^j(t)$

(2) $\lim_{j\to\infty}\boldsymbol{x}^j(t)=\boldsymbol{x}_d(t)$

(3) $\lim_{j\to\infty}\boldsymbol{u}_f^j(t)=\boldsymbol{u}_d(t)$

其中，目标函数 $\boldsymbol{V}^j(t)$定义同定理 6-4。

至此，一类非线性动力学系统的迭代学习算法已经全部推导出来。迭代学习算法的一个显著优点是对系统的精确动力学模型没有任何要求，这使得控制器能够使用在变化的操作环境中。此外，一个并不严格的收敛条件，$\boldsymbol{u}_d(t)$和$\dot{\boldsymbol{g}}_1^{-1}(\boldsymbol{x}^{j+1}(t),t)$有界，这在许多系统中都是能满足的。事实上，$\dot{\boldsymbol{g}}_1^{-1}(\boldsymbol{x}^{j+1}(t),t)$的有界隐含着一个完整的机械系统的动能变化率是有限的。最后要指出，迭代学习算法对于周期性的不确定扰动具有很强的鲁棒性，即使有不确定的扰动 $v(t)$存在，迭代学习也能寻找到一个合适的控制量使系统的最终输出误差趋于零。这是迭代学习一个非常优秀的性质。

我们知道，对于任意一个实际系统，其状态值受到系统物理条件的限制(如执行器输出饱和等)。因此，在计算期望轨迹 $\boldsymbol{x}_d(t)$和确定反馈增益阵时必须考虑系统的饱和现象。如果期望控制量 $\boldsymbol{u}_d(t)$的上限值预先无法知道的话，在确定反馈增益 $\boldsymbol{d}$ 时可以使用输出控制器的饱和值 $\boldsymbol{u}_{max}$。控制器的饱和值 $\boldsymbol{u}_{max}$是最保守的期望控制 $\boldsymbol{u}_d(t)$的最大值。当 $\boldsymbol{u}_{max}$作为 $\boldsymbol{u}_d(t)$的上限值时，d 的选择应满足(参阅定理(6-3)和式(6-46))

$$d\leqslant\sqrt{\frac{1+4a^2}{a\varepsilon}}bu_{max} \tag{6-63}$$

综上分析，迭代学习算法能够通过一系列迭代过程实现对二阶非线性动力学系统的跟踪控制。整个控制结构是由线性反馈控制器和前馈学习补偿控制器组成，其中线性反馈控制器保证了非线性系统的稳定运行、前馈补偿控制器保证了系统的跟踪控制精度。总之，迭代学习控制具有以下几个特点。

(1) 对被控对象的模型要求非常宽松，不需要精确的模型参数，只要一些模型的极限参数。

(2) 对周期性的系统扰动完全可以通过迭代学习来克服，因此具有良好的鲁棒性。对随机扰动也有较强的抑制能力。

(3) 学习控制的结构相当简单，学习的信息只须利用线性反馈控制量，因此，完全适用于快速实时控制。

(4) 学习算法的收敛条件非常简单，只要被控对象是此类非线性系统，且系统具有有界的不确定性。

迭代学习控制的最成功应用是机械手的轨迹跟踪控制。多关节机械手系统是一个严重非线性、强耦合、时变系统，它的动力学方程相当复杂。利用常规的控制方法都无法得到满意的控制效果。同时，我们也注意到，多关节机械手系统与本节研究的一类非线性系统完全耦合，因此多关节机械手系统的迭代学习控制具有控制算法简单、鲁棒性强、跟踪精度高、实时性好等优点，在重复周期作业环境的跟踪控制时有明显的优势。下一节将重点讨论多关节机械手的迭代学习控制。

6.1.4　多关节机械手的迭代学习控制

我们知道，多关节机械手系统是高度非线性和强耦合的动力学系统。随着对控制性能要求的提高和机器人对可变环境适应能力的提高，对此类系统的控制问题就变得相当复杂。在众多的控制方法中，计算力矩法对非线性的补偿是有一定效果的，但由于间隙、阻尼、磨擦及负载变化等因素的影响，整个机器人数学模型的精确描述存在严重的困难。因此，依靠计算力矩法无法满足可变环境下的高精度控制。目前虽然也有一些自适应控制方法出现，但这些方法都存在一个共同的缺陷，计算量过大难以满足实时控制的要求。迭代学习控制的方法实际上是针对机器人控制系统提出来的。前面已经讲过，学习控制是借助于人类学习的思想，通过记忆修正和启发来达到高精度控制的目的。学习控制的优点在于能很好地控制那些模型不确定的和系统参数经常变化的重复工作系统。学习控制主要通过对系统的输入、输出量以及状态变量的学习，自动调节控制量或控制参数，使系统趋于稳定。下面我们将分别讨论固定负载和负载经常变化下的机器人轨迹跟踪的迭代学习控制方法。

1. 固定负载下的机器人迭代学习控制

不失一般性，n 个关节的机械手动力学方程可以表示为

$$\boldsymbol{D}(q)\ddot{q}+\boldsymbol{C}(q,\dot{q})+\boldsymbol{G}(q)+\boldsymbol{\tau}_{\mathrm{a}}=\boldsymbol{\tau} \tag{6-64}$$

其中：$\boldsymbol{D}(q)$——惯量矩阵；

$\boldsymbol{C}(q,\dot{q})$——非线性哥氏力和向心力；

$\boldsymbol{G}(q)$——重力项；

$\boldsymbol{\tau}_{\mathrm{a}}$——不确定力矩项(包括磨擦力矩等)；

$\boldsymbol{\tau}$——各关节的输入力矩。

假设给定的期望轨迹 $q_{\mathrm{d}}(t)$ 在$[0,T]$区间内是二次连续可微函数，学习控制的目的在于在 $t\in[0,T]$ 内寻求一个期望的控制力矩 $\boldsymbol{\tau}_{\mathrm{d}}$，使得 $q(t)=q_{\mathrm{d}}(t)$。记 $q_{\mathrm{d}}(t)$，$\dot{q}_{\mathrm{d}}(t)$，$\ddot{q}_{\mathrm{d}}(t)$ 分别表示期望的关节运动位置、关节运动速度和加速度；$q_k(t)$，$\dot{q}_k(t)$，$\ddot{q}_k(t)$ 分别表示第 k 次迭代学习时实际的关节运动位置、关节运动速度和加速度。$\boldsymbol{\tau}_k$ 是第 k 次迭代时的输入力矩矢量。记

$$\begin{cases} x_1(t) = q_k(t) \\ x_2(t) = \dot{q}_k(t) \end{cases}$$

注意到机器人系统中 $\boldsymbol{D}(q_{\mathrm{d}})$ 是惯量矩阵，它满足对称正定，故其逆必定存在。所以，可以将式(6-64)化为

$$\dot{\boldsymbol{x}}(t)=\begin{bmatrix}\dot{x}_1(t)\\ \dot{x}_2(t)\end{bmatrix}=\begin{bmatrix}x_2(t)\\ \boldsymbol{D}_{\mathrm{d}}^{-1}(\boldsymbol{C}(x_1(t),x_2(t))+\boldsymbol{G}(x_1(t))+\tau_{\mathrm{a}})\end{bmatrix}+\begin{bmatrix}0\\ \boldsymbol{D}^{-1}\end{bmatrix}\boldsymbol{\tau}_k \tag{6-65}$$

进一步假设期望运动轨迹 $q_{\mathrm{d}}(t)$在区间$[0,T]$内为二次可微。$[x_{\mathrm{d1}}(t),x_{\mathrm{d2}}(t)]$也连续可微。因此，方程式(6-65)满足定理 6-2 中的假设条件。则由定理 6-2 可知，当取

$$\begin{aligned}\boldsymbol{\tau}_k(t)&=\boldsymbol{\tau}_{\mathrm{e}}(t)=\boldsymbol{K}\cdot\boldsymbol{X}=[adb^{-1}I_{n\times n}\quad db^{-1}\boldsymbol{I}_{n\times n}]\begin{bmatrix}x_{\mathrm{d1}}(t)-x_1(t)\\ x_{\mathrm{d2}}(t)-x_2(t)\end{bmatrix}\\&=\boldsymbol{K}_{\mathrm{p}}(x_{\mathrm{d1}}(t)-x_1(t))+\boldsymbol{K}_{\mathrm{v}}(x_{\mathrm{d2}}(t)-x_2(t))\end{aligned}\tag{6-66}$$

其中$\boldsymbol{\tau}_{\mathrm{e}}(t)$为反馈控制力矩项。

此时，系统的轨迹跟踪误差$(x_{\mathrm{d1}}(t)-x_1(t))$、$(x_{\mathrm{d2}}(t)-x_2(t))$的绝对值可以小于某一给定值 ε，即机器人轨迹控制系统能够在反馈控制器的作用下稳定运行。而且由定理 6-2 可知，当反馈系数阵 $\boldsymbol{K}_{\mathrm{p}}$、$\boldsymbol{K}_{\mathrm{v}}$ 取足够大时，机器人的轨迹跟踪误差可以达到足够小，且 $\boldsymbol{K}_{\mathrm{p}}$、$\boldsymbol{K}_{\mathrm{v}}$ 越大跟踪误差极限带 ε 越小。从而保证了系统只有在反馈控制的条件下稳定运行。但实际上，由于伺服驱动机构存在饱和现象，为了保持输出控制量与系统的跟随误差的线性性，故 $\boldsymbol{K}_{\mathrm{p}}$、$\boldsymbol{K}_{\mathrm{v}}$ 不能无限制地取大，从而导致跟踪误差不能满足高精度的控制要求。与上一节前馈补偿控制的思想一样，为了保证机器人高精度地跟踪期望轨迹 $x_{\mathrm{d1}}(t)$、$x_{\mathrm{d2}}(t)$，$t\in[0,T]$。在机器人的输入控制力矩项中引入前馈控制力矩 u_k，即

$$\boldsymbol{\tau}_k(t)=\boldsymbol{\tau}_{\mathrm{e}}(t)+\boldsymbol{u}_k(t)\tag{6-67}$$

其中$\boldsymbol{\tau}_{\mathrm{e}}(t)$为反馈控制力矩项，由式(6-68)给出；

$\boldsymbol{u}_k$ 是由迭代学习算法产生的前馈补偿控制项。

系统轨迹跟踪的目的在于寻找一个合适的控制量 u_k 使得跟踪误差 $e_k(t)=(x_{\mathrm{d}}(t)-x(t))\to0$，从而保证了 $q_k(t)\to q_{\mathrm{d}}(t)$，实现高精度控制的目的。由定理 6-3 可知，当 $u_k=\tau_{\mathrm{d}}$ 时，跟踪误差 $e_k(t)=0$。然而，实际上期望的控制力矩矢量$\boldsymbol{\tau}_{\mathrm{d}}(t)$预先是不可能知道的，所以要实现这样的控制目的就需依据迭代学习控制的思想逐步找到期望的控制力矩矢量。参考定理 6-4，机器人轨迹控制的基本思路是

首先选择比较大的反馈系数阵 $\boldsymbol{K}_{\mathrm{p}}$、$\boldsymbol{K}_{\mathrm{v}}$ 以保证系统式(6-64)稳定运行。然后选择一个合适的学习因子 $0<\eta<2$，进行如下迭代学习计算

$$\begin{aligned}&\boldsymbol{\tau}_{\mathrm{e}}(t)=\boldsymbol{K}_{\mathrm{p}}(q_{\mathrm{d}}(t)-q_k(t))+\boldsymbol{K}_{\mathrm{v}}(\dot{q}_{\mathrm{d}}(t)-\dot{q}_k(t))\\&\boldsymbol{\tau}_k(t)=\boldsymbol{\tau}_{\mathrm{e}}(t)+\boldsymbol{u}_k(t)\qquad\qquad t\in[0,T]\quad k=0,1,2,\cdots\\&\boldsymbol{u}_{k+1}(t)=\boldsymbol{u}_k(t)+\eta\boldsymbol{\tau}_{\mathrm{e}}(t)\end{aligned}\tag{6-68}$$

对于模型完全未知的被控系统，可以假设初始的前馈控制值在整个周期内都为零，即

$$u_0(t)=0\quad t\in[0,T]\tag{6-69}$$

此外，由定理 6-4 的收敛性条件可知，如果迭代学习算法式(6-68)是收敛的话，则 $t=0$ 时刻的实际轨迹和期望轨迹必须相等，即

$$\begin{aligned} q_k(0) &= q_{\mathrm{d}}(0) \\ \dot{q}_k(0) &= \dot{q}_{\mathrm{d}}(0) \end{aligned} \qquad k = 0,1,2,\cdots \tag{6-70}$$

本小节最后将以上推导出来的迭代学习方法应用于 Puma-560 机器人的前三个关节的轨迹控制仿真研究。已知机器人的动力学模型为

$$D(q)\,\ddot{q} + C(q,\dot{q}) + G(q) + \tau_{\mathrm{a}} = \tau \tag{6-71}$$

其中动力学参数参见文献[13]。假设前三个关节的期望轨迹为

$$\begin{cases} q_{\mathrm{d}_1}(t) = \dfrac{2\pi}{3}\cos\dfrac{\pi}{3}t \\ q_{\mathrm{d}_2}(t) = -\dfrac{\pi}{3}\cos\dfrac{2\pi}{3}t - \dfrac{\pi}{5} \\ q_{\mathrm{d}_3}(t) = \dfrac{\pi}{2}\cos\dfrac{2\pi}{3}t \end{cases} \qquad \begin{cases} \dot{q}_{\mathrm{d}_1}(t) = -\dfrac{2\pi^2}{9}\sin\dfrac{\pi}{3}t \\ \dot{q}_{\mathrm{d}_2}(t) = \dfrac{2\pi^2}{9}\sin\dfrac{2\pi}{3}t \\ \dot{q}_{\mathrm{d}_3}(t) = -\dfrac{\pi^2}{3}\sin\dfrac{2\pi}{3}t \end{cases} \quad 0 \leqslant t \leqslant 6$$

选择采样时间 $\Delta t=0.01\mathrm{s}$。以负载重量 $m=3\mathrm{kg}$ 为例进行仿真研究。再选择迭代学习算法的参数，即在本例中取

$$\boldsymbol{K}_{\mathrm{p}} = \begin{bmatrix} 80 & 0 & 0 \\ 0 & 150 & 0 \\ 0 & 0 & 70 \end{bmatrix} \quad \boldsymbol{K}_{\mathrm{v}} = \begin{bmatrix} 20 & 0 & 0 \\ 0 & 50 & 0 \\ 0 & 0 & 15 \end{bmatrix}$$

$$\eta = 0.75$$

图 6-4(a)、(b)、(c)分别给出了第一、二、三关节在初始三个运动周期内的期望轨迹曲线和实际系统响应曲线，图 6-5(a)、(b)、(c)分别给出了 10 次迭代学习后相应的期望轨迹曲线和实际系统响应曲线。从图中可以看出，在初始阶段主要依靠反馈控制器的作用，而前馈控制量相当弱，因此其运动轨迹的跟踪误差是相当大的，它的最大绝对误差可达 0.48rad。这样的控制精度非常差，无法满足一般精度的控制要求。随着迭代学习次数的增加，前馈控制量 u_k 不断逼近期望的控制值 τ_{d}。实际的运动轨迹 $q(t)$逐渐收敛到期望的轨迹曲线 $q_{\mathrm{d}}(t)$。当经过 10 次迭代学习后，整个系统的最大位置绝对误差已经控制在 0.004rad 之内了。这一控制精度完全能够满足高精度控制的要求。从整个计算过程中，不难看出迭代学习控制算法可以在系统模型参数完全未知条件下实现高精度的轨迹跟踪控制，且收敛速度也相当快。它的突出优点还在于整个算法的计算工作量小，完全能够满足实时控制的要求。

2. 负载经常变化下的机器人迭代学习控制

由上述分析可知，一旦轨迹固定、负载在运行过程中保持不变的情况下，可以通过迭代学习方法找出机器人动力学模型完全未知条件下的期望前馈补偿力矩项。但是，实际上机械手在操作过程中保持负载不变是不现实的。如果一旦负载

发生变化，则迭代学习将重新开始寻找新的期望前馈补偿量，导致工作效率明显降低。本小节将介绍一种基于知识库的改进迭代学习算法，供读者参考。

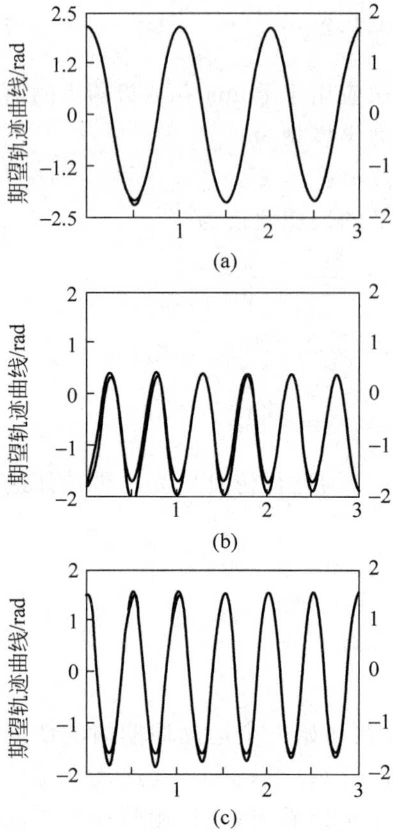

图 6-4 期望轨迹曲线

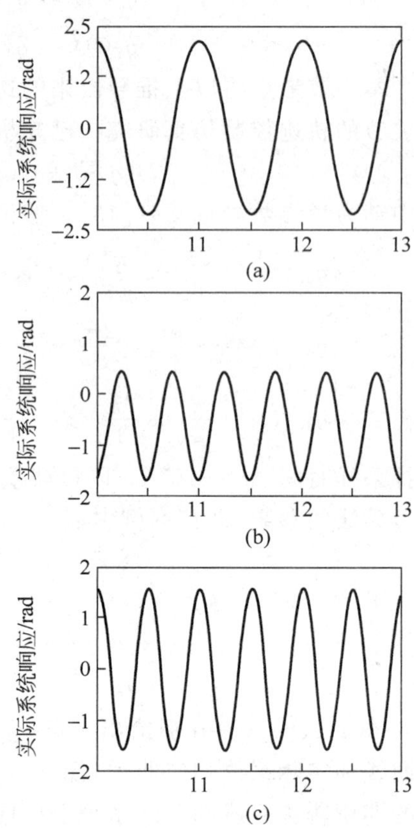

图 6-5 实际系统响应曲线

改进迭代学习算法的目的在于如何尽快地得到准确的前馈补偿力矩 τ_d，当负载发生变化时，它的基本思想是利用一组已知的、按一定规则排列的、与 τ_d 相关的数据库，并通过推理机制来求得当前负载 m 下准确的前馈补偿力矩 $\tau_d(m)$。根据这样一个思路，在给定的期望轨迹 $q_d(t)$时，其设计任务可以分解为：(1)建立一组对应于不同负载 m_j 下的前馈补偿力矩 $\tau_d(m_j)$的数据库；(2)建立一套推理机制产生当前负载 m 下的补偿力矩 $\tau_d(m)$。这种改进的设计思想在于利用已知负载下的前馈补偿控制力矩和第一周期的系统跟踪误差指标之间的关系，通过一定的推理得出已知负载或未知负载下的期望前馈补偿控制力矩。因此，利用改进的迭代学习方法，在负载已知的情况下能够立即达到高精度跟踪控制，即使负载完全未知时也能经过一个周期的运行达到高精度跟踪控制的目的。详细推导和仿真例子参见文献[104]。

6.1.5 迭代学习控制面临的挑战

迭代学习控制虽然在理论上已取得了很大的进展，且在诸如机器人轨迹控制上取得了成功的应用。然而由于迭代学习控制用于未知结构与参数的非线性系统，将被控对象看成是一个“黑箱”，要使迭代学习控制适用于更复杂的控制对象时还有许多理论问题要解决。迭代学习控制研究的主要问题包括学习算法的稳定性和收敛性、学习速度、学习律、学习控制系统结构形式。迭代学习控制方法还有一个显著特点是初始状态问题。学习算法的稳定性是保证学习控制能够运行的基本前提，它保证随着学习次数的增加，控制系统的状态不发散。但对于学习控制而言仅仅稳定是没有意义的，只有使学习过程收敛到真值，才能保证得到的控制为在某种意义下的最优控制。学习稳定性和收敛性问题是研究当学习律与被控对象满足什么样的条件时迭代学习控制过程是稳定或收敛的。本章 6.1.3 节给出了一类非线性系统迭代学习收敛的充分条件。对于更一般性的非线性系统的迭代学习控制算法还需完善和改进。迭代学习控制的另一个重要的研究问题是如何使学习控制过程更快地收敛于真值。目前，对迭代学习算法的速度问题不少学者进行多方努力，Gu[106]提出了一种多步误差组合的学习率，仿真结果表明收敛过程加快了，但没有学习律增益的选择方法，仍然停留在经验法的基础上，不能适用于一般的被控对象。此外，目前的迭代学习算法要求系统每次运行时的初始状态必须在期望轨迹上。前几节中得出的结论都是针对此类情形的。研究在任意初始条件下的迭代学习控制算法仍面临很大困难。迭代学习控制的另一个重大缺陷是在学习过程中都是假设期望的运动轨迹是不变的。一旦期望的运动轨迹发生变化时，学习过程将重新开始。因此，研究任意轨迹下的迭代学习控制仍具有相当大的挑战性。

6.2 增强学习

6.2.1 增强学习的基本思想

1. 增强学习的来源

学习的一个重要目的，就是获取情景与行为之间合理的映射关系。在联结主义的学习系统中，一般有三种学习方式来得到这种映射，监督学习、无监督学习和增强学习。其中监督学习（如 BP 网络）是一种有导师的学习，需要给出完整的训练样本，这在未知环境下是困难的事情。无监督学习（如自组织映射网络 SOM）不需要任何的指导信息，主要通过模式聚类进行学习，其结果无法直接用于行为控制。增强学习是一种介于两者之间的学习方法，它不需要训练样本，但需要对行为结果进行评价，通过这些评价来间接指导行为改进，直至满足目标。

增强学习的思想有坚实的心理学基础，早在 19 世纪末，俄国生理学家巴甫洛夫(Pavlov)建立经典条件反射(classical conditioning)理论的时候，美国心理学家桑代克(Thorndike)也从动物实验中发现了效果律(law of effect)，即动物可以通过试错尝试(trial-and-error)获得赏罚信息，从而学得特定情景下的有效行为。这种学习效果被随后的斯肯纳(Skinner)称为强化作用(reinforcement)，而相应的学习则被称为操作条件学习(operant conditioning)[81]。

事实上增强作用的原则早已被应用在人们日常学习中，例如父母通过表扬引导孩子行为、公司通过奖励提高员工干劲、训兽师通过喂食进行动物行为训练，都是增强原则应用的体现。但是作为机器学习中的一个概念，增强学习的出现还是 20 世纪 50 年代的事情。当时由 Minsky 第一次提出增强学习的概念，Waltz 和傅京逊又在十年后进一步将这些概念应用在智能控制理论中。早期的增强学习与神经网络的研究有着密切联系，和神经网络的发展一样，增强学习的研究在 60～70 年代进入了缓慢期，直到 80 年代以后，才有大量标志性成果涌现。目前，该领域不仅出现了大量的学习算法，而且在理论和应用上也有了很大发展，是机器学习的热点研究领域之一。

2. 增强学习的建模

如图 6-6 所示，设环境中有一个智能主体(agent)，需要学习如何根据感知到的环境状态 s 产生正确行动 a，即获取正确的 $s\rightarrow a$ 的映射。其学习的指导信息为行为效果的评价强化信号 r。这里提到的 agent 概念，将在第 9 章有详述，此处可看作学习的主体。

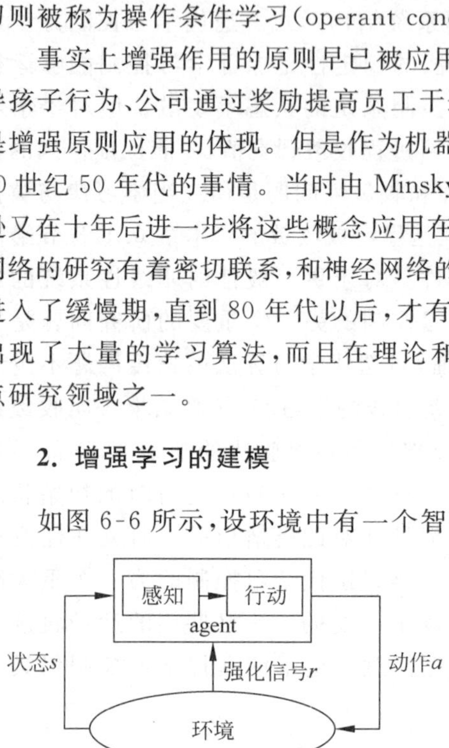

图 6-6 增强学习系统与环境关系

基本的增强学习建模，是以有限 Markov 决策过程 MDP (markov decision processes)为框架的。假设系统状态集合为 S，允许行为集合为 A_s，A_s 与状态 s 有关。在时间 t 时，如果 agent 所处的系统状态为 s_t，采取的行动为 a_t，导致状态转移到 s_{t+1} 的概率为 $P(s_{t+1}|s_t,a_t)$，得到即时回报(immediate reward) r_{t+1} 的期望为

$$r(s_t,a_t,s_{t+1}) = E\{r_{t+1} \mid s_t,a_t,s_{t+1}\} \tag{6-72}$$

可以看到，s_{t+1} 和 r_{t+1} 即环境模型的关键，且两者都只与当前的状态 s_t 和决策 a_t 有关，这是 MDP 的保证。在确定系统下，s_{t+1} 和 r_{t+1} 均为确定的数，此时我们有

$$r_{t+1} = r(s_t,a_t) \tag{6-73}$$

$$s_{t+1} = \delta(s_t,a_t) \tag{6-74}$$

其中，δ 为状态转移函数。r_{t+1} 的取值，可以是一些整数，一般正面的回报(奖赏)为

正数，反面的回报（惩罚）为负数，例如：

$$r_t = \begin{cases} 1 & \text{奖赏} \\ 0 & \text{中性} \\ -1 & \text{惩罚} \end{cases}$$

3. 增强学习的设计[82]

要进行增强学习，需要解决以下问题：

(1) 学习目标的建立

agent 的学习目标，体现在 agent 所获得的回报 r 中。但是在实际系统中，行为的效果往往不能够在行为结束时马上反映出来，例如下棋时，眼前的得失并不能作为最后胜负的定论，所以并不能直接根据当前的即时回报来指导行为。另一方面，如果丝毫不考虑当前回报的大小，也很难获得最终看好的结果。为了协调全局目标和当前目标，一种做法是采用累计回报（return）期望作为学习的目标函数，常见的有

① 无限折扣模型（infinite-horizon discounted model）

$$V^{\pi}(s_t) = E\{r_{t+1} + \gamma r_{t+2} + \gamma^2 r_{t+3} + \cdots \mid s_t, \pi\} = E\left\{ \sum_{k=0}^{\infty} \gamma^k r_{t+k+1} \,\middle|\, s_t, \pi \right\} \tag{6-75}$$

其中，π 为由行为序列 a_{t+k} 构成的策略，$0<\gamma<1$，为折扣因子。

② 有限模型（finite-horizon model）

$$V^{\pi}(s_t) = E\left\{ \sum_{k=0}^{h} r_{t+k+1} \,\middle|\, s_t, \pi \right\} \tag{6-76}$$

③ 平均回报模型（average-reward model）

$$V^{\pi}(s_t) = \lim_{h\to\infty} \frac{1}{h} E\left\{ \sum_{h=0}^{h} r_{t+k+1} \,\middle|\, s_t, \pi \right\} \tag{6-77}$$

上述模型认为，全局目标体现在累计的回报中。累计回报越大，得到的正面评价越多时，全局目标被满足的可能性越大。其中，有限模型带有滚动窗口，可以用于非平稳的环境。平均回报模型等价于有限模型的极限情况。不过，对 agent 的当前决策来说，近期的回报更具参考价值，因此无限折扣模型引入了折扣因子 γ。由于无限折扣模型的收敛性分析比较方便，目前应用最多。我们介绍的算法，也以这一模型为对象。

(2) 价值函数的计算

① 迭代策略计算

确定了价值函数，决策的目的就是寻找一个 $V^{\pi}(s)$ 最大的策略 $\pi^*(s)$，满足

$$\pi^*(s_t) = \underset{\pi}{\operatorname{argmax}} V^{\pi}(s_t) \tag{6-78}$$

所以，首先必须求取状态 s_t 下不同策略 π 的价值函数值 $V^{\pi}(s_t)$，对于无限折扣模

型式(6-75),有如下的递推形式

$$V^{\pi}(s_t)=E\{r_{t+1}+\gamma r_{t+2}+\gamma^2 r_{t+3}+\cdots \mid s_t,\pi\}$$
$$=\sum_{a_t\in A_s}\pi(s_t,a_t)\left\{\sum_{s_{t+1}}P(s_{t+1}\mid s_t,a_t)[r(s_t,a_t,s_{t+1})+\gamma V^{\pi}(s_{t+1})]\right\} \tag{6-79}$$

其中 $\pi(s_t,a_t)\in[0,1]$,为在状态 s_t 时策略 π 选择行动 a_t 的概率,由策略 π 本身决定。

如果环境模型已知,对于一个状态和行为集合有限的系统,式(6-79)只是一个线性方程组,可以直接求解。由于 $V^{\pi}(s)$ 是式(6-79)的不动点,迭代逼近更为方便。根据式(6-79),我们有

$$\hat{V}_n^{\pi}(s_t)=\sum_{a_t\in A_s}\pi(s_t,a_t)\left\{\sum_{s_{t+1}}P(s_{t+1}\mid s_t,a_t)[r(s_t,a_t,s_{t+1})+\gamma\hat{V}_{n-1}^{\pi}(s_{t+1})]\right\}\quad n\geqslant 0 \tag{6-80}$$

其中,$\hat{V}_n^{\pi}(s_t)$ 为第 n 步迭代时 $V^{\pi}(s_t)$ 的估计值,初值 $\hat{V}_0^{\pi}(s)$ 可取任意值。当 $n\to\infty$ 时,如果

$$\max_s|\hat{V}_n^{\pi}(s)-\hat{V}_{n-1}^{\pi}(s)|<\theta$$

则可认为迭代收敛,其中 θ 为一足够小的正数。

上述迭代算法称为迭代策略计算 IPE(iterative policy evaluation)。

② Monte Carlo 法

在许多实际情况下,$P(s_{t+1}|s_t,a_t)$、$r(s_t,a_t,s_{t+1})$、$\pi(s_t,a_t)$ 等模型信息是无法完全获取的,因此也无法采取迭代策略计算求解 $V^{\pi}(s_t)$。此时,可以通过经验统计来实现,这种方法称为 Monte Carlo 法。

根据式(6-75)的价值函数定义,$V^{\pi}(s)$ 为累计回报的期望,在统计上可以用累计回报的采样平均值来估计。具体实现时,平均值的求取也可以采用如下的迭代形式

$$\hat{V}_n^{\pi}(s_t)=(1-\alpha)\hat{V}_{n-1}^{\pi}(s_t)+\alpha\sum_{k=0}^{\infty}\gamma^k r_{t+k+1}$$
$$=\hat{V}_{n-1}^{\pi}(s_t)+\alpha\left[\sum_{k=0}^{\infty}\gamma^k r_{t+k+1}-\hat{V}_{n-1}^{\pi}(s_t)\right] \tag{6-81}$$

其中,$0\leqslant\alpha\leqslant 1$ 为学习率。估计值 $\hat{V}_n^{\pi}(s_t)$ 是当前累计回报的采样和过去累计回报估计值 $\hat{V}_{n-1}^{\pi}(s_t)$ 的加权平均。由于 α 的加权作用,使 $V^{\pi}(s)$ 的估计值更能反映当前的情况,所以式(6-81)的期望估计方法能适合于非平稳的环境。但是,Monte Carlo 法需要足够多的回报,必须在整个策略执行完毕后才能迭代一次,并不实用。

③ 瞬时差分法

瞬时差分法(temporal difference)是增强学习中最具代表性的算法,该算法在

思想上是迭代策略计算法和Monte Carlo法的结合。根据式(6-75),我们有

$$V^{\pi}(s_t)=E\{r_{t+1}+\gamma V^{\pi}(s_{t+1})\mid s_t,\pi\} \tag{6-82}$$

和Monte Carlo法一样,我们可以用$r_{t+1}+\gamma V^{\pi}(s_{t+1})$的采样平均值逼近上述期望,并设计如下的迭代形式

$$\hat{V}_n^{\pi}(s_t)=\hat{V}_{n-1}^{\pi}(s_t)+\alpha\lfloor r_{t+1}+\gamma\hat{V}_{n-1}^{\pi}(s_{t+1})-\hat{V}_{n-1}^{\pi}(s_t)\rfloor \tag{6-83}$$

可以看到,和Monte Carlo法相比,瞬时差分法兼具了迭代策略计算法和Monte Carlo法的优点,既不需要环境模型,又能在每一步更新迭代,具有很好的在线学习能力。式(6-83)中的$r_{t+1}+\gamma\hat{V}_{n-1}^{\pi}(s_{t+1})-\hat{V}_{n-1}^{\pi}(s_t)$被称为瞬时差分,或TD误差。

瞬时差分法由Sutton在1988年提出,他当时把$V^{\pi}(s)$的估计看作一个神经网络的预测问题,将Widrow-Hoff学习规则改造为瞬时差分的形式,所以称为瞬时差分法。与监督学习相比,这种形式可以实现小样本的学习,具有更好的实时性。Sutton同时还证明了在Markov条件下,如果预测是输入的线性函数,且α足够小,则式(6-83)所示的TD算法是收敛的。

(3) 最优价值函数求取

① 动态规划法

由于策略的数目随着状态和行为集合的规模呈指数增长,在求取所有策略的价值函数值后再根据式(6-78)求解最优策略是不现实的。注意到最优策略π^*的价值函数也满足式(6-79),我们有

$$V^*(s_t)=\max_{a_t\in A_s}\left\{\sum_{s_{t+1}}P(s_{t+1}\mid s_t,a_t)[r(s_t,a_t,s_{t+1})+\gamma V^*(s_{t+1})]\right\} \tag{6-84}$$

这是一个典型的Bellman迭代方程,可以采取动态规划的方法求解。

② 推广策略迭代

式(6-84)也可采用IPE求解,有

$$\hat{V}_n(s_t)=\max_{a_t\in A_s}\left\{\sum_{s_{t+1}}P(s_{t+1}\mid s_t,a_t)[r(s_t,a_t,s_{t+1})+\gamma\hat{V}_{n-1}(s_{t+1})]\right\} \tag{6-85}$$

式(6-82)隐含了以下策略选取原则

$$\pi_n(s_t)=\arg\max_{a_t\in A_s}\left\{\sum_{s_{t+1}}P(s_{t+1}\mid s_t,a_t)[r(s_t,a_t,s_{t+1})+\gamma\hat{V}_{n-1}(s_{t+1})]\right\} \tag{6-86}$$

此时,与普通IPE不同,不仅$\hat{V}_n(s)$在变,策略$\pi(s)$也在不断地变化。这种策略和价值函数值都在迭代的算法被称为推广策略迭代GPI(generalized policy iteration),图6-7是这一过程的示意图。

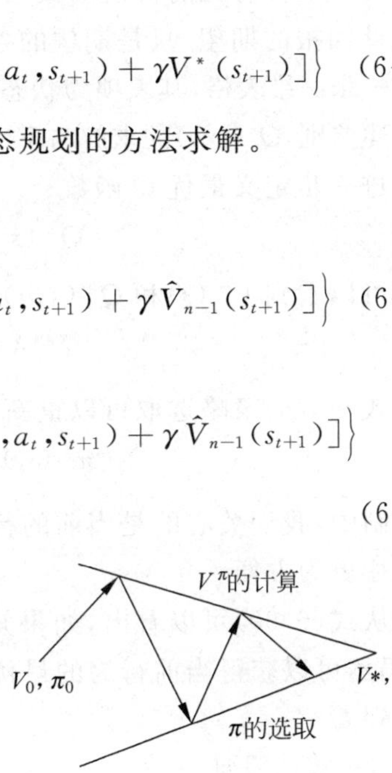

图6-7 GPI过程示意图

可知GPI有两个步骤,价值函数$V^{\pi}(s)$的

迭代和策略$\pi(s)$的选取。式(6-86)给出了一种总是使当前的$V^\pi(s)$最大的选取原则，称为贪婪(greedy)原则。针对不同的迭代公式和选取策略，就可以得到不同的学习算法。

6.2.2 增强学习的主要算法[82,87]

增强学习的算法很多，但大多可以统一在瞬时差分法的思想之下。下面我们将介绍在控制中应用非常方便的两种算法，且都有收敛性证明，是增强学习中最常用的算法。

1. *Q*-学习算法

Q-学习(*Q*-learning)算法是 Watkins 在 1989 年提出的一种解决信息不完全 MDP 的方法。这种方法不需要系统的显式模型，直接通过观测信息来进行最优决策。

(1) *Q* 函数

定义一个新的价值函数$Q^\pi(s_t,a_t)$，来表示某一状态行为对(s_t,a_t)的累计回报期望

$$Q^\pi(s_t,a_t)=E\{r_{t+1}+\gamma r_{t+2}+\gamma^2 r_{t+3}+\cdots\mid s_t,a_t,\pi\} \tag{6-87}$$

这种与(s_t,a_t)有关的价值函数，我们称为 *Q* 函数。可以看到，$V^\pi(s)$和$Q^\pi(s,a)$均为累计回报的期望，只是期望的条件不同。如果将这些价值函数值看作一张表，前者是一张一维表格，其表项为状态；而后者是一张二维表格，表项为状态和动作。除了上述差别，$Q^\pi(s,a)$的求解与$V^\pi(s)$完全一样，因此也可以采用 IPE 迭代求取。

进一步定义最优 *Q* 函数

$$Q^*(s_t,a_t)=\max_\pi Q^\pi(s_t,a_t) \tag{6-88}$$

我们可以看到$V^*(s)$和$Q^*(s,a)$之间的关系

$$V^*(s_t)=\max_{a_t\in A_s} Q^*(s_t,a_t) \tag{6-89}$$

此时式(6-78)策略选取可以重新写为

$$\pi^*(s_t)=\arg\max_{a_t} Q^*(s_t,a_t) \tag{6-90}$$

在控制中，我们关心的是当前的行为a_t该如何决策，所以$Q^\pi(s,a)$比$V^\pi(s)$使用起来往往更为方便。

从式(6-90)可以看出，如果知道$Q^*(s_t,a_t)$，则即使不知道行为a_t的后续结果，仍然可以获得当前行为的最优决策。所以 *Q*-学习算法不需要环境模型，关键是得到$Q^*(s_t,a_t)$。

(2) 算法设计

和$V^*(s)$相似，最优 *Q* 函数有如下的递推关系

$$Q^*(s_t,a_t)=E\{r_{t+1}\mid s_t,a_t,s_{t+1}\}+\gamma\sum_{s_{t+1}}P(s_{t+1}\mid s_t,a_t)\max_{a_{t+1}}Q^*(s_{t+1},a_{t+1}) \tag{6-91}$$

根据瞬时差分算法的思想，可以设计如下的 GPI 算法

$$\begin{aligned}\hat{Q}_n(s_t,a_t)=&\hat{Q}_{n-1}(s_t,a_t)+\alpha_n[r_n(s_t,a_t,s_{t+1})\\&+\gamma\max_{a_{t+1}}\hat{Q}_{n-1}(s_{t+1},a_{t+1})-\hat{Q}_{n-1}(s_t,a_t)]\end{aligned} \tag{6-92}$$

其中，$\hat{Q}_n(s,a)$为第 n 次迭代时 $Q^*(s,a)$的估计值，$r_n(s_t,a_t,s_{t+1})$为对应的即时回报，α_n 为一变化的学习率，有 $0\leqslant\alpha_n\leqslant1$。因为 s_{t+1}和 $r_n(s_t,a_t,s_{t+1})$都是不确定的，为了防止估计值不稳定，α_n 一般随$\hat{Q}_n(s,a)$迭代次数的增长而减小。

Watkins 和 Dayan 在 1992 年证明了当满足定理 6-6 的条件时，Q-学习算法是收敛的。

定理 6-6　在不确定 MDP 下采取如式(6-92)的 Q-学习算法，如果对于任意允许的(s,a)，即时回报的绝对值$|r(s,a)|$和迭代初值$\hat{Q}_0(s,a)$有界，且 $0\leqslant\gamma<1$，$0\leqslant\alpha_n<1$，满足

$$\sum_{n=1}^{\infty}\alpha_{N(n,s,a)}=\infty,\quad \sum_{n=1}^{\infty}[\alpha_{N(n,s,a)}]^2<\infty$$

则当 $n\to\infty$时，如果每一个(s,a)可以被无限次访问，则$\hat{Q}_n(s,a)$以概率 1 趋向于最优值 $Q^*(s,a)$。

定理中的“(s,a)被访问”是指在状态 s 时，agent 采取行为 a 的情况。$N(n,s,a)$为到第 n 次迭代时，单元(s,a)被访问的累计次数。“每一个(s,a)可以被无限次访问”即要求各个单元是遍历的。上述定理中关于学习率的条件告诉我们学习步长既不可衰减太慢、又不可衰减太快，一般可取 α_n 为

$$\alpha_n=\frac{1}{1+N(n,s,a)}$$

对于确定的系统，我们有

$$Q^*(s_t,a_t)=r(s_t,a_t)+\gamma\max_{a_{t+1}}Q^*(s_{t+1},a_{t+1}) \tag{6-93}$$

根据 GPI 方法，学习算法的迭代形式为

$$\hat{Q}_n(s_t,a_t)=r(s_t,a_t)+\gamma\max_{a_{t+1}}Q_{n-1}(s_{t+1},a_{t+1}) \tag{6-94}$$

上述算法的收敛性可以简单证明，见定理 6-7。

定理 6-7　在确定系统下采取如式(6-94)的 Q-学习算法，如果对任意允许的(s,a)，有$|r(s,a)|$和$\hat{Q}_0(s,a)$有界，$0\leqslant\gamma<1$，则当 $n\to\infty$，且每一个(s,a)会被无限访问时，$\hat{Q}_n(s,a)$趋向于最优值 $Q^*(s,a)$。

证明　考虑某(s,a) 的 Q 函数估计误差的绝对值

$$
\begin{aligned}
|\hat{Q}_n(s,a)-Q^*(s,a)| &= |[r(s,a)+\gamma\max_{a'}\hat{Q}_{n-1}(s',a')]-[r(s,a)+\gamma\max_{a'}Q^*(s',a')]| \\
&= \gamma\,|\max_{a'}\hat{Q}_{n-1}(s',a')-\max_{a'}Q^*(s',a')| \\
&\leqslant \gamma\max_{a'}|\hat{Q}_{n-1}(s',a')-Q^*(s',a')| \\
&\leqslant \gamma\max_{s'',a'}|\hat{Q}_{n-1}(s'',a')-Q^*(s'',a')|
\end{aligned}
$$

其中，s'和a'为转移后状态和行为，$s''\in S$为任意的状态。令

$$\Delta Q_n=\max_{s,a}|\hat{Q}_n(s,a)-Q^*(s,a)|$$

代表第n次迭代时Q函数的最大估计误差。则有

$$\Delta Q_n\leqslant\gamma\Delta Q_{n-1}\leqslant\gamma^n\Delta Q_0$$

因为$\hat{Q}_0(s,a)$有界，则ΔQ_0有界，且$0\leqslant\gamma<1$，每个(s,a)均会被无限频繁地访问，所以当$n\to\infty$时$\Delta Q_n\to 0$。

证毕

(3) 策略选择

和动态规划一样，式(6-94)中也隐含了如下的贪婪原则

$$\pi(s_t)=\underset{a_t}{\operatorname{argmax}}\,\hat{Q}(s_t,a_t) \tag{6-95}$$

这种方法总是期望获得高的回报。不过，从上面两个收敛性定理的条件可以看到，要保证Q-学习算法收敛到最优值，在争取最高回报的同时，还要保证每个(s,a)都被不断频繁地访问。但是这两点是冲突的，如果完全使用贪婪算法，策略寻优就可能会陷入局部极小。

在增强学习中，访问尽可能多的(s,a)被称为探索(exploration)，采用贪婪原则进行决策被称为开发(exploitation)。如前所述，探索和开发之间存在矛盾。过分强调探索，则在agent行为过程中很难获得高回报，学习速度就慢。过分强调开发，则又可能无法获得最优的策略。一般采取的是折中方法，就是在策略的选择上加入一定的随机性，使高回报的行为可以获得较大的选择概率，而低回报的行为也有被选择的机会。实现的方法很多，这里介绍两种。

① ε-贪婪方法

$$P(a_t\mid s_t,\pi,Q)=\begin{cases}1-\varepsilon & a_t=\arg\max\limits_{a_t}Q(s_t,a_t)\\[2ex] \dfrac{\varepsilon}{|A(s_t)|-1} & \text{其他}\end{cases} \tag{6-96}$$

其中$|A(s_t)|$为决策集合的大小，ε为探索概率，代表了agent不采取贪婪原则的概率。ε一般随时间的增长而递减，使agent在学习的初期，以探索为主，学习的后期，以开发应用为主。当ε=0时，即为普通的贪婪原则。

② Boltzmann 分布法

$$P(a_t \mid s_t,\pi,Q) = \frac{e^{Q(s_t,a_t)/\tau}}{\sum_a e^{Q(s_t,a)/\tau}} \tag{6-97}$$

ε-贪婪方法虽然很简单，但对所有的非贪婪行为以等概率选取，这并不太合理。式(6-97)通过模仿热力学中的 Boltzmann 分布，得到了一种新的策略选取方法，可以使 Q 函数值大的行为获得更大的被选概率。式中参数 τ 被称为温度，可以看到 τ 越大，则行为选择概率 $P(a_t|s_t)$ 则越平均。而 $\tau \to 0$ 时，上述算法则变为普通的贪婪算法。在学习过程中，τ 的取值一般也随时间的增长而减小。

(4) 算法流程

为了清楚起见，我们在图 6-8 中给出了 Q-学习算法的流程。

1. 对于每一个(s,a)，初始化 $Q(s,a)$(可取任意值，一般为 0)
2. 对于当前的状态 s，选择行为 a(例如 ε-贪婪法、Boltzmann 分布法)
3. 采取所选行为 a，获得回报 r 和转移后状态 s'
4. 按式(6-89)更新 $Q(s,a)$和当前状态 s(确定系统可采用式(6-91))，有

$$Q(s,a) \leftarrow Q(s,a) + \alpha[r + \gamma \max_{a'} Q(s',a') - Q(s,a)]$$

$$s \leftarrow s'$$

5. 重复 2-4 至迭代结束(结束条件有，到达终了状态、$Q(s,a)$收敛或达到迭代次数上限)

图 6-8 Q-学习算法流程

2. Sarsa 算法

Sarsa 算法是 Rummery 和 Niranjan 于 1994 年提出的一种算法。其学习形式为

$$\hat{Q}_n(s_t,a_t) = \hat{Q}_{n-1}(s_t,a_t) + \alpha_n[r_n(s_t,a_t,s_{t+1}) + \gamma \hat{Q}_{n-1}(s_{t+1},a_{t+1}) - \hat{Q}_{n-1}(s_t,a_t)] \tag{6-98}$$

可以看到，Sarsa 算法与 Q-学习算法非常相似，只是用采样值代替最大值进行迭代。所以 Sarsa 算法的运算量比 Q-学习算法小，有时也被称为改进的 Q-学习算法。由于算法中只用到了 s_t、a_t、r、s_{t+1} 和 a_{t+1} 五个量，所以 Sutton 将其命名为 Sarsa。

虽然 Sarsa 算法和 Q-学习算法的学习形式非常相近，但并不属于同一种学习算法。如前所述，Q-学习算法中价值函数的迭代，已经隐含了贪婪原则，即其策略 π 必然会往最优的方向改进，因此算法的收敛性并不依赖于当前具体策略的选择，是一种策略无关(off-policy)的学习算法。而 Sarsa 的 Q 函数迭代式(6-98)中并没有隐含这些信息。可以看到，如果采取贪婪原则进行策略选取，则 Sarsa 算法和 Q-学习算法等价，只要(s,a)能被无限频繁地访问，就可以收敛到最优值。但如果采取其他的策略选择，其收敛性就未必能保证了。所以 Sarsa 是一种策略有关(on-policy)的学习算法。

为了解决探索与开发之间的矛盾，任何学习算法在学习的初期都不可能采用贪婪算法。为此，人们需要知道哪些策略选择的方法可以保证 Sarsa 算法的收敛性。Singh 证明了以下定理，给出了保证 Sarsa 算法收敛的策略选择条件[86]。

定理 6-8 在有限 MDP 下，采取如式(6-98)的 Sarsa 学习算法，如果策略选择满足 GLIE(Greedy in the Limit with Infinite Exploration)条件或 RRR(Restricted Rank-based Randomized)条件，且 $\mathrm{Var}\{r(s,a)\}$有界，$0\leqslant\alpha<1$，满足

$$\sum_{n=1}^{\infty}\alpha_{N(n,s,a)}=\infty,\quad \sum_{n=1}^{\infty}\left[\alpha_{N(n,s,a)}\right]^{2}<\infty$$

则当 $n\to\infty$，$\hat{Q}_n(s,a)$收敛于最优值 $Q^*(s,a)$。

定理中的 GLIE 条件，包含了以下两个条件。

(1) 每一个(s,a)会被无限访问；

(2) Q 函数的策略选择随着迭代次数的增长，以概率 1 收敛于贪婪方法。

当取式(6-96)中的 $\varepsilon=\frac{1}{n}$、式(6-97)中的 $\tau=\frac{1}{n}$时，ε-贪婪方法和 Boltzmann 分布法都满足上述条件，均能保证 Sarsa 算法的收敛性。

RRR 条件是另一类常见的策略选择思想，这一条件要求对某一行为的选择概率应与该行为的价值函数值呈非减关系，即

$$Q(s,a')\geqslant Q(s,a)\Rightarrow P(a'\mid s,\pi,Q)\geqslant P(a\mid s,\pi,Q)$$

同样，可以证明 ε-贪婪方法和 Boltzmann 分布法都满足 RRR 条件。

我们可以看到，GLIE 条件与普通的先探索后开发的学习策略是一致的，是一种常用的学习策略，而 RRR 条件是选择策略的合理原则。人们在学习中使用的策略选择一般均符合这两个条件，这说明了为什么在应用中 Sarsa 算法常常是收敛的。

Sarsa 算法的流程和图 6-8 中的 Q-学习算法相似，只是行为选择 a 必须满足 GLIE 或 RRR 条件，Q 函数迭代改为式(6-98)。

3. 多步学习算法

前面介绍的 TD 算法、Q-学习算法和 Sarsa 算法，虽然都有收敛性证明，但在实际应用中，收敛速度却常常不尽人意。其中一个重要的原因是这些算法均是一步递推，获得的即时回报只能影响相邻(s,a)的价值函数值。如果即时回报能够用来调节任意步远(s,a)的价值函数值，学习效率就会有大幅提高。为了实现这一目标，需要知道未来的 $Q(s,a)$在多大程度上与当前的即时回报有关。这是一个时间信度分配(credit assignment)问题，在强化学习中可以采用资格迹(eligibility trace)表示这种关系的强弱

$$e_n(s,a)=\begin{cases}\gamma\lambda e_{n-1}(s,a)+1 & s=s_t,a=a_t\\ \gamma\lambda e_{n-1}(s,a) & \text{其他}\end{cases}\tag{6-99}$$

其中，(s_t,a_t)为当前状态和行动，(s,a)取任意值，代表了未来可能经过的单元，γ为累计回报的折扣因子，$0\leqslant\lambda<1$，为迹衰减因子。可以看到，资格迹是从访问的频率和时间远近来考虑这一问题的，当一个(s,a)被访问的频率越高、访问的时间越近，则被认为与当前回报的关系越密切，其资格迹的数值也越大。

通过资格迹，我们可以将强化学习算法的迭代公式作如下修改

$$\hat{Q}_n(s,a)=\hat{Q}_{n-1}(s,a)+\alpha_n d_n(s_t,a_t,s_{t+1})e_n(s,a) \tag{6-100}$$

其中，$d_n(s_t,a_t,s_{t+1})$为 TD 误差，随算法不同而不同。根据式(6-92)和式(6-98)，在采用 Q-学习算法时

$$d_n(s_t,a_t,s_{t+1})=r_n(s_t,a_t,s_{t+1})+\gamma\max_{a_{t+1}}\hat{Q}_{n-1}(s_{t+1},a_{t+1})-\hat{Q}_{n-1}(s_t,a_t)$$

采用 Sarsa 算法时

$$d_n(s_t,a_t,s_{t+1})=r_n(s_t,a_t,s_{t+1})+\gamma\hat{Q}_{n-1}(s_{t+1},a_{t+1})-\hat{Q}_{n-1}(s_t,a_t)$$

由于式(6-99)建立了 TD 误差和各个(s,a)的联系，式(6-100)是对所有(s,a)的价值函数进行更新。资格迹越大，则 TD 误差的作用越大，对 $Q(s,a)$的影响也越大。

注意到 $\lambda=0$ 时，只有当前(s_t,a_t)的价值函数发生了迭代，即对应了图 6-8 所示的一步递推算法，所以前面介绍的 TD 算法、Q-学习算法和 Sarsa 算法也被称为 TD(0)、Sarsa(0)和 Q(0)算法。当 λ 增大时，资格迹衰减变缓，更多状态的价值函数发生更新，相当于每个 Q 函数的估计，不仅依赖于当前的即时回报，也依赖于过去的即时回报，λ 越大，依赖性越强。因此式(6-100)对应的算法是一种多步递推学习算法，分别记为 $Q(\lambda)$和 Sarsa(λ)算法。另外，Dayan 还证明了 TD(λ)的收敛性[85]。

6.2.3　增强学习在控制中的应用

增强学习可以应用在许多方面，如棋类游戏、交通灯管理、库存管理、机器人控制等许多领域。由于增强学习具有学习和寻优双重特点，可以自然地应用在自适应控制和最优控制中。下面我们举两个例子说明。

1. pH 值控制[88]

在化学中和过程控制中，pH 值控制是一项基本的内容。如图 6-9 所示的连续搅拌釜 CSTR(continuous stirred tank reactor)控制系统，该控制系统的目的是保持搅拌釜中溶液的 pH 值保持在一个给定的水平。pH 值 $y(t)$可由 pH 计读出。pH 值的控制由一个滴定系统完成，控制信号 $u(t)$由计算机

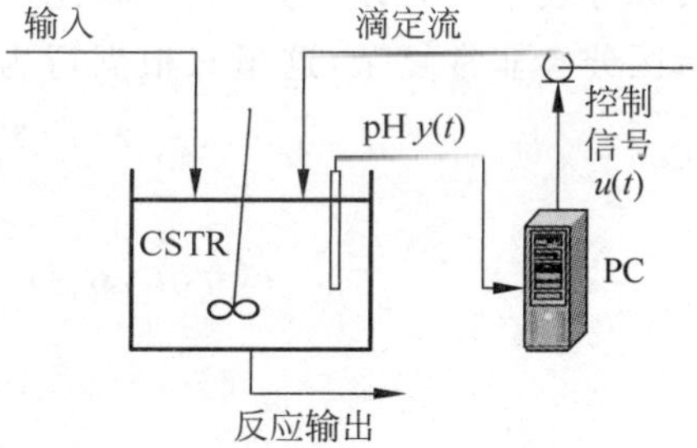

图 6-9　pH 值控制系统

给出。

由于中和过程非常复杂，具有很强的非线性，读到的 pH 值不仅存在不均匀的滞后，而且对外部的干扰非常敏感，这使得传统的 PID 控制效果不佳。许多学者给出了模糊控制、预测控制、神经网络控制等新方法，但在控制器设计、参数调整方面都比较复杂。Syafiie 等人直接采取 Q-学习算法，设计了一种简单的控制策略。

应用增强学习解决问题时，如果已经选定学习算法，剩下的任务只要根据问题确定状态、行为和即时回报。

(1) 状态设计

假设期望的 pH 值设定点为 SP，根据控制精度的要求，可以根据下式将搅拌釜的 pH 值划分为五种状态。

Higher：　if　$y(t) > SP+1$

High：　if　$SP+0.2 < y(t) \leqslant SP+1$

Goal：　if　$SP-0.2 \leqslant y(t) \leqslant SP+0.2$

Low：　if　$SP-1 \leqslant y(t) < SP-0.2$

Lower：　if　$y(t) < SP-1$

(2) 行为设计

滴定系统的控制量 $u(t)$ 采用增量式控制，有

$$u(t) = u(t-1) + \Delta u(t-1)$$

增量 $\Delta u(t)$ 即中和过程中的控制行为。和状态一样，增量 $\Delta u(t)$ 也被离散成 7 种情况，分别为

大减、减、小减、等待、小增、增、大增

每种行为的编号依次为 1、2、3、4、5、6、7。其中，“等待(wait)”表示保持目前的滴定速率，即 $\Delta u(t)=0$。而每种行为对应的增量 $\Delta u(t)$ 可由下式决定

$$\Delta u(t) = 0.001(\# a - 4)u(t)$$

其中，$\# a$ 为行为编号，例如等待的行为编号为 4。

(3) 即时回报设计

根据中和过程的化学规律，其状态转移如图 6-10 所示。各状态下的行为用其编号表示。可以看到，同一状态下采取同一行动，可能导致不同的结果，详细进行区分会非常复杂，这里只根据行为的效果来确定回报，有

$$r(s_t, a_t, s_{t+1}) = \begin{cases} -1 & s_{t+1} = \text{Higher} \\ -1 & s_{t+1} = \text{High} \\ 100 & s_{t+1} = \text{Goal} \\ -1 & s_{t+1} = \text{Low} \\ -1 & s_{t+1} = \text{Lower} \end{cases}$$

可见，除了在 Goal 区域，其余区域的回报均是惩罚。

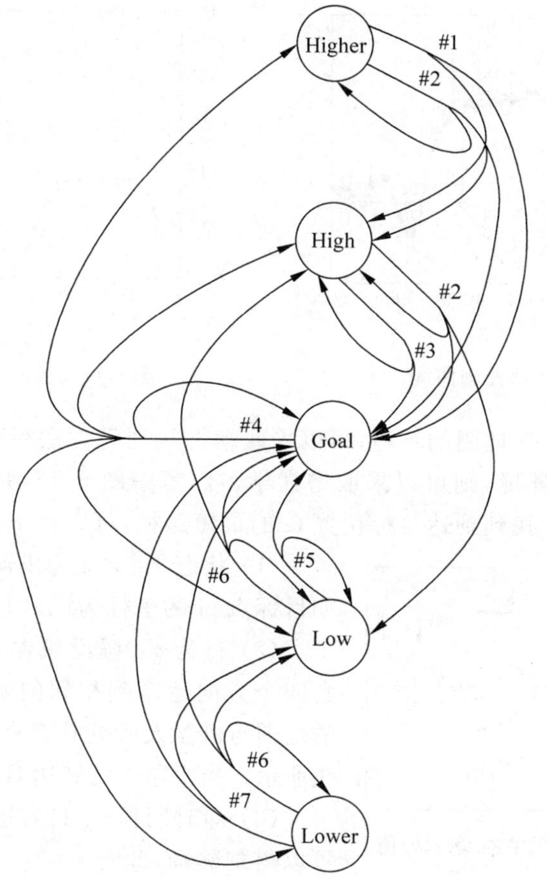

图 6-10 状态转移图

(4) 实验结果

假设搅拌釜中的溶液为醋酸钠($NaCH_3COO$),调节 pH 的滴定液为 1%的盐酸 HCl。采取单步 Q-学习控制,行为选择采用 ε 贪婪算法,具体参数如下

折扣因子 $\gamma=0.98$,

学习率 $\alpha=0.3$,

探索概率 $\varepsilon=0.3$。

图 6-11 为具体的控制结果,设定值 SP 开始时为 4,在 2000s 变为 5,4000s 时变为 3,与 SP 平行的上下两条曲线之间为 Goal 区域。对比图 6-12 的控制信号曲线,可以看到当 pH 值偏小时,会减小 HCl 的滴定速率,反之,则增大,实现了在线调整的功能。

2. 机器人控制[87]

增强学习是从比拟动物学习而来的,用于智能机器的控制非常自然。例如移

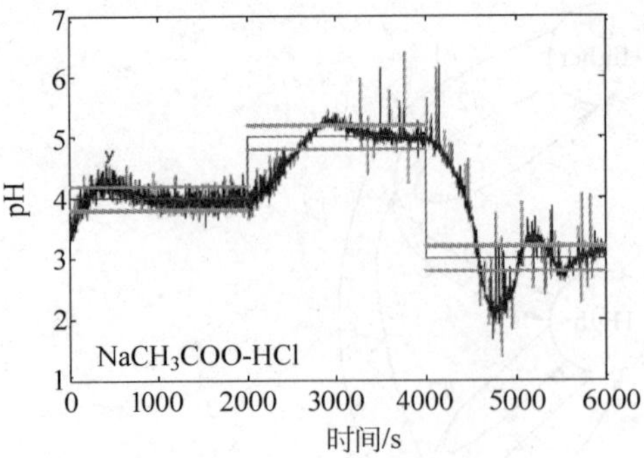

图 6-11　pH 值控制曲线

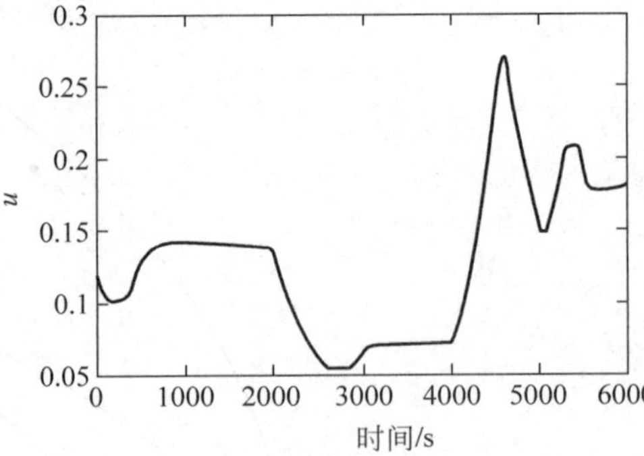

图 6-12　控制信号曲线 $u(t)$

动机器人在一个已知地图的环境，可以采取动态规划等方法得到路径规划的最短路径，如果在未知环境，则可以采取增强学习。考虑图 6-13 所示的栅格地图，如果要求机器人希望找到到达目标位置 G 的最短路径，可以如下设计学习算法。

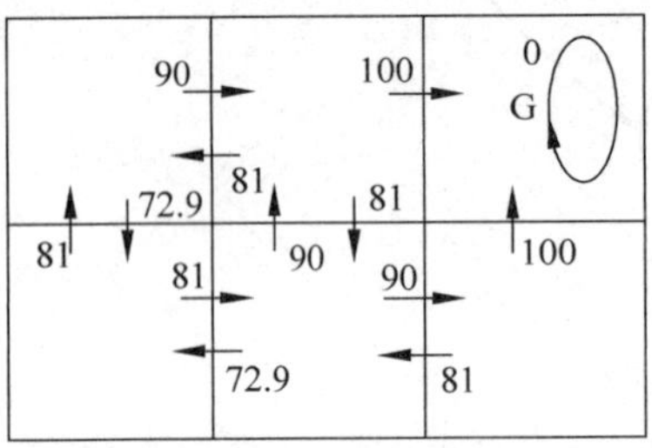

图 6-13　栅格地图中的 $Q(s,a)$ 值

(1) 状态 s：定义为机器人的栅格坐标，例如目标点 G 的坐标为(3,1)。

(2) 行为 a：假设机器人只可沿着上下左右四个方向运动到相邻的栅格，具体允许运动的范围与机器人所处状态有关，如图 6-13 中箭头所示。当机器人已到达 G 时，则完成任务。

(3) 即时回报 r：只有进入目标区域 G 时，可以得到奖励，此时 $r=100$。其余行为的回报均为 0。

如果采取 Q-学习算法，取 $Q_0(s,a)=0,\gamma=0.9$ 时，学习收敛时可得 $Q^*(s,a)$ 值如图 6-13 所示。可知此时机器人按贪婪原则行动，即可获得最优的路径。

对于上图的路径规划问题，由于状态集合和行为集合有限，选择合适的参数，一般经过 10 次左右即可收敛。可是应用于真实环境，有以下两个问题。

(1) 寻优空间过大：遍历空间(s,a)的规模随状态空间和行为空间维数的增长而增长。

(2) 回报稀疏：只有到达目的地时，才能获得有效(非零)的回报，大量的时间都在没有结果的探索之中。

(3) 安全问题：对于一些导致碰撞的负回报的行为，虽然可以通过尝试来减少，但所需付出的代价会很大，甚至不可承受。

所以在实际应用中，如何提高学习的速度和安全性是一个重要的问题。针对这些问题，学者们设计了一些方法。例如：

(1) 利用神经网络的映射来代替 $Q(s,a)$表格，将 $Q^*(s,a)$的估计值$\hat{Q}(s,a)$作为训练样本。这样，可以利用神经网络的推广能力(generalization)来获得那些未曾到达(s,a)的 Q 值估计。这一方法还可以推广到(s,a)连续的情况，但不能保证 Q-学习的收敛性。

(2) 设计合适的即时回报函数，减小回报的稀疏性。例如前面介绍的 pH 值控制，其回报函数只要根据经验设计，就可以保证其实时性。更一般的情况下，则需要设计一个评价模块来产生回报。

结合前两种思想，Sutton 提出了自适应启发评价算法 AHC(adaptive heuristic critic algorithm)，其核心由联想搜索单元 ASE(associative search element)和自适应评价单元 ACE(adaptive critic element)组成，均可由神经网络实现。其中，ACE 可产生一个二次回报，用来实现对回报的内部评价，减小回报的时延。ASE 则选择一个行为，使二次回报最大[82]。Barto 和 Sutton 应用这一算法实现了对倒立摆的学习控制。

(3) 如前所述，增强学习的一个优点是不需要环境模型、示范样本等先验信息，但现实情况中，我们未必没有任何经验，将这些知识与强化学习结合，则可以提高学习速度、减小损失。例如，Sutton 提出的 Dyna 算法，就是通过对模型的记忆来实现提高学习效率。另外，Smart 等人将增强学习分为了示教学习和增强学习两个阶段。在示教阶段中，agent 只是按照示教命令运动，增强学习模块只是进行观察，并根据得到的即时回报更新相应的 $Q(s,a)$值。在示教到一定的程度后，再由增强学习的模块进行学习、控制。这种两阶段的学习方法，可以很快地学到超过示教水平的控制策略[89]。

从上述的介绍可以看到，增强学习具有很好的理论基础和应用能力。目前学者们正在研究如何将已有的增强学习算法推广到更一般的情况，例如连续空间、部分可观测的 Markov 环境 POMDP(partially observable markov decision process)、多智能体(Multi-agent)等领域，具体内容可以参考相关综述[83,84]。

习题和思考题

6-1　迭代学习控制的基本原理是什么？哪些系统可以采用迭代学习控制？

6-2　增强学习的心理学基础是什么？试举生活中增强学习的例子。

6-3　式(6-75)的无限折扣模型中，折扣因子 γ 有什么作用，可以有怎样的物理意义？

6-4　基于 MDP 的增强学习有哪些基本算法，各有何特点？

6-5　Q-学习算法和 Sarsa 算法有何异同？

6-6　影响增强学习速度的原因有哪些？如何改进？

6-7　设机器人在栅格地图中得到的即时回报 r 如图 6-14 所示，当机器人碰撞障碍时，回报为-100，到达目标时，回报为 100，其余情形回报为 0。若取 $\gamma=0.9$，试计算 $Q^*(s,a)$值。

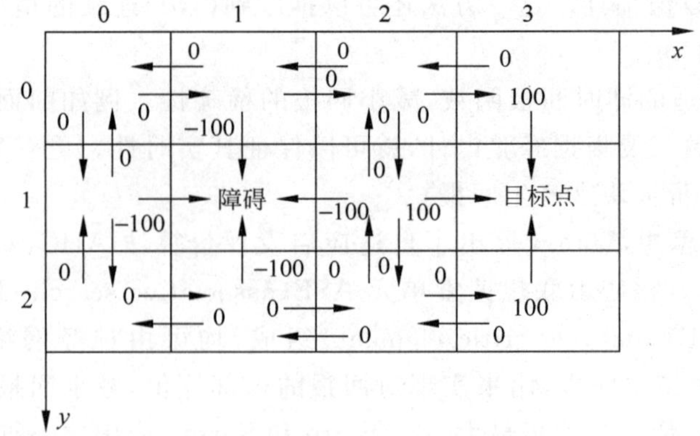

图 6-14 不同行为的即时回报

上机实验题

对于图 6-14 的环境，假设机器人的初始位置为(0,1)，试用 Q-学习算法和 Sarsa 算法求到目标点的最优路径，并比较两者的学习效果。

第7章 模糊神经网络控制与自适应神经网络

7.1 模糊神经网络控制

7.1.1 神经网络与模糊控制系统

模糊控制利用专家知识建立起模糊集、隶属度函数和模糊推理规则等实现对复杂系统的控制，这在许多难以用准确数学模型描述的系统控制中发挥出巨大作用。但是，至今为止还没有一套系统的方法来设计模糊控制器。大多数模糊控制器的设计是基于人们对操作系统实践中积累的一些经验知识。最直接的逼近方法是通过研究人的操作经验或对已存在的控制器性质来定义隶属度函数和模糊控制规则，然后进行合适的试验。如果试验失败，则必须重新调整隶属度函数或控制规则直至满足要求为止。因此，这种设计方法存在很大的主观性。所以，寻求一种比较客观又有自身调节能力的模糊控制系统是当前研究的热点之一。自适应模糊控制系统的设计思想是利用自身的控制经验，并从中获取有用的信息来调整和修改模糊控制规则或隶属度函数达到模糊控制器的自适应。如 Sugeno[86] 提出的将模糊控制规则的结论部用过程的状态变量的线性组合来表示，而不是用传统的隶属度函数法及精确化计算步骤。这样，规则的自组织问题就转化为参数估计问题了。虽然这些规则的自组织方法都展示了一定的自适应能力。但从总体上来看仍然存在较大的主观性。怎么样把学习机制引到模糊控制中来，使系统本身能够通过不断地学习修改和完善隶属度函数和模糊推理规则，达到最佳控制状态，是一件非常有意义的事。

神经网络具有的高度非线性映射能力和自学习能力是实现非线性系统控制中的重要因素。同时，神经网络的分布表示和学习能力是改善非线性系统自适应控制的重要措施。利用神经网络模型可以将某一个值、某一个规则分布地表示在大量的计算单元上，以一种隐含的表示形式将其反映出来。这种分布性的特点又使得神经网络具有硬件实现简单、泛化能力强、容错性好等优点。神经网络的学习能力是另一个重要特征。它是实现自学习、自适应控制的关键所在。然而神经网络的主要缺陷是无法处理语言变量,也不可能将专家的先验控制知识注入到神经网络控制系统的设计中去,从而使得原来并不属于"黑箱"结构的系统设计问题只能用"黑箱"系统设计理论来进行。此外,神经网络的训练往往从某一随机点出发,因此容易导致局部收敛问题。另一方面,在模糊控制系统设计中,人们很容易将专家的知识化为模糊控制规则,因此它在这类人类生活中经常碰到的不确定性系统的控制中显示出强大的生命力。但是由于专家知识的局限性以及环境的可变性,任何一个专家都无法得到一个最佳的规则或最优的隶属度函数。因此,利用神经网络的学习功能来优化模糊控制规则和相应的隶属度函数,将一些专家知识预先分布到神经网络中去是提出模糊神经网络理论的两个基本出发点。模糊神经网络系统实现了模糊逻辑控制思想与神经网络学习能力的结合,从而使模糊控制规则和隶属度函数可以通过对样本数据的学习而自动地生成,克服了人为选择模糊控制规则主观性较大的缺陷。此外,这种神经网络结构很容易将专家经验加到系统中去,从而大大提高了神经网络自身的控制能力。

将神经网络的学习能力引到模糊控制系统中去、将模糊控制器的模糊化处理、模糊推理、精确化计算通过分布式的神经元网络来表示是实现模糊控制器自组织、自学习的重要途径。在这样一个模型结构中,神经网络的输入、输出节点用来表示模糊控制系统的输入、输出信号,隐含节点用来表示隶属度函数和模糊控制规则。模糊神经网络结构的另一个主要特点是保留了与人类推理控制相近的模糊逻辑推理,并且由于神经网络的并行处理能力使得模糊逻辑推理的速度大大提高。因此可以说模糊神经网络控制器是一种非常优秀的智能控制器之一。然而模糊神经网络的研究毕竟刚刚开始,什么样的网络结构最好、什么样的学习算法最佳、如何保证网络学习的收敛性等诸多问题都还没有明确的答案。本节将介绍一种用多层前向传播神经网络结构来逼近的模糊神经网络系统,使读者对模糊神经网络有初步的了解。本系统的结构示意图如图 7-1 所示。整个神经网络模型分成五个层次,其中第一层节点为输入节点(语言节点),用来表示语言变量;最后一层是输出层,每个输出变量有两个语言节点,一个用于在训练神经网络时需要的期望输出信号的馈入,另一个表示模糊神经网络推理控制的输出信号节点;第二层和第四层的节点称为项节点,用来表示相应语言变量语言值的隶属度函数。实际上第二层的节点既可以用单一的神经元函数(如三角形函数、钟形函数等)来表示隶属度函数,也可以用一个子网络来表示较复杂的隶属度函数特性。第三层节点称为规则节点,用来实现模糊逻辑推理。这样整个模糊神经网络结构需要五个层次来实现模糊逻辑推理的功能。第三层与第四层节点之间的连接模型实现了连接推理工程,从而避免了传统模糊推理逻辑的规则匹配推理方法。其中第三层与第四层节点之间的连接系数定义规则节点的结论部、第二层与第三层节点之间的连接系数定义规则节点的条件部。这样，对于每一个规则节点，至多只有一个语言变量的语言值与之相连。这一点对于第三层与第四层节点之间的连接、第三层与第二层节点之间的连接都是成立的。而第四层和第五层节点语言变量与其相应语言值节点之间是全连接的。图中箭头方向表示系统信号的走向。从下到上的信号流向表示模糊神经网络训练完成以后的正常信号流向，而从上到下表示模糊神经网络训练时所需期望输出的反向传播信号流向。

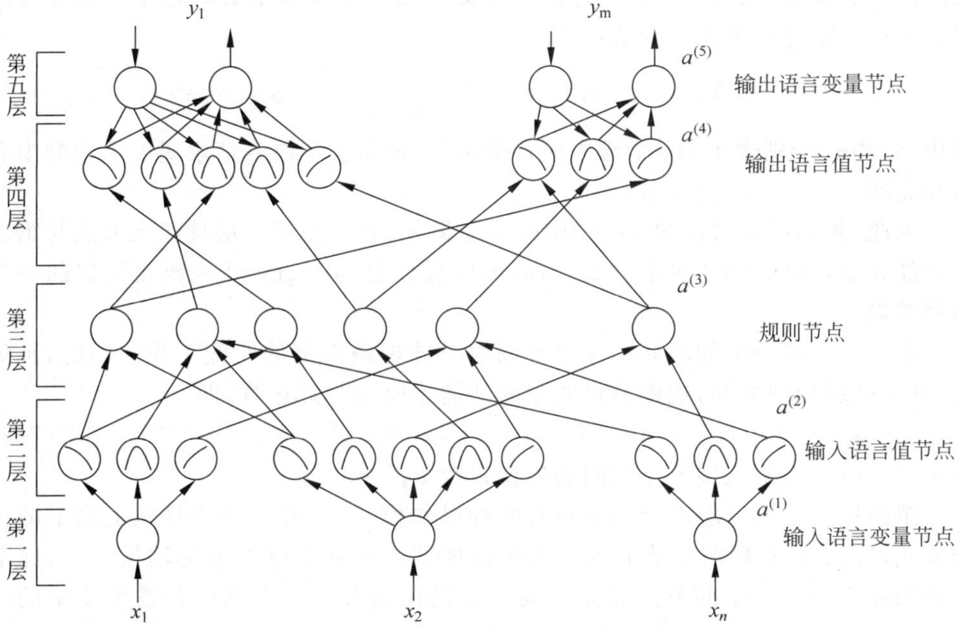

图 7-1　模糊神经网络结构图

上面已经定义模糊神经网络结构。接下来的任务是定义神经网络中每一层各节点的基本功能和函数关系。一个典型的神经元函数通常是由一个神经元输入函数和激励函数组合而成的。神经元输入函数的输出是与其相连的有限个其他神经元的输出和相连接系数的函数，通常可表示为

$$net = f(u_1^k, u_2^k, \cdots, u_p^k, w_1^k, w_2^k, \cdots, w_p^k) \tag{7-1}$$

其中，上标 k 表示所在的层次；

u_i^k 表示与其相连接的神经元输出；

w_i^k 表示相应的连接权系数，$i=1,2,\cdots,p$。

神经元的激励函数是神经元输入函数响应 f 的函数，即

$$output = o_i^k = a(f) \tag{7-2}$$

其中 $a(\cdot)$表示神经元的激励函数。最常用的神经元输入函数和激励函数是

$$f_j = \sum_{i=1}^{p} w_{ji}^k u_i^k \quad a_j = \frac{1}{1+\mathrm{e}^{-f_j}}$$

但是由于模糊神经网络的特殊性，为了满足模糊化计算、模糊逻辑推理和精确化计算，对每一层的神经元函数应有不同的定义。下面我们给出一种满足要求的各层神经元节点的函数定义。

第一层　这一层的节点只是将输入变量值直接传送到下一层。所以

$$f_j^{(1)} = u_j^{(1)} \quad a_j^{(1)} = f_j^{(1)} \tag{7-3}$$

且输入变量与第一层节点之间的连接系数 $w_{ji}^{(1)}=1$。

第二层　如果我们采用一个神经元节点而不是一个子网络来实现语言值的隶属度函数变换，则这个节点的输出就可以定义为隶属度函数的输出。如钟形函数就是一个很好的隶属度函数：

$$f_j^{(2)} = M_{X_i}^j(m_{ji}^{(2)},\sigma_{ji}^{(2)}) = -\frac{(u_i^{(2)} - m_{ji}^{(2)})^2}{(\sigma_{ji}^{(2)})^2} \quad a_j^{(2)} = \mathrm{e}^{f_j^{(2)}} \tag{7-4}$$

其中 m_{ji} 和 σ_{ji} 分别表示第 i 个输入语言变量 X_i 的第 j 个语言值隶属度函数的中心值和宽度。

因此，我们可以将函数 $f(\cdot)$ 中的参变量 m_{ji} 看作是第一层神经元节点与第二层神经元节点之间的连接系数 $w_{ji}^{(2)}$，σ_{ji} 可以看作是与 Sigmoid 函数相类似的一个斜率参数。

第三层　这一层的功能是完成模糊逻辑推理条件部的匹配工作。因此，由最大、最小推理规则可知，规则节点实现的功能是模糊“与”运算，即

$$f_j^{(3)} = \min(u_1^{(3)},u_2^{(3)},\cdots,u_p^{(3)}) \quad a_j^{(3)} = f_j^{(3)} \tag{7-5}$$

且第二层节点与第三层节点之间的连接系数 $w_{ji}^{(3)}=1$。

第四层　在这一层次上的节点有两种操作模式，一是实现信号从上到下的传输模式；另一是实现信号从下到上的传输模式。在从上到下的传输模式中，此节点的功能与第二层中的节点完全相同。只是在此节点上实现的是输出变量的模糊化，而第二层节点实现的是输入变量模糊化。这一节点的主要用途是为了使模糊神经网络的训练能够实现语言化规则的反向传播学习。而在从下到上的传输模式中，实现的是模糊逻辑推理运算。根据最大、最小推理规则，这一层上的神经元实质上是模糊“或”运算，用来集成具有同样结论的所有激活规则。即

$$f_j^{(4)} = \max(u_1^{(4)},u_2^{(4)},\cdots,u_p^{(4)}) \quad a_j^{(4)} = f_j^{(4)} \tag{7-6}$$

或

$$f_j^{(4)} = \sum_{i=1}^{p} u_i^{(4)} \quad a_j^{(4)} = \min(1,f_j^{(4)}) \tag{7-7}$$

且第三层节点与第四层节点之间的连接系数 $w_{ji}^{(4)}=1$。

第五层　在这一层中有两类节点，第一类节点执行从上到下的信号传输方式，实现了把训练数据反馈到神经网络中去的目的，提供模糊神经网络训练的样本数据。对于这类节点，其神经元节点函数定义为

$$f_j^{(5)} = y_j^{(5)} \quad a_j^{(5)} = f_j^{(5)} \tag{7-8}$$

第二类神经元节点执行从下到上的信号传输方式，它的最终输出就是此模糊神经网络的模糊推理控制输出。在这一层上的节点主要实现模糊输出的精确化计算。

如果设 $m_{ji}^{(5)}$，$\sigma_{ji}^{(5)}$ 分别表示输出语言变量各语言值的隶属度的中心位置和宽度，则下列函数可以用来模拟重心法的精确化计算方法[30]

$$f_j^{(5)} = \sum w_{ji}^{(5)} u_i^{(5)} = \sum_i (m_{ji}^{(5)} \sigma_{ji}^{(5)}) u_i^{(5)} \quad a_j^{(5)} = \frac{f_j^{(5)}}{\sum_i \sigma_{ji}^{(5)} u_i^{(5)}} \tag{7-9}$$

则第四层节点与第五层节点之间的连接系数 $w_{ji}^{(5)}$ 可以看作是 $m_{ji}^{(5)} \cdot \sigma_{ji}^{(5)}$。$i$ 遍及第 j 个输出变量的所有语言值。

至此，我们已经得到了模糊神经网络结构和相应神经元函数的定义。下面的问题是如何根据提供的有限样本数据对此模糊神经网络进行训练，在对被控对象的先验知识了解较少的情况下选用混合学习算法是解决问题的有效途径之一。

7.1.2　模糊神经网络的学习算法

模糊控制引入神经网络的目的在于实现模糊控制规则的自组织和自适应。针对以上提出的模糊神经网络结构，采用混合学习算法是非常有效的。混合学习算法分为两大部分，自组织学习阶段和有导师指导下学习阶段。在第一阶段，使用自组织学习方法进行各语言变量语言值隶属度函数的初步定位以及尽量发掘模糊控制规则的存在性（即可以通过自组织学习删除部分不可能出现的规则）；在第二阶段，利用有导学习方法来改进和优化期望输出的各语言值隶属度函数。要实现混合学习算法，必须首先确定和提供：(1)初始模糊神经网络结构；(2)输入、输出样本训练数据；(3)输入、输出语言变量的模糊分区（如每一输入输出变量语言值的多少等）。

模糊神经网络混合学习算法第一阶段的主要任务是进行模糊控制规则的自组织、输入输出语言变量各语言值隶属度函数参数的预辨识，以得到一个符合该被控对象合适的模糊控制规则和初步的隶属度函数分布。当对系统的模糊控制规则了解较少的条件下，初始的规则节点可以与所有的输出语言值节点相联系。模糊神经网络的自组织学习阶段任务之一就是利用样本数据对不必要的推理输出连接进行删除或重组，以便获取更加简练的模糊神经网络控制结构。如果规定一个语言变量中只有一个语言值与某一规则节点相连，则对于 n 个输入语言变量 x_i 共有 $\prod_{i=1}^{n} |T(x_i)|$ 个规则节点。这里 $|T(x_i)|$ 表示语言变量 x_i 的语言值个数。因此，初始模糊神经网络结构中首先选择 $|T(x_1)| \times |T(x_2)| \times \cdots \times |T(x_n)|$ 个能够表示所有前提条件的规则节点，而且规则节点与每一输出语言变量的所有语言值节点全连接。这也意味着输出的结论部在初始模糊神经网络结构中没有反映出来，只有通过自组织学习才能将与最合适语言值节点的连接关系保留下来。模糊神经网络混合学习算法第二阶段的主要任务是进行优化隶属度函数的参数以满足更高精度的要求。

1. 自组织学习阶段

自组织学习问题可以这样来描述：给定一组输入样本数据 $x_i(t), i=1,2,\cdots,n$，期望的输出值 $y_i(t), i=1,2,\cdots,m$，模糊分区 $|T(x)|$ 和 $|T(y)|$ 以及期望的隶属度函数类型(即三角形、钟形等)，则学习的目的是找到隶属度函数的参数和系统实际存在的模糊逻辑控制规则。在这一学习阶段，神经网络输入和输出节点都工作在信息输入状态，即第四层节点处于从上到下的信息传输方式。这样输入、输出数据从两边馈入神经网络内供网络训练用。

自组织学习方法类似于统计分类方法，首先通过估计覆盖在已有训练样本数据上的隶属度函数域，来确定现有配制的模糊神经网络结构中各语言值的隶属度函数的中心位置(均值)和宽度(方差)。隶属度函数中心值 m_i 的估计算法采用 Kohonen 的自组织映射法，宽度值 σ_i 与重叠参数 r 以及中心点 m_i 邻域内分布函数值相关。我们知道，由于 Kohonen 神经网络能够实现自组织映射，如果输入样本足够多时，输入样本与 Kohonen 输出节点之间的连接权系数经过一段时间的学习后，其分布可以近似地看作输入随机样本的概率密度分布。如果输入的样本有几种类型，则它们会根据各自的概率分布集中到输出空间的各个不同区域内。Kohonen 自组织学习算法计算隶属度函数中心值 m_i 的公式为

$$\| x(t) - m_{\text{cloest}}(t) \| = \min_{1\leqslant i\leqslant k} \{ \| x(t) - m_i(t) \| \} \tag{7-10}$$

其中初始的 $m_i(0)$ 为一个小的随机数。

$$m_{\text{cloest}}(t+1) = m_{\text{cloest}}(t) + \alpha(t)[x(t) - m_{\text{cloest}}(t)] \tag{7-11}$$

$$m_i(t+1) = m_i(t) \quad 当\ m_i(t) \neq m_{\text{cloest}}(t) \tag{7-12}$$

其中 $\alpha(t)$ 是一个单调递减的标量学习因子；$k=|T(x)|$ 表示语言变量 x 语言值的数目。

这一自组织公式对于每一个输入、输出语言变量是独立地进行各自隶属度函数的中心值估计计算。至于选择哪一个 m_i 作为 m_{cloest}，是经过有限时间训练学习后并由 Winner-take-all 学习方法决定。

一旦隶属度函数的中心点找到，则此语言变量语言值所对应的宽度 σ_i 的计算是通过求下列目标函数的极小值来获取，即

$$E = \frac{1}{2}\sum_{i=1}^{N}\left[\sum_{j\in N_{nearest}}\left(\frac{m_i - m_j}{\sigma_i}\right)^2 - r\right]^2 \tag{7-13}$$

其中 r 为重叠参数；N 为最近邻域法的阶数。通常，由于这里的自组织学习法只是找到语言变量的初始分类估计值，其精确的中心值 m_i 和宽度值 σ_i 会在第二阶段的有导学习中得到进一步校正，因此没有必要得出非常精确的估计值，一般可以采用一阶最近邻域法来计算，即

$$\sigma_i = \frac{| m_i - m_{\text{cloest}} |}{r} \tag{7-14}$$

在完成了隶属度函数的训练以后，下面的任务是确定模糊逻辑推理规则，即确定第三层规则节点和第四层输出语言值节点之间的连接关系。由于规则节点只能与同一输出语言变量中的一个语言值节点相连，所以在这里自组织学习的目的是寻找一组最合适的连接关系规则。达到这一目的的学习方法是竞争学习法(competitive learning algorithm)。我们知道，一旦输入、输出变量各语言值的隶属度函数确定后，输入、输出信号可经过这些神经元到达第二层和第四层，从而为规则的自组织学习提供必要的条件。进一步，我们注意到第二层输入语言值节点的输出经过初始权系数 $W^{(3)}$ 传递到第三层规则节点，这样可以得出每一个规则节点的激励强度。记 $o_i^{(3)}(t)$ 为规则节点的激励强度、$o_j^{(4)}(t)$ 为第四层输出语言值节点输出，则可以通过对样本数据的竞争学习得出其模糊推理规则。如前所述，在模糊逻辑推理规则完全未知的条件下，通常将规则节点的输出与输出语言变量的所有语言值节点相连，即实现全连接。然而，模糊逻辑控制的推理输出只可能有一个输出结论，因此现在讨论的规则学习过程实质上是找到一组合适的规则，换句话说是删除一些不必要的连接关系，从而实现一个规则节点只与一个语言变量的语言值节点相连。再记 w_{ij} 为第 i 个规则节点与第 j 个输出语言值节点的连接权系数，则对于每一个样本数据权值的更新公式为

$$\Delta w_{ij}(t) = o_j^{(4)}(-w_{ij}(t) + o_i^{(3)}) \tag{7-15}$$

在极端的情况下，即如果第四层的神经元是一个阈值函数，则上述算法就退化为只有胜者才能学习的一个简单学习公式，而其余没有输出样本响应的连接权系数都不进行学习更新。

通过对样本数据的竞争学习后，规则节点与输出变量语言值节点之间连接权系数反映了相应规则存在的强度。因为模糊逻辑推理规则的输出对于一个输出语言变量而言只能有一个语言值与之对应，因此，模糊规则的选取就是将此规则节点与同一输出语言变量的所有语言值节点的连接系数最大的那个连接关系保留下来，而将其余的连接关系删除，从而保证模糊逻辑推理的合理性。此外，当某一规则节点与某一输出语言变量所有语言值节点之间的连接系数都非常小时，则所有的连接关系都可以删除。这也意味着该规则节点与该输出语言变量没有或很少有联系。如果某一规则节点与第四层中的所有节点的连接系数都很少而被删除的话，则该规则节点对输出节点不产生任何影响。因此，该规则节点可以删除。

通过以上规则的竞争学习和规则处理以后，已经得到了由神经网络实现该模糊控制系统的模糊推理规则(即结论部)。为了进一步简化神经网络的结构，可以通过规则结合的办法来减少系统总的规则数，也即减少第三层的规则节点数。可以对一组节点进行规则节点合并的条件为：

(1) 该组节点具有完全相同的结论部(如图 7-2 中输出变量 y_i 中的第二个语言值节点)；

(2) 在该组规则节点中某些条件部是相同的(如图 7-2 中输入变量 x_0 中的第一个语言值节点的输出与该组规则节点全部相连);

(3) 该组规则节点的其他条件输入项包含了所有其他输入语言变量某一语言值节点的输出。

如果存在一组规则节点满足以上三个条件,则可以将具有唯一相同条件部的一个规则节点用来代替这一组规则节点。图 7-2 给出了规则节点合成的一个例子。

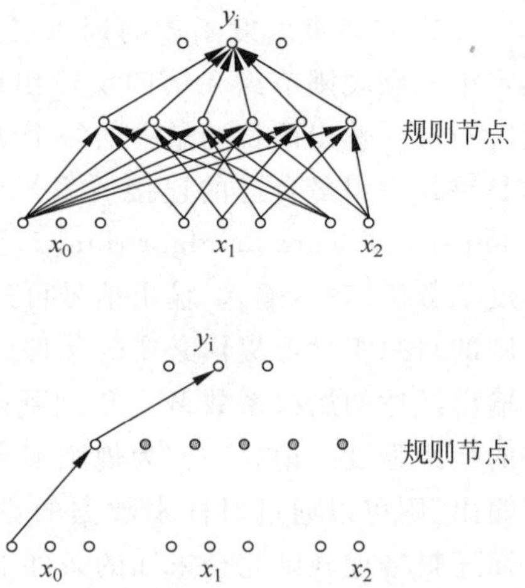

图 7-2 规则节点合并示例

2. 有导师指导下的学习阶段

至此,通过自组织学习阶段的学习我们已经确定了模糊神经网络的规则节点数以及与输出节点之间的连接关系,换句话说也就是确定了模糊逻辑控制规则。此外输入、输出语言变量各语言值隶属度函数的粗略估计也由 Kohonen 自组织学习法得到。因此,有导学习阶段主要完成的是利用训练样本数据实现输入、输出语言变量各语言值隶属度函数的最佳调整,同时它也为模糊神经网络的在线学习提供了保证。有导学习的模糊神经网络训练问题可以这样来描述,给定的训练样本数据 $x_i(t), i=1,2,\cdots,n$、期望的输出样本值 $y_i(y), i=1,2,\cdots,m$、模糊分区 $|T(x)|$ 和 $|T(y)|$ 以及模糊逻辑控制规则。有导学习过程实质上是最优地调整隶属度函数参数($m_{ji}^{(2)}$、$\sigma_{ji}^{(2)}$、$m_{ji}^{(5)}$、$\sigma_{ji}^{(5)}$)的过程。模糊控制规则的获取可以直接通过专家给出。实际上,对于一些问题由专家给出的规则库会更合适一点,比如“温度太高、快速关小”这样一条控制规则很容易取自于控制经验,且有明确的物理含义。当然,对于一些更加复杂的控制问题,专家经验也难以获取时,利用竞争学习法来组织模糊控制规则不失为一种非常有效的办法。在模糊控制规则确定以后,也即模糊神经网络的结构确定后,学习的任务就是调整隶属度函数的参数以满足更高精度的要求。如前所述,我们采用的模糊神经网络结构是多层前向传播网络,因此,有导学习算法也可以套用传统的反向传播学习算法(BP)的思想。取寻优的指标函数为期望输出与实际输出的误差平方和极小,即

$$E = \frac{1}{2}[y(t) - \hat{y}(t)]^2 = \min \tag{7-16}$$

其中 $y(t)$——当前时刻的期望系统输出;

$\hat{y}(t)$——当前时刻的模糊神经网络实际输出。

对于每一个样本数据对,从输入节点开始通过前向传播计算出各节点的输出值。然后再从输出节点开始利用偏导 $\partial E/\partial \hat{y}$ 并使用反向传播计算出所有隐含节点

的偏导数。假设 w 是某一节点的调整参数(如隶属度函数的中心值)，则广义学习规则应为

$$\Delta w \propto -\frac{\partial E}{\partial w} \tag{7-17}$$

$$w(t+1) = w(t) + \eta\left(-\frac{\partial E}{\partial w}\right) \tag{7-18}$$

其中 η 为学习因子。

$$\frac{\partial E}{\partial w} = \frac{\partial E}{\partial (net)}\frac{\partial (net)}{\partial w} = \frac{\partial E}{\partial f}\frac{\partial f}{\partial w} = \frac{\partial E}{\partial f}\frac{\partial f}{\partial a}\frac{\partial a}{\partial w} \tag{7-19}$$

由输出层开始计算目标函数对寻优参数的导数，如下所示。

第五层　由式(7-19)、式(7-9)可得，第五层语言值神经元的隶属度函数中心值 $m_{ji}^{(5)}$ 的自适应学习规则为

$$\frac{\partial E}{\partial m_{ji}^{(5)}} = \frac{\partial E}{\partial a_j^{(5)}}\frac{\partial a_j^{(5)}}{\partial f_j^{(5)}}\frac{\partial f_j^{(5)}}{\partial m_{ji}^{(5)}} = -[y(t)-\hat{y}(t)]\frac{\sigma_{ji}^{(5)}u_i^{(5)}}{\sum_i \sigma_{ji}^{(5)}u_i^{(5)}} \tag{7-20}$$

因此，中心值 $m_{ji}^{(5)}$ 的更新公式为

$$m_{ji}^{(5)}(t+1) = m_{ji}^{(5)}(t) + \eta[y(t)-\hat{y}(t)]\frac{\sigma_{ji}^{(5)}u_i^{(5)}}{\sum_i \sigma_{ji}^{(5)}u_i^{(5)}} \tag{7-21}$$

同样，我们也可以得出隶属度函数宽度 $\sigma_{ji}^{(5)}$ 的更新公式

$$\begin{aligned}\frac{\partial E}{\partial \sigma_{ji}^{(5)}} &= \frac{\partial E}{\partial a_j^{(5)}}\frac{\partial a_j^{(5)}}{\partial f_j^{(5)}}\frac{\partial f_j^{(5)}}{\partial \sigma_{ji}^{(5)}} \\ &= -[y(t)-\hat{y}(t)]\frac{m_{ji}^{(5)}u_i^{(5)}\left(\sum_i \sigma_{ji}^{(5)}u_i^{(5)}\right) - \left(\sum_i m_{ji}^{(5)}\sigma_{ji}^{(5)}u_i^{(5)}\right)u_i^{(5)}}{\left(\sum_i \sigma_{ji}^{(5)}u_i^{(5)}\right)^2}\end{aligned} \tag{7-22}$$

$$\sigma_{ji}^{(5)}(t+1) = \sigma_{ji}^{(5)}(t) + \eta[y(t)-\hat{y}(t)]\frac{m_{ji}^{(5)}u_i^{(5)}\left(\sum_i \sigma_{ji}^{(5)}u_i^{(5)}\right) - \left(\sum_i m_{ji}^{(5)}\sigma_{ji}^{(5)}u_i^{(5)}\right)u_i^{(5)}}{\left(\sum_i \sigma_{ji}^{(5)}u_i^{(5)}\right)^2} \tag{7-23}$$

系统输出误差反向传播到上一层的广义误差 $\delta^{(5)}$ 为

$$\delta_j^{(5)} = -\frac{\partial E}{\partial f_j^{(5)}} = -\frac{\partial E}{\partial a_j^{(5)}}\frac{\partial a_j^{(5)}}{\partial f_j^{(5)}} = y(t)-\hat{y}(t) \tag{7-24}$$

第四层　在从下向上的传输模式中，此层主要完成模糊推理运算。在这一模糊神经网络结构中没有任何参数进行更新，唯一需要做的是实现误差的反向传播计算。由复合微分法可得，广义误差信号 $\delta_j^{(4)}$ 为

$$\delta_j^{(4)}=\frac{\partial E}{\partial f_j^{(4)}}=\frac{\partial E}{\partial f_j^{(5)}}\frac{\partial f_j^{(5)}}{\partial f_j^{(4)}}=\frac{\partial E}{\partial f_j^{(5)}}\frac{\partial f_j^{(5)}}{\partial u_j^{(5)}}\frac{\partial u_j^{(5)}}{\partial f_j^{(4)}}=\frac{\partial E}{\partial f_j^{(5)}}\frac{\partial}{\partial u_j^{(5)}}\left(\frac{\sum_i m_{ji}^{(5)}\sigma_{ji}^{(5)}u_i^{(5)}}{\sum_i \sigma_{ji}^{(5)}u_i^{(5)}}\right)$$

$$=(y(t)-\hat{y}(t))\frac{m_{jj}^{(5)}\sigma_{jj}^{(5)}\left(\sum_i \sigma_{ji}^{(5)}u_i^{(5)}\right)-\left(\sum_i m_{ji}^{(5)}\sigma_{ji}^{(5)}u_i^{(5)}\right)\sigma_{jj}^{(5)}}{\left(\sum_i \sigma_{ji}^{(5)}u_i^{(5)}\right)^2} \tag{7-25}$$

在多输出的情况下，它们的反向传播广义误差计算公式与上式相同。对每一个输出语言变量可以独立地进行计算。

第三层　在第三层上，与第四层相似，没有直接的神经元参数需要更新，其主要的工作是计算出反向传播的广义误差 $\delta_j^{(3)}$。根据式(7-6)或式(7-7)，广义误差信号 $\delta_j^{(3)}$ 的计算公式为

$$\delta_j^{(3)}=\frac{\partial E}{\partial f_j^{(3)}}=\frac{\partial E}{\partial a_j^{(3)}}\frac{\partial a_j^{(3)}}{\partial f_j^{(3)}}=\frac{\partial E}{\partial f_j^{(4)}}\frac{\partial f_j^{(4)}}{\partial a_j^{(3)}}=\delta_j^{(4)}\frac{\partial f_j^{(4)}}{\partial u_i^{(3)}}=\delta_j^{(4)} \tag{7-26}$$

如果输出语言变量有 m 个，则

$$\delta_j^{(3)}=\sum_{k=1}^{m}\delta_k^{(4)} \tag{7-27}$$

上式表明，规则节点的误差是所有结论部控制产生的误差之和。

第二层　由式(7-19)、式(7-4)可知，$m_{ji}^{(2)}$ 的自适应学习规则为

$$\frac{\partial E}{\partial m_{ji}^{(2)}}=\frac{\partial E}{\partial a_j^{(2)}}\frac{\partial a_j^{(2)}}{\partial f_j^{(2)}}\frac{\partial f_j^{(2)}}{\partial m_{ji}^{(2)}}=\frac{\partial E}{\partial a_j^{(2)}}e^{f_j^{(2)}}\frac{2(u_i^{(2)}-m_{ji}^{(2)})}{(\sigma_{ji}^{(2)})^2} \tag{7-28}$$

又因为

$$\frac{\partial E}{\partial a_j^{(2)}}=\sum_k\frac{\partial E}{\partial f_k^{(3)}}\frac{\partial f_k^{(3)}}{\partial a_j^{(2)}}=\sum_k\delta_k^{(3)}\frac{\partial f_k^{(3)}}{\partial a_j^{(2)}} \tag{7-29}$$

根据式(7-5)可知

$$\frac{\partial f_k^{(3)}}{\partial a_j^{(2)}}=\frac{\partial f_k^{(3)}}{\partial u_j^{(3)}}=\begin{cases}1 & \text{当 } f_k^{(3)}=u_j^{(3)}=\min(u_1^{(3)},u_2^{(3)},\cdots)\\ 0 & \text{其他情况}\end{cases} \tag{7-30}$$

因此

$$\frac{\partial E}{\partial a_j^{(2)}}=\sum_k q_k^{(3)} \tag{7-31}$$

其中求和是针对 $a_j^{(2)}$ 馈入的规则节点进行的，即下标 k 指的是与第二层节点输出 $a_j^{(2)}$ 相连接的规则节点。

$$q_k^{(3)}=\delta_k^{(3)}\quad \text{当 } a_j^{(2)} \text{ 是第 } k \text{ 个规则节点输入值中的最小值时} \tag{7-32}$$

$$q_k^{(3)}=0\quad \text{其他情况} \tag{7-33}$$

至此，我们推导出了输入语言变量各语言值隶属度函数中心值 $m_{ji}^{(2)}$ 的学习公式

$$m_{ji}^{(2)}(t+1)=m_{ji}^{(2)}(t)-\eta\frac{\partial E}{\partial a_j^{(2)}}e^{f_j^{(2)}}\frac{2(u_i^{(2)}-m_{ji}^{(2)})}{(\sigma_{ji}^{(2)})^2} \tag{7-34}$$

同理，根据式(7-19)、式(7-4)、式(7-29)～式(7-33)可得输入语言变量各语言值

隶属度函数宽度值 $\sigma_{ji}^{(2)}$ 的学习公式

$$\frac{\partial E}{\partial \sigma_{ji}^{(2)}}=\frac{\partial E}{\partial a_j^{(2)}}\frac{\partial a_j^{(2)}}{\partial f_j^{(2)}}\frac{\partial f_j^{(2)}}{\partial \sigma_{ji}^{(2)}}=\frac{\partial E}{\partial a_j^{(2)}}\mathrm{e}^{f_j^{(2)}}\frac{2(u_i^{(2)}-m_{ji}^{(2)})^2}{(\sigma_{ji}^{(2)})^3} \tag{7-35}$$

$$\sigma_{ji}^{(2)}(t+1)=\sigma_{ji}^{(2)}(t)-\eta\frac{\partial E}{\partial a_j^{(2)}}\mathrm{e}^{f_j^{(2)}}\frac{2(u_i^{(2)}-m_{ji}^{(2)})^2}{(\sigma_{ji}^{(2)})^3} \tag{7-36}$$

整个混合学习过程的流程可以用图 7-3 来表示。由于混合学习算法在第一阶段已经进行了大量的自组织学习训练，因此第二阶段有导学习的 BP 学习算法通常比常规的 BP 算法收敛要快。最后要指出，上面推导出来的学习算法是针对第二层中用单一神经元来实现语言值的隶属度函数，但它可以很容易地扩展到用子神经网络逼近的隶属度函数的情形。如果子神经网络也是前向传播神经网络，则利用反向传播的思想，可以将输出误差信号反传到子网络中去，从而可以实现子网络参数的学习和调整。

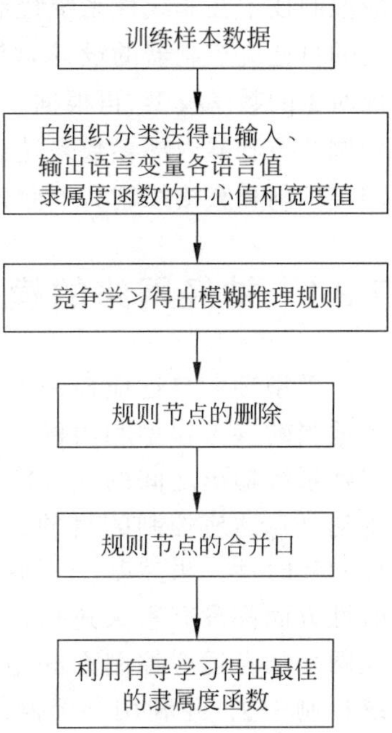

图 7-3　模糊神经网络混合学习的流程图

7.2　基于神经元网络的自适应控制

自适应控制技术包括模型参考自适应控制和自校正控制，已经在线性多变量系统中得到广泛的应用，然而非线性系统的自适应控制进展却相当缓慢。神经网络控制论的兴起为非线性系统的自适应控制提供了生机。我们知道，自适应控制系统能够实时、在线地了解对象，根据不断丰富的对象信息，通过一个可调节环节的调节，使系统的性能达到技术要求或最优。由此可见，自适应系统应该具有三大要素：(1)在线、实时地了解对象；(2)有一个可调节环节；(3)能使系统性能达到指标要求或最优。因此，一旦系统的某些状态可以通过在线测量，则神经网络控制器完全满足自适应控制系统的三大要素，是实现自适应控制的一个重要手段。参照线性系统的模型参考自适应控制的思想，K. S. Narendra 和他的学生 K. Parthasarathy 最早提出基于神经网络模型的非线性模型参考自适应控制。由于神经网络自适应控制器在这方面显示了它独特的优势，即可以通过不断地学习来获取对象的模型知识和环境的变化模型，因此，可以用适当的学习算法来实现神经网络的自适应控制。第 3 章讨论已经知道，常规的神经网络控制器本身也具有一定的自适应能力，它能利用被控对象实际输出与期望输出之差来调整控制器的行为。这种神经网络自适应控制为直接自适应控制技术。本节主要讨论常规线性多变量自适应控制技术在非线性系统控制中的推广应用。神经网络自适应控制器的设计与传统的自适应控制器的设计思想一样，有两种不同的设计途径，一是通过系统辨识获取对象的数学模型，再根据一定的设计指标进行设计；二是根据对象的输出误差直接调节控制器内部参数来达到自适应控制的目的。这两种控制器设计思想又称为间接控制和直接控制。下面先来介绍直接自适应神经网络控制技术。

7.2.1 神经网络的模型参考自适应控制

模型参考自适应控制在线性系统中已经得到了广泛的应用。它通过选择一个适当的参考模型和由稳定性理论设计的自适应算法，并利用参考模型的输出与实际系统输出之间的误差信号，由一套自适应算法计算出当前的控制量去控制系统达到自适应控制的目的。线性多变量系统自适应控制算法的主要问题是稳定性和实时性。虽然基于不同的稳定性理论设计的自适应算法很多。但它们在实时性方面都没有重大进展。因此影响了自适应控制的进一步应用。然而基于神经网络的自适应控制方法是将传统线性系统的自适应控制思想推广到非线性系统控制中去，并利用神经网络的并行快速计算能力和非线性映射能力，实现了自适应控制算法的在线应用，同时也为非线性系统的自适应控制提供了契机。模型参考自适应控制的任务是确定控制信号$\{u(k)\}$，使得相同参考输入下对象的输出$y(k)$与参考模型的输出$y_m(k)$之差不超过给定的范围。用公式表示为

$$\lim_{k\to\infty} \| y(k) - y_m(k) \| < \varepsilon \tag{7-37}$$

基于神经网络的模型参考自适应控制结构框图如图 7-4 所示。图中，TDL 表示时滞环节，其作用是将当前时刻的信号进行若干步延迟。神经网络 N_i 是对非线性被控对象进行在线辨识，其目的是利用一定数量的系统输入输出数据来预报下一步系统的输出$\hat{y}_p(k+1)$。预报的精确度用预报误差 $e_i(k+1)=\hat{y}_p(k+1)-y_p(k+1)$来衡量。同时为了保证辨识模型的辨识精度，在控制过程中还需要依据训练准则 J 进行不断地在线实时辨识。

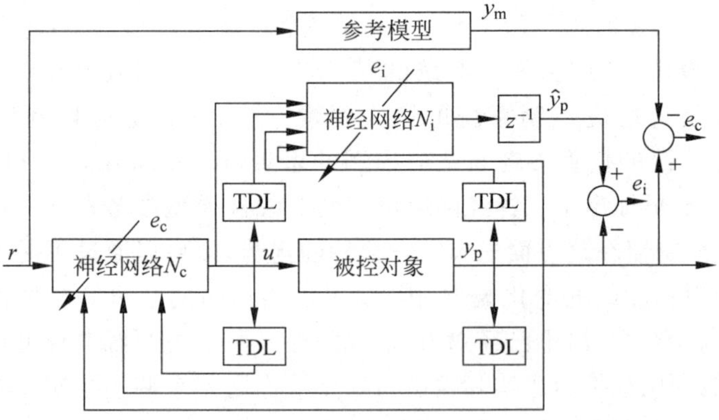

图 7-4 基于神经网络的模型参考自适应控制结构图

$$J=\sum_{k=0}^{T_i}\|e_i(t+k)\|^2 \tag{7-38}$$

引入神经网络后，如果系统辨识模型中当前的控制量 $u(k)$ 能够显式地表示为非线性映射关系时，即控制 $u(k)$ 可显式地表示成 $\hat{y}_p(k+1),y(k),\cdots,y(k-n),u(k-1),\cdots,u(k-n)$ 的函数时，则可直接利用辨识模型构成模型参考自适应控制器。如果辨识模型中当前的控制 $u(k)$ 不能用 $\hat{y}_p(k+1),y(k),\cdots,y(k-n),u(k-1),\cdots,u(k-n)$ 显式表示时，情况就复杂多了。此时需再引入一个神经网络控制器来实现自适应控制的能力。下面先来看一下第一种情况。

例 7-1　非线性控制对象为

$$y(k+1)=\frac{y(k)y(k-1)[y(k)+2.5]}{1+y^2(k)+y^2(k-1)}+u(k) \tag{7-39}$$

参考系统的模型为

$$y_m(k+1)=0.6y_m(k)+0.2y_m(k-1)+r(k) \tag{7-40}$$

其中 $r(k)$ 为有界的参考输入。

记

$$f(y(k),y(k-1))=\frac{y(k)y(k-1)[y(k)+2.5]}{1+y^2(k)+y^2(k-1)} \tag{7-41}$$

如果取

$$u(k)=-f(y(k),y(k-1))+0.6y(k+1)+0.2y(k-1)+r(k) \tag{7-42}$$

则控制系统的误差方程为

$$e_c(k+1)=0.6e_c(k)+0.2e_c(k-1) \tag{7-43}$$

其中 $e_c(k+1)=y_p(k+1)-y_m(k+1)$。■

很显然，误差方程式(7-43)是渐近稳定的。但是由于非线性方程 $f(\cdot)$ 是未知的，因此直接利用式(7-42)是难以进行控制的。基于神经网络的模型参考控制就是利用网络辨识模型取代未知的非线性方程 $f(\cdot)$，从而构成基于神经网络的模型参考自适应控制器。记 $N_i(y(k),y(k-1))$ 是 $f(y(k),y(k-1))$ 非线性函数的神经网络逼近函数。这一神经网络模型的建立和训练原理与 3.7 节中介绍的神经网络辨识原理完全相同。假设非线性方程 $f(\cdot)$ 已经由神经网络离线建模方法建立起来，即 $N_i(y(k),y(k-1))$ 已知，则系统的实际控制输出为

$$u(k)=-N_i(y(k),y(k-1))+0.6y(k)+0.2y(k-1)+r(k)$$

当参考输入 $r(k)=\sin(2\pi k/25)$ 时，基于神经网络的模型参考自适应控制的系统响应情况如图 7-5 所示。图中 t 表示时间坐标 $2\pi k/25,k=0,1,\cdots,25$，单位为 s。不难看出，单纯地依赖于神经网络模型进行模型参考自适应控制器的设计，其控制精度还不能达到较高的程度。其主要原因在于受到神经网络模型的逼近精度和辨识模型缺乏自学习自调整机制，尤其是在时变系统中，这样构成的控制方式无法满足高精度的要求。因此，我们可以借助于在线辨识的思想，利用当前系统的

输入输出信息实现神经网络在线的辨识，从而可以达到高精度、自适应神经网络建模的目的。实现在线辨识的关键问题是确定导师信号，根据系统方程式(7-39)可得，非线性函数 $f(y(k),y(k-1))$ 的神经网络逼近函数 $N_i(y(k),y(k-1))$ 的期望输出应为 $t_j(k+1)=y_p(k+1)-u(k)$。设神经网络 $N_i(y(k),y(k-1))$ 的输出为 O_j。则利用传统的反向传播学习算法就可以对 N_i 进行在线学习和辨识，以满足时变的、高精度控制的目的。图 7-6 给出了上述同一例子在实时在线辨识条件下神经网络模型参考自适应控制的响应曲线图。很明显其控制精度已大大改善。

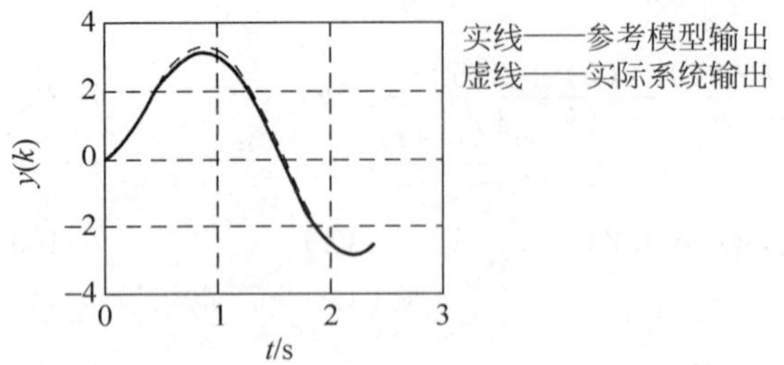

图 7-5　神经网络模型参考自适应控制响应曲线图

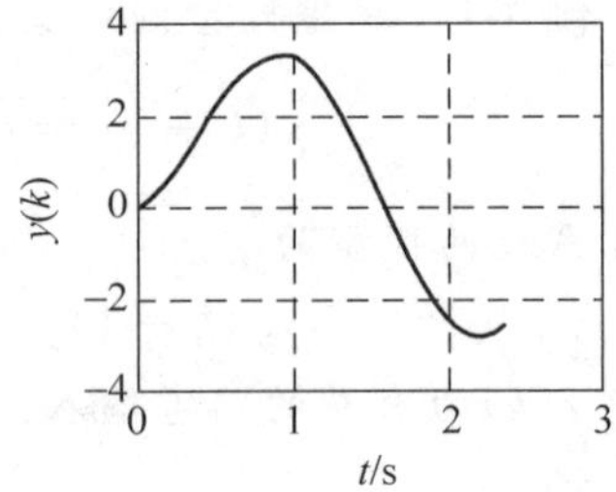

图 7-6　在线辨识的神经网络模型参考自适应控制响应曲线图

对于第二种情况，由于当前控制输出 $u(k)$ 不能直接用 $\hat{y}_p(k+1),y(k),\cdots,y(k-n),u(k-1),\cdots,u(k-n)$ 显式表示，因此需对含当前控制项的非线性函数求逆。为了简单起见，不失一般性，设某一系统方程为

$$y(k+1)=f(y(k),y(k-1),u(k-1))+g(u(k)) \tag{7-44}$$

当 $g(u(k))\neq u(k)$，$g(\cdot)$ 本身就是一个非线性函数。此时不能如上例那样简单地得到自适应控制率。为了实现自适应控制的目的，必须得到 $g(\cdot)$ 函数的逆模型。同样，我们用两个神经网络模型 N_f 和 N_g 来逼近函数 $f(\cdot)$、$g(\cdot)$。则辨识模型为

$$\hat{y}_p(k+1)=N_f[y(k),y(k-1),u(k-1)]+N_g[u(k)] \tag{7-45}$$

假设参考模型与上例完全相同，则自适应控制率为

$$u(k)=\hat{g}^{-1}\{-N_f[y(k),y(k-1),u(k-1)]+0.6y(k)+0.2y(k-1)+r(k)\} \tag{7-46}$$

神经网络 N_f 和 N_g 可以通过 3.7 节中介绍的神经网络辨识原理来获取。但是因为 N_g 太复杂以致无法直接从 N_g 中得到 $\hat{g}^{-1}$。解决的方法是间接地采用另一神经网络模型来逼近 $\hat{g}^{-1}$。这种逼近方法通过选取控制 $u(k)$ 值域内不同取值下系统的响应情况使得 N_g 和 N_f 能广泛地工作在非线性的范围内达到充分逼近的目的，并使这一网络 N_c 满足 $N_g[N_c(r)]=r$。从而得到模型参考自适应控制率为

$$u(k)=N_c\{-N_f[y(k),y(k-1),u(k-1)]+0.6y(k)+0.2y(k-1)+r(k)\}$$

当这个逆模型 $\hat{g}^{-1}$ 存在，则采用上述方法可以解决模型参考自适应控制的设

计问题。但是，一旦逆模型$\hat{g}^{-1}$不存在时，基于逆模型的神经网络的控制问题就遇到了相当大的困难。有时即使逆模型$\hat{g}^{-1}$存在但不是唯一时，也不能用上面的方法来解决。所幸，采用动态 BP 学习算法有望使问题得到解决。

若 $g(u)=[u(k)+1]u(k)[u(k)-1]$，则当 $u=-1, u=0, u=1$ 时都有 $g(u)=0$。那么问题就出来了，即当 $g(u)=0$，控制量 $u(k)$ 应该取多少？因此单靠直接求逆的方法并不能解决这一逆模型非唯一的系统设计问题。所以可以采用动态 BP 法通过神经网络辨识模型建立一套自适应学习机制达到控制器的自学习目的。为了说明问题起见，这里以一阶系统为例，即

$$y(k+1)=f(y(k))+g(u(k))$$

并假设函数 $f(\cdot)$、$g(\cdot)$的神经网络模型已经通过离线建模精确得到。从而使得模型$\hat{y}(k+1)=N_f(y(k))+N_g(u(k))$以足够的精度逼近对象模型。动态 BP 学习算法的出发点不是直接产生系统的逆模型$\hat{g}^{-1}$，而是根据辨识模型的输出$\hat{y}_p(k)$[注意不是对象的实际输出 $y_p(k)$]与参考模型的输出 $y_m(k)$之差 $e_c(k)=\hat{y}_p(k)-y_m(k)$信号的大小进行控制网络的学习。神经网络控制器 N_c 的训练准则为

$$J_c=\sum_{k=1}^{T_c}\|e_c(t+k)\|^2 \tag{7-47}$$

这种学习方法的系统控制结构图如图 7-7 所示。

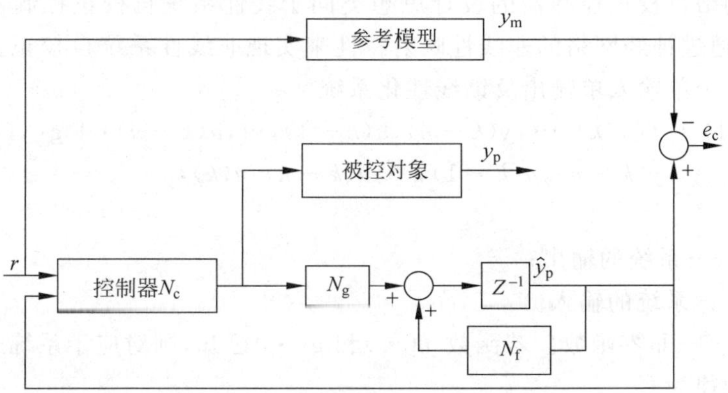

图 7-7　不可逆模型的神经网络 MRAC 控制结构图

7.2.2　神经网络的自校正控制

自校正控制器设计的基本思想是，如果系统的环境和模型中的参数已知，那么可以采用适当的设计方法来获取某种意义下的最优控制器。如果系统的参数未知，则可用参数在线估计来代替未知的真实参数值。因此，系统辨识和控制器在线调节是自校正控制器设计的关键。下面用一个简单的例子来说明自校正控

制器设计的基本思想。

考虑具有未知参数 a 和 b 的一阶离散系统

$$y(k+1)=ay(k)+bu(k) \tag{7-48}$$

其中 $y(k)$——系统的输出；$u(k)$——系统的输入。

这样自适应控制问题可以描述为，设计系统的控制输入 $u(k)$，使得在其控制作用下系统能够达到期望输出响应特性，其中期望系统特性已知，即

$$y(k+1)=cy(k)+dr(k) \tag{7-49}$$

这里 $r(k)$ 为参考输入，c、d 已知。若系统参数 a、b 已知，则只要控制器输出 $u(k)$ 满足

$$u(k)=\frac{c-a}{b}y(k)+\frac{d}{b}r(k) \tag{7-50}$$

被控制对象就能达到期望的系统响应特性。

若系统参数未知，则需通过系统辨识方法对参数 a、b 进行估计，并用估计值去构成自适应控制率

$$u(k)=\frac{c-\hat{a}}{\hat{b}}y(k)+\frac{d}{\hat{b}}r(k) \tag{7-51}$$

其中$\hat{a}$，$\hat{b}$为参数 a，b 的估计值。

神经网络自校正控制器的设计思想类同于线性系统自校正控制器的设计方法，它只是通过神经网络的非线性映射特性来实现非线性系统自校正控制器的设计。考虑一个单输入单输出反馈线性化系统

$$\begin{aligned}y(k+1)=&f(y(k),\cdots,y(k-n),u(k-1),\cdots,u(k-n))+g(y(k),\cdots,\\&y(k-n),u(k-1),\cdots,u(k-n))u(k)\end{aligned} \tag{7-52}$$

其中 $y(k)$——系统的输出；

$u(k)$——系统的输入。

$g(\cdot)$——非零函数。若函数 $f(\cdot)$和 $g(\cdot)$已知，则对应于系统式(7-52)的自校正控制律为

$$u(k)=-\frac{f(\cdot)}{g(\cdot)}+\frac{d(k+1)}{g(\cdot)} \tag{7-53}$$

其中 $d(k+1)$为系统的期望输出。

若函数 $f(\cdot)$和 $g(\cdot)$未知，则可通过神经网络的学习理论来逼近上述函数并获取适当的控制率。为讨论方便，不失一般性，考虑如下一阶系统

$$y(k+1)=f(y(k))+g(y(k))u(k) \tag{7-54}$$

引入神经网络模型$\hat{f}(y(k),w_f(k))$去代替未知函数 $f(y(k))$、$\hat{g}(y(k),w_g(k))$去代替未知函数 $g(y(k))$。则系统的输出预报值应为

$$\hat{y}(k+1)=\hat{f}[y(k),w_f(k)]+\hat{g}[y(k),w_g(k)]u(k) \tag{7-55}$$

控制器设计的目的是希望在控制输出 $u(k)$ 作用下，系统输出达到期望输出 $r(k+1)$。即要求

$$\hat{y}(k+1)=r(k+1) \tag{7-56}$$

这时，加入对象的控制信号应为

$$u(k)=\frac{r(k+1)-\hat{f}[y(k),w_{\mathrm{f}}(k)]}{\hat{g}[y(k),w_{\mathrm{g}}(k)]} \tag{7-57}$$

这样对象的输出 $y(k+1)$ 将依赖于网络权阵 $w_{\mathrm{f}}(k)$、$w_{\mathrm{g}}(k)$。即

$$y(k+1)=f(y(k))+g(y(k))\left\{-\frac{\hat{f}[y(k),w_{\mathrm{f}}(k)]}{\hat{g}[y(k),w_{\mathrm{g}}(k)]}+\frac{r(k+1)}{\hat{g}[y(k),w_{\mathrm{g}}(k)]}\right\} \tag{7-58}$$

在此控制器作用下，系统的实际输出与期望输出之差为 $e(k+1)=y(k+1)-r(k+1)$。那么，如果神经网络模型 $\hat{f}(y(k),w_{\mathrm{f}}(k))$、$\hat{g}(y(k),w_{\mathrm{g}}(k))$ 完全精确地逼近系统模型 $f(\cdot)$ 和 $g(\cdot)$，则系统在没有干扰的情况下输出误差 $e(k+1)$ 应恒为零。因此，网络的权阵 $w_{\mathrm{f}}(k)$、$w_{\mathrm{g}}(k)$ 训练的指标函数可采用其输出误差，即

$$J=\frac{1}{2}e^{2}(k+1)=\frac{1}{2}(r(k+1)-y(k+1))^{2} \tag{7-59}$$

由传统的 BP 学习算法可以得出神经网络模型的学习规则

$$\begin{aligned}\frac{\partial J}{\partial w_{\mathrm{f}}(k)}&=\frac{g(y(k))}{\hat{g}(y(k),w_{\mathrm{g}}(k))}\left\{\frac{\partial\,\hat{f}[y(k),w_{\mathrm{f}}(k)]}{\partial w_{\mathrm{f}}(k)}\right\}e(k+1)\\\frac{\partial J}{\partial w_{\mathrm{g}}(k)}&=\frac{g(y(k))}{\hat{g}(y(k),w_{\mathrm{g}}(k))}\left\{\frac{\partial\,\hat{g}[y(k),w_{\mathrm{g}}(k)]}{\partial w_{\mathrm{g}}(k)}\right\}u(k)e(k+1)\end{aligned} \tag{7-60}$$

$$\begin{aligned}\Delta w_{\mathrm{f}}(k+1)&=-\eta_{k}\frac{\partial J}{\partial w_{\mathrm{f}}(k)}\\\Delta w_{\mathrm{g}}(k+1)&=-\mu_{k}\frac{\partial J}{\partial w_{\mathrm{g}}(k)}\end{aligned} \tag{7-61}$$

当上式收敛时即可得到自校正控制的最佳控制律。

7.3* 自适应神经网络结构学习

人工神经网络理论的学习算法、网络结构、输入信号的选择、训练样本的选择是影响神经网络逼近能力和泛化能力的四大要素。学习算法直接影响神经网络学习的收敛速度，输入信号的选择和训练样本的选择影响神经网络的逼近能力和泛化能力，而神经网络的结构既对神经网络学习的收敛速度也对神经网络的逼近和泛化能力都有重要的影响，因此，研究神经网络结构的最佳选择问题具有十分现实的意义。我们知道，自然界神经网络结构是进化而成的。现在，由于缺乏对自然界神经网络结构进化理论的深入了解，目前人们还无法将自然界的结构进

化方法直接引到人工神经网络的结构设计中来,也没有系统的理论指导,因此在大多数情况下都是用试凑法来选择神经网络结构,结果是计算量大、效率低,且难以评价所得网络结构是否为较优。这种盲目的选择方法严重地阻碍了神经网络的应用和发展。为了解决这一问题,不少学者开始研究神经网络的结构优化问题。自适应神经网络结构学习就是通过学习过程本身的发展和变化来改变神经网络的结构,以达到最佳逼近和最优泛化的效果。自适应神经网络结构学习的研究还处于起步阶段,还有许多理论和方法尚不成熟。这里仅仅介绍的是一些基本概念和基本思路,供读者参考。

7.3.1 神经网络结构设计准则

人工神经网络在模式识别、非线性系统建模、系统控制等领域具有广泛的应用前景已经形成共识。虽然神经网络的应用前景仍然相当美好,但由于其学习速度慢、复杂问题有效定标能力差、泛化能力的不确定性等因素都严重限制了神经网络的进一步应用。出现这些不足的原因之一是对于给定的逼近任务,在训练前无法确定合适的神经网络规模,如:用何种方法能够确定隐含层节点的数目使得神经网络的训练时间最短、系统性能最佳?当然,最简单的方法就是选用不同数量的隐含节点进行神经网络的训练,最后从中选取最佳的网络结构。显然,这种方法的训练是相当耗时的。此外,由于初始选择的网络不一定能够将最佳网络结构包含进来,因此绝大多数情况下,最终得到的还是次优的网络结构。另外一种稍为复杂一点的网络结构选择方法是依赖于训练前的经验知识和经验公式,如Hecht-Nielson使用Kolomogorov定理,即仅用$2n_i+1$(n_i为神经网络的输入维数)个隐含神经元就能逼近任何连续函数。最后一种方法是动态神经网络结构优化方法,即通过某种学习的方法对网络的隐含节点、隐含层进行增减来达到神经网络结构优化的目的,这也是本节重点要介绍的方法。为了实现这种优化计算,必须首先引入判断准则。在讨论设计准则之前,先来看一下神经网络结构规模对系统性能的影响。在设计神经网络结构时我们要考虑的是:(1)神经网络的函数逼近能力;(2)神经网络结构的复杂性。我们希望设计出来的神经网络结构既具有良好的逼近能力和泛化能力,又具有最小的网络规模。

(1) 神经网络的函数逼近能力

目前神经网络逼近能力主要通过对训练样本的逼近误差来衡量,许多有导师指导下的学习也是基于最小化训练样本误差而引出来的。然而,许多实验研究表明,样本的训练误差极小与网络对样本之外的映射能力并不存在明确的关系。由于训练样本总是有限的、神经网络的泛化能力无法评价等因素,因此,如何从有限的训练样本中得出具有较强泛化能力的神经网络结构仍然是一个有待解决的难题。目前用于神经网络泛化能力评价的方法主要有:

① E. Levin[94]等提出的随机逼近法，即将信息理论中的最小描述长度(MDL)和神经网络的随机机理联系起来，用网络训练后预测一个独立输入输出对的概率作为网络泛化能力的一种度量。

② Fogel[95]提出了根据最优网络结构设计和数据模型识别之间的关系，从Akaike 信息准则(AIC)派生出一种用来选择二进制分类问题最优网络的准则。

③ Murata[96]等人推广了 Akaike 信息准则，在代价函数中加入泛化性能项，从而导出一个新的网络信息准则。

详细讨论信息理论已超出本书的范围。

(2) 神经网络结构的复杂性

神经网络的复杂性是神经网络结构设计要考虑的另一重要因素。为了使系统的硬件和软件成本代价最小，总希望能用最小的神经网络规模来实现所要求的功能。神经网络规模过大，则在学习中花费的时间必然增加。同时，它也使神经网络的归纳能力下降。虽然，一般说来神经网络规模的增加对有限样本数据集的训练会有改善，但从神经网络的学习时间和归纳能力方面来看并不是说规模越大越好。此外，神经网络的分布性是神经计算的一个特色，保持神经网络的分布性和鲁棒性也是神经网络结构设计中必须考虑的问题。过小的神经网络规模会严重影响神经网络的容错性。因此，选择合适的神经网络结构必须考虑各方面的综合因素，以得到合理的优化结构。学习是实现结构优化的一种有效途径。

7.3.2　神经网络结构设计方法

目前，神经网络的结构设计方法还没有形成一套有效的直接设计方法。这里向读者介绍的只是目前常见的几种设计思想。一般说来，神经网络结构学习方法有四种。

① 试凑法。通过选择不同神经网络结构对样本集数据进行训练后，取其满足精度要求条件下规模最小的神经网络结构。显然，这种方法对于初始神经网络结构选择还需要一定的经验知识，否则，最优或较优的网络结构无法包含在初始网络结构选择中，因而也无法得到最优或较优的网络结构。此外，为了得到较好的模型结构，在先验知识相对知道比较少的情况下，必须选择比较多的网络结构进行训练和试探。因此，这种结构选择方法不可避免地遇到计算时间过长的缺陷。

② 遗传学习法。遗传学习的原理和方法将在第 8 章内着重介绍。基于遗传学习的神经网络结构选择可以归结于通过遗传学习寻找最优建筑块的问题。与试凑法相似，由于遗传学习需要对群体解空间进行搜索，因此，它的计算工作量也是相当大的。用遗传学习法进行神经网络结构优化时通常是同时进行结构优化和权系数优化。遗传学习计算的首要问题是结构编码，常见的编码方法有两种，直接编码法和间接编码法。直接编码法是将各权系数的存在与否用二进制码表

示，这样从代码到实际结构中权的映射是一对一的。如用 0，1，# 对网络结构直接编码，则它们分别表示权系数没有连接、已经连接和与连接与否无关。但这种编码方式的编码长度往往很长。间接编码法只是将主要特征而不是每一个权进行编码，每一个权的细节在解码时由展开公式提供。

③ 截去法。这种网络结构设计法的思路是首先选择一个较大规模的初始神经网络结构，并通过删除不重要的权值和节点实现网络规模的缩小达到增强神经网络归纳能力的目的。这种方法的现实手段有，删除最小连接的权值或不敏感权值、在指标函数中增加惩罚项来加速权值的衰减。截去法可以截去一个节点、一个连接权系数，也可以是一个隐含层。

减少网络大小最基本的方法是删除多余的权。Omidvar[87] 等人用 Boltzmann 方法借助于标量化共轭梯度学习算法来训练神经网络，并在训练过程中按 $1-\exp|w_i|/T$ 的概率对网络中的权值进行删除(其中 T 为衰减温度系数)，使得网络拓扑结构和信息内容存储达到优化。另一截去法的实现办法是 Wayne 等人提出的迭代误差极小化公式，即利用计算得到的每个权系数均方误差二阶导数积分的近似值，作为移去或增加一个权连接对网络性能影响的估计。截去的方法可以简单地通过一个阈值函数来实现，即那些对网络性能影响少于某一阈值的权连接将被删除。从而最终得到满足性能指标的最小权连接数目的网络结构。除了删除权连接之外，神经元节点的删除也是截去法的一个重要手段。Kruschke[88] 等人在网络中引入节点的增益因子，即一个节点的增益表明此节点在表达输入和在学习中的参与程度，并在惩罚函数中引入节点相似性的惩罚项来消除相似节点。

④ 增长法。神经网络结构以一个小规模结构开始，根据需要逐步增加网络的节点和连接关系，实现神经网络结构的优化。这种方法由于初始神经网络训练规模比截去法的神经网络规模要小，因此，训练的时间肯定要少。从总体上来看，这种结构优化法的计算工作量要小，优化速度快。此外，它也省去了选择一个多大结构的神经网络作为截去法的初始结构的烦恼。增长法的一个主要缺点是当没有一定的限制措施和条件，最终得到的网络结构往往会过大。

第8章 进化算法

8.1 引言

智能控制或智能方法研究的最终目标是制造出具有人脑功能（如识别、学习、推理、综合、分析、判断和决策等）的机器，诸如学习机、智能计算机、智能机器人等。目前已经比较实用化的智能方法主要有两类：一是基于“符号和逻辑”的传统人工智能派；二是基于“连接主义”神经网络理论派。这些方法的核心就是利用优化技术来解决实际的问题。一般说来，在控制系统的建模与辨识、各类控制系统的设计（从简单的 PID 调节器设计到复杂的离散事件系统设计）、高级控制算法的实现（如自适应控制、鲁棒控制、容错控制、学习控制等）都需要优化技术。遗传学习算法是当今随机优化理论中相当活跃的一个分支。它与模拟退火算法、进化论算法一起构成了随机搜索优化的新理论。模拟退火算法的自然机理来自金属晶体的有序重列。这一基于统计物理理论的现象说明，金属在退火过程中，适当地控制温度，可以使能量函数达到最小。进化论算法和遗传算法的自然机理都来自于生物进化现象，即达尔文的物竞天择、优胜劣汰的学说。进化论算法主要利用变异算子作为搜索机制在整个搜索空间中实现全局优化，而遗传算法主要是通过某种选择机制产生一系列群体，群体的演变是由搜索机制来实现的，其中交叉算子和变异算子是实现搜索机制的主要算子。进化论算法和遗传算法有很多的相近之处，它们的主要差别在于进化策略使用变异算子作为基本的搜索机制，而遗传算法依靠交叉运算为优化搜索的主要机制。本章将主要介绍遗传学习算法。

遗传学习的提出是从生物界的进化理论中得到启发。大家知道，在自然界，优秀的品种个体能够在贫乏的环境下生存。对环境的适应能力是每一物种生存的本能。各种表征各自个体的独自特性决定了它本身的生存能力，而这些特性是由其个体的遗传码决定的。确切地讲，每一特性是由称作基因的基本单元控制的。控制个体特性的基因集就是染色体,它是在竞争环境中个体生存的关键因素。虽然进化呈现出物种特性继承性的变化,也正是物种遗传物质的变化构成了进化的本质。换句话说,进化的驱动力在于自然选择和繁殖以及它们重组的联合作用。在有限的资源如食物、空间等条件下,每一物种为了生存只有进行竞争,其结果是适应能力强的个体优于弱者。也只有那些适应能力强的个体得到生存和繁殖,这种自然现象就是自然界的"适者生存"规律。因此,强者的基因生存下来,弱者的基因渐渐消亡。自然选择就是适者生存。繁殖过程使得基因呈现多样性。进化是从父辈中的遗传物质(染色体)在繁殖中的重新组合时开始的。新的基因组合是从父辈基因中繁殖下来的。这一过程又称为"交叉"(crossover)。交叉运算的本质是将两个父辈的基因的某一段进行交换,以便通过可能的正确结合产生更优秀的下一代。不断地进行自然选择和交叉运算使得基因链不断地进化最终产生更好的个体。

遗传学习算法是建立在自然选择和自然遗传学机理基础上的迭代自适应随机搜索算法,其基本思想是由美国 Michigan 大学 Holland 教授在 1962 年首先提出来的,并在 1970 年用计算机程序模拟了进化过程。遗传学习算法的正式确立是以 1975 年 Holland 教授出版的专著《Adaption in Natural Artificial System》为标志的。遗传学习算法是通过机器来模仿生物界自然选择机制的一种方法。它涉及高维空间的优化搜索,虽然它的解并不一定是最优的,但肯定是一个优良的解。遗传算法的实质是通过操作一组最优化问题潜在解的全体来实现的。具体说来,他们通过问题解的编码操作来寻优,而这种编码正等同于自然界物种的基因链。Holland 教授提出的遗传算法是将问题的解用二进制位串来表示的。与自然界的"适者生存"一样,物种的选择也是通过有益于使较好的解具有生存权的这样一种机制来进行的。每一个体都与反映自身适应能力相对强弱的"适应度"相联系。较高"适应度"的个体具有较大的生存和繁殖机会,以及在下一代中占有更大的份额。在遗传算法中染色体的重组是通过对两个父辈编码串之间相互交换这样一个"交叉"机制来实现的。遗传算法的另一个重要算子"变异"(mutation)通过随机地改变编码串中的某一位达到下一代能够呈现一定的分散性。从优化的角度来分析,"变异"的作用在于能够实现全局优化。总之,遗传学习算法的优点在于算法简单、鲁棒性强,而且无需知道搜索空间的先验知识。它同神经元网络优化模型一样表现为强大的并行处理性能,因此,它们的执行时间与优化系统的规模是一种线性关系,而不会随着系统复杂程度增加带来计算量猛增的现象。一旦遗传学习算法在某一领域应用成熟,也可利用大规模集成电路芯片来实现这一具有继承特性的并行处理机制。

进化计算方法,包括如遗传算法(genetic algorithm,GA)、进化策略(evolution strategy,ES)和进化规划(evolutionary programming,EP)等,都是模拟生物演化思想来进行优化计算。生物免疫学研究成果为优化计算提供另一途径。由于传统的遗传算法存在诸如局部空间的搜索问题、个体的多样性收敛过快问题，使得遗传学习算法的效率受到较大影响。人工免疫进化计算方法是利用免疫系统中抗体抗原选择机制、免疫细胞的补充机制等多种免疫行为来改进遗传学习算法“早熟”现象，是提高进化算法的有效措施。8.2 节将重点讨论人工免疫进化学习算法。

8.2　遗传学习原理与算法

8.2.1　遗传学习的基本思想

1. 问题的提出

传统的优化理论都是通过调整模型的参数来得到期望的结果，例如多层前向传播神经元网络的反向传播学习算法就是通过调节连接权系数来实现输入输出的映射。然而遗传优化算法是根据生物界的遗传和自然选择的原理来实现的，它的学习过程是通过保持和修改群体解中的个体特性，并且保证这种修改能够使下一代的群体中有利于与期望特性相近的个体在整个群体份额中占有的比例越来越多。同自然选择一样，这一过程是概率收敛的，它并不完全是随机的。遗传算法中的遗传规则要求使那些与期望特性相近的个体具有迅速繁殖的最大概率。

与基于代数学的优化方法一样，遗传算法是通过连续不断地对群体进行改进来搜索函数的最大值的。要注意这一搜索过程与搜索最优群体的概念是不一样的。此外，遗传算法搜索的结果会有很大的差异。遗传学习的基本机理是使那些优于群体中其他个体的个体具有生存、繁殖以及保持更多基因给下一代的机会。这与许多人类的行为准则是一致的，如一个部队最优并不十分重要，赢得胜利的关键在于比敌人的部队更优秀就可以了。因此，遗传算法实质上是在群体空间中寻求较优解。下面我们来分析 Holland 提出的遗传学习算法。

Holland 教授在遗传学的基础上利用计算机来模拟生物的进化过程，从而实现复杂问题的优化求解。在他的仿真程序中对由染色体(即由 0 或 1 组成的二进制串)构成的种群进行操作，并利用一些简单的编码、选择、繁殖等机制解决了一些极端复杂的问题。和自然界中进化过程相类似，这些算法没有用到系统的任何先验知识。它们仅仅是利用一些简单的染色体操作算子，通过不断地重复这些操作过程，直至达到给定的准则指标或达到预定的最大重复次数为止。Holland 教授提出的遗传学习算法可以归结为以下几个步骤。

(1) 群体的初始化；

(2) 评价群体中每一个体的性能；

(3) 选择下一代个体；

(4) 执行简单的操作算子(如交叉、变异);

(5) 评价下一代群体的性能;

(6) 判断终止条件满足否?若不,则转(3)继续;若满足,则结束。

要完成遗传学习算法,必须首先解决以下几个部分的选择问题。

(1) 编码机制;

(2) 选择机制;

(3) 控制参数选择;

(4) 二进制字符串的群体构成;

(5) 适应度函数的计算;

(6) 遗传算子(交叉、变异)的定义。

下面我们分别来讨论遗传学习算法中的这些问题。

2. 遗传学习算法的操作算子

(1) 编码机制(encoding mechanism)

遗传算法的基础是编码机制,编码解决的问题就是如何将最优化问题中的变量用某种编码方式构成一种遗传规则能够运算的字符串,编码规则与待求问题的自然特性相关。例如在解决道路的最佳流量控制时,不同道路的流量变量是一个连续变量,因此需要对连续变量进行编码。而在解决旅行商最优路径时可以用二进制数来表示,因而可以直接用二进制编码来实现问题的求解。但不管是何种编码方式,编码规则必须满足每一个解对应于唯一的一个二进制字符串编码。

我们知道,绝大多数最优化问题都是处理实值连续变量。对它们进行编码的常用方法是使用它们的整数表示,即每一个变量首先经线性变换转换到某一给定范围内的整数,然后用固定长度的二进制进行编码,并将所有变量的二进制编码合并成一个二进制字符串。例如,对于定义在-1.28到1.28值之间的连续变量的编码可以简单地对变量值乘以一个实数100,并舍弃其小数部分得到相应的二进制整数。这样,连续变量可以通过线性变换,而到一个整数区间$[-128,128]$。不难看出,这个整数区间的二进制编码是相当容易的。

编码问题是遗传学习算法的一个关键问题。上面介绍的是Holland教授首先提出和使用的二进制编码法,即每一个位(基因)有两个取值0或1,每一个参数被编码成一个二进制数,所有参数的二进制编码排列在一起形成一个长的字符串(又称染色体)。因此,要构成一个寻优参数比较多的系统优化问题,其字符串是相当长的。为了减小字符串的长度,人们又提出了基因的多值编码方法(如用0～9来表示一个基因),这样可以用较少的基因来表示同样的信息。但在实用上已表明,二进制编码具有较好的优化特性。与编码问题密切相关的另一问题是染色体的结构选择问题,即参数的排序,它也是影响遗传学习算法收敛性的重要因素。由于群体的繁殖是通过遗传学习算子来进行的,而这些算子的操作是针对所有参数进行的，尤其是交叉算子，它是将父辈字符串(染色体)的某一点上断裂后通过相互交换其中一部分而产生下一代。因此，在这个算子的运算过程中隐含着排序相近的基因将在下一代中保持下来，而相距较远的基因将赋予不同的子代。这一特点希望我们尽量将一些相关性较强的参数基因排在一起。但遗憾的是在实际系统中哪些参数相关性强事先是很难确定的。

(2) 适应度函数(fitness function)

任何一个优化问题都是与一定的目标函数相联系的。遗传学习的优化算法也不例外。目标函数是用来评价每一个字符串个体性能的一个指标。然而，它的值域变化范围会随待求问题的不同而有很大的差异。为了使得遗传学习算法与待求问题的本身无关，且便于遗传优化的计算，人们引入了一个新的指标函数，即"适应度值"。它的大小反应了群体中个体性能的优劣，它的值域范围为[0,1]。"适应度值"的计算直接通过将目标函数经一定的线性变换映射到[0,1]区间内的一个值。这一过程又称为目标函数的正规化过程。遗传学习的选择机制就是通过评价"适应度值"来进行的。

(3) 选择机制(selection mechanism)

选择机制的基本思想取自于自然界进化论的"适者生存"。适应性强的个体得到生存，而适应性弱的个体将逐渐消失。在遗传学习算法中选择机制的操作思想是，适应能力强的个体将有更多的机会繁殖它们的后代，换句话说，在下一代中得出更多的生存机会。选择机制只采用比例选择法(proportionate selection scheme)，比例选择法的基本思想是：

记$\bar{f}$为群体的平均适应度值，f_i 为第 i 个个体的适应度值。则比例选择的原则是在下一代群体中应有 $f_i/\bar{f}$的第 i 个个体的子代，也即如果某一父辈染色体具有比平均适应度值更高的适应度时可以有多于一个的子代位置，而比平均适应度值更小的个体将产生至多只有一个自身个体的后代。不难发现，在具体计算上由于比例选择法给出的只是子代拥有量的一个分数值，即 $f_i/\bar{f}$表示了这一字符串产生期望子代的分数数目。而在实际的繁殖过程中得到的子代数必须是整数个。因此，最后选择出来的下一代会出现某些个体的数目比 $f_i/\bar{f}$更大，而某些个体的数目比 $f_i/\bar{f}$小。最终的选择结果仍然存在一定的随机性。为了完成既有"优胜劣汰"又有一定随机性的进化过程，Holland 将幸运游戏中的转轮法引到遗传学习中来，提出了转轮选择法(roulette wheel selection scheme)，即每一个体在转轮上占有一个扇区且扇区角的大小正比于 $2\pi f_i/\bar{f}$。转轮选择法的具体计算方法可以描述为，随机产生一个 0～2π 之间的数，一旦落入某一个个体扇区时，则此个体被选中作为下一代的一个个体。这样一直继续下去，直至下一代群体内的所有个体都被选择出来。在这里我们注意到，适应度值越大的个体，它占有扇区的面积也越大，被随机选中的概率也越大。因此，从概率角度来分析转轮选择法满足"优胜劣汰”自然法则。但是必须指出的是，由于随机性的存在，不可避免地会产生与比例选择法的基本选择法则有差异，即有些个体可能并没有得到它应该拥有的$f_i/\bar{f}$个个体的数目。不过这一现象的群体规模比较大时就并不重要了。群体规模越大，这种情况出现的可能性越小。因此，遗传学习算法属于随机搜索方法，具有概率收敛性。规模越大，呈现的概率性越正确，学习算法也就越完善。

(4) 交叉算子(crossover)

一旦下一代的群体全部选择，即当前这一代的个体是由上一代中适应能力较强的一些个体组成的。接下去的任务是如何利用这些适应能力强的父辈个体进行繁殖以得到更优秀的下一代。交叉算子就是繁殖运算过程中的一个重要算子。交叉算子操作过程可以这样来描述，随机地从父辈集合中选取两个个体作为双亲。设L表示一个体的字符串(染色体)长度，随机地产生$(0\sim L)$之间的一个数d，并把此点位置称为交叉点。交叉运算就是将双亲的基因链在交叉点断裂，且将在交叉点之后的基因根据交叉率的条件决定是否进行相互交换形成下一代。所谓交叉率p_c是根据优化问题预先确定的一个$0\sim1$之间的值。双亲基因是否交换的条件是在此刻又随机产生一个$0\sim1$的数p，只有当$p>p_c$时双亲染色体在交叉点之后的基因进行相互交换；否则，双亲直接传入下一代。交叉率p_c通常取$0.6\sim0.9$。p_c越大，在下一代中产生的新结构越多。

(5) 变异算子(mutation)

变异算子是在交叉运算结束后进行的。由于自然界的物种进化既包含了继承又包含了突变，因此，在模拟自然物种进化论的遗传学习算法中也应具有这样的双重特性。在前面讨论的选择、交叉主要解决的是继承问题，在这里将讨论突变现象的遗传算法实现问题。为了讨论方便起见，不失一般性，假设染色体的编码是由二进制方式进行的，则所谓变异指的是随机地选取染色体中的某个基因(也即字符串中的某一位)进行取反运算，即将原有的“1”变为“0”和反之。为了控制变异算子运算的概率，同交叉运算一样变异算子也引入变异率p_m来控制变异运算的发生率。要指出的是，染色体中各基因的变异操作是相互独立的，也就是说，这一位的变异操作并不影响另一位的变异率。变异算子是恢复染色体中优秀基因的一个重要因素，例如，当群体中所有个体在某一位置上都趋于“0”，而期望的最优解在此位置上应该是“1”，在这种情况下，选择和交叉运算是无法在这一位置上得到“1”的，因此只有通过变异算子才能实现。所以，变异算子是实现全局优化不可缺少的一个重要算子。为了保证“优胜劣汰”的自然规律，遗传和繁殖是进化的主要部分，变异只是进化的补充，因此，通常变异率取比较小的数值，一般p_m为$0.001\sim0.2$。变异率的概念在于在群体中只有$p_m\times NQ$个基因发生变异，其中，NQ为群体的总基因数。

剩下的问题就是控制参数的选择和群体的构成。控制参数在遗传学习算法中实际上是交叉率、变异率和群体的规模。交叉率p_c和变异率p_m的选取在讨论它们的运算算子时已经提供了相应的经验数据，群体规模的大小、初始群体的产生将在下面的一个例子中来讨论。

3. 遗传学习算法的设计举例

下面将举一例子进一步说明遗传学习算法的计算过程。一个完整的遗传算法优化程序通常包含五个部分。①群体初始化；②繁殖；③交义；④变异；⑤终止准则判断，若不满足，重复②～④；否则，搜索结束。

(1) 群体初始化

遗传学习优化是通过对整个参数空间域内的众多样本集同时进行搜索的，它不同于传统的优化方法只是针对某一点进行搜索。因此，在进行遗传学习前必须建立一个初始的群体。建立一个初始的群体要考虑两个因素，一是群体规模的大小，即在整个参数空间域内需要多少个样本点；二是初始群体的构成，也即是第一代染色体的组成。到目前为止，关于此类问题的选择还没有任何指导性的理论结果可供参考，目前采用的方法仍然基于经验法和随机法。群体规模用符号 N 来表示，如果 N 过小，则无法提供足够的样本信息，从而会导致最优解难以寻到；群体规模 N 过大又会影响收敛速度，一般情况下取 $N=10\sim200$ 之间为宜。一旦群体规模确定以后，就要涉及初始群体的构成问题。最简单的第一代染色体确定是通过随机选择的方法来建立的。在本例中，取 $N=4$，染色体的长度 $L=10$，则第一代群体 P_1 的分布通过随机选择得到，如表 8-1 所示，其中每一个体的适应度值分别列于相应染色体的右侧。

表 8-1　选择算子运算后染色体的适应度值

群体 P_1（随机初始化）		群体 P_2（经选择后）	
染色体	适应度值	染色体	适应度值
0000011100	0.2	1000011111	0.6
1000011111	0.6	0110101011	0.6
0110101011	0.6	1111111011	0.9
1111111011	0.9	1111111011	0.9

表 8-1 中的染色体编码表示所有待求参数的编码。例如它可以用来表示两个参数，即分别用五个字符编码表示一个参数。当然也可以用十位字长的编码来表示一个参变量，此时，参数的寻优精度比两个参数的要高。从中也可以看出，如果系统参数的精度要求高，则染色体的长度会更长。这部分工作实质上属于编码问题，前面已经讨论过，编码的好坏对系统的优化有重要的作用。

(2) 选择

选择过程是依据自然界"优胜劣汰"原则进行的。它的基本思想是在当前这一代中具有适应性强的个体被选中的机会更大。由比例选择法可知

$$f_1=0.2\quad f_2=0.6\quad f_3=0.6\quad f_4=0.9$$

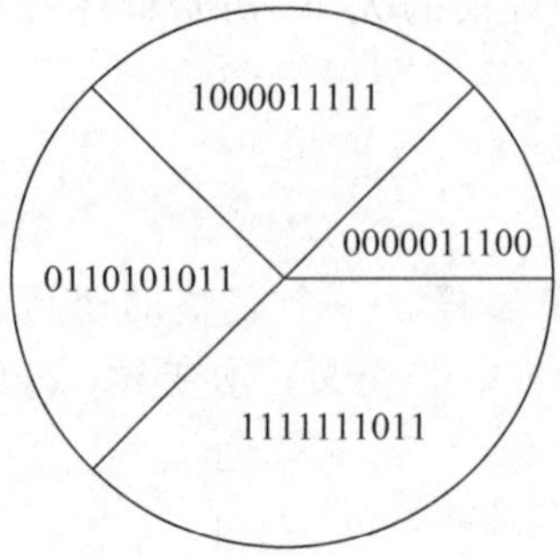

图 8-1 转轮选择法示意图

则平均适应度$\overline{f}=0.575$。

因此四个个体的选中概率分别为 $f_1/\overline{f}=0.348$，$f_2/\overline{f}=1.043$，$f_3/\overline{f}=1.043$，$f_4/\overline{f}=1.568$。父辈这一代的选择问题可以形象地用图 8-1 的转轮法来表示。在具体的计算中，也可以简单地采用 $f_i/\overline{f}$ 的四舍五入规则来决定延续到下一代的个数。这样，本例的选择结果分别是个体 1、2、3、4 在下一代中应该占有的位置为 0、1、1、2。如表 8-1 中的群体 P_2。

(3) 交叉

交叉过程实质上也是模拟自然界物种繁殖子代的过程，一旦作为下一代繁殖的双亲选择完成后，下面的任务就是利用这些个体产生新的个体，交叉运算是实现这一过程的一个重要算子。在这里双亲的选择是任意的，即取父辈群体中的任意两个个体进行交叉运算以便产生新一代。本例中随机选取 1 和 4 号个体、2 和 3 号个体分别形成两对进行交叉运算。当取交叉率 $p_c=0.5$ 时，只有个体 1 和 4 这一对双亲进行真正的交叉运算，而另一对个体 2 和 3 不进行交叉运算。交叉点的位置也是随机产生的一个 0 到 L 之间的数，假设这个数为 6，则意味着个体 1 和 4 的字符串从第 6 位开始到最后一个基因进行相互交换，计算结果如表 8-2 中的 P_3。

表 8-2 交叉变异运算后染色体的适应度值

群体 P_3(交叉运算后)		群体 P_4(变异运算后)	
染色体	适应度值	染色体	适应度值
10000|11011	0.5	1000011011	0.5
0110101011	0.6	0110111011	0.7
1111111011	0.9	1111111011	0.9
11111|11111	1.0	0111111111	0.9

(4) 变异

利用遗传、交叉运算进行操作时会随着学习次数的不断增加其群体将趋于单一化，从而会导致搜索过快地结束。为了防止这种局部收敛现象的出现，遗传学习算法将生物种族遗传过程中产生的变异现象引入到计算机程序搜索中来达到全局优化。一般说来，变异对进化有害多于有益。因此，为了保证物种不被破坏应尽量选择很小的变异率。变异运算仅仅是将染色体中的某一位(某一基因)进行取反运算，迫使繁殖下来的新一代对上一代有所突变。本例中取 $p_m=0.05$，即表明在总共 40 个基因中有 $40\times0.05=2$ 个基因会发生变异。表 8-2 中 P_4 给出了第 2 个个体和第 4 个个体中分别有一个基因发生变异后的情况。

(5) 终止准则判断

终止准则判断的方法有两类：一是系统的性能指标已经满足要求；二是学习次数已经达到最大允许次数。一般情况下，首先将编码起来的字符串分解为相应的物理参数的代码，并利用反映射转换为实际的物理参数，计算出系统相应的性能指标。再根据群体中最佳性能指标项是否满足设计要求决定遗传学习是否继续。最大学习次数限制是为了保证在收敛性有问题时能够及时地停止计算。

以上分析可知，遗传学习算法涉及群体的规模 N、交叉率 p_c、变异率 p_m 三个参数，通称为遗传学习的控制参数。如何最佳地选择这三个参数目前暂无定论，只有通过试验、仿真和经验来得到。

8.2.2　遗传学习算法的理论基础

1. 模板的基本概念

遗传学习算法已经在大量的优化问题中得到成功应用。那么，对于如此简单的计算方法为什么会有如此神奇的效果呢？它的理论基础是什么？遗传学习算法在应用上的成功和在理论上的缺乏并不相称。目前，遗传学习算法的理论基础和严格的收敛性证明并没有完全清楚。至今为止，遗传学习算法的理论是 Holland 提出的模板理论（schema theory）和 Goldberg 提出的建筑块假设（building block hypothesis）。它们通过计算有用相似性，检查包含在群体中的各种模板的增长速率来表明遗传学习的能力，从而在一定程度上奠定了 GA 的数学基础。下面先来介绍 Holland 提出的模板理论。首先引入几个概念。

① 模板。在全部个体的通体 Ω 中，具有某些共同特性的一个子集 $S\in\Omega$，称 S 为一个模板。具体地说，同一模板表示那些在某些基因位置上具有相同性质、而在另一些位置上不影响子集特征的染色体集合。例如，考虑一个字长为 5 的染色体，模板 * * 000 表示最后三个位置的值必须为“0”的一组染色体构成的子集。因此，00000、01000、10000、11000 同属于这一模板。同理，模板 1 * 00 * 表示的字符串集合为：10000、10001、11000、11001。每一模板内的任一字符串称为模板的一个范例。符号“ * ”在模板理论中占重要地位，它表示在此位置上可以是任何一个基因，在二进制编码前提下，它既可以是“0”、也可以是“1”。

② 模板中的每一位，若“1”与“1”相匹配、“0”与“0”相匹配、“ * ”与两者任一匹配，那么称这一模板与字符串匹配。如，对于 A＝101，下面的模式传输同样的信息：$A1$＝10 * ；$A2$＝ * 01；$A3$＝ * * * ；$A4$＝1 * * 。

③ 基数为 k 的基因链（字符串）含有$(k+1)^L$（L 为串的长度）个模板。如二进制编码，$k=2$ 模板数有 3^L 个。

④ 大小为 N 的群体大约含有 2^L 到 $N\cdot 2^L$ 个模板。

⑤ 模板的阶 $o(S)$。模板中含有 0 或 1 的个数。如 $S=**111$，则模板 S 的阶 $o(S)=3$。

⑥ 模板的定义长度 $\delta(S)$。模板中有确定值数码之间的最大距离。如 $S=**111$，则模板 S 的长度 $\delta(S)=2$；$S=1*00*$，则模板 S 的长度 $\delta(S)=3$。

2. 模板定理

遗传学习算法与其他优化方法不同之处在于它具有隐式并行算法（implicit parallelism）。所谓隐式并行算法指的是遗传算子在对群体中的某一染色体进行操作时，它同时意味着对众多模板一起在进行操作。具体来说，假设一个 L 长的染色体，如果用二进制编码，则有 2^L 个模板。例如长度为 4 的染色体 1101，它存在以下 $2^4=16$ 个模板

1 1 0 0	1 1 0 *
1 1 * 0	1 1 * *
1 * 0 0	1 * 0 *
1 * * 0	1 * * *
* 1 0 0	* 1 0 *
* 1 * 0	* 1 * *
* * 0 0	* * 0 *
* * * 0	* * * *

因此，对于有 N 个个体构成的群体总的模板数 N_{S} 满足

$$2^L \leqslant N_{\mathrm{S}} \leqslant N2^L$$

N_{S} 的实际大小取决于群体中染色体的分散性。如当某一群体中的 10 个染色体是完全相同时，则它们可以用同一模板来表示。在这种情况下，群体的模板总数为 2^L，与一个染色体时的情形相同。如果其他的群体具有更大的分散性，则其模板的数目也会增加，但不会超过 $N2^L$ 个。

由于任一字符串可以表示成很多模板，因此在每一次字符串的进化操作时实质上意味着与此字符串相关的多个模板也进行了操作。这在很大程度上可以解释为 GA 算法的快速收敛性。这一特性就称为隐式平行算法。目前遗传学习算法的理论基础仍然是模板理论。模板理论说明了在进化计算中特定字符串在下一代中繁殖的情况。当然繁殖数目的多少与选择算子、交叉算子、变异算子有关，下面分别讨论之。

(1) 选择算子

假设模板 S 在 t 时刻在群体中有 $n(S,t)$ 个特定字符串（即同一字符串在群体中的占有数目）。由比例选择法可知，模板 S 中的一个字符串被选中延续到下一代的概率 $p(S_{\mathrm{i}})$ 正比于此目标函数值 $f(S_{\mathrm{i}})$ 与群体内所有目标函数值总和之比。记总的目标函数和为 F，则

$$p(S_i) = f(S_i)/F \tag{8-1}$$

将其扩展到字符串数目中去，不难得出

$$n(S,t+1) = n(S,t)N_1 f(S)/F \tag{8-2}$$

其中 $f(S)$——模板 S 内所有子集的目标函数平均值；

N_1——群体中非重叠字符串的个数；

F——群体内所有字符串的目标函数之和。

记 $f(P)=F/N_1$（群体内的平均目标函数值），则

$$n(S,t+1) = n(S,t)f(S)/f(P) \tag{8-3}$$

上式表明，一个模板中某一特定字符串的占有率以它们的平均目标函数与群体总的平均目标函数值之比的速度一代一代地增加。模板中具有较大目标函数的字符串数目不断得到增加，而较小目标函数的字符串数目逐渐减小。如果模板 S 内的字符串平均目标函数值可以用一个小数 k 表示为 $f(S)=f(P)+kf(P)$，则方程式(8-3)就化为

$$n(S,t+1) = n(S,t)[f(P)+kf(P)]/f(P) = n(S,t)(1+k) \tag{8-4}$$

方程式(8-4)表示了这样一个重要的事实，模板内在平均目标函数值之上的字符串数目在群体中的占有率会以指数方式增长，而低于平均目标函数值的那些字符串将以指数方式减少。

(2) 交叉算子

尽管选择算子能够保证群体中优秀的字符串在选择后的群体中占有比例越来越大，但这一过程本质上没有繁殖能力，不会产生新的或更好的子代。所以，如果在初始群体中没有包含最优解时，单纯依靠选择算子是无法搜索到最优解的。然而交叉算子具有这样的功能来保证子代的不断繁殖。此外，虽然概率很少但极为重要的变异算子也是改变子代性能的重要因素。这里先讨论交叉算子对收敛性的影响。交叉算子是用来产生新的字符串，但这样做的结果会对选择算子得出的结论有影响。不过它们之间并不冲突。下面将通过一个例子来说明交叉算子运算对优秀的个体在群体中占有率的影响，从而间接地来分析其收敛性。

表 8-3 交叉算子举例

$S_1 = **0*\mid***1$
$S_2 = ****\mid 01**$
$A = 0100\mid 0101$
$B = 1010\mid 1000$

假设表 8-3 中给出了群体中的两个字符串 A、B 及模板 S_1、S_2，其中 A 是模板 S_1 和 S_2 的特定字符串。交叉运算是任意选择一对双亲进行的，并通过随机选择某一位从此位开始将其后面的所有位进行相互交换得到两个新的子代。本例中取交换位为第 5 位，则交叉运算后字符串 A 和 B 就变成 A' 和 B'，

$$A' = 0100\mid 1000 \quad B' = 1010\mid 0101$$

很显然，A' 不再是 S_1 和 S_2 的特定字符串，而 B' 变成了 S_2 的特定字符串。这一现象表明交叉运算会减少模板中特定字符串的数目。在此，S_1 原来有一个 A 字符

串,经交叉运算后就消失了。而 S_2 仍然保持一个特定字符串。什么原因会导致不同模板之间由于交叉运算而产生的这种差异呢?答案已经找到。其主要因素在于 S_1 的定义长度 $\delta(S_1)$ 比 S_2 的定义长度 $\delta(S_2)$ 要大。我们来具体分析一下为什么模板的定义长度会影响模板中特定字符串的数目。本例中对于模板 S_1,7 个可进行交叉位置点中有 5 个位置点上出现交叉点就会使 S_1 的特定字符串发生变化。因此,从中可以看出,发生在模板 S_1 内的字符串丢失的概率为 5/7。然而,对于模板 S_2,情况就好多了,这里交叉点发生在唯一的一个位置上才有可能使字符串从模板 S_2 中消失。这个位置就是 S_2 模板固定位 01 之间的那一点。所以,发生在模板 S_2 内的字符串丢失的概率仅为 1/7。因此,由于随机选取交叉点进行交叉运算后模板 S 中失去特定字符串的概率 p_1 为

$$p_1 = \delta(S)/(L-1) \tag{8-5}$$

其中$\delta(S)$——模板 S 的定义长度;

L——字符串的长度。

若记 p_r 为模板 S 中保留特定字符串的概率,则

$$p_r = 1 - p_1 = 1 - \delta(S)/(L-1) \tag{8-6}$$

考虑到交叉运算并不是每次都进行的,它也有一个交叉概率 p_c 问题。因此,实际上

$$p_r = 1 - p_c\delta(S)/(L-1) \tag{8-7}$$

结合式(8-7)和式(8-3)可得,选择交叉算子运算后,在下一代中模板 S 的特定字符串数目满足

$$n(S,t+1) \geqslant n(S,t)f(S)/f(P)(1 - p_c\delta(S)/(L-1)) \tag{8-8}$$

从这一方程式可以看出,模板中特定字符串的增加速度不但与本身的目标函数值相关,也与模板的定义长度相关。具有较好的目标函数和较短定义长度的模板,其字符串的增长率最快。

(3) 变异算子

由于变异可以发生在字符串中的任意一位上,这里我们假设当前的变异运算与字符串中其他位是否发生过变异无关,换句话说,变异操作是相互独立的。记 p_m 为变异率,即表示任意一位发生变异的概率,则此位不发生变异的概率为 $1-p_m$,如果模板 S 的阶为 $o(S)$,则该字符串中所有相应的固定位上不发生变异的概率为 $(1-p_m)^{o(S)}$。换句话说,在变异运算后字符串仍然属于 S 模板的概率为

$$(1 - p_m)^{o(S)} \tag{8-9}$$

由于变异率 p_m 通常是非常小的,所以方程式(8-9)可以近似为

$$1 - o(S)p_m \tag{8-10}$$

上面我们已经全面讨论了遗传学习算法的所有算子操作对模板中字符串增长的情况,结合式(8-8)、式(8-10)两式可得模板定理。

定理 8-1 模板定理

$$n(S,t+1) \geqslant n(S,t)f(S)/f(P)\{1 - p_c[\delta(S)/(L-1)] - o(S)p_m\} \tag{8-11}$$

其中$n(S,t)$——t 时刻模板 S 内特定字符串的数目；

$f(S)$——模板 S 内所有特定字符串的平均目标函数值；

$f(P)$——群体内所有字符串的平均目标函数值；

p_c——交叉率；

$\delta(S)$——模板 S 的定义长度；

L——字符串的长度；

$o(S)$——模板 S 的阶；

p_m——变异率。

这一定理表明了随着遗传学习的进行,优秀品质的字符串个体在群体中占有的数目会越来越多,最终得到平均适应度高、定义长度短和阶次小的模板。这种模板又可称为建筑块。在进化过程中,运用交叉算子可以逐渐得到这样的建筑块,从而得到最优解或到达近似最优解区域。这一定理同时也说明了遗传算法的隐含并行机制。群体中每个模板的幸存和消亡只与模板本身平均适应度和群体的平均适应度有关,和其他模板没有直接关系。

传统的遗传学习算法的理论分析主要是基于 Holland 的模板理论,然而,模板理论并没有严格地证明遗传算法的收敛性。因此,研究新的理论和方法来分析遗传学习算法的收敛已经引起许多学者的兴趣。目前已有 Walsh 级数、马尔可夫链理论用来分析遗传算法的收敛性。

8.2.3 遗传学习算法的改良

遗传学习算法虽然已经产生了非常好的和有意义的结果,但是对其原理的理解和应用还处于初期,还有很多问题有待研究和解决。从总体上来看,遗传学习算法研究的侧重点在于算法的收敛性和算法的搜索性能。收敛性的问题上一节有所讨论,本节将主要讨论一些提高算法搜索能力的途径。分析一下 Holland 提出的简单遗传学习算法的运行思路可以得出,对简单的遗传学习算法有以下五个方面的改进措施,编码机制、选择机制、交叉机制、控制参数和算法策略。目前已经提出的改进方案有：

编码机制——灰度编码和动态编码；

选择机制——优选策略、基于次序的选择、稳定状态选择及随机余数法的比例选择；

交叉机制——两点或多点交叉、均匀交叉；

控制参数——动态自适应参数控制技术；

算法策略——分布式遗传学习算法和并行遗传学习算法。

下面我们分别介绍这些改进措施。

1. 编码机制的改进

最优化问题解的编码选择对于遗传学习算法的性能影响很大。由于容易操作以及希望编码生成群体的模板数更多,一般采用二进制编码方式。我们知道,实际上的大量优化问题都涉及实值的连续变量。对于连续变量的常用二进制编码方式是使用固定点的二进制整数编码,也即通过乘上一定的比例因子将其实数值转化为固定长度的整数,取其整数部分即为此参变量的编码。最后通过将所有参数的编码合并一起形成一个字符串。直接取整编码方法的一个缺陷是存在 Hamming 突变问题,即两个相邻整数之间的 Hamming 距离过大。如,01111 和 10000 是整数 15 和 16 的二进制编码,但它们的 Hamming 距离为 5。Hamming 距离过大对于建筑块的形成是非常不利的。因此,为了解决这一问题,引入了灰度编码技术保证连续变量编码后的相邻 Hamming 距离为 1。下面给出 0～16 整数的灰度编码规则。

0	0000	8	0011
1	1000	9	1011
2	1100	10	1111
3	0100	11	0111
4	0110	12	0101
5	1110	13	1101
6	1010	14	1001
7	0010	15	0001

2. 选择机制的改进

在介绍其他改进的选择机制之前,先来看一下比例选择机制存在的缺陷。我们知道,比例选择法是根据某一个体的适应度值与群体平均适应度值的比率作为在下一代中占有数目的比例。一般说来,GA 算法随机产生的第一代群体的平均适应度值是比较低的。因此,如果采用比例选择法则,对于几个具有高适应度的个体会在下一代中占有绝大多数,从而导致过早收敛。比例选择法的另一缺点是当群体趋于收敛时,各个体之间的适应度值相差无几。这样由比例选择法得到的下一代会与上一代完全相同,从而耗尽了生成更好个体的原动力。解决这两个问题的方法有两个途径,一是采用全量程适应度函数定标;二是采用改进的选择方案。

常规的 GA 算法,其个体的适应度值是直接通过计算此个体对应参数下系统的目标函数来得到的。因此,每一个体的适应度值大小之间的关系是互相独立的。为了保证遗传学习过程中的每一个体的适应度值有一定的分散性,可采用全量程重新定标的方式以满足各个体适应度大小之间有一个固定的差异性。最简单的定标方式是线性换算。即

$$f' = af + b$$

其中 f——原始的适应度值；

f'——换算后的适应度值；

a,b 为合适的常数。在每一代换算时都需重新计算。计算的准则是希望换算后的适应度最大值应该是群体平均适应度值的某一小的倍数，通常取 1.5 或 2。这样，最好品质的个体的一次繁殖中在下一代中的位置只能占有 1.5 或 2 个。必须指出，当某些个体的原始适应度值远远小于群体的平均适应度值时，换算后的适应度值可能出现负值。这是比例选择法不允许出现的情形，必须重新调整系数 a、b，以保证换算后的适应度值必须是正数。克服出现换算后适应度值变为负数的另一简单的方法是采用 σ 截断法，这种方法只需考虑换算后的适应度函数值均差 σ 就可以了。其计算公式为

$$f' = f - (\bar{f} - c\sigma)$$

其中 $\bar{f}$——群体的平均适应度值；

σ——群体适应度的标准方差；

c——一个小的常数，通常取 1～3。

c 的意义在于将舍弃那些适应度值小于平均适应度值 c 倍方差值的个体。这一换算方法保证了大多数在 c 倍方差平均值之内的个体作为选择的候选对象，而那些有迹象会在换算后出现负值适应度的个体提前被舍弃。

克服上面提到问题的方法之二是利用改进的选择法。这里我们介绍七种改进的选择方法。

1）基于次序的选择法。通过基于个体适应度值的大小次序来决定它们各自在下一代中的个数。换算后的适应度值变化与字符串的次序呈线性关系。适应度的绝对值大小并不直接决定它在下一代中的占有位置。个体的排序是通过比较它们的适应度值来进行的，且每一位置对应于一个个体。每一个体在下一代中的繁殖数目取决于它们的次序。这种排序通常以常系数从最大值（或最小值）递减（或递增）的方式进行。如：以 100 表示最优的个体，90 表示次之，80 表示其次，……。另一种排序方式是通过某种比率形式递减来进行，即两个目标函数相邻个体排序后的适应度值大小相差一个比率。如：选择比例系数为 0.9，则上例可以按目标函数的大小排列成 100、90、81、…。这种方法存在两大缺陷，一是增加了 GA 算法的排序计算量；二是人为地将原先目标函数相差无几的相邻个体强行拉开了距离、而把目标函数值相差较大的个体反而在排序后更加接近了。这也就意味着在 GA 算法的初始阶段比较差的个体会得到比排序以前更多的繁殖机会。

2）竞争选择。被选中作为下一代个体必须在随机取样的一组个体中占有优势。如果希望每次这样的操作得到 k 个个体繁殖到下一代，则称为 k 维竞争选择。当然被选中的 k 个个体必须是在这一组中最好的。

3）随机余数技术。这种选择方案是直接对比例选择法的改进，它克服了转轮

法随机性过大的缺陷，而是采用保留比例法得到适应度比值的整数值的个体个数直接繁殖的下一代，将其小数部分按其大小排列在转盘上进行转轮法选择。这样，群体选择的随意性只反映在每一个体适应度比值的小数部分。总的来说，减少了选择的随机性。例如，对于个体 i，$f_i/\bar{f}=1.6$。则保证个体 i 在下一代中有一个位置，而 0.6 个位置将通过转轮法来决定。

4）优选策略。这一选择方法是将群体中最优秀的个体不经选择环节直接进入下一代，而其余的个体仍然通过比例选择法得到。

上面提到的选择策略都属于整代替换方法，即原有群体中所有个体将被新生成的子代个体全部代替。这种方法的优点是通过产生整个新的一代近似解群体使优化过程的开拓能力更强。然而它的缺点在于经常会出现最好的部分个体没有得到遗传其基因的机会。换句话说，较好的基因会随着整代替换而消失。所以人们提出了部分群体替代法。

5）局部替代法。这种方法与整代替换法相似，只是被替换的个体不是全部群体而是群体中的部分个体。换句话说，用新产生的子代个体替换原来群体中的部分个体，其中替换的个数由替换率决定。替换的办法可以采用随机替换法，也可以采用与某种优选替换法相结合。因此，这种方法也不能保证生成的新一代肯定比上一代优越。一旦替换率比较大时，就与整代替换法非常相近。

6）稳定状态法。稳定状态法克服了由于选择概率的存在会引起优异个体被丢失的缺陷。用这种方法只是对群体中的一个或两个最差的个体用新产生的子代个体来代替。因为它保留的个体比较多，也保证最优个体全部进入下一代。因此它适用于比较大的交叉率和变异率下的繁殖计算。稳定状态法进化计算过程中的群体平均适应度值的变化是比较缓慢的，但它的收敛过程是相当谨慎的和有效的。

7）选择育种法。稳定状态法虽然能够使优秀的个体延续到下一代，但从替换的方式来看其收敛速度不会太快。选择育种法既能保持上一代中优良个体又能使搜索的脚步加快。它的基本操作可以归结为以下几个步骤。

(1) 随机产生初始代，记为 $\Pi(0)$；

(2) 计算初始群体中所有个体的适应度值 $f(A_n)$，$n=1,2,\cdots,N$；

(3) 一代一代进行遗传学习计算，$T=1,2,\cdots$：

① 通过传统的方法（如比例选择法、交叉运算、变异运算等）产生同等群体大小的新一代 $\Pi^0(T)$；

② 对新一代的每一个体计算相应的适应度值；

③ 在原一代 $\Pi(T)$ 和新一代 $\Pi^0(T)$ 中选取 N 个最好的个体构成下一代。

选择育种法的替换方式可归结为整代替换法。选择育种法的替换程序可以比作家畜繁殖中的血统选择。它是在父辈群体和子代群体中选择最优秀的个体组成下一代，这样也保证了优质个体随着遗传学习的进行不断地延续到下一代，这也促进了优良个体的开拓能力。此外，由于高性能的个体决不会在群体中消失，群体在时序上的分散性是通过连续地分裂出新个体而保持下来。所谓时序上的分散性与群体空间分散性(表示群体内各个体的差异性)不同，它表示的是一代一代之间的差异性。这种差异性保证了它的搜索能力，即使在搜索的后期也能保持较好的搜索能力。再则，较大的变异率也不会影响系统总体的性能，因为变异后生成的子代如果性能不及原有父辈个体的性能，它将不被选中进入下一代。

3. 交叉机制的改进

由于交叉运算在遗传学习中起着相当重要的作用，人们对交叉机制的研究也给予充分的重视。目前对单点交叉算法的改进有两方面：一是直接扩充单点交叉的概念提出的两点交叉或多点交叉；二是均匀交叉。

(1) 两点交叉。通过随机地在字符串长度 L 内选取两点，并把该对字符串分成三段。交叉运算就是将双亲字符串中两点之间的基因进行交换产生新的子代。例如某字符串长度为 14 的父辈字符串分别为 A、B

$$A = 1011 \mid 00110 \mid 11101$$

$$B = 1101 \mid 10000 \mid 10101$$

随机选取两点 5 和 10。则两点交叉的运算规则为将父辈字符串 A、B 中第 5 至第 9 位的基因进行相互交换生成子代 A'、B'。

$$A' = 1011 \mid 10000 \mid 11101$$

$$B' = 1101 \mid 00110 \mid 10101$$

两点交叉克服了单点交叉必须将字符串尾代入交换之列的缺陷。多点交叉是两点交叉的直接扩充。只是需交换的段分得更细而已。

(2) 均匀交叉。均匀交叉法不同于两点交叉或多点交叉，它不是字符串段的交换而是个体字符串位的交换。在每一个父辈字符串上，每一位基因的交换与否以某一概率形式进行，而且位之间交换是相互独立的。例如父辈字符串分别为 A、B

$$A = 10110011011101$$

$$B = 11011000010101$$

交叉后的子代为

$$A' = 11110011010101$$

$$B' = 10011000011101$$

通过理论和实验对以上两种交叉方法进行比较可以发现，均匀交叉算子进行的基因交换与它们所在的位置无关，但它具有更大的染色体破坏能力。两点交叉或单点交叉由于在交叉过程中保留染色体的段结构，因而具有较好的继承性。但在群体样本趋于齐次时就缺乏进一步发掘新个体的能力。经验表明，均匀交叉法更适用小规模群体的搜索，而对于规模比较大的群体，采用二点交叉或多点交叉算子比较好。均匀交叉算子对原有基因链的巨大破坏作用有助于新基因链的产生，这意味着均匀交叉算子具有更强的开拓能力。对于规模较大的群体，由于其本身继承的发散性就减少了对开拓性有更多的要求，此时两点交叉算子更有利于遗传算法的收敛。

(3) 倒置变换。倒置变换严格地来讲不属于交叉机制范畴，但它的操作机理与交叉运算有点接近。倒置变换算子取源于生物界的遗传现象，它允许在计算进化函数的同时对染色体本体进行自适应编码。遗传学习算法中的倒置算子就是模拟生物系统的这种进化规律，它的具体操作规范为：

随机地在字符串长度内产生两点，并把这两点之间的这一段基因进行倒置。如对于字长为 10 的字符串个体

$$A = 100 \mid 1101 \mid 010$$

随机选取两点 4 和 8。将 4 与 8 之间的字符串进行倒置，即第 7 位变换到第 4 位、第 6 位变换到第 5 位……，生成新的个体 A'

$$A' = 100 \mid 1011 \mid 010$$

4. 控制参数

综观 GA 算法的整个过程，它实际上进行的是在解空间新区域的开发和已有样本空间集合中的发掘之间的一种平衡。如何处理好这种平衡是决定 GA 算法性能的一个重要因素，而控制参数的选择又是这一重要因素的关键。最佳的控制参数选择问题理论研究和实践研究都没有定论，目前大家采用的都是一种折中方案，即既能保持一定的继承性，又需要一定的开拓性，最终保证遗传学习算法收敛到最优解或次优解。这里给出一些控制参数选择的定性结论，供读者参考。

(1) 增大交叉率会增加建筑块的重组，但对好个体的破坏率也会有所增加；

(2) 增大变异率会使遗传算法趋于随机搜索，因此过大的变异率并不是人们所希望的。但是变异率的增加有助于恢复被丢弃的有效遗传信息；

(3) 增大群体规模会增加群体中个体的发散性，减少 GA 算法过早收敛于局部最优的可能性。但也增加了算法的计算时间。

控制参数的选择必须考虑遗传算子的相互关系，因此控制参数的选择不是相互独立的，它本身就是一个非常复杂的非线性优化问题；而且，最佳的控制参数选择问题还与其系统目标函数的自然属性密切相关。因此，这一问题还有待于进一步的深入研究。但许多实验表明小规模群体的 GA 搜索问题可以选择相对较大的交叉率和变异率，而群体规模比较大时，可以选择较小的交叉率和变异率。如

$$N = 100, \quad p_c = 0.6, \quad p_m = 0.001$$

$$N = 30, \quad p_c = 0.9, \quad p_m = 0.01$$

5. 算法策略

(1) 动态自适应策略

遗传学习算法的具体应用结果已经发现，固定控制参数和编码结构的 GA 静

态结构存在一些缺陷，如在 GA 算法搜索初期的最佳控制参数往往在搜索的后期变得不那么有效了。同样，随着搜索的进行，系统参数的编码也会变得太粗糙，其结果会导致搜索空间越来越小。为了克服这些缺陷，人们提出了各种自适应控制参数技术和动态编码技术。一种是自适应控制参数技术，即随着遗传学习一代代的继续，变异率将以幂次递减，从而在系统接近收敛解时能减小良好个体字符串的变异性以及提高整体的收敛速度。另一种是依据性能指标动态地修改各种遗传算子的比率，即每个遗传算子通过比较它们产生下一代的性能指标来评价。上面这两种自适应参数法都是针对收敛性而言的。然而，我们知道在遗传学习算法中群体在一系列学习过程以后经常会出现过早收敛或称局部收敛的现象。此时，交叉算子已经无法繁殖出更优质的个体，必须依靠变异算子来跳出这一局部凹点以实现全局优化的目的，过小的变异率已无法满足要求。在这种情况下，提出了基于双亲字符串之间 Hamming 距离的动态变异率逼近方法，当双亲的基因非常相像时，它们之间的 Hamming 距离也很小，则利用交叉算子进行新的个体的发掘能力明显减弱，此时增大变异率能够发掘更优质的个体以保持搜索的继续进行。

动态编码技术对于遗传算法的收敛，尤其对高精度最优解的搜索有着重要的作用。动态编码技术的研究还在不断发展之中。

(2) 分布式 GA 算法和并行 GA 算法策略

分布式 GA 算法和并行 GA 算法策略两个概念听起来非常相近，但它们是两个完全不同的概念。分布式 GA 算法是一个群整体分解为几个弱相关的子体分别进行进化计算，而并行 GA 算法是对传统的串行计算方法用并行计算手段来实现。

分布式 GA 算法是将群体中存在的大量弱相关子群体分解成几个独立的子体，每一个子体独立地进行遗传进化从而实现群体优化的方法。这种算法从收敛速度上来看是明显的，由于群体规模小的系统其搜索的速度明显高于群体规模大的系统。这种分布式 GA 算法的关键是如何来保证群体优化的全局最优，目前处理的办法是在每代学习后，为了保证字符串之间的全局竞争，子体之间的最佳个体进行相互交换。

并行 GA 算法的出发点是如何利用并行计算机实现遗传优化以达到加快计算速度的目的。它的关键问题在于全局和局部通信、同步问题和采用并行计算而导致的 GA 算法的结构性发生变化带来的效率问题。

除了以上提到的算法研究和改进以外，许多高性能 GA 算法的理论研究也在不断深入。GA 算法理论研究的重要表现在于 GA 的动力学模型方面。为了得到 GA 学习过程的详细情况，对 GA 算法的动力学模型的研究是相当关键的，同时也是非常艰难的。GA 算法的群体动力学模型是与群体规模 N、交叉率 p_c、变异率 p_m 等密切相关的复杂非线性动力学系统。描述 GA 动力学过程并不是一件简单的事，但它对于了解 GA 算法在什么条件下是全局收敛十分重要。这一理论问题的解决还需要广大专家学者的不断努力。

经过上二节的分析和讨论可知，遗传学习算法是一种搜索性的优化方法，其优化过程取自于自然界物种的进化现象。GA优化算法与传统的优化方法尤其是梯度下降法不同，其主要不同之处有：

① GA算法以参数编码方式进行优化，而不同于梯度下降法中优化的参变量是参数的本身。在大多数情况下，二进制编码方式是一种最佳的编码方式，但它并不是必须的，完全可以采用其他编码方式。

② GA的搜索空间实际上是一个问题近似解的群体，用这一群体来表示问题的可能解。用随机产生的N个个体组成初始群体，它不同于梯度下降法中优化的近似解只有一个。

③ GA算法只利用目标函数来评价和指导搜索过程，不需要其他信息如目标函数的导数等来指导搜索过程。

④ GA算法使用概率规则来进行决策和判断，因此，它属于概率收敛，不同于传统优化方法要么是绝对收敛要么不收敛。

GA算法的突出优点在于能够根据交互环境中的相应情况和进化算子，在没有任何最优解先验知识的条件下寻找到最优解。它不同于梯度下降法那样只对一点进行优化计算，而是通过对群体中的所有个体进行遗传操作达到优化的目的，因此避免了单点优化算法可能出现的局部最优问题，从而使得GA算法可以处理复杂的、高维的、多目标的优化问题，这些都是传统优化方法无法比拟的。前面已经提到，GA算法的核心是它的遗传算子，包括选择算子、交叉算子和变异算子。综合以上分析，GA算法的计算过程可以归纳为：

(1) 随机地对第一代群体进行初始化，即群体$\Pi(0)=\{A_n(0)\}$，$n=1,2,\cdots,N$。$A_n(0)$为第n个个体。

(2) 对每一代T，$T=0,1,2,\cdots$进行以下四步运算。

① 计算每一个个体的性能指标$\mu(A_n(T))$；

② 计算第T代时群体的适应度值$f(A_n(T))=F(\mu(A_n(T)))$；

③ 进行选择计算，取父辈个体；

④ 进行交叉、变异运算，产生子代个体$A_n^0(T)$，$n=1,2,\cdots,N$。并形成下一代$\Pi(T+1)$。

(3) 终止条件满足否？若满足，则结束；否则，继续(2)。

遗传学习算法的一个突出优点是不需要问题的任何先验知识，只需通过对字符串个体的简单操作就能找到复杂问题的次优解。与许多控制系统的参数设计问题一样，控制工程师关注的是满足性能指标的一组控制参数就可以了，至于它是否是最优并不重要。因此，GA学习算法的这种优势在控制领域的应用是大有作为的。下一节将介绍几个遗传学习算法的应用例子。

8.2.4　遗传学习算法的应用

遗传学习算法能够解决许多传统的优化方法难以解决的问题，已经在工程优化设计、机器学习、自适应控制、鲁棒控制器设计、PID 控制、模糊逻辑控制器优化、最优控制、系统辨识、故障诊断、神经网络控制等领域得到应用和发展。下面举例说明遗传算法在神经网络学习训练中的应用。

传统的神经网络训练主要利用反向传播学习算法。这种训练算法属于有导师指导下的学习。因此必须在事先已知一批样本数据的前提下才能进行训练。此外，由于 BP 算法是梯度下降法，因而不可避免地存在局部最优问题。遗传学习算法的出现又为神经网络的训练提供了新的途径。它既能实现有导师指导下的神经网络训练，又能在无导师指导下进行学习(如倒立摆的神经网络控制)。

1. 基于 GA 算法的非线性系统的神经网络辨识

任何一个非线性系统的神经网络辨识结构都可以用图 8-2 来表示。假设可以用神经网络 N 去逼近系统模型，则逼近的主要问题就归结于神经元之间的连接系数的确定问题了。基于遗传学习的神经网络训练的关键在于神经网络权系数的编码和相互转换。依据遗传算法的学习思想，首先需对神经网络权系数编码成一个二进制的字符串形式。假定网络结构已经确定而且已知，且每一个权系数的值域变化范围有限，那么神经网络各连接系数的字符串表示值与实际权系数之间存在以下关系

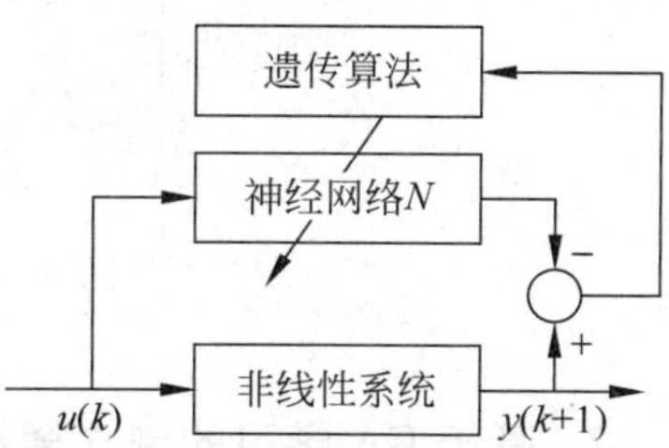

图 8-2　GA 算法学习的神经网络辨识结构示意图

$$w_{ij}(k)=w_{ij}^{\min}(k)+\frac{wb_{ij}(k)}{2^l-1}[w_{ij}^{\max}(k)-w_{ij}^{\min}(k)] \tag{8-12}$$

其中 $wb_{ij}(k)$表示一个由 l 位字长组成的字符串所表示的对应全系数的二进制编码；$w_{ij}^{\min}(k)$、$w_{ij}^{\max}(k)$分别为连接权系数的变化范围。

考虑如下非线性系统

$$y(k+1)=\frac{y(k)y(k-1)[y(k)+2.5]}{1+y^2(k)+y^2(k-1)}+u(k) \tag{8-13}$$

选择神经网络结构为 $\Pi_{3\times6\times1}$，即 3 个输入神经元、6 个隐含神经元和 1 个输出神经元。输入矢量为$[\boldsymbol{y}(k),\boldsymbol{y}(k-1),\boldsymbol{u}(k)]$、输出矢量为 $\boldsymbol{y}(k+1)$。在本例的仿真研究中，样本数据通过选用一组随机输入，即 $\boldsymbol{u}(k)=\mathrm{RAND}(-1.5,1.5)$作用下系统的输出数据，生成 50 对总样本集。该系统的目标函数取该神经网络对 50 个样本误差平方和的均值 ε，并利用变换

$$f_j = \frac{\sum_{i=1}^{N} \varepsilon_i}{\varepsilon_j} \tag{8-14}$$

将目标函数值转化为个体的适应度值。其中：

f_j——第 j 个个体的适应度值；

ε_j——第 j 个个体的目标函数值；

N——群体的规模。

我们用一个 16 位字长的编码来表示一个权系数，则对于此神经网络结构应该需要 $16\times(1+3)\times6+(6+1)\times16=496$ 位长的字符串数构成的个体来表示此网络的所有连接权系数。取群体规模 $N=60$，交叉率 $p_c=0.7$，变异率 $p_m=0.01$。则此利用 GA 算法训练神经网络的收敛过程可以用群体中最好个体和最差个体的目标函数值的收敛曲线图 8-3 来表示。

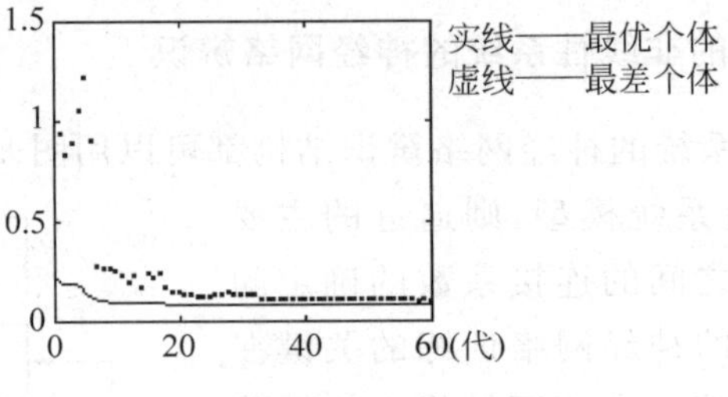

图 8-3　GA 算法学习的收敛曲线

2. 基于 GA 学习的倒立摆神经网络控制实例

倒立摆系统是一个典型的非线性不稳定系统，它非常适合于对各种控制策略能力的研究。此外，这一控制系统只有成功和失败，因此也没有像上一例那样有一批样本数据用来训练神经网络。在倒立摆神经网络控制系统中能够得到的只有在此控制器作用下系统稳定运行的时间。描述倒立摆系统运行的状态有小车的位置 X、小车平移速度 X'、摆偏离垂直方向的角度 θ、摆偏离垂直方向的角速度 θ'。倒立摆的运动方程为

$$\ddot{\theta} = \frac{mg\sin\theta - \cos\theta[F + m_p l\dot{\theta}^2\sin\theta - \mu_c \operatorname{sgn}(\dot{X})] - \mu_p\dot{\theta}m/m_p l}{(4/3)ml - m_p l\cos^2\theta}$$

$$\ddot{X} = \frac{F + m_p l[\dot{\theta}^2\sin\theta - \ddot{\theta}\cos\theta] - \mu_c \operatorname{sgn}(\dot{X})}{m} \tag{8-15}$$

其中　摆杆重量 $m_p=0.1\text{kg}$；

车、杆总重量 $m=1.1\text{kg}$；

杆长的一半 $l=0.5\text{m}$；

小车对地摩擦系数 $\mu_c=0.0005$；

杆对小车摩擦系数 $\mu_p=0.000002$；

重力加速度 $g=9.8\text{m/s}^2$。

作用于小车的力 $F=[-10,10]$N 之间。控制的目标是通过给小车施加一个力 F，在尽可能长的时间内使小车保持摆杆的摆动角度在某一允许范围之内(如±12°)。图 8-4 给出了倒立摆神经网络控制系统结构图。本例给出了依据 GA 算法实现神经网络训练的步骤。

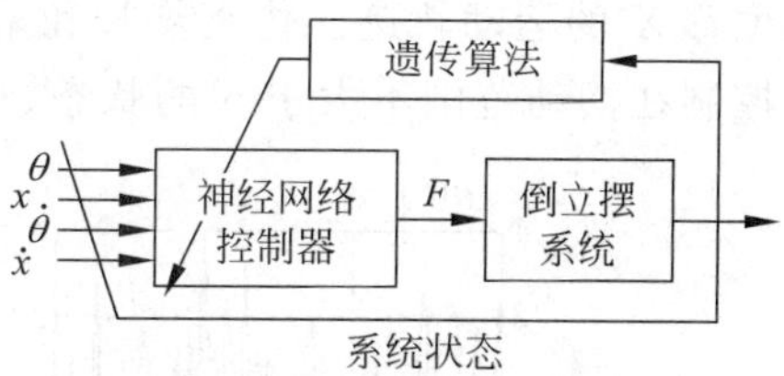

图 8-4　GA 算法学习的神经网络控制器学习结构图

① 将神经元之间的每个连接权系数进行二进制编码，并通过将所有连接权系数的编码简单地用级联方式构成一个字符串。这一字符串就表示 GA 算法中的一个个体。随机地产生一组二进制字符串构成 GA 算法搜索空间的群体。与 BP 算法随机选择初始权系数的方式相似，不同之处在于在 GA 算法中需要一组随机选择构成的个体，而 BP 算法只需要一个随机初始权系数就可以进行搜索了。

② 由式(8-12)将各二进制编码转换为各个神经网络的连接系数，然后利用此神经网络进行倒立摆的运动控制。随机地设定倒立摆系统的初始状态 $|\theta_0|\leqslant 6°$，$|X_0|\leqslant 0.1\text{m}$，$\theta_0'=0$，$X_0'=0.1\text{m/s}$。神经网络控制器根据上述四个系统状态值前向计算出控制力 F，并作用到倒立摆小车控制系统上。又将反馈测量到的状态输入到神经网络中去产生新的控制力 F，直到控制失败(即倒立摆偏离最大容许值)，即 $|\theta_0|>12°$ 或 $|X_0|>2.4\text{m}$。这样，各个神经网络用于控制所能维持的时间是不一样的，可以作为各网络的适应度值 f_i，用来评价网络的性能。本例中，采用比例选择法进行繁殖计算。

③ 进行遗传算子运算，如交叉运算、变异运算等。为了保证遗传学习的稳定性，这里采用优选法。将当前这一代中最优秀的个体直接作为下一代的个体。

重复②、③步直至找到一代群体中有一个体，在其神经网络权系数构成的网络控制器作用下倒立摆运动时间达到 15 000 步而不失败，表明该神经网络就是遗传优化算法得到的满足控制性能要求的一个神经网络。

取神经网络结构为 $\Pi_{4\times5\times1}$。隐含层神经元函数为 Sigmoid 函数 $f(x)=1/(1+\exp(-x))$，输出节点输出定义在$[-10,10]$上连续取值，其节点函数为 $10(1-\exp(-x))/(1+\exp(-x))$。这样该神经网络总的连接权系数(包括偏置项)有 $(4+1)\times5+(5+1)\times1=31$ 个。再取 GA 算法的群体规模 $N=50$，并假定神经网络各权系数的变化范围均为$[-511.5,511.1]$，则可以用 10 位长的二进制字符串对每一个连接系数进行编码，其整个网络权系数的编码由 310 位长的二进制字符串来表示。在本实验研究中，选交叉率 $p_c=0.92$、变异率 $p_m=0.03$。则经过 22 次迭代进化学习后群体中存在一个个体参数决定的神经网络控制器作用于倒立摆系统时，其控制维持时间大于 15 000 步。图 8-5(a)、(b)分别给出了系统在初始状态 $\theta_0=3°$，$X_0=0.1\text{m}$ 下神经网络控制器控制作用的倒立摆摆角 θ 和小车

位移 X 的运动轨迹。仿真步长和采样周期都为 0.2s。由图可见,倒立摆能较好地控制在摆动范围不大于 5°的状态、小车位置偏离中心点不超过 0.4m。

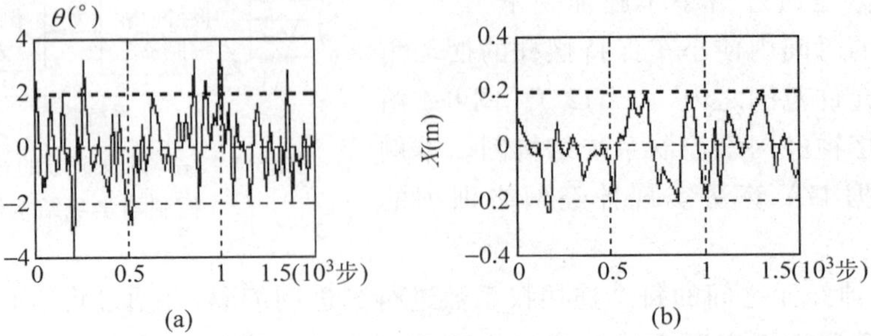

图 8-5 倒立摆在神经网络控制器作用下的轨迹曲线

8.3* 人工免疫进化算法

8.3.1 免疫系统的基本概念

生物系统主要是由脑神经系统、遗传系统、内分泌系统、免疫系统四大系统组成。这些信息处理系统既相对独立,又相互作用,共同维持人体的生存和发展。在这些系统中,人们研究和借鉴最多的当属前两种系统,在此基础上建立了人工神经网络和遗传算法等软计算模型,并在很多领域得到成功的应用。但对内分泌系统和免疫系统而言,虽然它们也具有许多优良的特性,并可以发掘为智能系统服务。但是由于其机理的复杂性,目前有关研究和应用还只是处于初始阶段。本节将介绍人工免疫系统在优化计算中的应用。

人类和其他生物的免疫系统是一个由许多执行免疫功能的器官、组织、细胞、分子以及淋巴循环等组成的复杂系统,人类免疫系统是人体保护自己,抵抗外来病原体和自身癌变细胞威胁的机制,参考文献[120]中定义:"免疫是指机体接触抗原性异物(如各种微生物)后,能产生一种特异性的生理反应,其作用可排除这些异物保护机体,因此长期以来免疫性仅指机体抗感染的防御能力。"也就是说,其主要功能是识别并清除从外环境中入侵的病原体及其产生的毒素和内环境中因基因突变产生的肿瘤细胞,实现免疫防卫功能,维持内环境的稳定。从本质意义上说,免疫系统的基本功能是识别和排除"异己",维持自身的一致性。

人体对病原体等异物的免疫响应分为两种类型:固有性免疫响应(innate immune response)和适应性免疫响应(adaptive immune response)。固有性免疫响应又称非特异性免疫响应(non-specific immune response),它对所有侵入人体内的细菌和病毒都有积极而快速的防卫作用,其执行机构有:皮肤、黏膜的阻挡作用和局部细胞分泌的杀菌物质的化学作用;吞噬细胞的吞噬病原体的作用;自然杀伤(Natural Killer,NK)细胞对感染病毒的细胞的杀伤作用等等。固有性免疫响应的特点是直接性(不经过其他结构介导)、快速性(具有即时响应的能力)和广谱性(对大部分的细菌、病毒等异物,不是针对特定抗原)。

适应性免疫响应又称特异性免疫响应(specific immune response),免疫细胞只对特定的一种或几种异物产生响应,执行特异性免疫响应的是 T 淋巴细胞(简称 T 细胞)和 B 淋巴细胞(简称 B 细胞)以及它们产生抗体等各种分子。正如其名,适应性免疫响应最主要的特点是特异性和适应性。适应性免疫响应是人类和其他动物对抗入侵病原体的有力武器,一般所指的免疫响应即是指适应性免疫响应,免疫系统的研究也基本上集中于适应性免疫响应。如无特殊说明,我们所说的免疫系统和免疫响应均为特异性免疫响应。

固有性免疫响应和适应性免疫响应是相互联系的,共同构成一个完整的防御体系。固有性免疫响应为适应性免疫响应提供最初的抗原,并且担负一部分清除适应性免疫响应所识别的抗原任务;适应性免疫响应也会发送信号通知固有性免疫系统。这些单元将调整其规律,以便更好地同适应性系统交流以对付随后的侵袭。

免疫系统结构图如图 8-6 所示。免疫系统中和或者清除异物的工作是在淋巴细胞、单核细胞和其他有关细胞及其产物相互作用下完成的。异物可以是微生物、异形血细胞、移植器官等,它们都称作抗原(antigen)。具体从微观上来说,免疫系统受抗原刺激后,适应性免疫系统中的 B 淋巴细胞转化为浆细胞,并产生能与抗原发生特异性结合的免疫球蛋白(Ig),这类免疫球蛋白称为抗体(antibody)。B 细胞产生的抗体可与抗原产生特殊反应(增殖或排除抗原)。这种抗体-抗原反应是免疫系统的基本反应。为更好地理解抗体-抗原反应以深入理解免疫现象,需要对抗原和抗体的结构有个较为细致的认识,抗原、抗体的结构图如图 8-7 所示。

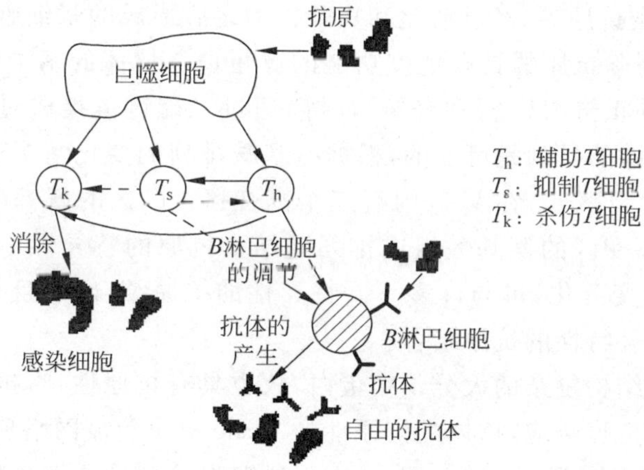

图 8-6　免疫系统结构图

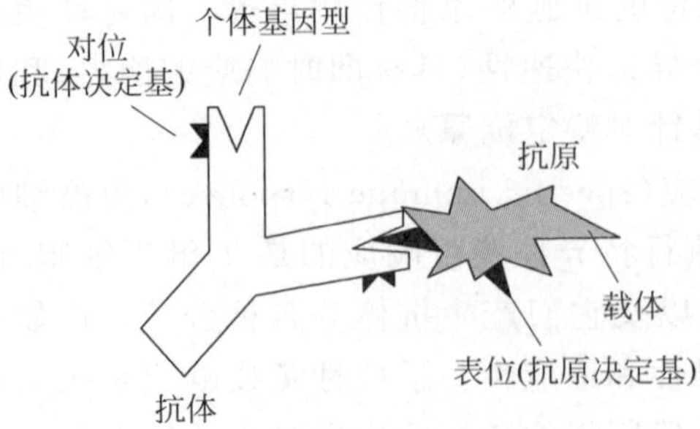

图 8-7 抗原、抗体的基本结构

免疫系统由免疫器官、免疫细胞、免疫分子和淋巴循环网络组成。免疫器官分为中枢免疫和外周免疫器官，中枢免疫器官是免疫细胞发育的场所，包括胸腺和骨髓。外周免疫器官是成熟淋巴细胞定居和产生免疫响应的场所，包括淋巴结、脾脏和黏膜免疫系统。免疫细胞泛指执行免疫功能的各种细胞，包括 T 细胞、B 细胞、吞噬细胞、自然杀伤(NK)细胞等与免疫应答有关的细胞，免疫细胞都来源于造血干细胞，免疫细胞的成熟过程实际上是造血干细胞的发育分化过程。免疫分子是免疫细胞合成和分泌的执行免疫功能的各种分子的统称，包括抗体、补体、细胞因子、主要组织相容性复合体等。淋巴循环网络为免疫细胞和分子进行免疫响应和免疫补充提供了一个流动的环境，它与血液循环系统相联系。在介绍 Burnet 的克隆选择的原理之前，首先介绍一下免疫系统和免疫响应的几个重要概念。我们尽可能地避免对免疫学具体而细致的介绍，但是正确地理解免疫学的基本内容是必要的。

(1) 抗原(antigen，简称 Ag)：抗原是一组能被淋巴细胞识别的有机物质，包括多肽、寡糖、脂质酸等小分子，其化学成分不同于宿主细胞自身物质的化学组成。抗原由载体和半抗原组成。半抗原又称作抗原决定簇或表位(epitope)。抗原决定簇的成分、数目和空间构型决定抗原的特异性。抗原决定簇是被免疫细胞识别的标志和免疫反应具有特异性的物质基础。它与相应淋巴细胞表面的抗原受体结合，激活淋巴细胞引起免疫响应；它也可以与游离的抗体等分子发生特异性结合，导致抗原被清除。

(2) 抗体(antibody，简称 Ab)：抗体是一种能特异识别和清除抗原的免疫分子，是 B 细胞识别抗原后，经过活化和克隆扩增之后形成的浆细胞产生的，能够特异识别、结合和清除抗原的具有免疫功能的球蛋白。抗体的基本结构如图 8-7 所示，它由两条相同重链(H 链)和轻链(L 链)通过二硫键链接成对称四肽链结构。抗体分子上氨基酸的排列是可变的，根据氨基酸排列的变化情况可以分为可变区(V 区)和恒定区(C 区)。在 V 区内有三个高变区。C 区的氨基酸排列都是系统的，V 区特别是高变区的氨基酸组成排列随结合抗原的特异性不同而异，故氨基酸排列和种类千变万化，可与许多不同特异性的抗原结合，并且相同特异性的抗体只能与具有互补特性的抗原结合。

由于抗体是结构复杂的大分子糖蛋白，故也具有抗原性，将抗体作为免疫原，可以引发机体的免疫响应，抗体的抗原性是 Jerne 提出免疫网络理论的基础。

(3) B 淋巴细胞(B lymphocyte cell)：B 细胞是介导体液免疫的主要免疫细胞，它是淋巴系干细胞在骨髓中形成的，结果活化增值后成熟的 B 细胞称为浆细胞(plasma cell),能够分泌抗体。B 细胞表面有各种受体,以接受外界的化学信号,如 B 细胞受体(B cell receptor,简称 BCR)、细胞因子受体、补体受体、Fc 受体、丝裂原受体等。BCR 是与抗体结构相同的免疫球蛋白,是 B 细胞识别和结合抗原的主要受体。其他受体主要起到调节作用。

(4) T 淋巴细胞(T lymphocyte cell):T 细胞是介导机体细胞免疫的主要免疫细胞,淋巴系干细胞在胸腺的微环境下逐渐发育成熟成为 T 细胞。T 细胞受体(T cell receptor,简称 TCR)由四条肽链组成,根据氨基酸变化程度分也为 V 区和 C 区,V 区是 TCR 识别抗原肽的部分,直接决定了 TCR 抗原结合的特异性。除了 TCR 外,T 细胞表面还有细胞因子等其他受体,接受其他细胞和组织发送的化学信号。从功能上看,T 细胞可以分为不同的亚群,有细胞毒性 T 细胞(cytotoxic T cell,CTL),能够杀伤受感染的宿主细胞和肿瘤细胞;有辅助性 T 细胞(helper T cell,Th)和抑制性 T 细胞(suppressor T cell,Ts),Th 分泌的细胞因子,正反馈调节各种免疫细胞功能;Ts 抑制其他免疫细胞功能,负反馈调节免疫应答。

(5) 其他免疫细胞:其他参与免疫响应的重要免疫细胞有 NK 细胞和抗原提呈细胞(antigen presentation cell,APC)等等。NK 细胞是一种效应细胞,它是在骨髓内产生的,上面有激励和抑制两种受体,一旦被激活后,NK 细胞可以杀伤肿瘤和被病原体感染的细胞。APC 的作用是能够摄取抗原,并在细胞内加工处理抗原成多肽片段,然后与 MHC 分子形成复合物,并提呈到细胞表面供 T 细胞识别,能够起到 APC 作用的免疫细胞有巨噬细胞,树突状细胞和 B 细胞等。

(6) 主要组织相容性复合体(MHC):MHC 是引发机体排斥反应的抗原,它是一种多肽受体,其主要功能是收集细胞内需要被处理的多肽运送到细胞表面,被 TCR 识别,引起免疫反应。最初人们发现 MHC 编码移植抗原,以引导移植排斥,近来人们发现了 MHC 分子实际上是一种抗原提呈分子,抗原肽只有与 MHC 分子结合才能被 T 细胞识别,引发 T 细胞介导的免疫响应。TCR 识别抗原肽的同时,必须识别与抗原肽结合的 MHC 分子,称为 MHC 限制性。

(7) 细胞因子:细胞因子,是由活化的免疫细胞或间质细胞合成和分泌的具有调节细胞生成、分化和成熟、参与免疫响应和炎症反应,促进伤口愈合等功能的多肽类的活性分子,包括白细胞介素、干扰素和生长因子等。B 细胞和 T 细胞表面都有细胞因子受体,其在免疫响应的每个过程都受细胞因子的影响。

为了解释免疫系统的各种现象,在克隆选择学说的基础之上,Jerne 提出了独特型免疫网络理论(图 8-8),对免疫系统进行定量的数学描述。Jerne 曾经说,如果不对免疫系统进行数学描述,免疫学只是实验结果的简单积累,不能够发展成为一门真正的科学。在这一思想的指导下,他提出了独特型免疫网络理论,并给出了免疫网络的微分方程描述。

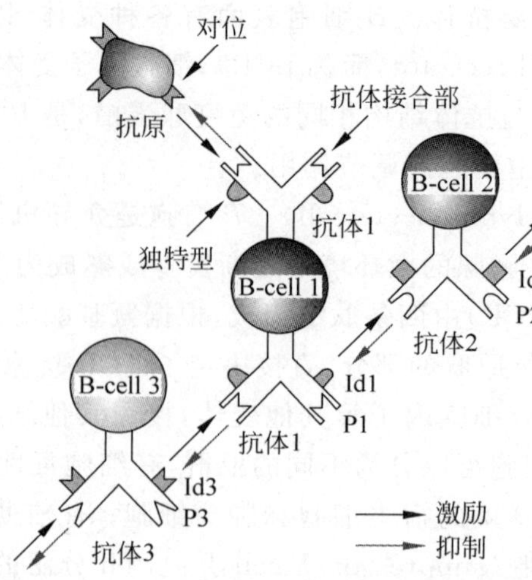

图 8-8 Jerne 的免疫网络理论

$$\frac{\mathrm{d}A_i(t)}{\mathrm{d}t}=\left(\alpha\frac{\sum_{j=1}^{N}m_{ij}a_j(t)}{\sum_{j=1}^{N}m_{ij}}-\alpha\frac{\sum_{k=1}^{N}m_{-i-k}a_k(t)}{\sum_{k=1}^{N}m_{ik}}+\beta g_i-k_i\right)a_i(t) \tag{8-16}$$

$$a_i(t+1)=\frac{1}{1+\exp(0.5-A_i(t+1))} \tag{8-17}$$

α——抗体 i 对于其他抗体的交互作用率；

β——抗体 i 对抗原的交互作用率；

$A_i(t)$——t 时刻第 i 个个体的激励水平；

$a_i(t)$——t 时刻第 i 个个体的浓度；

m_{ij}——抗体 i、j 间的亲和系数；

m_{-i-k}——抗体 i、k 间的排斥系数；

k_i——抗体 i 的自然死亡率；

g_i——抗体 i 与抗原间的匹配率；

N——抗体数目。

限于篇幅，详细论述参见文献[124]。

8.3.2 人工免疫进化的引入和算法的提出

传统的遗传算法借鉴生物进化理论与遗传学机理形成了一套较为完善的算法体系。然而在实际应用中还有许多问题有待进一步解决。例如，对于单调函数或单峰值函数，在初始时很快向最优值逼近，而在最优值附近收敛较慢；对于多峰值函数优化问题，它往往会出现“早熟”现象。研究如何改进算法以及采用合适的算法加快寻优速度和改善寻优质量，不仅在理论上而且在实践上都有重要意义。

免疫优化的理论基础主要是免疫遗传学。免疫遗传学的研究说明了免疫物质不仅受遗传基因的控制，而且由此发生的免疫功能（免疫应答）也同样受到遗传调控。在免疫系统中产生的抗体是用于对付和消除外来抗原的。在免疫优化计算中，我们将抗原对应于问题的目标函数，将抗体对应于问题的解，那么利用生物免疫系统的特点来改进遗传优化计算方法是免疫优化计算的出发点。为了得出免疫进化算法，首先分析免疫系统的一些特点。

(1) 基因重组：当外来抗原侵入生物体时，免疫系统先对不同抗原进行识别，针对不同抗原生成对应的抗体。抗体的产生是通过 DNA 分子中的特定段任意重组而成。通过基因重组，形成问题解的全体。

(2) 网络作用：当一个抗体传递给生物体中的 B 细胞时，一次免疫响应启动。如果与抗原匹配，B 细胞将被激活。B 细胞的激励水平不仅依赖于其抗体匹配程度，而且依赖于它同机体免疫系统中其他 B 细胞的亲和度。根据 Jerne[125] 提出的免疫网络理论（图 8-8），计算抗体激励水平及浓度的动态方程如式(8-16)、式(8-17)。根据其计算结果，若激励水平超过阈值，B 细胞将生成自身的许多克隆（clones），而该行为又将启动一个变异机制——在抗体分子的编码基因（genes）中产生变异。反之，B 细胞不会自我复制，且到时候便死亡。这样，在免疫理论中很重要的一点是，传递一个抗原给能够约束它的 B 细胞不仅引起 B 细胞对抗原的分析，而且会导致许多新 B 细胞生成。所有这些 B 细胞可依次分析抗原，并进一步产生 B 细胞。这一特性为保持群体的多样性提供依据。

(3) 混沌增殖：在有关细胞生长方面，参考文献[126]中针对白细胞生成控制模型进行了讨论，结果表明在确定性时间系统中存在着内在混沌的可能；同时，第三军医大学的徐启旺对绿脓杆菌的生长作了初步的探讨，实验结果表明，细菌的生长不是同步分裂而是呈现混乱无序的混沌态增殖，因此其本质是一种波形状态的生命活动并伴随以非线性动态的混沌增殖。混沌理论中，通过 Logistic 方程生成的混沌序列是遗传学中用以描述昆虫数目世代变化规律的方程，可以引入到模拟免疫细胞的增殖方式，从而可以在抗体细胞的多样性上提供生物免疫进化计算依据。

(4) 免疫变异：高等生物尤其是哺乳动物，在进化过程中对多种多样的病原体或异源性蛋白甚至人工合成的抗原都能够产生相对应的抗体。在 Burnet 的无性繁殖系选择学说中，特异性的无定向多样化是首要前提。后来的研究证明了一个细胞一种特异性，即实际上一个淋巴细胞只产生一种抗体，而生物体内的确存在成千上万种抗体，这种适应性功能的发展程度实在很让人惊讶。对于淋巴系统能够产生如此多种的抗体分子——淋巴细胞特异性的多样性，归因于细胞抗体基因的多样性。对于淋巴系统能够产生如此多种的抗体分子，体细胞突变学说（Cohn，1968）认为数目如此大的基因存储在种质（即生殖细胞染色体）中是不可能的,也是不经济的。该学说认为种质传下来的只是少量 V 基因,而 V 基因的多样性主要是由于个体发育期间体细胞突变造成的。这一说法也得到了 Leder 等人的支持。这些变异主要反映在高可变区(hv)上,主要由它决定了抗体的多样性。这已为许多观察结果所支持。这一现象与遗传变异雷同,是寻求最优个体的途径之一。

(5) 免疫选择:由于免疫过程中许多高变异(hypermutation)行为会破坏抗体对抗原的亲和力——即使假定在完全随机的情况下。因此免疫系统需要通过有选择地增加高亲和力的抗体数目来解决这个问题。

(6) 免疫记忆:在抗原消失后数月甚至数年,抗体形成细胞仍然具有免疫记忆。因此以后抗原侵入时,生物体根据自身免疫网络可以很快生成对应的抗体来中和抗原。

(7) 免疫元动态(metadynamic function):由于机体本身的新陈代谢,每天有 5% 的低激励水平 B 细胞死亡,而代之以骨髓中生成的全新 B 细胞。只有那些与已存在 B 细胞具有较强亲和力的新 B 细胞才会加入到免疫系统中,否则死亡,如图 8-9 所示。

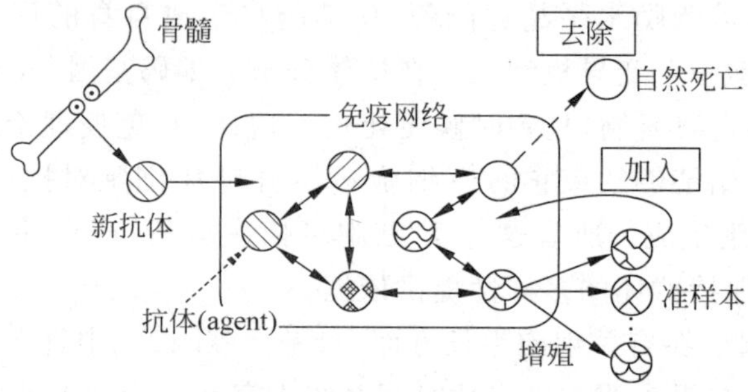

图 8-9 免疫元动态(metadynamic function)

(8) 浓度控制:Perelson 和 Delisi 研究配体(ligand)和受体(receptor)间交连的规律,得到了配体浓度的方程式。再通过假设受体和配体各自的总量守恒,得出了配体-受体关系图。即当自由配体浓度较低时,受体的激活程度随抗原或配体浓度的增加而增加;过了激活态后,当自由配体浓度继续增加时,受体的激活程度反而下降——受体处于抑制态。另外,参考文献[123]中还提出:免疫过程完成后机体内抗体浓度不会过高,否则,正常体细胞会受到损害。

由此可见,浓度控制是免疫优化中一个相当重要的特点。

根据以上分析,人工免疫进化算法的核心算子可以分为两种。

(1) 免疫重组:模拟基因重组行为,在子群内将各基因位统一编码,然后随机取出基因重组为新染色体——这里不使用 SGA 的交叉算子,因而可以有效地避免父代与子代间的相似问题。

(2) 免疫变异:以类似 SGA 的方式(如随机方式等)和较大的概率进行变异操作,模拟高可变区的变异行为。

(3) 抗体生成：模拟免疫网络作用、免疫选择和浓度控制。

首先，我们重写式(8-16)、式(8-17)，有

$$\frac{\mathrm{d}A_i(t)}{\mathrm{d}t}=\left(\alpha\frac{\sum_{j=1}^{N}m_{ij}a_j(t)}{\sum_{j=1}^{N}m_{ij}}-\alpha\frac{\sum_{k=1}^{N}m_{-i-k}a_k(t)}{\sum_{k=1}^{N}m_{ik}}+\beta g_i-k_i\right)a_i(t) \tag{8-18}$$

$$a_i(t+1)=\frac{1}{1+\exp(0.5-A_i(t+1))} \tag{8-19}$$

差分计算式(8-18)，令

$$\frac{\mathrm{d}A_i(t)}{\mathrm{d}t}=\frac{A_i[(n+1)T]-A_i(nT)^{T=1}}{T}=A_i(n+1)-A_i(n)$$

计算整理得

$$A_i(n+1)=A_i(n)+\left(\alpha\frac{\sum_{j=1}^{N}\gamma_{ij}a_j(n)}{N}+\beta g_i-k_i\right)a_i(n) \tag{8-20}$$

$$a_i(n)=\frac{1}{1+\exp(0.5-A_i(n))} \tag{8-21}$$

其中 γ_{ij} 表示抗体 i、j 间的综合激励系数。

根据式(8-20)、式(8-21)的迭代，计算出相应抗体的浓度值 $a_i(n)$，再按照 SGA 的方法计算出第 i 个个体的适应值与平均适应值之比 SGAslct_prop$_i(n)$，计算 min($a_i(n)$,SGAslct_prop$_i(n)$)；再考虑机体中抗体浓度不能够过大的原则，进行浓度控制。算法如下

```
if   min(a_i(n),SGAslct_prop_i(n))>规定浓度 then
         复制概率 copy_prob_i(n)=规定浓度
else   copy_prob_i(n)=min(a_i(n),SGAslct_prop_i(n))
```

以此实现模拟免疫系统选择性地增加高亲和力的抗体数目以及免疫过程中浓度控制的现象。

(4) 免疫选择：在免疫行为中，由于免疫过程中许多的高变异(hypermutation)行为会破坏抗体对抗原的亲和力，即使假定在完全随机的情况下。因此免疫系统需要通过有选择性地增加高亲和力的抗体数目来解决这个问题[13]。对此，我们根据抗体生成算子中计算出来的复制概率 copy_prob$_i(n)$进行下一代的复制操作。

(5) 混沌增殖：白细胞生成控制的研究表明在确定性时间系统中存在着内在混沌的可能，同时，绿脓杆菌的生长实验结果表明，细菌的生长呈现混乱无序的混沌态增殖，因此其本质是一种波形状态的生命活动并伴随以非线性动态的混沌增殖。为模拟免疫行为中细胞的混沌增殖现象，引入混沌理论中的 Logistic 方程

$$x_{n+1}(t)=f(\mu,x_n)=\mu x_n(1-x_n)\quad(n=0,1,2,\cdots)$$

由此生成的混沌序列是遗传学中用以描述昆虫数目世代变化规律的方程，可以用于模拟免疫细胞的增殖方式。

混沌序列与通常的 RANDOM 函数相比，具有更好的随机性、快速性，这是由混沌的本身特色决定的，因此可以更好地保持多样性，并能够有效地解决全局搜索能力和局部搜索能力的矛盾。

(6) 免疫记忆：各子群依次计算完毕后，计算总群体的最大适应值。如果本次计算得到的最大适应值大于免疫网络中已存在抗体所能够提供的最大适应值，则将对应的个体作为新抗体加入抗体记忆表中，本次最大适应值加入抗体适应值表；否则，启动免疫记忆，根据抗体表中所记忆的历史抗体，利用混沌增殖算子寻找出新的高适应值个体作为更好的免疫抗体，混沌初始值分为历史抗体及抗体的变异个体两种。此方法模拟如下免疫行为，当激励水平超过阈值时，机体 B 细胞将生成自身的许多克隆，同时启动变异机制——在抗体分子的编码基因中产生变异。

(7) 免疫代谢：模拟免疫元动态行为，找出子群内 5%的低激励水平个体并去除；利用 logistic 方程从免疫记忆表中生成新的高适应值个体加入种群中。

因此，免疫学习算法的基本流程可归结为

(1) 初始值设定。

① 设置演化世代数 $n:=0$；

② 设置种群大小 N，个体串长 l，设置变异概率 p_{m}；

③ 设置方程式(8-16)、式(8-17)中的免疫参数：第 i 个抗体的初始激励水平 $A_i(0)$、初始浓度 $a_i(0)$、与抗原间的匹配率 g_i 以及自然死亡率 k_i，作用系数 α、β；

④ 以一致的相同概率随机生成 N 个串长为 l 的二进制序列 $X_1(0),X_2(0),\cdots,X_N(0)$组成初始种群，则初始种群 $X(0)=[X_1(0),X_2(0),\cdots,X_N(0)]$；

⑤ 设置演化停止准则。

(2) 演化开始。对于第 m 个子群进行以下的操作：

① 免疫重组；

② 抗体生成；

③ 免疫选择；

④ 免疫变异；

⑤ 免疫元动态：找出子群内$\left\lceil 5\%\dfrac{N}{K}\right\rceil$的低激励水平个体并去除；利用免疫混沌增殖算子从免疫网络中生成$\left\lceil 5\%\dfrac{N}{K}\right\rceil$个新的高适应值个体加入到种群中。

(3) 免疫记忆。

(4) 算法停止检验。如果后代 $X(n+1)$满足设定的停止准则，则演化计算停止；否则 $n:=n+1$ 并转到第二步。

(5) 解码并输出计算结果。

习题和思考题

8-1　假定要使 3 个变量的函数 $f(x_1,x_2,x_3)$ 极大化，各变量的论域分别为：$x_1\in[-30,150]$，$x_2\in[-0.5,0.5]$，$x_3\in[0,10^5]$，对 x_1，x_2 和 x_3 要求的精度分别为 0.1，0.001 和 1000。

(1) 对上述问题设计一个串联的多参数映射定点编码。

(2) 为得到所要精度，最少需要多少位？

(3) 利用所设计方法，写出代表以下各点的数字串：(x_1,x_2,x_3) $(-30,0.5,0)$，$(10.5,0.008,52000)$，$(72.8,0.357,72000)$。

8-2　利用 GA 算法，编制程序，优化下列函数

$$f(x,y)=0.5-\frac{\sin^2\sqrt{x^2+y^2}-0.5}{[1+0.001(x^2+y^2)]^2}$$

式中 $x,y\in[-100,100]$。并把优化结果与一般优化方法相比较。

第9章* 多智能体系统控制

9.1 引言

9.1.1 多智能体系统的概念

从系统的角度来看，分布式系统比集中式系统具有更好的鲁棒性和灵活性；从信息的角度看，多种信息的融合，可以获得更为丰富、准确的内容；同样地，从智能的角度来看，多个智能个体的结合，可以获得 1+1>2 的效果。基于这一认识，人工智能开始向分布式人工智能(distributed artificial intelligence，DAI)的方向发展。DAI 系统可分为分布式问题求解(distributed problem solving，DPS)和多 Agent 系统(multi-agent system，MAS)两种。DPS 研究如何将一个复杂的问题分解，分配给各个计算单元合作求解；MAS 研究一组 agent 如何通过相互之间的协调来形成一个系统。两者的区别在于 DPS 中节点的工作是被动的，而 MAS 中节点的工作是主动的，MAS 展现了更为复杂的系统特性。

那么究竟什么是 agent 呢？“agent”的英语含义是代理，在 MAS 中，agent 通常指一个具有智能的实体，如人、机器人、智能软件等，所以国内经常将其翻译为“智能体”。统一、确定的 agent 定义，在整个学术界并没有达成一致。Wooldridge 和 Jennings 认为 agent 应该具有下面一些特性，有助于我们对 agent 的理解[128]。

(1) 反应性：agent 对周围环境应有感知能力，并能根据环境的变化做出相应的反应。

(2) 预动性(前摄性)(pro-activeness)：agent 能够根据目标，主动地发起和引导行为。

(3) 社会性：agent 可以和其他的 agent 进行交互，进行协调。

本章内容受到国家自然科学基金(60405012，60675055)资助

可以看到，这种 agent 的特性定义相当宽泛，很多领域的对象，例如电子商务、信息搜索、人机界面中的智能程序，控制系统中的控制软件、智能设备，等等，都可以看作 agent。

这些自治或半自治的 agent 彼此交互，组成了 MAS 系统。所谓自治性是指 agent 可以在没有外来干涉的情况下控制自己的行为和内部状态。可以看到，MAS 首先是一个分布式的系统，具有分布式系统的一切优点，包括以下几个方面。

(1) 高效性：分布式系统具有天然的并行结构，可以通过并行计算提高系统的效率。

(2) 可靠性：系统单元之间具有功能上的冗余，因此提高了系统整体的可靠性和容错能力。

(3) 灵活性：不同的单元可随意组合，提高了解决问题的灵活性。同时单元的数量和能力能够动态改变，也增强了系统的可扩展性。

(4) 鲁棒性：由于信息吸收和行为的实施都是整体配合的结果，可以增强系统对各种不确定性扰动的抵御能力。

(5) 易维护性：单元采取模块化的方式，便于维护。且模块也容易重用和继承。

同时，由于 MAS 由 agent 组成，MAS 的优越性并不止于此，还包括

(1) 多个 agent 的协作，可能实现单个 agent 无法完成的任务。例如，在追捕过程中，只有多个 agent 才能完成对目标的包围。

(2) 为复杂系统的建模、分析和控制提供了新的手段。这类系统包括自然系统、社会系统和一些复杂的人工系统，例如经济系统、交通管理系统等。这些大范围、非线性、不确定的动态系统，用传统方法分析非常困难，但从 agent 的角度看，却都是自然的 MAS。

(3) 为软件工程提供了面向 agent 的设计思想。由于 agent 具有自治性和社会性，可以开发具有个性的软件代理，比面向对象技术更适合于复杂工程的开发。

(4) 提供了复杂问题求解的新方法。由于 agent 具有智能和交互能力，因此在问题求解时，除了自上而下的任务分解，也可以通过 agent 之间的主动协调，自下而上地解决问题。

由于 MAS 有如此多的优点，不仅在商务管理、网络办公自动化、分布式计算、虚拟现实等许多领域已有广泛的应用，在控制领域，也出现了很多控制与 MAS 结合的例子，包括电网传输、机械制造、机器人足球。

将控制与 MAS 结合，主要有以下原因：

(1) 目前的分布式控制系统，其节点一般由数字式仪表和智能控制器构成，具有一定的自主性；节点之间有网络连接，可方便通信；因此很容易进一步发展为 MAS。

(2) 面向 agent 的软件设计比传统方法具有更强的问题处理能力，更适合于开发集管理、控制于一体的综合控制系统，满足日益复杂的控制要求。

(3) 对于一些复杂的控制领域，如柔性制造、交通管理、多机器人协作等，本身就是一个复杂的 MAS 系统，采用 MAS 的思想进行控制最为自然。

9.1.2 多智能体系统的发展[127,129]

Agent是一个与人工智能同步发展的概念，在人工智能的早期文献中就已提及。但在20世纪90年代前，多agent系统的发展却与单agent的研究完全独立。最早的MAS是开发产生式专家系统时出现的黑板系统。在这种系统中，每一个知识源就可以看作一个agent，而黑板提供了通信的平台。黑板系统在MAS的早期影响很大，但目前已不是MAS的主要研究内容。

另一个重要MAS是Hewitt在70年代开发的计算系统ACTOR。受面向对象语言Smalltalk的开发过程的启发，Hewitt认为计算是一种消息传递，从而实现了分布式计算的信息交互。

在70年代后期，Standford大学的博士生Smith提出了“合同网”，通过模拟经济领域子合同的承包行为来实现agent之间协作。合同网是最有影响力的MAS之一，至今仍有学者在对其进行研究和改进。

80年代中期，Standford大学的另一位博士生Jeff Rosenschen指出了MAS与分布式问题求解DPS之间的区别。DPS假定了agent之间存在着共同利益，而这只是MAS的一种特殊情形。从此MAS成为了分布式人工智能研究的重点。在agent都是自利的假设下，Rosenschen还第一次用博弈论对agent间的交互进行了分析。

同一时期，南California大学的Les Gasser指导开发了MACE系统，该系统是一个通用平台(testbed)。它的一些特点，如熟人模型等，成为许多agent系统的通用组件。

90年代开始，随着网络的发展，Internet成为MAS的重要研究平台。1994年7月，“Communication of ACM”杂志出版了智能agent的专题。专题中许多文献讨论了一种称为“专家助手”的软件工具，并在随后实现了商业化。另外在电子商务中的应用，也是MAS的重要研究内容之一。

1994年夏天，General Magic公司发布了一种实现移动agent的语言Telescript。移动agent是一种可以通过网络传输并在远程节点重新运行的程序。不过2000年后，多数移动agent程序采用了Java语言来编写，例如JINI框架。

Agent的通信语言在90年代也得到了发展，先是用于知识共享的KQML和KIF在agent通信中得到了广泛应用。1995年开始，FIPA(The Foundation for Intelligent Physical Agents)开始了对agent系统的标准化工作，提出了一种FIPA-ACL语言。

除了应用，对MAS系统的理论研究也开始深入。各种从社会学、心理学、生态学、物理学等角度提出的协调方法层出不穷。很多研究都是传统的人工智能分支在MAS系统上的推广，包括BDI模型、行为网、协进化、分层强化学习等。

MAS 的思想还被用来设计高效的自治算法，如在图像分割和特征检测中的应用。

MAS 在控制中的应用，最早是 20 世纪 80 年代欧洲的 ARCHON 项目。这一项目本来研究的是分布式专家系统在工业领域的问题求解和故障诊断中的应用，但随后的研究转向了 MAS。

在制造行业，到 1999 年止，已有 30 多个科研项目在研究 agent 在制造规划、调度、控制中的应用。另外还有 MAS 系统在电网规划、交通管理中的应用。有些研究者还讨论了 MAS 和现场总线控制的关系。

多机器人系统是 MAS 研究的一个重要平台，在这里验证了大量学习、协作、自组织的方法。最著名的应用是机器人足球世界杯 Robocup，这项比赛从 1996 年开始，每年举办一届。举办者宣称其研究的目标是在 50 年内能够打败人类运动员组成的足球强队。

总的看来，MAS 系统是当前人工智能研究的一个重点，各种方法层出不穷，并且仍在不断发展之中。一些著名的杂志，如《Artificial Intelligence》、《Knowledge Engineering Review》、《Applied Artificial Intelligence》、《Communication of ACM》等都曾出过 agent 专辑，第一个有关 agent 和 MAS 的国际学术杂志《Autonomous Agents and Multi-Agent Systems》已经由 KLUWER 国际学术出版公司（KLUWER Academic Publishers）于 1998 年正式出版发行。知名的国际学术会议 IJCAI (Proceedings of International Joint Conference on Artificial Intelligence)、ECAI (European Conference on Artificial Intelligence)、AAAI(National Conference of the American Association for Artificial Intelligence)等每次都有 DAI 和 MAS 的专题小组，而与 agent 有关的网上主页、站点、链接、电子杂志等更是不计其数。

在本章中，我们将介绍多 agent 系统研究的基本内容和典型方法。

9.2　多智能体系统的理论

9.2.1　多智能体系统的理论模型

多 agent 系统的理论研究，包括智能 agent 和多 agent 系统两个方面。

1. 智能 agent

如图 9-1 所示，智能 agent 可以通过感知系统了解外部环境和自身的状态，并通过推理决策来采取行动，从而进一步改变自身和环境的状态。根据 agent 所采用的决策与推理方式，单个 agent 的结构通常分为慎思型 agent、反应型 agent 和混合型 agent 三种。

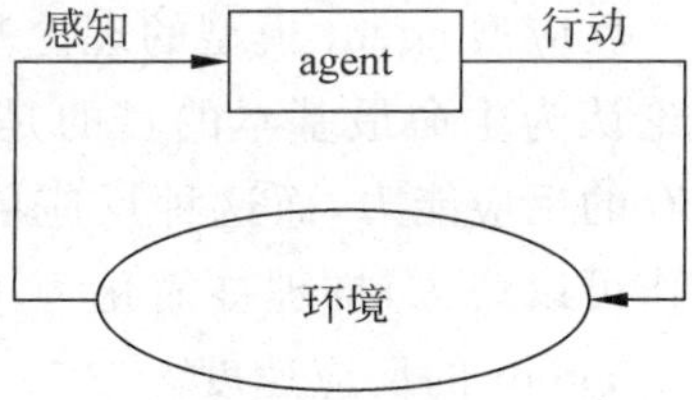

图 9-1　智能 agent 的结构

(1) 慎思型 agent(deliberative agent)

慎思型 agent 是一个基于知识的系统,可采用符号逻辑推理实现。这一结构最大特点就是将 agent 看作是一种有意图的系统(Intentional System),所有也称意图 agent。

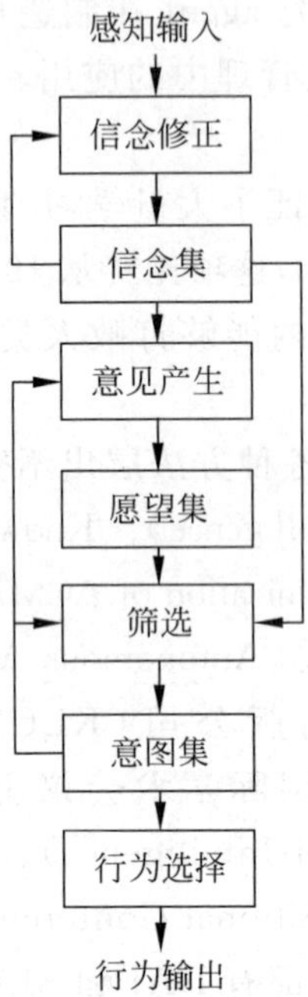

图 9-2　BDI Agent 的一般推理结构

在慎思 agent 的众多研究中,BDI(belief-desire-intention)模型是公认的典型。这一模型起源于 Stanford 研究所关于理性 agent 的研究工作。这一理论认为,一个合理的行为,必须保持信念(belief)、愿望(desire)和意图(intention)的理性平衡。所谓信念是 agent 对世界的认识,如外部环境的状态,可以根据感知的信息不断修改;愿望直接来源于信念,是 agent 的动机,相当于 agent 的目标和任务;意图是 agent 在各种限制下,经过理性慎思后,承诺执行的愿望,是具体采取行动的方针。

BDI Agent 的实际推理过程如图 9-2 所示。可以看到,在接收到感知输入后,agent 的推理过程涉及以下功能。

① 信念修正:该功能根据 agent 的当前输入和当前信念,确定新的信念集。

② 意见产生:该功能依据 agent 当前的信念和意图,确定可能的意见(即愿望)。

③ 筛选:该功能是 agent 基于当前的信念、愿望和意图,确定新的意图。这一功能代表 agent 的慎思过程。

④ 行为选择:这一功能根据基于当前的意图,确定要执行的行为。

基于 BDI 模型的 agent 系统很多,比较著名的有 Cohen 和 Levesque 基于线性时序逻辑的实现和 Rao 和 Georgeff 的基于非线性分支时态逻辑的实现。

(2) 反应型 agent(reactive agent)

慎思型 agent 需要一个比较完整的规划器和世界模型,因此推理效率一般较低,这使得 agent 适应环境的能力也相对较差。而且由于模型与领域相关,设计任务也很繁重。因此,反应型 agent 应运而生。

反应型 agent 模型的理论基础是 Brooks 于 1991 年提出的行为主义思想。该理论认为生命最基本的目的是生存,在了解高层次的智能之前,首先要了解有关生存的反应能力,而这种反应能力即环境与行为之间的对应关系。这样,建模的工作可以略去,推理被简化为黑箱方式的映射,从而简化了 agent 的实现,并且提高了 agent 的反应速度。

反应型 agent 的结构中,Brooks 建立的包含(subsumption)结构最具代表性,

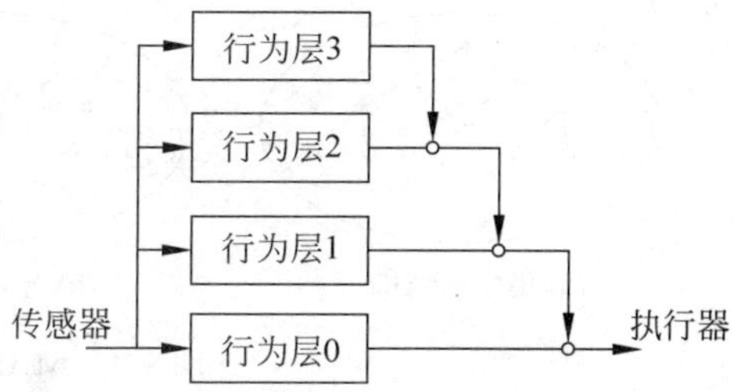

图 9-3 包含结构原理图

其原理如图 9-3 所示。注意到这种结构不是根据功能划分，因此没有“感知系统”、“中心系统”、“行为系统”一类的功能模块。而是将智能划分为以目标为单位的行为层，每一个行为层都直接与传感器和执行机构相连，实现某个目标下的环境交互。

不同层次的多个行为能并发执行，层次越高代表行为越抽象。较高层的行为可以抑制或者超越较低层的行为。这里的抑制是指禁止较低层的决策输出，而超越是指将自己的决策强加到另一个层的输出之上。

包含结构在单智能机器人控制中有广泛的应用，Brooks 的学生 Mataric 和 Parker 还将其进一步推广到了多 agent 系统。

(3) 混合型 agent(hybrid agent)

可以看到，反应型 agent 的智能实际是一种条件反射实现，不适于描述长期规划一类的高级智能。因此，需要在灵活性和复杂性之间找到一个折中。将反应型 agent 和慎思型 agent 的设计思想相结合，是自然的想法，这就产生了混合型结构。

混合型结合方式很多，最典型的是层次型体系结构。这种结构与分层递阶智能控制的结构类似，高层为认知层，采用符号推理，保证系统的智能。底层为反应层，采用行为主义的映射方法，保证系统反应速度。典型的实现有 Touring Machine 和 InterRRap 等。

2. 多 agent 系统

多 agent 系统的理论研究包括组织结构和 agent 交互两个部分。

(1) 组织结构

多个 agent 组成多 agent 系统，有以三种构成方式。

① 集中式结构：如图 9-4(a)所示，此时 agent 有主从关系，作为管理者的 agent 可以向所属的成员发布指令，对所辖的范围进行规划和协调。整个系统还可以用分层递阶的方式组织，即由子系统进一步组成规模更大的系统。

② 分布式结构：如图 9-4(b)所示，此时 agent 关系平等，共同作用来完成整体的计划。Agent 可以根据需要组成子系统，作为一个 agent 整体，因此分布式结构也可以有层次之分。

③ 混合式结构：一般情况下，集中式结构的目标性强，协作效率高，但灵活性较差，分布式结构的特点则正好相反，所以在 MAS 系统中，也存在混合式的结构，实现灵活和效率之间的平衡。混合式结构的组织方式非常灵活，图 9-4(c)所示是其中的一种。

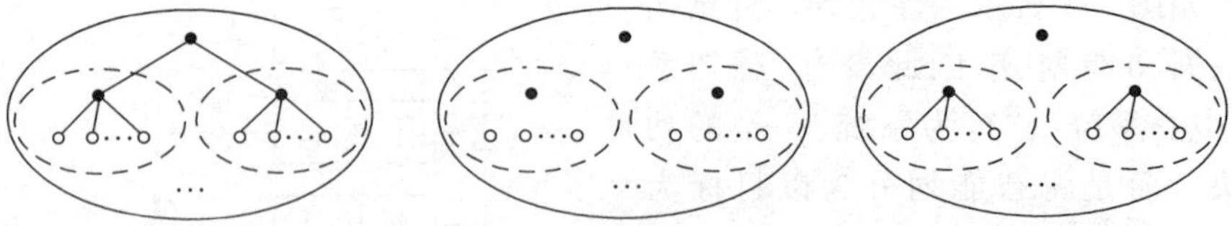

图 9-4 MAS 的组织结构

(2) agent 间的交互

与传统的分布式系统最大的不同,MAS 的每一个成员是自主和智能的,agent 之间的交互具有高度的社会性。这种交互,包括通信和协调两个层面。

① 通信层:指 agent 之间信息的传递;

② 协调层:指 agent 之间的相互作用。

Agent 通过自身感知以及通信所得的系统信息,通过协调彼此影响,达到系统设计的目标。可以看到,通信和协调是 MAS 优越性得以实现的保证,也是 MAS 研究中最为重要的内容之一。

9.2.2 多智能体系统的通信

1. MAS 通信的种类

Agent 之间的通信,有两个层次的研究内容。

(1) 传输层:研究 Agent 如何接收和发送消息,也就是传统通信的研究内容。在物理层面,依赖于各种无线、有线的通信网络,包括 Internet 等。在软件层面,主要是各种通信协议。通信的方式,有点对点通信和广播通信两种。其中点对点通信指两个特定 agent 之间的消息传递。而广播通信是指一个 agent 向其他所有的个体发布消息。

(2) 语言层:研究每一条消息所包含的内容。这是多 agent 通信区别于传统通信研究的地方。

根据通信的内容,多 agent 通信可以分为 5 类。

(1) 隐式通信:此时 agent 只是通过彼此的观察来推断对方的意向和规划,实质是一种无通信方式。这种模式省略了通信环节,降低了系统成本,同时也使系统更为灵活、鲁棒。但推断他人意图本身是一件不确定的事,同样的意图,可能有不同的行为;同样的行为,也可能来自不同的意图。因此,基于隐式通信的多 agent 系统,在实现协作时反而需要更大的计算、推理代价。不过,对于一些 agent 行为不很复杂、感知信息全面、通信负担重的场合,隐式通信却是经常采用的模式,如配备了丰富传感器的多机器人系统。但是研究表明,即使在这样的场合,哪怕增加极其少量的通信内容,也可以使系统的协作效果得到大幅提高。

(2) 信号通信：这是一种底层原始数据的通信，主要用来防止 agent 之间的规划冲突。在传统的分布式系统中，这是不可缺少的联系方式。例如多机器人之间，可以彼此通报自身的位置和方向，来避免路径冲突。不过，信号通信的信息类型和信息含量非常有限，只能用于简单的协调，对于复杂的协作任务，却无法胜任。

(3) 消息通信：这是目前软件系统(尤其是面向对象系统)中常用的方法，例如由消息激发过程的调用。Agent 使用一组事先约定的格式和规则，通过消息形式相互传递计算请求和处理结果。当收到消息时，agent 会根据消息的内容，激活相应的规则，采取预定的行动。不过，传统的消息机制只是在信息的传递和使用上增强了灵活性和规范性，在信息内容的扩展方面，却没有什么发展，因此仍不能满足复杂信息传递的要求。

(4) 规划通信：在 agent 之间传输彼此的规划，来实现协作的功能。这是一种直接的协调方法。例如，当两个机器人彼此给出自己的最优路径，然后在路径重合的部分进行重新规划，避免路径冲突，这种方法可以得到全局优化的协调结果，尤其适合分层递阶的多 agent 结构。但是在规划和通信上的负担却很沉重，在一些动态变化较为剧烈的场合，这种通信甚至是不可能的。目前还没有成熟的规划通信理论。

(5) 语言通信：可以看到，规划通信虽然直白，但实现困难；而消息通信有良好的技术基础，传递的信息却有限，这些都限制了 agent 进行复杂协作的能力。而反观人类社会，人与人之间的交互主要还是通过语言。因为语言既有规范的形式(语法结构)，又可以表达复杂的内容(语义)，是最为理想的交流方式。因此，目前 MAS 通信的研究，集中在 agent 通信语言的设计。

2. agent 通信语言[129]

为了进行 agent 之间语言的交流，需要了解语言的内容以及内容背后真实的意图。只有了解了这些内容，agent 才能进行规划或采取行动。但是，这是一个相当困难的问题，深入的研究还有赖于人类本体学、语言学和认知科学的发展。目前的 agent 通信语言(agent communication language，ACL)，主要以英国语言学家 J. L. Austin 的语言行为(speech act)理论为基础。这一理论的关键是认为语言也具有行为的能力，可以达到某种目标或满足某个意图。基于这一理论，agent 就可以通过语言的交互来实现行为上的协调。在已实现的 ACL 中，最为著名的有 KQML 语言和 FIPA-ACL。

KQML(knowledge query and manipulation language)由美国国防部 DARPA (the Defense Advanced Research Projects Agency)下属的 KSE(The Knowledge Sharing Effort)外部接口小组制定。起初的目的是实现知识的共享，后来发展为目前影响最大的 agent 通信语言。KQML 语言可划分为三个层次，如图 9-5 所示。

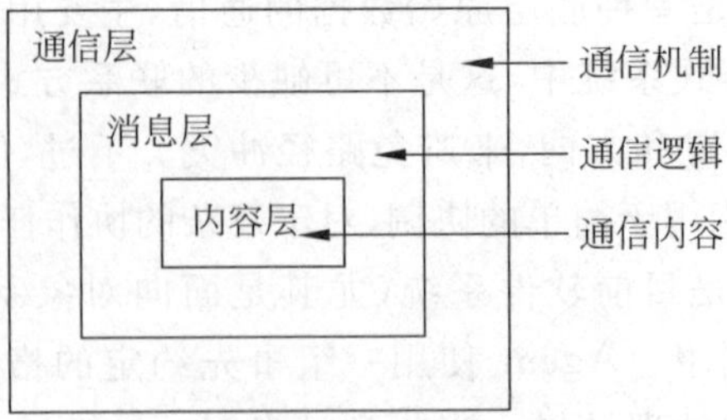

图 9-5　KQML 的三层结构

内容层描述所传递消息的实际内容,这些消息内容可以使用不同的 agent 编程语言来表达。消息层是 KQML 的核心,采用框架结构,定义了发送消息所需的协议和内容层所要体现的语义动作(performative,述行语)。通信层是对底层通信属性的编码,包括对消息发送者和接收者的指定、通信进程的标识等。由于 KQML 将消息与传输内容分离,从而屏蔽了 agent 的内部实现细节,为异构 agent 间的互操作提供了支持。而消息传递方面,继承了传统通信的方法。

下面是 KQML 消息的一个示例。

```
(evaluate
    :sender A:receiver B
    :language KIF:ontology kilns
    :reply-with q1:content(val(temperature K1))
```

这条消息是 agent A 向 agent B 询问窑炉 K1 的温度 temperature,查询名称为 q1。其中 evaluate 为语用词,是消息发送者希望接收者对消息内容进行评价。语用词代表了消息传递的意图,在 Finin 定义的 KQML 版本中,有 41 个语用词,不同的版本有不同的语用词集合。

消息中以":"开头的部分,表示消息参数,具体的定义如表 9-1。

表 9-1　KQML 消息的参数

参　数	含　义
:sender(<word>)	消息的实际发送者
:receiver(<word>)	消息的实际接收者
:from(<word>)	转发消息的原始发送者
:to(<word>)	转发消息的最终接收者
:reply-with(<word>)	如果发送者期望回答,在回答时所使用的标识符
:in-reply-to(<word>)	接收者针对前一个收到的消息,回答时所使用的标识符
:content(<expression>)	消息的内容
:language(<word>)	content 所使用的表示语言
:ontology(<word>)	content 中所使用的各种术语的说明

在本例中，表达内容所使用的语言是知识交换格式(knowledge interchange format,KIF)，由 KSE 发布，基于严格的一阶谓词逻辑。例如，消息中的 val (temperature K1)是一种陈述表达式，其中 temperature 是一个用户定义的以 K1 为自变量的函数，K1 为领域中的对象，这个函数由用户定义。val(temperature K1)指求 K1 的温度值。当然 language 也可以选择其他类型的表达语言，所以可以保证异构 agent 之间的交互。

ontology 是本体的含义。在通信时，会涉及一些术语，例如对应于窑炉，就有温度以及温度单位的概念，所谓本体就是指对这些术语的说明。通过本体的说明，就可以使 agent 在通信时，能对这些一般性的概念达成一致。

当 agent B 收到 agent A 的请求时，可以从相关的传感器读取数据，并以消息的方式将信息返回，此时有

```
(reply
    :sender B:receiver A
    :language KIF:ontology kilns
    :in-reply-to q1:content(=(temperature K1)(scalar 800 Celsius))
```

这里 reply 也是一个语用词，表示 agent B 对 Agent A 的响应。在内容 content 中，仍然是 KIF 的一个直言表达式，“=”表示两个对象相等的关系，由标准的 KIF 提供。scalar 是一个用户定义的函数，有两个自变量，前者为数值，后者为单位。整个表达式表明当前窑炉的温度值为 800℃。

在 KQML 虽然成功地实现了知识的共享，但是其语用词没有统一的规范，因此不同开发者开发的 KQML 系统，可能是无法互操作的。而且，KQML 也缺乏语义的严格定义，这给语言的一致性检验带来了困难。

针对 KQML 的这些问题，致力于推广 agent 应用的非盈利性组织(foundation of intelligent physical agents,FIPA)作了一些标准化的工作，制定了 FIPA-ACL。它首先将语用词做了标准化定义，共有 22 种，可分为传递信息、请求信息、协商、执行动作和错误处理等 5 类。在语义方面，一般采用(semantic language,SL)语言，这种语言采用定量多模态逻辑，并且把 agent 模型中的信念、愿望和意图看作原语运算符，使 FIPA-ACL 的设计更符合 BDI agent 的规范。目前，FIPA-ACL 仍在不断完善之中，应用也日渐广泛。

9.2.3 多智能体系统的协调与协作

1. 协调、协作与协商

多个 agent 在一起，组成一个系统，大致有两种情况。

(1) 有一个共同的目标。例如，通过合作，完成一项单 agent 不能完成的任务，或使整个任务的执行比单 agent 系统时具有更高的效率，更强的可靠性等。

(2) 没有共同目标，但有共同的工作环境。此时，agent 有各自的目标，甚至彼此冲突。但为了实现各自的目标，则必须彼此协调，互惠互利，共同营造一个和谐的氛围。

要满足上述要求，在多 agent 交互时，必须正确处理好协调、协作与协商的问题。

(1) 协调(coordination)

协调指 MAS 根据系统目标以及成员 agent 之间的依赖关系，调整相关 agent 的行为，最大限度地满足系统目标或达到系统的和谐。具体的协调方式，有显式和隐式两种。

① 显式协调：由系统明确规定协调机制，agent 可以根据这些机制进行推理和协商，找到可行的协调方案。显式协调能够保证协调方案的合理性，但需要大量的协调时间。

② 隐式协调：隐式协调没有明确的协调机制，协调现象由 agent 的行为规则间接产生，是一种自下而上的协调，具有较强的动态协调能力，但设计和控制都比较困难。由于这种协调是一种"突现(emergence)"现象，引起了不少学者的关注。

(2) 协作(cooperation)

协作是一种特殊的协调，出现在 agent 有共同目标的情况。协作的目的，就是通过 agent 行为的协调，来实现这个共同的目标。在多 agent 系统中，这种具有共同目标的情况还是很常见的。通过协作，不仅可以提高整个系统的性能，也可以增强每个 agent 的能力。在 MAS 的研究中，协作具有重要的实际意义。

(3) 协商(negotiation)

如果 agent 之间的利益是彼此冲突的，则冲突 agent 之间需要进行状态和意图的交互，设法形成共同的观点或计划，争取双赢的局面，这一过程称为协商。如果协商不能成功，MAS 可以采取一些从整个系统角度看有益的准则，例如

① 最大社会利益准则：要求系统中所有 agent 得到的利益之和最大。

② Pareto 效率准则：要求在所有的 agent 都没有损失的情况，至少使一个 agent 的利益得到提高。

③ 平衡准则：采取保持 Nash 平衡的策略分配，使系统维持稳定。Nash 平衡是对策论中的一个重要概念，Owen 给出的定义是这样的

如果对于 MAS 中所有的 agent i，$i \leqslant n$，其效用函数 u_i 满足

$$u_i(\pi_1^*,\cdots,\pi_i^*,\cdots,\pi_n^*) \geqslant u_i(\pi_1^*,\cdots,\pi_{i-1}^*,\pi_i,\pi_{i+1}^*,\cdots,\pi_n^*)$$

其中，$\forall \pi_i \in \Pi_i$，Π_i 为 agent i 所有可选策略的集合，则$(\pi_1^*,\cdots,\pi_i^*,\cdots,\pi_n^*)$为一个 Nash 平衡点。

例如街道上的行人最好都行走在自身前进方向的同一侧，这样就可以避免冲突。

④ 简洁准则：之所以选择简洁性为指标，其实体现了最小系统代价的原则。

例如协商结果可以是 agent 最容易理解的或最容易执行的，也可以是整个系统的通信量最少的方案。

协调、协作和协商三个概念，彼此之间有密切的联系，实现方法上也有相通之处。所以在以后的内容中，我们将不作具体区分。

2. MAS 的协调思想

由于 MAS 可以作为生物系统、社会系统的抽象，因此协调、协作的思想，也可以借鉴社会学、经济学、心理学、生物学、生态学，甚至物理学领域的研究成果，方法众多。下面介绍一些典型实现，重点是其背后的思想。

(1) 基于对策论的协调方法

以对策论作为数学工具，特别适合研究竞争环境下 agent 的协调。这种方法假设每个 agent 对自己的行为结果有一个评价，称为效用函数。而且 agent 在决策时具有理性，总是选择使自己效用函数最大的优势策略，或尽可能地保持系统的稳定性。Rosenschein 在这方面作了开拓性的工作。

(2) 模拟经济现象的协调方法

这类方法主要是模拟人类在经济领域的活动，例如拍卖。其中最著名的方法，是 Smith 提出的合同网(contract net)[130]。这一思想源自人们在商务过程中通过招标、投标建立合同的机制。合同网中的节点 agent 有管理者和工作者两种角色，管理者负责监视整个任务的执行以及结果的处理；工作者负责任务的执行。Agent 的角色并不固定，当一个 agent 发现自己无法完成当前任务或把当前任务分解成新的子任务时，就会以管理者的身份开始合同招标的过程。

① 任务发布：以广播的形式向网内其他 agent 发布任务通知书。

② 任务评价：其他 agent 收到任务发布信息后，会根据自身的资源、能力、兴趣，对有效期内的所有任务进行评价，选择最合适的任务投标。

③ 投标评估：管理者可对投标者进行评估，选择最佳的投标者。

④ 中标通告：管理者对中标者发出中标通告，并建立承包合同。

⑤ 合同终止：承包者把合同终止请求和执行结果发送给管理者，管理者在审查结果后，发送终止信息，宣告合同结束。

合同网的过程非常简单，但成功地实现了任务共享，是应用最广泛的一种协调方法之一，目前仍不断有对其扩展的方法提出。

(3) 模拟社会心理的协调方法

这里介绍联合意图(joint intention)理论。我们知道在 agent 的 BDI 模型中，意图与行为直接相关，占有重要的地位。在多 agent 系统中，意图为其他 agent 了解自己提供了稳定的参考，也为自己适应环境的变化提供了足够的基础。在多个 agent 合作时，需要有共同的意图，称为联合意图。

为了保证合作执行过程的稳定性和灵活性，每个 agent 必须对意图的执行有一个保证，这就是承诺(commitment)。承诺的概念首先由 Levesque 等提出，又由 Jennings 等人发展，给出了一种可以监督共同承诺执行的公约(convention)机制。这种机制要求每个 agent 必须履行承诺，除非出现下列情况。

① 发现共同任务已经完成；

② 发现共同任务不可能完成；

③ 发现共同任务无执行必要。

如果 agent 要退出承诺，就应该通知其他正在合作的 agent，使其他 agent 可以适时调整。

联合意图可以使 agent 构成一个团队工作(teamwork)模型，这一思想在工业控制系统 ARCHON 中得到了应用。

(4) 模拟生物系统的协调方法

生物界在许多方面，向人类提供了协作的范例。目前研究较多的，有免疫算法、蚁群算法、进化算法等。这些算法可以通过指定简单的个体交互规则，自下而上地产生高度社会化的自组织现象，引起了研究者很大的兴趣。例如，蚂蚁在搬运食物的途中，会在自己所经过的路径上留下一种激素，吸引其他蚂蚁来走同一条路径。这一简单的思想，经 Dorigo 适当的数学描述，成为了一种性能优越的优化算法，并可以用于多 agent 的自组织任务分配[136]。

(5) 模拟物理系统的协调方法

物理世界中力的作用关系，也常作为 agent 间相互作用的模拟对象。Balch 将人工势场法推广到多机器人情形，使机器人之间存在一种类似晶体结构的虚拟力学关系，实现了自组编队。Parker 通过设计机器人之间虚拟的引力和斥力，实现了多机器人多目标观测和跟踪。这类方法一般实现巧妙，但适用范围相对狭窄。

(6) 模拟学习功能的协调改进

agent 作为一个智能体，学习是一个重要的能力。不过，对 MAS 来说，学习并不是必须的，在一些需要高可靠性的场合，例如空中交通管理，为了防止学习带来的不确定性，研究者甚至认为学习有害。但在大多数情况下，学习可以提高系统的适应能力，探索未知的领域，是学者关注的重要方向。

单 agent 系统的学习已研究很多，从学习方法上分，有机械学习、示教学习、演绎学习、类比学习、观察学习、进化学习等；从学习获得的指导分，包括有监督学习、无监督学习和增强学习三种。这些方法，大多可以经过改造，用在 MAS 系统。不过，由于 MAS 的动态复杂性很高、学习空间很大，对学习的快速性和稳定性都提出了更高的要求。MAS 学习是当前研究的热点，其中也会发展出 MAS 特有的学习方法，例如 agent 之间可以通过共享学习信息，来加快学习的速度。

从上可见，MAS 协调的方法很多，尚无统一的理论。前面介绍的思想，依据人工智能的分类方法，可大致分为三类。

① 理性主义：对策论强调理性竞争，合同网侧重任务分配，联合意图描述了

agent 的意志,这些方法的重点在于心智推理。

② 行为主义:虚拟力是 agent 反应能力的一种力学模拟,增强学习是行为主义学习思想的具体应用。

③ 进化主义:模拟生物系统方法的重点在于引导系统向期望的目标方向演化,这是进化主义的发展观。

三种思想各有特点,领域的不同、任务的不同,甚至设计者的偏好不同,都会影响协调方法的具体实现。本章后面部分,将讨论基于三种思想的 MAS 控制。

9.3　多智能体控制系统

9.3.1　基于符号推理的多智能体控制系统

1. MAS 控制系统的设计

基于符号推理的系统设计,是 MAS 的传统实现方法。这类方法以人工智能中的符号逻辑为推理工具,模拟社会、经济领域的协调原则,来建立一个基于知识的多 agent 系统。这类 MAS 具有很强的复杂系统建模能力和推理能力,能够处理复杂的关系,完成复杂的任务。但是由于知识总是与领域有关,针对不同的系统,需要专门的开发。因此,和专家系统类似,这里只能谈一些总体实现上的共同问题。

对于控制系统来说,基于符号推理的 MAS 最大的好处是其处理复杂问题的能力,这一过程一般包括分解、抽象和组织三个部分。

(1) 分解:将问题根据空间分布、功能或任务要求进行分解。这种分解,既有纵向的分层划分,也有横向的模块划分。例如一个柔性制造系统,纵向可划分为工厂级、车间级和过程级,其中车间级可根据实际车间划分,过程级可根据控制对象划分。

通过对问题的分解,我们可以系统、清晰地了解整个问题。同时,对于一些功能模块,也可以继承使用,减少了重复开发。更重要的是,分解为下一步 MAS 的构造打好了基础。

(2) 抽象:所谓抽象,就是对分解的部分进行 agent 建模,特别要考虑 agent 的自治能力和交互能力。在基于符号推理的系统中,agent 的智能性是由一个基于知识的系统来体现的。例如故障诊断时,可以是一个分布式的专家诊断系统;底层处理时,则可能是一个包装了控制算法的智能控制器,或一个智能信息处理的算法。与传统模块不同的是,这些算法具有决策的自主性。

(3) 组织:根据系统结构和任务要求,将 agent 组织为 MAS 系统。在控制中,一般选择分层递阶的混合结构,也有完全分布式组织的情况,例如某些多机器人系统。在组织中，最重要的是设计协调算法，以发挥 MAS 的性能。具体采取怎样的协作策略，要根据需要和设计者本人的偏好。例如，在电力市场中，无论是电力投资还是能量交易，都应当首先满足系统安全约束和用户输电的要求，然后才能寻求各市场参与者利益的最大化。此时，依靠纯粹的双边贸易谈判和传统的集中式优化决策，都很困难。Yen 和 Wu 采用软件代理模拟输电系统的参与者，运用博弈论来综合考虑不同联营组合的成本和效益，寻求满意的方案。

又比如在 YAMS(yet another manufacturing system)制造系统中，制造企业被划分为三个层次，包括工厂、柔性制造系统(flexible manufacturing system, FMS)以及执行不同任务的工作单元，分别进行 agent 建模。当企业有一个生产计划时，就可以采用合同网招标的方式逐级分配到相关的工厂、FMS 和工作单元。

Tambe 在联合意图理论和共享计划理论的基础上，提出了一种通用的 STEAM(shell for teamwork)协调结构。该结构将 agent 按照角色进行组织，根据任务划分为一系列的子团体。通过集体行为操作符和个体行为操作符分别对 agent 的集体任务和个体任务进行操作。这些方法在军事任务、机器人足球等领域已有应用。

在工业控制方面，Jennnings 在联合意图理论的基础上，提出了一种用于工业控制的结构 ARCHON(architecture for cooperative heterogeneous on-line systems)，这是欧洲最大的分布式人工智能项目的研究内容，下面将介绍 ARCHON 的设计思想。

2. ARCHON 的设计思想[131]

(1) agent 的结构

ARCHON 的基本单元为 agent，每个 agent 都有独立的问题处理能力和通信交互能力，例如，数据获取、故障诊断、服务重建(service restoration)等。Agent 在结构上分为 AL 层(archon layer)和智能系统 IS 层(intelligent system)两个部分(图 9-6)。AL 负责处理通信、协调、规划、监督一类的高层事物；IS 负责具体执行指派的任务。同一个 agent 之中可以有很多个 IS，负责不同的任务。在 AL 和 IS 之间，有一个标准的 AL-IS 接口，负责 AL 和 IS 之间的语言翻译。因此 agent 对 IS 的编程语言、处理方法和硬件平台等没有限制，IS 的实现可以延用已有的智能设备或算法。

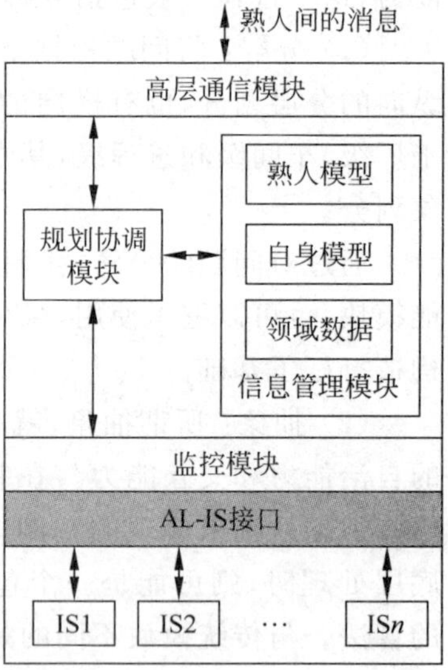

图 9-6 ARCHON agent 的结构

AL 包括监控模块、规划协调模块、信息管理模块和高层通信模块四个部分。

① 监控模块：监控模块负责监控本地IS的子任务执行情况。这些IS的子任务在监控模块中以监控单元(monitor unit,MU)的形式描述。

② 规划协调模块：AL的思考核心，负责决定agent在整个MAS协作中的角色。通过评估自身和其他agent的条件，决定哪些行为由自身的IS完成，哪些要委托其他agent的IS执行。该模块也负责处理与其他agent之间的协作关系，包括直接向其他agent发出协作请求，或决定如何回应其他agent的需求，如何定期地向熟人agent发表信息等，这些工作与信息管理模块密切相关。

③ Agent信息管理模块：这是一个分布式的目标管理系统，用来存储和管理agent和MAS的相关信息，包含了熟人(acquaintance)模型、自身模型和领域数据三个单元。其中领域数据单元相当于一个数据库，存储自身推理的中间数据和其他agent发送的消息。自身模型包含了关于自身的技能、兴趣方面的信息，监控单元MU也在这里定义。熟人模型中包含了密切相关的其他agent的信息。这些agent可能会对同一项任务或信息有兴趣，在必要时，规划协调模块可以和它们进行信息的交互。

④ 高层通信模块：agent的通信接口，采用消息机制。该模块可以通过TCP/IP协议与熟人列表中的agent模块通信，协议内部集成了ISO/OSI session layer的功能，可以在断线时自动恢复连接。

(2) agent的协作

agent的规划和协作由规划协调模块完成，这是一个传统的知识推理过程，Jennings采用非循环或图进行规划。在这种或图中，节点代表了自身模型中定义的监控单元MU、边代表了MU任务启动的条件。这些条件可以是MU(子任务)执行中所产生的数据，也可以是规划开始时的初始条件。

以电力传输、分配系统的故障诊断启动过程为例，该过程的目的是迅速确定故障的地点和类型，并改变供电网络的拓扑，恢复电力供应。有4个agent与故障诊断有关，它们是：

① 报警分析agent-AAA(alarm analysis agent)：该agent的功能是根据报警信息进行故障的识别和分类。

② 断路器和继电器监视agent-BRS(breaker and relay supervisor)：该agent的功能是根据断路器和继电器开断的时序信息进行故障的识别和分类。

③ 停电区域识别agent-BAI(black-out area identifier)：该agent的功能是确定区域停电时最初发生动作的器件列表。

④ 控制系统接口agent-CSI(control system interface)：该agent负责检测扰动并用消息启动其他agent的诊断工作。

当一个扰动被CSI检测到后，CSI就会把时序报警信息传递给BRS，非时序报警信息传递给AAA和BAI，这三个agent都在它的熟人模型之中。这些agent在收到报警信息ALARM_MESSAGES后，首先判断这个报警是否是属于一个已在进行的诊断过程，或是一个人工检测的项目，如果都不是则由 Set New Fault MU 建立一个新的故障标识 DISTURBANCE_ID，这个标识和 ALARM_MESSAGES 一起作为 update topology with alarms MU 的输入，启动网络的拓扑更新。具体的更新工作由对应的 IS 完成。

在故障诊断中，首先必须建立假设列表。如果 BRS 已产生了假设列表，则其他 agent 可以通过 hypothesis generation from foreign source MU 来取得，作为推理的起点，否则假设列表可通过自身的 hypothesis generation MU 来产生。建立的假设列表可以供自身进一步推理，同时也以广播的方式，传递给熟人模型中的 agent，进行合作诊断。

整个协作诊断的过程是并行工作的。AAA 首先会产生一组粗略的故障假设列表，并逐条进行解释。同时 BAI 在信息处理后，会将停电区域最初动作的器件列表发送给 AAA。根据这一列表，AAA 可以删除那些与停电区域动作器件无关的假设，缩小了假设搜索的范围。同时，BRS 和 AAA 也会进行交互，将问题限制在那些可能性大的假设上，直至推理找到最有可能的故障原因。

在这里，我们可以看到 MAS 结构在故障诊断上的优越性。

① 并行工作，提高了故障诊断的速度。

② 信息融合，提高了诊断的速度和可靠性。例如时序信息和非时序信息的结合，可以缩小假设范围。故障经验信息和历史记录信息结合，可以提高诊断的可靠性。

③ 消息机制，可以及时、灵活地实现信息共享。在 ARCHON 中，消息的结构由每个 agent 的信息管理模块定义和维护。例如下面的报警信息。

```
ALARM-MESSAGES
AGENT-ID:AAA    DISTURBANCE-ID:05-08-04-09-31-20
CHRONO:Y        BLOCK-TYPE:UNIQUE
BLOCK-ID:05-08-04-09-30-39
ALARMS:alarm1,…alarmn
```

表示该报警信息由 AAA 在 2005 年 8 月 4 日 9 时 31 分 20 秒发出，信息性质为时序信息，属于 2005 年 8 月 4 日 9 时 30 分 39 秒产生的故障诊断模块。报警内容为一个假设列表。可以看到，agent 间交互的内容是非常实时而明确的。

agent 一旦开始协作，则必须遵守共同承诺，不可以随便退出。ARCHON 根据联合意图法，制定了一些规则，作为保证承诺执行的公约。具体的有匹配规则和选择规则两类(图 9-7)，共 8 条。匹配规则用来判断是否继续坚持联合承诺，选择规则用来根据情况的变化修正承诺，重新实现协作 agent 之间的同步。

通过熟人模型和联合意图理论，ARCHON 实现了 agent 之间的主动协调，取得了比一般分布式专家系统更为优越的性能。目前，ARCHON 已经在电网分配、水泥工业、柔性机器人装配车间、粒子加速器等领域的控制中得到了成功应用。

匹配规则：

R1：IF 任务 t 完成 AND t 产生了满足联合目标 G 的结果

THEN G 已满足

R2：IF 接收到与联合目标 G 触发条件有关的消息 i AND i 导致继续 G 的信念失效

THEN G 的动机不再存在

R3：IF 属于共同规划 P 的任务 $t1$ 延迟 AND $t1$ 必须与 P 中的任务 $t2$ 同步

THEN P 已被破坏

R4：IF 共同规划 P 已经完成 AND P 的预期结果没有产生 AND 存在另外的规划

THEN P 无效

选择规则：

R1：IF 联合目标 G 已满足

THEN 放弃所有相关的局部行为 AND 通知协作 agent

R2：IF 联合目标 G 的动机不再存在

THEN 放弃所有相关的局部行为 AND 通知协作 agent

R3：IF 共同规划 P 已被破坏 AND P 可以重新调度

THEN 暂停与 P 相关的局部活动 AND 重新设置与 P 相关的定时器和描述 AND 通知协作 agent

R4：IF 共同规划 $P1$ 失效 AND 存在另外的规划 $P2$

THEN 放弃与 $P1$ 相关的所有局部活动 AND 通知协作 agent $P1$ 失效并且建议 $P2$

图 9-7　ARCHON 中的关于承诺的规则

如前所述，基于符号推理的 MAS 已经形成了几种有代表性的理论，但都是结构和原则上的成果。具体应用时，对象不同，则需专门设计，开发负担仍很繁重。而且，基于符号推理的系统强调 agent 有一个比较完整的世界模型，推理效率往往不高，系统对环境的适应能力也相对不强。这些问题的解决，有待于人工智能和计算机性能的发展。

9.3.2　基于行为主义的多智能体控制系统

1. 行为主义思想的来源[81]

人工智能中的行为主义，来自心理学中的行为主义。在上世纪初，美国的心理学家 Watson 提出人的行为都是后天学到的，是一组“刺激—反应”的集合，不必考虑内部意识和生理的不同。这一思想得到了俄国生理学家巴甫洛夫条件反射学说的支持。20 世纪 30 年代后，美国心理学家 Skinner 又提出了操作制约学习的思想，在刺激—反应的学习中，引入了反馈的强化作用。由于行为主义的思想得到了一系列动物实验的支持，符合科学实验的可重复性原则，在 60 年代前认知心理学出现之前，一直在心理学中占据主要的地位，对心理学的发展，起了重要的推动作用。

Watson当初提出行为主义，主要针对当时心理学中的结构主义学派。这一学派以德国的理性主义为前提，认为可以将意识进行因素分解，并用内省的方法进行验证。但是，由于这种分析方法的主观随意性，造成了心理学研究的混乱。Watson的行为主义观点虽然比较偏激，却具有客观的可验证性，在教育、精神治疗等领域都有广泛的应用。同样在90年代初，当基于符号推理的MAS的理论此起彼伏时，Brooks提出了反应型agent，将智能描述为“状态－动作”之间的映射关系，并在大量的实际系统中得到应用。基于这一思想，多agent的协调能力也不过是一种更为复杂环境下的反应能力，同样可以用“状态－动作”的映射来表示，因此产生了基于行为主义的MAS。

2. 行为的分解与合成[132]

在多agent系统中，由于每个agent相对于其他agent而言，都是环境的一部分，其自身状态的改变必然同时影响其他agent的环境，因此环境的动态复杂性很高，状态空间的规模随agent的数量呈指数增长。如果需要为每一种状态都制订一个“一对一”的动作映射，必然会面对维数爆炸的问题。为此，Mataric通过将环境和动作进行归类的方法来减小问题的维数，并提出了采用组合结构来合成复杂行为的思想。

(1) 情景

情景是一种与特定行为相对应的特征环境，通过融合状态信息获得。例如，当食物在机器人夹子的可接触范围内时，不论离夹子的距离是1cm或5cm，都属于可抓取的对象。则这样的环境状态都可归属于可抓取情景，在这一情景下，机器人可实施抓取食物行为。

因此，情景实际上是agent根据行为需要对环境状态的一种归类，其作用是用来决定一个行为在什么时候被激发，以及在什么时候结束。所以通常情况下，执行一个行为所需要的情景是由这一行为的定义给出的。可以看到，情景对状态信息进行了融合，因此大大减小了输入空间的维数。

(2) 基本行为

基本行为是agent一系列基本动作的组合，用来实现一个特定的目标。例如机器人游荡的行为就包括了前进、避障的动作。由于基本行为对agent动作进行了合成，所以也减小了输出空间的维数。

基本行为的总体构成了基本行为集。对于agent来说，基本行为集的选取并不唯一。当agent的目的不同、应用场景不同或使用的控制策略不同时，都会使得它需要配有不同的信息源，拥有不同的基本行为集合。Mataric指出，对一个给定的领域和任务环境，基本行为集合的设计应满足以下两个标准。

① 必要性：基本行为集合中的任何一种基本行为都应当能够保持和完成特定的目标，并且这个目标不能由集合中的其他行为或行为组合来完成。

② 完备性：在完成领域中的任何任务时，不需要基本行为集合之外的行为来辅助。

同时，一个良好的基本行为集合还应该有以下特点。

① 简洁性：选择的基本行为应当是越简单越好。

② 稳定性：行为对于激发情景的变化，不应当过分敏感。

③ 可重复性：在允许的误差范围内，对于同样的情景，基本行为都应该能够实现定义所描述的功能。

(3) 复杂行为的合成

一般一个基本行为集合中基本行为的数量是有限的，更为复杂的行为，则需要通过基本行为的合成来实现。对此，Mataric 提出了两种行为组合的方式，直接组合和序列组合。

① 直接组合：如果任务比较简单，只有单一的目标，将几个基本行为的输出直接叠加，即可以实现高一级的行为，这就是直接组合的方式。

② 序列组合：在有的情况下，一个任务中含有多个目标，在任务的不同阶段，目标是不同的。这时，就不能简单地进行叠加，而是要通过行为的时序组合来实现高一级的行为，这就是序列组合的方式。

实际运用时，还可能综合使用直接组合和序列组合。

图 9-8 显示了多机器人模拟动物群体活动时的行为分解与组合。⊕表示直接组合；⊗表示序列组合。底层的跟踪、聚集、扩散、游荡和回家是基本行为，可由明确、单一的数学模型控制。高一级的行为可由这些基本行为组合得到。其中，群游(flocking)是模拟羊群、牛群松散成群的活动，要求个体间信息互通、干涉最小，而个体仍然能够得到群体的庇护；包围要求有事先确定的跟踪目标；放牧是有目的的群体迁徙；觅食是发现目标并搬运回指定地点的过程。针对不同的应用场合，这些行为可以用来完成机器人足球、自动环境清理、样本采集一类的工作。

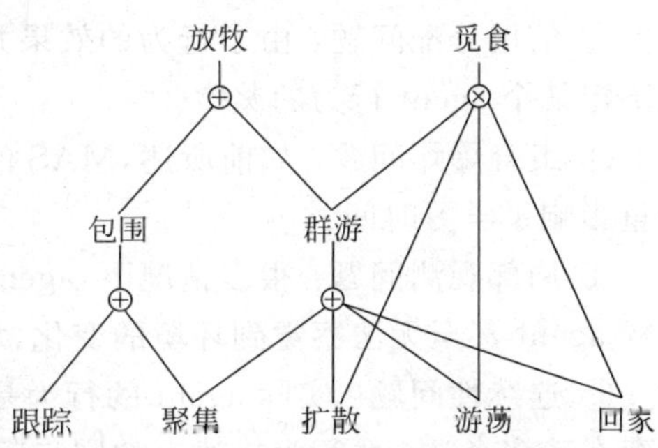

图 9-8　复杂行为的合成关系

可以看到，基本行为是一个相对的概念，包围和群游相对于跟踪、游荡而言，是组合行为，而相对于放牧而言，又是基本行为。在上述组合行为中，除觅食行为外，其他行为都由下一级的基本行为直接组合得到。这里的直接组合是指对各种基本行为输出向量的加权和，如下式

$$\Delta p_i^c = \sum_{m=1}^{M} \omega_m \Delta p_i^m$$

其中 Δp_i^m 为机器人 i 在基本行为 m 下的位移，共 M 个；Δp_i^c 为组合行为的位移，

ω_m 为加权系数，一般可取 1，其值越大，则该基本行为的重要性越高。

3. 行为的强化学习[83,84]

由于 MAS 的环境是动态变化的，甚至是未知的，很难事先设定有效的规则，需要通过学习来改进 agent 的行为能力和协调能力。

把单 agent 的强化学习算法推广到 MAS，有 2 种方式。

(1) 集中式学习：此时将 agent 看作一组整体，进行组合行为的学习。这种学习本质上是一个巨型的单 agent 学习，因此可以直接采用传统强化学习的算法，并保持原有算法的优良特性，特别适合配合要求高的紧耦合任务。存在的问题是学习空间大，学习时间长，而且不易调整 MAS 的规模。

(2) 分布式学习：此时 agent 根据观察到的环境信息，学习自身在不同情境下的行为。这种方式是现实社会常见的个体学习方式，保持了分布式系统所有的优点，是当前 MAS 强化学习研究的重点。但直接使用传统的强化学习算法时，却有以下困难。

① 非 Markov 性：在 MAS 系统中，每个 agent 此刻的环境状态，并不只决定于自身上一时刻的环境和行为，还与其他 agent 的行为有关，这就破坏了强化学习所需的 Markov 条件。

② 信用分配问题：由于行为的效果并不完全取决于自身，很难根据当前的状况决定某个 agent 行为的奖赏。

③ 组合爆炸问题：如前所述，MAS 的学习空间，随 agent 的数目呈指数增长，严重影响了学习时间。

④ 局部观测问题：很多情况下，agent 只能观测到局部的环境信息，导致一些时候 agent 甚至无法察觉到环境的变化，增加了学习的难度。

⑤ 连续性问题：实际 agent 的行为是自主决策、连续变化的，当被离散化后，就存在着多个 agent 行为描述上的同步问题。

针对这些问题，研究者对传统的强化学习算法作了大量改进。例如，对于局部观测问题，可以采用预测模型法，将局部可观察 Markov 问题转化为统计上的 Markov 决策问题。

连续性问题，可以采用半 Markov 决策模型（semi-markov decision process，SMDP），在这种模型下，状态的变化不仅仅依赖于行为，还与行为持续的时间有关。

组合爆炸的情况，可采取分层增强学习（hierarchical reinforcement learning，HRL）的方法。HRL 将学习问题划分为几个子任务，并把子任务需要的动作归结为基本行为，减小了学习空间。同时，利用高层的启发信息，来指导底层的基本行为学习，减少了学习的盲目性。

对于信用分配问题，分竞争关系和协作关系两种情况。在竞争关系下，

Littman 采用 Markov 对策论作为 MAS 的强化学习框架，要求所有 agent 的奖赏总和必须为零。Hu 和 Wellman 还将其扩展为一般和(General-sum)，并证明了算法的收敛性。但后来研究表明，系统存在多个平衡点时，该方法收敛不稳定。

针对协作型的信用分配问题，比较典型的方法是 Mataric 提出的有形强化(shaped reinforcement)。有形强化学习的目的，是通过一些领域知识来指导"情景—行为"映射的学习，加快学习的速度。Mataric 的方法是将完成任务所需要学习的技能逐一分解，构成一系列子目标，将这些子目标产生的异质奖赏(heterogenous reward)进行加权组合，构成有形强化学习的奖赏信号。这一方法在觅食问题中所得的学习效率达到了手工设计的效果，并在实际的机器人中得到了应用。

4. 行为的选择

通过行为的分解组合，我们看到，行为主义研究者成功地实现了 MAS 环境下的"状态—行为"映射。这种映射关系无需考虑世界模型，实现简单；一旦建立，即具有很强的实时性。而且，还可以通过强化学习等手段不断地改进映射，提高系统的适应能力。但是我们也可以发现，这类行为的复杂程度并不是很高。虽然 Barry 争辩说行为主义的思想可以实现复杂行为，但大多数学者，还是倾向于将行为主义和符号主义相结合，构成混合系统。其中利用高层的知识来进行 agent 行为的选择，是一种总体上保持行为主义特色的思路。前面 Mataric 的有形强化学习，实际也是这一思路，下面我们再看一看更为复杂的情况。

例如，当任务非常复杂时，MAS 需要的不只有自下而上的行为组合，还需要对任务进行自上而下分解。而各种子任务之间的关系也不仅仅是互补，还可能彼此抑制。为了解决这些问题，L. E. Parker 将心理学中的动机概念引入到 Brooks 的包含结构(图 9-9)中，提出了 ALLIANCE 结构[134]。图 9-9 是 ALLIANCE 系统

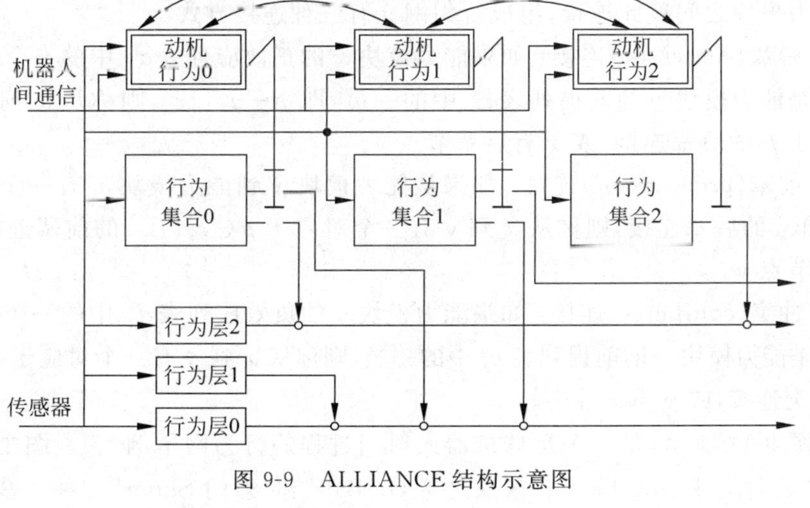

图 9-9 ALLIANCE 结构示意图

结构框架的一个图示，针对 3 种不同的任务，可以产生 3 种任务选择的动机行为。当动机 2 被激发时，其他动机将被抑制。而动机 2 对应的行为集合 2 则被触发，并与底层任务无关的通用行为组合，产生复杂行为。可见 ALLIANCE 结构是在分层结构中添入任务分解、行为选择等高层知识后的一种复合结构。Parker 在此基础上作了大量有关多机器人系统分工、协作的研究。

另一个比较系统、深入的研究方向是 Maes 基于行为网(behavior network)提出的行为选择机制(maes action selection mechanism，MASM)。Maes 指出反应型 agent 虽然具有敏捷的特点，但缺乏一个明确的目标，这限制了 agent 智能的发展。但是 Maes 也不愿意走慎思型 agent 的道路，因为她认为这类系统在多机器人一类的物理复杂系统中表现不佳。为此，她提出了为反应型 agent 添加目标，并根据行为对目标的贡献来自发选择行为的思想[135]。

具体实现时，Maes 把 agent 看作一个能力模块(competence module)的集合，每一个能力模块是一个 agent 基本行为的封装。假设 P 为问题涉及的命题集合，则能力模块 i 可以由一个四元组(c_i，a_i，d_i，α_i)来描述(图 9-10)，其中

$c_i \subseteq P$：基本行为 B_i 的前提列表，如果列表中所有的前提为真，则该 B_i 可执行，称为可执行行为(实线输入)。

$a_i \subseteq P$：基本行为 B_i 的正效应列表。如果 B_i 被激活，则 a_i 为真(实线输出)。

$d_i \subseteq P$：基本行为 B_i 的负效应列表。如果 B_i 被激活，则 d_i 为假(虚线输出)。

$\alpha_i \subseteq R$：基本行为 B_i 的活性。如果 B_i 为可执行行为，且当 α_i 超过给定阈值 θ 时，则认为对当前的目标和环境而言，B_i 是有益的，称为候选行为。根据 Maes 给出的行为选择机制 MASM，agent 最后选择执行的行为，是候选行为中活性最高的。如果一个行为被 agent 选择执行，则称该行为被激活。

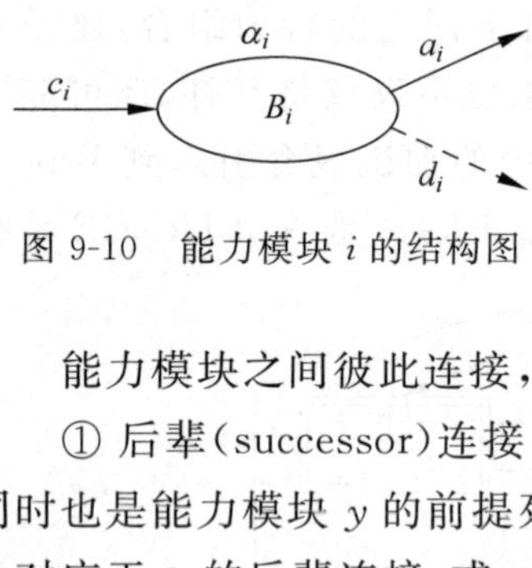

图 9-10　能力模块 i 的结构图

能力模块之间彼此连接，组成行为网。有三种连接方式。

① 后辈(successor)连接：如果能力模块 x 的正效应列表 a_x 中的一个命题 p，同时也是能力模块 y 的前提列表 c_y 中的一员，即 $p \in a_x \cap c_y$，则称从 x 到 y 有一个对应于 p 的后辈连接，或 x 有后辈节点 y。

② 前辈(predecessor)连接：如果从能力模块 y 到能力模块 x 有一个对应于 $p \in a_y \cap c_x$ 的后辈连接，则称从 x 到 y 有一个对应于 $p \in c_x \cap a_y$ 的前辈连接，或 x 有前辈节点 y。

③ 冲突(conflicter)连接：如果能力模块 y 的负效应列表 d_y 中的一个命题 p，同时也是能力模块 x 的前提列表 c_x 中的一员，则称从 x 到 y 有一个对应于 $p \in c_x \cap d_y$ 的冲突连接，或 y 与 x 冲突。

如图 9-11 所示，是一个足球机器人射门过程的行为网示例[139]。图中的基本行为有"趋向足球 GotoBall"、"获取足球 GetBall"和"射门 Shoot"三种。基本行为

之间通过一系列的状态命题来连接，包括“没有足球 haveNoBall”、“接近足球 closeToBall”和“可以射门 ballKickable”。这些命题既是前辈行为的直接效果，也是后辈行为被激发的前提条件，如对应于 ballKickable 的实线连接，是一个从 GetBall 到 Shoot 的后辈连接。对应于 ballKickable 的虚线连接，是一个 Shoot 与自身的冲突连接，可以产生行为抑制。因为在机器人足球中，即使要继续射门，也需要首先判断球的状态。这些状态命题是否为真，依赖于对传感器数据一类的外部环境信息的分析。同时，整个行为网的目的是“Soccer Goal”，即射门得分。

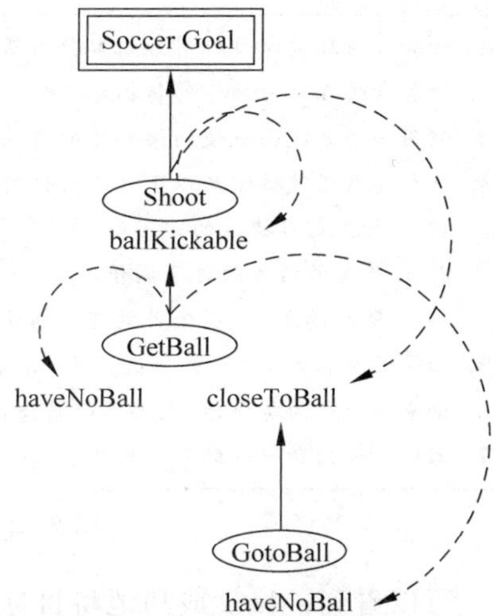

图 9-11　射门行为的行为网

在行为网中，活性传播有 6 条规则，前三条对应了行为网活性的获取和抑制，后三条对应了活性在能力模块之间的传播。

① 从环境获取活性：能力模块可以根据环境状态的感知信息来判断前提的真假，并通过值为真的前提从环境中获取活性。这一规则体现了行为网的行为主义特点，当行为对应的情景出现时，则行为被激发。

② 从全局目标获取活性：如果能力模块正效应列表的某成员为 agent 的全局目标，则可以从该全局目标获取活性。这条规则体现了行为网在行为选择上面向目标的特点，是对反应型的 agent 的改进。

③ 被保护目标抑制活性：如果能力模块负效应列表的某成员为一需要保护的目标，则该模块的活性可以被保护目标去除。由于 Maes 的行为选择是一个自下而上的自发过程，所以这一规则防止了这一自组织过程出现不利于目标实现的结果，有利于解决冲突问题。

④ 正向传播活性：如果能力模块 x 对应的基本行为 B_x 已经是可执行行为，则 x 可以将其活性的一部分正向传播给 $p \in a_x \cap c_y$ 为真的后辈模块 y。这样，在 B_x 被激活后，y 所对应的基本行为 B_y 也有了被激活的可能。

⑤ 反向传播活性：如果能力模块 x 对应的基本行为 B_x 不可执行，则可以将其活性的一部分反向传播给 $p \in c_x \cap a_y$ 为假的前辈模块 y。这样，y 更容易被激活，而 x 自己的行为也有了更大的激活希望。

⑥ 冲突连接的活性抑制：能力模块 x 总是降低 $p \in c_x \cap d_y$ 为真的冲突连接模块 y 的活性，以防止 y 被激活，使自己被抑制。

基于上述规则和 Maes 的行为选择机制 MASM，行为网就可以通过图 9-12 所示的算法进行行为选择。

1. 计算当前环境和目标对各基本行为活性的影响。 2. 计算活性在行为网中的传播。 3. 利用一个衰减函数使网络整体的活性保持一个常数。 4. 从行为网中选择满足以下 3 个条件的行为作为当前行为被激活： 1) 该行为是可执行的； 2) 该行为的活性超过了阈值； 3) 在所有满足 1)、2)条件的能力模块中活性最高。 5. 如果没有满足 1)、2)的候选行为，则将阈值按一定的比例降低，重复 4。 6. 如果一个行为被激活，则其活性被清零。 7. 回到 1 开始新一轮的行为选择。

图 9-12 Maes 行为选择算法

可以看到，Maes 成功地将目标引入了反应型 agent 的结构中，为目标规划、冲突消解等复杂智能打下了基础。同时，行为网是一个对目标和环境开放的系统，只需要激活阈值 θ 等少数几个调节参数，就可以实现自下而上的行为选择，保持了行为主义快速、灵活的特点。由于 agent 都具有明确的目标，因此可以将每个 agent 行为网按协作目标连接成一个整体，方便地实现 MAS 的协作。

另外，德国的 Klaus Dorer 将 MASM 进行了扩展和改进，得到了 REASM (revised and extended version of maes behavior selection michanism)，使之能够充分利用连续状态提供的附加信息，并应用到了机器人足球赛，在多项赛事中取得了优异的成绩。Dorer 还证明了串行选择机制下 REASM 的稳定性和收敛性。

9.3.3 基于进化思想的多智能体控制系统

1. MAS 进化的设计

符号主义方法的特长在于其求解复杂问题的能力，行为主义方法的特长在于其处理问题的快速性，但都需要精心的设计，才能达到期望的效果。如果对于一个不太熟悉的领域，能否只给出一个系统目标和一系列的作用规则，让系统自身按照规则进行演化，逐渐达到目标的要求呢？自然界中“自然选择、适者生存”的进化机制，提供了一种解决思路。

Smith 认为，将进化算法引入到 MAS 是必然的事情，因为要体现真正的自治性，则必须应对一系列设计者无法预见的复杂环境。在这些环境中，agent 必须尝试不同的反应和预动策略，在线评价它们的性能，在无人干涉的情况下，通过交互应对突发事件。

基于进化思想的多 agent 协调，有三种思路。

(1) 集中进化：这种思路将 MAS 的协调算法，采用进化算法来实现。此时，进化算法的个体空间是整个协调算法的优化空间，利用进化算法的学习能力和优化能力，可用来改善系统协调的效果。例如，S. Luke 将整个机器人足球队看作一个个体，采用遗传规划来获得性能最佳的球队。这种思路在实现方法上与传统的进化算法完全一样，可以避免如何判断个体行为对整体效果贡献的难点。但是将系统看作整体进行协调，实质是一种集中式的规划，虽然可以获得较好的协调性能，但同时也降低了系统的适应能力。而且在很多场合，要获取全局信息也是不可能的。

(2) 分布进化：将 agent 的个体行为用进化算法来实现，这样 agent 就具有了行为进化能力。不过，与单 agent 进化不同的是，进化的目的不仅仅是完成个体的目标，还包括整体的协调。这种思路具有分布式系统灵活、鲁棒的特点，而且直接继承了 agent 个体进化的经验，但如何实现期望的整体行为是一个难点。

(3) 人工生命：人工生命是一个独立的研究领域，主要模仿自然生命的三个特质：自我复制（self-reproduction）、进化（evolution）和自组织（self-organization），研究生命系统的内在机制。这种思想一般针对种群庞大的系统，在控制领域的应用较少。

在这里我们主要讨论第二种情况，即分布进化在控制中的实现。

2. 协进化[141]

传统的进化算法（evolutionary algorithms，EA），如遗传算法，由于只强调竞争，往往忽视了协作的重要性。对于 MAS 而言，会造成两个问题。

(1) 传统方法的系统往往收敛到少数几个优秀的个体，丧失了多样性。这样，当系统面对新的任务时，就需要重新进化，影响了系统的适应能力。

(2) 传统方法中，每个个体都代表了所要求解问题的一个完整解决方案，而个体之间则是彼此孤立的，没有群体成员之间的交互模型，因此无法产生整体演化所需要的驱动力。

针对这些问题，Potter 在他的博士论文中，综合以往研究的成果，提出了一种模拟自然生态系统中物种间彼此交互、相互影响的协进化（coevolution）算法，称为通用的合作型协进化模型（cooperative coevolution architecture，CCA），该算法的流程与传统 EA 一致，但有两点不同。

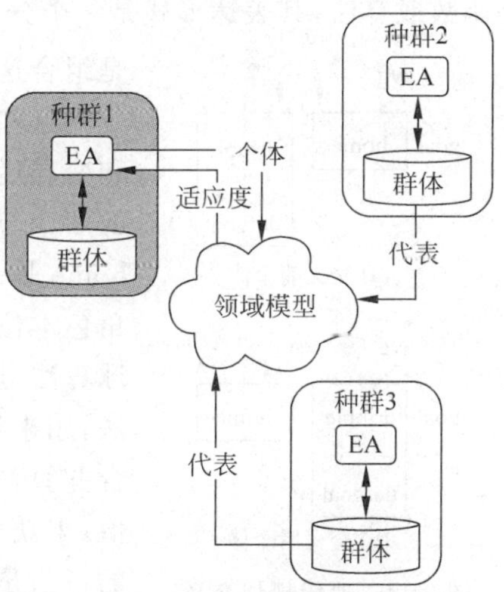

图 9-13　个体适应度计算图示

(1) 适应度计算不同。在 CCA 中，个体的适应度是根据其协作情况来评价。如图 9-13 所示，种群 1 中的个体与其他种群选出的代表组成协作组，用协作组在领域问题中的表现来作为该个体的适应度。各种群代表一般选取表现最好的个体，也可以采用其他方法。我们看到，CCA的适应度求解方法，同时解决了个体之间的信息交互问题以及信用分配问题，这是协进化的关键。

(2) 复制范围不同。如图9-13所示，每个种群的进化算法EA的应用范围仅限于种群内部，因此CCA中不存在种群间的恶性竞争，从而有效防止了种群的灭绝，保证了生态系统的多样化。对于有的问题，如果希望种群保持在合适的规模，还可以采取合适的生灭算法。例如，在删除没有繁殖能力的个体的同时，随机补充新的个体。

通过上述改进，Potter将算法应用在了概念学习、人工神经网络的结构进化等领域。研究中发现，这一算法不仅能够保证种群的多样化，还能使种群向某一个适合自己的位置(niche)发展，形成自己在生态系统中相对稳定的角色。在控制方面，Potter举了机器人觅食的例子。在这个例子中每一个种群代表了一种情境下的机器人行为能力，仿真结果表明CCA的学习速度和稳定性都要高于传统的遗传算法，而且对于环境中出现的新类型，还能产生新的行为种群。

由于CCA的适应度计算有利于将种群进化往协作的方向引导，种群内部的复制方式又有利于保持种群的独立角色，因此，如果用每个种群代表一个agent，则很容易将CCA推广到MAS。

3. 基于遗传规划的行为进化

传统遗传算法虽然实现简单，但问题描述能力弱，方案构造上缺乏灵活性，在实际应用时常需特别处理。而遗传规划可以弥补这一缺陷。遗传规划(genetic programming，GP)由John Koza教授提出，用于实现计算机程序优化设计和自动生成。GP的基本思想和遗传算法GA非常相类似，也是随机产生初始群体，然后通过选择、交叉和变异运算，来得到适应度函数最高的个体。不过在GP中的个体是函数或算法，其表达形式是一个分支树，叶节点是问题的原始变量，中间节点则是组合这些原始变量的函数。

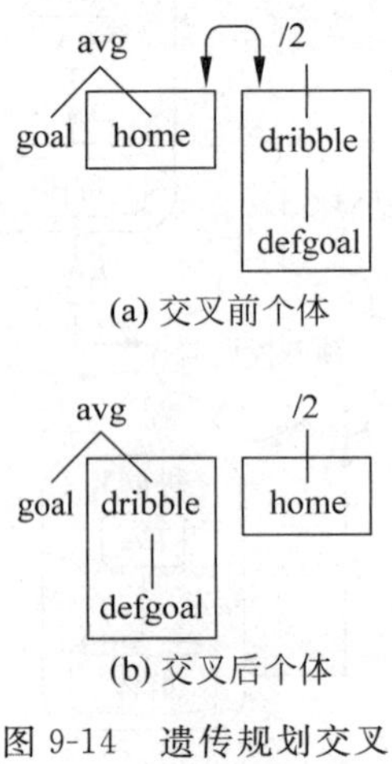

图9-14 遗传规划交叉运算示例

这些分支树是遗传规划的基因材料，是选择、交叉和变异运算的对象。如图9-14所示，显示足球机器人的两个算法交叉运算的过程。其中goal、defgoal和home是一组原始状态，分别为对手球门、自家球门和角色本位等几个重要的位置向量；(dribble vect)是运球算法，用于vect方向上的带球；(/2 vect)是减半算法，用来将vect的运动距离减半；(avg vect1 vect2)是合并算法，通过求解运动向量vect1和vect2的平均值，来获得综合的行为。在图9-14中，开始时，个体1的行为是跑向角色本位和对手球门之间的一个进攻位置，个体2的功能是把球保护性地运向自身的球门。

交叉运算后，则产生了两种新的个体。个体 1 是横向带球，个体 2 是向自身角色的本位跑动一定的距离。

可以看到，遗传规划是一个层次结构，而树的深度是动态可变的，相当灵活，因此在机器学习、符号处理等方面有广泛运用。但应用在 MAS 系统，还存在着许多问题：

(1) 每个 agent 的行为不断演化，则彼此之间无法预测行为。

(2) 在协调时，agent 之间是相互依赖、彼此耦合的。例如一项成功的配合是每一个 agent 都在合适的时间完成了合适的动作，如果时间上配合不对，即使采取了同样的行动，也无法达到预期的效果。

(3) 面对一个协调结果，如何评价每个 agent 行为在其中的作用，也就是信用分配问题。早在有关西洋跳棋的机器学习中，Arthur Samuel 就已发现了这个问题。在这个游戏中，我们虽然可以根据总体的输赢情况很容易地判断一组走法的优劣，却很难对单个规则的作用作出评价。

也就是说，在 MAS 中，agent 的进化并不是孤立的，需要考虑彼此之间的关系。为了指导 agent 的行为往协调的方向进化，可以和协进化的思路一样，在 agent 的适应度函数中添加与系统整体有关的分量。

9.4 多智能体控制系统的应用举例

9.4.1 多机器人控制系统

1. 多机器人控制系统介绍

多机器人控制是 MAS 系统的一个重要研究对象。机器人学结合了计算机技术、控制理论、人工智能、传感器技术等许多学科，在军事、工业、航空航天、医疗、服务业等许多领域均有应用价值。由于多机器人系统在可靠性、灵活性、工作效率等方面比单机器人系统优越，是机器人学研究的一个重要研究方向。

目前学者已从很多方面研究了多机器人控制系统，大致可分为以下几类。

(1) 多机械手协调系统：研究多个工业机器人的协作装配问题，例如多机械手的路径协调问题，主要应用于工业制造领域。

(2) 多机器人协作系统：研究多机器人觅食、围捕、编队、群体搬运等协作任务的实现。这类研究可以应用在战机编队、自动垃圾清扫、太空探索等领域，一个重要的综合应用是机器人足球。目前这类系统的主要研究对象是移动机器人[137]。

(3) 仿生机器人系统：将生物系统中蚁群、蜂群、鱼群的社会协作策略应用在多机器人系统，主要研究如何通过个体间的局部交互，自组织地实现整体地协调功能。仿生机器人与人工生命的研究目的有相当的重合，但在研究方法上采用了实际的机器人系统[138]。

(4) 可重构机器人系统：将机器人模块以各种方式进行连接，构成期望的形状，以满足特定操作的功能需要。这种思想在多机器人系统研究之初就已经提出，一般采用同构的机器人模块。一个典型是Fukuda提出的细胞机器人(cellular robotics system，CEBOT)，这些机器人个体模拟细胞，可以根据环境的变化，不断地重组成不同结构的整体，实现目标的最优。目前可重构机器人在模拟蛇、蜘蛛和昆虫运动等方面已获得了成功。

从MAS系统的角度看，第2类多机器人协作系统是4类系统中研究得最多的，几乎实践了MAS理论的各个方面，其典型是机器人足球比赛。

2. 机器人足球比赛[133]

机器人足球赛，是指机器人球队之间的足球比赛，其研究内容综合了从agent到MAS的各个方面，包括：

(1) agent系统的结构设计：有BDI模型、反应式模型，但使用最多的还是基于分层结构的混合模型；

(2) agent的环境感知：包括模型表示、感知对象、估计状态、对状态进行合理的评价等问题；

(3) agent的技能训练：包括带球、传球、射门、断球等基本动作的设计和学习；

(4) 多agent的协作：包括合作、战术、对抗等技能；

(5) MAS的策略形成：包括采用何种队形、攻守平衡、战术应用等；

(6) agent的高层智能：包括队员和球队的自我评价与反省；

(7) 人机交互：队员如何接受人指导的问题。

由于机器人足球在MAS理论研究上的重要性，以及其内在的娱乐性，引起了广泛的关注。几乎前面介绍的任何一种实现策略，均在这里有应用。例如德国Freiburg大学的CS Freiburg机器人就是以行为网为基础设计的球队，该队是RoboCup中型组的三届冠军得主[140]。

9.4.2 交通管理系统

1. 交通管理系统分析[143]

随着现代城市的发展，人口的增多、交通工具的普及，交通管理的压力越来越大。虽然人们已开始引入大量的通信技术、计算机网络技术和各种传感技术，构成了全方位、大范围的交通管理平台，但如何与先进的控制、管理技术相结合，构成高效、准确、实时的智能交通系统(intelligent transportation system，ITS)，仍然面临着许多挑战。

当代的交通管理系统有以下特点。

(1) 分布性：分布性体现在空间和功能两个方面。在空间上，可以存在着不同的区域、街道和路口；在功能上，有道路管理、电子收费、信息服务等不同的任务，道路管理又可进一步分为交通灯控制、违章检测、道路疏导等。可见交通系统是一个分层的结构。

(2) 自治性：自治性体现在被管方和管理方两个方面。被管方是交通工具，一般由人驾驶，也可以由自动驾驶完成。管理方则由一些智能管理的功能模块组成，这些模块都可以自主地完成指定地任务。

(3) 动态不确定性：影响交通管理系统的因素很多，例如天气的变化会影响航班的起落，一个场交通事故会导致一个区域的堵塞、不同时段的车流也会不同。

可以看到，面对这样一个分布、非线性、时变的随机系统，传统的建模和控制方法都是非常困难的。而实际上，从 agent 的角度看，交通管理系统却具备了 MAS 系统所必须具备的所有条件。采用 MAS 的思想进行交通管理，可以在许多方面带来益处。

(1) 由于交通管理系统的分布性、互联性和自治性，可以很方便地进行基于 MAS 的系统建模。

(2) 管理方式更为灵活。传统的交通管理系统，一般由各级管理中心直接向各子系统发布协调指令。而在 MAS 的框架下，可以发挥各子系统的自主性，提高系统的应变能力。

(3) MAS 独特的软件支持方式，可以更有效地处理各种突发事件。例如，当出现有害化学物质泄漏时，系统可以在疏通交通的同时，调用紧急处理方案。

(4) 传统的基于运筹学等资源管理策略，虽然对路径规划、负载分配问题可以进行单独地优化求解。但在问题组合或动态约束的情况下，效果很差。而 MAS 则因为其出色的全局协调能力和动态适应能力，为这些问题的解决提供了方法。

2. 城市交通控制系统设计

如图 9-15 所示，这是一个三层的 MAS 系统[144]。最底层为路口 agent，中间层为区域控制 agent，最高层为主控中心 agent。每个 agent 可以从传感器或管辖范围内的下层 agent 获取环境信息，包括车流量、拥挤程度等。还可以得到下层 agent 的控制策略和建议的协作因子，这些控制策略包括信号灯的时间长度规划和相位协调，是 agent 根据自己所辖的路口或区域的情况自主作出的。而高层的 agent，在获取所有下层 agent 建议的规划信息后，会在总体上进行推理，协调冲突，对下层的规划进行维持或修改。通过高层 agent 协调后确定的规划，会经过一个策略解释器，翻译成交通灯 agent 可以执行的相位长度、循环次数、偏移量协调方向(direction of offset coordination)等参数。

在上述系统中，路口 agent 并不是被动地接受高层 agent 的指令，可以提出自己的规划建议，并给出协作因子来影响区域控制 agent 的协调。因此，与传统自上

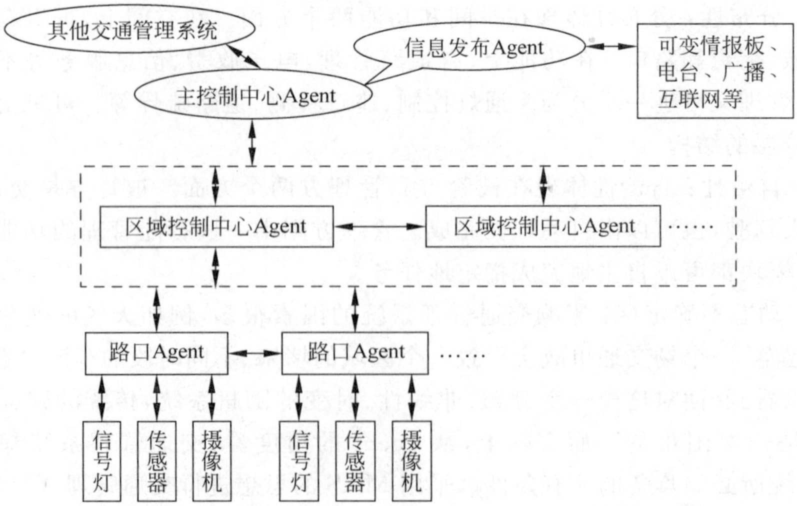

图 9-15 基于 MAS 的交通管理系统

而下的控制方式有本质的区别。而区域控制 agent 对路口 agent 建议规划的协调推理是保证系统性能最关键的部分。协调方式很多,Choy 等提出了一种基于模糊神经网络的方法。对新加坡的一个商业中心两个高峰时段的车辆数据进行的仿真,使车辆平均延迟时间减少了 40%,交通网络整体堵塞时间减少了 50%,取得了明显的效果[145]。

习题和思考题

9-1 什么是智能体,有哪些类型,各有什么特点?

9-2 多智能体系统的优点是什么?适合应用于哪些控制领域?

9-3 agent 的语言通信与普通的消息通信有什么不同,如何实现?

9-4 BDI 模型包括哪些部分?试问足球比赛中射门球员和守门员的 B、D、I 该如何设计?

9-5 试建立一车辆 agent 通过十字路口的行为网,用图表示。

9-6 试用合同网建立一 3 人足球队的进攻模型。

上机实验题

已知 $20\times20\text{m}^2$ 的房间内随机均匀分布着 30 个食物,现由 4 个机器蚂蚁负责将这些食物搬到指定的区域,试设计这些机器蚂蚁的基本行为和协作策略,仿真实现上述任务。(假设机器蚂蚁具有全方位视角,观测范围为 3m;速度为 0～0.3m/s。机器蚂蚁和食物的体积可忽略不计,即为点目标)

参考文献

[1] Harris C J, Moore C G & Brown M. Intelligent Control Aspects of fuzzy logic and neural nets. World Scientific, 1993

[2] Rao M. Integrated System for Intelligent Control. Springer-Verlag, 1992

[3] Fu K S. Learning control systems and intelligent control system: An intersection of artificiall intelligence and automatic control. IEEE Trans. AC, 1971, 16(1): 70-72

[4] Saridis G N. Self-organizing control of stochastic systems. New York: Marsel Dekker, 1977: 1-20

[5] Saridis G N. Towards the realization of intelligent control. Proc. of IEEE, 1979, 67(8): 1115-1133

[6] Astrom K J, Anton J J, Arzen K E. Expert control. 1986, 22(3): 277-286

[7] Hunt J, et al. Neural networks for control systems-a survey. Automatica, 1992, 28(6)

[8] Widrow B, Lehr M A. 30 years of adaptive neural networks: Peceptron, Madaline, and BP. Proc. IEEE, 1990, 78: 1550-1560

[9] Karaylannis et al. Artificial Neural Networks Learning Algorithms. Performance, Evalution, and Application, 1993

[10] 焦李成. 神经网络的应用与实现. 西安：西安电子科技大学出版社，1995

[11] 王耀南. 智能控制系统-专家系统、模糊逻辑，神经网络控制. 长沙：湖南大学出版社，1996

[12] 孙增圻等. 智能控制理论与技术. 北京：清华大学出版社，1997

[13] 蔡自兴. 机器人原理及其应用. 长沙：中南工业大学出版社，1988

[14] 秦世引等. 智能控制研究中的几个问题. 信息与控制，1996，25(3)：137-142

[15] 罗公亮等. 智能控制和常规控制. 自动化学报，1994，20(3)：335-343

[16] Zadeh L A. Fuzzy sets. Information and Control, 1965, (8): 330-353

[17] Zadeh L A. Fuzzy algorithm. Information and Control, 1968, (12): 94-102

[18] Zadeh L A. A rational for fuzzy control. Trans. ASME J. Dynamical System Measure Control, 1972, 94: 3-4

[19] Zadeh L A. Outline of a new approach to the analysis complex systems and decision processes. IEEE Trans. SMC, 1973, 3: 28-44

[20] Mamdani E H, Assilian S. An experiment in linguistic synthesis with a fuzzy logic controller. Int. J. Man math. Studies, 1975, 7(1): 1-13

[21] Braae M, Rutherford D A. Fuzzy relations in a control setting. Kybernetes, 1978, 7(3): 185-188

[22] Lee C C. Fuzzy logic in control system: Fuzzy logic controller-Part I & Part II. IEEE Trans. on S. M. C. 1990, 20(2): 404-435

[23] Moore C G. Harris C J. Indirect adaptive fuzzy control. Int. J. Control, 1992, 156(2): 441-468

[24] 陈建勤，陈来九. 适应性模糊控制系统的研究. 控制与决策，1993，19(1)：9-16

[25] 郑维敏，张洪良，黄圣乐. 用模糊集理论设计模型参考自适应系统. 信息与控制，1982，

11(3)：8-14

[26] 窦振中.模糊逻辑控制技术及其应用.北京：北京航空航天大学出版社，1995

[27] 诸静.模糊控制原理与应用.北京：机械工业出版社，1995

[28] 戎月莉.计算机模糊控制原理及应用.北京：北京航空航天大学出版社，1995

[29] 肖位枢.模糊数学基础及应用.北京：航空工业出版社，1992

[30] Graham B P, Newell R B. Fuzzy adaptive control of a first-order process. Fuzzy Sets and Systems. 1989, 31：47-65

[31] Chen C L, et al. A pneumatic model-following control system using a fuzzy adaptive controller. Automatica, 1993, 29(4)：1101-1105

[32] Layne J R, Passino K M. Fuzzy model refernce learning control for a cargo ship steering. IEEE Control Systems, 1993, Dec：23-34

[33] Daley S, Gill K F. A designe study of a self-organizing fuzzy logic control. Proc Instn Mech Engrs, 1986, 200(1)：59-69

[34] Procyk T J, Mamdani E H. A linguistic self-organizing process controller. Automatica, 1979, 15：15-30

[35] 金晓明等.自适应模糊控制的新进展.信息与控制，1996，25(4)：217-223

[36] Misky M, Papert S. Perceptrons. MIT Press, 1969

[37] Grossberg S. Competitive learning：from interactive to adaptive resonance. Cognitive Science, 1987, 11：23-63

[38] Widrow B, Lehr M A. 30 years of adaptive neural networks：Peceptron. Madaline, and BP, Proceeding IEEE, 1990, 78(9)：1415-1442

[39] Lippmann R P. An introduction to computing with neural nets. IEEE ASSP Magazine, 1987：4-21

[40] Wasserman P D. Advanced methods in neural computing. VAN NOSTRAND REINHOLD, 1993

[41] Kosko B. Neural Networks and Fuzzy systems—A dynamical systems approach to machine intelligence. PRENTICE HALL, 1992

[42] Werbos P J. Backpropagation through time：What it does and How to do it. Proceedings of the IEEE, 1990, 78(10)：1550-1560

[43] Rumelhat D E, McClelland J L. Parallel distributed processing：Explorations in the microstructure of cognition 1：Foundations. The MIT Press, 1989

[44] Warwick K, Irwin G W, Hunt K J. Neural networks for control and system. Peter Pergrinus Ltd, 1992

[45] Hornik K, Stinchcombe M, White H. Mulitilayer feedforward networks are universal approximators. Neural Network, 1989, 2：359-366

[46] Narendra K S, K Parthasarathy. Identification and control for dynamic system using neural networks. IEEE Trans. NN, 1990, 1：4-27

[47] Chen S, Billings S A. Nonlinear system identification using neural networks. Int. J. Control, 1990, 50：1191-1214

[48] Hunt J, et al. Neural networks for control systems—a survey. Automatics, 1992, 28(6)

[49] Cybenko C. Continuous value neural networks with two hidden layers are sufficient. Math. Contr., Sign & Sys., 1989, 2：303-314

[50] Hopfield J J. Neural networks and physical systems with emergent collective computation ability. Proc. Natl. Acad. Sci. ,USA,1982,79：2554-2558

[51] Hopfield J J. Neurons with graded response have collective computational properties like those of two state neurons. Proc. Natl. Acad. Sci. ,USA,1984,81：3088-3092

[52] Albus J S. A new approach to manipulator control：the Cerebellar Mode Articulation Controller(CMAC). Trans. of the ASME Journal od Dynamic systems,Measurement,and Control,1975,Sep：220-227

[53] Albus J S. Data storge in the Cerebellar Mode Articulation Controller(CMAC). Trans. of the ASME Journal od Dynamic systems,Measurement,and Control,1975,Sep：228-233

[54] Lane S H,Handelman D A,Gelfand J J. High-order CMAC neural networks-Theory and practice. 1991 Americam Control Conference,1991：1579-1585

[55] 许力,蒋静坪. CSTR 系统的基于 CMAC 神经元网络的学习控制研究. 控制与决策,1992,7(2)：131-136

[56] 陆汝钤. 人工智能. 北京：科学出版社,1996

[57] Moore R L,Hawkinson L B,et al. A real-time expert system for process control. IEEE Proc. Of the First Conference of Artificial Intelligence,1984：569-576

[58] 李人厚. 智能控制理论和方法. 西安：西安电子科技大学出版社,1999

[59] Porter B,et al. Real-time expert tuners for PI controllers. IEEE Proceedings D. Control Theory and Applications,1987：260-263

[60] http://www.gensym.com/

[61] Foxboro Company,EXACT Tuning with 762,760 and 740 Series Controllers,Technical Information,TI 039-200,1995

[62] 董泽,刘娜,韩璞. 专家整定 PID 控制系统的设计. 计算机仿真,2002,19(1)：23-25,62

[63] Astrom K J. Control System Design. Lecture Notes for ME 155A,2002

[64] Jaynes E T. Information theory and statistical mechanics. Physical Review, 1957, 4：106-108

[65] 李祖枢,徐鸣,周其鉴. 一种新型的仿人智能控制器(SHIC). 自动化学报,1990,16(6)：503-509

[66] 涂亚庆,李祖枢. 一种新型的仿人智能控制器的设计方法. 自动化学报,1994,20(5)：616-621

[67] 王俊普,郝金波等. 一种设计仿人智能控制器特征模型的新方法. 自动化学报,2001,27(6)：841-844

[68] 李祖枢. 力矩受限单摆的摆起倒立控制——仿人智能控制在非线性系统中的应用. 控制理论与应用,1999,16(2)：225-229

[69] 袁南儿,王万良,苏宏业. 计算机新型控制策略及其应用. 北京：清华大学出版社,1998

[70] Saridis G N. Analytic Formulation of the principle of increasing precision with decreasing intelligence for intelligent machines. Automatica,1989,25(3)：461-467

[71] Saridis G N, Valavanis K. Mathematical formulation of the organization level of an intelligent machine. IEEE International Conference on Robotics and Automation,1986,3：267-272

[72] Wang F Y,Saridis G N. The Coordination of intelligent robots：a case study. IEEE International Symposium on Intelligent Control,1989,506-511

[73] Saridis G N. Entropy formulation of optimal and adaptive control. IEEE Transactions on Automatic Control，1988，33(8)：712-721

[74] Saridis G N. Intelligent robot control. IEEE Trans. On Automatic Control，1983，28(5)：547-557

[75] 王耀南.复杂工业系统的分布式递阶智能控制研究.计算机集成制造系统，2002，8(7)：551-554

[76] Lin C T and Lee C S G. Neural-network-based fuzzy logic control and decision system. IEEE Trans. on Computer，1991，40(12)，Dec：1320-1336

[77] Sugeno M and Nishida M. Fuzzy control of model car. Fuzzy Sets Syst. 1985(26)：103-113

[78] Omidvar O M，wilson C L. Optimization of neural network topology and information content using Bolttzmann methods. IEEE IJCNNS，1992(4)：594-599

[79] Kruschke J K. Improving generalization in back-propagation networks with distributed bottleneck. IEEE IJCNNS，1989(1)：443-448

[80] Angeline P J，Saunders G M，Pollack J B. An evolutionary algorithms that constructs recurrent neural networks. IEEE Trans. on Neural Networks，1994，5(1)：54-65

[81] 张春兴.现代心理学.上海：上海人民出版社，1994

[82] Sutton R S，Barto A G. Reinforcement Learning：An Introduction. MIT Press，1998

[83] Kaelbling L P. Littman M L. Moore A W. Reinforcement Learning：A Survey. Journal of Artificial Intelligent Research，1996(4)：237-285

[84] Barto A G，Mahadevan S. Recent Advances in Hierarchical Reinforcement Learning. Discrete Event Systems：theory and Applications，2003，13，41-47

[85] Dayan P，Sejnowski T J. TD(?)Converges with Probability 1. Machine Learning，1994，14，295-301

[86] Singh S，Jaakkola T，Littman M L，Szepesvari C. Convergence Results for Single-Step On-Policy Reinforcement-Learning Algorithms. Computer Science and Engineering，2000，38(3)，287-308

[87] Mitchell T M. Machine Learning. McGraw-Hill Companies，Inc. ，1997

[88] Syafiie S，Tadeo F，Martinez E. Learning Control Applied to pH Plant. International Symposium on Dynamics and Control of Process System，2004，1-6

[89] Smart W D，Kaelbling L P. Effective Reinforcement Learning for Mobile Robots. IEEE International Conference on Robotics and Automation，2002，4，3404 - 3410

[90] 方剑等.神经网络结构设计的准则和方法.信息与控制，1996，25(3)：156-164

[91] Giles C L，et al. Constructive learning of recurrent neural networks：limitations of recurrent cascade correlation and a simple solution. IEEE Trans. on N. N. 1995，6(4)：829-836

[92] Nabhan T M and Zomaya A Y. Toward generating neural network structures for function approximation. Neural Networks，1994，7(1)：89-99

[93] Bartlett E R. Dynamic node architecture learning：an information theoretic approach. Neural Networks，1994，7(1)：129-140

[94] Levin E，Tishiby N，et al. A statistical approach to learning and generalization in layered neural networks. proceedings of the IEEE，1990，78(10)：1568-1574

[95] Fogel D B. An information criterion for optimal neural network selection. IEEE Trans. on N. N. 1991,2(5): 490-497

[96] Murata N, et al. Network information criterion-determining the number of hidden units for an artificial neural network model. IEEE Trans. on N. N. 1994,5(6): 865-872

[97] Hirose Y, Yamashita K, et al. Back-propagation algorithm which varies the number of hidden units. Neural networks, 1991(4): 61-66

[98] Hyvarinen L. P. Information theory for system engineers. New York: Springer-Verlag, 1970

[99] Kullback S. Information theory and statistics. NewYork: John Wiley &Sons, 1959

[100] Arimoto S, kawamura S and Miyazaki F. Bettering operation of robots bi leraning. J. of Robotic System, 1984, 1(2), 123-140

[101] Kuc T-Y Lee J-S and Nam K. An iterative learning control theory for a class nonlinear dynamic systems. Automaica, 1992, 28(6): 1215-1221

[102] Kuc T-Y Nam K and Lee J-S. An iterative learning control of robot manipulators. IEEE trans. on R&A, 1991, 7(6): 835-841

[103] 韦巍等.基于学习方法的机器人轨迹控制的实现.机器人,1993,15(5):7-12

[104] 韦巍等.一种改进的机器人迭代学习控制方法.浙江大学学报,1995,29(6):691-697

[105] 罗小平、韦巍.一种基于生物免疫遗传学的新优化方法.电子学报,2003,131(1),68-71

[106] Gu Y L, et al. Learning control in robotic systems. Proc. IEEE Int. Symp. Intelligent contr., 1987, 360-364

[107] Oh, S, Bien Z and Suh I H. An iterative learning control method with application for the robot manipulator. IEEE J. Robotics & Automation, 1988, (4): 508-514

[108] Bondi P, Casaline G and gambardella L. On the iterative learning control theory for robotic manipulators. IEEE J. Robotics & Automation, 1988, 4(1)

[109] Tsypkin Ya Z. Adaption and learning in automatic systems. Academic, New York, 1971

[110] Kawamura S, Miyazaki F & Arimoto S. Realization of robot motion based on a learning method. IEEE Trans. on S. Y. C., 1988, 18(1)

[111] Holland J H. Adaptation in natural and artificial systems. Unversity of Michigan Press, Ann Arbor Mich, 1992

[112] Goldberg D E. Gentic algorithms in search. optimization and machine learning, Addison Wesleg, 1989

[113] Davis L. Handbook of genetic algorithms. Van Nostrand Reinhold, New York, 1991

[114] Srinivas S, Patnaik Lalit M. Genetic algorithms: A survey. Computer, June 1994, 17-24

[115] Filho J R, Treleaven P C & Alippi C. Genetic-algorithm programming environments. Computer, 1994: June 28-43

[116] Linkens D A and Nyongesa H O. Genetic algorithmms for fuzzy control. part1: offline system development and application, IEE Proc-Control Theory appl. 1995, 142(3): 161-176

[117] Linkens D A and Nyongesa H O. Genetic algorithmms for fuzzy control. part2: online system development and application, IEE Proc-Control Theory appl., 1995, 142(3): 177-185

[118] Adanced methods in neural computing, Practical neurall network recipes in C++

[119] Goldberg D E. Sizing populations for serial and parallel genetic alrorithms. Proceedings of the third international conference on Genetic Algorithms,1989. 71-79

[120] Ivan Roitt 著,四川医学院微生物学教研组译.免疫学纲要.北京：人民卫生出版社,1980

[121] 吴祥兴等.混沌学导论.上海：上海科学技术文献出版社,1996

[122] John E,Hunt. Learning using an artificial immune system. Journal of Network and Computer Applications. 1996,19：189-212

[123] S. Perelson. Immune Network Theory. Immunological Reviews,1989(110)：5-36

[124] Jerne N K. The immune system. Scientific American,1973,229(1),52-60

[125] Jerne N K. Towards a network theory of the immune system. Ann Immunological, 1974,125C,373-389

[126] 林飞卿等.细胞免疫学研究进展.北京：人民卫生出版社,1981

[127] Wooldridge M,Jennings N R. Agent theories,architectures,and languages：a survey. Proceedings of The Workshop on agent Theories, Architectures, and Languages on Intelligent Agents,1995,1-38

[128] Wooldridge M,Jennings N R. Intelligent agents：theory and practice. The Knowledge Engineering Review,1995,10(2)：115-152

[129] Wooldridge M.多 Agent 系统导论.石纯一,张伟等译.北京：电子工业出版社,2003

[130] Smith R G. The contract net protocol：high-level communication and control in a distributed problem solver. IEEE Trans. on Computers,1980,29(12)：1104-1113

[131] Jennings N R,Corera J M,Laresgoiti I. Developing industrial multi-agent systems. First International Conference on Multi-Agent Systems,1995,423-430

[132] Mataric M J. Interaction and Intelligence Behavior. Ph. D. Thesis,MIT,1994

[133] 徐旭明,李实,叶榛,孙增圻.综述：机器人足球概况及研究. Proceedings of the 3th World Congress on Intelligent Control and Automation,2000,207-211

[134] Parker L E. ALLIANCE：an architecture for fault tolerant multi-robot cooperation. IEEE Trans. on Robotics and Automation,1998,14(2)：220-240

[135] Maes P. Situated agents can have goals,in Designing Autonomous Agents：Theory and Practice from Biology to Engineering and Back. MIT Press,1990,49-70

[136] Dorigo M,Bonabeaub E,Theraulaz G. Ant algorithms and stigmergy. Future Generation Computer Systems,2000,16：851-871

[137] 丁滢颖.基于个性的多机器人协作研究.博士学位论文,浙江大学,2005

[138] 谭民,王硕,曹志强.多机器人系统.北京：清华大学出版社,2005

[139] Nebel B, Babovich Y. Goal-converging behavior networks and self-solving planning domains. 16th European Conference on Artificial Intelligence,2004

[140] Weigel T,Gutmann J S,Dietl M,et al. CS Freiburg：coordinating robots for successful soccer playing. IEEE Trans. On Robotics and Automation,2002,18(5)：685-699

[141] Potter M A. The Design and Analysis of a Computational Model of Cooperative Coevolution. Ph. D. Thesis,George Mason University,1997

[142] Luke S, Hohn C, et al. Co-evolving soccer softbot team coordination with genetic programming. Proceedings of the First International Workshop on RoboCup, 1997,

115-118

[143] Burmeister B, Haddadi A, Matylis G. Application of multi-agent systems in traffic and transportation. IEE Proceedings—Software Engineering, 1997, 144(1): 51-60

[144] 赵建有,赵丽平. 基于多智能体的城市交通流控制原型系统. 交通运输工程学报,2003,3(3): 101-105

[145] Choy M C, Srinivasan D, Cheu R L. Cooperative, hybrid agent architecture for real-time traffic signal control. 2003, IEEE Trans. On Systems, Man, and Cybernetics, 33(5): 597-607

[146] 李祖枢,涂亚庆. 仿人智能控制. 北京: 国防工业出版社,2003

[147] 陈民铀,周其鉴. PH 过程的智能控制. 信息与控制,1987,第 2 期,1-6

[148] 蔡自兴. 智能控制. 北京: 电子工业出版社,1990

[149] 蒋静坪. 计算机实时控制系统. 杭州: 浙江大学出版社,1992

[150] 李少远,王景成. 智能控制. 北京: 机械工业出版社,2005

《全国高等学校自动化专业系列教材》丛书书目

教材类型	编　号	教材名称	主编/主审	主编单位	备注
本科生教材					
控制理论与工程	Auto-2-(1+2)-V01	自动控制原理(研究型)	吴麒、王诗宓	清华大学	
	Auto-2-1-V01	自动控制原理(研究型)	王建辉、顾树生/杨自厚	东北大学	
	Auto-2-1-V02	自动控制原理(应用型)	张爱民/黄永宣	西安交通大学	
	Auto-2-2-V01	现代控制理论(研究型)	张嗣瀛、高立群	东北大学	
	Auto-2-2-V02	现代控制理论(应用型)	谢克明、李国勇/郑大钟	太原理工大学	
	Auto-2-3-V01	控制理论CAI教程	吴晓蓓、徐志良/施颂椒	南京理工大学	
	Auto-2-4-V01	控制系统计算机辅助设计	薛定宇/张晓华	东北大学	
	Auto-2-5-V01	工程控制基础	田作华、陈学中/施颂椒	上海交通大学	
	Auto-2-6-V01	控制系统设计	王广雄、何朕/陈新海	哈尔滨工业大学	
	Auto-2-8-V01	控制系统分析与设计	廖晓钟、刘向东/胡佑德	北京理工大学	
	Auto-2-9-V01	控制论导引	万百五、韩崇昭、蔡远利	西安交通大学	
	Auto-2-10-V01	控制数学问题的MATLAB求解	薛定宇、陈阳泉/张庆灵	东北大学	
控制系统与技术	Auto-3-1-V01	计算机控制系统(面向过程控制)	王锦标/徐用懋	清华大学	
	Auto-3-1-V02	计算机控制系统(面向自动控制)	高金源、夏洁/张宇河	北京航空航天大学	
	Auto-3-2-V01	电力电子技术基础	洪乃刚/陈坚	安徽工业大学	
	Auto-3-3-V01	电机与运动控制系统	杨耕、罗应立/陈伯时	清华大学、华北电力大学	
	Auto-3-4-V01	电机与拖动	刘锦波、张承慧/陈伯时	山东大学	
	Auto-3-5-V01	运动控制系统	阮毅、陈维钧/陈伯时	上海大学	
	Auto-3-6-V01	运动体控制系统	史震、姚绪梁/谈振藩	哈尔滨工程大学	
	Auto-3-7-V01	过程控制系统(研究型)	金以慧、王京春、黄德先	清华大学	
	Auto-3-7-V02	过程控制系统(应用型)	郑辑光、韩九强/韩崇昭	西安交通大学	
	Auto-3-8 V01	系统建模与仿真	吴重光、夏涛/吕崇德	北京化工大学	
	Auto-3-8-V01	系统建模与仿真	张晓华、王华民/薛定宇	哈尔滨工业大学	
	Auto-3-9-V01	传感器与检测技术	王俊杰/王家祯	清华大学	
	Auto-3-9-V02	传感器与检测技术	周杏鹏、孙永荣/韩九强	东南大学	
	Auto-3-10-V01	嵌入式控制系统	孙鹤旭、林涛/袁著祉	河北工业大学	
	Auto-3-13-V01	现代测控技术与系统	韩九强、张新曼/田作华	西安交通大学	
	Auto-3-14-V01	建筑智能化系统	章云、许锦标/胥布工	广东工业大学	
	Auto-3-15-V01	智能交通系统概论	张毅、姚丹亚/史其信	清华大学	
	Auto-3-16-V01	智能现代物流技术	柴跃廷、申金升/吴耀华	清华大学	

续表

教材类型	编　号	教材名称	主编/主审	主编单位	备注
本科生教材					
信号处理与分析	Auto-5-1-V01	信号与系统	王文渊/阎平凡	清华大学	
	Auto-5-2-V01	信号分析与处理	徐科军/胡广书	合肥工业大学	
	Auto-5-3-V01	数字信号处理	郑南宁	西安交通大学	
计算机与网络	Auto-6-1-V01	单片机原理与接口技术	杨天怡、黄勤	重庆大学	
	Auto-6-2-V01	计算机网络	张曾科、阳宪惠/吴秋峰	清华大学	
	Auto-6-4-V01	嵌入式系统设计	慕春棣/汤志忠	清华大学	
	Auto-6-5-V01	数字多媒体基础与应用	戴琼海、丁贵广/林闯	清华大学	
软件基础与工程	Auto-7-1-V01	软件工程基础	金尊和/肖创柏	杭州电子科技大学	
	Auto-7-2-V01	应用软件系统分析与设计	周纯杰、何顶新/卢炎生	华中科技大学	
实验课程	Auto-8-1-V01	自动控制原理实验教程	程鹏、孙丹/王诗宓	北京航空航天大学	
	Auto-8-3-V01	运动控制实验教程	綦慧、杨玉珍/杨耕	北京工业大学	
	Auto-8-4-V01	过程控制实验教程	李国勇、何小刚/谢克明	太原理工大学	
	Auto-8-5-V01	检测技术实验教程	周杏鹏、仇国富/韩九强	东南大学	
研究生教材					
	Auto(＊)-1-1-V01	系统与控制中的近代数学基础	程代展/冯德兴	中科院系统所	
	Auto(＊)-2-1-V01	最优控制	钟宜生/秦化淑	清华大学	
	Auto(＊)-2-2-V01	智能控制基础	韦巍、何衍/王耀南	浙江大学	
	Auto(＊)-2-3-V01	线性系统理论	郑大钟	清华大学	
	Auto(＊)-2-4-V01	非线性系统理论	方勇纯/袁著祉	南开大学	
	Auto(＊)-2-6-V01	模式识别	张长水/边肇祺	清华大学	
	Auto(＊)-2-7-V01	系统辨识理论及应用	萧德云/方崇智	清华大学	
	Auto(＊)-2-8-V01	自适应控制理论及应用	柴天佑、岳恒/吴宏鑫	东北大学	
	Auto(＊)-3-1-V01	多源信息融合理论与应用	潘泉、程咏梅/韩崇昭	西北工业大学	
	Auto(＊)-4-1-V01	供应链协调及动态分析	李平、杨春节/桂卫华	浙江大学	

教师反馈表

感谢您购买本书！清华大学出版社计算机与信息分社专心致力于为广大院校电子信息类及相关专业师生提供优质的教学用书及辅助教学资源。

我们十分重视对广大教师的服务，如果您确认将本书作为指定教材，请您务必填好以下表格并经系主任签字盖章后寄回我们的联系地址，我们将免费向您提供有关本书的其他教学资源。

您需要教辅的教材：			
您的姓名：			
院系：			
院/校：			
您所教的课程名称：			
学生人数/所在年级：	______人/ 1 2 3 4 硕士 博士		
学时/学期	______学时/______学期		
您目前采用的教材：	作者：______ 书名：______ 出版社：______		
您准备何时用此书授课：			
通信地址：			
邮政编码：		联系电话	
E-mail：			
您对本书的意见/建议：		系主任签字 盖章	

我们的联系地址：

清华大学出版社　学研大厦 A602，A604 室

邮编：100084

Tel：010-62770175-4409，3208

Fax：010-62770278

E-mail：liuli@tup. tsinghua. edu. cn；hanbh@tup. tsinghua. edu. cn